Tamina Schmidl

Waltermann
Speth

Kaufmännische Steuerung und Kontrolle

¬ Industrie

Waltermann
Speth

Kaufmännische Steuerung und Kontrolle

¬ Industrie

Kaufmännische Buchführung

Kosten- und Leistungsrechnung

Jahresabschluss: Analyse und Bewertung

Merkur

Verlag Rinteln

Wirtschaftswissenschaftliche Bücherei für Schule und Praxis
Begründet von Handelsschul-Direktor Dipl.-Hdl. Friedrich Hutkap †

Verfasser:

Aloys Waltermann, Dipl.-Kfm. Dipl.-Hdl., Fröndenberg

Dr. Hermann Speth, Dipl.-Hdl., Wangen im Allgäu

* * * * *

12. Auflage 2018

© 2003 by MERKUR VERLAG RINTELN

Gesamtherstellung:

MERKUR VERLAG RINTELN Hutkap GmbH & Co. KG, 31735 Rinteln

E-Mail: info@merkur-verlag.de
          lehrer-service@merkur-verlag.de

Internet: www.merkur-verlag.de

Umschlagfoto: Festo AG & Co.

ISBN 978-3-8120-**0521-0**

Vorwort zur 12. Auflage

Das vorliegende Schulbuch erfüllt alle Anforderungen des Rahmenlehrplans und des Ausbildungsrahmenplans für den Ausbildungsberuf Industriekaufmann/Industriekauffrau.

Aus der folgenden Übersicht geht hervor, in welcher Weise der Aufbau des Buches die **Lernfeldstruktur** des Rahmenlehrplans und die **immanente Sachlogik** des industriellen Rechnungswesens vereint:

Hauptkapitel	Lernfeld (Rahmenlehrplan)	Icon
A. **Buchführung I:** **Einführung in die Systematik der Industriebuchführung**	**Lernfeld 3:** Werteströme und Werte erfassen und dokumentieren	
B. **Kosten- und Leistungsrechnung (KLR) im Industriebetrieb**	**Lernfeld 4:** Wertschöpfungsprozesse analysieren und beurteilen	
C. **Buchführung II:** **Buchungen im Betriebsprozess**	**Lernfeld 6:** Beschaffungsprozesse planen, steuern und kontrollieren/ **Lernfeld 10:** Absatzprozesse planen, steuern und kontrollieren **Lernfeld 7:** Personalwirtschaftliche Aufgaben wahrnehmen	
D. **Jahresabschluss im Industriebetrieb**	**Lernfeld 8:** Jahresabschluss analysieren und bewerten	

Das Buch versteht sich in erster Linie als ein *Lern*buch, mit dem in **didaktisch sorgfältig aufbereiteter Weise** den Schülerinnen und Schülern der Einstieg in das externe und interne Rechnungswesen geebnet wird. Zudem richten sich die Autoren konsequent an dem aktuellen AkA-Stoffkatalog aus, um so eine **erfolgreiche Prüfungsvorbereitung** zu ermöglichen.

Für den Lernbereich **„Geschäftsprozesse"** steht das Schulbuch „Betriebswirtschaftliche Geschäftsprozesse – Industrie" (Merkurbuch 0523), für den Lernbereich **„Wirtschafts- und Sozialkunde"** steht das Schulbuch „Gesamtwirtschaftliche Aspekte – Industrie" (Merkurbuch 0522) zur Verfügung.

Wir wünschen Ihnen einen guten Lehr- und Lernerfolg!

Die Verfasser

Hinweis zur Buchung von Erträgen (Kontenklasse 5) nach dem Bilanzrichtlinie-Umsetzungsgesetz [BilRUG]

Die **Kontenklasse 5** ist in drei Gruppen gegliedert:

- **Umsatzerlöse,**
- **übrige betriebliche Erträge** und
- **Erträge des Finanzbereichs**

gegliedert.

■ Umsatzerlöse

Nach § 277 I HGB zählen zu den Umsatzerlösen die **Erlöse aus dem Verkauf und der Vermietung oder Verpachtung von Produkten** sowie aus der **Erbringung von Dienstleistungen.**

Vom erzielten Bruttoerlös sind die **Erlösschmälerungen,** die **Umsatzsteuer** sowie die **direkt mit dem Umsatz verbundenen Steuern** (z. B. Verbrauchssteuern wie die Mineralöl-, Energie- oder Tabaksteuer) **abzuziehen.**

Die **Umsatzerlöse** werden in den **Kontengruppen 50** und **51** erfasst. Zu den Umsatzerlösen zählen z. B.:

- Umsatzerlöse für eigene Erzeugnisse,
- Umsatzerlöse für Waren,
- Erlöse aus Vermietung und Verpachtung,
- Sonstige Nebenerlöse (z. B. aus Provisionen, Lizenzen, Patenten).

■ Übrige betriebliche Erträge

Hierzu zählen z. B.:

- Erträge aus Schadensersatzleistungen, Kursgewinnen, außergewöhnliche Erträge,
- Erträge aus Anlageabgängen,
- Erträge aus der Herabsetzung von Rückstellungen,
- Periodenfremde Erträge,
- Bestandsveränderungen von Erzeugnissen,
- Aktivierte Eigenleistungen.

Die übrigen betrieblichen Erträge werden in den **Kontengruppen 52, 53** und **54** erfasst.

■ Erträge des Finanzbereichs

Hierzu zählen z. B.:

- Erträge aus Beteiligungen,
- Erträge aus anderen Finanzanlagen,
- Zinsen, Erträge aus Wertpapieren des Umlaufvermögens, sonstige zinsähnliche Erträge.

Die Erträge aus dem Finanzbereich werden in den **Kontengruppen 55, 56** und **57** erfasst.

Beachte:

Aus Gründen der Übersichtlichkeit werden in diesem Buchführungslehrgang die **Unterkonten des Kontos Umsatzerlöse** beibehalten.

Inhaltsverzeichnis

A. Buchführung I: Einführung in die Systematik der Industriebuchführung

Lernfeld 3: Werteströme und Werte erfassen und dokumentieren

B. Kosten- und Leistungsrechnung (KLR) im Industriebetrieb

Lernfeld 4:   Wertschöpfungsprozesse analysieren und beurteilen

C. Buchführung II: Buchungen im Betriebsprozess

Lernfeld 6: Beschaffungsprozesse planen, steuern und kontrollieren/
Lernfeld 10: Absatzprozesse planen, steuern und kontrollieren

Lernfeld 7: Personalwirtschaftliche Aufgaben wahrnehmen

D. Jahresabschluss im Industriebetrieb

Lernfeld 8: Jahresabschluss analysieren und bewerten

A. Buchführung I: Einführung in die Systematik der Industriebuchführung

Lernfeld 3: Werteströme und Werte erfassen und dokumentieren

1 Notwendigkeit der Buchführung

1.1 Aufgaben der Buchführung

(1) Begriff Buchführung

Wenn Sie am Monatsende wissen wollen, wie hoch Ihre Einnahmen waren und wofür Sie Ihr verfügbares Geld verwendet haben, dann müssen Sie alles aufschreiben, also „Buch führen". Sie treiben damit Buchführung in einfachster Form.

Will ein Kaufmann den Überblick über sein Vermögen und seine Schulden behalten, dann muss er

- zu Beginn der Geschäftsperiode seine Bestände an Vermögen und Schulden festhalten, ebenso auch
- deren Veränderungen im Laufe des Geschäftsjahres.

Die Buchführung unterliegt gesetzlichen Vorgaben. Nach § 238 I HGB ist jeder Kaufmann verpflichtet, Bücher zu führen, und in diesen seine Handelsgeschäfte und die Lage des Vermögens ersichtlich zu machen.

Kaufmännische Buchführung[1] ist das Festhalten der Anfangsbestände an Vermögen und Schulden sowie deren Veränderungen.

(2) Aufgaben der Buchführung aus Sicht der Unternehmensleitung

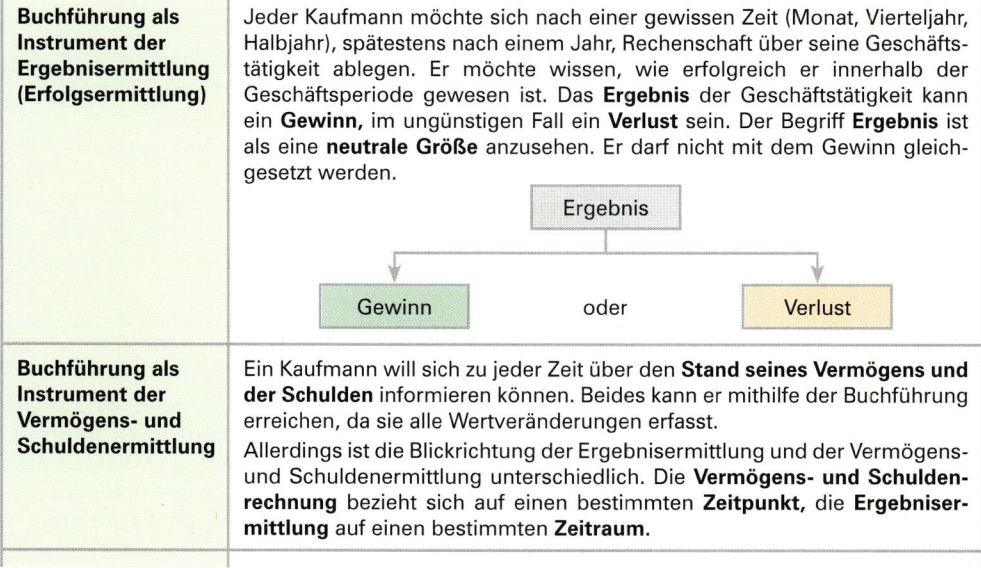

Buchführung als Instrument der Ergebnisermittlung (Erfolgsermittlung)	Jeder Kaufmann möchte sich nach einer gewissen Zeit (Monat, Vierteljahr, Halbjahr), spätestens nach einem Jahr, Rechenschaft über seine Geschäftstätigkeit ablegen. Er möchte wissen, wie erfolgreich er innerhalb der Geschäftsperiode gewesen ist. Das **Ergebnis** der Geschäftstätigkeit kann ein **Gewinn**, im ungünstigen Fall ein **Verlust** sein. Der Begriff **Ergebnis** ist als eine **neutrale Größe** anzusehen. Er darf nicht mit dem Gewinn gleichgesetzt werden.
Buchführung als Instrument der Vermögens- und Schuldenermittlung	Ein Kaufmann will sich zu jeder Zeit über den **Stand seines Vermögens und der Schulden** informieren können. Beides kann er mithilfe der Buchführung erreichen, da sie alle Wertveränderungen erfasst. Allerdings ist die Blickrichtung der Ergebnisermittlung und der Vermögens- und Schuldenermittlung unterschiedlich. Die **Vermögens- und Schuldenrechnung** bezieht sich auf einen bestimmten **Zeitpunkt**, die **Ergebnisermittlung** auf einen bestimmten **Zeitraum**.

---

1 Im Folgenden werden die Begriffe Buchführung, Finanzbuchführung und Geschäftsbuchführung als gleichwertig benutzt.

Buchführung als Grundlage der Kosten- und Leistungsrechnung (Kalkulation)	Die Kalkulation ermittelt die **Selbstkosten** und die **Verkaufspreise** für die Produkte. Voraussetzung hierfür ist, dass alle Kosten des Unternehmens vorliegen. Da die Buchführung alle **Werteveränderungen des Betriebs** erfasst, kann die Kostenrechnung hierauf zurückgreifen. Die Buchführung bildet somit die Grundlage für die Kosten- und Leistungsrechnung.
Buchführung als Instrument der Betriebskontrolle	Sobald ein Unternehmen eine bestimmte Größe übersteigt, ist es der Geschäftsleitung nicht mehr möglich, alle Auswirkungen der Geschäftsvorfälle am Ort des Geschehens zu kontrollieren. Mithilfe der Buchführung können die erforderlichen **Kontrollen** jedoch vom Schreibtisch aus erfolgen. Die Geschäftsleitung braucht sich nur die gewünschten Zahlen aus der Buchführung vorlegen zu lassen. Dabei kann sie erkennen, ob z. B. irgendwelche Aufwendungen gestiegen sind oder die Umsätze in einer Abteilung oder bei einem bestimmten Artikel nicht den Erwartungen entsprechen. Die Geschäftsleitung kann dann den **Ursachen** auf den Grund gehen und gegebenenfalls die erforderlichen Maßnahmen ergreifen. Insoweit ist die Buchführung auch ein Instrument der Betriebskontrolle. Mit Recht bezeichnet man die **Buchführung** als das **Spiegelbild der Geschäftstätigkeit**.

Die Buchführung bildet die **Grundlage des gesamten Rechnungswesens**. Bevor weitere Bereiche des Rechnungswesens wie

- die Kostenrechnung,
- die Planungsrechnung oder
- die Statistik

tätig werden können, müssen die Ausgangsdaten sowie die durch die Geschäftstätigkeiten hervorgerufenen Wertveränderungen durch die Buchführung festgehalten werden.

(3) Aufgaben der Buchführung aus der Sicht von außenstehenden Personen bzw. Institutionen

Neben dem hohen Eigeninteresse der Geschäftsleitung an der Buchführung gibt es noch Interessenten, die außerhalb des Unternehmens stehen und dennoch ein berechtigtes Interesse an der Buchführung eines Unternehmens, insbesondere an deren Ergebnissen in Form der Bilanz und der Gewinn- und Verlustrechnung, nachweisen können. Die wichtigsten **außenstehenden Interessenten** sind:

- Die **Steuerbehörde,** weil für die Berechnung bestimmter Steuern (z. B. Einkommensteuer, Umsatzsteuer, Gewerbesteuer) das Zahlenmaterial der Buchführung zugrunde gelegt wird. Die Buchführung liefert die Unterlagen zur Steuerveranlagung.
- Die **Banken,** da sie bei Kreditgewährungen durch die Vorlage bestimmter Zahlen der Buchführung ihr Risiko besser abschätzen können.
- Die **Investoren** (z. B. Eigentümer, Gläubiger), die ihr Geld eingebracht haben, besitzen ein Recht auf Information. Dieses Recht kann mithilfe der Buchführungsergebnisse befriedigt werden.
- Die **Mitarbeiter** haben ein Recht auf Unterrichtung über die wirtschaftliche und soziale Lage ihres Unternehmens [§ 43 I, II BetrVG].
- Die **Gerichte** gehen bei Vermögensstreitigkeiten im Zweifel von der Richtigkeit der Zahlen der Buchführung aus.

Neben den außenstehenden Interessenten hat die Buchführung die Aufgabe, eine **breite Öffentlichkeit** über die Vermögens- und Ertragslage eines Unternehmens zu informieren. Daher sind alle Kapitalgesellschaften – und beim Überschreiten einer bestimmten Größenordnung auch alle anderen Unternehmen – zur Veröffentlichung ihrer Buchführungsergebnisse in Form der Bilanz und der GuV-Rechnung von Gesetzes wegen verpflichtet.

Aufgaben der Buchführung	
Für die **Unternehmensleitung**	Für **Außenstehende**
Sie dient als:	**Sie informiert:**
■ Instrument zur Ermittlung des Ergebnisses	■ Banken
■ Instrument der Vermögens- und Schuldverhältnisse	■ Steuerbehörden
	■ Investoren
■ Grundlage für die Kalkulation	■ Mitarbeiter
■ Instrument der Betriebskontrolle	**Vor Gericht dient sie als:**
	Beweismittel

1.2 Gesetzliche Grundlagen der Buchführung

Die Vorschriften zur **Buchführungspflicht** [§ 238 I BGB, 140 AO[1]] betreffen den **Kaufmann,** der im Handelsregister eingetragen ist. Nach dem Steuerrecht sind daneben noch **Nicht-kaufleute** zur Buchführung verpflichtet, wenn der Jahresumsatz 600 000,00 EUR **oder** der Jahresgewinn 60 000,00 EUR im Wirtschaftsjahr übersteigt [§ 141 AO].

Nach § 241 a HGB sind von der **Buchführungspflicht befreit** Einzelkaufleute, die an den Abschlussstichtagen von zwei aufeinanderfolgenden Geschäftsjahren nicht mehr als

■ 600 000,00 EUR Umsatzerlöse und
■   60 000,00 EUR Jahresüberschuss

aufweisen. Sie können den Gewinn bzw. Verlust durch eine einfache **Einnahmen-Über-schussrechnung** (Betriebseinnahmen – Betriebsausgaben) ermitteln.

Die grundlegenden gesetzlichen Buchführungsbestimmungen für Kaufleute finden sich im 3. Band des **HGB,** Abschnitte eins bis sechs. Daneben bestehen noch rechtsformspe-zifische Vorschriften im **Aktiengesetz [AktG], GmbH-Gesetz [GmbHG]** und im **Genossen-schaftsgesetz [GenG].**

Da die Buchführung auch Grundlage für die Besteuerung des Unternehmens ist, gibt es daneben noch **steuerrechtliche Buchführungsbestimmungen.** Sie sind insbesondere in der **Abgabenordnung [AO],** dem **Einkommensteuergesetz [EStG],** dem **Körperschaft-steuergesetz [KStG]**[2] und dem **Umsatzsteuergesetz [UStG]**[3] enthalten.

Übungsaufgabe

1 Gesetzliche Grundlagen der Buchführung

1. Nennen Sie die Rechtsquellen, die für die Buchführung von Bedeutung sind!
2. Stellen Sie dar, welche Gründe den Staat veranlasst haben können, gesetzliche Bestim-mungen zur Buchführung zu erlassen!

---

1 **Abgaben** sind Pflichtzahlungen (Steuern, Zölle, Gebühren und Beiträge), die Bund, Länder und Gemeinden von den Staatsbürgern und von juristischen Personen fordern. Das steuerliche Grundgesetz zur Regelung des Abgabenwesens nennt man **Abgabenord-nung.** Sie enthält Vorschriften über das Besteuerungsverfahren, das Steuerstrafwesen, das Rechtsmittelverfahren gegen Steuerbe-scheide und die Vorschriften über die örtliche Zuständigkeit der Finanzämter.

2 Die **Körperschaftsteuer** besteuert den Jahresüberschuss der juristischen Personen (z. B. AG, GmbH).

3 Vgl. hierzu S. 95 ff.

17

2 Speth u.a. - ISBN 978-3-8120-0521-0

2 Inventur und Inventar

2.1 Inventur

2.1.1 Ablauf der Inventur

Durch den Vorgang der **Inventur** wird vor Ort festgestellt, welche Vermögens- und Schuldwerte tatsächlich vorhanden sind. Die Inventur ist somit eine **Tätigkeit (körperliche Bestandsaufnahme).**

- Man geht in das Lager und schaut z. B. nach, welche Menge einer **Werkstoffart**[1] noch vorhanden ist. Typische Tätigkeiten für diesen Vorgang der Inventur sind: Zählen, Messen, Wiegen, notfalls auch Schätzen. Durch die Rechnung Menge · Einstandspreis wird anschließend der Wert der vorhandenen Werkstoffe ermittelt.
- Zur Feststellung des Wertes an **Bargeld** muss das in der Kasse vorhandene Geld gezählt werden.
- Bei anderen Geldvermögensarten, z. B. dem **Bankguthaben,** geben die Kontoauszüge Auskunft über das gegenwärtige Guthaben.
- **Kundenforderungen** bzw. **Lieferantenschulden** werden namentlich aufgelistet. Die ermittelten Salden lässt man sich von den einzelnen Kunden bzw. Lieferanten bestätigen.
- Der Wert der einzelnen Gegenstände der **Betriebs- und Geschäftsausstattung** wird unter Berücksichtigung planmäßiger Abschreibungsbeträge ermittelt.

Beispiel für eine Inventur-Aufnahmeliste (Einzelinventurliste):

Inventur-Aufnahmeliste

Filiale:	Hamburg		Blatt-Nr.:	14	Aufnahme:	Fischer
Abteilung:	Möbel		Datum:	31.12.20..	Ausrechnung:	Troll
					Kontrolle:	Spralte

Position	Menge	Artikel-nummer	Artikelbezeichnung	Waren-gruppe	Nettoverkaufs-preis in EUR	Einstands-preis in EUR
(1)	30	30111	Matratzen	5	299,00	185,00
(2)	25	30222	Tische	7	119,00	69,00
(3)						

Die **Inventur** ist die mengen- und wertmäßige Erfassung aller Vermögensteile und Schulden eines Unternehmens zu einem bestimmten Zeitpunkt. Die Inventur ist eine Tätigkeit.

---

1 Zu den Werkstoffen zählen z. B. Rohstoffe, Betriebsstoffe, Hilfsstoffe. Siehe hierzu S. 40.

2.1.2 Arten (Verfahren) der Inventur

(1) Stichtagsinventur (Normalverfahren)

Grundsätzlich sind zu Beginn eines Handelsgewerbes und zum Schluss eines jeden Geschäftsjahres alle Vermögens- und Schuldenposten aufgrund einer körperlichen Bestandsaufnahme genau zu verzeichnen und zu bewerten.

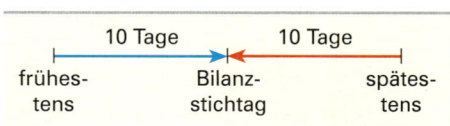

Diese zeitraubenden Inventurarbeiten sind in der Praxis häufig an einem Tag nicht zu bewältigen. Die Inventurarbeiten dürfen daher auch zeitnah **um den Stichtag herum** durchgeführt werden. Als zulässige Zeitspanne um den Bilanzstichtag gelten 10 Tage vor bzw. 10 Tage nach dem Bilanzstichtag.

(2) Verlegte Inventur

Sind für einen bestimmten Tag innerhalb von **drei Monaten vor dem Bilanzstichtag** oder innerhalb von **zwei Monaten nach dem Bilanzstichtag** die Werte von Vermögensgegenständen durch eine körperliche Bestandsaufnahme ermittelt und in einem gesonderten Verzeichnis festgehalten worden, dann

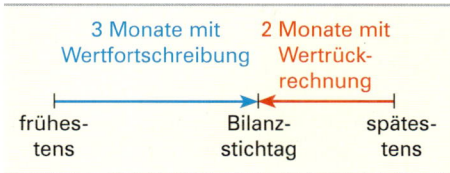

braucht für diese Vermögensgegenstände eine körperliche Inventur zum Bilanzstichtag nicht mehr vorgenommen zu werden. Allerdings muss sichergestellt sein, dass durch eine ordnungsmäßige **Fortschreibung** bzw. **Rückrechnung** der Wert am Bilanzstichtag zuverlässig ermittelt werden kann.

(3) Permanente Inventur

Werden alle Zu- und Abgänge der Vermögensgegenstände nach Art, Menge und Wert fortlaufend in einer Bestandsdatei erfasst, kann auf eine körperliche Bestandsaufnahme zum Bilanzstichtag gänzlich verzichtet werden. Allerdings muss dann die Bestandsdatei zu einem **beliebigen** anderen **Zeitpunkt innerhalb des Jahres** durch eine körperliche Bestandsaufnahme überprüft werden.

Die permanente Inventur hat den Vorteil, dass die starke Arbeitsbelastung, die die Stichtagsinventur mit sich bringt, auf das Jahr verteilt wird und gegebenenfalls eine Betriebsschließung vermieden werden kann.

(4) Stichprobeninventur

Erfahrungsgemäß macht bei den Werkstoffvorräten eine relativ kleine Menge (z. B. 20 % der Werkstoffe) den größten Teil des Wertes (z. B. 80 %) aus.

- Für die **kleine Werkstoffmenge** mit einem **hohen Wertanteil** wird eine **vollständige körperliche Bestandsaufnahme** durchgeführt.

- Für die **große Werkstoffmenge** mit vergleichsweise **niedrigem Wertanteil** wird eine **Stichprobeninventur** durchgeführt. Dabei wird zunächst für einen kleinen Teil der Werkstoffmenge (z. B. für 2 % bis 5 %) eine körperliche Bestandsaufnahme durchgeführt. Aus diesen ausgewählten einzelnen Werkstoffen (den Stichproben) wird ein Durchschnittswert ermittelt.

  Durch Multiplikation der gesamten Werkstoffmenge mit niedrigem Wertanteil mit dem ermittelten Durchschnittswert der Stichproben erhält man den Gesamtwert für diesen Teil der Werkstoffvorräte.

2.1.3 Zielsetzung der Inventur

Die vom Gesetzgeber geforderte Inventur ist wesentlicher Bestandteil einer ordnungsmäßigen Buchführung. Die Inventur dient in erster Linie dem **Schutz der Gläubiger.** Durch
eine körperliche Bestandsaufnahme soll überprüft werden, ob die in der Buchführung **ausgewiesenen Bestände (Sollbestände, Buchbestände)** mit den **tatsächlichen Beständen
(Istbeständen, Inventurbeständen) übereinstimmen.** Treten Differenzen zwischen Soll-
und Istbeständen auf, müssen die Ursachen aufgedeckt und entsprechende Korrekturen
in der Buchführung vorgenommen werden, damit solche Differenzen nicht noch weiter-
geschleppt werden. Insofern übt die **Inventur** gegenüber der Buchführung eine **Kontrollfunktion** aus.

2.2 Inventar

- Das **Inventar** ist das übersichtlich zusammengestellte **wertmäßige Ergebnis** der
  Inventur.

- Das Inventar weist zu einem **bestimmten Tag** alle tatsächlich vorhandenen **Vermögensposten und Schulden** eines Unternehmens nach Art, Menge und Wert aus.

Obschon es **keine gesetzlichen Vorschriften** für die **formale Darstellung eines Inventars**
gibt, hat es sich in der Praxis allgemein durchgesetzt, dass die Ergebnisse der Inventur
nochmals zusammengefasst werden. Bei einzelnen Posten wird dann auf die jeweilige
Einzelinventurliste verwiesen.

Das Beispiel auf S. 21 dient Ihnen als Muster für den Inhalt und den Aufbau eines Inven-
tarverzeichnisses und für die darin verwendeten Begriffe.

Erläuterungen zum Inhalt und Aufbau des Inventars von S. 21

Das Inventar besteht aus drei Teilen: dem **Vermögen,** den **Schulden** und dem **Reinvermögen** (Eigenkapital).

- Das **Vermögen** gibt Aufschluss darüber, welche Gegenstände in einem Unternehmen
  vorhanden sind. Man unterscheidet zwischen Anlage- und Umlaufvermögen.

  - Zum **Anlagevermögen** zählen alle Ver-
    mögensposten, die dazu bestimmt
    sind, dem Unternehmen langfristig zu
    dienen. Sie bilden die Grundlage für die
    Betriebsbereitschaft.

    Beispiele:

    Lizenzen, geschützte Marken, Gebäude, Grund-
    stücke, Maschinen, Betriebs- und Geschäftsaus-
    stattung, Beteiligung an anderen Unternehmen.

  - Zum **Umlaufvermögen** zählen alle Ver-
    mögensposten, die sich durch die Ge-
    schäftstätigkeit laufend verändern.

    Beispiele:

    Kassenbestand, Guthaben bei Kreditinstituten,
    Werkstoffe, Handelswaren, Forderungen aus
    Lieferungen und Leistungen.

- Die **Schulden** (Verbindlichkeiten) stellen
  Fremdkapital dar, das Dritte dem Unternehmen zur Verfügung stellen. Sie wer-

  Beispiele:

  Verbindlichkeiten gegenüber Kreditinstituten,
  Verbindlichkeiten aus Lieferungen und Leistungen.

den z. B. nach der Art der Schuld oder
nach ihrer Fälligkeit gegliedert.

Inventar zum 31. Dezember
der Möbelfabrik Franz Merkurius e. Kfm., Dürerstraße 15, 38442 Wolfsburg

A.	**Vermögen**		
I.	A n l a g e v e r m ö g e n :		
	1. Grundstücke		
	– Dürerstraße 15	175 000,00 EUR	
	– Georgstraße 21	125 000,00 EUR	300 000,00 EUR
	2. Bauten auf eigenen Grundstücken		
	– Fabrikgebäude Dürerstraße 15	429 450,00 EUR	
	– Verwaltungsgebäude Georgstraße 21	675 000,00 EUR	1 104 450,00 EUR
	3. Maschinen lt. Inventurliste 1		749 800,00 EUR
	4. Fuhrpark		
	– Pkw: WOB – BE 44	45 800,00 EUR	
	– Lkw: WOB – LU 855	98 750,00 EUR	144 550,00 EUR
	5. Betriebs- und Geschäftsausstattung		
	– Lagereinrichtung lt. Inventurliste 2	45 600,00 EUR	
	– Verwaltungseinrichtung lt. Inventurliste 3	29 275,00 EUR	
	– EDV-Anlagen lt. Inventurliste 4	20 725,00 EUR	95 600,00 EUR
II.	U m l a u f v e r m ö g e n :		
	1. Rohstoffe lt. Inventurliste 5		350 750,00 EUR
	2. Hilfsstoffe lt. Inventurliste 6		118 450,00 EUR
	3. Betriebsstoffe lt. Inventurliste 7		147 620,00 EUR
	4. Fertigerzeugnisse		
	– 360 Schränke V 17/2	203 400,00 EUR	
	– 210 Schreibtische S 22/4	193 200,00 EUR	
	– Diverse Kleinmöbel lt. Inventurliste 8	310 400,00 EUR	707 000,00 EUR
	5. Unfertige Erzeugnisse lt. Inventurliste 9		70 200,00 EUR
	6. Forderungen aus Lieferungen und Leistungen		
	– Möbelhaus Schmid OHG, Emden	12 125,00 EUR	
	– Möbel Meierhofer KG, Salzgitter	11 900,00 EUR	
	– Möbel Discount Dresden GmbH	9 550,00 EUR	33 575,00 EUR
	7. Kassenbestand lt. Inventurliste 10		1 250,00 EUR
	8. Guthaben bei Banken		
	– Guthaben Volksbank Lüneburg	28 780,00 EUR	
	– Guthaben Stadtsparkasse Wolfsburg	5 900,00 EUR	34 680,00 EUR
	Summe des Vermögens (Rohvermögens)		**3 857 925,00 EUR**
B.	**Schulden**		
1.	Verbindlichkeiten gegenüber Kreditinstituten		
	– Darlehen bei der Volksbank Lüneburg		890 600,00 EUR
	– Kontokorrentkredit bei der Stadtsparkasse Wolfsburg		50 145,00 EUR
2.	Verbindlichkeiten aus Lieferungen und Leistungen		
	– Metall- und Kunststoffwerke Leipzig AG	55 150,00 EUR	
	– Großhandelshaus Stark GmbH Goslar	47 350,00 EUR	102 500,00 EUR
3.	Liefererdarlehen von der Rado GmbH Dortmund		73 000,00 EUR
	Summe der Schulden		**1 116 245,00 EUR**
C.	**Ermittlung des Reinvermögens (Eigenkapitals)**		
	Summe des Vermögens		3 857 925,00 EUR
	– Summe der Schulden		1 116 245,00 EUR
	= Reinvermögen (Eigenkapital)		**2 741 680,00 EUR**

Die **Inventur** ist eine **Bestandsaufnahme**, das **Inventar** ein **Bestandsverzeichnis**.

Übungsaufgabe

2 Begriffe Inventur und Inventar, Aufstellen eines Inventars

1. Nennen Sie die Gesetzesvorschrift, die den Kaufmann zur Aufstellung eines Inventars verpflichtet!

2. Nennen Sie drei Angaben, die in einem Inventar enthalten sein müssen!

3. Ermitteln Sie, zu welchen Zeitpunkten jeweils ein Inventar aufgestellt werden muss!

4. Erläutern Sie die Begriffe Inventar und Inventur!

5. Erläutern Sie, welche praktische Bedeutung die Inventur im Zusammenhang mit der Buchführung hat!

6. Begründen Sie, welche Werte beim Auftreten von Differenzen zwischen Soll- und Istwerten berichtigt werden müssen!

7. Stellen Sie aufgrund der angegebenen Inventurergebnisse ein Inventar auf!

Bebaute Grundstücke		478 790,00 EUR
Fabrikgebäude		2 121 180,00 EUR
Verwaltungsgebäude		535 925,00 EUR
Büroeinrichtung lt. Inventurliste 1		148 500,00 EUR
Maschinen lt. Inventurliste 2		2 470 100,00 EUR
Werkzeuge lt. Inventurliste 3		272 800,00 EUR
Fuhrpark: 2 Lkw	205 000,00 EUR	
3 Pkw	64 300,00 EUR	269 300,00 EUR
Betriebs- und Geschäftsausstattung lt. Inventurliste 4		330 000,00 EUR
Rohstoffe lt. Inventurliste 5		1 420 000,00 EUR
Betriebsstoffe lt. Inventurliste 6		87 200,00 EUR
Hilfsstoffe lt. Inventurliste 7		54 750,00 EUR
Unfertige Erzeugnisse lt. Inventurliste 8		321 800,00 EUR
Fertige Erzeugnisse lt. Inventurliste 9		1 790 000,00 EUR
Kundenforderungen lt. bestätigter Saldenliste		222 400,00 EUR
Kassenbestand lt. Inventurliste 10		15 100,00 EUR
Guthaben bei Kreditinstituten – Guthaben auf dem Kontokorrentkonto bei der A-Bank		29 900,00 EUR
Verbindlichkeiten gegenüber Kreditinstituten – Darlehen bei der B-Bank		3 720 000,00 EUR
Verbindlichkeiten aus Lieferungen und Leistungen: – Göttinger Maschinen AG	820 000,00 EUR	
– Technik & Service Fritz GmbH	188 100,00 EUR	1 008 100,00 EUR

8. Nennen Sie Nachteile der Stichtagsinventur!

9. Beschreiben Sie den wichtigsten Vorteil der permanenten Inventur!

10. Recherchieren Sie, wie lange die Inventare nach dem Gesetz aufzubewahren sind!

3 Bilanz

3.1 Gesetzliche Grundlagen zur Aufstellung der Bilanz

(1) Grundsätze ordnungsmäßiger Buchführung [GoB]

Die Grundsätze ordnungsmäßiger Buchführung [GoB] haben sich aus der Praxis der Buchführung entwickelt. Allgemein zählt dazu alles, was ein gewissenhafter, ordentlicher Kaufmann darunter versteht.[1]

Ein großer Teil dieser Grundsätze ist im Handelsgesetzbuch bzw. in den Steuergesetzen, namentlich in der Abgabenordnung (AO), gesetzlich verankert. Die nachfolgende Tabelle fasst die wichtigsten **Grundsätze ordnungsmäßiger Buchführung** zusammen.

1. **Allgemeiner Grundsatz** [§ 238 I, S. 2 HGB]	„Die Buchführung muss so beschaffen sein, dass sie einem sachverständigen Dritten innerhalb angemessener Zeit einen Überblick über die Geschäftsvorfälle und über die Lage des Unternehmens vermitteln kann."
2. Grundsatz der **Klarheit und Übersichtlichkeit** [§ 238 I, S. 3 HGB]	„Die Geschäftsvorfälle müssen sich in ihrer Entstehung und Abwicklung verfolgen lassen." Dieser Grundsatz führt zu der Forderung: **keine Buchung ohne Beleg** und zu einer **ordnungsmäßigen Belegaufbewahrung.**
3. Grundsatz der **Vollständigkeit und Richtigkeit** [§ 239 II HGB]	„Die Eintragungen in Büchern und die sonst erforderlichen Aufzeichnungen müssen vollständig, richtig, zeitgerecht und geordnet vorgenommen werden." Dieser Grundsatz erfordert für die Praxis die Führung eines **Grundbuches**[2] (zeitgerechte Erfassung) und die Führung eines **Hauptbuches**[2] (sachgerechte, geordnete Erfassung).
4. Grundsatz des **Erhalts der ursprünglichen Eintragungen** [§ 239 III, S. 1 HGB]	„Eine Eintragung oder eine Aufzeichnung darf nicht in einer Weise verändert werden, dass der ursprüngliche Inhalt nicht mehr feststellbar ist." Das bedeutet ein Verbot der Benutzung von Killerinstrumenten sowie das Verbot des Überschreibens.
5. Grundsatz des **Verrechnungsverbots** [§ 246 II HGB]	„Posten der Aktivseite dürfen nicht mit Posten der Passivseite, Aufwendungen nicht mit Erträgen, … verrechnet werden." Das bedeutet, dass jeweils gesonderte Konten zu führen sind.
6. Grundsatz der **Lesbarkeit der Daten** [§ 239 IV, S. 2 HGB]	„Bei der Führung der Handelsbücher und der sonst erforderlichen Aufzeichnungen auf Datenträgern muss sichergestellt sein, dass die Daten während der Dauer der Aufbewahrungsfrist verfügbar sind und jederzeit innerhalb angemessener Frist lesbar gemacht werden können." Der Kaufmann muss auf seine Kosten entsprechende Geräte dafür bereithalten.

(2) Aufstellungspflicht

Nach § 242 HGB hat der Kaufmann zu Beginn seines Handelsgewerbes und danach für den Schluss eines jeden Geschäftsjahres eine **Bilanz**[3] aufzustellen, aus der das Verhältnis zwischen seinem Vermögen und seinen Schulden erkennbar ist. Grundlage für die Aufstellung der Bilanz ist das **Inventar.**

1 Zu den **GoBD** siehe S. 128.

2 Siehe Kapitel 13.2, S. 126 f.

3 Das Wort **Bilanz** stammt aus dem Italienischen. Dort heißt es so viel wie Gleichgewicht bzw. Waage.

Die **Bilanz** ist eine kurz gefasste Gegenüberstellung von Vermögen und Kapital in Kontoform.

(3) Form und Gliederung der Bilanz nach § 266 HGB

Nach § 266 I, S. 1 HGB ist die Bilanz in **Kontoform** aufzustellen. Die **linke Seite der Bilanz** ist die **Aktivseite.** Auf ihr stehen die **Aktiva (Vermögensposten).** Die **rechte Seite der Bilanz** ist die **Passivseite.** Auf ihr stehen die **Passiva.** Die Passivseite der Bilanz weist das Kapital, getrennt nach Kapitalgebern **(Eigenkapital** und **Verbindlichkeiten [Fremdkapital])** aus.

Es wird folgendes **vereinfachtes Bilanzschema** zugrunde gelegt:

Aktiva	Bilanz zum 31. Dezember 20..	Passiva

I. Anlagevermögen
    1. Grundstücke und Bauten
    2. Technische Anlagen und Maschinen
    3. And. Anl., Betr.- u. G.-Ausstattung
II. Umlaufvermögen
    1. Roh-, Hilfs- und Betriebsstoffe
    2. Unfertige Erzeugnisse
    3. Fertige Erzeugnisse und Waren
    4. Ford. aus Lieferungen u. Leistungen
    5. Kassenbestand
    6. Guthaben bei Kreditinstituten
		I. Eigenkapital
		II. Verbindlichkeiten
		    1. Verbindlichkeiten gegenüber
		         Kreditinstituten
		    2. Verbindlichkeiten aus Lieferungen
		         und Leistungen
		    3. Sonstige Verbindlichkeiten

Beispiel:

Aus dem Inventar auf S. 21 leitet sich die folgende Bilanz ab!

Aktiva		Bilanz der Möbelfabrik Franz Merkurius e. Kfm. zum 31. Dez. 20..		Passiva
I. Anlagevermögen		**I. Eigenkapital**	2 741 680,00	
1. Grundstücke und Bauten	1 404 450,00	**II. Verbindlichkeiten**		
2. Techn. Anl. und Maschinen	749 800,00	1. Verbindlichkeiten gegenüber		
3. And. Anl., Betriebs- u. Geschäftsausstattung	240 150,00	Kreditinstituten	940 745,00	
II. Umlaufvermögen		2. Verbindlichkeiten a. Lieferungen und Leistungen	102 500,00	
1. Roh-, Hilfs- und Betr.-Stoffe	616 820,00	3. Sonstige Verbindlichkeiten	73 000,00	
2. Unfertige Erzeugnisse	70 200,00			
3. Fert. Erzeugn. und Waren	707 000,00			
4. Ford. a. Lief. u. Leist.	33 575,00			
5. Kassenbestand	1 250,00			
6. Guth. bei Kreditinstituten	34 680,00			
	3 857 925,00		**3 857 925,00**	

Wolfsburg, den 10. März 20..

Franz Merkurius

Die Bilanz lässt auf einen Blick erkennen, wer das Kapital aufgebracht hat (Passivseite) und wie es verwendet wurde (Aktivseite).

Aktiva	Bilanz der Möbelfabrik Franz Merkurius e. Kfm.	Passiva

Wie wurde das Kapital verwendet?		**Wer** hat das Kapital aufgebracht?	
I. **Anlagevermögen**	2 394 400,00	I. **Eigenkapital**	2 741 680,00
II. **Umlaufvermögen**	1 463 525,00	II. **Verbindlichkeiten**	1 116 245,00
Vermögen	3 857 925,00	**Kapital**	3 857 925,00

Verwendung finanzieller Mittel
(Investition)

Herkunft finanzieller Mittel
(Finanzierung)

> Die **Aktivseite** der Bilanz gibt die **Mittelverwendung (Investition)** des Unternehmens wieder, die **Passivseite** die **Herkunft finanzieller Mittel (Finanzierung)**.

(4) Aussagekraft der Bilanz

Am vorgegebenen Beispiel der Möbelfabrik Franz Merkurius e. Kfm. wird im Folgenden ein kurzer Überblick über die Aussagekraft einer Bilanz gegeben. Dabei beschränken wir uns darauf, das Verhältnis des Anlage- und Umlaufvermögens sowie des Eigen- und Fremdkapitals zur Bilanzsumme aufzuzeigen und auszuwerten.

Aktiva	Bilanz der Möbelfabrik Franz Merkurius e. Kfm.	Passiva

Wie wurde das Kapital verwendet?			**Wer** hat das Kapital aufgebracht?		
I. **Anlagevermögen**	2 394 400,00	62,1 %	I. **Eigenkapital**	2 741 680,00	71,1 %
II. **Umlaufvermögen**	1 463 525,00	37,9 %	II. **Verbindlichkeiten**	1 116 245,00	28,9 %
Vermögen	3 857 925,00	100,0 %	**Kapital**	3 857 925,00	100,0 %

Verwendung finanzieller Mittel
(Investition)

Herkunft finanzieller Mittel
(Finanzierung)

■ **Zur Vermögenszusammensetzung:**

Man sieht, dass das Anlagevermögen einen höheren Anteil hat als das Umlaufvermögen. Das war zu erwarten, denn eine Möbelfabrik benötigt zur Produktion Fabrikhallen, Maschinen, Fließbänder u. Ä. Diese Anlagegüter sind kapitalintensiv. Das Anlagevermögen ist umso höher, je stärker ein Unternehmen die Produktion automatisiert.

Im Umlaufvermögen sind bei einer Möbelfabrik naturgemäß die Roh-, Hilfs- und Betriebsstoffe sowie die Fertigerzeugnisse die größten Posten, da sie unmittelbar mit der Produktion zusammenhängen. Erwähnenswert ist, dass die Forderungen sehr niedrig sind. Dies könnte darauf zurückzuführen sein, dass die Erzeugnisse sehr begehrt sind und die Möbelfabrik auf die Gewährung langer Zahlungsfristen verzichten kann.

■ **Zur Kapitalzusammensetzung:**

Das Verhältnis Eigen- und Fremdkapital zur Bilanzsumme zeigt, dass der Anteil des Eigenkapitals höher ist als der des Fremdkapitals. Das bedeutet, die Möbelfabrik ist nicht von den Gläubigern abhängig und die Zinslast ist überschaubar.

(5) Bilanzgleichungen

Für jede Bilanz gilt folgende Grundgleichung:

$$\text{Aktiva} = \text{Passiva}$$

Dabei gilt:

$$\text{Aktiva} = \text{Vermögen}$$
$$\text{Passiva} = \text{Eigenkapital} + \text{Fremdkapital}[1]$$

Hieraus lassen sich folgende weitere **Bilanzgleichungen** ableiten:

Für die Berechnung des Vermögens

$$\text{Vermögen} = \text{Eigenkapital} + \text{Fremdkapital}$$

Für die Berechnung des Kapitals

$$\text{Eigenkapital} = \text{Vermögen} - \text{Fremdkapital}$$
$$\text{Fremdkapital} = \text{Vermögen} - \text{Eigenkapital}$$

3.2 Gegenüberstellung von Inventar und Bilanz

Inventar	Bilanz
■ Das Inventar ist eine **ausführliche wert- und mengenmäßige** Gegenüberstellung der Vermögens- und Schuldposten.	■ Die Bilanz ist eine **gedrängte wertmäßige Gegenüberstellung** aller Vermögens- und Schuldposten.
■ Im Inventar werden alle selbstständig bewertbaren Gegenstände eines Postens erfasst. Es ist **sehr ausführlich** und dadurch **unübersichtlich**.	■ Die Bilanz weist jeden Posten nur mit einer Summe aus. Sie ist **weniger ausführlich**, dadurch aber **übersichtlich**.
■ Im Inventar stehen Vermögen und Schulden **untereinander**.	■ In der Bilanz stehen Vermögen und Schulden **nebeneinander**.
■ Die Differenz zwischen Vermögen und Schulden heißt **Reinvermögen**.	■ Die Differenz zwischen Vermögen und Schulden heißt **Eigenkapital**.
■ Das Inventar übt gegenüber den Ergebnissen der Buchführung eine **Kontrollfunktion** aus.	■ Die Bilanz baut auf den **Zahlenunterlagen der Buchführung** und denen der Inventur auf.
■ Das Inventar dient **innerbetrieblichen Zwecken** (Soll-Ist-Vergleich).	■ Die Bilanz informiert die **Außenwelt**.
■ Gesetzliche **Gliederungsvorschriften** für das Inventar **bestehen nicht**.	■ Es bestehen **gesetzliche Gliederungsvorschriften**.

---

1 Unter dieser mehr betriebswirtschaftlichen Betrachtungsweise benutzen wir den Begriff **Fremdkapital** (statt Verbindlichkeiten).

Übungsaufgaben

3 Erstellen einer Bilanz

Stellen Sie unter Beachtung des einfachen Bilanzgliederungsschemas auf S. 24 aus dem Inventar der Übungsaufgabe 2, Nr. 7. (S. 22) die entsprechende Bilanz auf!

4 Erstellen einer Bilanz und Beurteilung der Bilanz

1. Erstellen Sie für das Plastikwerk Hübner e. Kfm. aufgrund folgender Angaben die Bilanz und berechnen Sie das Verhältnis von Anlage- und Umlaufvermögen sowie von Eigen- und Fremdkapital zur Bilanzsumme:

✓ Fertige Erzeugnisse	620 400,00 EUR
✓ Handelswaren	68 200,00 EUR
✓ Grundstücke und Bauten	570 800,00 EUR
✓ Forderungen aus Lieferungen und Leistungen	115 000,00 EUR
✓ Verbindlungen aus Lieferungen und Leistungen	975 000,00 EUR
✓ Technische Anlagen und Maschinen	1 700 400,00 EUR
✓ Büroausstattung	75 150,00 EUR
✓ Fuhrpark	82 200,00 EUR
✓ Kassenbestand	17 000,00 EUR
✓ Verbindlichkeiten gegenüber Kreditinstituten	1 810 000,00 EUR
✓ Roh-, Hilfs- und Betriebsstoffe	490 500,00 EUR
✓ Guthaben bei Kreditinstituten	48 400,00 EUR
✓ Liefererdarlehen	97 700,00 EUR

2. Beurteilen Sie die Vermögens- und Kapitalstruktur des Plastikwerks Hübner e. Kfm.!

3.3 Zusammenhang zwischen Inventur, Inventar, Bilanz und Buchführung

Bevor die Bilanz auf den Zahlen der Buchführung erstellt werden kann, muss geprüft werden, ob die in der Buchführung ausgewiesenen Bestände **(Sollbestände)** mit den tatsächlich vorhandenen Beständen **(Istbestände)** übereinstimmen. Es könnten ja Unregelmäßigkeiten (z. B. Rechenfehler, Diebstahl) aufgetreten sein. Diese Sicherstellung erfolgt über die Inventur. Inventur, Inventar und Bilanz stehen **außerhalb der Buchführung.**

- Man unterscheidet **Inventurbestand (Istbestand)** und **Buchbestand (Sollbestand).**
- Der **Buchbestand** muss eventuell durch Korrekturbuchungen dem **Istbestand** entsprechend **angepasst werden.**

Liegen Abweichungen zwischen Soll- und Istbeständen vor, müssen die Gründe dafür aufgedeckt und entsprechende Korrekturen in der Buchführung vorgenommen werden, damit die Werte der Buchführung auch mit den tatsächlich vorhandenen übereinstimmen. Die Inventur – mit dem Inventar als Ergebnis – hat gegenüber der Buchführung eine **Kontrollfunktion.**

Die nachfolgende Grafik zeigt den Ablauf der Abstimmung zwischen Buchführung und Bilanz aufgrund der Inventur.

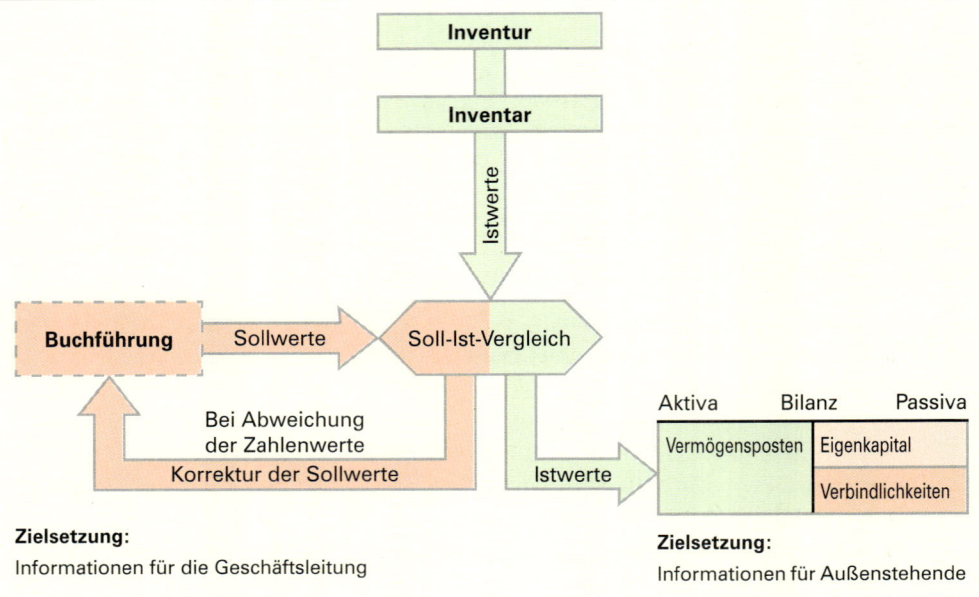

Zielsetzung:
Informationen für die Geschäftsleitung

Zielsetzung:
Informationen für Außenstehende

Übungsaufgabe

5 Inventur, Bilanz, Buchführung (Stoffvertiefung)

1. Erläutern Sie zwei wichtige Unterscheidungsmerkmale zwischen Inventar und Bilanz!

2. Nennen Sie die beiden Hauptgruppen auf der Aktivseite der Bilanz!

3. 3.1 Erläutern Sie den Begriff Anlagevermögen!
   3.2 Nennen Sie drei Posten, die zum Anlagevermögen gehören!

4. 4.1 Erläutern Sie den Begriff Umlaufvermögen!
   4.2 Nennen Sie vier Posten, die zum Umlaufvermögen zählen!

5. Erklären Sie das Wort Bilanz!

6. Stellen Sie die Grundgleichung einer Bilanz auf!

7. Stellen Sie dar, wie das Eigenkapital rechnerisch zu ermitteln ist!

8. Erläutern Sie den Inhalt der beiden Bilanzseiten!

9. Erläutern Sie den Zusammenhang zwischen Buchführung, Inventar (Inventur) und Bilanz!

3.4 Wertveränderungen der Bilanzposten durch Geschäftsvorfälle (vier Grundfälle)

Die Bilanz erfasst die Vermögenswerte und die Schulden im Allgemeinen für den Schluss eines jeden Geschäftsjahres. Durch Gegenüberstellung der Werte am Schluss des laufenden Geschäftsjahres mit den Werten am Schluss des vorangegangenen Geschäftsjahres können dann die Wertveränderungen der einzelnen Bilanzposten festgestellt werden. Ursache für diese Wertveränderungen sind die **Geschäftsvorfälle.** Will man diese Wertveränderungen in der übersichtlichen Form einer Bilanz verfolgen, müssten Bilanzen in kürzeren Zeitabständen aufgestellt werden, aus theoretischer Sicht nach jedem Geschäftsvorfall. Dies ist zu umständlich. Daher werden die Veränderungen aufgrund der Geschäftsvorfälle außerhalb der Bilanz, in der **Buchführung,** festgehalten.

Im Folgenden wird diese unrealistische Sicht jedoch benutzt, um grundsätzlich die unterschiedlichen Auswirkungen der verschiedenen Geschäftsvorfälle auf die in der Bilanz dargestellten Vermögens- und Schuldenwerte darzustellen.

- Eine **Bilanz** gilt immer nur für einen ganz **bestimmten Zeitpunkt.**
- Die in der Bilanz dargestellten Werte werden durch jeden danach erfolgten **Geschäftsvorfall verändert.**
- **Geschäftsvorfälle** sind Vorgänge, die Veränderungen des Vermögens bzw. der Schulden auslösen.
- Die Veränderungen aufgrund der Geschäftsvorfälle werden in der **Buchführung** festgehalten.
- Die **Buchführung** erfasst planmäßig und lückenlos alle Geschäftsvorfälle eines Betriebs innerhalb eines bestimmten Zeitabschnitts.

Beispiel:

Aktiva	Ausgangsbilanz		Passiva
Techn. Anlagen u. Maschinen	37 000,00	Eigenkapital	42 000,00
Roh-, Hilfs- u. Betriebsstoffe	2 000,00	Verb. a. Lief. und Leistungen	16 000,00
Fertige Erzeugnisse	3 000,00		
Kassenbestand	4 000,00		
Guthaben bei Kreditinstituten	12 000,00		
	58 000,00		58 000,00

Anmerkung:

Wegen der geringen Anzahl von Bilanzposten wird auf die Gliederung in Anlagevermögen und Umlaufvermögen bzw. Eigenkapital und Verbindlichkeiten verzichtet.

Aufgabe:

Stellen Sie nach jedem Geschäftsvorfall die Bilanz neu auf, geben Sie an, in welche Richtung (+ oder −) sich die einzelnen Bilanzposten geändert haben und charakterisieren Sie jeweils die Bilanzveränderungen! Treffen Sie außerdem eine Aussage über die Bilanzsumme!

Lösung:

1. Geschäftsvorfall: Wir kaufen Rohstoffe gegen Barzahlung für 1 800,00 EUR.

Auswirkungen auf die Bilanz

Aktiva	1. veränderte Bilanz		Passiva
Techn. Anlagen u. Maschinen	37 000,00	Eigenkapital	42 000,00
Roh-, Hilfs- u. Betriebsstoffe	3 800,00	Verb. a. Lief. und Leistungen	16 000,00
Fertige Erzeugnisse	3 000,00		
Kassenbestand	2 200,00		
Guthaben bei Kreditinstituten	12 000,00		
	58 000,00		58 000,00

Roh-, Hilfs- u. Betriebsstoffe	(Aktivposten)	+	**AKTIVTAUSCH**
Kassenbestand	(Aktivposten)	–	**Die Bilanzsumme bleibt unverändert**

Erläuterungen:

Es werden zwei Aktivposten verändert. Der Aktivposten Roh-, Hilfs- u. Betriebsstoffe nimmt um 1 800,00 EUR zu, der Aktivposten Kassenbestand nimmt um den gleichen Betrag ab.

2. Geschäftsvorfall: Eine Verbindlichkeit aus Lieferungen und Leistungen von 5 000,00 EUR wird in ein Liefererdarlehen (Bilanzposten „Sonstige Verbindlichkeiten") umgewandelt.

Auswirkungen auf die Bilanz

Aktiva	2. veränderte Bilanz		Passiva
Techn. Anlagen u. Maschinen	37 000,00	Eigenkapital	42 000,00
Roh-, Hilfs- u. Betriebsstoffe	3 800,00	Verb. a. Lief. und Leistungen	11 000,00
Fertige Erzeugnisse	3 000,00	Sonstige Verbindlichkeiten	5 000,00
Kassenbestand	2 200,00		
Guthaben bei Kreditinstituten	12 000,00		
	58 000,00		58 000,00

Sonstige Verbindlichkeiten	(Passivposten)	+	**PASSIVTAUSCH**
Verb. a. Lief. und Leistungen	(Passivposten)	–	**Die Bilanzsumme bleibt unverändert**

Erläuterungen:

Die Veränderungen erfolgen auf der Passivseite. Der Passivposten Verbindlichkeiten aus Lieferungen und Leistungen nimmt um 5 000,00 EUR ab. In Höhe des gleichen Betrages kommt der neue Passivposten Sonstige Verbindlichkeiten hinzu.

3. Geschäftsvorfall: Eine Verbindlichkeit aus Lieferungen und Leistungen in Höhe von 3 000,00 EUR wird durch eine Banküberweisung getilgt.

Auswirkungen auf die Bilanz

Aktiva	3. veränderte Bilanz		Passiva
Techn. Anlagen u. Maschinen	37 000,00	Eigenkapital	42 000,00
Roh-, Hilfs- u. Betriebsstoffe	3 800,00	Verb. a. Lief. und Leistungen	8 000,00
Fertige Erzeugnisse	3 000,00	Sonstige Verbindlichkeiten	5 000,00
Kassenbestand	2 200,00		
Guthaben bei Kreditinstituten	9 000,00		
	55 000,00		55 000,00

Verb. a. Lief. und Leistungen (Passivposten)	–	**AKTIV-PASSIVMINDERUNG**
Guth. bei Kreditinstituten (Aktivposten)	–	**Die Bilanzsumme wird verringert**

Erläuterungen:

Es werden ein Aktivposten und ein Passivposten berührt. Der Passivposten Verbindlichkeiten aus Lieferungen und Leistungen nimmt um 3 000,00 EUR ab, der Aktivposten Guthaben bei Kreditinstituten nimmt ebenfalls um den gleichen Betrag ab.

4. Geschäftsvorfall: Wir kaufen Betriebsstoffe auf Ziel (Kredit) für 6 000,00 EUR.

Auswirkungen auf die Bilanz

Aktiva	4. veränderte Bilanz		Passiva
Techn. Anlagen u. Maschinen	37 000,00	Eigenkapital	42 000,00
Roh-, Hilfs- u. Betriebsstoffe	9 800,00	Verb. a. Lief. und Leistungen	14 000,00
Fertige Erzeugnisse	3 000,00	Sonstige Verbindlichkeiten	5 000,00
Kassenbestand	2 200,00		
Guthaben bei Kreditinstituten	9 000,00		
	61 000,00		61 000,00

Roh-, Hilfs- u. Betr.-Stoffe (Aktivposten)	+	**AKTIV-PASSIVMEHRUNG**
Verb. a. Lief. und Leistungen (Passivposten)	+	**Die Bilanzsumme wird erhöht**

Erläuterungen:

Es werden ein Aktivposten und ein Passivposten berührt. Der Aktivposten Roh-, Hilfs- und Betriebsstoffe nimmt um 6 000,00 EUR zu, der Passivposten Verbindlichkeiten aus Lieferungen und Leistungen nimmt ebenfalls um diesen Betrag zu.

Ein Blick auf das Eigenkapital zeigt, dass bei allen vier Geschäftsvorfällen das Eigenkapital unverändert bleibt. Es handelt sich um **erfolgsunwirksame (erfolgsneutrale) Geschäftsvorfälle.**

- Jeder Geschäftsvorfall verändert die Bilanz.

- Bezüglich der Auswirkungen von Geschäftsvorfällen auf die Bilanz sind nur vier Grundfälle denkbar:

  - **Aktivtausch:** Ein Aktivposten nimmt im gleichen Maße ab, wie ein anderer Aktivposten zunimmt. Die Bilanzsumme bleibt unverändert.

    Beispiel: Wir kaufen Rohstoffe gegen Barzahlung.

  - **Passivtausch:** Ein Passivposten nimmt im gleichen Maße ab, wie ein anderer Passivposten zunimmt. Die Bilanzsumme bleibt unverändert.

    Beispiel: Eine Verbindlichkeit aus Lieferungen und Leistungen wird in ein Liefererdarlehen umgewandelt.

  - **Aktiv-Passivminderung:** Auf der Aktiv- und der Passivseite nimmt jeweils ein Posten um den gleichen Wert ab. Die Bilanzsumme wird verringert.

    Beispiel: Wir zahlen eine Liefererrechnung durch Banküberweisung (wobei das Bankkonto ein Guthaben aufweist).

  - **Aktiv-Passivmehrung:** Auf der Aktiv- und der Passivseite nimmt jeweils ein Posten um den gleichen Wert zu. Die Bilanzsumme wird dadurch erhöht.

    Beispiel: Wir kaufen Betriebsstoffe auf Ziel (Kredit).

- Geschäftsvorfälle, die das **Eigenkapital nicht verändern,** nennt man **ergebnisunwirksame** (ergebnisneutrale) **Geschäftsvorfälle.**

Übungsaufgaben

6 Veränderung der Bilanz durch Geschäftsvorfälle

I. Geschäftsvorfälle:

1. Wir zahlen eine Lieferantenrechnung durch Banküberweisung	4 500,00 EUR
2. Wir kaufen einen Schreibtisch bar	1 020,00 EUR
3. Wir kaufen Hilfsstoffe bar	821,00 EUR
4. Wir zahlen ein Liefererdarlehen durch Banküberweisung zurück	9 500,00 EUR
5. Ein Kunde zahlt einen Rechnungsbetrag durch Banküberweisung	1 100,00 EUR
6. Wir kaufen einen Laptop bar	845,00 EUR
7. Wir heben von unserem Bankkonto bar ab und legen das Geld in die Geschäftskasse	3 000,00 EUR
8. Eine Verbindlichkeit aus Lieferungen und Leistungen wird in ein Liefererdarlehen umgewandelt	12 000,00 EUR
9. Wir zahlen auf unser Bankkonto bar ein	3 400,00 EUR
10. Verkauf eines nicht mehr benötigten Büroschrankes zum Buchwert gegen Bankscheck	250,00 EUR

II. Aufgaben:

1. Geben Sie bei den angegebenen Geschäftsvorfällen jeweils die Änderungen der Bilanzposten an!

2. Zeigen Sie auf, um welchen der vier Grundfälle es sich jeweils handelt!

Bearbeitungshinweis:

Zur Lösung der Aufgabe verwenden Sie bitte das folgende Schema:

Nr.	Bilanzposten		Art des Grundfalles
1.	Verb. aus Lief. u. Leistungen	– 4 500,00	Aktiv-Passivminderung
	Guthaben bei Kreditinstituten	– 4 500,00	

7 Beispiele für Geschäftsvorfälle, Grundfälle der Bilanzveränderung

1. Lesen Sie die nachfolgenden Aussagen zur Bilanz:

    1.1 Der Geschäftsvorfall führt zu einer Vermehrung des Vermögens und der Schulden.

    1.2 Der Geschäftsvorfall führt zu einer Vermehrung eines Vermögenspostens und gleichzeitig zu der Verminderung eines anderen Vermögenspostens.

    1.3 Der Geschäftsvorfall führt zu einer Verminderung des Vermögens und der Schulden.

    1.4 Der Geschäftsvorfall erhöht die Bilanzsumme.

    Aufgabe:

    Bilden Sie zu jeder angegebenen Aussage als Beispiel einen Geschäftsvorfall!

2. In einem Industriebetrieb weist die Bilanz folgende Veränderungen auf:

2.1	Kassenbestand	+ 1 400,00 EUR
	Forderungen aus Lieferungen und Leistungen	– 1 400,00 EUR
2.2	Verbindlichkeiten gegenüber Kreditinstituten	– 5 000,00 EUR
	Guthaben bei Kreditinstituten	– 5 000,00 EUR
2.3	Verbindlichkeiten aus Lieferungen und Leistungen	– 10 000,00 EUR
	Sonstige Verbindlichkeiten	+ 10 000,00 EUR
2.4	Roh-, Hilfs- u. Betriebsstoffe	+ 4 100,00 EUR
	Verbindlichkeiten aus Lieferungen und Leistungen	+ 4 100,00 EUR

    Aufgabe:

    Formulieren Sie jeweils den zugrunde liegenden Geschäftsvorfall und geben Sie an, um welche Art der Bilanzveränderung es sich handelt!

4 Bestandskonten

4.1 Von der Bilanz zu den Konten

Es ist nicht notwendig, nach jedem Geschäftsvorfall eine Bilanz neu zu erstellen, da die Wertveränderungen, die durch Geschäftsvorfälle hervorgerufen werden, auch **außerhalb der Bilanz** auf besonderen **Konten in der Buchführung** erfasst werden können. Man muss nur für jeden Vermögens- und Schuldposten – einschließlich für den Posten Eigenkapital – entsprechende Konten einrichten und den vorhandenen Anfangsbestand darauf vortragen.

Da auf diesen Konten Bestände und deren Veränderungen erfasst werden, nennt man diese Konten **Bestandskonten (Bilanzkonten).**

- ■ In der **Buchführung** werden alle **Veränderungen der Bestände** auf Konten erfasst. Ursache für diese Veränderungen sind die **Geschäftsvorfälle.**

- ■ In der Buchführung sind **Aktivkonten (Vermögenskonten)** und **Passivkonten (Schuldkonten)** zu führen. Zu den Schuldkonten gehört auch das **Eigenkapitalkonto.**

- ■ Die **Aktiv- und Passivkonten** bilden die Gruppe der **Bestandskonten (Bilanzkonten).**

3 Speth u.a. - ISBN 978-3-8120-0521-0

Beispiel:

Die Anfangsbestände zu Beginn der Geschäftsperiode sind in nachfolgender Eröffnungsbilanz zusammengefasst.

Aufgabe:

Richten Sie für die einzelnen Bilanzposten Konten ein und tragen Sie die Bilanzwerte als Anfangsbestände darauf vor!

Die **Anfangsbestände** bei den **Aktivkonten** werden **auf der Sollseite**, die **Anfangsbestände** bei den **Passivkonten** auf der **Habenseite** eingetragen. Zu beachten ist, dass die Bezeichnung der Bilanzposten nicht mit der Bezeichnung der Konten übereinstimmen muss und dass für bestimmte Bilanzposten auch mehrere Konten einzurichten sind.

Lösung:

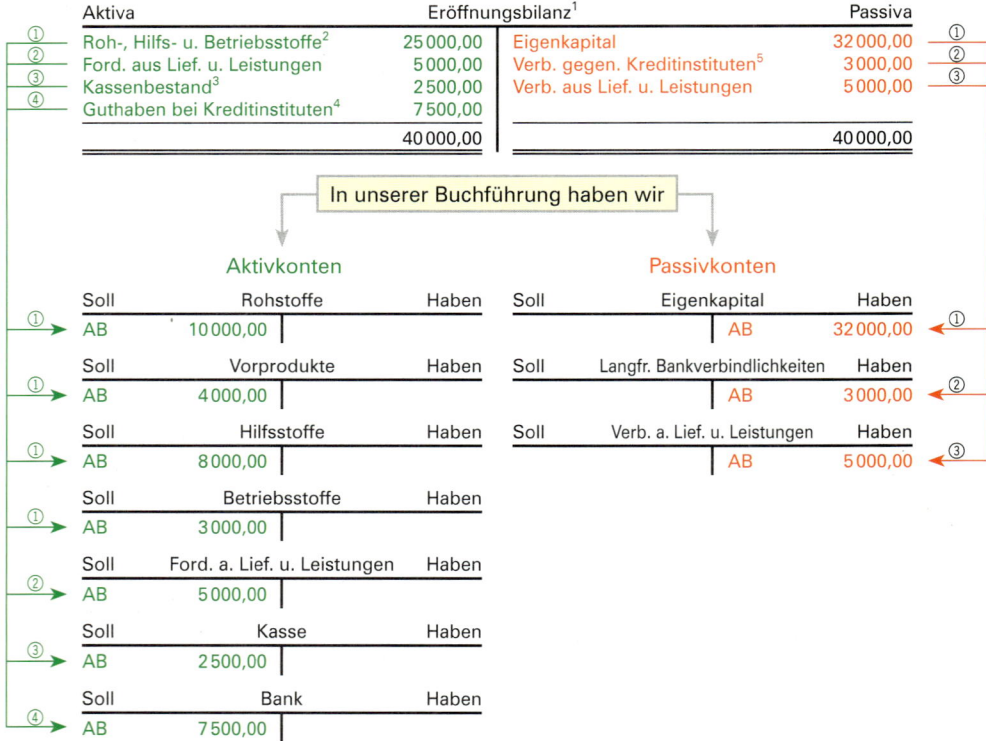

 Der **Anfangsbestand** steht bei den **Aktivkonten** im **Soll**, bei den **Passivkonten** im **Haben**.

---

1 Ausgangspunkt der Eröffnungsbilanz ist das durch die Inventur ermittelte Inventar.

2 Der Bilanzposten „Roh-, Hilfs- und Betriebsstoffe" wird in die vier Konten „Rohstoffe", „Vorprodukte", „Hilfsstoffe" und „Betriebsstoffe" aufgegliedert. Zur Begriffsklärung siehe Fußnote 1 S. 40.

3 Für den Bilanzposten „Kassenbestand" wird das Konto **Kasse** eingerichtet.

4 Für den Bilanzposten „Guthaben bei Kreditinstituten" wird das Konto **Bank** eingerichtet.

5 Für den Bilanzposten „Verbindlichkeiten gegenüber Kreditinstituten" ist nach der Fristigkeit der Verbindlichkeiten das Konto „**Langfristige Bankverbindlichkeiten**" oder „**Kurzfristige Bankverbindlichkeiten**" einzurichten.

4.2 Buchungen auf Aktivkonten (Vermögenskonten)

4.2.1 Einführung über das Konto Kasse

(1) Begriff Geschäftsvorfälle

In den Unternehmen fällt täglich eine Vielzahl von baren und unbaren Vorgängen an, die den Wert des Vermögens und/oder der Schulden verändern. Man bezeichnet sie als Geschäftsvorfälle.

> **Geschäftsvorfälle** sind Vorgänge, die eine
>
> - Veränderung der **Vermögenswerte** bzw. der **Schulden** auslösen,
> - zu **Geldeinnahmen** oder **Geldausgaben** führen,
> - und gegebenenfalls einen Werteverzehr **(Aufwand)** oder einen Wertezuwachs **(Ertrag)** darstellen.

(2) Erfassung von Geschäftsvorfällen am Beispiel des Kontos Kasse

■ Standpunkt für die Erfassung von Geschäftsvorfällen

Ein Geschäftsvorfall kann immer von zwei Seiten aus betrachtet werden.

Beispiel:	
Wir kaufen einen PC bar. 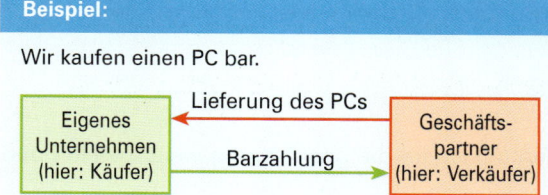	Auf der einen Seite haben wir den Käufer, auf der anderen Seite den Verkäufer. Es taucht daher die Frage auf, ob der Geschäftsvorfall aus Sicht des Käufers oder aus Sicht des Verkäufers erfasst werden soll.

Um keine Missverständnisse aufkommen zu lassen und um nicht ständig umdenken zu müssen, werden **alle Geschäftsvorfälle** nur von **einem Standpunkt** aus betrachtet und erfasst. Dabei versetzen wir uns in die Rolle eines Kaufmanns, der seine Bücher führt. Alle Geschäftsvorfälle sind als Ereignisse **unseres Betriebs** anzusehen. Wie der Geschäftsvorfall bei unserem Geschäftspartner zu buchen ist, interessiert uns daher aufgrund dieser Vereinbarung im Allgemeinen nicht.

Die Fälle, in denen der „Wir-Standpunkt" nicht ausdrücklich in die Formulierung aufgenommen ist, sind in gleicher Weise zu verstehen.

Beispiele:	
Kauf von Rohstoffen bar ⟶	d.h. „**Wir** kaufen Rohstoffe bar."
Banküberweisung eines Kunden ⟶	d.h. „Der Kunde überweist **uns** einen Rechnungsbetrag."
Zahlung einer Liefererrechnung durch Banküberweisung ⟶	d.h. „**Wir** zahlen eine Liefererrechnung durch Banküberweisung."

■ Kassenbuch

Ausgangspunkt ist eine kleine Werkzeugfabrik, die neben dem Verkauf an Großkunden noch einen Werksverkauf für die Handwerker der Region gegen Barzahlung betreibt. Die täglichen Einzahlungen und Auszahlungen erfasst der Werksverkauf über ein Kassenbuch.

Im Kassenbuch werden alle Barvorgänge entsprechend der zeitlichen Reihenfolge aufgezeichnet. Damit kann jederzeit ein **rechnerischer (buchhalterischer) Kassenbestand (Soll-Kassenbestand)** ermittelt werden. Dieser Kassenbestand laut Kassenbuch muss dann mit dem **tatsächlichen Bargeldbestand in der Kasse (Ist-Kassenbestand)** übereinstimmen.

Beispiel für ein Kassenbuch:		

Das Kassenbuch der Werkzeugfabrik Edgar Rohmer KG weist für den 13. Juni 20 . . folgende Daten aus:

Vorgang	Einzahlungen/Bestand in EUR	Auszahlungen in EUR
Kassenanfangsbestand	1 750,00	
Barverkauf an Fritz Müller	6 500,00	
Aushilfslohn bezahlt		620,00
Einlösung einer Nachnahme		1 480,00
Bareinzahlung vom Bankkonto	1 980,00	
Barverkauf Anton Beyer	1 460,00	
Kassenschlussbestand	9 590,00	

Die Eintragungen im Kassenbuch werden täglich an die Buchhaltung weitergeleitet und dort auf dem Konto gebucht.

■ Einführung des Kontos Kasse

Auf dem **Konto Kasse** werden grundsätzlich **zwei Vorgänge** erfasst: **Zahlungseingänge** und **Zahlungsausgänge.** Es bietet sich daher an, zwischen diesen beiden unterschiedlichen Tatbeständen, die es zu erfassen gilt, eine Trennungslinie zu ziehen. Zu diesem Zweck wird das Aufzeichnungsblatt in zwei Hälften unterteilt und vereinbart, dass die **Geldeingänge** auf der **linken Hälfte der Seite (Sollseite[1])** und die **Geldausgänge** auf der **rechten Seite (Habenseite[1])** erfasst werden. Diese Art der Erfassung der Geschäftsvorfälle nennt man **Kontoform.** Das Konto, auf dem die Kassenvorgänge festgehalten werden, bezeichnet man als **Konto Kasse.**

Beispiel:	

Wir beziehen uns auf die obigen Angaben im Kassenbuch und buchen die Einzahlungen und Auszahlungen auf dem Kassenkonto.

---

1 Die Seitenbezeichnungen „Soll" und „Haben" hängen mit der Entwicklungsgeschichte der Buchführung zusammen. Es sind Restbestände aus der Führung der ersten Konten, bei denen es sich um Personenkonten handelte (Kunden **„sollen"** zahlen [Warenlieferungen] und sie **„haben"** gezahlt [Zahlungen]). Diese für **alle** Konten geltenden Seitenbezeichnungen können bei anderen Konten nicht mehr zum Konteninhalt in Beziehung gebracht werden.

Lösung:

Soll	Kasse		Haben
Anfangsbestand	1750,00	Aushilfslohn	620,00
Fritz Müller	6500,00	Nachnahme	1480,00
Bank	1980,00		
Anton Beyer	1460,00		

Zur Feststellung des Schlussbestandes muss das Konto **abgeschlossen** werden. Den ermittelten Schlussbestand nennt man in der Sprache des Buchhalters **Saldo,** den Vorgang des Kontoabschlusses bezeichnet man als **Saldieren.**

Um **nach dem Abschluss** weitere Eintragungen vornehmen zu können, muss ein bereits abgeschlossenes Konto wieder **neu eröffnet** werden. Dabei wird der Wert des **Schlussbestands (Saldo)** beim Abschluss auf dem neu zu eröffnenden Konto als **Anfangsbestand (Saldovortrag)** übernommen.

Abschluss des Kontos:[1]

Soll	Kasse		Haben
Anfangsbestand	1750,00	Aushilfslohn	620,00
Fritz Müller	6500,00	Nachnahme	1480,00
Bank	1980,00	Schlussbestand (Saldo)	9590,00
Anton Beyer	1460,00		
	11690,00		11690,00

Neueröffnung des Kontos:

Soll	Kasse		Haben
Anfangsbestand (Saldovortrag)	9590,00		

Schematische Darstellung

Soll	Kasse	Haben
Anfangsbestand	Bar-auszahlungen	
Bar-einzahlungen	Schlussbestand (Saldo)	

Soll	Kasse	Haben
Anfangsbestand (Saldovortrag)	Bar-auszahlungen	
Bar-einzahlungen	Schlussbestand	

Erläuterungen:

Der ermittelte **Restbetrag (Saldo)** auf einem Konto heißt **Schlussbestand.** Dieser steht immer auf der wertmäßig kleineren Seite. Das ist bei einem Kassenkonto die Habenseite (niemand kann mehr Geld aus der Kasse entnehmen als vorher hineingelegt wurde).

Der **Anfangsbestand (Saldovortrag)** auf dem neu eröffneten Konto steht immer auf der entgegengesetzten Seite wie der Schlussbestand (Saldo). Da auf dem Kassenkonto der Schlussbestand auf der Habenseite steht, muss der Anfangsbestand auf der Sollseite erscheinen.

Der Abschluss eines Kontos vollzieht sich in fünf Schritten:

1. Schritt: Das Wort Schlussbestand (Saldo) wird auf der wertmäßig kleineren Seite eingetragen.

2. Schritt: Die wertmäßig größere Seite wird addiert.

3. Schritt: Die errechnete Summe wird auf die wertmäßig kleinere Seite übertragen.

4. Schritt: Der Schlussbestand (Saldo) wird ermittelt und zum Ausgleich der Seiten auf der wertmäßig kleineren Seite eingetragen.

5. Schritt: Die Abschlussstriche sind zu ziehen.

---

1 Auf die **Entwertung des freien Raums** beim Abschluss des Kontos durch die sogenannte „Buchhalternase" wird im Folgenden **verzichtet.** Dies entspricht der Vorgehensweise in der EDV-Buchhaltung.

Übungsaufgabe

8 Eröffnung und Abschluss eines Kassenkontos, Ableiten von Geschäftsvorfällen aus Belegen

1. Führen Sie das Konto **Kasse** und schließen Sie es nach Buchung der Geschäftsvorfälle ab!

   Bearbeitungshinweis: Denken Sie daran, dass alle Geschäftsvorfälle jeweils nur nach ihrer Auswirkung auf den Kassenbestand befragt werden müssen. Für die Beantwortung gibt es nur zwei Möglichkeiten: Entweder der Kassenbestand nimmt durch den Geschäftsvorfall zu oder er nimmt ab. Zugänge gehören bei der Kasse auf die Sollseite, Abgänge auf die Habenseite.

   I. Anfangsbestand:

   Die Kasse weist einen Anfangsbestand (Saldovortrag) von 2 160,00 EUR aus.

   II. Geschäftsvorfälle:

   Es ereignen sich folgende Geschäftsvorfälle, die den Kassenbestand verändern:

1. Barverkauf von Waren	3 070,00 EUR
2. Zeitungsinserat bar bezahlt	190,00 EUR
3. Kauf von Briefmarken	45,00 EUR
4. Barzahlung eines Kunden	910,00 EUR
5. Mietzahlung unseres Mieters bar	300,00 EUR
6. Barzahlung einer Lieferantenrechnung	1 940,00 EUR
7. Barverkauf von Waren	180,00 EUR
8. Provisionszahlung bar	2 700,00 EUR

2. Führen Sie das Konto **Kasse** und schließen Sie es nach Buchung der Geschäftsvorfälle ab!

   I. Anfangsbestand:

   Die Kasse weist einen Anfangsbestand von 2 370,00 EUR aus.

   II. Geschäftsvorfälle:

   Es ereignen sich folgende Geschäftsvorfälle, die den Kassenbestand verändern:

1. Ein Kunde zahlt einen Rechnungsbetrag bar	350,00 EUR
2. Wir kaufen Waren bar ein	500,00 EUR
3. Wir heben vom Bankkonto ab und legen das Geld in die Geschäftskasse	1 000,00 EUR
4. Wir zahlen die Aushilfslöhne bar	900,00 EUR
5. Wir kaufen Waren bar	850,00 EUR
6. Wir kaufen Büromaterial bar	78,00 EUR
7. Wir kaufen einen Bürostuhl bar	425,00 EUR
8. Wir zahlen auf unser Bankkonto bar ein	400,00 EUR

3. 3.1 Führen Sie aufgrund der folgenden Belege für die Beauty GmbH das Konto Kasse!

   3.2 Formulieren Sie die Geschäftsvorfälle, die diesen Belegen zugrunde liegen!

   3.3 Schließen Sie das Kassenkonto nach Buchung der Geschäftsvorfälle ab! Die Kasse weist einen Anfangsbestand von 11 810,25 EUR aus.

Beleg 1

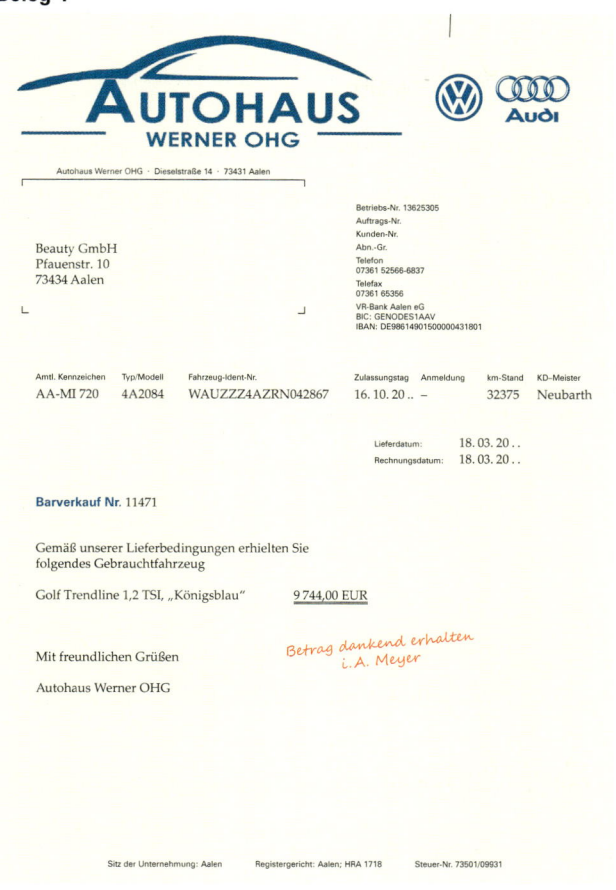

AUTOHAUS
WERNER OHG

VW Audi

Autohaus Werner OHG · Dieselstraße 14 · 73431 Aalen

Beauty GmbH
Pfauenstr. 10
73434 Aalen

Betriebs-Nr. 13625305
Auftrags-Nr.
Kunden-Nr.
Abn.-Gr.
Telefon 07361 52566-6837
Telefax 07361 65356
VR-Bank Aalen eG
BIC: GENODES1AAV
IBAN: DE98614901500000431801

Amtl. Kennzeichen	Typ/Modell	Fahrzeug-Ident.-Nr.	Zulassungstag	Anmeldung	km-Stand	KD-Meister
AA-MI 720	4A2084	WAUZZZ4AZRN042867	16. 10. 20 ..	–	32375	Neubarth

Lieferdatum: 18. 03. 20 ..
Rechnungsdatum: 18. 03. 20 ..

Barverkauf Nr. 11471

Gemäß unserer Lieferbedingungen erhielten Sie
folgendes Gebrauchtfahrzeug

Golf Trendline 1,2 TSI, „Königsblau"   9 744,00 EUR

*Betrag dankend erhalten
i. A. Meyer*

Mit freundlichen Grüßen

Autohaus Werner OHG

Sitz der Unternehmung: Aalen   Registergericht: Aalen; HRA 1718   Steuer-Nr. 73501/09931

Beleg 2

```
DEUTSCHE POST AG
73430 AALEN
1313-0108   0037   18. MÄRZ 20..

   *130,00 EUR

POSTWERTZEICHEN
```

Beleg 3

Nessensohn Werkverkauf GmbH		Tulpenstraße 51 Aalen

Beauty GmbH
Pfauenstr. 10
73434 Aalen

278.000

Datum	18. März 20 ..	EUR	Cent
	Lagerregal	150,	00
	Schreibtisch	128,	00
		278,	00

Eingeräumter Sonderrabatt wegen Räumungsverkauf 25%

Zu reduzierten Preisen kein Umtausch möglich!

6 - 003677

W. Kohlhammer Druckerei GmbH + Co. Stuttgart, Abt. Kassenblock

Beleg 4

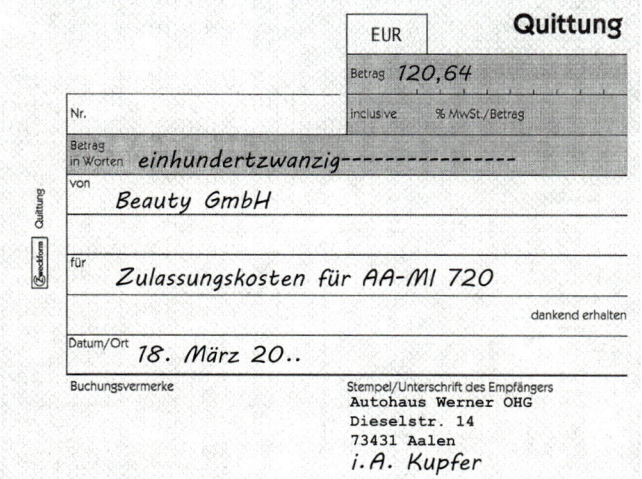

Quittung

EUR

Betrag 120,64

Nr.   inclusive   % MwSt./Betrag

Betrag in Worten *einhundertzwanzig---------------*

von *Beauty GmbH*

für *Zulassungskosten für AA-MI 720*

dankend erhalten

Datum/Ort *18. März 20 ..*

Buchungsvermerke

Stempel/Unterschrift des Empfängers
Autohaus Werner OHG
Dieselstr. 14
73431 Aalen
i. A. Kupfer

Beleg 5

```
RAN-STATION
Konrad Wessle

*     57,41 Liter SÄULENR  3*
*Super Blfr.   A     67,11 EUR*

TOTAL         67,11 EUR


#31366 18.03.20..18:57 B01 K.0001
Der Verkauf von Kraft- und
Schmierstoffen erfolgt im
Namen und für Rechnung der
Westfalentank GmbH & Co.KG,
Im Wasen 4,59555 Lippstadt
StNr.Kraftst.: 121/174/54108
StNr.Shopware: 91389/17030
  Vielen Dank für Ihren Einkauf
     und gute Fahrt!
```

4.2.2 Begriffsklärungen, Buchungsregeln und die einseitige Buchung auf Aktivkonten (Vermögenskonten)

(1) Begriff Aktivkonten

- **Aktivkonten** sind alle Konten, die sich auf der **Aktivseite** der Bilanz befinden. Sie repräsentieren das **Vermögen** der Unternehmung.
- Aktivkonten sind **Bestandskonten**.

Neben der Kasse zählen zum Vermögen z.B. eines Industriebetriebs Grundstücke, Gebäude, Betriebs- und Geschäftsausstattung, Maschinen, Fuhrpark, Roh-, Hilfs- und Betriebsstoffe,[1] Handelswaren,[2] Bankguthaben.

(2) Buchungsregeln für die Buchungen auf den Aktivkonten

Auf den **Aktivkonten** werden

- der **Anfangsbestand** und die **Zugänge** auf der **Sollseite,**
- die **Abgänge** und der **Schlussbestand** (Saldo) auf der **Habenseite**

gebucht.

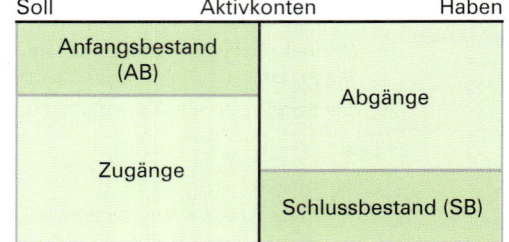

(3) Einseitige Buchungen

Bei den folgenden Aufgaben sollen die Auswirkungen von Geschäftsvorfällen zunächst nur im Hinblick auf **ein Konto** betrachtet werden. Dieses Konto soll jeweils ein **Aktivkonto** sein. Auf diese Weise werden die Auswirkungen eines Geschäftsvorfalles zunächst nur **einseitig beurteilt,** nämlich im Hinblick auf das vorgegebene Vermögenskonto.

Übungsaufgabe

9 **Buchen auf Aktivkonten, Abschluss der Aktivkonten**

a) Führen Sie das **Bankkonto** und schließen Sie es nach Buchung der Geschäftsvorfälle ab!

Anfangsbestand (Guthaben)	2 500,00 EUR
1. Wir überweisen an einen Lieferanten	280,00 EUR
2. Wir heben Bargeld vom Bankkonto ab und legen das Geld in die Geschäftskasse	350,00 EUR

---

1 – **Rohstoffe** werden nach der Bearbeitung oder Verarbeitung wesentliche Bestandteile der Fertigerzeugnisse, z.B. Eisen und Stahl im Maschinenbau; Wolle und Baumwolle in der Textilindustrie.
   – **Hilfsstoffe** sind Stoffe, die bei der Bearbeitung verbraucht werden, um das Erzeugnis herzustellen, die aber nicht als wesentliche Bestandteile der Fertigerzeugnisse zu betrachten sind, z.B. Farben in der Tapetenherstellung oder Lacke, Schrauben, Muttern, Nieten in der Automobilindustrie.
   – **Betriebsstoffe** dienen dazu, die Maschinen zu „betreiben", z.B. Schmierstoffe, Kühlmittel, Reinigungsmittel. Sie gehen nicht in das fertige Produkt ein.

2 Es handelt sich um **fertige** Waren (sogenannte **Handelswaren**), die der Industriebetrieb einkauft und unverändert weiterverkauft, z.B. eine Möbelfabrik kauft Bilder, Wäsche und Teppiche ein, die sie an interessierte Kunden weiterverkauft.

3. Ein Kunde überweist einen Rechnungsbetrag auf unser Bankkonto   420,00 EUR

4. Wir begleichen betriebliche Steuern durch Banküberweisung   750,00 EUR

5. Ein Kunde zahlt einen Rechnungsbetrag durch Banküberweisung   365,00 EUR

b) Führen Sie die folgenden Aktivkonten und stellen Sie jeweils durch Abschluss der Konten den Schlussbestand fest!

Forderungen aus Lieferungen und Leistungen

Anfangsbestand   4 150,00 EUR

1. Ein Kunde zahlt einen Rechnungsbetrag bar   2 000,00 EUR

2. Ein Kunde überweist einen Rechnungsbetrag auf unser Bankkonto   1 500,00 EUR

Betriebs- und Geschäftsausstattung[1]

Anfangsbestand   3 750,00 EUR

3. Wir kaufen einen Laptop bar   1 350,00 EUR

4. Wir verkaufen einen gebrauchten Drucker bar zum Buchwert   50,00 EUR

Bank[2]

Anfangsbestand   5 150,00 EUR

5. Wir heben Bargeld vom Bankkonto ab und legen das Geld in die Geschäftskasse   1 200,00 EUR

6. Ein Kunde überweist einen Rechnungsbetrag auf unser Bankkonto   1 500,00 EUR

Kasse

Anfangsbestand   560,00 EUR

7. Ein Kunde zahlt einen Rechnungsbetrag bar   2 000,00 EUR

8. Wir heben Bargeld vom Bankkonto ab und legen das Geld in die Geschäftskasse   1 200,00 EUR

9. Wir kaufen einen Laptop bar   1 350,00 EUR

10. Wir verkaufen einen gebrauchten Drucker bar zum Buchwert   50,00 EUR

4.2.3 Überleitung zum System der doppelten Buchführung

(1) Erfassung der doppelseitigen Auswirkungen von Geschäftsvorfällen mithilfe eines Überlegungsschemas

Anstatt die Auswirkungen eines Geschäftsvorfalles nur einseitig von einem bestimmten Konto ausgehend zu betrachten, wird jetzt der Geschäftsvorfall in seinen gesamten Auswirkungen untersucht. Das führt zu einem anderen Ausgangspunkt in der Betrachtungsweise und daher auch zu einer anderen Fragestellung. Es wird nicht mehr ein bestimmtes Konto zum Ausgangspunkt der Betrachtung genommen, sondern der Geschäftsvorfall selbst.

Es wird nicht mehr gefragt: Wie wird dieses Konto durch einen bestimmten Geschäftsvorfall verändert, sondern jetzt wird gefragt:

- Welche Konten werden durch diesen Geschäftsvorfall verändert und erst danach:
- Wie verändert sich jeweils der Bestand auf den Konten?

---

1   Bis zur Einführung des Kontenrahmens verwenden wir dieses Sammelkonto für alle Büro- und Betriebseinrichtungsgegenstände.

2   In diesem Schulbuch wird davon ausgegangen, dass das Bankkonto immer ein Guthaben aufweist.

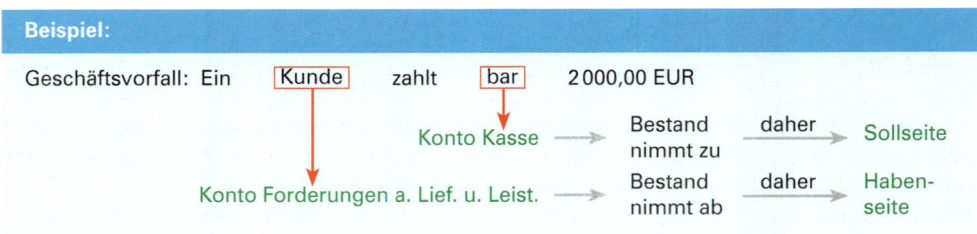

Beispiel:

Geschäftsvorfall: Ein **Kunde** zahlt **bar** 2 000,00 EUR

Konto Kasse ⟶ Bestand nimmt zu ⟶ daher ⟶ Sollseite

Konto Forderungen a. Lief. u. Leist. ⟶ Bestand nimmt ab ⟶ daher ⟶ Haben-seite

Um die Auswirkungen mehrerer Geschäftsvorfälle übersichtlich darstellen zu können, wird folgendes **Überlegungsschema** zugrunde gelegt:

Nr.	Geschäftsvorfälle	I. Welche Konten werden berührt?	II. Wie verändert sich jeweils der Bestand auf den Konten?	III. Auf welcher Konto-seite ist jeweils zu buchen?	
				Soll	Haben
1.	Ein Kunde zahlt einen Rechnungsbetrag bar 2 000,00 EUR.	Kasse ⟶ Ford.a.Lief.u.Leist. ⟶	Zugang ⟶ Abgang ⟶	2 000,00	2 000,00

Übungsaufgabe

Stellen Sie anhand des Überlegungsschemas fest, welche Konten durch die folgenden Geschäftsvorfälle berührt werden, welche Veränderung sich auf dem jeweiligen Konto ergibt und auf welcher Seite jeweils zu buchen ist!

10 Buchen von Aktivkonten im Überlegungsschema

1. Ein Kunde zahlt einen Rechnungsbetrag bar — 350,00 EUR
2. Wir kaufen Büroschränke gegen Banküberweisung — 1 250,00 EUR
3. Wir verkaufen einen gebrauchten Schreibtisch bar zum Buchwert — 150,00 EUR
4. Ein Kunde bezahlt einen Rechnungsbetrag mit Bankscheck — 720,00 EUR
5. Wir heben Bargeld vom Bankkonto ab und legen das Geld in die Geschäftskasse — 900,00 EUR
6. Wir kaufen eine kleine EDV-Anlage gegen Bankscheck — 4 310,00 EUR
7. Wir verkaufen einen nicht mehr benötigten Büroschrank gegen Bankscheck zum Buchwert — 680,00 EUR
8. Wir kaufen einen gebrauchten Kombi gegen Barzahlung — 7 500,00 EUR
9. Kundenüberweisung lt. Bankauszug — 910,00 EUR

Verwenden Sie zur Lösung folgende Tabelle:

Nr.	Konten	Zugang/Abgang	Soll	Haben

(2) Buchung von Geschäftsvorfällen im System der doppelten Buchführung

Um die Vorteile der neuen Sichtweise, bei der als Ausgangspunkt nicht ein bestimmtes Konto, sondern der Geschäftsvorfall gewählt wird, besser verstehen zu können, wird auf die Aufgabe 9 b) auf der S. 41 zurückgegriffen. Bei der alten Sichtweise, bei der von einem bestimmten Konto ausgegangen wurde, musste jeder Geschäftsvorfall zweimal erfasst werden, da jeder Geschäftsvorfall zwei Konten berührt (vgl. in Aufgabe 9 b) z. B. Nr. 1 und Nr. 7, Nr. 2 und Nr. 6 usw.). Bei der neuen Vorgehensweise, bei der der Geschäftsvorfall als Ausgangspunkt der Bearbeitung gewählt wird, kommt man bei der gleichen Aufgabe mit der Hälfte der Geschäftsvorfälle zu den gleichen Ergebnissen auf den Konten.

Beispiel mit Lösung (Rückgriff auf Aufgabe 9 b):

I. Anfangsbestände:

Forderungen aus Lieferungen und Leistungen 4 150,00 EUR; Betriebs- und Geschäftsausstattung 3 750,00 EUR; Bank 5 150,00 EUR; Kasse 560,00 EUR.

II. Aufgaben:

1. Stellen Sie mithilfe des eingeführten Überlegungsschemas jeweils fest, wie sich die folgenden Geschäftsvorfälle auf die Kontobestände auswirken!

2. Übertragen Sie die Ergebnisse auf die Konten und ermitteln Sie den Schlussbestand!

Lösungen:

Zu 1.: Feststellung der Auswirkungen der Geschäftsvorfälle mithilfe des eingeführten Überlegungsschemas

Nr.	III. Geschäftsvorfälle	I. Welche Konten werden berührt?	II. Wie verändert sich jeweils der Bestand auf den Konten?	III. Auf welcher Kontoseite ist zu buchen?	
				Soll	Haben
1.	Ein Kunde zahlt einen Rechnungsbetrag bar 2 000,00 EUR	Kasse Ford.a.Lief.u.Leist.	Zugang[1] Abgang[1]	2 000,00	2 000,00
2.	Ein Kunde überweist einen Rechnungsbetrag auf unser Bankkonto 1 500,00 EUR	Bank Ford.a.Lief.u.Leist.	Zugang Abgang	1 500,00	1 500,00
3.	Wir kaufen einen Laptop bar 1 350,00 EUR	Betr.- u. G.-Ausst. Kasse	Zugang Abgang	1 350,00	1 350,00
4.	Wir verkaufen einen gebrauchten Drucker bar zum Buchwert 50,00 EUR	Kasse Betr.- u. G.-Ausst.	Zugang Abgang	50,00	50,00
5.	Wir heben vom Bankkonto bar ab und legen das Geld in die Geschäftskasse 1 200,00 EUR	Kasse Bank	Zugang Abgang	1 200,00	1 200,00

---

1 **Hinweis:** Die scheinbare Gesetzmäßigkeit in Spalte II (Zugang einerseits, Abgang andererseits) haben wir bewusst nicht angesprochen. Dieses Wechselspiel gilt nur im Bereich der Aktivkonten. Nach Einbeziehung der Schuldkonten (Passivkonten) werden wir sehen, dass durchaus auf beiden Konten ein Zugang bzw. Abgang möglich ist, ohne dass dabei das aus Spalte III ableitbare Grundprinzip des Systems der doppelten Buchführung (Sollbuchung entspricht der Habenbuchung) durchbrochen wird.

Zu 2.: Übertragung der festgestellten Auswirkungen auf die Konten und Abschluss der Konten

Soll	Forderungen a. Lief. u. Leist.		Haben
AB	4 150,00	Kasse	2 000,00
		Bank	1 500,00
		SB	650,00
	4 150,00		4 150,00

Soll	Betriebs- u. Geschäftsausst.		Haben
AB	3 750,00	Kasse	50,00
Kasse	1 350,00	SB	5 050,00
	5 100,00		5 100,00

Soll	Kasse		Haben
AB	560,00	BGA	1 350,00
Ford. a. L. u. L.	2 000,00	SB	2 460,00
BGA	50,00		
Bank	1 200,00		
	3 810,00		3 810,00

Soll	Bank		Haben
AB	5 150,00	Kasse	1 200,00
Ford. a. L. u. L.	1 500,00	SB	5 450,00
	6 650,00		6 650,00

Erläuterungen zu den Buchungen auf den Konten:

- Die erforderlichen Buchungen auf den Konten sind jeweils aus dem Überlegungsschema abzulesen. Bei dem Geschäftsvorfall Nr. 1 ist z. B. ablesbar, dass auf dem Kassenkonto auf der Sollseite 2 000,00 EUR einzutragen sind und auf dem Konto Forderungen aus Lieferungen und Leistungen ebenfalls 2 000,00 EUR, allerdings auf der Habenseite.

- Um feststellen zu können, wie es zu diesem Betrag auf dem betreffenden Konto gekommen ist, trägt man in Höhe des gebuchten Betrages jeweils das andere Konto (das sogenannte Gegenkonto) ein. Aus praktischen Gründen (Platzmangel, Zeit) kann der Kontoname abgekürzt werden.

- Jeder Geschäftsvorfall wird **doppelt gebucht** und berührt (mindestens) **zwei Konten**.

- Bei jedem Geschäftsvorfall wird der Betrag auf einem Konto auf der **Sollseite** und auf einem anderen Konto auf der **Habenseite** gebucht.

- Für jeden Geschäftsvorfall gilt: **gebuchter Sollbetrag** ≙ **gebuchter Habenbetrag**. Das ist das **Grundprinzip des Systems der doppelten Buchführung.**[1]

Übungsaufgaben

11 Buchen auf Aktivkonten und Abschluss der Aktivkonten

I. Anfangsbestände:

Grundstücke und Bauten[2] 420 000,00 EUR; Betriebs- und Geschäftsausstattung 20 000,00 EUR; Forderungen aus Lieferungen und Leistungen 16 450,00 EUR; Kasse 3 500,00 EUR; Bank 9 100,00 EUR.

---

1 Das System der doppelten Buchführung war bereits im Mittelalter bekannt. Es ist von dem Grundgedanken her so genial, dass es sich bis in unsere heutigen Tage bewährt hat.

2 Bis zur Einführung des Kontenrahmens wird der Wert der Grundstücke und Bauten nicht aufgeteilt und der angegebene Anfangsbestand daher auf dem gleichlautenden Konto erfasst.

II. Geschäftsvorfälle:

1. Wir kaufen ein Kopiergerät bar   3 000,00 EUR
2. Wir heben vom Bankkonto ab und legen das Geld in die Geschäftskasse   2 500,00 EUR
3. Wir kaufen einen Aktenschrank und zahlen mit Bankscheck   1 750,00 EUR
4. Ein Kunde überweist einen Rechnungsbetrag auf unser Bankkonto   2 000,00 EUR
5. Wir kaufen Schreibtische gegen Banküberweisung   2 000,00 EUR
6. Ein nicht mehr benötigtes Notebook wird zum Buchwert bar verkauft   250,00 EUR

III. Aufgaben:

1. Richten Sie für die angegebenen Anfangsbestände die Konten ein und tragen Sie die Anfangsbestände vor!
2. Erfassen Sie die Veränderungen durch die Geschäftsvorfälle zunächst in dem eingeführten Überlegungsschema und übertragen Sie diese unter Angabe des entsprechenden Gegenkontos anschließend auf die Konten!
3. Schließen Sie die Konten ordnungsmäßig ab!

12   Buchen auf Aktivkonten und Abschluss der Aktivkonten

I. Anfangsbestände:

Betriebs- und Geschäftsausstattung 12 400,00 EUR; Forderungen aus Lieferungen und Leistungen 10 400,00 EUR; Kasse 1 700,00 EUR; Bank 4 200,00 EUR.

II. Geschäftsvorfälle:

1. Wir kaufen eine Werkbank gegen Banküberweisung   1 400,00 EUR
2. Ein Kunde zahlt den Rechnungsbetrag bar   2 200,00 EUR
3. Wir kaufen einen Aktenvernichter gegen Bankscheck   460,00 EUR
4. Wir heben vom Bankkonto ab und legen das Geld in die Geschäftskasse   900,00 EUR
5. Ein Kunde zahlt den Rechnungsbetrag durch Überweisung auf das Bankkonto   1 050,00 EUR
6. Wir verkaufen ein gebrauchtes Lagerregal zum Buchwert bar   400,00 EUR

III. Aufgaben:

1. Richten Sie für die angegebenen Anfangsbestände die Konten ein und tragen Sie die Anfangsbestände vor!
2. Erfassen Sie die Veränderungen durch die Geschäftsvorfälle zunächst in dem eingeführten Überlegungsschema und übertragen Sie diese anschließend unter Angabe des entsprechenden Gegenkontos auf die Konten!
3. Schließen Sie die Konten ordnungsmäßig ab!

4.3   Buchungen auf Passivkonten (Schuldkonten)

■ **Passivkonten** sind alle Konten, die sich auf der **Passivseite der Bilanz** befinden. Sie repräsentieren das **Kapital** (Eigen- und Fremdkapital) der Unternehmung.

■ Passivkonten sind **Bestandskonten.**

Der gegensätzliche Charakter von Vermögen und Schulden führt zwangsläufig dazu, dass auf den Passivkonten **anders** zu buchen ist als auf den Aktivkonten. Auf einem Konto, das durch die zweiseitige Verrechnungsmöglichkeit charakterisiert ist (Soll- oder Habenseite), kann das Wort „anders" nur bedeuten: „auf der **anderen Kontoseite**". Das führt zu der Konsequenz, dass auf den **Passivkonten** der **Anfangsbestand** und die **Zugänge** auf der **Habenseite,** die **Abgänge** und der **Schlussbestand** auf der **Sollseite** zu buchen sind.

Buchungsregeln:

Auf den **Passivkonten** werden

- der **Anfangsbestand** und die **Zugänge** auf der **Habenseite**,
- die **Abgänge** und der **Schlussbestand** (Saldo) auf der **Sollseite**.

gebucht.

Soll	Passivkonto	Haben
		Anfangsbestand
Abgänge		
		Zugänge
Schlussbestand		

Beispiel:

Wir kaufen bei der Karl Sende OHG Büromöbel auf Ziel (Zahlung später) für 5 000,00 EUR.

Aufgabe:

Buchen Sie den Geschäftsvorfall auf den entsprechenden Konten!

Lösung:

Der Geschäftsvorfall besagt, dass wir bei der Karl Sende OHG Waren einkaufen und zunächst Verbindlichkeiten eingehen, weil wir die Rechnung nicht unverzüglich zahlen. Die Karl Sende OHG ist unser Lieferant. Verbindlichkeiten bei Lieferanten werden auf dem Passivkonto „Verbindlichkeiten aus Lieferungen und Leistungen" gebucht.

Der Geschäftsvorfall berührt die beiden Konten **Betriebs- und Geschäftsausstattung** und **Verbindlichkeiten aus Lieferungen und Leistungen**.

Betrachtungspunkt: Konto Betriebs- u. Geschäftsausstattung	Betrachtungspunkt: Konto Verbindlichkeiten aus Lieferungen und Leistungen
Durch den Kauf der Büromöbel nimmt der Bestand auf dem Konto Betriebs- und Geschäftsausstattung **zu**. Das Konto Betriebs- und Geschäftsausstattung ist ein Aktivkonto. Der **Zugang** auf einem **Aktivkonto** wird auf der **Sollseite** erfasst.	Durch den Einkauf der Büromöbel auf Ziel nehmen die Verbindlichkeiten aus Lieferungen und Leistungen **zu**. Das Konto Verbindlichkeiten aus Lieferungen und Leistungen ist ein Passivkonto. Der **Zugang** bei **Passivkonten** wird auf der **Habenseite** erfasst.

Soll	Betr.- u. Geschäftsausstattung	Haben		Soll	Verbindlichkeiten a. Lief. u. Leist.	Haben
Verb. a. L. u. L. 5 000,00					BuG.-Ausst. 5 000,00	

Erläuterungen:

Es ist festzustellen, dass auf beiden Konten ein Zugang zu verzeichnen ist. Damit wird klargestellt, dass das Prinzip der doppelten Buchführung nicht in einem Wechsel von Zugang und Abgang besteht. Das ist, wie dieser Fall zeigt, eben nicht so. Dagegen bleibt das Grundprinzip der doppelten Buchführung (Sollbuchung auf dem einen Konto, Habenbuchung auf dem anderen Konto) selbstverständlich erhalten. Um nachvollziehen zu können, wie es jeweils zu dem Betrag auf dem Konto gekommen ist, wird vor dem Betrag jeweils das andere Konto (Gegenkonto) eingetragen.

Übungsaufgaben

13 Buchen auf Aktiv- und Passivkonten

Stellen Sie mithilfe des unten vorgegebenen Überlegungsschemas dar, wie die nachfolgenden Geschäftsvorfälle zu buchen sind!

1.	Wir kaufen ein Notebook auf Ziel	340,00 EUR
2.	Wir bezahlen eine bereits gebuchte Liefererrechnung mit Bankscheck[1]	1 210,00 EUR
3.	Wir kaufen ein Lagerregal auf Ziel	980,00 EUR
4.	Wir tilgen einen Teil des Bankdarlehens durch Banküberweisung[2]	600,00 EUR
5.	Ein Kunde zahlt einen Rechnungsbetrag bar[1]	55,00 EUR
6.	Kauf eines Laptops auf Ziel	3 980,00 EUR
7.	Zielkauf eines Bürosessel für das Chefbüro	1 720,00 EUR
8.	Kauf eines Büroschrankes auf Ziel	598,00 EUR

Bearbeitungshinweis:

Um Fehler zu vermeiden, verwenden Sie bitte das nachfolgende **Überlegungsschema**. Da man es jetzt mit zwei unterschiedlichen Kontoarten zu tun hat, muss man das bereits auf S. 42 eingeführte Überlegungsschema um eine Spalte erweitern.

Nr.	Geschäftsvorfälle	I. Welche Konten werden berührt?	II. Um welche Kontoart handelt es sich?	III. Wie verändert sich jeweils der Bestand auf den Konten?	IV. Auf welcher Kontoseite ist jeweils zu buchen?	
					Soll	Haben
1.	Wir kaufen ein Notebook auf Ziel für 340,00 EUR	Betr.- u. G.-Ausst. Verb. a. Lief. u. Leist.	Aktivkonto Passivkonto	Zugang Zugang	340,00	340,00

14 Buchen auf Aktiv- und Passivkonten

Stellen Sie mithilfe des Überlegungsschemas dar, wie die nachfolgenden Geschäftsvorfälle zu buchen sind! Verwenden Sie zur Lösung die Tabelle auf S. 42.

1.	Barverkauf einer nicht mehr benötigten Maschine zum Buchwert von	450,00 EUR
2.	Ein Kunde überweist einen Rechnungsbetrag auf unser Bankkonto	3 470,00 EUR
3.	Einkauf von Büroschränken auf Ziel	1 760,00 EUR
4.	Rücksendung eines bereits bei uns gebuchten Büroschranks an den Lieferer im Wert von	500,00 EUR
5.	Zahlung einer Liefererrechnung durch Banküberweisung	2 543,00 EUR
6.	Barabhebung vom Bankkonto zur Auffüllung der Geschäftskasse	2 000,00 EUR
7.	Barkauf eines Schreibtisches für das Chefbüro	1 780,00 EUR

---

1 Bei Zahlungen an Lieferanten bzw. Zahlungseingängen von Kunden ist stets davon auszugehen, dass die entsprechenden Eingangs- bzw. Ausgangsrechnungen bereits gebucht wurden, auch wenn nicht ausdrücklich darauf hingewiesen wird.

2 **Buchungshinweis:**
   – Langfristige Bankschulden: Konto: **Langfristige Bankverbindlichkeiten**
   – Kurzfristige Bankschulden: Konto: **Kurzfristige Bankverbindlichkeiten**.
   Wird aus der Aufgabenstellung nicht erkennbar, ob es sich um langfristige oder kurzfristige Bankverbindlichkeiten handelt, wird auf dem Gruppenkonto: **Verbindlichkeiten gegenüber Kreditinstituten** gebucht.

8. Ein Geschäftsfahrzeug wird zum Buchwert gegen Barzahlung verkauft   8 000,00 EUR

9. Ein Geschäftsfahrzeug wird zum Buchwert von   4 500,00 EUR
gegen Barzahlung verkauft

10. Bareinzahlung auf das Bankkonto   4 200,00 EUR

11. Ein Kunde zahlt eine Rechnung durch Banküberweisung   430,00 EUR

12. Kundenüberweisung lt. Bankauszug   7 070,00 EUR

13. Wir richten bei einer Bank ein Konto ein und zahlen darauf bar ein   800,00 EUR

14. Die Forderung gegenüber einem Kunden beträgt nur 7 000,00 EUR
(vgl. Fall 12).
Wir zahlen daher dem Kunden den von ihm irrtümlich zu viel gezahlten
Betrag durch Bankscheck zurück.   70,00 EUR

15. Wir vereinbaren mit einem Lieferer, dass die (kurzfristige) Verbindlichkeit aus Lieferungen und Leistungen in Höhe von 19 450,00 EUR in ein langfristiges Darlehen (Konto: Sonstige Verbindlichkeiten) umgewandelt wird.

16. Wir zahlen die erste Tilgungsrate für das Liefererdarlehen
durch Banküberweisung   500,00 EUR

15 Buchen auf Aktiv- und Passivkonten

Buchen Sie mithilfe des Überlegungsschemas die nachfolgenden Geschäftsvorfälle für die Dürener Metallwerke AG!

1. Ein Kunde begleicht eine Rechnung bar   14 950,00 EUR

2. Einkauf einer Maschine gegen Bankscheck   21 748,00 EUR

3. Zahlung der Liefererrechnung durch Banküberweisung   14 950,00 EUR

4. Banküberweisung zur Tilgung eines Bankdarlehens   7 000,00 EUR

5. Barverkauf einer nicht mehr benötigten Maschine zum Buchwert von   1 745,00 EUR

6. Bareinzahlung auf unser Bankkonto   10 800,00 EUR

7. Ein Kunde begleicht eine Rechnung durch Banküberweisung   14 500,00 EUR

8. Barkauf eines Notebooks   920,00 EUR

9. Aufnahme eines Darlehens bei der Bank in Höhe von   50 000,00 EUR
Der Betrag wird uns von der Bank auf dem Kontokorrentkonto
zur Verfügung gestellt.

10. Wir kaufen ein Kopiergerät auf Ziel   3 100,00 EUR

11. Ein Kunde zahlt einen Rechnungsbetrag bar   1 500,00 EUR

12. Wir kaufen einen Aktenschrank bar   2 150,00 EUR

13. Wir zahlen eine Lieferantenrechnung durch Banküberweisung   1 700,00 EUR

14. Wir vereinbaren mit einem Lieferer, dass die (kurzfristige)
Verbindlichkeiten aus Lieferungen und Leistungen in Höhe
von 7 200,00 EUR in ein langfristiges Darlehen
umgewandelt wird.

15. Wir zahlen eine Tilgungsrate für das Bankdarlehen
durch Banküberweisung   3 500,00 EUR

4.4 Buchungssatz

4.4.1 Einfacher Buchungssatz ohne Buchung nach Belegen

Das bisher benutzte „Überlegungsschema" (vgl. S. 47) zur Festlegung der erforderlichen Buchungen auf den Konten ist recht aufwendig. Es genügt die Beschränkung auf zwei Angaben:

- die **Konten,** auf denen zu buchen ist,
- die Angabe der **Kontoseite,** auf der jeweils zu buchen ist.

Diese beiden Angaben sind in den Spalten I und IV des bisherigen Überlegungsschemas enthalten. Die übrigen Spalten (II und III) sind entbehrlich. Eine solche auf das Mindestmaß beschränkte Buchungsanweisung nennt man Buchungssatz.

Beispiel:

Geschäftsvorfall	Konten	Soll	Haben
Wir kaufen einen Büroschrank auf Ziel für 800,00 EUR	Betr.- u. Geschäftsausstattung an Verbindlichkeiten a. L. u. L.	800,00	800,00

Buchungssatz

Erläuterungen:

- Da bezüglich der Kontoseite immer nur zwei Möglichkeiten infrage kommen können (Soll- oder Habenseite), hat man die Vereinbarung getroffen, dass das Konto, auf dem auf der **Sollseite** zu buchen ist, immer **zuerst** genannt wird. Des Weiteren hat man vereinbart, **vor** das Konto, auf dem auf der Habenseite zu buchen ist, das Wörtchen **„an"** zu setzen. Unter Beachtung dieser Vereinbarung kann ein Buchungssatz daher immer nur lauten:

    Konto mit der **Sollbuchung**
    an Konto mit der **Habenbuchung.**

- Zur Vereinheitlichung der Schreibweise legen wir fest, dass beim Bilden von Buchungssätzen für jedes Konto eine Zeile benutzt wird. Es sind immer die drei Spalten des oben dargestellten Schemas einzurichten. Nur so ist eine eindeutige Zuordnung von Konto und Betrag möglich.

Zur Bildung des richtigen Buchungssatzes müssen weiterhin die Denkschritte 1–5 vollzogen werden.

Beispiel:

Geschäftsvorfall:

Wir kaufen eine Schleifmaschine auf Ziel für 1 500,00 EUR.

Aufgabe:

Bilden Sie zu dem Geschäftsvorfall den Buchungssatz!

4 Speth u.a. - ISBN 978-3-8120-0521-0

Lösung:

Wir fragen:	Wir antworten:		
1. Welche Konten werden berührt?	Das Konto Maschinen und das Konto Verbindlichkeiten aus Lieferungen und Leistungen.		
2. Um welche Kontoart handelt es sich jeweils?	Das Konto Maschinen ist ein Aktivkonto. Das Konto Verbindlichkeiten aus Lieferungen und Leistungen ist ein Passivkonto.		
3. Welche Veränderungen ergeben sich jeweils auf den Konten?	Der Maschinenbestand nimmt durch Einkäufe zu, die Verbindlichkeiten aus Lieferungen und Leistungen nehmen ebenfalls zu.		
4. Welche Buchungsregeln sind jeweils anzuwenden?	Zugänge auf dem Konto Maschinen (Aktivkonto) erscheinen auf der Sollseite. Zugänge auf dem Konto Verbindl. a. Lief. u. Leist. (Passivkonto) gehören auf die Habenseite.		
5. Wie lautet der Buchungssatz?	Konten	Soll	Haben
	Maschinen an Verbindl. a. L. u. L.	1 500,00	1 500,00

Übungsaufgaben

16 Bilden von Buchungssätzen zu Geschäftsvorfällen, Formulieren von Geschäftsvorfällen bei vorgegebenen Buchungssätzen

Bilden Sie zu folgenden Geschäftsvorfällen die Buchungssätze bzw. formulieren Sie zu den angegebenen Buchungssätzen die Geschäftsvorfälle!

1. Wir zahlen auf unser Bankkonto bar ein — 1 400,00 EUR
2. Wir zahlen eine Lieferantenrechnung durch Banküberweisung — 375,00 EUR
3. Ein Kunde zahlt einen Rechnungsbetrag bar — 570,00 EUR
4. Wir kaufen eine Vitrine für die Ausstellungshalle bar — 1 250,00 EUR
5. Wir kaufen einen Büroschrank bar — 1 320,00 EUR
6. Wir zahlen die Tilgungsrate für ein Bankdarlehen bar — 2 000,00 EUR
7. Ein Kunde zahlt einen Rechnungsbetrag durch Banküberweisung — 650,00 EUR
8. Wir heben vom Bankkonto bar ab und legen das Geld in die Kasse — 750,00 EUR
9. Formulieren Sie die Geschäftsvorfälle, die folgenden Buchungssätzen zugrunde liegen!

Nr.	Konten	Soll	Haben
9.1	Verbindlichkeiten a. Lief. u. Leist. an Bank	900,00	900,00
9.2	Kasse an Bank	500,00	500,00
9.3	Fuhrpark an Kasse	23 800,00	23 800,00

17 Bilden von Buchungssätzen zu Geschäftsvorfällen, Formulieren von Geschäftsvorfällen bei vorgegebenen Buchungssätzen

Bilden Sie zu folgenden Geschäftsvorfällen die Buchungssätze!

1. Barverkauf eines nicht mehr benötigten Computers zum Buchwert — 1 050,00 EUR
2. Kauf einer Stanzmaschine auf Ziel — 22 400,00 EUR

3. Kauf eines Baugrundstücks gegen Bankscheck   105 900,00 EUR
4. Wir kaufen Lagerregale auf Ziel   1 500,00 EUR
5. Wegen eines Materialfehlers werden Lagerregale im Wert von 300,00 EUR an den Lieferer zurückgeschickt.
6. Ein Kunde zahlt eine Rechnung durch Banküberweisung   775,00 EUR
7. Ein Kunde zahlt einen Rechnungsbetrag bar   700,00 EUR
8. Eine Liefererrechnung wird durch Bankscheck beglichen   450,00 EUR

18 Bilden von Buchungssätzen zu Geschäftsvorfällen, Formulieren von Geschäftsvorfällen bei vorgegebenen Buchungssätzen

Bilden Sie zu folgenden Geschäftsvorfällen die Buchungssätze bzw. formulieren Sie zu den angegebenen Buchungssätzen die Geschäftsvorfälle!

1. Banküberweisung der Eingangsrechnung ER 541   7 170,00 EUR
2. Aufnahme eines Darlehens bei der Bank. Die Bank stellt uns den Darlehensbetrag auf dem Girokonto zur Verfügung   50 000,00 EUR
3. Zielkauf eines gebrauchten Kombiwagens   8 200,00 EUR
4. Zieleinkauf einer Verpackungsmaschine für das Lager   48 800,00 EUR
5. Teilweise Tilgung der Darlehensschuld durch Bankabbuchung   3 800,00 EUR
6. Wir verkaufen nicht mehr benötigte Lagerregale gegen Barzahlung   970,00 EUR
7. Kauf einer DV-Anlage auf Ziel   17 430,00 EUR
8. Rücksendung eines bereits gebuchten mangelhaften Aktenschrankes   625,00 EUR
9. Kauf einer Fertiggarage gegen Bankscheck   15 400,00 EUR
10. Begleichung der Eingangsrechnung mit Banküberweisung   9 190,00 EUR
11. Zur Erhöhung unseres Bankguthabens tätigen wir eine Bareinzahlung   6 000,00 EUR
12. Kauf von Büromöbeln auf Ziel   12 600,00 EUR
13. Wir kaufen einen neuen Pkw für unseren Reisenden. Den alten Pkw nimmt das Fahrzeughaus mit 9 300,00 EUR in Zahlung. Den Restbetrag in Höhe von 31 000,00 EUR zahlen wir mit Bankscheck.
14. Wir zahlen eine Eingangsrechnung durch Banküberweisung   4 312,00 EUR
15. Welche Geschäftsvorfälle liegen folgenden Buchungssätzen zugrunde?

Nr.	Konten	Soll	Haben
15.1	Fuhrpark	44 800,00	
	an Bank		44 800,00
15.2	Langfristige Bankverbindlichkeiten	8 000,00	
	an Bank		8 000,00

4.4.2 Einfacher Buchungssatz mit Buchung nach Belegen

In der Praxis existiert über jeden Geschäftsvorfall ein Beleg, d. h., die Buchungssätze werden dort immer nur aufgrund von **Belegen**[1] (Überweisungen, Rechnungen, Quittungen, Lohnlisten usw.) gebildet.

---
1 Vgl. hierzu auch die Ausführungen auf S. 124 ff.

Lernfeld 3

- In der Praxis gilt der Grundsatz: **Keine Buchung ohne Beleg!**
- Belege dokumentieren den Geschäftsvorfall und bilden die Grundlage für die Überprüfung der ordnungsmäßigen Buchung.
- Durch entsprechende Vermerke muss vom Beleg aus auf die Buchung und umgekehrt geschlossen werden können.

Übungsaufgabe[1]

19   Bilden von Buchungssätzen aufgrund von Belegen

1. Formulieren Sie aufgrund der vorliegenden Belege den jeweils zugrunde liegenden Geschäftsvorfall!

2. Bilden Sie die Buchungssätze für die Weber Metallbau GmbH, Alfred-Nobel-Str. 8, 59494 Soest!

Beleg 1

Beleg 2

Beleg 4

Beleg 3

_____

1   Bei den Belegen in der Aufgabe wird auf den Ausweis der Umsatzsteuer verzichtet, weil die Buchung der Umsatzsteuer noch nicht behandelt wurde.

Beleg 5

Büromöbel Topauer KG

Tengstraße 28 · 80798 München

Tel. 089 25919-0 · Fax 089 25919-10 · E-Mail: Bueromoebel-topauer@t-online.de

Büromöbel Topauer KG · Tengstraße 28 · 80798 München

Weber Metallbau GmbH
Alfred-Nobel-Str. 8
59494 Soest

Bei Rückfragen bitte stets angeben:	
Kundennummer:	24003
Rechnungsnummer:	1502
Rechnungsdatum:	27.01.20..
Bestellnummer:	268F1
Lieferdatum:	10.01.20..
Auftragsdatum:	08.01.20..
Telefon:	089 25919-0

Rechnung

Pos.	Artikel-Nr.	Bezeichnung	Menge	Einzelpreis EUR	Gesamtpreis EUR
1	20100	Computertisch Standard 160 x 80 x 75	12	525,00	6 300,00
2	10100	Schreibtisch Eibe furniert 160 x 80 x75	8	980,00	7 840,00
		Rechnungsbetrag			14 140,00

Zahlungsbedingungen: Innerhalb 8 Tagen abzüglich 2 % Skonto = 282,80 EUR
Innerhalb 30 Tagen rein netto

Sitz der Gesellschaft: München
Registergericht München
HRA 8966
UID-Nr. DE 129000000
Steuer-Nr. 91417/77040

Tengstraße 28
80798 München
Tel. 089 25919-0
Fax 089 25919-10

Bankverbindungen:
Postbank München
BIC: PBNKDEFFXXX
IBAN: DE94 7001 0080 0134 383464
HypoVereinsbank München
BIC: HYVEDEMMXXX
IBAN: DE17 7002 0270 0004 648232

Beleg 6

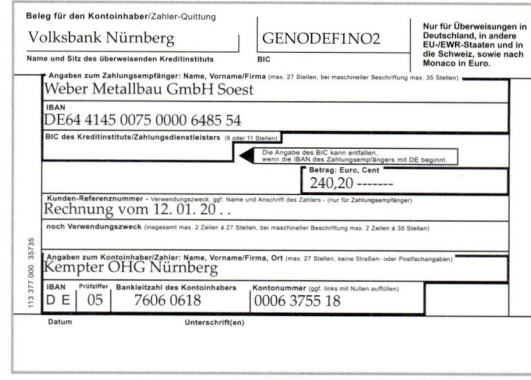

Beleg für den Kontoinhaber/Zahler-Quittung

Volksbank Nürnberg

Name und Sitz des überweisenden Kreditinstituts

GENODEF1NO2

BIC

Nur für Überweisungen in Deutschland, in andere EU-/EWR-Staaten und in die Schweiz, sowie nach Monaco in Euro.

Angaben zum Zahlungsempfänger: Name, Vorname/Firma (max. 27 Stellen, bei maschineller Beschriftung max. 35 Stellen)

Weber Metallbau GmbH Soest

IBAN
DE64 4145 0075 0000 6485 54

BIC des Kreditinstituts/Zahlungsdienstleisters (8 oder 11 Stellen)

Die Angabe des BIC kann entfallen, wenn die IBAN des Zahlungsempfängers mit DE beginnt.

Betrag: Euro, Cent
240,20 --------

Kunden-Referenznummer - Verwendungszweck, ggf. Name und Anschrift des Zahlers - (nur für Zahlungsempfänger)
Rechnung vom 12. 01. 20 . .

noch Verwendungszweck (insgesamt max. 2 Zeilen à 27 Stellen, bei maschineller Beschriftung max. 2 Zeilen à 35 Stellen)

Angaben zum Kontoinhaber/Zahler: Name, Vorname/Firma, Ort (max. 27 Stellen, keine Straßen- oder Postfachangaben)
Kempter OHG Nürnberg

IBAN
DE | Prüfziffer 05 | Bankleitzahl des Kontoinhabers 7606 0618 | Kontonummer (ggf. links mit Nullen auffüllen) 0006 3755 18

Datum | Unterschrift(en)

Beleg 7

Hans Werner GmbH, Winkelstr. 20, 45149 Essen

Weber Metallbau GmbH
Alfred-Nobel-Str. 8
59494 Soest

Hans Werner
Maschinenbau GmbH

Entwicklung
Konstruktion
Produktion

Rechnung 144/80

Ihre Bestellung 15.01.20..	Unsere Lieferung 28.01.20..	Rechnungsdatum 28.01.20..	
Menge	Waren-bezeichnung	Einzelpreis EUR	Gesamtpreis EUR
4	Schleifmaschine	1420,00	5 680,00

Beleg 8

AUTOHAUS
Franz Sauer e.Kfm.

Autohaus F. Sauer e. Kfm. · Schlossstr. 14 · 59494 Soest

Weber Metallbau GmbH
Alfred-Nobel-Str. 8
59494 Soest

Rechnung 5192

Ihre Bestellung 20.01.20..	Unsere Lieferung 30.01.20..	Rechnungsdatum 04.02.20..

Wir danken für Ihren Auftrag und berechnen Ihnen wie folgt
1 Kombiwagen gebraucht 21 800,00 EUR

Zahlungsziel: 10 Tage 3 % Skonto, 30 Tage netto Kasse

Beleg 9

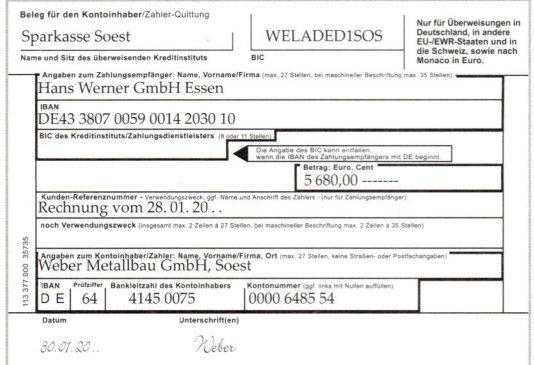

Beleg für den Kontoinhaber/Zahler-Quittung		Nur für Überweisungen in Deutschland, in andere EU-/EWR-Staaten und in die Schweiz, sowie nach Monaco in Euro.
Sparkasse Soest	WELADED1SOS	
Name und Sitz des überweisenden Kreditinstituts	BIC	

Angaben zum Zahlungsempfänger: Name, Vorname/Firma (max. 27 Stellen, bei maschineller Beschriftung max. 35 Stellen)
Hans Werner GmbH Essen

IBAN
DE43 3807 0059 0014 2030 10

BIC des Kreditinstituts/Zahlungsdienstleisters (8 oder 11 Stellen)

Die Angabe des BIC kann entfallen, wenn die IBAN des Zahlungsempfängers mit DE beginnt.

Betrag: Euro, Cent
5 680,00 -------

Kunden-Referenznummer – Verwendungszweck, ggf. Name und Anschrift des Zahlers - (nur für Zahlungsempfänger)
Rechnung vom 28. 01. 20 . .

noch Verwendungszweck (insgesamt max. 2 Zeilen à 27 Stellen, bei maschineller Beschriftung max. 2 Zeilen à 35 Stellen)

Angaben zum Kontoinhaber/Zahler: Name, Vorname/Firma, Ort (max. 27 Stellen, keine Straßen- oder Postfachangaben)
Weber Metallbau GmbH, Soest

IBAN	Prüfziffer	Bankleitzahl des Kontoinhabers	Kontonummer (ggf. links mit Nullen auffüllen)
D E	64	4145 0075	0000 6485 54

Datum
30.01.20..

Unterschrift(en)
Weber

Beleg 10

HAFFNER
BÜROTECHNIK + ORGANISATION

SACHSENSTR. 18
51149 KÖLN
0221 7721

Fa. Weber Metallbau GmbH

Anz.	Datum	02. 02. 20. .	Einzelpreis EUR	Gesamtpreis EUR
3	Aktenvernichter		415,00	1245,00
	Betrag dankend erhalten.			
				Be

Verk. *Be*	000195-11	Bei Irrtum oder Umtausch bitte diesen Beleg vorlegen

HAFFNER BÜROTECHNIK + ORGANISATION
St.-Nr. 44 111 17931

4.4.3 Zusammengesetzter Buchungssatz

Sind für einen Buchungssatz **mehr als zwei Konten** erforderlich, spricht man von einem **zusammengesetzten Buchungssatz.** Auch für den zusammengesetzten Buchungssatz gilt, dass bei jedem Buchungssatz die Summe der gebuchten Sollbeträge mit der Summe der gebuchten Habenbeträge übereinstimmen muss.

Beispiel:

I. Anfangsbestände:

Verbindlichkeiten a. Lief. u. Leist. 10000,00 EUR; Bank 7000,00 EUR; Kasse 5000,00 EUR.

II. Geschäftsvorfall:

Wir zahlen eine bereits gebuchte Eingangsrechnung über 3700,00 EUR durch Banküberweisung 3000,00 EUR und in bar 700,00 EUR.

III. Aufgaben:

1. Buchen Sie den Geschäftsvorfall auf den Konten!
2. Bilden Sie den Buchungssatz!

Lösungen:

Zu 1.: Buchung auf den Konten

Soll	Bank	Haben
AB	7 000,00	Verb. a. L. u. L. 3 000,00

Soll	Verbindlichkeiten a. Lief. u. Leist.	Haben
Ba/Ka	3 700,00	AB 10 000,00

Soll	Kasse	Haben
AB	5 000,00	Verb. a. L. u. L. 700,00

Zu 2.: Buchungssatz

Geschäftsvorfall	Konten	Soll	Haben
Wir bezahlen eine bereits gebuchte Eingangsrechnung über 3 700,00 EUR durch Banküberweisung 3 000,00 EUR und Barzahlung 700,00 EUR	Verbindl. a. Lief. u. Leist. an Bank an Kasse	3 700,00	3 000,00 700,00

Für den **einfachen Buchungssatz** wie für den **zusammengesetzten Buchungssatz** gilt:

Summe der gebuchten Sollbeträge ≙ Summe der gebuchten Habenbeträge

Übungsaufgaben

20 Bilden von Buchungssätzen zu Geschäftsvorfällen, Formulieren von Geschäftsvorfällen bei vorgegebenen Buchungssätzen

Bilden Sie zu den folgenden Geschäftsvorfällen die Buchungssätze bzw. ermitteln Sie die Geschäftsvorfälle!

1. Ein Kunde zahlt einen Rechnungsbetrag über 725,00 EUR
   in bar 225,00 EUR
   durch Banküberweisung 500,00 EUR

2. Wir kaufen Lagerregale für insgesamt 3 500,00 EUR
   gegen Barzahlung 1 500,00 EUR
   auf Ziel 2 000,00 EUR

3. Wir verkaufen einen nicht mehr benötigten Lieferwagen in Höhe des Buchwertes von 3 800,00 EUR gegen Barzahlung 800,00 EUR
   Restforderung 3 000,00 EUR

4. Ein Kunde zahlt einen Rechnungsbetrag über 1 750,00 EUR
   durch Banküberweisung 1 000,00 EUR
   bar 750,00 EUR

5. Wir bezahlen eine Liefererrechnung über 2 550,00 EUR
   bar 550,00 EUR
   durch Banküberweisung 2 000,00 EUR

6. Wir kaufen einen Kombiwagen zum Preis von 25 000,00 EUR
   gegen Barzahlung 5 500,00 EUR
   durch Banküberweisung 10 000,00 EUR
   Restverbindlichkeit 9 500,00 EUR

7. Wir tilgen eine Darlehensschuld bei der Bank über 5 000,00 EUR
   bar 1 500,00 EUR
   durch Banküberweisung 3 500,00 EUR

8. Formulieren Sie die Geschäftsvorfälle, welche den folgenden Buchungssätzen zugrunde liegen!

Nr.	Konten	Soll	Haben
8.1	Betriebs- und Geschäftsausstattung	3 750,00	
	an Bank		3 000,00
	an Kasse		750,00
8.2	Verbindlichkeiten a. Lief. u. Leist.	2 350,00	
	an Bank		2 000,00
	an Kasse		350,00
8.3	Bank	750,00	
	Kasse	250,00	
	an Forderungen a. Lief. u. Leist.		1 000,00
8.4	Unbebaute Grundstücke	400 000,00	
	an Bank		370 000,00
	an Kasse		30 000,00

21   Bilden der Buchungssätze aufgrund eines Kontoauszugs

1. Formulieren Sie aufgrund des Belegs die zugrunde liegenden Geschäftsvorfälle!

2. Bilden Sie die Buchungssätze für die Druckerei Schön & Dörfer OHG, Gaußstr. 15, 40235 Düsseldorf!

Deutsche Bank AG [/]

BIC: DEUTDEDDXXX
IBAN: DE24 3007 0001 0073 5987 22

Düsseldorf

Kontoauszug   Nr. 28   vom 24.05.20..   Blatt 1

Buchungstag/Wert/Vorgang			Soll	Haben
		ALTER SALDO VOM 21.05.20..		7 929,80 H
24.05.	24.05.	Frieda Freund e.Kfr. Erlangen		
		Rechnung 20.05.20..		3 160,10 H
24.05.	24.05.	Alltrop GmbH		
		Rechnung 17.05.20..	6 985,40 S	

SCHÖN & DÖRFER OHG
GAUßSTR. 15
40235 DÜSSELDORF

NEUER SALDO   4 104,50 H

4.5   Eröffnung und Abschluss der Bestandskonten (Eröffnungsbilanzkonto und Schlussbilanzkonto)

Das **Prinzip der doppelten Buchführung** ist ein **generelles Prinzip** und gilt folglich auch für die Anfangs- und Schlussbestände auf den Konten. Wenn bei der Eröffnung der Konten mit den Anfangsbeständen und beim Abschluss der Konten mit den Schlussbeständen jeweils eine Gegenbuchung erfolgen soll, benötigt man dafür entsprechende Gegenkonten. Die **Buchung der Anfangsbestände** erfolgt mithilfe des **Eröffnungsbilanzkontos (EBK)** und die **Buchung der Schlussbestände** erfolgt über das **Schlussbilanzkonto (SBK)**.

- Das **Eröffnungsbilanzkonto** und das **Schlussbilanzkonto** bringen die **Geschlossenheit des Systems der doppelten Buchführung** zum Ausdruck.
- Durch die beiden Konten wird sowohl bei der Erfassung der Anfangsbestände als auch bei der Erfassung der Schlussbestände **jeder Betrag doppelt gebucht.**

Beispiel:

I. Anfangsbestände:

Betriebs- u. Geschäftsausstattung 41 355,00 EUR; Kasse 1 670,00 EUR; Bank 33 975,00 EUR; Forderungen aus Lieferungen und Leistungen 12 150,00 EUR; Rohstoffe 24 570,00 EUR; Verbindlichkeiten aus Lieferungen und Leistungen 13 220,00 EUR; Langfristige Bankverbindlichkeiten 5 000,00 EUR; Eigenkapital 95 500,00 EUR.

II. Geschäftsvorfälle:

1.	Wir verkaufen nicht mehr benötigte Lagerschränke bar zum Buchwert	2 500,00 EUR
2.	Neuanschaffung einer Büroeinrichtung gegen Banküberweisung	30 000,00 EUR
3.	Ein Kunde überweist einen Rechnungsbetrag auf das Bankkonto	2 120,00 EUR
4.	Zur Auffüllung des Kassenbestandes heben wir vom Bankkonto bar ab	500,00 EUR
5.	Wir zahlen eine Lieferantenrechnung bar	1 200,00 EUR
6.	Teilweise Tilgung des Bankdarlehens bar	1 000,00 EUR

III. Aufgaben:

1. Eröffnen Sie die Konten mit den angegebenen Anfangsbeständen mithilfe des Eröffnungsbilanzkontos!
2. Bilden Sie zu den Geschäftsvorfällen die Buchungssätze!
3. Buchen Sie die Geschäftsvorfälle auf den Konten und schließen Sie die Konten über das Schlussbilanzkonto ab!

Lösung:

Zu 2.: Bildung der Buchungssätze für die Geschäftsvorfälle

Nr.	Konten	Soll	Haben
1.	Kasse an Betriebs- u. Geschäftsausstattung	2 500,00	2 500,00
2.	Betriebs- u. Geschäftsausstattung an Bank	30 000,00	30 000,00
3.	Bank an Ford. a. Lief. u. Leist.	2 120,00	2 120,00
4.	Kasse an Bank	500,00	500,00
5.	Verb. a. Lief. u. Leist. an Kasse	1 200,00	1 200,00
6.	Langfristige Bankverbindlichkeiten an Kasse	1 000,00	1 000,00

Zu 1. und 3.: Eröffnung der Konten, Buchung der Geschäftsvorfälle, Abschluss der Konten

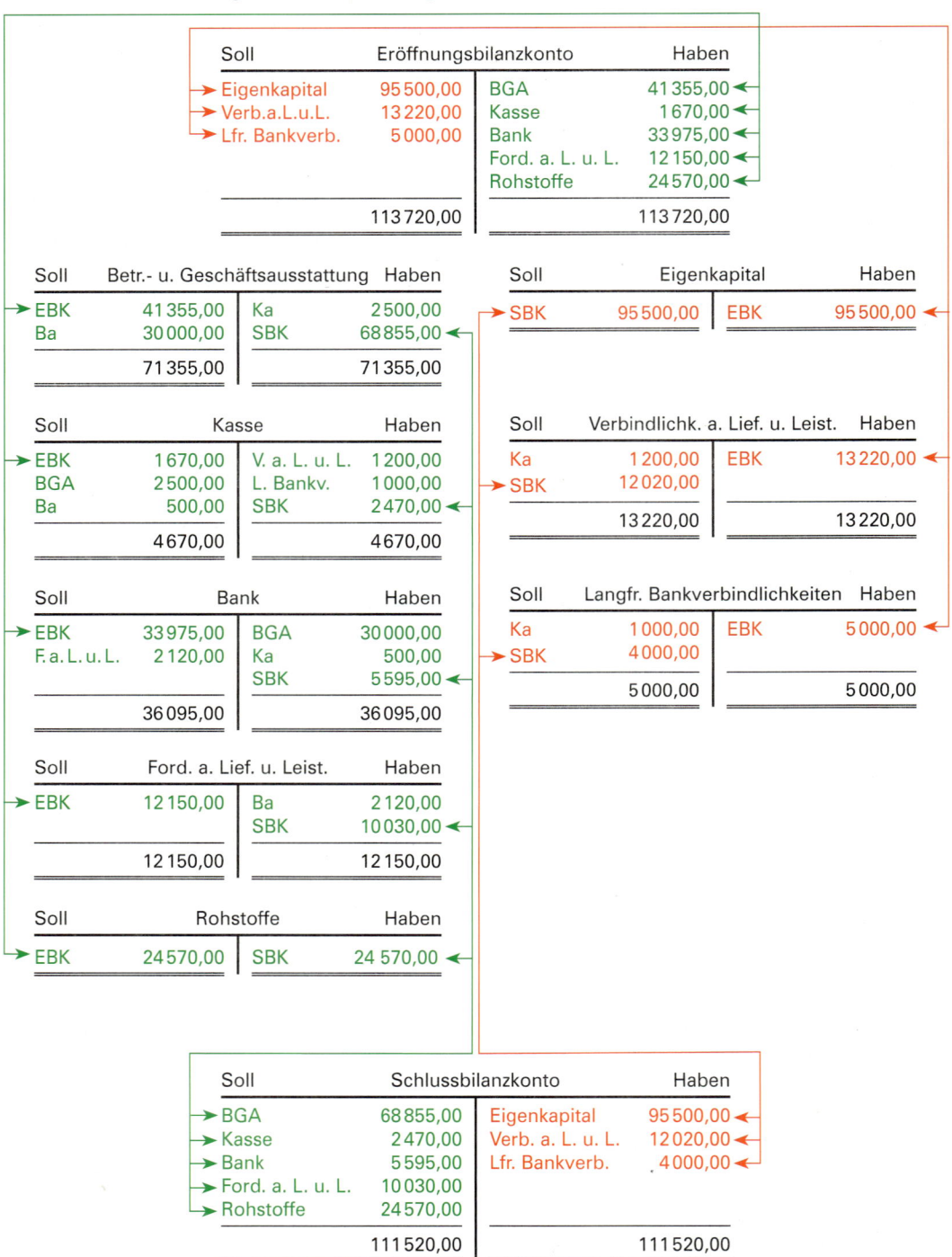

Soll	Eröffnungsbilanzkonto		Haben
Eigenkapital	95 500,00	BGA	41 355,00
Verb.a.L.u.L.	13 220,00	Kasse	1 670,00
Lfr. Bankverb.	5 000,00	Bank	33 975,00
		Ford. a. L. u. L.	12 150,00
		Rohstoffe	24 570,00
	113 720,00		113 720,00

Soll	Betr.- u. Geschäftsausstattung		Haben
EBK	41 355,00	Ka	2 500,00
Ba	30 000,00	SBK	68 855,00
	71 355,00		71 355,00

Soll	Eigenkapital		Haben
SBK	95 500,00	EBK	95 500,00

Soll	Kasse		Haben
EBK	1 670,00	V. a. L. u. L.	1 200,00
BGA	2 500,00	L. Bankv.	1 000,00
Ba	500,00	SBK	2 470,00
	4 670,00		4 670,00

Soll	Verbindlichk. a. Lief. u. Leist.		Haben
Ka	1 200,00	EBK	13 220,00
SBK	12 020,00		
	13 220,00		13 220,00

Soll	Bank		Haben
EBK	33 975,00	BGA	30 000,00
F. a. L. u. L.	2 120,00	Ka	500,00
		SBK	5 595,00
	36 095,00		36 095,00

Soll	Langfr. Bankverbindlichkeiten		Haben
Ka	1 000,00	EBK	5 000,00
SBK	4 000,00		
	5 000,00		5 000,00

Soll	Ford. a. Lief. u. Leist.		Haben
EBK	12 150,00	Ba	2 120,00
		SBK	10 030,00
	12 150,00		12 150,00

Soll	Rohstoffe		Haben
EBK	24 570,00	SBK	24 570,00

Soll	Schlussbilanzkonto		Haben
BGA	68 855,00	Eigenkapital	95 500,00
Kasse	2 470,00	Verb. a. L. u. L.	12 020,00
Bank	5 595,00	Lfr. Bankverb.	4 000,00
Ford. a. L. u. L.	10 030,00		
Rohstoffe	24 570,00		
	111 520,00		111 520,00

Erläuterungen:

- Die Buchung der Anfangsbestände führt dazu, dass die Anfangsbestände der Aktivkonten auf der Habenseite des Eröffnungsbilanzkontos und die Anfangsbestände der Passivkonten auf der Sollseite des Eröffnungsbilanzkontos stehen. Das zeigt, dass das **Eröffnungsbilanzkonto** lediglich ein **Hilfskonto** ist, um das System der doppelten Buchung nicht zu durchbrechen. Gleichzeitig aber wird damit auch die Gleichheit der Soll- und Habenbeträge zu Beginn der Geschäftsperiode dokumentiert. Es gilt das **Grundprinzip des Systems der doppelten Buchführung,** dass die Summe der gebuchten Sollbeträge mit der Summe der gebuchten Habenbeträge übereinstimmt.

- Das **Schlussbilanzkonto** hat die Aufgabe, die vom Unternehmen verwendeten Aktiv- und Passivkonten einander gegenüberzustellen. Das **Schlussbilanzkonto** dient allein **innerbetrieblichen Zwecken** und ist an **keine gesetzlichen Gliederungsvorschriften** gebunden. Anders die **Schlussbilanz.** Sie dient außenstehenden Personen (z. B. Mitinhabern, Gläubigern) oder Institutionen (z. B. Steuerbehörde, Gerichte, Banken) als Auskunfts- und Beweismittel und **unterliegt gesetzlichen Vorschriften.** Das Schlussbilanzkonto darf somit nicht mit der Schlussbilanz verwechselt werden.

Beachte:

Das Eröffnungsbilanzkonto und das Schlussbilanzkonto wurden hier aus methodischen und systematischen Überlegungen dargestellt. Ob in den nachfolgenden Übungsaufgaben das Eröffnungsbilanzkonto geführt werden soll, bleibt der individuellen Entscheidung der Lehrenden vorbehalten. In elektronischen Finanzbuchhaltungssystemen ist es aus abstimmungstechnischen Gesichtspunkten unverzichtbar.

Übungsaufgaben

22 Eröffnung der Konten über das Eröffnungsbilanzkonto, Bildung der Buchungssätze, Buchen auf den Konten und Abschluss der Konten über das Schlussbilanzkonto

I. Anfangsbestände:

Grundstücke und Bauten 965 000,00 EUR; Maschinen 470 500,00 EUR; Betriebs- und Geschäftsausstattung 84 900,00 EUR; Rohstoffe 54 800,00 EUR; Forderungen aus Lieferungen und Leistungen 105 450,00 EUR; Bank 17 770,00 EUR; Kasse 25 100,00 EUR; Eigenkapital 892 320,00 EUR; Langfristige Bankverbindlichkeiten 450 000,00 EUR; Verbindlichkeiten aus Lieferungen und Leistungen 381 200,00 EUR.

II. Geschäftsvorfälle:

1. Eingangsrechnung für Büromöbel	27 500,00 EUR
2. Von der bereits gebuchten Büromöbellieferung schicken wir einen nicht bestellten Posten zurück	4 000,00 EUR
3. Ein Kunde zahlt einen Rechnungsbetrag durch Banküberweisung	32 000,00 EUR
4. Wir tilgen teilweise die Darlehensschuld bei der Bank durch Barzahlung	7 200,00 EUR
5. Wir kaufen eine Abfüllmaschine auf Ziel	87 700,00 EUR
6. Wir zahlen eine Lieferantenrechnung über 28 570,00 EUR	
bar	6 570,00 EUR
durch Bankscheck	22 000,00 EUR
7. Barkauf mehrerer Schreibtische für das Büro	2 600,00 EUR
8. Kauf eines Grundstücks für einen Parkplatz auf Ziel	67 000,00 EUR

III. Aufgaben:

1. Eröffnen Sie die Konten mithilfe des Eröffnungsbilanzkontos!
2. Bilden Sie die Buchungssätze und buchen Sie auf den Konten!
3. Schließen Sie die Konten über das Schlussbilanzkonto ab!

23 Eröffnung der Konten über das Eröffnungsbilanzkonto, Bildung der Buchungssätze, Buchen auf den Konten und Abschluss der Konten über das Schlussbilanzkonto

I. Anfangsbestände:

Grundstücke und Bauten 200 000,00 EUR; Betriebsgebäude 335 850,00 EUR; Betriebs- und Geschäftsausstattung 228 710,00 EUR; Kasse 7 350,00 EUR; Bank 62 550,00 EUR; Forderungen aus Lieferungen und Leistungen 98 720,00 EUR; Rohstoffe 165 750,00 EUR; Verbindlichkeiten aus Lieferungen und Leistungen 154 820,00 EUR; Langfristige Bankverbindlichkeiten 200 000,00 EUR; Eigenkapital 744 110,00 EUR.

II. Geschäftsvorfälle:

1.	Einkauf einer Maschine	23 500,00 EUR
	gegen Banküberweisung	12 000,00 EUR
	auf Ziel	11 500,00 EUR
2.	Ein Kunde bezahlt einen Rechnungsbetrag über 1 250,00 EUR,	
	bar	750,00 EUR
	durch Banküberweisung	500,00 EUR
3.	Barkauf eines Laptops	950,00 EUR
4.	Teilrückzahlung eines Bankdarlehens durch Banküberweisung	4 500,00 EUR
5.	Barverkauf eines nicht benötigten Büroschrankes zum Buchwert	650,00 EUR
6.	Begleichung einer Eingangsrechnung in Höhe von 7 820,00 EUR,	
	bar	2 350,00 EUR
	durch Banküberweisung	5 470,00 EUR

III. Aufgaben:

1. Eröffnen Sie die Konten mithilfe des Eröffnungsbilanzkontos!
2. Bilden Sie die Buchungssätze und buchen Sie auf den Konten!
3. Schließen Sie die Konten über das Schlussbilanzkonto ab!

4.6 Zusammenhang zwischen Bestandskonten, Inventur, Inventar und Bilanz

Die Bestandskonten – unter Einbeziehung des Schlussbilanzkontos und des Eröffnungsbilanzkontos – bilden eine in sich geschlossene Einheit: Das **Kontensystem der doppelten Buchführung.**

Die Bilanz baut auf den Zahlen der Buchführung auf, wobei diese Zahlen jedoch vor ihrer Übernahme in die Bilanz durch die Inventur auf ihre Richtigkeit hin überprüft werden. Vom buchtechnischen Standpunkt aus und auch von der Tatsache ausgehend, dass die Bilanz für die Öffentlichkeit entsprechend aufbereitet werden muss [§§ 247, 266 HGB], stehen **Inventur** (bzw. **Inventar**) und **Bilanz außerhalb der Buchführung.**

- ■ Vor der Erstellung der Schlussbilanz müssen die **Schlussbestände des Schlussbilanzkontos** mit den **Inventurwerten abgestimmt** werden.
- ■ Weicht der Schlussbestand eines Kontos vom Inventurwert ab, muss der **Buchführungswert korrigiert** werden. In die **Schlussbilanz** dürfen nur **überprüfte** Schlussbestände (Inventurwerte) aufgenommen werden.

Die grafische Darstellung auf S. 61 veranschaulicht den Zusammenhang zwischen dem Kontensystem der Buchführung und der Bilanz sowie der Inventur (bzw. dem Inventar).

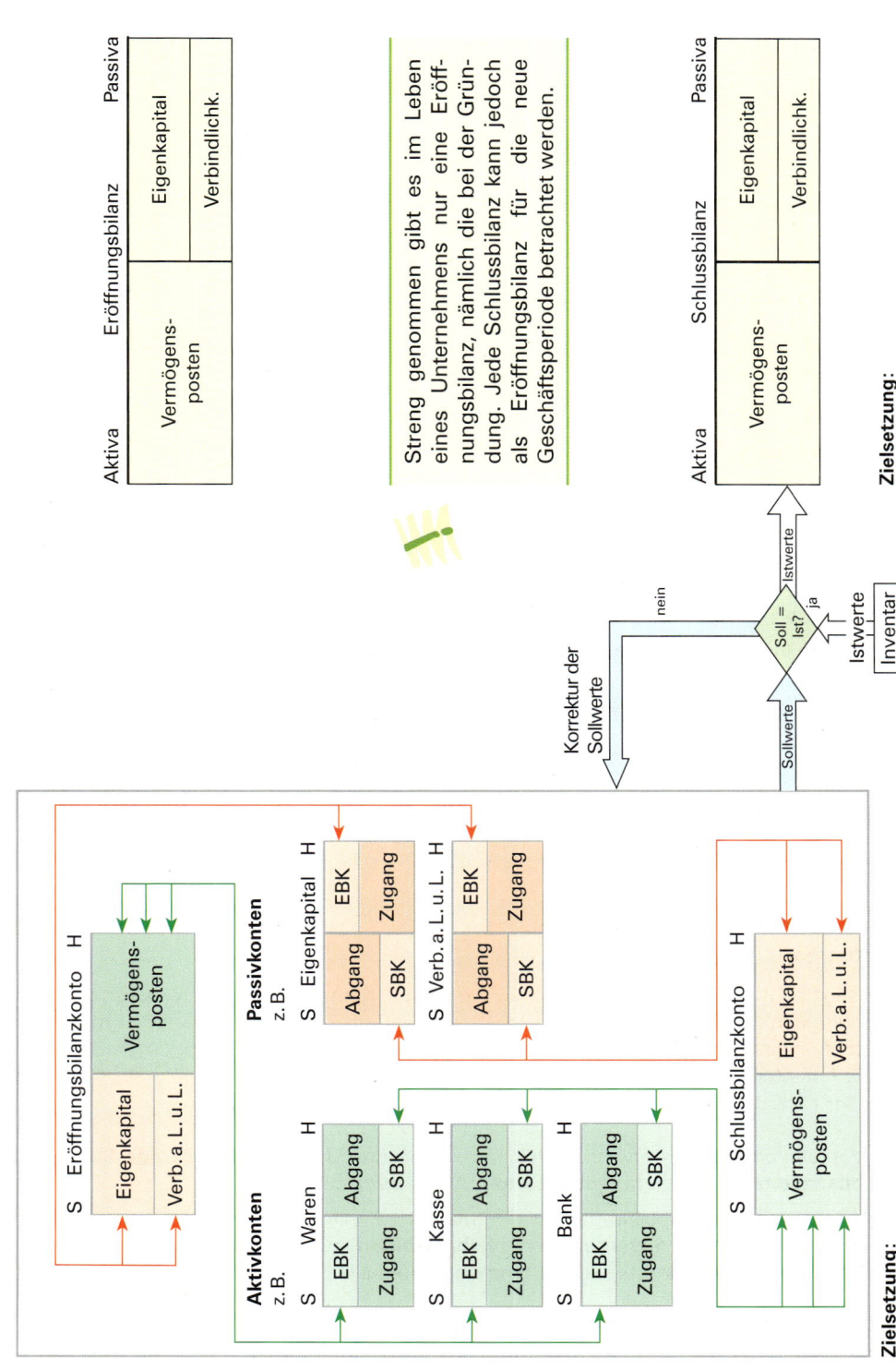

5 Kontenrahmen als Organisationsmittel der Buchführung

5.1 Allgemeines zum Kontenrahmen

Die Buchführung eines Kaufmanns besteht aus einer Vielzahl von Konten. Um hierüber die wünschenswerte Übersicht zu behalten, bedarf es einer Ordnung. Sie wird mithilfe des Kontenrahmens erreicht, dessen Verwendung gesetzlich nicht vorgeschrieben ist.

Um den individuellen Bedürfnissen optimal zu entsprechen, hat jeder Wirtschaftszweig seinen eigenen Kontenrahmen entwickelt. Daneben haben bekannte Softwarefirmen spezielle EDV-Kontenrahmen herausgebracht. Das dabei zugrunde gelegte Ordnungsprinzip ist einheitlich. Die Gesamtmenge der Konten wird mithilfe der zehn Ziffern unseres Zahlensystems nach bestimmten Gesichtspunkten in Klassen und Gruppen gegliedert.

5.2 Bedeutung des Kontenrahmens

Dadurch, dass nicht mehr jeder Unternehmer seine Buchführung nach eigenem Ermessen und Gutdünken aufbaut, werden insbesondere folgende zwei Vorteile erzielt:

- Der Inhalt der einzelnen Konten ist genau bestimmt. Dadurch können die verschiedenen Inhalte scharf gegeneinander abgegrenzt werden. Verschiedene Industrieunternehmen buchen daher unter der gleichen Kontenbezeichnung den gleichen Inhalt. Dadurch wird die **Organisation** der Buchführung **einheitlicher** und **übersichtlicher.**

- Durch die Vereinheitlichung der Buchführung von der Grundkonpeztion her ist es dem Unternehmer möglich, Vergleiche vorzunehmen, und zwar

  - **innerhalb des Unternehmens:** Vergleich der Entwicklung der Konteninhalte von Rechnungsjahr zu Rechnungsjahr **(Zeitvergleich).**
  - **außerhalb des Unternehmens:** z.B. Vergleich der eigenen Buchführungsergebnisse mit denen anderer Unternehmen **(Betriebsvergleich).**

5.3 Vom Kontenrahmen zum Kontenplan

Innerhalb des Kontenrahmens, dessen Anwendung allen Unternehmen des betreffenden Wirtschaftszweiges empfohlen wird, stellt jeder Betrieb den individuellen Bedürfnissen entsprechend seinen eigenen **Kontenplan** auf. In diesem werden jene Konten ausgelassen, die für den betreffenden Betrieb keine Bedeutung haben.

- Der **Kontenrahmen** bezieht sich auf eine bestimmte **Wirtschaftsbranche.**
- Der **Kontenplan** bezieht sich auf einen bestimmten **Betrieb.**

Mithilfe der zehn Ziffern unseres Zahlensystems wird die Gesamtmenge der Konten nach sachlichen Gesichtspunkten (z.B. alle Finanzanlagen, alle Ertragskonten usw.) zunächst in 10 **Kontenklassen** gegliedert.

Beispiel:

Kontenklasse 0	Kontenklasse 1	Kontenklasse 2
AKTIVA		
Anlagevermögen		Umlaufvermögen

Da es in jeder Kontenklasse mehrere Konten gibt, muss man zur eindeutigen Unterscheidung eine zweite Ziffer hinzufügen. Dabei beginnt man ebenfalls wieder mit der Ziffer 0. Diese zweistellige Kontenkennzeichnung bildet jeweils eine **Kontengruppe.**

Beispiel:

Kontenklasse 0	usw.
AKTIVA	
Anlagevermögen	
. . .	
02 **Konzessionen, gewerbliche Schutzrechte und ähnliche Rechte und Werte sowie Lizenzen an solchen Rechten und Werten**	
. .	
05 **Grundstücke, grundstücksgleiche Rechte und Bauten einschließlich der Bauten auf fremden Grundstücken**	

Da auch innerhalb einer Kontengruppe im Allgemeinen unterschiedliche Konten vorkommen, muss jede Kontengruppe wieder nach dem gleichen Verfahren unterteilt werden. Man spricht dann von einer bestimmten **Kontoart.** Notfalls müssen zu einer Kontoart auch **Kontounterarten** gebildet werden.

Beispiel:

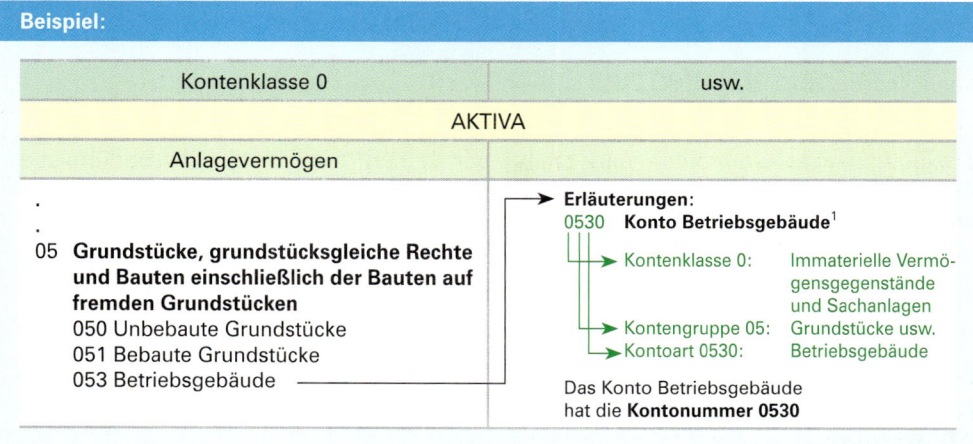

---

1 Die EDV-Kontenrahmen verwenden im Allgemeinen für jede Kontoart des Hauptbuchs eine vierstellige Kontoziffer. Personenkonten (Lieferer- und Kundenkonten) haben dann fünfstellige Kontoziffern. Die 4-stellige Kontobezifferung wird in diesem Schulbuch verwendet.

5.4 Aufbauprinzip eines Kontenrahmens am Beispiel des Industriekontenrahmens

Der Industriekontenrahmen ist ein abschlussorientierter Kontenrahmen. Das bedeutet, dass sich die Reihenfolge der Kontengruppen an den Abschlussgliederungsprinzipien der Bilanz und der Gewinn- und Verlustrechnung bei Kapitalgesellschaften orientiert.

Das gilt auch für den Einsatz eines Finanzbuchhaltungsprogrammes. Im DV-System wird hinterlegt, auf welchen Posten der Bilanz bzw. der Gewinn- und Verlustrechnung der Saldo eines Kontos im Rahmen des automatisierten Jahresabschlusses übertragen werden soll.

In seiner Grobstruktur weist der angesprochene Industriekontenrahmen in den einzelnen Kontenklassen folgende Positionen aus:

Klasse 0: Immaterielle Vermögensgegenstände und Sachanlagen	← Bestandskonten
Klasse 1: Finanzanlagen	← Bestandskonten
Klasse 2: Umlaufvermögen und aktive Rechnungsabgrenzung	← Bestandskonten
Klasse 3: Eigenkapital und Rückstellungen	← Bestandskonten
Klasse 4: Verbindlichkeiten und passive Rechnungsabgrenzung	← Bestandskonten
Klasse 5: Erträge[1]	← Ergebniskonten
Klasse 6: Betriebliche Aufwendungen	← Ergebniskonten[2]
Klasse 7: Weitere Aufwendungen	← Ergebniskonten[2]
Klasse 8: Ergebnisrechnungen	← Abschlusskonten
Klasse 9: Kosten- und Leistungsrechnung (KLR)[3]	

In den folgenden Kapiteln werden die Buchungssätze nur noch unter Zuhilfenahme des Industriekontenrahmens gebildet, d. h., bei den Buchungen im Grundbuch werden vor den Kontonamen die entsprechende Kontonummer gesetzt und im Hauptbuch werden die Gegenkonten nur mit den Kontonummern angegeben.

Beispiel:	
Geschäftsvorfall:	**Aufgaben:**
Wir zahlen eine bereits gebuchte Eingangsrechnung über 3 850,00 EUR durch Banküberweisung 3 000,00 EUR in bar 850,00 EUR	1. Buchen Sie den Geschäftsvorfall auf den Konten!
	2. Bilden Sie den Buchungssatz zu dem Geschäftsvorfall!

---

1 Einen Hinweis zur Buchung von Erträgen (Kontenklasse 5) nach dem Bilanzrichtlinie-Umsetzungsgesetz [BilRUG] finden Sie auf S. 6.

2 Vgl. hierzu Kapitel 6, S. 66ff.

3 In der Praxis wird die Kosten- und Leistungsrechnung tabellarisch durchgeführt. Siehe S. 133ff.

Lösungen:

Zu 1.: Buchung auf den Konten

S	2800 Bank		H
AB	5 000,00	4400	3 000,00

S	4400 Verbindl. a. Lief. u. Leist.		H
2800/2880	3 850,00	AB	10 000,00

S	2880 Kasse		H
AB	3 140,00	4400	850,00

Zu 2.: Buchungssatz

Geschäftsvorfall		Konten	Soll	Haben
Wir zahlen eine bereits gebuchte Eingangsrechnung über 3 850,00 EUR		4400 Verb. a. L. u. L.	3 850,00	
durch Banküberweisung	3 000,00 EUR	an 2800 Bank		3 000,00
in bar	850,00 EUR	an 2880 Kasse		850,00

Übungsaufgaben

24 Stoffvertiefung Kontenrahmen

1. Gegeben ist die Kontobezeichnung 0830!

   1.1 Nennen Sie die Information, die die erste Ziffer 0 liefert!
   1.2 Interpretieren Sie die Ziffernfolge 08!
   1.3 Geben Sie an, was die Ziffernfolge 0830 ausdrückt!

2. 2.1 Nennen Sie die Ihnen bekannten Abschlusskonten und ordnen Sie ihnen jeweils die richtige Kontoziffernfolge zu! (Name des Kontos, Kontonummer)
   2.2 Nennen Sie den Namen des Kontos mit der Ziffernfolge 2030!

3. 3.1 Nennen Sie den Oberbegriff, unter dem sich die Konten der Klasse 0 und 1 zusammenfassen lassen!
   3.2 Nehmen Sie zu dieser Begriffsbildung Stellung! Wie ist sie begründbar?

25 Buchungssätze unter Angabe der Kontonummern

Bilden Sie unter Angabe der Kontonummern und Kontonamen für folgende Geschäftsvorfälle die Buchungssätze:

1.	Kauf einer Schleifmaschine bar	5 800,00 EUR
2.	Ein Kunde überweist einen Rechnungsbetrag auf unser Bankkonto	896,00 EUR
3.	Wir kaufen eine Glasvitrine bar	120,00 EUR
4.	Wir verkaufen einen gebrauchten Geschäftswagen bar	9 280,00 EUR
5.	Wir zahlen eine Liefererrechnung durch Banküberweisung	560,00 EUR
6.	Ein Kunde zahlt einen Rechnungsbetrag über	1 750,00 EUR
	in bar 750,00 EUR	
	per Bankscheck 1 000,00 EUR	
7.	Wir kaufen eine Verpackungsmaschine	11 600,00 EUR
	Finanzierung:	
	Bankscheck 3 500,00 EUR	
	Barzahlung 200,00 EUR	
	Restverbindlichkeit 7 900,00 EUR	

5 Speth u.a. - ISBN 978-3-8120-0521-0

6 Ergebniskonten (Erfolgskonten)

6.1 Aufwendungen, Erträge, Aufwandskonten, Ertragskonten

(1) Aufwendungen und Erträge

Bisher wurde das Eigenkapital durch die Geschäftsvorfälle nicht berührt. Dies ändert sich jetzt. Das Eigenkapital kann entweder zunehmen oder abnehmen. Die **Zugänge des Eigenkapitals** ergeben sich durch **Erträge**, die **Abgänge** durch **Aufwendungen**.

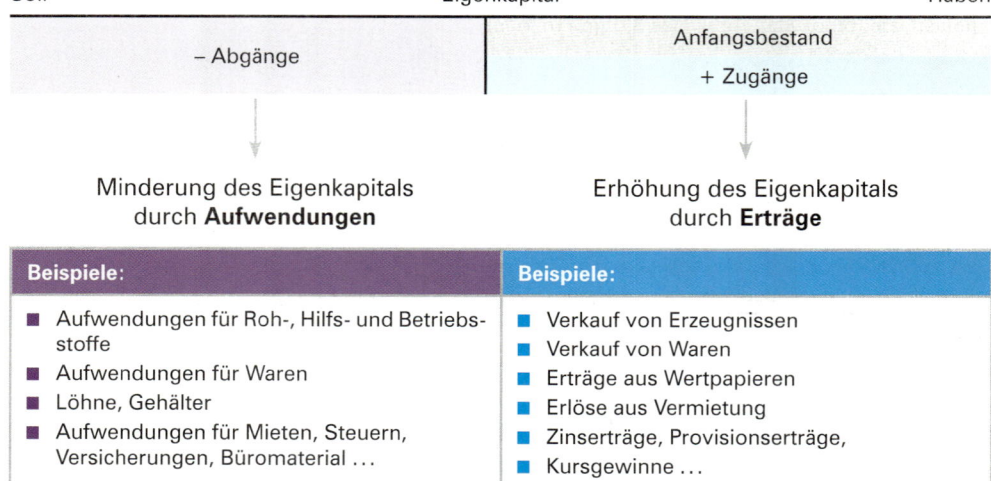

Soll	Eigenkapital	Haben
– Abgänge		Anfangsbestand
		+ Zugänge

Minderung des Eigenkapitals durch **Aufwendungen**

Erhöhung des Eigenkapitals durch **Erträge**

Beispiele:	Beispiele:
■ Aufwendungen für Roh-, Hilfs- und Betriebsstoffe	■ Verkauf von Erzeugnissen
■ Aufwendungen für Waren	■ Verkauf von Waren
■ Löhne, Gehälter	■ Erträge aus Wertpapieren
■ Aufwendungen für Mieten, Steuern, Versicherungen, Büromaterial ...	■ Erlöse aus Vermietung
	■ Zinserträge, Provisionserträge,
	■ Kursgewinne ...

- ■ **Abgänge beim Eigenkapital** durch **Aufwendungen.**
- ■ **Zugänge beim Eigenkapital** durch **Erträge.**
- ■ **Aufwendungen vermindern, Erträge erhöhen das Eigenkapital.**

(2) Aufwands- und Ertragskonten

Um die einzelnen Aufwendungen und Erträge übersichtlich und jederzeit verfügbar zu haben, werden die Aufwendungen und Erträge nicht direkt auf dem Eigenkapital gebucht, sondern es werden **Unterkonten des Eigenkapitals** gebildet. Die **Aufwendungen** werden auf **Aufwandskonten**, die **Erträge** auf **Ertragskonten** gebucht. Die Aufwands- und Ertragskonten bilden die **Ergebniskonten**.[1]

---

1 Die Begriffe Ergebniskonten und Erfolgskonten sind identisch (gleichwertig). Beide Begriffe werden in Zukunft synonym verwandt.

In schematischer Zusammenfassung ergibt sich die folgende Darstellung:

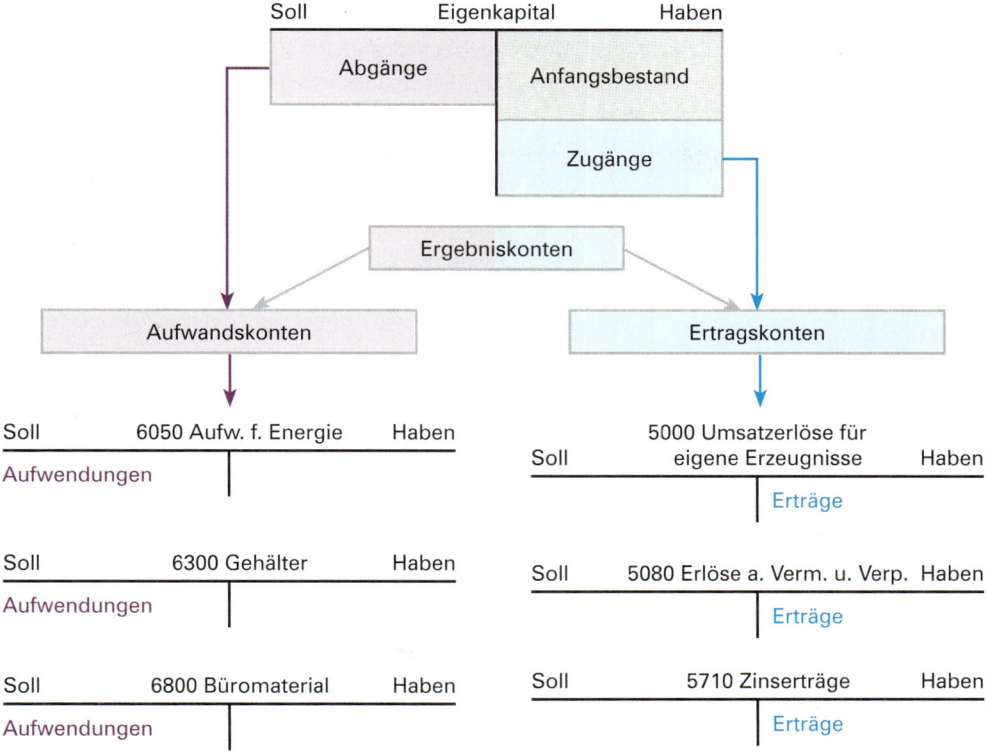

- **Aufwandskonten** erfassen die **Minderungen (Abgänge) beim Eigenkapital.**
- **Ertragskonten** erfassen die **Mehrungen (Zugänge) beim Eigenkapital.**

Durch die Aufwands- und Ertragskonten werden die **Ursachen des Erfolgs** (Gewinn oder Verlust) eines Industrieunternehmens deutlich. Die Aufwands- und Ertragskonten werden daher als **Ergebniskonten (Erfolgskonten)** bezeichnet. Geschäftsvorfälle, die das **Eigenkapital verändern,** bezeichnet man als **erfolgswirksame Geschäftsvorfälle.** Geschäftsvorfälle, die das **Eigenkapital nicht verändern,** bezeichnet man als **erfolgsunwirksame (erfolgsneutrale) Geschäftsvorfälle.**

- Die Aufwands- und Ertragskonten sind **Unterkonten des Eigenkapitalkontos.**
- Bei den Aufwandskonten stehen die **Aufwendungen** immer auf der **Sollseite.**
- Bei den Ertragskonten stehen die **Erträge** immer auf der **Habenseite.**
- Für jede Aufwendungs- und Ertragsart wird jeweils ein **eigenes Konto** eingerichtet.
- Da die Aufwands- und Ertragskonten Auskunft darüber geben, wodurch das Ergebnis (Gewinn oder Verlust) zustande gekommen ist, nennt man sie **Ergebniskonten.**

Übungsaufgaben

26 Stoffvertiefung zu Eigenkapital und Ergebniskonten

1. Erläutern Sie den Zusammenhang zwischen den Ergebniskonten und dem Eigenkapitalkonto!
2. Begründen Sie, ob das System der doppelten Buchführung auch ohne die Einrichtung von Ergebniskonten funktionieren würde!
3. Erklären Sie, aus welchen Gründen Ergebniskonten eingerichtet werden!
4. Begründen Sie, warum es auf den Ergebniskonten keine Anfangsbestände geben kann!
5. Stellen Sie die Auswirkungen der Aufwendungen auf das Eigenkapital dar!
6. Begründen Sie, weshalb Aufwendungen auf der Sollseite und Erträge auf der Habenseite gebucht werden!
7. Nennen Sie Gründe, warum die Aufwendungen und Erträge nicht direkt auf dem Eigenkapitalkonto gebucht werden!

27 Beurteilung von Geschäftsvorfällen

Beurteilen Sie folgende Geschäftsvorfälle hinsichtlich ihrer Erfolgswirksamkeit. Sofern Sie nicht Eigentümer des Buches sind, übertragen Sie die Tabelle in Ihr Hausheft und kreuzen Sie die entsprechende Spalte in dem vorgesehenen Schema an!

Nr.	Geschäftsvorfälle	erfolgs-unwirksam	erfolgs-wirksam	Aufwand	Ertrag
1.	Wir zahlen eine Liefererrechnung durch Banküberweisung	1. X			X
2.	Wir verkaufen Handelswaren auf Ziel		2. X		X
3.	Wir kaufen Büromaterial bar		3. X	X	
4.	Verbrauch von Rohstoffen		4. X	X	
5.	Ein Kunde zahlt durch Banküberweisung	5. X			X
6.	Wir verkaufen Fertigerzeugnisse bar		6. X		
7.	Die Bank belastet uns mit Zinsen		7. X	X	
8.	Barzahlung für ein Werbeinserat		8. X	X	
9.	Banküberweisung für Grundsteuer		9. X	X	
10.	Barkauf eines Büroschrankes	10. X			
11.	Barkauf von Hilfsstoffen zum sofortigen Verbrauch		11. X	X	

6.2 Buchungen auf den Ergebniskonten

6.2.1 Buchungsregeln für die Ergebniskonten und Beispiele für die Buchung von Aufwendungen und Erträgen

(1) Buchungsregeln für die Ergebniskonten

Auf den Ergebniskonten gibt es nur Aufwendungen und Erträge. Die **Aufwendungen** (Abgänge auf dem Eigenkapitalkonto) sind auf der **Sollseite des entsprechenden Aufwandskontos** zu buchen. Die **Erträge** (Zugänge auf dem Eigenkapitalkonto) sind auf der **Habenseite des entsprechenden Ertragskontos** zu buchen. Es gelten folgende Buchungsregeln:

Soll	Aufwandskonto	Haben
Aufwendungen		

Soll	Ertragskonto	Haben
		Erträge

Aufwendungen stehen immer auf der **Sollseite** der Aufwandskonten.

Erträge stehen immer auf der **Habenseite** der Ertragskonten.

- Auf den **Ergebniskonten** gibt es **keinen Anfangsbestand, keine Zugänge, keine Abgänge** und **keinen Schlussbestand.** Diese Begriffe bleiben den Bilanzkonten (Bestandskonten) vorbehalten.
- Bei den **Ergebniskonten** gibt es nur **Aufwendungen** und **Erträge.**

(2) Beispiele für die Buchungen von Aufwendungen[1] und Erträgen

Bilden Sie zu den nachfolgenden Geschäftsvorfällen die Buchungssätze!

1. Geschäftsvorfall: Für eine Werbeanzeige in der Fachzeitschrift bezahlen wir die Rechnung über 1 250,00 EUR durch Banküberweisung.

Konten	Soll	Haben
6870 Werbung	1 250,00	
an 2800 Bank		1 250,00

2. Geschäftsvorfall: Wir bezahlen die Leasingrate in Höhe von 1 050,00 EUR durch Banküberweisung.

Konten	Soll	Haben
6710 Leasing	1 050,00	
an 2800 Bank		1 050,00

3. Geschäftsvorfall: Die Bank schreibt uns Zinsen in Höhe von 950,00 EUR gut.

Konten	Soll	Haben
2800 Bank	950,00	
an 5710 Zinserträge		950,00

4. Geschäftsvorfall: Wir erhalten vom Lieferer eine Verkaufsprovision von 8 500,00 EUR durch Bankscheck für die Vermittlung eines Großauftrags.

Konten	Soll	Haben
2800 Bank	8 500,00	
an 5090 Sonstige Nebenerlöse		8 500,00

---

1 Auf die Buchungen der Werkstoffe und Handelswaren wird im Kapitel 6.2.2, S. 71 ff. eingegangen.

28 Formulierung des Geschäftsvorfalls aufgrund eines Belegs und Bildung des Buchungssatzes

Formulieren Sie aufgrund der vorliegenden Belege[1] die zugrunde liegenden Geschäftsvorfälle und buchen Sie die Belege im Grundbuch der Metallwerke Hans Wanner GmbH, Kornstraße 80, 38640 Goslar!

Beleg 1

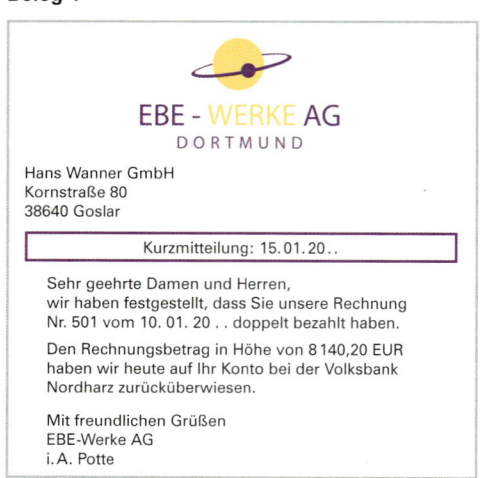

EBE - WERKE AG
DORTMUND

Hans Wanner GmbH
Kornstraße 80
38640 Goslar

Kurzmitteilung: 15.01.20..

Sehr geehrte Damen und Herren,
wir haben festgestellt, dass Sie unsere Rechnung Nr. 501 vom 10.01.20.. doppelt bezahlt haben.

Den Rechnungsbetrag in Höhe von 8 140,20 EUR haben wir heute auf Ihr Konto bei der Volksbank Nordharz zurücküberwiesen.

Mit freundlichen Grüßen
EBE-Werke AG
i. A. Potte

Beleg 2

NOTHHAFT
FÜR BÜRO, SCHULE UND ZUHAUSE

NONNENWEG 8 - 38640 GOSLAR

BARVERKAUF

Nopi Paketklebeband 66x50 57212				
57212	1,00	2,19	1	2,19 EUR
PRITT Klebestift WA 13 40 g				
PRI 371047	2,00	3,85	1	7,70 EUR
E-1800/0,1 FARBE 002 rot				
edd1800	1,00	2,89	1	2,89 EUR
Kopierpapier A4 weiß 80 g/qm				
8078451a8	1,00	3,49	1	3,49 EUR
	Gesamtsumme:			16,27 EUR

Beleg 3

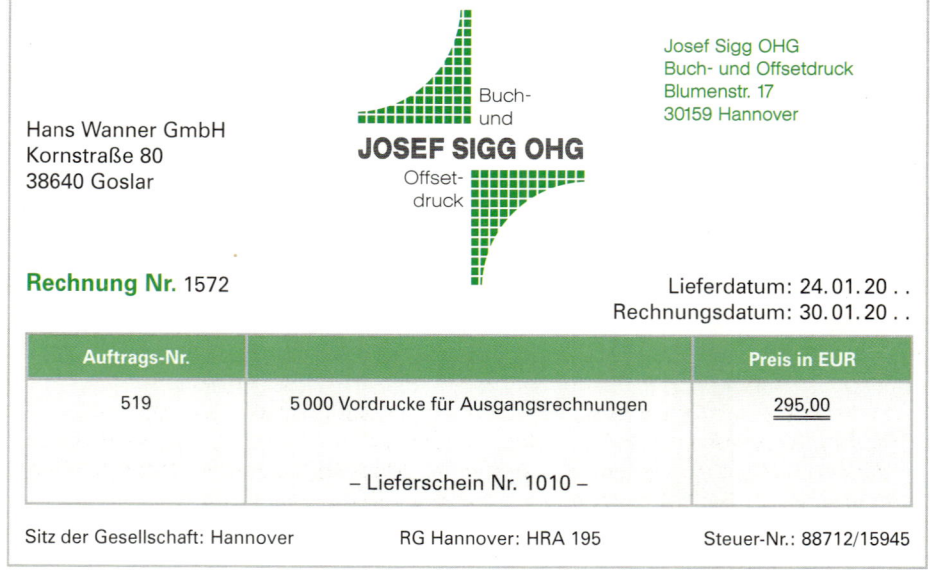

Hans Wanner GmbH
Kornstraße 80
38640 Goslar

Josef Sigg OHG
Buch- und Offsetdruck
Blumenstr. 17
30159 Hannover

Buch-
und
JOSEF SIGG OHG
Offset-
druck

Rechnung Nr. 1572

Lieferdatum: 24.01.20..
Rechnungsdatum: 30.01.20..

Auftrags-Nr.		Preis in EUR
519	5 000 Vordrucke für Ausgangsrechnungen	295,00
	– Lieferschein Nr. 1010 –	

Sitz der Gesellschaft: Hannover RG Hannover: HRA 195 Steuer-Nr.: 88712/15945

---

1 Bei den Belegen in dieser Aufgabe wird auf den Ausweis der Umsatzsteuer verzichtet, weil diese noch nicht behandelt wurde.

Beleg 4

```
DEUTSCHE POST AG
38640 GOSLAR
85051034   6941   15.01.20..

LABELFREIMACHUNG        1 STÜCK × 4,70 EUR
*4,70 EUR                          A, 1

BRUTTOUMSATZ                    *4,70 EUR

VIELEN DANK FÜR IHREN BESUCH.
IHRE DEUTSCHE POST AG
```

Beleg 5

Firma: Möbelfabrik Tobias Hauser KG
          Karlstraße 20 – 24 · 38259 Salzgitter

QUITTUNG   EINGEGANGEN
                            30. Jan. 20..

          1 Büroschrank   1927,80 EUR

Hans Wanner GmbH
Kornstraße 80   Betrag dankend erhalten
38640 Goslar   30. 01. 20 . .

                                   Heim

Beleg 6

COMMERZBANK AG	DE19 2688 0063 0061 000354	DRESDEFF268	erstellt am 27.01.20..	Auszug 10	Blatt 1

ALTER SALDO VOM 24.01.20..			12895,40 H
26.01.20..	Rechnung 20.01.20..		8720,10 H
26.01.20..	Zinsgutschrift		520,00 H
26.01.20..	Feuerversicherung (Lastschrift)	1100,00 S	
26.01.20..	Grundsteuer (Geschäft)	1450,50 S	

Hans Wanner GmbH
Kopernikusstr. 80
38640 Goslar   NEUER SALDO 19585,00 H

Bitte Rückseite beachten.

6.2.2 Buchungen bei der Beschaffung von Werkstoffen und Handelswaren und dem Verkauf von eigenen Erzeugnissen

6.2.2.1 Buchungen bei der Beschaffung von Werkstoffen und Handelswaren

Wichtiger Hinweis:

In der Praxis wird der Einkauf von Werkstoffen und Handelswaren entweder sofort als **Verbrauch** auf den **Konten der Klasse 6** (Just-in-time-Verfahren, aufwandsorientiertes Verfahren) oder als **Bestand** auf Konten der **Klasse 2** (bestandsorientiertes Verfahren) erfasst. Beide Buchungsverfahren werden im Folgenden vorgestellt.

(1) Buchungen bei der Beschaffung von Werkstoffen und Handelswaren nach dem bestandsorientierten Verfahren

Beim **bestandsorientierten Verfahren** wird die Beschaffung der Werkstoffe bzw. Handelswaren auf dem entsprechenden Bestandskonto (2000 Rohstoffe/Fertigungsmaterial, 2010 Vorprodukte/Fremdbauteile, 2020 Hilfsstoffe, 2030 Betriebsstoffe, 2280 Waren [Handelswaren]) gebucht.

Nr.	Geschäftsvorfälle	Konten	Soll	Haben
1.	Wir kaufen Rohstoffe bar 10 000,00 EUR	2000 Rohstoffe[1]/ Fertigungsmaterial an 2880 Kasse	10 000,00	10 000,00
2.	Wir kaufen Handelswaren auf Ziel 5 550,00 EUR	2280 Waren an 4400 Verb. a. L. u. L.	5 550,00	5 550,00
3.	Wir kaufen Betriebsstoffe und zahlen per Banküberweisung 8 400,00 EUR	2030 Betriebsstoffe an 2800 Bank	8 400,00	8 400,00

(2) Buchungen bei der Beschaffung von Werkstoffen und Handelswaren nach dem verbrauchsorientierten Verfahren (Just-in-time-Verfahren)

Der durch den starken Konkurrenzdruck ausgelöste Zwang zur Kostensenkung hat in der Praxis dazu geführt, nach Wegen zu suchen, wie man die nicht unerheblichen Lagerkosten minimieren kann. Daher wird in einem modernen Industriebetrieb nach Möglichkeit immer nur so viel an Werkstoffen eingekauft, wie auch unmittelbar für die Produktion benötigt wird. Das bedingt eine sehr genaue Abstimmung der Beschaffungspläne mit den Produktionsplänen. Werkstoffe müssen genau dann im Betrieb ankommen, wenn sie benötigt werden. Daher spricht man auch vom **Just-in-time-Verfahren.**

Da die **eingekauften Werkstoffe** direkt in den Fertigungsprozess eingehen, werden sie auch direkt auf den entsprechenden **Aufwandskonten** erfasst. Man spricht vom **aufwandsrechnerischen Verfahren (Just-in-time-Verfahren).**

Nr.	Geschäftsvorfälle	Konten	Soll	Haben
1.	Wir kaufen Rohstoffe bar 10 000,00 EUR	6000 Aufw. f. Rohstoffe/ Fertigungsmaterial an 2880 Kasse	10 000,00	10 000,00
2.	Wir kaufen Handelswaren auf Ziel 5 550,00 EUR	6080 Aufw. f. Waren an 4400 Verb. a. L. u. L.	5 550,00	5 550,00
3.	Wir kaufen Betriebsstoffe und zahlen per Banküberweisung 8 400,00 EUR	6030 Aufw. f. Betriebsst. an 2800 Bank	8 400,00	8 400,00

---

1 · Sofern es sich um den Einkauf von Rohstoffen handelt, wird im Folgenden dieses Konto in der verkürzten Form mit **„Rohstoffe"** bezeichnet.

Übungsaufgabe

29 Bildung von Buchungssätzen nach dem bestandsorientierten und dem verbrauchsorientierten Verfahren

Bilden Sie zu folgenden Geschäftsvorfällen die Buchungssätze:

a) Nach dem bestandsorientierten Verfahren und

b) nach dem Just-in-time-Verfahren!

1. Wir kaufen Betriebsstoffe auf Ziel	7 100,00 EUR
2. Wir kaufen Handelswaren bar	1 950,00 EUR
3. Kauf von Hilfsstoffen gegen Bankscheck	14 200,00 EUR
4. Kauf von Rohstoffen auf Ziel	3 720,00 EUR
5. Wir kaufen Fremdbauteile gegen Banküberweisung	7 410,00 EUR

Beachte:

■ Bei den nachfolgenden Buchungen wird unterstellt, dass die beschafften Werkstoffe und Handelswaren unmittelbar in die Produktion bzw. den Verkauf gehen, d.h., die Buchung erfolgt jeweils nach dem **Just-in-time-Verfahren**.

■ Sofern nach dem **bestandsorientierten Verfahren** gebucht werden soll, wird dies jeweils **ausdrücklich angegeben**.

6.2.2.2 Buchungen beim Verkauf von eigenen Erzeugnissen

Der Verkauf der hergestellten Erzeugnisse stellt einen Ertrag dar. Buchungstechnisch werden die Umsatzerlöse aus eigenen Erzeugnissen und die Umsatzerlöse für Handelswaren auf getrennten Konten ausgewiesen. Es sind folgende Konten zu führen:

■ **5000 Umsatzerlöse für eigene Erzeugnisse,**
■ **5100 Umsatzerlöse für Waren.**

Beispiel:

I. Geschäftsvorfall:

Wir verkaufen eigene Erzeugnisse auf Ziel 21 000,00 EUR.

II. Aufgabe:

Bilden Sie den Buchungssatz!

Lösung:

Konten	Soll	Haben
2400 Ford. a. Lief. u. Leist. an 5000 Umsatzerlöse für eig. Erzeugnisse	21 000,00	21 000,00

Übungsaufgaben[1]

30 Bildung von Buchungssätzen

Bilden Sie für die folgenden erfolgsneutralen (erfolgsunwirksamen) und erfolgswirksamen Geschäftsvorfälle die Buchungssätze! Geben Sie in einer besonderen Spalte an, ob der Geschäftsvorfall erfolgswirksam oder erfolgsneutral ist!

1.	Verkauf von Erzeugnissen auf Ziel	75 800,00 EUR
2.	Wir zahlen die Ausbildungsvergütung für einen gewerblichen Auszubildenden durch Banküberweisung	650,00 EUR
3.	Wir kaufen Hilfsstoffe bar	500,00 EUR
4.	Wir zahlen eine Rechnung für Gebäuderenovierung durch Banküberweisung	8 750,00 EUR
5.	Wir kaufen einen Büroschrank bar	850,00 EUR
6.	Wir zahlen Heizöl für eine Lagerhalle durch Banküberweisung	5 300,00 EUR
7.	Einkauf von Betriebsstoffen auf Ziel	1 350,00 EUR
8.	Wir kaufen Büromöbel bar	1 500,00 EUR
9.	Bareinkauf von Betriebsstoffen	500,00 EUR
10.	Wir zahlen Reparaturkosten für eine Produktionsmaschine durch Banküberweisung	4 000,00 EUR
11.	Ein Kunde überweist einen Rechnungsbetrag auf unser Bankkonto	250,00 EUR
12.	Bankgutschrift für erhaltene Provisionen	200,00 EUR
13.	Wir zahlen Reisekosten an unseren Reisenden durch Banküberweisung	6 000,00 EUR
14.	Wir bezahlen die Leasingrate für den Geschäfts-Pkw bar	410,00 EUR
15.	Wir überweisen für eine Liefererrechnung durch die Bank	2 720,00 EUR
16.	Zahlung der Garagenmiete für das Auslieferungsfahrzeug durch Bankdauerauftrag	140,00 EUR
17.	Wir kaufen einen Gabelstapler auf Ziel	7 980,00 EUR
18.	Die Bank überweist Zinsen für das Termingeld	820,50 EUR
19.	Banküberweisung der Kfz-Steuer für das Auslieferungsfahrzeug	961,70 EUR

31 Bildung von Buchungssätzen

Bilden Sie zu den folgenden erfolgswirksamen Geschäftsvorfällen die Buchungssätze!

1.	Wir zahlen Miete für die Lagerräume durch Banküberweisung	4 000,00 EUR
2.	Die Bank schreibt uns Zinsen gut	210,00 EUR
3.	Wir zahlen die Ausbildungsvergütung für einen kaufmännischen Auszubildenden bar	580,00 EUR
4.	Einkauf von Rohstoffen auf Ziel	25 000,00 EUR
5.	Zinslastschrift der Bank	651,00 EUR
6.	Verkauf von Erzeugnissen auf Ziel	56 000,00 EUR
7.	Zahlung der Grundsteuer durch Banküberweisung	2 380,00 EUR
8.	Für Büromaterialien wurden bar bezahlt	123,00 EUR
9.	Banküberweisung der Kfz-Steuer für die Betriebsfahrzeuge	630,00 EUR
10.	Einkauf von Hilfsstoffen bar	2 200,00 EUR

---

1 Sofern es sich um Zahlungen handelt, die als Aufwand zu erfassen sind, ist davon auszugehen, dass die zugrunde liegende Rechnung noch nicht gebucht wurde.

6.3 Abschluss der Aufwands- und Ertragskonten über das Gewinn- und Verlustkonto

Als Unterkonten des Eigenkapitals müssten die Ergebniskonten direkt über das Eigenkapitalkonto abgeschlossen werden. Aus Gründen der Übersichtlichkeit wird auf dem Konto Eigenkapital jedoch nur das **Gesamtergebnis,** d.h. die Differenz zwischen der Summe der Erträge und der Summe der Aufwendungen (Gewinn bzw. Verlust) ausgewiesen. Das bedeutet, dass die einzelnen Aufwendungen und Erträge auf einem Zwischenkonto einander gegenübergestellt werden müssen. Da aus der Gegenüberstellung aller Erträge mit allen Aufwendungen der Gewinn oder Verlust des Unternehmens errechnet wird, heißt dieses Zwischenkonto **Gewinn- und Verlustkonto (GuV-Konto).**

- Auf dem **GuV-Konto** werden die **Aufwendungen** und **Erträge** einander gegenübergestellt.

- Der **Saldo** auf dem GuV-Konto weist den **Gewinn** bzw. **Verlust** des Unternehmens aus.

Erträge > Aufwendungen = Gewinn
Erträge < Aufwendungen = Verlust

Der auf dem GuV-Konto ermittelte Gewinn oder Verlust wird anschließend auf das Konto **Eigenkapital** umgebucht. Das **GuV-Konto** ist ein **Unterkonto des Eigenkapitalkontos.** Ein Gewinn erhöht das Eigenkapital, ein Verlust vermindert es.

Beispiel:

Das folgende Beispiel beschränkt die kontenmäßige Darstellung auf die Ergebniskonten. Die Bilanzkonten werden ausgeklammert, um den Abschluss der Ergebniskonten deutlich herausstellen zu können.

I. Anfangsbestand auf dem Konto 3000 Eigenkapital: 30 000,00 EUR

II. Erfolgswirksame Geschäftsvorfälle:

		Konten	Soll	Haben
1.	Kauf von Rohstoffen auf Ziel — 20 000,00 EUR	6000 Aufw. f. Rohstoffe an 4400 Verb. a. L. u. L.	20 000,00	20 000,00
2.	Kauf von Büromaterial bar — 80,00 EUR	6800 Büromaterial an 2880 Kasse	80,00	80,00
3.	Abbuchung der Stromkosten vom Bankkonto — 150,00 EUR	6050 Aufw. f. Energie an 2800 Bank	150,00	150,00
4.	Verkauf von Erzeugnissen auf Ziel — 45 000,00 EUR	2400 Ford. a. L. u. L. an 5000 UE f. eig. Erz.	45 000,00	45 000,00
5.	Gutschrift der Bank für Zinsen — 140,00 EUR	2800 Bank an 5710 Zinserträge	140,00	140,00

III. Aufgabe:

Führen Sie den Abschluss der Ergebniskonten bis zum Eigenkapital durch!

Lösung:

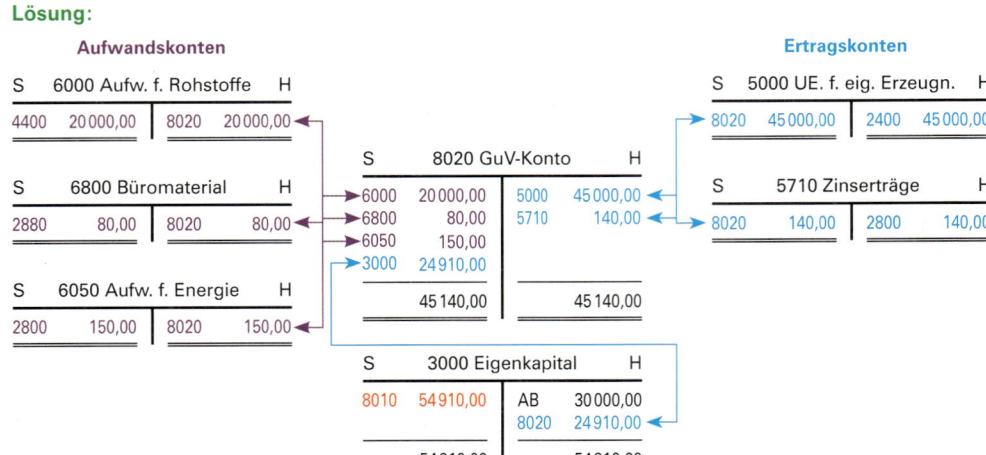

Der Abschluss der Ergebniskonten vollzieht sich in drei Schritten:

1. Schritt: Abschluss der Aufwandskonten über das GuV-Konto.

2. Schritt: Abschluss der Ertragskonten über das GuV-Konto.

3. Schritt: Abschluss des GuV-Kontos über das Eigenkapitalkonto.

In der doppelten Buchführung besteht eine **doppelte Möglichkeit der Ergebnisermittlung (Erfolgsermittlung):**

■ **Im Ergebniskontenbereich:**

Hier wird das Ergebnis (Gewinn oder Verlust) durch die Gegenüberstellung der Aufwendungen mit den Erträgen auf dem GuV-Konto ermittelt. Auf dem GuV-Konto sind auch die einzelnen Ertrags- und Aufwandsarten ersichtlich.

			Soll	8020 GuV		Haben
Summe der Erträge	45 140,00 EUR		6000	20 000,00	5000	45 000,00
− Summe der Aufwendungen	20 230,00 EUR		6800	80,00	5710	140,00
			6050	150,00		
= Ergebnis (Gewinn)	24 910,00 EUR		3000	24 910,00		
				45 140,00		45 140,00

■ **Im Bilanzkontenbereich:**

Hier wird das Ergebnis (Gewinn oder Verlust) durch den Vergleich des Eigenkapitals am Ende des Geschäftsjahres mit dem Eigenkapital am Anfang des Geschäftsjahres ermittelt.

			Soll	3000 Eigenkapital		Haben
Eigenkapital am Ende des Geschäftsjahres	54 910,00 EUR		8010	54 910,00	AB	30 000,00
− Eigenkapital am Anfang des Geschäftsjahres	30 000,00 EUR				8020	24 910,00
= Ergebnis (Gewinn)	24 910,00 EUR			54 910,00		54 910,00

Übungsaufgaben

32 Bilden von Buchungssätzen, Buchen auf Ergebniskonten, Abschluss der Ergebnis-konten

I. Anfangsbestände:

2800 Bank 150 000,00 EUR; 3000 Eigenkapital 150 000,00 EUR

II. Geschäftsvorfälle:

1.	Banküberweisung für den Beitrag zur Industrie- u. Handelskammer	2 800,00 EUR
2.	Zinsgutschrift der Bank	490,00 EUR
3.	Die Reparaturkosten für ein Kopiergerät werden mit Bankscheck bezahlt	512,00 EUR
4.	Lohnzahlung durch Banküberweisung	1 290,00 EUR
5.	Banküberweisung der Kfz-Steuer für die Betriebsfahrzeuge	950,00 EUR
6.	Mieteinnahmen per Bankscheck	4 650,00 EUR
7.	Banküberweisung für die Feuerversicherung des Lagers	460,00 EUR
8.	Büromaterial wird mit Bankscheck gekauft	370,00 EUR
9.	Wir erhalten Provision durch Banküberweisung	9 980,00 EUR
10.	Ein Zeitungsinserat wird mit Banküberweisung beglichen	290,00 EUR

III. Aufgaben:

1. Eröffnen Sie die Konten Bank und Eigenkapital durch Vortrag der Anfangsbestände!
2. Bilden Sie die Buchungssätze und buchen Sie auf den Konten!
3. Führen Sie den Abschluss durch!

33 Stoffvertiefung zum Begriff Erfolg

Entscheiden Sie außerhalb des Buches, welche der folgenden Aussagen richtig sind:

1. Der Begriff Erfolg beinhaltet immer einen Gewinn.
2. Ist das Reinvermögen am Ende der Geschäftsperiode höher als am Anfang, wurde in der Geschäftsperiode ein Gewinn erzielt.
3. Vermögen – Schulden = Erfolg.
4. Ein Verlust liegt vor, wenn das Eigenkapital am Anfang der Geschäftsperiode größer ist als am Ende.
5. Die Formel für die Erfolgsermittlung lautet:

    Eigenkapital am Anfang der Geschäftsperiode
    – Eigenkapital am Ende der Geschäftsperiode
    = Erfolg

7 Geschäftsgang mit Bestands- und Erfolgskonten

7.1 Geschäftsgang mit Bestands- und Erfolgskonten ohne Bestandsveränderungen

Beispiel:

I. Anfangsbestände:

0510 Bebaute Grundstücke 150 000,00 EUR, 0530 Betriebsgebäude 350 000,00 EUR, 0870 Büro-möbel 80 000,00 EUR, 2000 Rohstoffe 235 000,00 EUR, 2400 Forderungen aus Lieferungen und Leistungen 160 320,00 EUR, 2800 Bank 137 850,00 EUR, 3000 Eigenkapital 575 000,00 EUR, 4250 Langfristige Bankverbindlichkeiten 400 000,00 EUR, 4400 Verbindlichkeiten aus Lieferungen und Leistungen 138 170,00 EUR.

II. Kontenplan:

0510, 0530, 0870, 2000, 2400, 2800, 3000, 4250, 4400, 5000, 5710, 6000, 6700, 7020, 7510, 8000, 8010, 8020

III. Geschäftsvorfälle:

1.	Kauf von Rohstoffen auf Ziel	104 500,00 EUR
2.	Kauf von Büromöbeln auf Ziel	14 500,00 EUR
3.	Verkauf von Erzeugnissen auf Ziel	214 948,00 EUR
4.	Banküberweisung für das gemietete Verwaltungsgebäude	12 000,00 EUR
5.	Die Bank belastet unser Kontokorrentkonto mit den Halbjahreszinsen für das aufgenommene Bankdarlehen	16 000,00 EUR
6.	Banküberweisung für die Grundsteuer	4 000,00 EUR
7.	Bankgutschrift für Zinsen	1 750,00 EUR

IV. Abschlussangabe:

Der Schlussbestand der Rohstoffe beträgt lt. Inventur 235 000,00 EUR.

V. Aufgaben:

1. Buchen Sie die Anfangsbestände unter Einbeziehung des Eröffnungsbilanzkontos!
2. Bilden Sie die Buchungssätze für die Geschäftsvorfälle!
3. Buchen Sie auf den Konten!
4. Schließen Sie die Konten ab!

Lösungen:

Zu 2.: Buchungssätze für die Geschäftsvorfälle

Nr.	Konten	Soll	Haben
1.	6000 Aufwendungen für Rohstoffe an 4400 Verbindlichkeiten aus Lieferungen und Leistungen	104 500,00	104 500,00
2.	0870 Büromöbel an 4400 Verbindlichkeiten aus Lieferungen und Leistungen	14 500,00	14 500,00
3.	2400 Forderungen aus Lieferungen und Leistungen an 5000 Umsatzerlöse für eigene Erzeugnisse	214 948,00	214 948,00
4.	6700 Mieten, Pachten an 2800 Bank	12 000,00	12 000,00
5.	7510 Zinsaufwendungen an 2800 Bank	16 000,00	16 000,00
6.	7020 Grundsteuer an 2800 Bank	4 000,00	4 000,00
7.	2800 Bank an 5710 Zinserträge	1 750,00	1 750,00

Zu 1., 3. und 4.: Buchungen auf den Konten des Hauptbuches und Abschluss der Konten

Bilanzkonten-Bereich

Aktivkonten

S	0510 Beb. Grundstücke		H
8000	150000,00	8010	150000,00

S	0530 Betriebsgebäude		H
8000	350000,00	8010	350000,00

S	0870 Büromöbel		H
8000	80000,00	8010	94500,00
4400	14500,00		
	94500,00		94500,00

S	2000 Rohstoffe		H
8000	235000,00	8010	235000,00

S	2400 Ford. a. Lief. u. Leist.		H
8000	160320,00	8010	375268,00
5000	214948,00		
	375268,00		375268,00

S	2800 Bank		H
8000	137850,00	6700	12000,00
5710	1750,00	7510	16000,00
		7020	4000,00
		8010	107600,00
	139600,00		139600,00

S	8000 EBK		H
3000	575000,00	0510	150000,00
4250	400000,00	0530	350000,00
4400	138170,00	0870	80000,00
		2000	235000,00
		2400	160320,00
		2800	137850,00
	1113170,00		1113170,00

Passivkonten

S	3000 Eigenkapital		H
8010	655198,00	8000	575000,00
		8020	80198,00
	655198,00		655198,00

S	4250 Langfr. Bankverb.		H
8010	400000,00	8000	400000,00

S	4400 Verb. a.L.u.L.		H
8010	257170,00	8000	138170,00
		6000	104500,00
		0870	14500,00
	257170,00		257170,00

S	8010 SBK		H
0510	150000,00	3000	655198,00
0530	350000,00	4250	400000,00
0870	94500,00	4400	257170,00
2000	235000,00		
2400	375268,00		
2800	107600,00		
	1312368,00		1312368,00

Erfolgskonten-Bereich

Aufwandskonten

S	6000 Aufw. f. Rohstoffe		H
4400	104500,00	8020	104500,00

S	6700 Mieten/Pachten		H
2800	12000,00	8020	12000,00

S	7020 Grundsteuer		H
2800	4000,00	8020	4000,00

S	7510 Zinsaufwendungen		H
2800	16000,00	8020	16000,00

Ertragskonten

S	5000 UE. f. eig. Erz.		H
8020	214948,00	2400	214948,00

S	5710 Zinserträge		H
8020	1750,00	2800	1750,00

S	8020 GuV		H
6000	104500,00	5000	214948,00
6700	12000,00	5710	1750,00
7020	4000,00		
7510	16000,00		
3000	80198,00		
	216698,00		216698,00

Übungsaufgabe

34 Geschäftsgang mit Bestands- und Ergebniskonten

I. Anfangsbestände:

0720 Technische Anlagen und Maschinen 255 000,00 EUR; 2000 Rohstoffe 87 000,00 EUR; 2400 Forderungen aus Lieferungen und Leistungen 38 400,00 EUR; 2800 Bank 86 700,00 EUR; 2880 Kasse 4 100,00 EUR; 3000 Eigenkapital 345 500,00 EUR; 4250 Langfristige Bankverbindlichkeiten 50 000,00 EUR; 4400 Verbindlichkeiten aus Lieferungen und Leistungen 75 700,00 EUR.

II. Kontenplan:

0720, 2000, 2400, 2800, 2880; 3000, 4250, 4400, 5000, 6160, 6200, 6710, 6720, 7510, 8000, 8010, 8020

III. Geschäftsvorfälle:

1. Wir kaufen Maschinen auf Ziel	12 200,00 EUR
2. Zahlung der Leasingrate für die Telefonanlage durch Banklastschrift	4 210,00 EUR
3. Verkauf von eigenen Erzeugnissen auf Ziel	78 700,00 EUR
4. Die Rechnung für Reparaturen am Maschinenpark wird durch Banküberweisung beglichen	23 900,00 EUR
5. Bankbelastungen:	
– Tilgung eines Bankdarlehens	8 000,00 EUR
– Zinszahlung	3 100,00 EUR
6. Verkauf von eigenen Erzeugnissen gegen Bankscheck	57 800,00 EUR
7. Zahlung von Lizenzgebühren mit Banküberweisung	26 000,00 EUR
8. Banküberweisung für Löhne	28 500,00 EUR
9. Eine schon gebuchte Rechnung wird durch den Kunden bar bezahlt	7 700,00 EUR
10. Banküberweisung an einen Lieferer	6 900,00 EUR

IV. Abschlussangabe:

Die Buchbestände stimmen mit den Inventurbeständen überein.

V. Aufgaben:

1. Buchen Sie die Anfangsbestände unter Einbeziehung des Eröffnungsbilanzkontos!
2. Bilden Sie die Buchungssätze und buchen Sie auf den Konten!
3. Schließen Sie die Konten über das Schlussbilanzkonto ab!
4. Stellen Sie auf der Grundlage des buchhalterischen Abschlusses eine nach handelsrechtlichen Vorschriften gegliederte Bilanz sowie eine Gewinn- und Verlustrechnung auf!

7.2 Verbrauch an Werkstoffen mit Bestandsveränderungen

Bisher wurde unterstellt, dass sich die Werkstoffbestände nicht verändert haben. Es wurde davon ausgegangen, dass die benötigten Werkstoffe fertigungssynchron angeliefert und in der gleichen Periode vollständig verbraucht wurden. Dies entspricht nicht der Realität, denn in der Praxis kann sich eine Werkstofflieferung verzögern oder sie kann ganz entfallen, sodass auf das Werkstofflager zurückgegriffen werden muss. Es ist außerdem möglich, dass ein Auftrag storniert wird, während die Werkstoffe bereits bestellt wurden.

Werkstoffbestände können entweder anwachsen **(Bestandsmehrung)** oder abgebaut werden **(Bestandsminderung)**. Beide Fälle wirken sich auf die Höhe des Werkstoffverbrauchs aus.

(1) Bestandsmehrungen bei Werkstoffen

Die Buchführung hat den in der Abrechnungsperiode **tatsächlich angefallenen Verbrauch** an Roh-, Hilfs- und Betriebsstoffen zu erfassen. Ist der Schlussbestand einer Werkstoffart **höher** als ihr **Anfangsbestand,** liegt eine **Bestandsmehrung** vor. Dies bedeutet, dass innerhalb dieser Periode mehr Werkstoffe eingekauft als in der Produktion verbraucht wurden. Die nicht verbrauchten Werkstoffe wurden auf Lager genommen, daher die Bestandsmehrung.

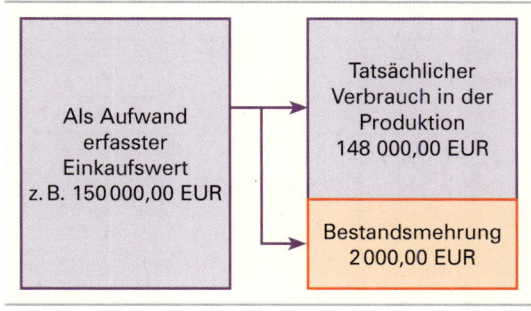

Beispiel:

I. Anfangsbestand:

2000 Rohstoffe 4500,00 EUR

II. Geschäftsvorfälle:

1. Einkauf von Rohstoffen auf Ziel 150000,00 EUR
2. Verkauf von Erzeugnissen auf Ziel 280000,00 EUR

III. Schlussbestand:

Inventurbestand an Rohstoffen 6500,00 EUR

IV. Aufgaben:

1. Ermitteln Sie rechnerisch:
    1.1 den Verbrauch an Rohstoffen,
    1.2 den Rohgewinn!
2. Stellen Sie die Angaben des Beispiels auf Konten dar, wobei bei den Geschäftsvorfällen die Gegenkonten anzugeben, aber nicht zu führen sind!
3. Bilden Sie den Buchungssatz für die Umbuchung der Bestandsmehrung!

Lösungen:

Zu 1.: Rechnerische Ermittlungen

1.1 Ermittlung des Verbrauchs an Rohstoffen

Einkauf von Rohstoffen in der Geschäftsperiode	150000,00 EUR
− Bestandsmehrung	2000,00 EUR
= Verbrauch innerhalb der Geschäftsperiode	148000,00 EUR

1.2 Ermittlung des Rohgewinns

Umsatzerlöse für eigene Erzeugnisse	280000,00 EUR
− Verbrauch von Rohstoffen	148000,00 EUR
= Rohgewinn	132000,00 EUR

6 Speth u.a. - ISBN 978-3-8120-0521-0

Zu 2.: Darstellung auf den Konten[1]

S	2000 Rohstoffe		H		S	6000 Aufwend. f. Rohstoffe		H		S	5000 UErl. f. eig. Erzeugnisse		H
AB	4500,00	8010	6500,00		4400	150000,00	2000	2000,00		8020	280000,00	2400	280000,00
6000	2000,00						8020	148000,00					
	6500,00		6500,00			150000,00		150000,00					

S	8010 SBK		H		S	8020 GuV		H
2000	6500,00				6000	148000,00	5000	280000,00
					Rohg.	132000,00		
						280000,00		280000,00

Zu 3.: Bildung des Buchungssatzes für die Umbuchung der Bestandsmehrung

Geschäftsvorfall	Konten	Soll	Haben
Umbuchung der Bestands-mehrung von 2000,00 EUR	2000 Rohstoffe an 6000 Aufw. f. Rohstoffe	2000,00	2000,00

Erläuterungen:

Die **Erhöhung** des Schlussbestandes bei den Rohstoffen bedeutet, dass ein Teil der eingekauften und als Aufwand gebuchten **Rohstoffe nicht verbraucht wurde.** Der zunächst gebuchte Aufwand ist um den Wert der Bestandsmehrung **zu hoch.** Er muss daher um den Wert der **Bestandsmehrung gemindert werden.**

Erkenntnis:

- Eine **Bestandsmehrung** bei den Werkstoffen muss vom als Aufwand gebuchten Einkaufswert **abgezogen** werden.

- Buchhalterisch erfolgt das durch eine entsprechende **Umbuchung der Bestands-mehrung.** Der Buchungssatz lautet:

> Bestandskonto der Klasse 2 (z. B. 2000 Rohstoffe)
> an Aufwandskonto der Klasse 6 (z. B. 6000 Aufwendungen f. Rohstoffe)

(2) Bestandsminderungen bei Werkstoffen

Beispiel:

I. Anfangsbestand:

2000 Rohstoffe 3500,00 EUR

II. Geschäftsvorfälle:

1. Einkauf von Rohstoffen auf Ziel 150000,00 EUR
2. Verkauf von Erzeugnissen auf Ziel 280000,00 EUR

---

1 Der Übersicht wegen werden nur die Vorgänge auf den hier interessierenden Konten (2000, 5000, 6000) dargestellt. Die Gegenkonten beim Ein- bzw. Verkauf werden nicht geführt.

III. Schlussbestand:

Inventurbestand an Rohstoffen 2 000,00 EUR

IV. Aufgaben:

1. Ermitteln Sie rechnerisch:

    1.1 den Verbrauch an Rohstoffen,

    1.2 den Rohgewinn!

2. Stellen Sie die Angaben des Beispiels auf Konten dar, wobei bei den Geschäftsvorfällen die Gegenkonten anzugeben, aber nicht zu führen sind!

3. Bilden Sie den Buchungssatz für die Umbuchung der Bestandsminderung!

Lösungen:

Zu 1.: Rechnerische Ermittlungen

1.1 Ermittlung des Verbrauchs an Rohstoffen

Einkauf von Rohstoffen in der Geschäftsperiode	150 000,00 EUR
+ Bestandsminderung	1 500,00 EUR
= Verbrauch innerhalb der Geschäftsperiode	151 500,00 EUR

1.2 Ermittlung des Rohgewinns

Umsatzerlöse für eigene Erzeugnisse	280 000,00 EUR
− Verbrauch von Rohstoffen	151 500,00 EUR
= Rohgewinn	128 500,00 EUR

Zu 2.: Darstellung auf den Konten

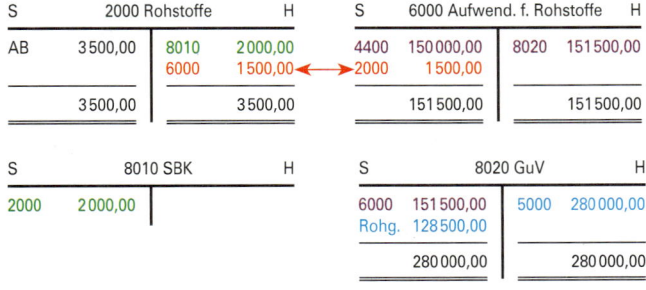

Zu 3.: Buchungssatz für die Umbuchung der Bestandsminderung

Geschäftsvorfall	Konten	Soll	Haben
Umbuchung der Bestands-minderung von 1 500,00 EUR	6000 Aufw. f. Rohstoffe an 2000 Rohstoffe	1 500,00	1 500,00

Erläuterungen:

Die **Minderung** des Schlussbestandes auf dem Rohstoffkonto bedeutet, dass über den Einkauf von Rohstoffen hinaus noch **Rohstoffe vom Werkstofflager verbraucht wurden.** Der beim Einkauf gebuchte Aufwand ist um diesen Wert **zu niedrig.** Er muss daher um den Wert der **Bestandsminderung erhöht werden.**

Erkenntnis:

- Eine **Bestandsminderung** bei den Werkstoffen muss zu dem als Aufwand gebuchten Einkaufswert **hinzugerechnet werden.**

- Buchhalterisch erfolgt das durch eine entsprechende **Umbuchung der Bestandsminderung.** Der Buchungssatz lautet:

> Aufwandskonto der Klasse 6 (z. B. 6000 Aufwendungen f. Rohstoffe)
> an Bestandskonto der Klasse 2 (z. B. 2000 Rohstoffe)

Übungsaufgabe

35 Buchungssätze und Stoffvertiefung zu Bestandsveränderungen

1. Bilden Sie zu den folgenden Geschäftsvorfällen die Buchungssätze!

   1.1 Einkauf von Rohstoffen auf Ziel 25 750,00 EUR.

   1.2 Einkauf von Handelswaren bar 7 500,00 EUR.

   1.3 Verkauf von Erzeugnissen auf Ziel 25 820,00 EUR.

   1.4 Verkauf von Handelswaren auf Ziel 13 950,00 EUR.

   1.5 Einkauf von Betriebsstoffen bar 3 520,00 EUR.

   1.6 Ein Industriebetrieb stellt einem Kunden für erbrachte Reparaturleistungen (Konto 5050 Umsatzerlöse für and. eig. Leistungen) 12 850,00 EUR in Rechnung.

2. Erläutern Sie folgende Sachverhalte:

   2.1 Der Bestand an Handelswaren ist um 20 000,00 EUR gestiegen.

   2.2 Der Bestand an Rohstoffen ist um 40 000,00 EUR gesunken.

   2.3 Der Einkauf von Hilfsstoffen ist um 10 000,00 EUR höher als der Verbrauch.

   2.4 Der Verkauf von Handelswaren ist innerhalb der Geschäftsperiode um 150 Stück höher als der Einkauf bei diesem Artikel.

3. Bilden Sie die Buchungssätze zu folgenden Bestandsveränderungen!

   3.1 Bestandsminderung bei Rohstoffen um 30 510,00 EUR.

   3.2 Bestandsmehrung bei Hilfsstoffen um 7 850,00 EUR.

   3.3 Bestandsminderung bei Handelswaren um 18 150,00 EUR.

   3.4 Bestandsmehrung bei Betriebsstoffen um 8 570,00 EUR.

Hinweis:

Integrierte Softwaresysteme (z. B. ERP-Systeme) können beim Einkauf von Werkstoffen, Vorprodukten und Handelswaren bzw. beim Verkauf von Erzeugnissen und Waren automatisch auch die Lagerbestandsänderungen erfassen. Dadurch wird gewährleistet, dass für die Werkstoffe, Vorprodukte und Handelswaren sowohl die Aufwendungen als auch die Bestände periodengerecht erfasst werden. Eine Buchung von Bestandsänderungen am Ende der Geschäftsperiode ist dann nur in Ausnahmefällen, z. B. bei Einstandspreisänderungen oder Inventurdifferenzen, notwendig.

8 Abschreibungen

8.1 Ursachen der Abschreibung

Anlagegüter wie z. B. ein Gebäude, einen Aktenschrank, eine Maschine, einen Gabelstapler oder einen Lkw nutzt das Unternehmen langfristig. Durch den täglichen Gebrauch verlieren diese Anlagegüter an Wert (**abnutzbare Güter**[1]). Um ihren Wert auf dem Schlussbilanzkonto richtig darzustellen, ist der Betrag der **Wertminderung von den Anschaffungskosten**[2] abzuschreiben.

- **Abschreibungen** erfassen die **Wertminderung der abnutzbaren Anlagegüter.**
- Durch die Abschreibung werden die **Anschaffungskosten** auf die **Jahre der Nutzung als Aufwand** verteilt.

Für die Höhe der Abschreibung können folgende Gründe eine Rolle spielen:

Gebrauch	Jeder Gebrauchsgegenstand hat eine begrenzte Lebensdauer, die u.a. von der Häufigkeit der Nutzung abhängt. Je häufiger ein Gegenstand genutzt wird, desto schneller verschleißt er und desto mehr verliert er an Wert. Ein Auto, das 100 000 km gefahren wurde, ist weniger wert als das sonst gleiche Auto, das in der gleichen Zeit nur 50 000 km gefahren wurde.
Technischer Fortschritt	In der durch hohe Technisierung und starken Konkurrenzdruck gekennzeichneten Wirtschaft werden die Produkte immer weiter verbessert. Sobald ein verbessertes Produkt auf den Markt kommt, verliert das bisherige Produkt schlagartig an Wert.
Wirtschaftliche Überholung	Geht die Nachfrage nach einem Gut aufgrund neuer Erfindungen oder aufgrund eines Modewechsels zurück, so hat das wertmindernde Rückwirkungen sowohl auf die Güter selbst als auch auf die zu ihrer Herstellung benötigten Maschinen.
Natürlicher Verschleiß	Selbst wenn ein Gegenstand überhaupt nicht genutzt würde und auch die übrigen Ursachen der Abschreibung nicht zutreffen, würde z. B. durch Witterungseinflüsse (Wechsel von Wärme und Kälte, Nässe und Trockenheit) eine wertmindernde Veränderung des Gegenstandes eintreten.

Infolge der Abschreibung vermindern sich die Anschaffungskosten jährlich um die mit der Abschreibung erfassten Wertminderung, sodass sich der Buchwert von Jahr zu Jahr verringert.

Anschaffungskosten – Abschreibung = Buchwert

8.2 Berechnungsmethoden für die Abschreibung

8.2.1 Berechnung der Abschreibung nach der linearen Methode

Bei der linearen Abschreibung wird ein jährlich gleichbleibender Betrag von den **Anschaffungskosten** des Anlagegutes abgeschrieben. Auf diese Weise werden die gesamten Anschaffungskosten gleichmäßig auf die Nutzungsdauer verteilt. Nach Ablauf der Nutzungsdauer ist der Buchwert gleich null.

---

1 **Nicht abnutzbare Gegenstände des Anlagevermögens** sind zum Beispiel Beteiligungen, unbebaute Grundstücke und der Wert des Grund und Bodens bebauter Grundstücke. Da unbebaute Grundstücke im Allgemeinen im Wert nicht sinken, ist eine planmäßige Abschreibung darauf nicht erlaubt. Bei bebauten Grundstücken ist daher immer nur vom Gebäudewert abzuschreiben.

2 Zum Begriff Anschaffungskosten siehe S. 408.

Beispiel:

Die Anschaffungskosten eines Kombiwagens zu Beginn der Geschäftsperiode betragen 30 000,00 EUR. Es wird eine Nutzungsdauer von sechs Jahren angenommen. In diesem Fall beträgt der jährliche Abschreibungsbetrag 5 000,00 EUR und der Abschreibungssatz $16^2/_3$ %.

Aufgabe:

Führen Sie rechnerisch die Abschreibung über die gesamte Laufzeit durch!

Lösung:

Anschaffungskosten	30 000,00 EUR
− $16^2/_3$ % Abschreibung 1. Jahr	5 000,00 EUR
Buchwert Ende 1. Jahr	25 000,00 EUR
− $16^2/_3$ % Abschreibung 2. Jahr	5 000,00 EUR
Buchwert Ende 2. Jahr	20 000,00 EUR
− $16^2/_3$ % Abschreibung 3. Jahr	5 000,00 EUR
Buchwert Ende 3. Jahr	15 000,00 EUR
− $16^2/_3$ % Abschreibung 4. Jahr	5 000,00 EUR
Buchwert Ende 4. Jahr	10 000,00 EUR
− $16^2/_3$ % Abschreibung 5. Jahr	5 000,00 EUR
Buchwert Ende 5. Jahr	5 000,00 EUR
− $16^2/_3$ % Abschreibung 6. Jahr	5 000,00 EUR
= Buchwert Ende 6. Jahr	0,00 EUR[1]

$$\text{Jährlicher Abschreibungsbetrag} = \frac{\text{Anschaffungskosten}}{\text{Nutzungsdauer}}$$

$$\text{Jährlicher Abschreibungssatz} = \frac{100\,\%}{\text{Nutzungsdauer}}$$

Bei der linearen Abschreibung geht man davon aus, dass sich das Wirtschaftsgut gleichmäßig abnutzt. Ein eventuell höherer Wertverlust durch technische oder wirtschaftliche Überholung oder infolge eines unterschiedlich hohen Verschleißes durch unterschiedliche Nutzung in den verschiedenen Nutzungsjahren wird dabei nicht berücksichtigt.

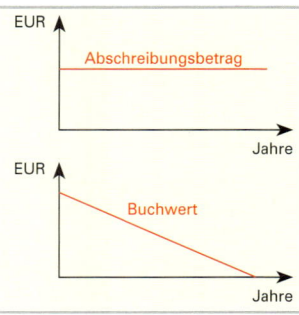

Die lineare Abschreibungsmethode hat insbesondere folgende Vorteile:

- einfache und nur einmalige Berechnung des Abschreibungsbetrags;
- gute Vergleichbarkeit der aufeinanderfolgenden Erfolgsrechnungen;
- gleichmäßige Aufwandsbelastung bzw. Belastung der Kostenrechnung mit Abschreibungen.

---

1 Die in der manuellen Buchführung übliche Abschreibung auf einen Erinnerungswert von 1,00 EUR, wenn das Wirtschaftsgut nach Ablauf der Nutzungsdauer noch weiter genutzt wird, ist in der als Nebenbuchhaltung betriebenen computerunterstützten Anlagenbuchführung nicht üblich. Hier wird auch bei Weiternutzung des Wirtschaftsgutes mit der letzten Rate auf den Restbuchwert von 0,00 EUR abgeschrieben.

8.2.2 Berechnung der Abschreibung nach der degressiven Methode

Bei der degressiven Abschreibung wird die Abschreibung durch einen gleichbleibenden Prozentsatz auf den jeweiligen Buchwert (Restbuchwert) ermittelt. Da der Buchwert von Jahr zu Jahr geringer wird, werden bei einem gleichbleibenden Prozentsatz auch die Abschreibungsbeträge von Jahr zu Jahr geringer.

Beispiel:

Die Anschaffungskosten eines Kombiwagens zu Beginn der Geschäftsperiode betragen 30 000,00 EUR. Die betriebsgewöhnliche Nutzungsdauer beträgt 6 Jahre.

Aufgaben:

1. Führen Sie rechnerisch die Abschreibung über die gesamte Laufzeit durch! Der Abschreibungssatz beträgt 25 %!

2. Berechnen Sie die Abschreibungsbeträge, wenn im vierten Nutzungsjahr von der degressiven zur linearen Abschreibung übergegangen wird!

Lösungen:

Zu 1.: degressive Abschreibung

Zu 2.: Übergang zur linearen Abschreibung

Anschaffungskosten	30 000,00 EUR	
− 25 % Abschreibung 1. Jahr	7 500,00 EUR	
Buchwert Ende 1. Jahr	22 500,00 EUR	
− 25 % Abschreibung 2. Jahr	5 625,00 EUR	
Buchwert Ende 2. Jahr	16 875,00 EUR	
− 25 % Abschreibung 3. Jahr	4 218,75 EUR	
Buchwert Ende 3. Jahr	12 656,25 EUR	12 656,25 EUR
− 25 % Abschreibung 4. Jahr	3 164,06 EUR	4 218,75 EUR
Buchwert Ende 4. Jahr	9 492,19 EUR	8 437,50 EUR
− 25 % Abschreibung 5. Jahr	2 373,05 EUR	4 218,75 EUR
Buchwert Ende 5. Jahr	7 119,14 EUR	4 218,75 EUR
− Abschreibung 6. Jahr (Restwert)	7 119,14 EUR	4 218,75 EUR
= Buchwert Ende 6. Jahr	0,00 EUR	0,00 EUR

Erkenntnisse:

- Bei degressiver Abschreibung sind die Abschreibungsbeträge in den **ersten Jahren höher als bei linearer Abschreibung.** Das ist zweifellos ein Vorteil, weil dadurch der anfänglich höhere Wertverlust beim Anlagegut ausgeglichen wird.

- Im Gegensatz zur linearen Abschreibung, bei der nach Ablauf der Nutzungsdauer die gesamten Anschaffungskosten abgeschrieben sind, bleibt bei degressiver Abschreibung noch ein **erheblicher Restwert.**

- Um auch bei (fortgesetzter) degressiver Abschreibung auf den Nullwert zu kommen, ist im letzten Jahr der zugrunde gelegten Nutzungsdauer der gesamte **verbleibende Restwert abzuschreiben.** Das führt dann zu einer sehr ungleichen Aufwandsbelastung.

- Um diesen Nachteil zu vermeiden, kann zu einem **beliebigen Zeitpunkt** ein **Wechsel zur linearen Abschreibung** vorgenommen werden. Dadurch wird der vorhandene Restwert gleichmäßig auf die noch verbleibende Nutzungsdauer verteilt. Es ist sinnvoll, diesen Wechsel zu dem Zeitpunkt vorzunehmen, von dem an die Abschreibungsbeträge bei linearer Abschreibung höher sind als bei der degressiven Abschreibung. Im vorgegebenen Beispiel ist dieser Übergang im vierten Jahr sinnvoll.

Angenommen, der Wechsel findet am Ende des vierten Jahres (also nach der dritten Abschreibung) statt, ergibt sich für die Restlaufzeit der drei Jahre folgende Berechnung für die jährlichen Abschreibungsbeträge: 12 656,25 EUR : 3 = 4 218,75 EUR.

Die Abschreibungsmethode hat insbesondere folgende Vorteile:

- Die degressive Abschreibung geht von der Überlegung aus, dass der Wertverlust eines Wirtschaftsgutes in den ersten Nutzungsjahren wesentlich höher ist als in den Folgejahren.
- Dem Risiko, dass durch den technischen Fortschritt das Wirtschaftsgut schnell an Wert verlieren kann, wird durch die anfangs hohe Abschreibung entsprochen.
- Durch die Addition der jährlich abnehmenden Abschreibungsbeträge mit den jährlich ansteigenden Wartungs- und Reparaturaufwendungen (durch die Abnutzung des Wirtschaftsgutes) wird eine etwa gleichmäßige Gesamtbelastung der Erfolgs- und Kostenrechnung in den einzelnen Jahren erreicht.

Beachte:

Die degressive Abschreibung ist **steuerrechtlich nicht erlaubt**.

8.2.3 Berechnung der Abschreibung nach erbrachten Leistungseinheiten

Wenn es praktisch möglich und wirtschaftlich begründbar ist, kann bei beweglichen Wirtschaftsgütern des Anlagevermögens die Abschreibung auch auf der Grundlage der erbrachten Leistungseinheiten (z. B. Maschinenlaufstunden, gefahrene Kilometer, Stückzahl) berechnet werden. **Voraussetzung** dafür ist, dass

- der Umfang der insgesamt möglichen Leistungseinheiten (LE) geschätzt werden kann und
- die auf den Abschreibungszeitraum entfallenden Leistungseinheiten nachgewiesen werden können.

$$\text{Abschreibungsbetrag je Leistungseinheit} = \frac{\text{Anschaffungskosten}}{\text{mögliche Gesamtleistung}}$$

$$\text{Jährlicher Abschreibungsbetrag} = \text{Menge der jährlichen LE} \cdot \text{Abschreibungsbetrag je LE}$$

Übungsaufgaben

36 **Berechnung der linearen Abschreibung, eigene Formulierung des Begriffs Abschreibung**

Die Anschaffungskosten eines Autotelefons für den Geschäftswagen betragen zu Beginn der Geschäftsperiode 2 100,00 EUR.

Aufgaben:

1. Berechnen Sie den jährlichen Abschreibungsbetrag bei linearer Abschreibung und einer angenommenen Nutzungsdauer von fünf Jahren!
2. Bilden Sie eine Formulierung, in der das Wesen der Abschreibung zum Ausdruck kommt!

37 Berechnung der linearen Abschreibung

1. Eine Frankiermaschine wird am Ende des 3. Nutzungsjahres linear mit 930,00 EUR abgeschrieben, Abschreibungssatz: $12\,^1/_2$ %.

   Aufgabe:

   Berechnen Sie die Anschaffungskosten für die Frankiermaschine!

2.

Anlagegüter	Buchwert am 31. Dez	Anschaffungskosten zu Beginn des Geschäftsjahres	Nutzungsdauer
Ladeneinrichtung (Werkstattverkauf)	52 500,00 EUR	84 000,00 EUR	8 Jahre
Kombiwagen	38 000,00 EUR	57 000,00 EUR	6 Jahre

   Aufgaben:

   2.1 Berechnen Sie den jeweiligen Abschreibungssatz bei linearer Abschreibung!

   2.2 Ermitteln Sie, wie viel Jahre die beiden Anlagegüter bisher abgeschrieben worden sind!

3. Die Anschaffungskosten für einen Warenautomaten zu Beginn der Geschäftsperiode betragen 6 550,00 EUR.

   Aufgabe:

   Berechnen Sie den jährlichen Abschreibungsbetrag bei linearer Abschreibung und einer angenommenen Nutzungsdauer von fünf Jahren!

38 Berechnung der degressiven Abschreibung

Die Anschaffungskosten für die Ladeneinrichtung zu Beginn der Geschäftsperiode betragen 35 000,00 EUR. Die betriebsgewöhnliche Nutzungsdauer beträgt 8 Jahre. Abschreibungssatz: 20 %.

Aufgaben:

1. Führen Sie rechnerisch die degressive Abschreibung ohne Übergang zur linearen Abschreibung über die gesamte Laufzeit durch!

2. Führen Sie rechnerisch die degressive Abschreibung mit Übergang zur linearen Abschreibung nach dem vierten Jahr über die gesamte Laufzeit durch!

39 Degressive Abschreibung, Abschreibung nach erbrachten Leistungseinheiten

1. Ein zu Beginn der Geschäftsperiode angeschaffter Gabelstapler wird mit 15 % degressiv abgeschrieben. Sein Buchwert beträgt am Ende des 2. Jahres (nach der Abschreibung) 16 545,25 EUR.

   Aufgabe:

   Berechnen Sie die Anschaffungskosten!

2. Die Anschaffungskosten einer Stanzmaschine zu Beginn der Geschäftsperiode betragen 180 180,00 EUR. Die Gesamtleistung wird während der Nutzungsdauer von 14 Jahren vom Hersteller mit 234 000 Stanzteilen angegeben.

   Aufgaben:

   2.1 Ermitteln Sie die Abschreibung in den ersten vier Jahren bei folgenden Jahresleistungen: 1. Nutzungsjahr: 16 000 Stück, 2. Nutzungsjahr: 18 400 Stück, 3. Nutzungsjahr: 21 900 Stück, 4. Nutzungsjahr: 11 500 Stück.

   2.2 Erklären Sie, was betriebswirtschaftlich für eine Abschreibung nach Leistungseinheiten spricht!

40 Lineare und degressive Abschreibung, Abschreibungen nach erbrachten Leistungseinheiten

Für eine Verpackungsmaschine liegen folgende Informationen vor:

Anschaffungskosten:	15 300,00 EUR
betriebliche Nutzungsdauer:	13 Jahre
geschätzte Gesamtkapazität:	2 448 000 Teile
geschätzte Maschinenleistung im 1. Nutzungsjahr:	194 195 Teile
geschätzte Maschinenleistung im 2. Nutzungsjahr:	210 480 Teile
geschätzte Maschinenleistung im 3. Nutzungsjahr:	244 100 Teile

Aufgaben:

Erstellen Sie einen Abschreibungsplan für die ersten drei Nutzungsjahre

1. nach der linearen Abschreibung,
2. nach der degressiven Abschreibung bei einem Abschreibungssatz von 15 % sowie
3. nach der Abschreibung nach erbrachten Leistungseinheiten!

8.3 Beginn der Abschreibung

Die Abschreibung beginnt mit der **Anschaffung des Anlagegutes**. Wird ein Anlagegut im Laufe des Geschäftsjahres angeschafft, kann in diesem Jahr die **Abschreibung nur zeitanteilig** verrechnet werden, wobei **monatsgenau** gerechnet wird und der **Monat der Anschaffung mitgezählt** wird.

Beispiel:

Kauf von Lagerregalen am 30. September 2018 im Wert von 20 000,00 EUR. Nutzungsdauer: 14 Jahre (Abschreibungssatz von 7,14 %). Eine Abschreibung auf die Lagerregale ist im Anschaffungsjahr nur für 4 Monate möglich.[1]

$$\text{Abschreibung} = \frac{20\,000 \cdot 7,14 \cdot 4}{100 \cdot 12} = \underline{\underline{476,00 \text{ EUR}}}$$

Übungsaufgaben

41 Berechnung der linearen Abschreibung

Die Anschaffungskosten für einen am 15. Juli 20.. gekauften neuen Großrechner betragen 42 000,00 EUR. Die Nutzungsdauer beträgt sieben Jahre.

Aufgaben:

1. Erstellen Sie die Abschreibungstabelle für die gesamte Nutzungsdauer bei linearer Abschreibung!
2. Erklären Sie, warum die lineare Abschreibung für den Kaufmann sinnvoll ist!

42 Berechnung der linearen und degressiven Abschreibung

1. 1.1 Die Anschaffungskosten für drei am 15. September 20.. gekaufte Laptops betragen 3 528,00 EUR.

   Aufgaben:

   Ermitteln Sie den Bilanzwert der Laptops per 31. Dezember 20.. bei einer Nutzungsdauer von drei Jahren!

   1.2 Erläutern Sie, wodurch sich die lineare und degressive Abschreibung unterscheiden!

---

1 Da im ersten Jahr die Abschreibung nur für vier Monate erfolgen konnte, fehlt im letzten Jahr noch die Abschreibung für 8 Monate. Die Abschreibungszeit für die Lagerregale läuft daher von September 2018 bis August 2032.

2. Eine Werkzeugfabrik kauft zu Beginn des Geschäftsjahres einen neuen Lkw. Der Lkw mit einer Nutzungsdauer von neun Jahren wird nach dreimaliger linearer Abschreibung in der Buchführung mit den fortgeführten Anschaffungskosten in Höhe von 52 800,00 EUR ausgewiesen.

Aufgaben:

2.1 Berechnen Sie die Anschaffungskosten!

2.2 Berechnen Sie die jährliche Abschreibung!

3. Am 9. Juni 20.. wurde eine computergesteuerte Wasserenthärtungsanlage im Werk installiert. Die Anschaffungskosten betrugen 24 624,00 EUR. Die Nutzungsdauer beträgt zwölf Jahre. Es wird linear abgeschrieben.

Aufgabe:

Ermitteln Sie den Restbuchwert zum Ende des 8. Nutzungsjahres!

4. Die Anschaffungskosten für ein am 17. Oktober 20.. gekauftes Reinigungsgerät betragen 4 200,00 EUR. Die Nutzungsdauer wird auf sieben Jahre geschätzt. Der Abschreibungssatz beträgt 20 %.

Aufgabe:

Erstellen Sie die Abschreibungstabelle für die gesamte Nutzungsdauer bei degressiver Abschreibung mit Übergang zur linearen Abschreibung nach dem dritten Jahr!

8.4 Ermittlung der betriebsgewöhnlichen Nutzungsdauer mithilfe der AfA-Tabelle

Abnutzbare Anlagegüter sind planmäßig abzuschreiben [§ 253 III, S. 1 und S. 2 HGB]. Die Höhe der Abschreibung hängt von der **betriebsgewöhnlichen Nutzungsdauer** ab. Je geringer die betriebsgewöhnliche Nutzungsdauer angesetzt wird, desto höher ist der Abschreibungsbetrag und umgekehrt. Ein hoher Abschreibungsaufwand verringert den ausgewiesenen Gewinn und umgekehrt.

Da die Höhe des ausgewiesenen Gewinns die Steuerzahlung des Unternehmens beeinflusst, hat das Bundesministerium der Finanzen eine **AfA-Tabelle**[1] herausgegeben, aus der die betriebsgewöhnliche Nutzung des jeweiligen Anlagegutes hervorgeht. Die in der AfA-Tabelle angegebene Nutzungsdauer stellt eine **Richtgröße** dar. In der Handelsbilanz kann hiervon in begründeten Fällen abgewichen werden.

Auszug aus der AfA-Tabelle:

Anlagegüter	Nutzungsdauer
Laptop	3
Personenwagen	6
Lkw	9
Kopiergeräte	7
Notebooks	3
Frankiermaschine	8

Anlagegüter	Nutzungsdauer
Autotelefon	5
Ladeneinrichtung	8
Betonmischer	6
Kühlhallen	20
Entlüftungsgeräte (mobil)	10
Laderampen	25

---

1 Im Steuerrecht wird die Abschreibung als „**A**bsetzung **f**ür **A**bnutzung" **(AfA)** bezeichnet.

8.5 Buchung der Abschreibungen

Die Wertminderung des Anlagevermögens stellt einen **betrieblichen Aufwand** dar. Er wird buchhalterisch auf dem Konto **6520 Abschreibungen auf Sachanlagen** erfasst.

Beispiel:

Die Anschaffungskosten zu Beginn einer Geschäftsperiode für eine EDV-Anlage betragen 21 000,00 EUR. Am Ende des Geschäftsjahres werden 7 000,00 EUR abgeschrieben.

Aufgaben:

1. Buchen Sie die Abschreibung auf Konten und schließen Sie die Konten ab!
2. Bilden Sie die Buchungssätze!

Lösungen:

Zu 1.: Buchung auf den Konten

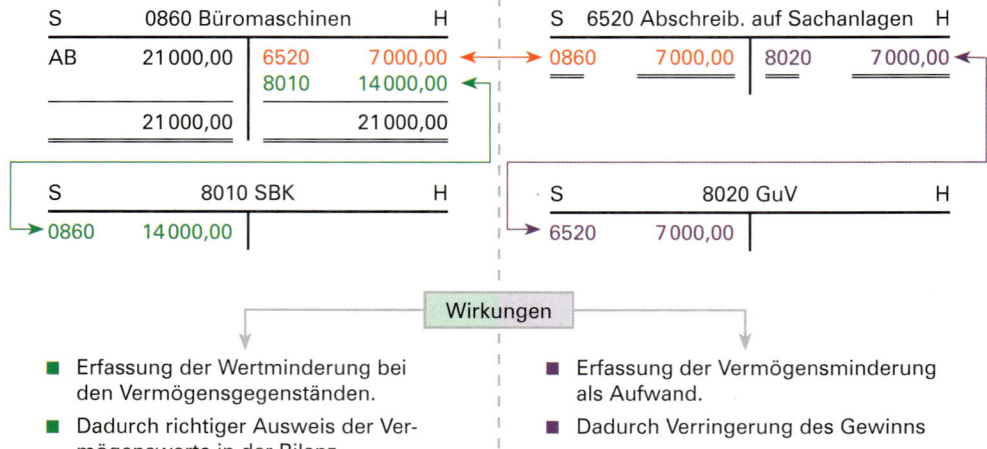

Zu 2.: Buchungssätze

Geschäftsvorfälle	Konten	Soll	Haben
Buchung der Abschreibung	6520 Abschr. a. Sachanlagen an 0860 Büromaschinen	7 000,00	7 000,00
Buchungen beim Abschluss	8010 SBK an 0860 Büromaschinen	14 000,00	14 000,00
	8020 GuV an 6520 Abschr. a. Sachanlagen	7 000,00	7 000,00

Erläuterungen:

Für die ergebniswirksame Erfassung der jährlichen Abschreibungen auf das abnutzbare Anlagevermögen wird das Aufwandskonto **6520 Abschreibungen auf Sachanlagen** eingerichtet. Der Abschreibungsbetrag wird als Aufwand auf der **Sollseite** gebucht.

Die **Gegenbuchung** erfolgt auf dem entsprechenden **Anlagekonto auf der Habenseite,** im vorliegenden Fall auf dem Konto 0860 Büromaschinen. Dort bewirkt sie, dass der entsprechende Anlageposten auf den jeweils gültigen **Zeitwert** fortgeschrieben wird.

Übungsaufgaben

43 Kauf von Anlagegütern, Berechnung und Buchung der Abschreibung, Abschluss der Konten

1. Wir kaufen für die Warenauslieferung zu Beginn des Geschäftsjahres einen Pkw für 33 315,24 EUR. Anzahlung 15 000,00 EUR bar, 8 000,00 EUR werden mit Bankscheck beglichen und der Rest ist in 3 Monaten zur Zahlung fällig.

   Aufgaben:

   1.1 Bilden Sie den Buchungssatz beim Kauf!

   1.2 Bilden Sie den Buchungssatz für die Abschreibung am Ende des ersten Geschäftsjahres! Es wird linear abgeschrieben. Die Nutzungsdauer beträgt 6 Jahre.

2. Kauf eines kleinen Betonmischers für 9 000,00 EUR. Datum der Anlieferung: 15. August 20.., Nutzungsdauer: 6 Jahre.

   Aufgaben:

   2.1 Berechnen Sie die Abschreibung über die gesamte Nutzungsdauer nach dem linearen Abschreibungsverfahren!

   2.2 Buchen Sie die Abschreibung am Ende des 3. Jahres auf Konten und schließen Sie die Konten über das SBK und über das GuV-Konto ab!

44 Kauf von Anlagegütern, Berechnung und Buchung der Abschreibung, Abschluss der Konten

Der Elektrogerätehersteller Klein GmbH liegen folgende Eingangsrechnungen für Anlagegüter der Büromöbel Topauer KG vor:

Beleg 1

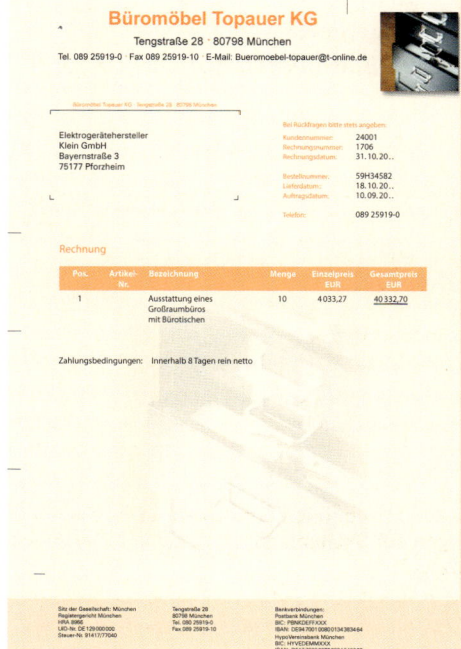

Beleg 2

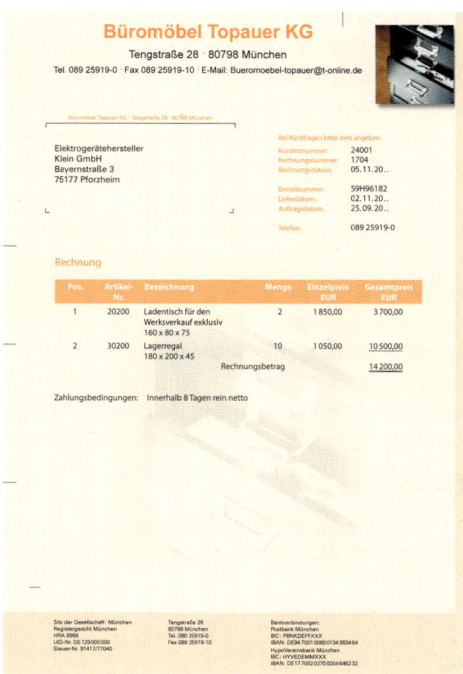

Hinweis: Die gekauften Ladentische und Lagerregale benötigt die Elektrogerätehersteller Klein GmbH für den eigenen Betrieb. Da auf die Umsatzsteuer noch nicht eingegangen wurde, wird in allen Belegen auf ihren Ausweis verzichtet.

Aufgaben:

1. Bilden Sie die Buchungssätze für die beiden Eingangsrechnungen!

2. Am Jahresende werden die Anlagegüter linear abgeschrieben. Die Nutzungsdauer beträgt für
   - die Büromöbel 13 Jahre,
   - die Ladentische 8 Jahre,
   - die Lagerregale 14 Jahre.

   Berechnen Sie jeweils die Höhe der Abschreibung!

3. Bilden Sie die Buchungssätze für die Abschreibung!

4. Wir kaufen zu Beginn des Geschäftsjahres einen Pkw zum Anschaffungspreis von 48 500,00 EUR gegen Bankscheck. Der Autohändler gewährt uns einen Rabatt von 8 % sowie 2 % Skonto. Die Überführungskosten betragen 410,00 EUR, die Kosten für die Zulassung 118,40 EUR. Beide Beträge sind Nettowerte.

   Aufgaben:

   4.1 Berechnen Sie den jährlichen Abschreibungsbetrag bei linearer Berechnung und einer angenommenen Nutzungsdauer von sechs Jahren!

   4.2 Richten Sie folgende Konten ein:

   0840 Fuhrpark, 6520 Abschreibungen auf Sachanlagen, 8010 SBK, 8020 GuV!

   Tragen Sie die Anschaffungskosten auf dem Fuhrparkkonto als Anfangsbestand vor und buchen Sie die Abschreibung im ersten Jahr! Schließen Sie anschließend die Konten ab!

8.6 Bedeutung der Abschreibung für die Kalkulation und die Finanzierung

Abschreibungen werden im Rahmen der Kalkulation als Kosten in die **Verkaufspreise eingerechnet**. Sie fließen – sofern die **Preise für die Produkte kostendeckend** sind – in Form von Geldmitteln in den Industriebetrieb zurück. Die Geldmittel dienen dem Unternehmen zur Finanzierung

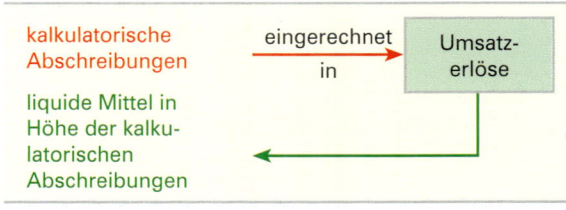

neuer Sachinvestitionen. Abschreibungen stellen somit für jedes Unternehmen ein wichtiges **Instrument der Finanzierung** dar.

Die Höhe der Abschreibungen, die als Kosten in die Verkaufspreise einkalkuliert werden, sind unabhängig von gesetzlichen Vorschriften und erfassen den **tatsächlichen Werteverzehr** des Anlagevermögens. Man spricht daher von **kalkulatorischen Abschreibungen**.[1] Die kalkulatorischen Abschreibungen können sich von den bilanziellen Abschreibungen in ihrer Höhe unterscheiden.

---

1   Zu Einzelheiten siehe S. 146 f.

9 Umsatzsteuer (Mehrwertsteuer)

9.1 Aufbau der Umsatzsteuer

(1) Betriebswirtschaftliche und rechtliche Grundlagen

Bis die Waren zum Verkauf im Einzelhandel angeboten werden, durchlaufen sie häufig mehrere Unternehmen.

Beispiel:	
Bis der Kunde in einem Lebensmittelgeschäft eine Ecke Schmelzkäse kaufen kann, hat das Produkt in der Regel folgende Unternehmen durchlaufen:	Milcherzeugung im **landwirtschaftlichen Betrieb** → Verarbeitung zu Käse im **Milchwerk** → Fertigung im **Schmelzkäsewerk** → Vertrieb über den **Großhandel** zum → **Einzelhandel**.

Durch **Kosten** und **Gewinn** erhöht sich in jedem Unternehmen jeweils der **Wert** des Produkts. Diesen **Mehrwert** (Unterschied zwischen Verkaufswert und Einstandswert) besteuert der Staat, d. h., jeder **Unternehmer** hat von dem Mehrwert, der von seinem Unternehmen geschaffen wird, **Umsatzsteuern [USt]** zu entrichten. Aus diesem Grunde wird die Umsatzsteuer häufig auch als **Mehrwertsteuer** bezeichnet. Rechtliche Grundlage der Umsatzsteuer (Mehrwertsteuer) ist das **Umsatzsteuergesetz [UStG]**.

In vereinfachter und verkürzter Form dargestellt beantwortet das Umsatzsteuergesetz folgende Fragen:

Wer ist umsatzsteuerpflichtig?	Der **Unternehmer,** der die Leistung ausführt. Er ist **Steuerschuldner.**
Welche Umsätze sind steuerpflichtig?	■ **Lieferungen,** die ein Unternehmer **im Inland gegen Entgelt** im Rahmen seines Unternehmens ausführt. ■ **Leistungen,** die ein Unternehmer **im Inland gegen Entgelt** im Rahmen seines Unternehmens ausführt (z. B. Reparaturen, Transport von Waren, Errichtung neuer Anlagen usw.). ■ Die **Einfuhr von Gegenständen** aus einem Drittlandsgebiet **in das Inland** (Einfuhrumsatzsteuer). ■ **Innergemeinschaftlicher Erwerb** im Inland **gegen Entgelt** (z. B. Kauf von Betriebsstoffen, eines Kassensystems).
Welche Umsätze sind steuerfrei (Beispiele)?	■ Ausfuhrlieferungen in ein Drittland.[1] ■ Innergemeinschaftliche[2] Lieferungen. ■ Umsätze im Geld- und Kapitalverkehr (z. B. die Gewährung und die Vermittlung von Krediten, die Umsätze von Wertpapieren). ■ Vermietung und Verpachtung von Grundstücken. ■ Umsätze von Bausparkassenvertretern, Versicherungsvertretern und Versicherungsmaklern. ■ Umsätze aus der Tätigkeit als Arzt, Zahnarzt, Heilpraktiker und Krankengymnast. ■ Zahlung von Versicherungsbeiträgen.

---

1 **Drittlandstaaten** sind Staaten, die nicht zur Europäischen Union (EU) gehören.

2 **Gemeinschaftsgebiet** umfasst das Gebiet der europäischen Staaten, die der Europäischen Union angehören. EU-Länder sind: Belgien, Bulgarien, Dänemark, Deutschland, Estland, Finnland, Frankreich, Griechenland, Großbritannien, Irland, Italien, Kroatien, Lettland, Litauen, Luxemburg, Malta, Niederlande, Österreich, Polen, Portugal, Rumänien, Schweden, Slowakei, Slowenien, Spanien, Tschechien, Ungarn und Zypern (griechischer Landesteil).

Wie viel Prozent beträgt der Steuersatz?	■ Allgemeiner Steuersatz 19 % ■ Ermäßigter Steuersatz 7 % ■ Dem ermäßigten Steuersatz unterliegen z. B. die Personenbeförderung im Linienverkehr; der Verkauf von Grundnahrungsmitteln (außer dem Verzehr an Ort und Stelle); der Umsatz aus dem Verkauf von Büchern und Zeitschriften.
Von welchem Betrag wird die Umsatzsteuer berechnet?	■ Die Umsatzsteuer wird vom **Entgelt** berechnet. Das ist der vom Empfänger der Leistung zu **entrichtende Nettopreis (Bemessungsgrundlage)**. ■ Die Umsatzsteuer fällt im Allgemeinen bereits dann an, wenn eine Lieferung bzw. Leistung erbracht wird, also die Forderung entsteht **(Sollbesteuerung)**.

(2) Berechnung der Zahllast

Bei der Berechnung der Zahllast wird zunächst vom gesamten Umsatzwert ausgegangen: 19 % bzw. 7 % vom Umsatzwert ergibt die vorläufige Umsatzsteuer. Die Umsatzsteuer stellt eine **Schuld** an das Finanzamt dar. Von dieser so berechneten Steuerschuld können die auf den **Eingangsrechnungen ausgewiesenen Umsatzsteuerbeträge** als **Vorsteuer** abgezogen werden. Die Vorsteuer stellt für den Kaufmann eine **Forderung** an das Finanzamt dar. Die **Differenz zwischen Umsatzsteuer und Vorsteuer** ist dann die tatsächlich zu zahlende Steuerschuld, die **Zahllast**.

Beispiel:

Die Stolz & Krug OHG führt als Handelsware Dachgepäckträger im Sortiment. Einkauf, Verkauf und Abrechnung der Umsatzsteuer mit dem Finanzamt für die Stolz & Krug OHG werden im Folgenden dargestellt.

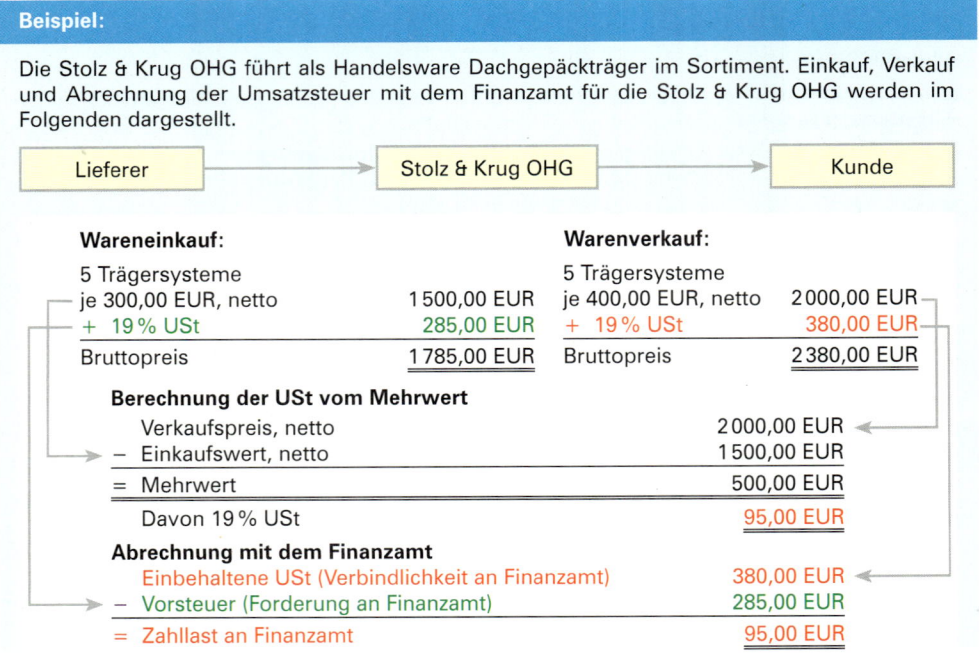

Auswirkungen der Umsatzsteuer auf den Erfolg eines Unternehmens:

Die Stolz & Krug OHG **zahlt USt**		Die Stolz & Krug OHG **erhält USt**	
▪ an den Lieferer lt. ER	285,00 EUR	vom Kunden lt. AR	380,00 EUR
▪ an das Finanzamt	95,00 EUR		
	380,00 EUR		

Erkenntnis:

- Durch die USt entstehen dem Industriebetrieb keine Kosten (Aufwendungen). Die USt ist ergebnisunwirksam. Sie ist ein **durchlaufender Posten**.

- Die Umsatzsteuer muss allein der **Endverbraucher** tragen. Endverbraucher sind in der Regel die **Privatverbraucher**. Der Endverbraucher ist **nicht** vorsteuerabzugsberechtigt.

(3) Voraussetzungen für den Vorsteuerabzug

Damit die Unternehmer und ihre Leistungsempfänger den Vorsteuerabzug erhalten, müssen die **Rechnungen** folgende **Angaben** enthalten:

- **Vollständiger Name** und **vollständige Anschrift** des leistenden Unternehmers und des Leistungsempfängers,
- die **Steuernummer** oder die **Umsatzsteuer-Identifikationsnummer**,
- das **Ausstellungsdatum**,
- eine **fortlaufende Nummer** mit einer oder mehreren Zahlenreihen, die zur Identifizierung der Rechnung vom Rechnungssteller einmal vergeben wird **(Rechnungsnummer)**,
- die **Menge**, die **Art** und die **handelsübliche Bezeichnung** der gelieferten Gegenstände oder die Art und den Umfang der **sonstigen Leistung,**
- den **Zeitpunkt der Lieferung** oder **sonstigen Leistung,**
- das nach **Steuersätzen** und einzelnen **Steuerbefreiungen** aufgeschlüsselte Entgelt für die Lieferung oder sonstige Leistung sowie jede im Voraus vereinbarte Minderung des Entgelts,
- der **anzuwendende Steuersatz** sowie der auf das Entgelt entfallende Steuerbetrag oder im Falle einer Steuerbefreiung der Hinweis darauf, dass für die Lieferung oder sonstige Leistung eine Steuerbefreiung gilt.

Beachte:

Bei **Rechnungen** über **Kleinbeträge** von bis zu 250,00 EUR muss lediglich angegeben werden: Name und Anschrift des leistenden Unternehmens, Ausstellungsdatum, Menge bzw. Umfang und Art der Leistung, das Entgelt und der darauf entfallende Steuerbetrag in einer Summe sowie der anzuwendende Steuersatz.

7 Speth u.a. - ISBN 978-3-8120-0521-0

(4) Zahlungszeitpunkt der Umsatzsteuer

Die Umsatzsteuer ist eine **Jahressteuer**. Der Unternehmer muss jeweils bis zum 10. Tag nach Ablauf des Voranmeldungszeitraums[1] eine **elektronische Umsatzsteuer-Voranmeldung** beim Finanzamt einreichen. Bei geringem Umsatz kann die Umsatzsteuer-Voranmeldung auch vierteljährlich eingereicht werden. Gleichzeitig ist für die ermittelte Zahllast eine entsprechende Vorauszahlung auf die Jahressteuer zu leisten.

Beispiel:		
Verkaufsumsatz im Monat Juni 20.. 80 000,00 EUR		
19 % USt von 80 000,00 EUR		15 200,00 EUR
– Vorsteuer auf Eingangsrechnungen für den Monat Juni 20..		4 600,00 EUR
= Zahllast (an das Finanzamt zu zahlen)		10 600,00 EUR

Ist die Vorsteuer eines Monats höher als die eigene Umsatzsteuerschuld (z. B. bei saisonalen Einkäufen), so erstattet das Finanzamt die überschüssige Vorsteuer. Man spricht in diesem Zusammenhang von einem **Vorsteuerüberhang.**

Am Jahresende erfolgt die Endabrechnung mithilfe der **Jahressteuererklärung** und des **Jahressteuerbescheides.** Nachzahlungen bzw. Rückerstattungen sind nicht ausgeschlossen, da sich die Bemessungsgrundlage durch nachträgliche Skonti, Rabatte, Preisnachlässe oder aufgrund von Forderungsausfällen ändern kann.

9.2 Buchhalterische Erfassung der Umsatzsteuer bei den Grundfällen (Einkauf von Werkstoffen und Handelswaren sowie Verkauf von Fertigerzeugnissen und Handelswaren)[2]

Die Umsatzsteuer führt bei den Unternehmen zu keinen Aufwendungen. Die Abwicklung der Umsatzsteuer erfolgt über die Bestandskonten

- **2600 Vorsteuer** (für Eingangsrechnungen)
- **4800 Umsatzsteuer** (für Ausgangsrechnungen).

Beispiele:			
Kauf von Rohstoffen auf Ziel lt. folgender Eingangsrechnung:		Verkauf von Erzeugnissen auf Ziel lt. folgender Ausgangsrechnung:	
Rohstoffe	1 500,00 EUR	Erzeugnisse	2 000,00 EUR
+ 19 % USt	285,00 EUR	+ 19 % USt	380,00 EUR
= Rechnungsbetrag (ER)	1 785,00 EUR	= Rechnungsbetrag (AR)	2 380,00 EUR

Aufgabe:

Buchen Sie die beiden Geschäftsvorfälle auf Konten und bilden Sie anschließend die Buchungssätze!

---

1 **Voranmeldungszeitraum** ist das Kalendervierteljahr. Beträgt die Steuer für das vorangegangene Kalenderjahr mehr als 7 500,00 EUR (Normalfall), ist der Kalendermonat der Voranmeldungszeitraum [§ 18 II UStG].

2 **Wichtiger Hinweis:** Die bisher eingeführte Farbzuordnung der verschiedenen Vorgänge bei den Buchungssätzen und auf den unterschiedlichen Kontenarten diente als zusätzliche Anschauungshilfe bei der Einführung in die Buchführung. Von hier ab halten wir die konsequente Farbzuordnung nicht mehr für erforderlich.
Daher dienen die **Farben** im Folgenden nur noch als **Hervorhebung der Unterschiede.**

Übermittelt von:	Eingang auf Server: 23.01.20..
Leonhardt & Spöri	Transferticket: 5480179077518336128
Kolping Str. 27	Erstellungsdatum: 23.01.20..
97070 Würzburg	
fibu@steuerkanzlei-wuerzburg.de	

Unternehmer:

Lebensmittelwerke
Henk Wolber
Frankfurter Str. 101
97082 Würzburg

Steuernummer: 1719/20/9

Umsatzsteuer-Voranmeldung
4. Kalendervierteljahr 20..

Anmeldung der Umsatzsteuer-Vorauszahlung

Lieferungen und sonstige Leistungen (einschließlich unentgeltlicher Wertabgaben)

Steuerpflichtige Umsätze

(Lieferungen und sonstige Leistungen einschließlich unentgeltlicher Wertabgaben)

	Kz	Bemessungsgrundlage	Kz	Steuer
zum Steuersatz von 19 v. H.	81	84 100,00 EUR		15 979,00 EUR
zum Steuersatz von 7 v. H.	86	19 115,00 EUR		1 338,05 EUR

Anmeldung der Umsatzsteuer-Vorauszahlung

	Kz	Bemessungsgrundlage	Kz	Steuer
Vorsteuerbeträge aus Rechnungen von anderen Unternehmen (§ 15 Abs. 1 S. 1 Nr. 1 UStG), aus Leistungen im Sinne des § 13 a Abs. 1 Nr. 6 UStG (§ 15 Abs. 1 S. 1 Nr. 5) und aus innergemeinschaftlichen Dreiecksgeschäften (§ 25 b Abs. 5 UStG)			66	9 730,24 EUR
	Kz	Bemessungsgrundlage	Kz	Steuer
Verbleibende Umsatzsteuer-Vorauszahlung verbleibender Überschuss			83	**7 586,81 EUR**

Lösung:

S	6000 Aufwend. f. Rohstoffe		H
4400	1 500,00		

S	2600 Vorsteuer		H
4400	285,00		

S	4400 Verbindlichkeiten a. Lief. u. Leist.		H
		6000/2600	1 785,00

S	2400 Forderungen a. Lief. u. Leist.		H
5000/4800	2 380,00		

S	5000 Umsatzerlöse f. eig. Erzeugnisse		H
		2400	2 000,00

S	4800 Umsatzsteuer		H
		2400	380,00

Konten	Soll	Haben
6000 Aufw. f. Rohstoffe	1 500,00	
2600 Vorsteuer	285,00	
an 4400 Verb. a. L. u. L.		1 785,00

Konten	Soll	Haben
2400 Ford. a. L. u. L.	2 380,00	
an 5000 UE f. eig. Erz.		2 000,00
an 4800 Umsatzsteuer		380,00

Die **Umsatzsteuer auf Eingangsrechnungen** stellt eine **Forderung** des Unternehmers gegenüber dem Finanzamt dar. Sie wird auf dem Forderungskonto **Vorsteuer** gebucht.

Das Konto **2600 Vorsteuer** ist ein **Aktivkonto**.

Die **Umsatzsteuer auf Ausgangsrechnungen** stellt eine **Verbindlichkeit** des Unternehmens gegenüber dem Finanzamt dar. Sie wird auf dem Schuldkonto **Umsatzsteuer** gebucht.

Das Konto **4800 Umsatzsteuer** ist ein **Passivkonto**.

Beachte:

Neben den genannten Fällen wird die Umsatzsteuer noch bei weiteren Geschäftsvorgängen erhoben.

■ Auf der Eingangsseite

Hier sind z. B. zu nennen der Kauf von Anlagegegenständen (Fahrzeuge, Güter der Betriebs- und Geschäftsausstattung), die Reparaturleistungen von Handwerkern, der Einkauf von Büromaterial usw. Die anfallende Umsatzsteuer wird auf dem **Aktivkonto „2600 Vorsteuer"** erfasst.

■ Auf der Ausgangsseite

Neben dem Verkauf von Fertigerzeugnissen oder Handelswaren können gebrauchte Fahrzeuge oder Teile der Betriebs- und Geschäftsausstattung verkauft werden. Diese sogenannten Hilfsgeschäfte sind ebenfalls umsatzsteuerpflichtig. Beim Verkauf muss Umsatzsteuer in Rechnung gestellt werden. Sie wird auf dem **Passivkonto „4800 Umsatzsteuer"** erfasst.

Übungsaufgaben

45 Buchungssätze mit Umsatzsteuer

Bilden Sie zu den nachfolgenden Geschäftsvorfällen den Buchungssatz!

1.	Wir kaufen Handelswaren auf Ziel netto	1 350,00 EUR	
	+ 19 % USt	256,50 EUR	1 606,50 EUR
2.	Kauf von Rohstoffen gegen Bankscheck netto	3 198,00 EUR	
	+ 19 % USt	607,62 EUR	3 805,62 EUR
3.	Kauf von Betriebsstoffen bar netto	7 479,00 EUR	
	+ 19 % USt	1 421,01 EUR	8 900,01 EUR
4.	Wir verkaufen Handelswaren bar netto	10 391,20 EUR	
	+ 19 % USt	1 974,33 EUR	12 365,53 EUR
5.	Verkauf von Erzeugnissen auf Ziel netto	6 220,00 EUR	
	+ 19 % USt	1 181,80 EUR	7 401,80 EUR
6.	Banküberweisung des Kunden zum Ausgleich der Rechnung (vgl. Fall 5)		7 401,80 EUR
7.	Kauf von Hilfsstoffen gegen Rechnung netto	917,00 EUR	
	+ 19 % USt	174,23 EUR	1 091,23 EUR
8.	Banküberweisung an einen Lieferer zum Ausgleich der Rechnung (vgl. Fall 7)		1 091,23 EUR
9.	Für eine Reparaturleistung berechnen wir unserem Kunden netto	778,00 EUR	
	+ 19 % USt	147,82 EUR	925,82 EUR

10. Erklären Sie die Richtigkeit folgender Aussagen!

   10.1 Die Umsatzsteuer zahlt letztlich der Endverbraucher.

   10.2 Die Umsatzsteuer ist für ein Unternehmen ein „durchlaufender Posten" und deshalb erfolgsneutral.

46 Buchungssätze mit Umsatzsteuer aufgrund von Belegen

Bilden Sie zu den nachfolgenden Belegen aus der Sicht der Tobias Hanselmann KG die Buchungssätze!

Beleg 1

FREIE TANKSTELLE
AUTOWASCHZENTRALE

Heinz Gruber GmbH · Neustr. 10 · 45355 Essen

Werkzeugfabrik
Tobias Hanselmann KG
Erftstr. 20–24   Auftrags-Nr. 00-0398
45219 Essen   Leistungsdatum: 28.07.20..

Geleistete Arbeiten

Arbeits-Nr.	Art der ausgeführten Arbeiten	EUR
92 3004	Fahrzeugwäsche mit Teilhochglanz- programm Interieur für den Geschäftswagen	71,43
	+ 19 % USt	13,57
		85,00

Beleg 2

Stadtschmiede GmbH
Bernd King
Pferdemarkt 10
45127 Essen

Stadtschmiede GmbH · Bernd King · Pferdemarkt 10 · 45127 Essen

Werkzeugfabrik
Tobias Hanselmann KG
Erftstr. 20–24
45219 Essen

Rechnung Nr. 176   Datum: 30.07.20..

Beschreibung	Menge	Stückpreis EUR pro m	Gesamt- preis EUR
Anfertigen von Geländer für die Fabrikhalle	20,4 m	195,00	3 978,00
		+ 19 % USt	755,82
Bitte um Überweisung innerhalb 14 Tage ohne Skontoabzug.			4 733,82

Beleg 3

Firma: Werkzeugfabrik Tobias Hanselmann KG
Erftstraße 20 – 24 · 45219 Essen

QUITTUNG

EINGEGANGEN
30. Juli 20..

1 Bürolampe	162,00 EUR
+ 19 % USt	30,78 EUR
	192,78 EUR

Elektro Heim
Stensstr. 40 a   Betrag dankend erhalten
45149 Essen   30. 07. 20..

Hauser

Beleg 4

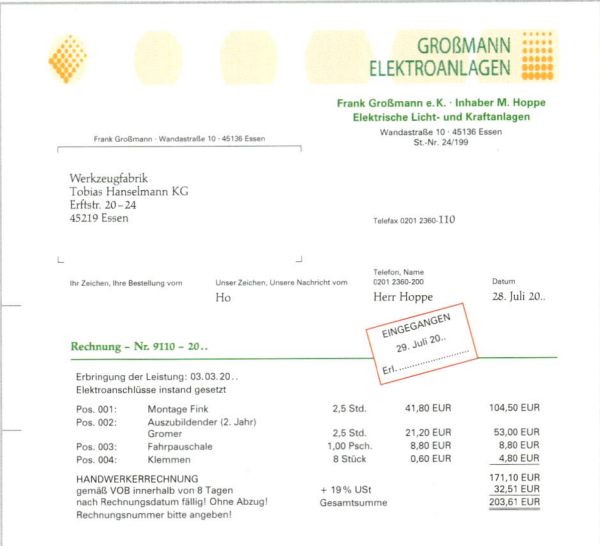

GROSSMANN
ELEKTROANLAGEN

Frank Großmann e.K. · Inhaber M. Hoppe
Elektrische Licht- und Kraftanlagen
Wandastraße 10 · 45136 Essen
St.-Nr. 24/199

Frank Großmann · Wandastraße 10 · 45136 Essen

Werkzeugfabrik
Tobias Hanselmann KG
Erftstr. 20 – 24
45219 Essen

Telefax 0201 2360-110

Ihr Zeichen, Ihre Bestellung vom	Unser Zeichen, Unsere Nachricht vom	Telefon, Name 0201 2360-200	Datum
	Ho	Herr Hoppe	28. Juli 20..

EINGEGANGEN
29. Juli 20..
Erl. ....

Rechnung – Nr. 9110 – 20..

Erbringung der Leistung: 03. 03. 20..
Elektroanschlüsse instand gesetzt

Pos. 001:	Montage Fink	2,5 Std.	41,80 EUR	104,50 EUR
Pos. 002:	Auszubildender (2. Jahr) Gromer	2,5 Std.	21,20 EUR	53,00 EUR
Pos. 003:	Fahrpauschale	1,00 Psch.	8,80 EUR	8,80 EUR
Pos. 004:	Klemmen	8 Stück	0,60 EUR	4,80 EUR

HANDWERKERRECHNUNG   171,10 EUR
gemäß VOB innerhalb von 8 Tagen   + 19 % USt   32,51 EUR
nach Rechnungsdatum fällig! Ohne Abzug! Gesamtsumme 203,61 EUR
Rechnungsnummer bitte angeben!

Beleg 5

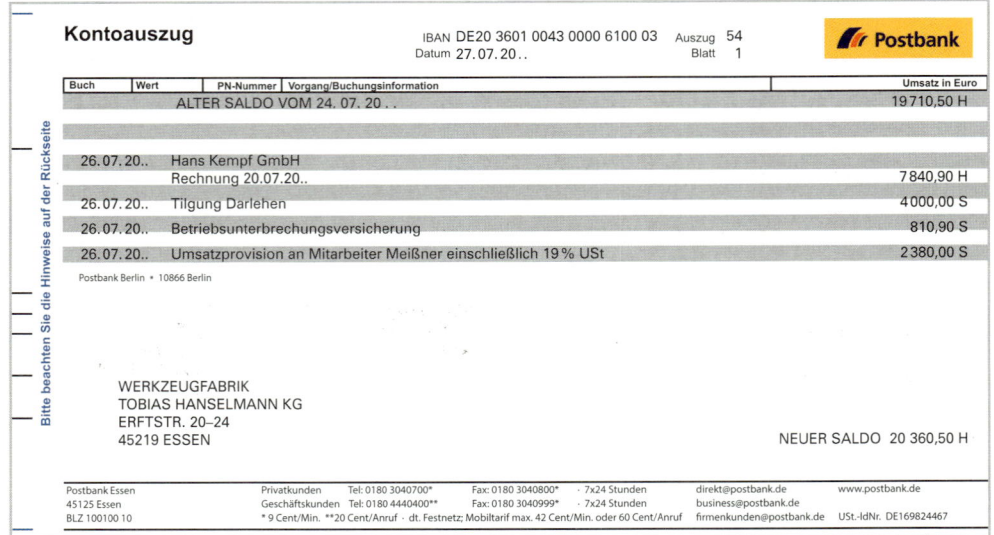

Bitte beachten Sie die Hinweise auf der Rückseite

Kontoauszug   IBAN DE20 3601 0043 0000 6100 03   Auszug 54   *Postbank*
Datum 27.07. 20..   Blatt   1

Buch	Wert	PN-Nummer	Vorgang/Buchungsinformation	Umsatz in Euro
			ALTER SALDO VOM 24. 07. 20 . .	19 710,50 H
26.07. 20..			Hans Kempf GmbH Rechnung 20.07.20..	7 840,90 H
26.07. 20..			Tilgung Darlehen	4 000,00 S
26.07. 20..			Betriebsunterbrechungsversicherung	810,90 S
26.07. 20..			Umsatzprovision an Mitarbeiter Meißner einschließlich 19 % USt	2 380,00 S

Postbank Berlin • 10866 Berlin

WERKZEUGFABRIK
TOBIAS HANSELMANN KG
ERFTSTR. 20–24
45219 ESSEN   NEUER SALDO 20 360,50 H

Postbank Essen	Privatkunden	Tel: 0180 3040700*	Fax: 0180 3040800*	· 7x24 Stunden	direkt@postbank.de	www.postbank.de
45125 Essen	Geschäftskunden	Tel: 0180 4440400**	Fax: 0180 3040999**	· 7x24 Stunden	business@postbank.de	
BLZ 100100 10		* 9 Cent/Min. **20 Cent/Anruf · dt. Festnetz; Mobiltarif max. 42 Cent/Min. oder 60 Cent/Anruf			firmenkunden@postbank.de	USt.-IdNr. DE169824467

47   Buchungssätze mit Umsatzsteuer

Buchen Sie im Grundbuch der Möbelfabrik Bruno Bernhardt GmbH folgende Geschäftsvorfälle!

1. Wir kaufen 100 Zeituhren zum Einbau in Küchenmöbel auf Ziel netto 1 430,00 EUR zuzüglich 19 % USt.

2. Wir bezahlen die bereits gebuchte Liefererrechnung über 1 700,00 EUR bar.

3. Einkauf von Spanplatten lt. Eingangsrechnung 2 737,00 EUR einschließlich 19 % USt gegen Bankscheck.

4. Ein Kunde bezahlt die Ausgangsrechnung durch Überweisung auf unser Bankkonto 2 464,45 EUR.

5. Barzahlung einer noch nicht gebuchten Handwerkerrechnung für Malerarbeiten im Büro netto 300,00 EUR zuzüglich 19 % USt.

6. Wir kaufen einen PC gegen Barzahlung netto 1 300,00 EUR zuzüglich 19 % USt.

7. Verkauf von Bürotischen auf Ziel. Rechnungsbetrag einschließlich 19 % USt 10 055,50 EUR.

8. Kauf von Schreibwaren für das Büro bar 685,00 EUR zuzüglich 19 % USt.

9. Bankabbuchung für Telefongebühren einschl. 19 % Umsatzsteuer 1 195,95 EUR.

10. Banküberweisung für Stromverbrauch lt. vorliegender Rechnung: Nettowert 2 210,00 EUR zuzüglich 19 % USt.

11. Einkauf von Leim für die Fertigung 890,00 EUR zuzüglich 19 % USt gegen Bankscheck.

12. Einkauf von Schmieröl 1 420,00 EUR zuzüglich 19 % USt auf Ziel.

13. Bareinkauf von Schrauben und Nägeln in Höhe von 275,00 EUR zuzüglich 19 % USt.

48 Buchungssätze mit Umsatzsteuer

Buchen Sie im Grundbuch die folgenden Geschäftsvorfälle für einen Industriebetrieb!

1. Wir verkaufen Erzeugnisse gegen Ratenzahlung. Anzahlung einschließlich 19 % USt bar: 38 675,00 EUR.

   Restzahlung in 5 Raten
   (12 500,00 EUR + 800,00 EUR Zinsen* + 19 % USt) zu je 15 675,00 EUR.

   Bilden Sie die Buchungssätze am Verkaufstag!

   * Hinweis: Zinsen sind umsatzsteuerfrei, da ein Kreditvertrag vorliegt!

2. Wir zahlen für folgenden Beleg bar aus der Kasse:

   196,35 EUR einschließlich 19 % USt für Reparatur des Kopiergeräts erhalten.

   Bremen, den 2. April 20..   *Ferner*

3. Bankgutschrift für Zinsen   720,00 EUR

4. Barzahlung für Reparaturen am Maschinenpark, netto   874,00 EUR
   + 19 % USt   166,06 EUR   1 040,06 EUR

5. Verkauf von Erzeugnissen frei Haus lt. AR 143 netto   42 765,00 EUR
   + 19 % USt   8 125,35 EUR   50 890,35 EUR

49 Buchungssätze mit Umsatzsteuer aufgrund von Belegen

Buchen Sie im Grundbuch für die Stahlwerke Heimann KG die folgenden Geschäftsvorfälle!

1. Nach Ablauf der Garantiefrist wird eine Stahltreppe
   von uns repariert. Wir stellen die Selbstkosten
   in Rechnung:
   für Material und Arbeitsstunden   186,00 EUR
   + 19 % USt   35,34 EUR   221,34 EUR

2. Verkauf von Erzeugnissen auf Ziel einschließlich 19 % USt   24 276,00 EUR

3.

EVENTEC Randlinger & Jell

EVENTEC Randlinger & Jell · Kammer 12 · 83123 Amerang

Stahlwerke
Heimann KG
Hunsrückstr. 12
44805 Bochum

Rechnungsdatum:	12.06.20..
Kunden-Nr.:	13483
Steuer-Nr.:	156 173 41503
USt-Id-Nr.:	DE 228 486 140
Lieferdatum:	12.05.20..

Rechnung-Nr. 2214

Pos.	Menge	Bezeichnung	Einzelpreis EUR	Gesamtbetrag EUR
1	1	Hochleistungskopierer	5 950,0	5 950,00
		Gesamtbetrag		5 950,00

Der Gesamtbetrag setzt sich aus netto 5 000,00 EUR zuzüglich 19 % USt. = 950,00 EUR zusammen.

Besuchen Sie auch unsere Internetadresse unter www.eventec-randlinger.de.

EVENTEC Randlinger & Jell Kammer 12 83123 Amerang
Tel.: 08075 8239 Fax: 08075 9752
Kreis- und Stadtsparkasse Wasserberg BIC: BYLADEM1WSB IBAN: DE52 7115 2680 0000 9627 87
Ust.Id-Nr.: DE 22 848 61 40
www.eventec-randlinger.de E-Mail: info@eventec-randlinger.de

Gerichtsstand Traunstein. Die Ware bleibt bis zur vollständigen Bezahlung Eigentum der Firma.

4.

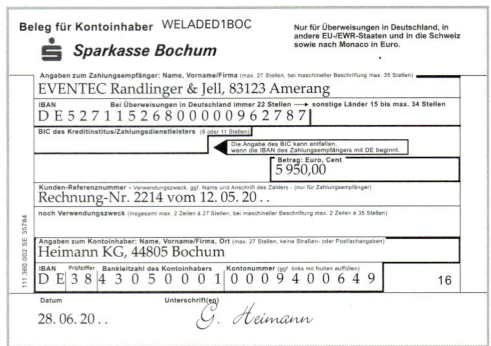

Beleg für Kontoinhaber WELADED1BOC — Nur für Überweisungen in Deutschland, in andere EU-/EWR-Staaten und in die Schweiz sowie nach Monaco in Euro.

Sparkasse Bochum

Angaben zum Zahlungsempfänger: Name, Vorname/Firma (max. 27 Stellen, bei maschineller Beschriftung max. 35 Stellen)
EVENTEC Randlinger & Jell, 83123 Amerang

IBAN Bei Überweisungen in Deutschland immer 22 Stellen → sonstige Länder 15 bis max. 34 Stellen
DE52 7115 2680 0000 9627 87

BIC des Kreditinstituts/Zahlungsdienstleisters (8 oder 11 Stellen)
Die Angabe des BIC kann entfallen, wenn die IBAN des Zahlungsempfängers mit DE beginnt.

Betrag: Euro, Cent
5 950,00

Kunden-Referenznummer - Verwendungszweck, ggf. Name und Anschrift des Zahlers - (nur für Zahlungsempfänger)
Rechnung-Nr. 2214 vom 12.05.20..

noch Verwendungszweck (insgesamt max. 2 Zeilen à 27 Stellen, bei maschineller Beschriftung max. 2 Zeilen à 35 Stellen)

Angaben zum Kontoinhaber: Name, Vorname/Firma, Ort (max. 27 Stellen, keine Straßen- oder Postfachangaben)
Heimann KG, 44805 Bochum

IBAN Prüfziffer Bankleitzahl des Kontoinhabers Kontonummer (ggf. links mit Nullen auffüllen)
DE38 4305 0001 0009 4006 49   16

Datum
28.06.20..

Unterschrift(en)
G. Heimann

5.

Beleg für Kontoinhaber WELADED1BOC — Nur für Überweisungen in Deutschland, in andere EU-/EWR-Staaten und in die Schweiz sowie nach Monaco in Euro.

Sparkasse Bochum

Angaben zum Zahlungsempfänger: Name, Vorname/Firma (max. 27 Stellen, bei maschineller Beschriftung max. 35 Stellen)
Ulmer Walzwerke GmbH, Boschstr. 2, 89079 Ulm

IBAN Bei Überweisungen in Deutschland immer 22 Stellen → sonstige Länder 15 bis max. 34 Stellen
DE56 6304 0053 0060 0010 05

BIC des Kreditinstituts/Zahlungsdienstleisters (8 oder 11 Stellen)
Die Angabe des BIC kann entfallen, wenn die IBAN des Zahlungsempfängers mit DE beginnt.

Betrag: Euro, Cent
41 184,00

Kunden-Referenznummer - Verwendungszweck, ggf. Name und Anschrift des Zahlers - (nur für Zahlungsempfänger)
Rechnung-Nr. 99493 für Stahllieferung vom

noch Verwendungszweck (insgesamt max. 2 Zeilen à 27 Stellen, bei maschineller Beschriftung max. 2 Zeilen à 35 Stellen)
3. Mai 20.. 34608,40 EUR zuzüglich 19% USt

Angaben zum Kontoinhaber: Name, Vorname/Firma, Ort (max. 27 Stellen, keine Straßen- oder Postfachangaben)
Heimann KG, 44805 Bochum

IBAN Prüfziffer Bankleitzahl des Kontoinhabers Kontonummer (ggf. links mit Nullen auffüllen)
DE38 4305 0001 0009 4006 49   16

Datum
10. Mai 20..

Unterschrift(en)
Karl Heimann

6.

IBAN DE38430500010009400649	SPARKASSE BOCHUM	BIC WELADED1BOC

Buchungs-tag	Tag der Wertstellung	Verwendungszweck/Buchungstext		alter Kontostand + 4 791,20
12.05.	12.05.	Dosenwerk WIPPER GMBH Rechnung-Nr. 2007 einschließlich 19 % USt	9224	+ 2 867,90

Stahlwerke
Heimann KG
Hunsrückstr. 12
44805 Bochum

neuer Kontostand
+ 7 659,10

UST-ID DE 451710290

Kontoauszug vom	Auszug	Blatt
12.05.20..	24	1

9.3 Buchung der Zahllast

(1) Begleichung der Zahllast

Beispiel:

2600 Vorsteuer: Summe 1800,00 EUR; 4800 Umsatzsteuer: Summe 6000,00 EUR. Die Zahllast von 4200,00 EUR wird an das Finanzamt durch die Bank überwiesen.

Aufgaben:
1. Stellen Sie die Vorgänge auf Konten dar!
2. Bilden Sie die Buchungssätze!

Lösungen:

Zu 1.: Buchung auf den Konten

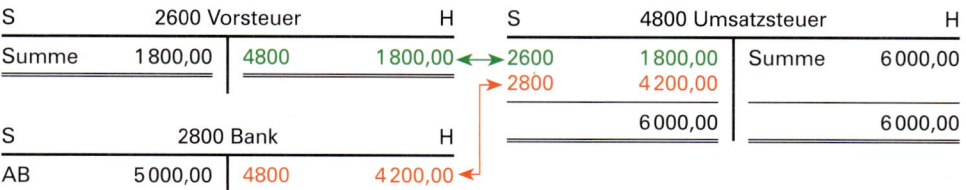

Zu 2.: Buchungssätze

Geschäftsvorfälle	Konten	Soll	Haben
Ermittlung der Zahllast	4800 Umsatzsteuer an 2600 Vorsteuer	1800,00	1800,00
Banküberweisung der Zahllast	4800 Umsatzsteuer an 2800 Bank	4200,00	4200,00

(2) Passivierung der Zahllast am Ende des Geschäftsjahres

Weil am Bilanzstichtag die **Zahllast** noch **nicht überwiesen** ist, muss sie **passiviert** werden, d.h. als Schuld gegenüber dem Finanzamt in das Schlussbilanzkonto übernommen werden.

Geschäftsvorfall	Konten	Soll	Haben
Die Zahllast im Monat Dezember ist am 31.12. zu passivieren 5000,00 EUR.	4800 Umsatzsteuer an 8010 SBK	5000,00	5000,00

Beachte:

Ist innerhalb eines Abrechnungszeitraumes (Monats) die Vorsteuer höher als die Umsatzsteuer, was z.B. aufgrund von saisonbedingten Einkäufen durchaus vorkommen kann, entsteht ein sogenannter **Vorsteuerüberhang**. In diesem Fall ist die Forderung gegenüber dem Finanzamt höher als die Verbindlichkeit. Einen Vorsteuerüberhang muss das Finanzamt auszahlen bzw. verrechnen.

Übungsaufgaben

50 Ermittlung der Zahllast, Bildung der Buchungssätze

S	2600 Vorsteuer	H	S	4800 Umsatzsteuer	H
2800	991,80			2880	4 870,00
4400	3 431,40			2800	12 130,70

Aufgaben:

1. Übertragen Sie die Konten in Ihr Hausheft und ermitteln Sie buchhalterisch die Zahllast!
2. Die Zahllast ist zu passivieren.
3. Bilden Sie zu 1. und 2. die Buchungssätze!

51 Ermittlung des Vorsteuerüberhangs, Bildung der Buchungssätze

S	2600 Vorsteuer	H	S	4800 Umsatzsteuer	H
Su	12 900,00			Su	8 300,00

Aufgaben:

1. Übertragen Sie die Konten in Ihr Hausheft und ermitteln Sie buchhalterisch den Vorsteuerüberhang!
2. Der Vorsteuerüberhang wird vom Finanzamt auf unser Bankkonto überwiesen.
3. Bilden Sie zu 1. und 2. die Buchungssätze!

52 Buchungssatz aufgrund eines Belegs

Bilden Sie den Buchungssatz aus Sicht der Maschinenfabrik Wachter GmbH für den folgenden Beleg!

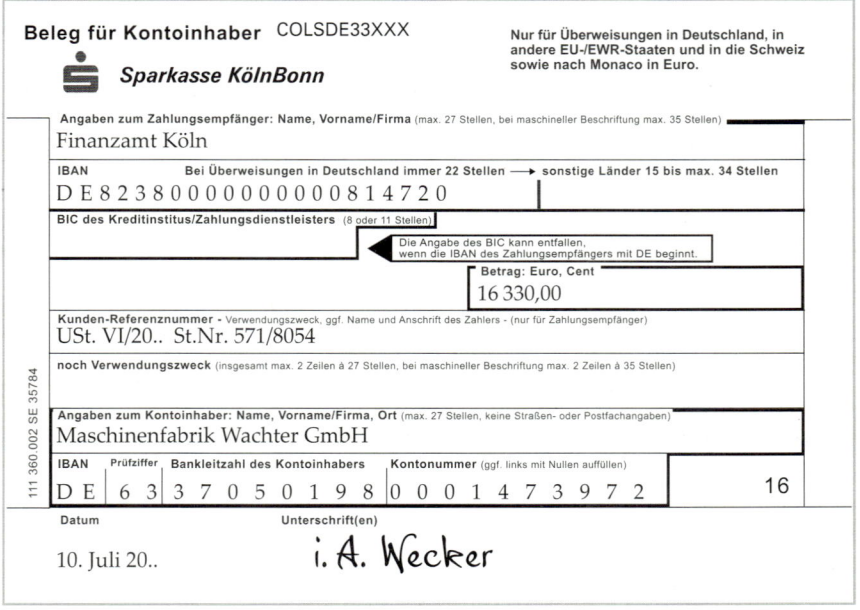

10 Privatkonto

10.1 Privatentnahmen und Privateinlagen

Wie jeder Privatmann, so gibt auch der Unternehmer für sich und seine Familie Geld aus. Er kauft z. B. Kleidung, Nahrung, er fährt in Urlaub, er geht ins Theater usw. Da der Unternehmer nicht wie jeder Arbeiter oder Angestellte Lohn bzw. Gehalt empfängt, muss er das Geld für seine privaten Ausgaben aus dem Betrieb nehmen. Er hebt es vom Geschäftskonto ab bzw. entnimmt es der Kasse. **Privatentnahmen mindern das Eigenkapital.**

Wird aus der Privatsphäre eines Kaufmanns z. B. Bargeld in das Geschäft eingebracht, hat dieser Vorgang die entgegengesetzte Wirkung wie eine Geldentnahme, d. h., das Eigenkapital nimmt zu. **Privateinlagen erhöhen das Eigenkapital.**

Aus Gründen der Übersichtlichkeit werden Privatentnahmen und Privateinlagen nicht direkt über das Eigenkapitalkonto, sondern zunächst auf dem Konto **3001 Privatkonto** gebucht. Das Privatkonto ist ein **Unterkonto des Eigenkapitalkontos.** Aus diesem Grund wird auf dem Privatkonto genauso gebucht wie auf dem Ursprungskonto Eigenkapital.

- Auf dem **Privatkonto** werden die **Entnahmen** im **Soll** und die **Einlagen** im **Haben** gebucht.
- Am **Jahresabschluss** wird das **Privatkonto** über das **Eigenkapitalkonto abgeschlossen.**
- Ein Privatkonto wird nur bei **Einzelunternehmen** und **Personengesellschaften** geführt.

Beispiel:

I. Bestand, Anforderungen, Erträge

Der Anfangsbestand auf dem Eigenkapitalkonto beträgt 60 000,00 EUR. Das GuV-Konto weist am Jahresabschluss Aufwendungen in Höhe von 385 000,00 EUR und Erträge von 432 500,00 EUR aus.

II. Geschäftsvorfälle:

1. Für den privaten Verbrauch werden 18 200,00 EUR aus der Geschäftskasse entnommen.
2. Ein Privat-Pkw des Unternehmers wird in das Betriebsvermögen eingebracht: Zeitwert 12 400,00 EUR.

III. Aufgaben:

1. Buchen Sie die angegebenen Beträge sowie die Geschäftsvorfälle auf den Konten und schließen Sie die Konten ab! Es sind nur die Konten 3000 Eigenkapital, 3001 Privatkonto und 8020 GuV-Konto zu führen.
2. Bilden Sie die Buchungssätze für die Geschäftsvorfälle!

Lösungen:

Zu 1.: Buchung auf den Konten und Abschluss der Konten

Soll	3001 Privatkonto		Haben
2880	18 200,00	0840	12 400,00
		3000	5 800,00
	18 200,00		18 200,00

Soll	8020 GuV-Konto		Haben
Su Aufw.	385 000,00	Su Ertr.	432 500,00
3000	47 500,00		
	432 500,00		432 500,00

Soll	3000 Eigenkapital		Haben
3001	5 800,00	AB	60 000,00
8010	101 700,00	8020	47 500,00
	107 500,00		107 500,00

Zu 2.: Buchungssätze

Nr.	Geschäftsvorfälle	Konten	Soll	Haben
1.	Privatentnahme des Geschäftsinhabers bar 18 200,00 EUR	3001 Privatkonto an 2880 Kasse	18 200,00	18 200,00
2.	Privateinlagen eines Pkw im Wert von 12 400,00 EUR	0840 Fuhrpark an 3001 Privatkonto	12 400,00	12 400,00

- Das **Eigenkapitalkonto** kann durch **zwei Vorgänge verändert werden:**
  - Durch die Übernahme des **Erfolgs (Gewinn oder Verlust)** vom Konto GuV (**erfolgswirksame Veränderung** des Eigenkapitalkontos).
  - Durch **Privateinlagen** bzw. **Privatentnahmen.** Der Erfolg des Unternehmens wird durch die Bewegungen auf dem Privatkonto nicht beeinflusst (**erfolgsunwirksame Veränderung** des Eigenkapitalkontos).
- Privateinlagen/Privatentnahmen **verändern** das Eigenkapital, **nicht** jedoch den Erfolg.

10.2 Unentgeltliche Entnahme von Gegenständen und sonstigen Leistungen

Der **Umsatzsteuer unterliegen** auch **unentgeltliche Entnahmen von Sachgütern** (z. B. Entnahme von Fertigerzeugnissen) und **sonstige Leistungen** des Unternehmens (z. B. private Nutzung eines Geschäfts-Pkw, Arbeiten von Betriebsangehörigen für private Belange des Unternehmers) durch den Eigentümer zu **privaten Zwecken.** Die Entnahme von Sachgütern und sonstigen Leistungen wird auf dem Konto **5420 Entnahme von Gegenständen und Leistungen** gebucht.

1. Fall: Entnahme von Waren für private Zwecke

Beispiel:

Ein Textilfabrikant erlaubt seiner Tochter, sich als Geburtstagsgeschenk ein Kleid vom Warenlager auszusuchen. Sie entscheidet sich für ein Kleid, das einen Einstandswert von netto 100,00 EUR und einen Verkaufspreis von 198,00 EUR hat. Umsatzsteuer: 19%.

Aufgaben:

1. Buchen Sie den Geschäftsvorfall auf den Konten!
2. Bilden Sie den Buchungssatz!

Lösungen:

Zu 1.: Buchung auf den Konten

S	3001 Privatkonto	H
5420/4800 119,00		

S	4800 Umsatzsteuer	H
	3001	19,00

S	5420 Entn. v. Geg. u. Leist.	H
	3001	100,00

Zu 2.: Buchungssatz

Geschäftsvorfall	Konten	Soll	Haben
Entnahme von Waren im Wert von 100,00 EUR zuzüglich 19% USt	3001 Privatkonto an 5420 Entn. v. Geg. u. Leist. an 4800 Umsatzsteuer	119,00	100,00 19,00

2. Fall: Entnahme von sonstigen Leistungen

■ **Arbeiten von Betriebsangehörigen für private Belange des Unternehmers**

Beispiel:

Ein Unternehmer lässt das Dach seines Wohnhauses durch den eigenen Betrieb eindecken. Der Betrieb berechnet 35 Arbeitsstunden zu je 41,00 EUR = 1435,00 EUR zuzüglich 19% USt.

Aufgabe:

Bilden Sie den Buchungssatz!

Lösung:

Geschäftsvorfall	Konten	Soll	Haben
Entnahme sonstiger Leistungen im Wert von 1435,00 EUR zuzüglich 19% USt	3001 Privatkonto an 5420 Entn. v. Geg. u. Leist. an 4800 Umsatzsteuer	1707,65	1435,00 272,65

■ **Nutzung von betrieblichen Gegenständen für Privatzwecke**

Als Beispiel für die umsatzsteuerliche Behandlung der privaten Nutzung betrieblicher Gegenstände wird hier die **steuerrechtliche Behandlung** der **Privatnutzung eines betrieblichen Fahrzeugs** vorgestellt.

Der **private Nutzungsanteil an den Fahrzeugkosten** kann aufgrund eines **geführten Fahrtenbuches,** auf der Grundlage einer **Schätzung**[1] oder nach der sogenannten **1 %-Regelung,** nach der monatlich 1 % vom Bruttowert der Anschaffungskosten als privater Nutzungsanteil angenommen wird, ermittelt werden. Bei der Feststellung des **umsatzsteuerpflichtigen privaten Nutzungsanteils an den Fahrzeugkosten** werden die **vorsteuerfreien Fahrzeugkosten** (z. B. Kfz-Steuer, Kfz-Versicherung) nicht eingerechnet.

Beispiel:

Die gesamten Nutzungskosten für einen Geschäftswagen (z. B. Wartung, Abschreibung, Treibstoffkosten u. a.) betragen für das Geschäftsjahr nach Abzug der vorsteuerfreien Kosten 8 500,00 EUR. Der private Nutzungsanteil des Unternehmers beträgt lt. Fahrtenbuch 60 %, d. h. 5 100,00 EUR zuzüglich 19 % USt.

Aufgabe:

Bilden Sie den Buchungssatz!

Lösung:

Geschäftsvorfall	Konten	Soll	Haben
Der umsatzsteuerpflichtige private Nutzungsanteil an den Fahrzeugkosten beträgt 5 100,00 EUR zuzüglich 19 % USt.	3001 Privatkonto an 5420 Entn. v. Geg. u. Leist. an 4800 Umsatzsteuer	6 069,00	5 100,00 969,00

Übungsaufgabe

53   **Bildung von Buchungssätzen zum Privatkonto, Berechnen des Jahresgewinns**

Bilden Sie zu den folgenden Geschäftsvorfällen die Buchungssätze!

1. Ein Unternehmer entnimmt aus der Geschäftskasse 500,00 EUR für eine private Geldspende an den örtlichen Sportverein.

2. Aus dem Warenlager entnimmt der Unternehmer für den privaten Verbrauch Erzeugnisse im Wert von 340,00 EUR zuzüglich 19 % USt.

3. Die gesamten Nutzungskosten für einen Geschäftswagen betragen nach Abzug der vorsteuerfreien Kosten 7 200,00 EUR zuzüglich 19 % USt. Der private Nutzungsanteil des Unternehmers beträgt lt. Fahrtenbuch 45 %.

4. Wir überweisen im Bankauftrag die Miete für die Privatwohnung in Höhe von 1 100,00 EUR.

5. Für den Monat November weist die Telefonrechnung einen Gesamtbetrag von 450,00 EUR zuzüglich 19 % Umsatzsteuer aus. Die Rechnung wurde vom Bankkonto abgebucht. Für die privaten Gespräche ist mit dem Finanzamt ein pauschaler Anteil von 20 % vereinbart worden, der noch zu buchen ist.

   Hinweis: Für den privaten Anteil kann keine Vorsteuer abgezogen werden. Um diesen nicht abziehbaren Vorsteuerbetrag muss die bereits gebuchte Vorsteuer korrigiert werden. Der Wert auf dem Privatkonto erhöht sich um diesen Betrag.

6. Der Unternehmer bringt seinen privaten Pkw in den Betrieb ein 4 800,00 EUR.

---

1   Wird weder die 1 %-Regelung angewandt noch ein Fahrtenbuch geführt, ist der Privatanteil zu schätzen. Die Verwaltung schätzt den Privatanteil regelmäßig mit mindestens 50 %.

7. Bilden Sie für die nachfolgenden Belege die Buchungssätze aus Sicht der Metallwerke Kempter OHG, Nürnberg!

Beleg 1

Quittung — Metallwerke Kempter OHG

EUR

Betrag 950,00

Nr. 1111

inclusive % MwSt./Betrag

Betrag in Worten: neunhundertundfünfzig

von Metallwerke Kempter OHG

für Barentnahme für den Kauf einer Waschmaschine für den Privathaushalt

dankend erhalten

Datum/Ort: Nürnberg, den 17. 01. 20 . .

Buchungsvermerke   Stempel/Unterschrift des Empfängers

Hans Kempter

Beleg 2

Buchungs-anweisung — Metallwerke Kempter OHG

Beleg-Nr. 1112

Malerarbeiten eines Mitarbeiters der OHG im Privathaus

12 Stunden zu je 39,00 EUR

zuzüglich 19 % USt

Nürnberg, den 20. 01. 20 . .

Hans Kempter

Beleg 3

Entnahme für Privatzwecke — Metallwerke Kempter OHG

Beleg-Nr. 1113

Gartentisch AZ 120

Herstellwert   610,00 EUR

+ 19 % USt   115,90 EUR

                        725,90 EUR

Nürnberg, den 25. 01. 20 . .

Hans Kempter

Beleg 4

Beleg für den Kontoinhaber/Zahler-Quittung

Volksbank Nürnberg   GENODEF1NO2

Name und Sitz des überweisenden Kreditinstituts   BIC

Nur für Überweisungen in Deutschland, in andere EU-/EWR-Staaten und in die Schweiz, sowie nach Monaco in Euro.

Angaben zum Zahlungsempfänger: Name, Vorname/Firma, Ort (max. 27 Stellen, bei maschineller Beschriftung max. 35 Stellen)

Hauptzollamt Nürnberg

IBAN: DE05 7606 0618 0000 1527 30

BIC des Kreditinstituts/Zahlungsdienstleisters (8 oder 11 Stellen)

Die Angabe des BIC kann entfallen, wenn die IBAN des Zahlungsempfängers mit DE beginnt.

Betrag: Euro, Cent: 495,00 -------

Kunden-Referenznummer - Verwendungszweck, ggf. Name und Anschrift des Zahlers - (nur für Zahlungsempfänger)

Kfz-Steuer Geschäftswagen   495,00

noch Verwendungszweck (insgesamt max. 2 Zeilen à 27 Stellen, bei maschineller Beschriftung max. 2 Zeilen à 35 Stellen)

Angaben zum Kontoinhaber/Zahler: Name, Vorname/Firma, Ort (max. 27 Stellen, keine Straßen- oder Postfachangaben)

Kempter OHG

IBAN: DE 05 7606 0618 0006 3755 88

Datum   Unterschrift(en)

11 Geschäftsgang mit Bestands- und Erfolgskonten sowie der Umsatzsteuer

Beispiel:

I. Anfangsbestände:

0510 Bebaute Grundstücke 200 000,00 EUR, 0840 Fuhrpark 350 000,00 EUR, 2000 Rohstoffe 180 000,00 EUR, 2400 Forderungen aus Lieferungen und Leistungen 145 320,00 EUR, 2600 Vorsteuer 15 000,00 EUR, 2800 Bank 137 850,00 EUR, 3000 Eigenkapital 440 000,00 EUR, 4250 Langfristige Bankverbindlichkeiten 400 000,00 EUR, 4400 Verbindlichkeiten aus Lieferungen und Leistungen 119 450,00 EUR, 4800 Umsatzsteuer 68 720,00 EUR.

II. Kontenplan:

0510, 0840, 2000, 2400, 2600, 2800, 3000, 4250, 4400, 4800, 5000, 5710, 6000, 6160, 6520, 6700, 7020, 7510, 8010, 8020

III. Geschäftsvorfälle:

1. Kauf von Rohstoffen auf Ziel	85 000,00 EUR	
+ 19 % USt	16 150,00 EUR	101 150,00 EUR
2. Eingangsrechnung für die Renovierung der Büroräume	17 500,00 EUR	
+ 19 % Umsatzsteuer	3 325,00 EUR	20 825,00 EUR
3. Verkauf von Erzeugnissen auf Ziel	185 300,00 EUR	
+ 19 % Umsatzsteuer	35 207,00 EUR	220 507,00 EUR
4. Banküberweisung für das gemietete Verwaltungsgebäude		12 000,00 EUR
5. Die Bank belastet unser Kontokorrentkonto mit den Halbjahreszinsen für das aufgenommene Bankdarlehen		16 000,00 EUR
6. Banküberweisung für die Grundsteuervorauszahlung		4 000,00 EUR
7. Bankgutschrift für Zinsen		1 750,00 EUR

IV. Abschlussangaben:

1. Der Rohstoffschlussbestand beträgt lt. Inventur	180 000,00 EUR
2. Die Abschreibungen betragen auf	
– 0510 Bebaute Grundstücke	15 000,00 EUR
– 0840 Fuhrpark	12 000,00 EUR

V. Aufgaben:

1. Buchen Sie die Anfangsbestände unter Einbeziehung des Eröffnungsbilanzkontos!
2. Bilden Sie zu den Geschäftsvorfällen die Buchungssätze!
3. Übertragen Sie die Vorgänge auf die Konten!
4. Schließen Sie die Konten ab!
5. Stellen Sie aufgrund der Zahlen der Buchführung die Schlussbilanz und die Gewinn- und Verlustrechnung auf! Die Inventurbestände stimmen mit den Buchbeständen überein.

Lösungen:

Zu 2.: Buchungssätze für die Geschäftsvorfälle

Nr.	Konten	Soll	Haben
1.	6000 Aufwendungen für Rohstoffe	85 000,00	
	2600 Vorsteuer	16 150,00	
	an 4400 Verbindlichkeiten aus Lieferungen und Leistungen		101 150,00
2.	6160 Fremdinstandhaltung	17 500,00	
	2600 Vorsteuer	3 325,00	
	an 4400 Verbindlichkeiten aus Lieferungen und Leistungen		20 825,00
3.	2400 Forderungen aus Lieferungen und Leistungen	220 507,00	
	an 5000 Umsatzerlöse für eigene Erzeugnisse		185 300,00
	an 4800 Umsatzsteuer		35 207,00
4.	6700 Mieten, Pachten	12 000,00	
	an 2800 Bank		12 000,00
5.	7510 Zinsaufwendungen	16 000,00	
	an 2800 Bank		16 000,00
6.	7700 Gewerbesteuer	4 000,00	
	an 2800 Bank		4 000,00
7.	2800 Bank	1 750,00	
	an 5710 Zinserträge		1 750,00

Zu 1., 3. und 4.: Buchungen auf den Konten des Hauptbuches und Abschluss der Konten

Bilanzkonten-Bereich

Erfolgskonten-Bereich

Aktivkonten

S 0510 Beb. Grundstücke H

8000	200000,00	6520	15000,00
		8010	185000,00
	200000,00		200000,00

S 0840 Fuhrpark H

8000	350000,00	6520	12000,00
		8010	338000,00
	350000,00		350000,00

S 2000 Rohstoffe H

| 8000 | 180000,00 | 8010 | 180000,00 |

S 2400 Ford. a. Lief. u. Leist. H

8000	145320,00	8010	365827,00
5000/ 4800	220507,00		
	365827,00		365827,00

S 2600 Vorsteuer H

8000	15000,00	4800	34475,00
4400	16150,00		
4400	3325,00		
	34475,00		34475,00

S 2800 Bank H

8000	137850,00	6700	12000,00
5710	1750,00	7510	16000,00
		7020	4000,00
		8010	107600,00
	139600,00		139600,00

Passivkonten

S 3000 Eigenkapital H

8010	465550,00	8000	440000,00
		8020	25550,00
	465550,00		465550,00

S 4250 Langfr. Bankverb. H

| 8010 | 400000,00 | 8000 | 400000,00 |

S 4400 Verb. a.L.u.L. H

8010	241425,00	8000	119450,00
		6000/	101150,00
		6160/	
		2600	20825,00
	241425,00		241425,00

S 4800 Umsatzsteuer H

2600	34475,00	8000	68720,00
8010	69452,00	2400	35207,00
	103927,00		103927,00

S 8000 EBK H

3000	440000,00	0510	200000,00
4250	400000,00	0840	350000,00
4400	119450,00	2000	180000,00
4800	68720,00	2400	145320,00
		2600	15000,00
		2800	137850,00
	1028170,00		1028170,00

S 8010 SBK H

0510	185000,00	3000	465550,00
0840	338000,00	4250	400000,00
2000	180000,00	4400	241425,00
2400	365827,00	4800	69452,00
2800	107600,00		
	1176427,00		1176427,00

Aufwandskonten

S 6000 Aufw. f. Rohstoffe H

| 4400 | 85000,00 | 8020 | 85000,00 |

S 6160 Fremdinstandh. H

| 4400 | 17500,00 | 8020 | 17500,00 |

S 6520 Abschr. a. Sachanl. H

0510	15000,00	8020	27000,00
0840	12000,00		
	27000,00		27000,00

S 6700 Mieten/Pachten H

| 2800 | 12000,00 | 8020 | 12000,00 |

S 7020 Grundsteuer H

| 2800 | 4000,00 | 8020 | 4000,00 |

S 7510 Zinsaufwendungen H

| 2800 | 16000,00 | 8020 | 16000,00 |

Ertragskonten

S 5000 UErl. f. eig. Erz. H

| 8020 | 185300,00 | 2400 | 185300,00 |

S 5710 Zinserträge H

| 8020 | 1750,00 | 2800 | 1750,00 |

S 8020 GuV H

6000	85000,00	5000	185300,00
6160	17500,00	5710	1750,00
6520	27000,00		
6700	12000,00		
7020	4000,00		
7510	16000,00		
3000	25550,00		
	187050,00		187050,00

8 Speth u.a. - ISBN 978-3-8120-0521-0

113

Zu 5.: Schlussbilanz und Gewinn- und Verlustrechnung

Aktiva		Schlussbilanz	Passiva	
I. Anlagevermögen			**I. Eigenkapital**	465 550,00
1. Grundstücke und Bauten	185 000,00		**II. Verbindlichkeiten**	
2. And. Anl. Betr.- u. G.-Ausstattung	338 000,00		1. Verbindlichkeiten gegenüber Kreditinstituten	400 000,00
II. Umlaufvermögen			2. Verbindlichkeiten aus Lief. u. Leist.	241 425,000
1. Roh-, Hilfs- und Betriebsstoffe	180 000,00		3. Sonstige Verbindlichkeiten	69 452,00
2. Forderungen aus Lief. u. Leist.	365 827,00			
3. Guthaben bei Kreditinstituten	107 600,00			
		1 176 427,00		1 176 427,00

Aufwendungen		Gewinn- und Verlustrechnung	Erträge	
Aufwendungen für Rohstoffe	85 000,00		Umsatzerlöse	185 300,00
Fremdinstandhaltung	17 500,00		Zinserträge	1 750,00
Abschreibungen auf Sachanlagen	27 000,00			
Aufwendungen für Miete	12 000,00			
Zinsaufwendungen	16 000,00			
Steuern	4 000,00			
Gewinn	25 550,00			
	187 050,00			187 050,00

Übungsaufgabe

54 Geschäftsgang mit Bestands- und Erfolgskonten

I. Anfangsbestände:

0510 Bebaute Grundstücke 950 000,00 EUR, 0710 Maschinen 298 000,00 EUR, 0840 Fuhrpark 210 500,00 EUR, 0870 Büromöbel 110 750,00 EUR, 2000 Rohstoffe 120 000,00 EUR, 2020 Hilfsstoffe 60 000,00 EUR, 2030 Betriebsstoffe 85 700,00 EUR, 2400 Forderungen aus Lieferungen und Leistungen 138 410,00 EUR, 2800 Bank 210 700,00 EUR, 2880 Kasse 45 680,00 EUR, 3000 Eigenkapital 1 537 340,00 EUR, 4250 Langfristige Bankverbindlichkeiten 500 000,00 EUR, 4400 Verbindlichkeiten aus Lieferungen und Leistungen 180 000,00 EUR, 4800 Umsatzsteuer 12 400,00 EUR.

II. Kontenplan:

0510, 0710, 0840, 0870, 2000, 2020, 2030, 2400, 2600, 2800, 2880, 3000, 4250, 4400, 4800, 5000, 5710, 6000, 6020, 6030, 6200, 6520, 7030, 8010, 8020.

III. Geschäftsvorfälle:

1. Kauf von Rohstoffen auf Ziel
   Warenwert   55 000,00 EUR
   zuzüglich 19 % USt   10 450,00 EUR   65 450,00 EUR

2. Kauf von Betriebsstoffen gegen Banküberweisung
   Warenwert   15 500,00 EUR
   zuzüglich 19 % USt   2 945,00 EUR   18 445,00 EUR

3. Lohnzahlung durch Banküberweisung   40 000,00 EUR

4. Verkauf von Erzeugnissen auf Ziel einschl. 19 % Umsatzsteuer   238 000,00 EUR

5. Einkauf von Hilfsstoffen gegen Bankscheck
   Warenwert   20 050,00 EUR
   zuzüglich 19 % Umsatzsteuer   3 809,50 EUR   23 859,50 EUR

6. Bankgutschrift für Zinsen   1 250,00 EUR

7. Barverkauf von Erzeugnissen einschl. 19 % Umsatzsteuer   4 141,20 EUR

8. Kauf von Büromöbeln
   gegen Bankscheck einschl. 19 % Umsatzsteuer   10 115,00 EUR

9. Banküberweisung für Kraftfahrzeugsteuer   1 480,00 EUR

IV. Abschlussangaben:

1. Schlussbestände lt. Inventur
   2000 Rohstoffe   120 000,00 EUR
   2020 Hilfsstoffe   60 000,00 EUR
   2030 Betriebsstoffe   85 700,00 EUR

2. Abschreibungen auf
   0510 Bebaute Grundstücke   19 000,00 EUR
   0710 Maschinen   13 800,00 EUR
   0840 Fuhrpark   9 800,00 EUR
   0870 Büromöbel   10 200,00 EUR

3. Die Buchbestände stimmen mit den Inventurbeständen überein.

V. Aufgaben:

1. Eröffnen Sie die Konten mit den angegebenen Anfangsbeständen!

2. Bilden Sie zu den Geschäftsvorfällen die Buchungssätze und buchen Sie diese anschließend auf den eröffneten Konten!

3. Schließen Sie die Konten über die entsprechenden Abschlusskonten ab!

4. Stellen Sie die Schlussbilanz und die Gewinn- und Verlustrechnung auf!

12 Bestandsveränderungen bei fertigen und unfertigen Erzeugnissen

12.1 Bestandsveränderungen bei fertigen Erzeugnissen

12.1.1 Problemstellung

Bisher wurde unterstellt, dass die Menge der hergestellten Güter mit der Menge der verkauften Güter innerhalb der Geschäftsperiode übereinstimmt. Diese Annahme ist jedoch unrealistisch und träfe nur durch Zufall ein. Wenn aber hergestellte und verkaufte Menge nicht übereinstimmen, dann beziehen sich die für die Produktion angefallenen Aufwendungen auf eine andere Gütermenge als die beim Verkauf erzielten Erträge. Ist z. B. die hergestellte Menge größer als die verkaufte, dann bedeutet dies, dass ein Teil der Produktion auf Lager genommen wurde **(Bestandsmehrung an Fertigerzeugnissen)**. Wurde dagegen mehr verkauft als produziert, dann kann dieser Mehrverkauf nur aus dem Lager stammen **(Bestandsminderung an Fertigerzeugnissen)**. Ein aussagekräftiges Periodenergebnis entsteht jedoch nur, wenn sich die Aufwands- und Ertragsseite auf die gleiche Menge beziehen.

- Die **Menge an Erzeugnissen** auf der Aufwands- und Ertragsseite **müssen sich entsprechen**.

- Stimmt die hergestellte Menge der Erzeugnisse mit der verkauften Menge **nicht** überein, müssen die **Bestandsveränderungen der fertigen Erzeugnisse** in die Ergebnisermittlung einbezogen werden.

12.1.2 Bestandsmehrung[1] bei fertigen Erzeugnissen

> **Beispiel:**
>
> In einem Industriebetrieb werden in einer Periode 100 Kühlschränke hergestellt. Die Aufwendungen je Kühlschrank betragen 1 700,00 EUR, der erzielte Nettoverkaufspreis 2 000,00 EUR. Es werden jedoch nur 60 Kühlschränke verkauft und von den Kunden durch Banküberweisung bezahlt. Ein Anfangsbestand an Kühlschränken war nicht vorhanden.
>
> **Aufgaben:**
>
> 1. Ermitteln Sie rechnerisch den Gesamtgewinn!
>
> 2. Stellen Sie den Sachverhalt am Ende der Geschäftsperiode auf Konten dar! Es sind die Konten 2200 Fertige Erzeugnisse, 3000 Eigenkapital, 5000 Umsatzerlöse für eigene Erzeugnisse, 5202 Bestandsveränderungen an fertigen Erzeugnissen, 60.. Sammelkonto Aufwendungen, 8010 SBK, 8020 GuV einzurichten.
>
> Schließen Sie die Konten ab und bilden Sie hierzu die Buchungssätze!

Lösungen:

Zu 1.: Berechnung des Gesamtgewinns

Verkaufserlöse	60 Stück zu je	2 000,00 EUR =	120 000,00 EUR
+ Bestandsmehrung	40 Stück zu je	1 700,00 EUR =	68 000,00 EUR
= Leistungen des Betriebes			188 000,00 EUR
− Kosten für 100 Stück zu je 1 700,00 EUR			170 000,00 EUR
= Gesamtgewinn			18 000,00 EUR

---

1 Moderne ERP-Softwaresysteme sind in der Lage, nach Abschluss des Produktionsprozesses bzw. beim Verkauf von Erzeugnissen automatisch auch die Bestandsveränderungen zu erfassen.

Zu 2.: Buchung auf den Konten und Bildung der Buchungssätze

Geschäftsvorfälle	Konten	Soll	Haben
Buchung des Schlussbestandes der 40 Kühlschränke zu 1 700,00 EUR je Stück = 68 000,00 EUR.	8010 SBK an 2200 Fertige Erzeugnisse	68 000,00	68 000,00
Umbuchung der Bestandsmehrung auf das Bestandsveränderungskonto 68 000,00 EUR.	2200 Fertige Erzeugnisse an 5202 B.-Veränd. a. f. Erz.	68 000,00	68 000,00
Abschluss des Kontos 5202 über das GuV-Konto.	5202 B.-Veränd. a. f. Erz. an 8020 GuV	68 000,00	68 000,00

Erläuterungen zur Buchung des Falles der Bestandsmehrung:

Da 100 Kühlschränke hergestellt wurden, aber nur 60 Stück verkauft werden konnten, verbleiben 40 Kühlschränke als Lagerbestand. Den Verkaufserlösen von 60 Stück (60 · 2 000,00 EUR = 120 000,00 EUR) können nicht die Herstellkosten für 100 Stück (100 · 1 700,00 EUR = 170 000,00 EUR) gegenübergestellt werden. Es würde ein Verlust von 50 000,00 EUR entstehen. Bei einem Stückgewinn von 300,00 EUR und einer Verkaufsmenge von 60 Stück muss sich jedoch ein Gewinn von 18 000,00 EUR ergeben.

Da am Anfang keine fertigen Erzeugnisse vorhanden waren, am Ende der Geschäftsperiode jedoch 40 Kühlschränke im Lager verbleiben, bedeutet das eine Bestandsmehrung von 40 Kühlschränken. Die Aufwendungen hierfür betragen: 40 · 1 700,00 EUR = 68 000,00 EUR. Um den Wert der Bestandsmehrung muss die Ertragsseite (Verkaufserlöse) erhöht werden. Es handelt sich um eine Leistung des Unternehmens.

Auf beiden Seiten liegen gleiche Mengen zugrunde: auf der Ertragsseite jetzt die Verkaufserlöse von 60 Kühlschränken und die Aufwendungen von 40 Kühlschränken, auf der Aufwandsseite die Aufwendungen von 100 Kühlschränken.

- Bei der Bestandsmehrung ist die **Herstellmenge** in der Periode **größer als** die **Absatzmenge.**

- Die Bestandsmehrung wird auf dem Konto **5202 Bestandsveränderungen an fertigen Erzeugnissen** erfasst.

- Die **Bestandsmehrung,** die sich als Saldo auf dem Bestandskonto 2200 ergibt, ist auf das Ertragskonto 5202 umzubuchen und „wandert" von dort als eine betriebliche Leistung auf die **Habenseite des Gewinn- und Verlustkontos.**

■ **Bestandsmehrungen** werden rechnerisch zu den **Erlösen** für die in der Rechnungsperiode verkauften Erzeugnisse **hinzuaddiert**.

Soll	8020 GuV-Konto	Haben
Aufwendungen für die hergestellten Erzeugnisse der Rechnungsperiode	Erlöse für die verkauften Erzeugnisse der Rechnungsperiode + Bestandsmehrung (Wert der in der Rechnungsperiode hergestellten, aber noch nicht verkauften Erzeugnisse zu Herstellkosten)	

12.1.3 Bestandsminderung bei fertigen Erzeugnissen

Beispiel:

Es wird von folgenden Annahmen ausgegangen:

Anfangsbestand an Fertigerzeugnissen 40 Kühlschränke mit einem Wert von 68 000,00 EUR. Innerhalb der Periode werden wiederum 100 Kühlschränke hergestellt, aber 120 Stück gegen Barzahlung verkauft.

Aufgaben:

1. Ermitteln Sie rechnerisch den Gesamtgewinn!

2. Stellen Sie den Sachverhalt am Ende der Geschäftsperiode auf Konten dar! Es sind die Konten 2200 Fertige Erzeugnisse, 3000 Eigenkapital, 5000 Umsatzerlöse für eigene Erzeugnisse, 5202 Bestandsveränderungen an fertigen Erzeugnissen, 60.. Sammelkonto Aufwendungen, 8010 SBK, 8020 GuV einzurichten. Schließen Sie die Konten ab und bilden Sie hierzu die Buchungssätze!

Lösungen:

Zu 1.: **Berechnung des Gesamtgewinns**

Verkaufserlöse	120 Stück zu je	2 000,00 EUR =	240 000,00 EUR
− Bestandsminderung	20 Stück zu je	1 700,00 EUR =	34 000,00 EUR
= Leistungen des Betriebes in dieser Geschäftsperiode			206 000,00 EUR
− Kosten für 100 Stück zu je 1 700,00 EUR			170 000,00 EUR
= Gesamtgewinn			36 000,00 EUR

Zu 2.: **Buchung auf den Konten und Bildung der Buchungssätze**

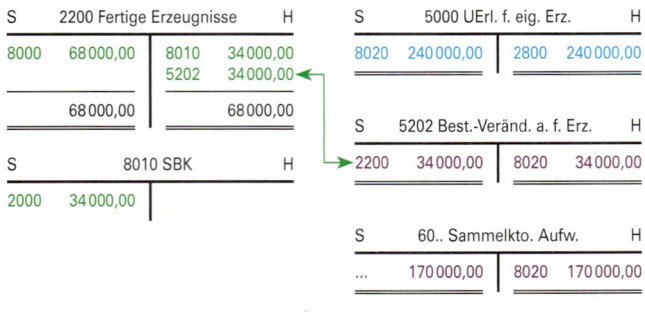

118

Geschäftsvorfälle	Konten	Soll	Haben
Buchung des Schlussbestandes der 20 Kühlschränke zu 1 700,00 EUR je Stück = 34 000,00 EUR.	8010 SBK an 2200 Fertige Erzeugnisse	34 000,00	34 000,00
Umbuchung der Bestandsminderung auf das Bestandsveränderungskonto 34 000,00 EUR.	5202 B.-Veränd. a. f. Erz. an 2200 Fertige Erzeugnisse	34 000,00	34 000,00
Abschluss des Kontos 5202 über das GuV-Konto.	8020 GuV an 5202 B.-Veränd. a. f. Erz.	34 000,00	34 000,00

Erläuterungen zur Buchung der Bestandsminderungen:

In diesem Fall wurden in der Periode mehr Kühlschränke verkauft, als in der gleichen Periode hergestellt wurden. Das war nur möglich, weil zu Beginn der Periode noch ein Lagerbestand von 40 Kühlschränken vorhanden war.

Da ein sinnvolles Ergebnis nur auf der Grundlage gleicher Mengen auf der Aufwands- und auf der Ertragsseite erzielt werden kann, müssen den Erlösen von 120 Kühlschränken die Aufwendungen von 120 Kühlschränken gegenübergestellt werden, d. h., die Aufwendungen der 100 Kühlschränke müssen um die Aufwendungen der Bestandsminderung von 20 Kühlschränken erhöht werden. Dies erfolgt buchhalterisch über die Sollseite des GuV-Kontos.

- Ist der Wert des **Schlussbestandes** an Fertigerzeugnissen **niedriger** als der **Anfangsbestand** an Fertigerzeugnissen, liegt eine **Bestandsminderung** vor.
- Bei der Bestandsminderung ist die **Herstellmenge** in einer Geschäftsperiode (Abrechnungsperiode) **kleiner als** die **Absatzmenge**.
- **Bestandsminderungen** werden rechnerisch zu den Aufwendungen für die hergestellten Fertigerzeugnisse hinzuaddiert und auf der **Sollseite** des **GuV-Kontos** erfasst.

Soll	8020 GuV-Konto	Haben
Aufwendungen für die hergestellten Erzeugnisse der Rechnungsperiode + Bestandsminderungen (Dadurch werden die Aufwendungen der Rechnungsperiode an die in dieser Zeit erzielten Erlöse angepasst.)		Erlöse für die verkauften Erzeugnisse der Rechnungsperiode

Übungsaufgaben

55 Geschäftsgang mit Bestandsveränderungen (Bestandsmehrung), Bildung der Buchungssätze

I. Anfangsbestände:

2200 Fertige Erzeugnisse 17 000,00 EUR, 2800 Bank 396 000,00 EUR, 3000 Eigenkapital 362 000,00 EUR, 4800 Umsatzsteuer 51 000,00 EUR.

II. Kontenplan:

2200, 2400, 2600, 2800, 3000, 4800, 5000, 5202, 6000, 6020, 6200, 8000, 8010, 8020.

III. Geschäftsvorfälle:

1.	Einkauf von Rohstoffen durch Banküberweisung	135 000,00 EUR	
	+ 19 % Umsatzsteuer	25 650,00 EUR	160 650,00 EUR
2.	Verkauf von fertigen Erzeugnissen auf Ziel	270 000,00 EUR	
	+ 19 % Umsatzsteuer	51 300,00 EUR	321 300,00 EUR
3.	Einkauf von Hilfsstoffen durch Banküberweisung	39 000,00 EUR	
	+ 19 % Umsatzsteuer	7 410,00 EUR	46 410,00 EUR
4.	Banküberweisung für Fertigungslöhne		120 000,00 EUR

IV. Abschlussangaben:

1. Der Schlussbestand an fertigen Erzeugnissen beträgt lt. Inventur 22 500,00 EUR.
2. Die Zahllast ist zu passivieren.

V. Aufgaben:

1. Richten Sie die erforderlichen Konten ein und tragen Sie die Anfangsbestände darauf vor!
2. Bilden Sie zu den Geschäftsvorfällen die Buchungssätze und übertragen Sie die Buchungen auf die Konten des Hauptbuches!
3. Ermitteln Sie durch Abschluss der Konten das Ergebnis der Geschäftsperiode!
4. Bilden Sie für die Erfassung der Bestandsveränderungen an fertigen Erzeugnissen die erforderlichen Buchungssätze!

56 Geschäftsgang mit Bestandsveränderungen (Bestandsminderung), Bildung der Buchungssätze

I. Anfangsbestände:

2200 Fertige Erzeugnisse 51 000,00 EUR, 2800 Bank 155 000,00 EUR, 3000 Eigenkapital 206 000,00 EUR.

II. Kontenplan:

2200, 2600, 2800, 3000, 4800, 5000, 5202, 6000, 6020, 6200, 8000, 8010, 8020.

III. Geschäftsvorfälle:

1. Kauf von Rohstoffen gegen Bankscheck 75 000,00 EUR zuzüglich 19 % USt
2. Kauf von Hilfsstoffen gegen Bankscheck 30 000,00 EUR zuzüglich 19 % USt
3. Verkauf von fertigen Erzeugnissen gegen Bankscheck 340 000,00 EUR zuzüglich 19 % Umsatzsteuer
4. Banküberweisung für Fertigungslöhne 150 000,00 EUR

IV. Abschlussangaben:

1. Der Schlussbestand an fertigen Erzeugnissen beträgt lt. Inventur 17 000,00 EUR.
2. Die Umsatzsteuer ist zu passivieren!

V. Aufgaben:

1. Richten Sie die erforderlichen Konten ein und tragen Sie die Anfangsbestände darauf vor!
2. Bilden Sie zu den Geschäftsvorfällen die Buchungssätze nach dem verbrauchsorientierten Verfahren und übertragen Sie die Buchungen auf die Konten des Hauptbuches!
3. Ermitteln Sie durch Abschluss der Konten das Ergebnis der Geschäftsperiode!
4. Bilden Sie für die Erfassung der Bestandsveränderungen an fertigen Erzeugnissen die erforderlichen Buchungssätze!

12.2 Bestandsveränderungen bei unfertigen Erzeugnissen

Die Herstellung von Gütern verläuft über mehrere Produktionsstufen. Güter, die ihre endgültige Verkaufsreife noch nicht erreicht haben, bezeichnet man als **unfertige Erzeugnisse**. Bestandsveränderungen bei unfertigen Erzeugnissen haben in der Buchführung die gleichen Auswirkungen wie die Bestandsveränderungen an fertigen Erzeugnissen. Das bedeutet, dass **Bestandsmehrungen** auf der **Habenseite des GuV-Kontos** und **Bestandsminderungen** auf der **Sollseite des GuV-Kontos** erscheinen müssen.

Beispiel:

I. Sachverhalt:

Zu Beginn der Geschäftsperiode sind keine Bestände an fertigen und unfertigen Erzeugnissen vorhanden. Innerhalb der Periode sind 100 Kühlschränke hergestellt worden, die auch in der Geschäftsperiode verkauft wurden.

Des Weiteren wird angenommen, dass 20 Kühlschränke ihre Endstufe noch nicht erreicht haben und als unfertige Erzeugnisse gelagert werden. Die unfertigen Erzeugnisse haben je Stück Aufwendungen in Höhe von 1 000,00 EUR verursacht. Der Schlussbestand an unfertigen Erzeugnissen beträgt damit 20 000,00 EUR.

II. Aufgaben:

1. Stellen Sie auf Konten dar, wie sich die Bestandserhöhung bei den unfertigen Erzeugnissen in der Buchführung auswirkt!

2. Bilden Sie die Buchungssätze
   2.1 für den Abschluss des Kontos 2100 Unfertige Erzeugnisse,
   2.2 für die Erfassung der Bestandsmehrung an unfertigen Erzeugnissen,
   2.3 für den Abschluss des Kontos 5201 Bestandsveränderungen an unfertigen Erzeugnissen und nicht abgerechneten Leistungen!

Lösungen:

Zu 1.: Buchung auf den Konten

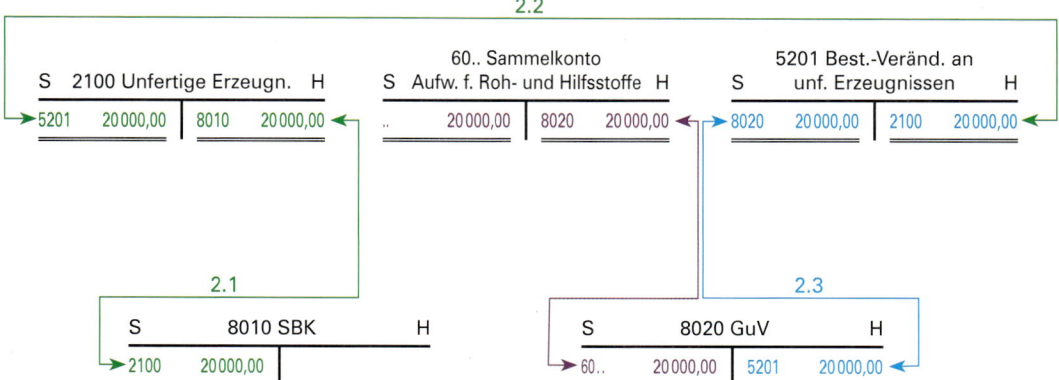

Zu 2.: Bildung der Buchungssätze

Nr.	Geschäftsvorfälle	Konten	Soll	Haben
2.1	Erfassung des Schlussbestandes der unfertigen Erzeugnisse 20 000,00 EUR.	8010 SBK an 2100 Unfertige Erzeugn.	20 000,00	20 000,00
2.2	Umbuchung der Bestandsmehrung auf das Bestandsveränderungskonto 20 000,00 EUR.	2100 Unfertige Erzeugnisse an 5201 Be.-Veränd.a.unf.Erz.	20 000,00	20 000,00
2.3	Abschluss des Kontos 5201 über das GuV-Konto	5201 Be.-Veränd. a. unf. Erz. an 8020 GuV	20 000,00	20 000,00

Übungsaufgaben

57 Geschäftsgang mit Bestandsveränderungen, Bildung der Buchungssätze

Zu Beginn der Geschäftsperiode befinden sich 20 Stück unfertige Erzeugnisse im Wert von 20 000,00 EUR auf dem Lager. Am Ende der Geschäftsperiode sind nur noch 5 Stück im Wert von 5 000,00 EUR vorhanden.

Aufgaben:

1. Richten Sie die Konten 2100 Unfertige Erzeugnisse, 5201 Bestandsveränderungen an unfertigen Erzeugnissen sowie die Konten 8010 SBK und 8020 GuV ein!

2. Tragen Sie den Anfangsbestand an unfertigen Erzeugnissen auf dem Konto 2100 vor!

3. Stellen Sie die Auswirkungen der Bestandsminderung auf den Konten dar und bilden Sie dazu die entsprechenden Buchungssätze:
   - 3.1 für den Abschluss des Kontos 2100 Unfertige Erzeugnisse,
   - 3.2 für die Erfassung der Bestandsminderung an unfertigen Erzeugnissen,
   - 3.3 für den Abschluss des Kontos 5201 Bestandsveränderungen an unfertigen Erzeugnissen!

4. Bestände an fertigen Erzeugnissen:
   Anfangsbestand: 125 350,00 EUR; Schlussbestand: 150 000,00 EUR
   - 4.1 Richten Sie die Konten 2200 Fertige Erzeugnisse, 5202 Bestandsveränderungen an fertigen Erzeugnissen, 8010 SBK und 8020 GuV ein!
   - 4.2 Tragen Sie den Anfangsbestand an fertigen Erzeugnissen auf dem entsprechenden Konto vor!
   - 4.3 Buchen Sie den Schlussbestand an fertigen Erzeugnissen sowie die Bestandsveränderungen!
   - 4.4 Schließen Sie das Konto 5202 Bestandsveränderungen an fert. Erzeugnissen ab!

58 Geschäftsgang mit Bestandsveränderungen, Auswirkungen von Bestandsveränderungen

	Anfangsbestände	Schlussbestände
2100 Unfertige Erzeugnisse 2200 Fertige Erzeugnisse	75 710,00 EUR 57 500,00 EUR	80 430,00 EUR 66 840,00 EUR

Die Aufwendungen betragen insgesamt: 521 300,00 EUR

Die Erträge betragen insgesamt: 804 890,00 EUR

Aufgaben:

1. Richten Sie folgende Konten ein:

   2100 Unfert. Erzeugnisse, 2200 Fert. Erzeugnisse, 5201 Bestandsveränd. an unfert. Erzeugnissen, 5202 Bestandsveränd. an fert. Erzeugnissen, 8010 SBK und 8020 GuV.

2. Tragen Sie die Summe der Aufwendungen und Erträge auf dem GuV-Konto ein!

3. Ermitteln Sie unter Einbeziehung der Bestandsveränderungen buchhalterisch den Erfolg des Industrieunternehmens!

4. Erklären Sie, wie die Bestandsveränderungen in die Erfolgsermittlung einbezogen werden müssen!

5. Begründen Sie, warum ein Mehrbestand an Erzeugnissen über die Habenseite und ein Minderbestand an Erzeugnissen über die Sollseite des GuV-Kontos abzuschließen ist!

6. Stellen Sie dar, worin die Gesamtleistung eines Industriebetriebs besteht!

59 Geschäftsgang mit Inventurdifferenzen, Auswirkungen von Inventurdifferenzen

In einem Industrieunternehmen ergeben sich folgende Bestände bei den fertigen und unfertigen Erzeugnissen:

I. Bestände:

Fertige Erzeugnisse: Anfangsbestand 1 185 710,00 EUR   Schlussbestand 1 212 500,00 EUR
Unfertige Erzeugnisse: Anfangsbestand 860 500,00 EUR   Schlussbestand 740 300,00 EUR

Aufgrund der Inventur ergeben sich folgende Schlussbestände:
Fertige Erzeugnisse 1 195 500,00 EUR Unfertige Erzeugnisse 739 125,00 EUR

II. Aufgaben:

1. Richten Sie die erforderlichen Konten ein, übernehmen Sie die Angaben der Aufgabe auf Konten und schließen Sie die Konten ab!

2. Bilden Sie die Buchungssätze
   2.1 für die Bestandsveränderungen bei den fertigen Erzeugnissen,
   2.2 für die Bestandsveränderungen bei den unfertigen Erzeugnissen!

3. Ermitteln Sie, wie und in welcher Höhe sich die Bestandsveränderungen ohne Berücksichtigung der Differenzen aufgrund der Inventur in der Buchführung
   3.1 bei den fertigen Erzeugnissen und
   3.2 bei den unfertigen Erzeugnissen ausgewirkt hätten!

4. Ermitteln Sie, wie und in welcher Höhe sich die Bestandsveränderungen unter Berücksichtigung der Differenzen aufgrund der Inventur in der Buchführung
   4.1 bei den fertigen Erzeugnissen und
   4.2 bei den unfertigen Erzeugnissen auswirken!

5. Erläutern Sie die Auswirkungen der Inventurdifferenz unter erfolgsrechnerischen Gesichtspunkten!

13 Organisation der Buchführung

13.1 Beleg

13.1.1 Begriff und Aufgaben von Belegen

(1) Begriff

In der ordnungsmäßigen Buchführung[1] ist die Voraussetzung jeder Buchung das Vorhandensein eines Belegs.

> **Belege** sind alle Schriftstücke, die geeignet sind, die Richtigkeit von Angaben über geschäftliche Vorfälle zu beweisen.

(2) Aufgaben

Informationsfunktion	Ein Beleg muss die Art des Geschäftsvorfalls erkennen lassen sowie Mengen- und Betragsangaben, Ort und Datum und einen Hinweis auf die Buchung enthalten.
Steuerungsfunktion	Die Belege müssen so gekennzeichnet sein, dass sich der Zusammenhang zwischen Buchung und Beleg jederzeit herstellen lässt, z.B. durch Nummerierung oder Kontierungsstempel.[2] Der zu einer Buchung gehörende Beleg muss sofort auffindbar sein.
Kontrollfunktion	Die herausragendste Aufgabe des Belegs ist es aber, die Richtigkeit bzw. Vollständigkeit der Buchung zu beweisen. Es gilt daher der Grundsatz: Keine Buchung ohne Beleg [§ 238 II HGB]. Belege sind die Grundvoraussetzung für eine ordnungsmäßige Buchführung.

13.1.2 Arten von Belegen

Nach der **Herkunft der Belege** unterscheidet man zwischen **externen Belegen** (auch Fremdbelege oder natürliche Belege genannt) und **internen Belegen** (auch Eigenbelege genannt).

Belegart	Beispiele
Externe Belege Sie fallen im Geschäftsverkehr mit Außenstehenden an.	Eingangs- und Ausgangsrechnungen, Quittungen, Bankbelege (z.B. Kontoauszüge), Schecks, Wechsel, Postbelege (Entgelte, Quittungen über Einzahlungen), Frachtbriefe, Geschäftsbriefe (z.B. Gutschriften, nachträgliche Belastungen von Lieferern) usw.
Interne Belege Sie fallen bei innerbetrieblichen Geschäftsvorfällen an.	Kopieren von Ausgangsrechnungen, Quittungsdurchschriften, Lohn- und Gehaltslisten, Belege über Privatentnahmen, Durchschriften von Geschäftsbriefen (z.B. Gutschriften bzw. Belastungen an Kunden), Durchschriften von Begleitbriefen zu weitergegebenen Schecks und Wechseln, Abschlussbuchungen, Storno- und Umbuchungen usw.

Geht ein Originalbeleg verloren oder ist ein externer Beleg nicht zu erhalten, sind **Ersatzbelege (Notbelege)** auszustellen.

---

1 Vgl. hierzu S. 23.
2 Siehe S. 125.

13.1.3 Bearbeitung der Buchungsbelege

Die **Buchungsanweisung (Buchungssatz, Kontierung)** wird auf dem Beleg festgehalten. Zu diesem Zweck benutzt man in der Regel einen sogenannten **Kontierungsstempel,** mit dem man die benötigten Spalten auf den Beleg aufdruckt, sodass diese nur noch mit den erforderlichen Daten versehen werden müssen. Da später so gebucht wird wie kontiert wurde, ist die Kontierungsarbeit von grundlegender Bedeutung.

An die Kontierung schließt sich dann der eigentliche **Buchungsvorgang** an. Hierbei wird bei jeder Buchung im Grundbuch[1] die Belegnummer vermerkt (z. B. ER 9 entspricht der Eingangsrechnungsnummer 9), um jederzeit von der Buchung auf den Beleg schließen zu können. Da der Buchhalter auch den Beleg mit einem Buchungsvermerk versieht (Buchungsnummer, Seitennummer, Datum, Zeichen des Buchhalters), kann umgekehrt auch vom Beleg auf die Buchung geschlossen werden.

Beispiel:

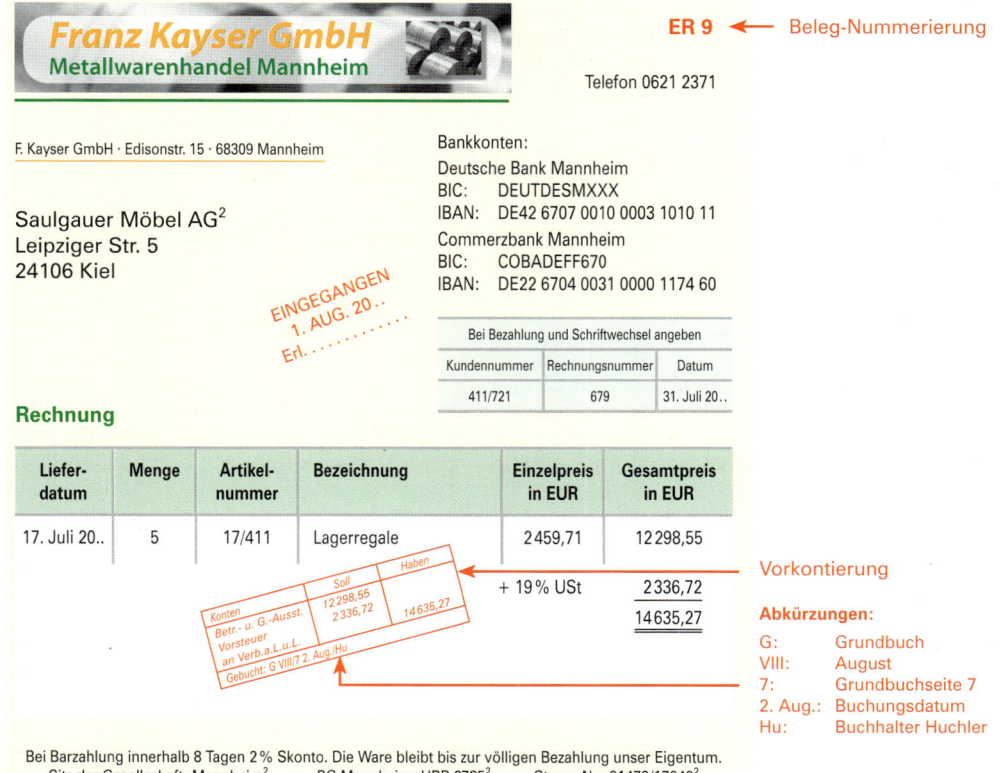

---

1 Im **Grundbuch** werden die Buchungen in zeitlicher Reihenfolge (chronologisch) erfasst. Siehe S. 126 f.

2 Bei allen Kaufleuten ist auf den Geschäftsbriefen die Firma, die Bezeichnung als Kaufmann (z. B. e. Kfm., GmbH, KG), der Ort der Handelsniederlassung, das Registergericht (HRA → für Einzelunternehmen und Personengesellschaften, HRB → für Kapitalgesellschaften) und die Nummer, unter der die Firma in das Handelsregister eingetragen ist, anzugeben. Zudem muss die Steuernummer oder die Umsatzsteuer-Identifikationsnummer des Bundesamtes für Finanzen ausgewiesen werden [§ 14 IV, S. 1, Nr. 2 UStG]. Zu weiteren Pflichtangaben nach dem Umsatzsteuergesetz siehe S. 97.

13.1.4 Aufbewahrung von Belegen

Die Belege müssen sowohl nach dem Handelsrecht [§ 257 HGB] als auch nach dem Steuerrecht [§ 147 I AO] aufbewahrt werden. Dadurch soll eine spätere Nachprüfung durch den Geschäftsinhaber bzw. Gesellschafter (interne Revision) oder durch Außenstehende (z. B. Finanzamt) gewährleistet werden. In der Art der Belegablage ist das Unternehmen völlig frei (z. B. chronologisch, alphabetisch, laufende Belegnummerierung, Gliederung nach Sachgebieten u. Ä.).

Während das Handelsrecht nach § 257 HGB nur die Kaufleute erfasst, bezieht der § 147 I AO in Verbindung mit § 141 AO alle buchführungs- und aufzeichnungspflichtigen Personen und damit einen viel größeren Personenkreis ein. Die nachfolgende Übersicht gibt beispielhaft Aufschluss über Frist und Form der Aufbewahrung von Unterlagen.

Unterlagen	Fristen*		Form	
	6 Jahre	10 Jahre	Originale	Original, Bild- oder Datenträger
Eröffnungsbilanzen		X	X	
Jahresabschlüsse		X	X	
Inventare		X		X
Handelsbücher		X		X
Lageberichte		X		X
Arbeitsanweisungen		X		X
empfangene Handelsbriefe	X			X
abgesandte Handelsbriefe	X			X
Buchungsbelege[1]		X		X

* Die Aufbewahrungsfrist beginnt mit dem Schluss des Kalenderjahres, in dem die Unterlage entstanden ist. Nach dem Steuerrecht läuft die Aufbewahrungsfrist allerdings so lange nicht ab, soweit und solange die Unterlagen für die Steuer von Bedeutung sind.

In einem Rechtsstreit oder bei Vermögensauseinandersetzungen sind die Unterlagen auf Anordnung des Gerichts zur Einsichtnahme vorzulegen. Sofern die Unterlagen auf modernen Speichermedien (z. B. in einer Mikrofilmablage) erfasst wurden, sind Bild- und Datensichtgeräte zur Verfügung zu stellen bzw. die Unterlagen sind auf Anordnung auszudrucken.

13.2 Bücher der Buchführung

13.2.1 Grundbuch und Hauptbuch

(1) Grundbuch

Alle Geschäftsvorfälle müssen lückenlos und fortlaufend aufgezeichnet werden. Man spricht auch von **chronologischer Aufzeichnungspflicht** [vgl. § 239 II HGB]. Unabhängig von der Art des dabei verwendeten Mediums wird die Zusammenfassung dieser Eintragungen als **Grundbuch** bezeichnet.

---

1 **Buchungsbelege** sind u. a.: Rechnungen, Lieferscheine, Quittungen, Warenbestandsaufnahmen, Bankauszüge, Buchungsanweisungen, Gehaltslisten, Kassenberichte.

Beispiel:						

		Grundbuch: Monat Februar 20..			Seite	
Tag	Beleg-Nr.	Geschäftsvorfall	Kontierung		Betrag (EUR)	
			Soll	Haben	Soll	Haben
15. Febr.	BA 173	Zahlung einer Eingangsrechnung durch Banküberweisung	Verb. a. L. u. L.	Bank	500,00	500,00

(2) Hauptbuch

Die zeitliche Auflistung der Buchungen allein genügt nicht. Sie müssen vielmehr auch in ihren **sachlichen** Auswirkungen dargestellt werden, d.h., die Buchungen im Grundbuch sind auf die Sachkonten zu übertragen. Dies geschieht im **Hauptbuch.** Erst durch die sachliche Aufgliederung ist der Stand des Vermögens und der Schulden ersichtlich.

Beispiel:

Die Buchung im Grundbuch (s.o.) führt zu der nachfolgenden Buchung im Hauptbuch.

S	Verbindl. a. Lief. u. Leist.	H		S	Bank	H
Bank	500,00	AB 7000,00		AB 3000,00		V.a.L.u.L. 500,00

- Im **Grundbuch** werden die Geschäftsvorfälle **chronologisch,** d.h. in der zeitlichen Reihenfolge ihres tatsächlichen Anfalls erfasst.
- Im **Hauptbuch** werden die Buchungen auf **Sachkonten** erfasst.

(3) Zusammenhang von Beleg, Grundbuch und Hauptbuch

Grundlage aller Buchungen sind die vorkontierten Belege. Im Grundbuch erfolgen die Buchungen in zeitlicher Reihenfolge, das Hauptbuch erfasst die Geschäftsvorfälle in sachlicher Ordnung auf Sachkonten.

Vor-kontierte Belege	Grundbuch		Monat ...	Seite ...			Hauptbuch (Sachbuch)
	Datum	Beleg Nr.	Text	Konten	Betrag		
					S	H	
Bank-auszüge	.	.	1. Eröffnungs-buchungen				S EBK H
Eingangs-rechnungen	.	.	2. Laufende Buchungen				S H S H
Ausgangs-rechnungen	.	.	3. Vorbereitende Abschluss-buchungen				S H S H
Kassen-belege			4. Abschluss-buchungen				S H S H
Eigen-belege							S GuV H S SBK H
usw.							
	chronologische (zeitliche) Reihenfolge der Buchungen						sachliche Ordnung der Buchungen

127

Beachte:

■ Zusätzlich zu den GoB (siehe S. 23) wurden auch noch **„Grundsätze zur ordnungsmäßigen Führung und Aufbewahrung von Büchern, Aufzeichnungen und Unterlagen in elektronischer Form sowie zum Datenzugriff" [GoBD]** erstellt. Dies ist erforderlich, denn die zu führenden Bücher sowie die sonst erforderlichen Aufzeichnungen können auch auf Datenträgern geführt und aufbewahrt werden [§ 147 II AO].

■ Als Datenträger im Sinne dieser Vorschrift kommen in erster Linie die nur maschinell lesbaren Datenträger (z. B. CD-ROM) in Betracht. Mit den GoBD werden die GoB an die Entwicklungen einer modernen DV-gestützten Buchführung mit der Möglichkeit einer Speicherbuchführung angepasst.

13.2.2 Nebenbücher

13.2.2.1 Grundlegendes zu den Nebenbüchern

Wenn sich auf den Konten des Hauptbuches eine Vielzahl von Veränderungen ergibt oder zusätzliche Daten erfasst werden sollen, können zur Entlastung des Hauptbuches **Nebenbücher** geführt werden. Die Nebenbücher erfassen den Buchungsinhalt für jeden einzelnen Beleg und ergänzen somit die zusammengefassten Buchungsinhalte des Hauptbuches. Wegen dieses sachlichen Zusammenhangs muss jedem Nebenbuch, in dem die Einzelvorgänge erfasst werden, ein Konto des Hauptbuches entsprechen, das die gesammelten Werte periodenweise aufnimmt. Wichtige **Nebenbücher** sind:

■ das **Kundenbuch (Debitorenbuch)**,
■ das **Lieferantenbuch (Kreditorenbuch)**,
■ das **Kassenbuch,**
■ das **Lagerbuch** und
■ das **Anlagebuch.**

Mit Ausnahme des Kassenbuches spricht man gelegentlich auch von einer Kartei (z. B. Lieferantenkartei, Anlagenkartei).

Nebenbücher erfassen alle Wertveränderungen **im Einzelnen**. Diese werden periodenweise gesammelt und auf die Hauptbuchkonten übertragen. Erst nach dieser Übertragung ist das Hauptbuch abschlussfähig.

13.2.2.2 Funktion der Nebenbücher – dargestellt am Beispiel des Debitoren- und Kreditorenbuches

(1) Grundlagen

Bisher wurde der Geschäftsverkehr mit den Kunden und Lieferanten über die Sachkonten „Forderungen aus Lieferungen und Leistungen" und „Verbindlichkeiten aus Lieferungen und Leistungen" abgewickelt. Die Sachkonten **2400 Forderungen aus Lieferungen und Leistungen** und **4400 Verbindlichkeiten aus Lieferungen und Leistungen** des Hauptbuches geben Aufschluss über die **Gesamtheit der Kundenforderungen** und **Liefererverbindlichkeiten.** Um die Außenstände und Zahlungsverpflichtungen überwachen zu können, werden zusätzlich zu den Sachkonten des Hauptbuches noch in einer **Nebenbuchhaltung** die Geschäftsbeziehungen mit den einzelnen Kunden und Lieferern auf gesonderten **Personenkonten**[1] erfasst. Für jeden Kunden und für jeden Lieferer wird dabei ein besonderes Konto (Personenkonto) eingerichtet. **Kundenkonten** werden **Debitorenkonten, Liefererkonten** werden **Kreditorenkonten** genannt.

Die Geschäftsvorfälle mit Kunden und Lieferanten werden zunächst nur auf den entsprechenden Debitoren- und Kreditorenkonten gebucht.

(2) Kundenkonten (Debitorenkonten)

■ **Beispiel: Kundenkonten (Debitorenkonten)**

24001 Gertrud Brandt KG, Südstraße 7, 20083 Hamburg

Datum	Beleg	Buchungstext	Soll	Haben	Saldo
1. Okt.		Saldovortrag			5 200,00
5. Okt.	AR 12	Zielverkauf	7 400,00		12 600,00
12. Okt.	AR 13	Zielverkauf	4 300,00		16 900,00
14. Okt.	Ba 53	Bankscheck		6 000,00	10 900,00
26. Okt.	Wa 81	Warenrücksendungen		700,00	10 200,00
28. Okt.	Ba 27	Banküberweisung		8 800,00	1 400,00
31. Okt.		Saldo			1 400,00
		Summe der Verkehrszahlen	11 700,00	15 500,00	

24002 Junges Wohnen GmbH, Katrepeler Str. 45, 28215 Bremen

Datum	Beleg	Buchungstext	Soll	Haben	Saldo
1. Okt.		Saldovortrag			7 300,00
7. Okt.	AR 2	Zielverkauf	12 300,00		19 600,00
19. Okt.	AR 3	Zielverkauf	4 500,00		24 100,00
28. Okt.	Ba 17	Banküberweisung		14 800,00	9 300,00
31. Okt.		Saldo			9 300,00
		Summe der Verkehrszahlen	16 800,00	14 800,00	
		Übernahme aus 24001	11 700,00	15 500,00	
		Gesamtsummen	28 500,00	30 300,00	

---

1 Das Führen von Personenkonten ist für den **Einsatz eines Finanzbuchhaltungsprogramms** unverzichtbar.

9 Speth u.a. - ISBN 978-3-8120-0521-0

Die Salden der Debitorenkonten werden monatlich, vierteljährlich oder jährlich in eine Saldenliste übertragen. Die Summen der Verkehrszahlen werden auf das Konto 2400 Forderungen aus Lieferungen und Leistungen übertragen. Anschließend wird die Saldenliste mit dem Konto Forderungen aus Lieferungen und Leistungen abgestimmt.

■ **Beispiel: Debitorensaldenliste**

Kunden-Nr.	Kunden	Salden
24001	Gertrud Brandt KG	1 400,00
24002	Junges Wohnen GmbH	9 300,00
Saldensumme		10 700,00

Soll	2400 Ford. a. Lief. u. Leist.	Haben
Saldovortr. 12 500,00	24001/24002 30 300,00	
24001/24002 28 500,00	Saldo 10 700,00	
41 000,00	41 000,00	

(3) Liefererkonten (Kreditorenkonten)

■ **Beispiel: Liefererkonten (Kreditorenkonten)**

44001 Bernhard Müller OHG, Lindenbergstraße 4, 86807 Buchloe

Datum	Beleg	Buchungstext	Soll	Haben	Saldo
1. Okt.		Saldovortrag			12 000,00
9. Okt.	ER 82	Zielkauf		5 100,00	17 100,00
12. Okt.	Wa 11	Warenrücksendungen	1 200,00		15 900,00
19. Okt.	Ba 83	Bankscheck	7 700,00		8 200,00
29. Okt.	ER	Zielkauf		2 350,00	10 550,00
31. Okt.		Saldo			10 550,00
		Summe der Verkehrszahlen	8 900,00	7 450,00	

44002 Lenz KG, Industriestraße 19, 90441 Nürnberg

Datum	Beleg	Buchungstext	Soll	Haben	Saldo
1. Okt.		Saldovortrag			11 100,00
11. Okt.	ER 11	Zielkauf		3 200,00	14 300,00
14. Okt.	ER 12	Zielkauf		5 500,00	19 800,00
21. Okt.	Ba 51	Banküberweisung	12 500,00		7 300,00
31. Okt.		Saldo			7 300,00
		Summe der Verkehrszahlen	12 500,00	8 700,00	
		Übernahme aus 44001	8 900,00	7 450,00	
		Gesamtsummen	21 400,00	16 150,00	

Die Salden der Kreditorenkonten werden monatlich, vierteljährlich oder jährlich in eine Saldenliste übertragen. Die Summen der Verkehrszahlen werden auf das Konto 4400 Verbindlichkeiten aus Lieferungen und Leistungen übertragen. Anschließend wird die Saldenliste mit dem Konto Verbindlichkeiten aus Lieferungen und Leistungen abgestimmt.

■ Beispiel: Kreditorensaldenliste

Lieferer Nr.	Lieferer	Salden
44001	Bernhard Müller OHG	10 550,00
44002	Lenz KG	7 300,00
Saldensumme		17 850,00

Soll	4400 Verbindl. a. Lief. u. Leist.		Haben
44001/44002	21 400,00	Saldovortr.	23 100,00
Saldo	17 850,00	44001/44002	16 150,00
	39 250,00		39 250,00

Übungsaufgaben

60 Geschäftsgang mit Debitorenkonten

I. Anfangsbestände zum 1. Juni:

1. Richten Sie in der Hauptbuchhaltung das Sachkonto 2400 Forderungen aus Lieferungen und Leistungen ein und tragen Sie zum 1. Juni einen Anfangsbestand in Höhe von 12 400,00 EUR vor!

2. Richten Sie innerhalb der Debitorenbuchhaltung die folgenden Kundenkonten ein, und tragen Sie zum 1. Juni jeweils die angegebenen Anfangsbestände darauf vor:
   - Fabian Schlau KG, Kd.-Nr. 24005, Saldovortrag 5 100,00 EUR,
   - Gertrud Traub OHG, Kd.-Nr. 24006, Saldovortrag 7 300,00 EUR.

II. Geschäftsvorfälle:

Datum	Bel.-Nr.	Kd.-Nr.	Vorgang	Betrag
4. Juni	AR 122	24005	Zielverkauf einschl. 19 % USt	2 380,00 EUR
6. Juni	AR 123	24006	Zielverkauf einschl. 19 % USt	4 760,00 EUR
8. Juni	AR 124	24005	Zielverkauf einschl. 19 % USt	7 735,00 EUR
12. Juni	Ba 411	24006	Bankscheck	5 175,00 EUR
15. Juni	Ka 305	24006	Barzahlung	920,00 EUR
18. Juni	AR 125	24005	Zielverkauf einschl. 19 % USt	7 140,00 EUR
24. Juni	Ba 423	24005	Banküberweisung	5 980,00 EUR
30. Juni	Ka 307	24006	Barzahlung	1 610,00 EUR

III. Aufgaben:

1. Bilden Sie praxisgerecht die Buchungssätze für die angegebenen Geschäftsvorfälle!

2. Übertragen Sie die entsprechenden Werte der Buchungssätze auf die Debitorenkonten (Personenkonten)!

3. Übertragen Sie die auf den Debitorenkonten gebuchten Verkehrszahlen auf das Sachkonto 2400 Forderungen aus Lieferungen und Leistungen!

4. Schließen Sie die Debitorenkonten und das Forderungskonto zum 30. Juni ab und stellen Sie eine Saldenliste über die ausstehenden Forderungen auf!

5. Überprüfen Sie, ob das Sachkonto 2400 Forderungen aus Lieferungen und Leistungen der Hauptbuchhaltung mit der Saldenliste der Debitorenbuchhaltung abgestimmt ist!

61   Geschäftsgang mit Kreditorenkonten

I. Anfangsbestände zum 1. September 20..:

1. Richten Sie in der Hauptbuchhaltung das Sachkonto 4400 Verbindlichkeiten aus Lieferungen und Leistungen ein und tragen Sie zum 1. September einen Anfangsbestand in Höhe von 18 700,00 EUR vor!

2. Richten Sie innerhalb der Kreditorenbuchhaltung die folgenden Liefererkonten ein und tragen Sie zum 1. September jeweils die angegebenen Anfangsbestände darauf vor:
   – Metallwerke Fritz AG,   Lief.-Nr. 44005,   Saldovortrag   10 500,00 EUR,
   – Stark GmbH,   Lief.-Nr. 44006,   Saldovortrag   8 200,00 EUR.

II. Geschäftsvorfälle:

Datum	Bel.-Nr.	Lief.-Nr.	Vorgang	Betrag
3. Sept.	ER 105	44005	Zieleinkauf von Rohst. einschl. 19 % USt	7 140,00 EUR
5. Sept.	ER 306	44006	Zieleinkauf von Rohst. einschl. 19 % USt	7 735,00 EUR
8. Sept.	ER 309	44005	Zieleinkauf von Rohst. einschl. 19 % USt	4 165,00 EUR
12. Sept.	Ba 406	44005	Bankscheck	9 250,00 EUR
14. Sept.	Ba 408	44006	Banküberweisung	11 100,00 EUR
20. Sept.	ER 109	44006	Zieleinkauf von Rohst. einschl. 19 % USt	5 950,00 EUR
24. Sept.	ER 111	44005	Zieleinkauf von Rohst. einschl. 19 % USt	10 115,00 EUR
28. Sept.	Ka 206	44005	Barzahlung	7 400,00 EUR
30. Sept.	Ka 207	44006	Barzahlung	2 000,00 EUR

III. Aufgaben:

1. Bilden Sie praxisgerecht die Buchungssätze für die angegebenen Geschäftsvorfälle!

2. Übertragen Sie die Werte der Buchungssätze auf die Kreditorenkonten (Personenkonten)!

3. Übertragen Sie die auf den Kreditorenkonten gebuchten Verkehrszahlen auf das Sachkonto 4400 Verbindlichkeiten aus Lieferungen und Leistungen!

4. Schließen Sie die Kreditorenkonten und das Sachkonto 4400 Verbindlichkeiten aus Lieferungen und Leistungen zum 30. September 20.. ab und stellen Sie eine Oposliste über die bestehenden Verbindlichkeiten auf!

5. Überprüfen Sie, ob das Sachkonto 4400 Verbindlichkeiten aus Lieferungen und Leistungen der Hauptbuchhaltung mit der Saldenliste der Kreditorenbuchhaltung abgestimmt ist!

62   Organisation der Buchführung (Stoffvertiefung)

1. Nennen Sie die Bücher, die zum System der doppelten Buchführung gehören!

2. Vergleichen Sie die Aufgaben von Grund- und Hauptbuch!

3. Nennen Sie die Belegarten!

4. Geben Sie die Aufbewahrungsfrist der Quittungen für gekaufte Büroformulare an!
   ① 2 Jahre   ③ 6 Jahre   ⑤ 30 Jahre
   ② 5 Jahre   ④ 10 Jahre
   Übertragen Sie die Ziffer der Lösung in Ihr Hausaufgabenheft!

5. Geben Sie die Aufbewahrungsfristen für folgende Unterlagen an:
   – Handelsbriefe
   – Bilanzen
   – Buchungsbelege
   – Inventare!

6. Erläutern Sie die gesetzliche Pflicht einer ordnungsgemäßen Aufbewahrung der Belege!

B. Kosten- und Leistungsrechnung (KLR) im Industriebetrieb

Lernfeld 4: *Wertschöpfungsprozesse analysieren und beurteilen*

1 Aufgaben und Gliederung des betrieblichen Rechnungswesens

1.1 Aufgaben des betrieblichen Rechnungswesens

Aufgabe des betrieblichen Rechnungswesens ist, alle betrieblichen Vorgänge zahlenmäßig zu planen, zu erfassen, zu verarbeiten und zu kontrollieren.

Aufgaben der Kosten- und Leistungsrechnung	Beispiele:
Dokumentation, Kontrolle Mengen- und wertmäßige Erfassung sowie Überwachung aller im Unternehmen auftretenden Kosten- und Leistungsströme.	■ Ermittlung der Kosten und Leistungen einer Periode. ■ Erfassung der Daten für die Investitions- und Finanzrechnung. ■ Ermittlung des Unternehmens- und Betriebsergebnisses. ■ Bewertung des Vermögens und der Schulden. ■ Ermittlung der Kosten und der betrieblichen Leistungen (Kalkulation). ■ …
Disposition Bereitstellung von Unterlagen für unternehmerische Entscheidungen und Planungsüberlegungen.	Unterlagen für ■ Preis- und Produktpolitik. ■ Eigenfertigung oder Fremdbezug von Produkten. ■ Werbung. ■ mögliche Fertigungsverfahren. ■ Informationsgewinnung, Investitionsentscheidungen. ■ …
Wirtschaftlichkeitskontrolle Erfassung und Zeitvergleich von Bestands- und Erfolgsgrößen, um die Wirtschaftlichkeit und Rentabilität der betrieblichen Prozesse festzustellen.	■ Berechnung von Erfolgskennzahlen wie Rentabilität, Lagerkennzahlen, Kapitalumschlag. ■ Ermittlung der Kostenstruktur und der Kostenentwicklung. ■ Entwicklung der Produktivität. ■ Kontrolle der Geschäftsprozesse durch Soll-Ist-Vergleiche. ■ …
Rechenschaftslegung und Bereitstellung von Informationen Rechenschaftslegung und Lieferung von Informationen über die Vermögens-, Finanz- und Ertragslage des Unternehmens.	■ Veröffentlichung des Jahresabschlusses. ■ Angaben über Auftragslage. ■ Einschätzungen über die Unternehmensentwicklung. ■ Bekanntgabe von Investitionsentscheidungen. ■ …

1.2 Gliederung des betrieblichen Rechnungswesens

Nach dem **Informationsempfänger** unterscheidet man in externes Rechnungswesen und internes Rechnungswesen.

(1) Überblick

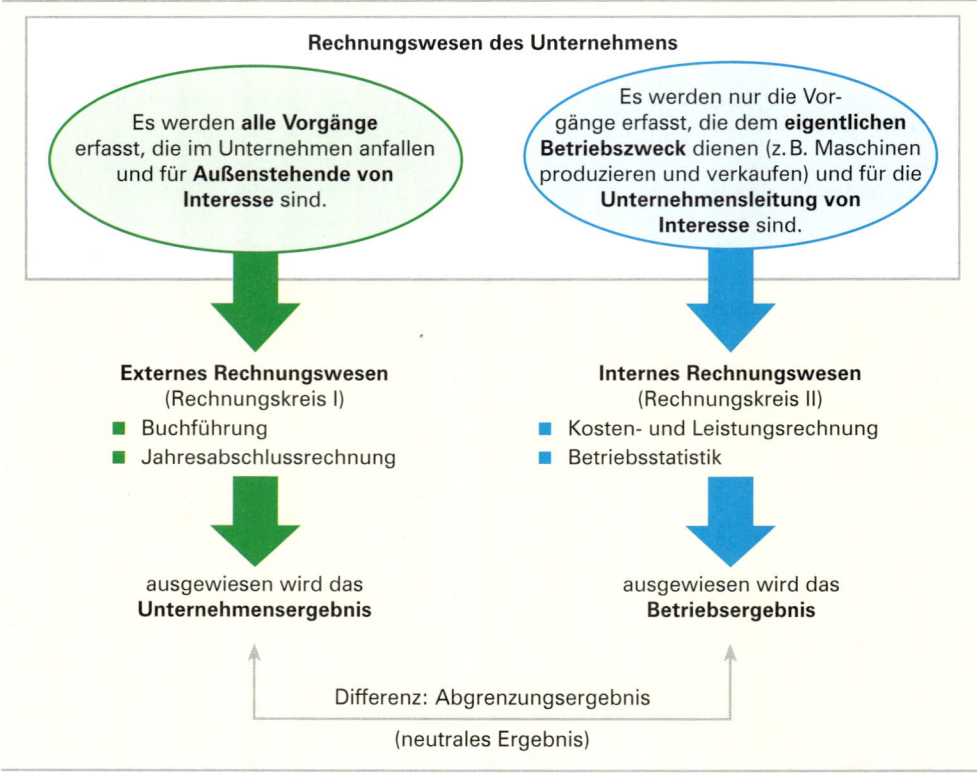

(2) Externes Rechnungswesen

Das externe Rechnungswesen informiert interessierte Außenstehende (z. B. Gesellschafter, Steuerbehörden, Banken, Gerichte) über die Vermögens-, Finanz- und Ertragslage des Unternehmens. Es ist **an gesetzliche Vorschriften gebunden.** Gesetzliche Bestimmungen finden sich insbesondere im HGB, AktG, GmbHG, EStG.

> Das **externe Rechnungswesen** (Rechnungskreis I) umfasst die **Buchführung** und die **Jahresabschlussrechnung.**

Die Buchführung bildet die Grundlage für alle Teilbereiche des Rechnungswesens. Sie erfasst unter Beachtung handels- und steuerrechtlicher Vorschriften unabhängig vom Grund ihres Anfalles **alle Geschäftsvorfälle.** Diese Dokumentation liefert das Zahlenmaterial für den gesetzlich vorgeschriebenen **Jahresabschluss,** der allen Interessenten einen Einblick in die Vermögens-, Finanz- und Ertragslage des Unternehmens verschafft.

(3) Internes Rechnungswesen

Das interne Rechnungswesen dokumentiert alle innerbetrieblichen, zahlenmäßig erfassbare Unternehmensdaten einer Abrechnungsperiode und plant Alternativen für die künftige Unternehmensentwicklung. Die Informationen dienen internen Informationsempfängern (Geschäftsführern, Arbeitnehmervertretung, Mitarbeitern) zur Steuerung und Kontrolle der betrieblichen Abläufe. Sie sind Grundlage für die Produktions-, Absatz-, Investitions- und Finanzplanung. Das interne Rechnungswesen ist **nicht an gesetzliche Vorschriften gebunden**.

Das **interne Rechnungswesen** umfasst die **Kosten- und Leistungsrechnung** und die **Betriebsstatistik**.

Das interne Rechnungswesen

- erfasst alle **betrieblichen Leistungen** und die hierfür **anfallenden Kosten**.
- dient als **Grundlage für die Kalkulation** und **Kontrolle der Wirtschaftlichkeit**.
- ermittelt das **Betriebsergebnis**.
- stellt **Informationen** für **unternehmerische Entscheidungen** bereit.

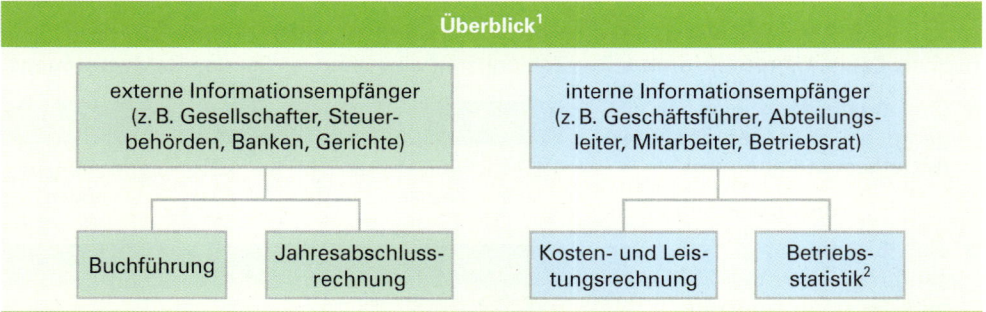

Übungsaufgabe

63 Stoffwiederholung

1. Beschreiben Sie – nach Ihrer Wahl – zwei Aufgaben des betrieblichen Rechnungswesens!

2. Grenzen Sie die Kosten- und Leistungsrechnung von der Buchführung ab!

3. Das externe und das interne Rechnungswesen haben unterschiedliche Zielsetzungen. Erläutern Sie diese Aussage!

---

1 Quelle: Angelehnt an Steger, I.: Kosten- und Leistungsrechnung, 3. Aufl., München 2001, S. 6.

2 Auf dieses Gebiet des Rechnungswesens wird im Folgenden nicht eingegangen.

2 Grundbegriffe des betrieblichen Rechnungswesens

Die einzelnen Teilbereiche des betriebswirtschaftlichen Rechnungswesens arbeiten mit unterschiedlichen Rechengrößen:[1]

Verwendung der verschiedenen Grundbegriffe des Rechnungswesens			
Investitionsrechnung; Finanzrechnung	Einnahmenüberschuss-rechnung (Steuererklärungen von Kleinunternehmern)	Buchführung (GuV-Rechnung; Jahresabschluss)	Kosten- und Leistungsrechnung
↕	↕	↕	↕
Auszahlungen Einzahlungen	Ausgaben Einnahmen	Aufwendungen Erträge	Kosten Leistungen

2.1 Auszahlungen und Einzahlungen

Die Summe aus **Kassenbeständen** und jederzeit verfügbaren **Bankguthaben** bezeichnet man als **Zahlungsmittelbestand**. Der Zahlungsmittelbestand ist **Teil des Geldvermögens**.

■ Eine **Auszahlung** ist jeder Vorgang, bei dem der **Zahlungsmittelbestand abnimmt.**

> **Beispiele:**
>
> Barkauf von Werkstoffen, Barrückzahlung eines Darlehens, Kassenentnahmen, geleistete Anzahlungen.

■ Eine **Einzahlung** ist jeder Vorgang, bei dem der **Zahlungsmittelbestand zunimmt.**

> **Beispiele:**
>
> Barverkauf von Erzeugnissen, Bareinlage von Gesellschaftern, erhaltene Anzahlungen, Aufnahme eines Barkredits.

2.2 Ausgaben und Einnahmen

Ausgaben und Einnahmen verändern das Geldvermögen. Als **Geldvermögen** wird die Summe aus Zahlungsmittelbestand und Bestand an Forderungen[2] abzüglich des Bestandes an Verbindlichkeiten[2] bezeichnet.

> Geldvermögen = Zahlungsmittelbestand + (Forderungen − Verbindlichkeiten)

---

1 Vgl. Wöhe, G.: Einführung in die Allgemeine Betriebswirtschaftslehre, 24. Aufl. 2010, S. 696.

2 Forderungen und Verbindlichkeiten werden hier als Geldforderungen und Geldverbindlichkeiten verstanden. Sachforderungen und Sachverbindlichkeiten werden nicht erfasst.

■ Eine **Ausgabe** ist jeder Geschäftsvorfall, der eine **Verminderung des Geldvermögens** hervorruft.

$$\text{Ausgabe} = \text{Auszahlung} + \text{Forderungsabgang} + \text{Schuldenzugang}$$

Beispiele:

Kauf von Werkstoffen auf Ziel (Schuldenzugang); Eingang einer Leistung, auf die eine Anzahlung geleistet worden war (Forderungsabgang).

■ Eine **Einnahme** ist jeder Geschäftsvorfall, der zu einer **Erhöhung des Geldvermögens** führt.

$$\text{Einnahme} = \text{Einzahlung} + \text{Forderungszugang} + \text{Schuldenabgang}$$

Beispiele:

Verkauf von Waren auf Ziel (Forderungszugang); eine erhaltene Anzahlung eines Kunden wird durch die Lieferung der Leistung an den Kunden aufgehoben (Schuldenabgang).

Überblick[1]

Auszahlungen/Ausgaben		
Auszahlungen keine Ausgaben ①	Auszahlungen = Ausgaben ②	Ausgaben keine Auszahlungen ③
	Ausgaben	

① Bartilgung eines in einer früheren Periode aufgenommenen Kredits
② Kauf von Rohstoffen gegen Barzahlung
③ Betriebsstoffeinkauf auf Ziel (die Bezahlung erfolgt z. B. nach 30 Tagen)

Einzahlungen/Einnahmen		
Einzahlungen keine Einnahmen ①	Einzahlungen = Einnahmen ②	Einnahmen keine Einzahlungen ③
	Einnahmen	

① Aufnahme eines Kredits
② Verkauf von Fertigerzeugnissen gegen Barzahlung
③ Verkauf von Handelswaren auf Ziel (Zahlungsfrist z. B. 30 Tage)

---

1 Vgl. Jung, Hans: Allgemeine Betriebswirtschaftslehre, 2. Auflage, München/Wien 1996, S. 994.

2.3 Aufwand und Ertrag

Der Begriff **Aufwand** wird in der **Buchführung** verwendet und erfasst **alle Geschäftsvor-fälle, die das Eigenkapital mindern.** Der Begriff **Ertrag** wird ebenfalls in der **Buchführung** verwendet und erfasst **alle Geschäftsvorfälle, die das Eigenkapital erhöhen.** Dabei spielt es keine Rolle, ob die Ursache für die angefallenen Aufwendungen und Erträge in der Verfolgung des eigentlichen Betriebszweckes zu sehen ist oder ob es sich um Aufwendungen und Erträge handelt, die mit der Herstellung und dem Verkauf von Erzeugnissen nicht oder nur mittelbar in einem Zusammenhang stehen.

- **Aufwendungen** sind alle in Geld gemessenen **Wertminderungen des Eigenkapitals** innerhalb einer Abrechnungsperiode.

- **Erträge** sind alle in Geld gemessenen **Wertzugänge des Eigenkapitals** innerhalb einer Abrechnungsperiode.

2.4 Kosten und Leistungen

2.4.1 Begriffe Kosten, Grundkosten, neutrale Aufwendungen, Zusatzkosten

(1) Kosten

In der Kosten- und Leistungsrechnung werden nur die Aufwendungen erfasst, die ursächlich im Zusammenhang mit der Verfolgung des eigentlichen Betriebszweckes stehen, der bei Industriebetrieben in der Herstellung, der Lagerung und dem Verkauf von Gütern zu sehen ist.

Die **betrieblichen Aufwendungen** bezeichnet man als **Kosten.**

- **Kosten** sind der betriebliche und relativ regelmäßig anfallende Güter- und Leistungsverzehr innerhalb einer Abrechnungsperiode zur Erstellung betrieblicher Leistungen, gemessen in Geld.

- Aus **Sicht der Buchführung** handelt es sich um **betriebliche Aufwendungen (Zweckaufwendungen).**

(2) Neutrale Aufwendungen und Grundkosten

Die Aufwendungen der Buchführung können betrieblich bedingt sein oder mit dem eigentlichen Betriebszweck nichts zu tun haben.

- **Kosten,** die **gleichzeitig einen Aufwand** darstellen, nennt man **Grundkosten.**

 - **Aufwendungen,** die **nicht betrieblich** bedingt sind oder aus anderen Gründen **nicht als Kosten verrechnet** werden sollen, bezeichnet man als **neutrale Aufwendungen.**

Art der neutralen Aufwendungen	Beispiele
Betriebsfremde Aufwendungen sind alle Aufwendungen, die mit dem eigentlichen Betriebszweck nichts zu tun haben.	Verluste aus Wertpapierverkäufen, Reparaturkosten an nicht betrieblich genutzten Gebäuden, Abschreibungen auf Finanzanlagen, Aufwendungen aus Beteiligungen.
Periodenfremde Aufwendungen sind Aufwendungen, die zwar betrieblich sind, deren Verursachung aber in einer vorangegangenen Geschäftsperiode liegt.	Steuernachzahlungen, Nachzahlungen von Gehältern, Garantieverpflichtungen für Geschäfte aus dem vorangegangenen Geschäftsjahr.
Außergewöhnliche Aufwendungen sind Aufwendungen, die zwar betrieblich sind, die aber ungewöhnlich hoch oder äußerst selten anfallen.	Verluste aus Enteignungen, Verluste aus nicht durch Versicherungen gedeckten Katastrophenfällen.
Aufwendungen aus einer **Umstrukturierung des Vermögens.**	Verluste aus dem Abgang von Gegenständen des Sachanlagevermögens (Verkauf von Anlagegütern unter dem Buchwert).

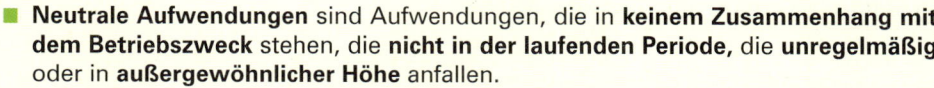

- **Neutrale Aufwendungen** sind Aufwendungen, die in **keinem Zusammenhang mit dem Betriebszweck** stehen, die **nicht in der laufenden Periode,** die **unregelmäßig** oder in **außergewöhnlicher Höhe** anfallen.

- Die neutralen Aufwendungen werden in der **Kosten- und Leistungsrechnung** entweder **gar nicht** oder **nicht** in der in der **Buchführung ausgewiesenen Höhe** berücksichtigt.

(3) Zusatzkosten

Neben der Tatsache, dass es **Aufwendungen** gibt, die **keine Kosten darstellen,** nämlich die neutralen Aufwendungen, gibt es auch **Kosten,** die **keine Aufwendungen** sind. Es handelt sich um **Zusatzkosten.** Ein Beispiel hierfür ist der **kalkulatorische Unternehmerlohn.**[1]

Zusatzkosten sind Kosten, für die es **keine Aufwendungen** innerhalb der Buchführung gibt **(aufwandslose Kosten).**

Die Abgrenzung der Begriffe Aufwendungen und Kosten kann grafisch wie folgt dargestellt werden:

neutrale Aufwendungen	betriebliche Aufwendungen (Zweckaufwendungen)	
	Grundkosten	Zusatzkosten

---

1 Zu Einzelheiten siehe S. 148 f.

2.4.2 Begriffe Leistungen, Grundleistungen, neutrale Erträge, Zusatzleistungen

(1) Leistungen

In der Kosten- und Leistungsrechnung werden nur die Erträge erfasst, die ursächlich im Zusammenhang mit der Verfolgung des eigentlichen Betriebszweckes stehen, der bei Industriebetrieben in der Herstellung, der Lagerung und dem Verkauf der Güter zu sehen ist.

Die **betrieblichen Erträge** bezeichnet man als **Leistungen**.

- **Leistungen** sind die betrieblichen und relativ regelmäßig anfallenden Wertzugänge innerhalb einer Abrechnungsperiode gemessen in Geld.
- Aus **Sicht der Buchführung** handelt es sich um **betriebliche Erträge (Zweckerträge).**

(2) Neutrale Erträge und Grundleistungen

Die Erträge der Buchführung können betrieblich bedingt sein oder mit dem eigentlichen Betriebszweck nichts zu tun haben.

- Die **Leistungen, die gleichzeitig einen Ertrag** darstellen, nennt man **Grundleistungen.**
- **Erträge, die nicht betrieblich bedingt** sind oder aus anderen Gründen **nicht als Leistungen verrechnet** werden sollen, bezeichnet man als **neutrale Erträge.**

Art der neutralen Erträge	Beispiele
Betriebsfremde Erträge sind alle Erträge, die mit dem eigentlichen Betriebszweck nichts zu tun haben.	Erträge aus Wertpapieren des Umlaufvermögens, Zinserträge, Erträge aus Beteiligungen, Erträge aus Finanzanlagen.
Periodenfremde Erträge sind Erträge, die zwar betrieblich sind, deren Verursachung aber in einer vorangegangenen Geschäftsperiode liegt.	Steuerrückerstattungen, Eingang einer bereits abgeschriebenen Forderung.
Außergewöhnliche Erträge sind Erträge, die zwar betrieblich sind, die aber ungewöhnlich hoch oder äußerst selten sind.	Erträge aus Gläubigerverzicht, Steuererlass, Erträge aus Schenkungen.
Erträge aus einer **Umstrukturierung des Vermögens.**	Erträge aus dem Abgang von Vermögensgegenständen (Verkauf von Anlagegütern über dem Buchwert).

- **Neutrale Erträge** sind Erträge, die in **keinem Zusammenhang mit dem Betriebszweck** stehen, die **nicht in der laufenden Periode**, die **unregelmäßig** oder in **außergewöhnlicher Höhe** anfallen.
- Die neutralen Erträge werden in der **Kosten- und Leistungsrechnung** entweder **gar nicht** oder **nicht** in der in **der Buchführung ausgewiesenen Höhe** berücksichtigt.

(3) Zusatzleistungen

Neben der Tatsache, dass es **Erträge** gibt, die **keine Leistungen darstellen,** nämlich die neutralen Erträge, gibt es auch **Leistungen,** die **keine Erträge** sind. Es handelt sich um die **Zusatzleistungen.** Ein Beispiel für Zusatzleistungen sind Verkaufsprodukte, die gespendet oder verschenkt werden.

> **Zusatzleistungen** sind Leistungen, für die es **keine Erträge** innerhalb der Buchführung gibt **(ertragslose Leistungen).**

Die Abgrenzung der Begriffe Erträge und Leistungen kann grafisch wie folgt dargestellt werden.

neutrale Erträge	betriebliche Erträge (Zweckleistungen)	
	Grundleistungen	Zusatzleistungen

Übungsaufgabe

64 Grundbegriffe und Zuordnung von Beispielen

1. Zeigen Sie die Beziehungen zwischen Ausgaben und Aufwendungen auf! Bilden Sie zu den einzelnen Beziehungen jeweils ein Beispiel!

2. Zeigen Sie die Beziehungen zwischen Einnahmen und Erträgen auf! Bilden Sie zu den einzelnen Beziehungen jeweils ein Beispiel!

3. Notieren Sie, ob folgende Vorgänge Einnahmen oder Ausgaben darstellen:

3.1	Kauf von Betriebsstoffen auf Ziel	14 000,00 EUR
3.2	Verkauf von Erzeugnissen auf Ziel	5 200,00 EUR
3.3	Bareinlage eines Gesellschafters	10 000,00 EUR
3.4	Entnahme von Bargeld aus der Kasse für private Zwecke	2 000,00 EUR
3.5	Aufnahme eines Barkredits	8 500,00 EUR
3.6	Bartilgung eines in einer früheren Rechnungsperiode erhaltenen Bankkredits	7 200,00 EUR

4. Erläutern Sie, wodurch sich Ausgaben und Einnahmen von Aus- und Einzahlungen unterscheiden!

5. Notieren Sie, welche Aussage zu den Aufgaben der Kosten- und Leistungsrechnung richtig ist!

   5.1 Durch sie wird der Erfolg des Unternehmens im Geschäftsjahr ermittelt.

   5.2 Sie vergleicht aufbereitete Daten, z. B. das Gesamtergebnis, mit denen anderer Unternehmen der gleichen Branche.

   5.3 Sie bucht Geschäftsvorfälle aufgrund der angefallenen Belege.

   5.4 Sie ermittelt den betrieblichen Erfolg des Geschäftsjahres.

   5.5 Sie hält alle Veränderungen der Vermögens- und Kapitalwerte fest.

6. Erläutern Sie, warum neben der Buchführung eine Kosten- und Leistungsrechnung erforderlich ist!

7. Unterscheiden Sie zwischen Aufwand und Kosten! Nennen Sie je zwei Beispiele!

8. Vergleichen Sie die Begriffe Ertrag und Leistung! Bilden Sie je zwei Beispiele!

9. Notieren Sie, bei welchen der genannten buchhalterischen Begriffe es sich um Begriffe der Kostenrechnung handelt!

   Abschreibungen auf Sachanlagen; Kosten für Ausgangsfrachten; Zinsaufwendungen; Umsatzsteuer auf den Verkauf von Erzeugnissen; Arbeitgeberanteil zur Sozialversicherung; Aufwendungen für Handelswaren; Aufwendungen für Roh-, Hilfs- oder Betriebsstoffe; Aufwendungen für Kommunikation.

10. Notieren Sie, bei welchen der genannten buchhalterischen Begriffe es sich um Begriffe der Leistungsrechnung handelt!

    Umsatzerlöse für Handelswaren; Provisionserträge; aktivierte Eigenleistungen; Rabatt beim Einkauf von Rohstoffen; Zinserträge; andere sonstige betriebliche Erträge; Erträge aus dem Abgang von Vermögensgegenständen; Erträge aus Schenkungen; Umsatzerlöse für eigene Erzeugnisse.

11. Ordnen Sie die nachfolgenden Aufwandsarten den betrieblichen oder neutralen Aufwendungen zu!

    Gehaltszahlungen, Aufwendungen für Handelswaren, Verkauf eines Anlagegutes unter dem Buchwert, Abschreibungen auf Sachanlagen, hoher Forderungsausfall durch die Zahlungsunfähigkeit eines Kunden, Aufwendungen für die Altersversorgung der Arbeitnehmer, Verluste durch Brandschäden, die nicht durch eine Versicherung gedeckt sind, Arbeitgeberanteil zur Sozialversicherung, Mietzahlung für die Garage des Betriebs-Lkw, Aufwendungen für Rohstoffe, Steuernachzahlung für das vergangene Geschäftsjahr, Zahlung der Grundsteuer für das Betriebsgebäude, Zahlung der Gebäudeversicherung für ein nicht betriebsnotwendiges Gebäude.

12. Ordnen Sie die nachfolgenden Ertragsarten den betrieblichen oder neutralen Erträge zu!

    Umsatzerlöse für Waren, Erträge aus Beteiligungen, Erträge aus dem Verkauf von Wertpapieren, Zinserträge, unerwarteter Eingang für eine bereits abgeschriebene Forderung, Mietertrag aus der Vermietung eines nicht betrieblich genutzten Gebäudes, Steuerrückvergütung für das vergangene Geschäftsjahr, Umsatzerlöse für eigene Erzeugnisse, Bestandsmehrung an unfertigen Erzeugnissen, Verkauf eines Anlagegutes über dem Buchwert, selbst hergestellte Regale für die Verwendung im eigenen Betrieb.

13. Bilden Sie ein Beispiel für Zusatzkosten!

3 Abgrenzungsrechnung

3.1 Grundstruktur einer Ergebnistabelle

Ziel der Abgrenzungsrechnung ist es, aus den erfassten Aufwendungen und Erträgen der Buchführung die **Höhe der Kosten und Leistungen** zu ermitteln.

Für die Abgrenzungsrechnung hat sich als übliches Verfahren das sogenannte **Zweikreissystem** durchgesetzt. Die **Buchführung** stellt den **Rechnungskreis I** dar, die **Abgrenzungsrechnung** und die **Kosten- und Leistungsrechnung** den **Rechnungskreis II**. Instrument für die Darstellung der Abgrenzungsrechnung ist die **Ergebnistabelle (Abgrenzungstabelle)**.

Rechnungskreis I			Rechnungskreis II					
Erfolgsbereich			Abgrenzungsbereich				Kosten- und Leistungsrechnung	
Buchführung			unternehmens-bezogene Abgrenzung		kostenrechnerische Korrekturen			
Konten	Aufw.	Erträge	Aufw.	Erträge	Aufw.	Erträge[1]	Kosten	Leistungen
⋮	⋮	⋮	⋮	⋮	⋮	⋮	⋮	⋮
Summen:								
Salden (Ergebnisse):								
	Unternehmens-ergebnis		Ergebnis aus unternehmens-bezogener Abgrenzung		Ergebnis aus kosten-rechnerischen Korrekturen		Betriebs-ergebnis	
			Abgrenzungsergebnis (neutrales Ergebnis)					

Um das Verständnis für die Abgrenzungstechnik zu erleichtern, werden die unternehmensbezogene Abgrenzungsrechnung und die Abgrenzung in Form der kostenrechnerischen Korrekturen zunächst getrennt behandelt und erst danach werden die beiden Stufen zusammengefasst.

3.2 Unternehmensbezogene Abgrenzungen

Ausgangspunkt für die unternehmensbezogene Abgrenzung der Aufwendungen und Erträge sind die Zahlen der Buchführung. Diese Werte werden **unverändert in den Rechnungskreis I** der Ergebnistabelle übernommen.

---

1 Die Erträge entstehen durch Einkalulieren von Anders- und Zusatzkosten in die Verkaufspreise. Zu Einzelheiten siehe S. 146 ff.

Die eigentliche Abgrenzung erfolgt im **Rechnungskreis II.** Dabei werden die Zahlen der Buchführung, die in den Rechnungskreis I übernommen wurden, unter dem Gesichtspunkt betrieblich oder neutral sortiert.

- Die **betrieblichen Aufwendungen (Kosten)** und die **betrieblichen Erträge (Leistungen)** werden in die **Kosten- und Leistungsrechnung** des Rechnungskreises II übertragen.
- Die **neutralen Aufwendungen und Erträge** werden innerhalb des Rechnungskreises II in die Spalte **unternehmensbezogene Abgrenzung** übernommen.

Der Abgrenzung der Kosten von den Aufwendungen und der Leistungen von den Erträgen liegen **vier Grundfälle** zugrunde.

Grundfälle		Beispiele	
①	Die Aufwendungen sind gleich hoch wie die Kosten.	Aufwendungen für Büromaterial Kosten für Büromaterial	12 000,00 EUR 12 000,00 EUR
②	Die Aufwendungen sind keine Kosten.	Periodenfremde Aufwendungen Kosten	4 000,00 EUR 0,00 EUR
③	Die Erträge sind gleich hoch wie die Leistungen.	Erträge aus Umsatzerlösen Leistungen aus Umsatzerlösen	20 000,00 EUR 20 000,00 EUR
④	Die Erträge sind keine Leistungen.	Periodenfremde Erträge Leistungen	1 500,00 EUR 0,00 EUR

Rechnungskreis I			Rechnungskreis II					
Erfolgsbereich			Abgrenzungsbereich					
Buchführung			unternehmens-bezogene Abgrenzung		kostenrechnerische Korrekturen		Kosten- und Leistungsrechnung	
Konten	Aufw.	Erträge	Aufw.	Erträge	Aufw.	Erträge	Kosten	Leistungen
Büromaterial	12 000,00						12 000,00	
Periodenfr. Aufw.	4 000,00		4 000,00					
Umsatzerlöse		20 000,00						20 000,00
Periodenfr. Ertr.		1 500,00		1 500,00				

Beispiel:

Das Industrieunternehmen Max Kluge KG weist beim Jahresabschluss nebenstehende Werte aus:

Konten	Betrag
Umsatzerlöse für eig. Erzeugnisse	750 000,00
Erträge a. and. Finanz. Anl.	43 800,00
Zinserträge	17 950,00
Aufw. für Rohstoffe	480 000,00
Löhne	135 000,00
Mieten, Pachten	5 610,00
Büromaterial	48 950,00
Reisekosten	9 460,00
Periodenfremde Aufwendungen	25 750,00
Abschr. a. Finanzanlagen	2 850,00
Zinsaufwendungen	6 450,00

Aufgabe:

Ermitteln Sie mithilfe einer Ergebnistabelle das Unternehmensergebnis, das Ergebnis aus unternehmensbezogener Abgrenzung und das Betriebsergebnis!

Lösung:

Rechnungskreis I			Rechnungskreis II					
Erfolgsbereich			Abgrenzungsbereich				Kosten- und Leistungsrechnung	
Buchführung			unternehmens-bezogene Abgrenzung		kostenrechnerische Korrekturen			
Konten	Aufw.	Erträge	Aufw.	Erträge	Aufw.	Erträge	Kosten	Leistungen
UErl. f. eig. Erzeugn.		750 000,00						750 000,00
Erträge a. and. Finanz. Anl.		43 800,00		43 800,00				
Zinserträge		17 950,00		17 950,00				
Aufw. f. Rohstoffe	480 000,00						480 000,00	
Löhne	135 000,00						135 000,00	
Mieten, Pachten	5 610,00						5 610,00	
Büromaterial	48 950,00						48 950,00	
Reisekosten	9 460,00						9 460,00	
Periodenfr. Aufw.	25 750,00		25 750,00					
Abschr. a. Finanzanl.	2 850,00		2 850,00					
Zinsaufwendungen	6 450,00		6 450,00					
Summen:	714 070,00	811 750,00	35 050,00	61 750,00			679 020,00	750 000,00
Salden (Ergebnisse):	97 680,00		26 700,00				70 980,00	
	811 750,00	811 750,00	61 750,00	61 750,00			750 000,00	750 000,00
	Unternehmens-ergebnis		Ergebnis aus unternehmens-bezogener Abgrenzung		Ergebnis aus kosten-rechnerischen Korrekturen		Betriebs-ergebnis	

Unternehmens-ergebnis	–	**Abgrenzungs-ergebnis**	=	**Betriebs-ergebnis**
97 680,00 EUR	–	26 700,00 EUR	=	70 980,00 EUR

Erläuterungen zur unternehmensbezogenen Abgrenzung:

- Alle betrieblichen Aufwendungen und Erträge werden im Rechnungskreis II als Kosten und Leistungen in die Kosten- und Leistungsrechnung übernommen (Fall ① und Fall ③). Der Saldo ergibt das **Betriebsergebnis**.

- Die neutralen Aufwendungen und Erträge werden im Rechnungskreis II in die unternehmensbezogene Abgrenzung übernommen und dadurch von der Kosten- und Leistungsrechnung abgegrenzt, weil sie das Betriebsergebnis verfälschen würden (Fall ② und Fall ④).

  Auf das Beispiel bezogen betrifft das
  - **auf der Ertragsseite**: die **Erträge aus anderen Finanzanlagen** sowie die **Zinserträge**.
  - **auf der Aufwandsseite**: die **periodenfremden Aufwendungen**, die **Abschreibungen auf Finanzanlagen** sowie die **Zinsaufwendungen**.

  Der Saldo ergibt das **Ergebnis aus unternehmensbezogener Abgrenzung**.

Beachte:

Die Zuordnung der Aufwendungen und Erträge zur unternehmensbezogenen Abgrenzung entspricht den **Vorgaben der AkA**.

145

10 Speth u.a. - ISBN 978-3-8120-0521-0

3.3 Kostenrechnerische Korrekturen

3.3.1 Grundlegendes

Bei der **Abgrenzung der Kosten von den Aufwendungen** können **zwei weitere Fälle** auftreten:

- Für die **Kosten** fallen in der Buchführung **keine Aufwendungen** an (**Zusatzkosten**).
- Für die **Kosten** fallen in der Buchführung andere Beträge an (**Anderskosten**).

- **Zusatzkosten** sind Kosten, für die es **keine Aufwendungen** innerhalb der Buchführung gibt.
- **Anderskosten** sind Aufwendungen, die in der **Kosten- und Leistungsrechnung** mit einem **anderen Betrag** als in der Buchführung angesetzt werden. Aus **Sicht der Buchführung** handelt es sich um **Andersaufwendungen**.
- **Anderskosten** und **Zusatzkosten** bilden zusammen den Umfang der **kalkulatorischen Kosten**.

3.3.2 Anderskosten

3.3.2.1 Kalkulatorische Abschreibung

(1) Abgrenzung der kalkulatorischen Abschreibung von der bilanziellen Abschreibung[1]

Für die **Kosten- und Leistungsrechnung (KLR)** muss die **tatsächliche Wertminderung** angesetzt werden. Für die Berechnung der Abschreibungshöhe in der **Buchführung** sind **handelsrechtliche Vorschriften** vorgegeben. Dies bedeutet, dass die Abschreibungsbeträge in erster Linie bestimmt werden durch finanzpolitische Strategien des Gesetzgebers und im Hinblick auf den tatsächlichen Werteverzehr zu hoch oder zu niedrig sein können.

Da die Berechnung der Abschreibungshöhe innerhalb der Buchführung nach anderen Kriterien vorgenommen wird als in der KLR, ist zwischen **kalkulatorischer** und **bilanzieller Abschreibung** zu unterscheiden.

- Die **bilanzielle Abschreibung** wirkt sich in der **Buchführung** aus,
- die **kalkulatorische Abschreibung** in der **Kosten- und Leistungsrechnung**.

Die unterschiedlichen Wertansätze für die Abschreibung in der Buchführung und in der Kostenrechnung sind insbesondere auf folgende zwei Gründe zurückzuführen:

- Bezugsgrundlage für die Berechnung der **bilanziellen Abschreibungen** sind nach dem HGB die **Anschaffungs- oder Herstellungskosten**. Die **kalkulatorischen Abschreibungen** werden von den **Wiederbeschaffungskosten** berechnet, um über die zurückfließenden Umsatzerlöse die Ersatzbeschaffung der Anlagegüter sicherzustellen.
- **Bilanziell** werden Anlagegüter bis zum **Restwert 0** abgeschrieben. Die **kalkulatorische Abschreibung** erfolgt so lange, wie das **Anlagegut betrieblich genutzt wird**.

---

1 Vgl. auch die Ausführungen auf S. 94.

- **Bilanzielle Abschreibungen** erfassen die **erfolgswirksamen Wertminderungen.**
- **Kalkulatorische Abschreibungen** erfassen – unabhängig von gesetzlichen Vorschriften – die **tatsächlichen Wertminderungen.**

(2) Bilanzielle und kalkulatorische Abschreibungen als Instrument der Finanzierung

Ziel der kalkulatorischen Abschreibung ist, Finanzmittel zu erwirtschaften, um für verbrauchte Anlagegüter eine Ersatzbeschaffung tätigen zu können. Die Finanzierung der Ersatzbeschaffung ist dadurch möglich, dass die **kalkulatorische Abschreibung** in die **Verkaufspreise einkalkuliert** wird und bei kostendeckenden Preisen über die **Umsatzerlöse zurückfließt.**

Die **bilanzielle Abschreibung** wird in der Buchführung als **Aufwand gebucht.** Damit wird verhindert, dass die mit den Umsatzerlösen zurückfließenden Abschreibungsbeträge – bis zur **Höhe der bilanziellen Abschreibungen** – zu Gewinn und möglicherweise ausgeschüttet werden **(Gefahr der Substanzausschüttung).**

Soll	GuV-Konto	Haben
bilanzielle Abschreibungen 10 000,00 EUR		In die Umsatzerlöse eingerechnete kalkulatorische Abschreibungen 12 000,00 EUR
Gewinn 2 000,00 EUR		

- Sind die **bilanzielle und die kalkulatorische Abschreibung gleich groß,** so ist der **Vorgang erfolgsneutral.** Das Vermögen bleibt **nominell** erhalten.
- Ist die **bilanzielle Abschreibung größer als die kalkulatorische Abschreibung,** wird ein Gewinn verdeckt. Es werden **stille Rücklagen gebildet.**
- Ist die **bilanzielle Abschreibung kleiner als die kalkulatorische Abschreibung,** stehen dem Unternehmen zusätzliche Finanzmittel zur Verfügung. Es handelt sich um eine **offene Finanzierung aus dem Gewinn.**[1]

3.3.2.2 ✗Kalkulatorische Zinsen

Die **gezahlten Zinsen** für das aufgenommene **Fremdkapital** stellen einen betrieblichen Aufwand dar. Da der Unternehmer auch für das von ihm eingebrachte Eigenkapital eine Verzinsung beanspruchen kann, müssen in den Verkaufspreis auch Zinsen für das Eigenkapital eingerechnet werden. Die **kalkulatorischen Zinsen** erfassen somit die Verzinsung des **gesamten betrieblichen Kapitals,** und zwar unabhängig davon, ob es sich um Eigen- oder Fremdkapital handelt. Abgezogen werden aller-

	Gesamtes Unternehmensvermögen
–	nicht betriebliches Vermögen[2]
=	vorläufiges betriebliches Vermögen
–	Abzugskapital
=	betriebliches Kapital[3]

dings die dem Unternehmen zinslos zur Verfügung stehenden Fremdmittel. Dieses **Abzugskapital** setzt sich z. B. aus Verbindlichkeiten aus Lieferungen und Leistungen, aus Anzahlungen von Kunden und aus Rückstellungen zusammen.

---

1 Die zusätzlichen Finanzmittel werden als **Scheingewinn** ausgewiesen, der versteuert werden muss und ausgeschüttet werden kann. Ein Teil der Abschreibungsgegenwerte ist in diesem Fall für Investitionen verloren.

2 Auf der Vermögensseite zählen dazu z. B. nicht betrieblich genutzte Grundstücke, stillgelegte Betriebsanlagen.

3 Das betriebliche Kapital entspricht wertmäßig dem betrieblichen Vermögen.

- **Kalkulatorische Zinsen** sind die **Kosten** für die **Nutzung des betrieblichen Kapitals**.

- In der **Kosten- und Leistungsrechnung** werden **sämtliche Zinsen für das betriebliche** Kapital angesetzt, in der **Buchführung** lediglich die **gezahlten Zinsen**.

3.3.2.3 Kalkulatorische Wagnisse

Jede unternehmerische Tätigkeit ist mit dem Risiko des Scheiterns verbunden und kann damit zu Verlusten führen. Dieses **allgemeine Unternehmenswagnis** (z. B. Nachfrageverschiebungen, technischer Fortschritt, politische Ereignisse, Konjunkturschwankungen) kann in der KLR **nicht berücksichtigt** werden. Es wird durch den Gewinn abgegolten.

Kalkulatorisch zu erfassen sind **einzelne betriebliche Wagnisse** (z. B. Forderungsausfälle, Währungsverluste, Garantieleistungen, Diebstahl, Überalterung der Erzeugnisse), sofern sie nicht durch eine Fremdversicherung abgedeckt sind.

Wagnisverluste treten in der Praxis nur von Fall zu Fall und in unterschiedlicher Höhe auf. Sie werden in der **Buchführung als Aufwand** gebucht und beeinflussen damit das Unternehmensergebnis. Um eine Stetigkeit in der KLR zu erreichen, werden die vorausschaubaren Einzelwagnisse ermittelt und als **kalkulatorischer Wagniszuschlag** auf die Rechnungsperioden verrechnet. Auf diese Weise werden Zufallseinflüsse von der KLR ferngehalten. Sofern ein Einzelwagnis durch eine Fremdversicherung abgedeckt ist, entfällt der Ansatz eines kalkulatorischen Wagniszuschlags.

Beispiel:	
Der Aufwand für vertragliche Garantieleistungen und Kulanz bei einer Möbelfabrik betrug in den vergangenen 3 Jahren 150 000,00 EUR bei einem Werkstoffeinsatz von 6 Mio. EUR. Das bedeutet, dass 2,5 % des Werkstoffeinsatzes als kalkulatorischer Wagniszuschlag anzusetzen sind.	Beträgt der Werkstoffeinsatz im 1. Quartal 1 480 000,00 EUR, so sind 37 000,00 EUR an kalkulatorischen Wagnissen in die KLR einzurechnen.

Kalkulatorische Wagnisse sind Kosten für nicht versicherte Einzelwagnisse.

3.3.3 Zusatzkosten

3.3.3.1 Kalkulatorischer Unternehmerlohn

Die Arbeit des Unternehmers schlägt sich nicht bei allen Rechtsformen der Unternehmen als Aufwand in der Buchführung nieder. Ein Einzelunternehmer bzw. der mitarbeitende Gesellschafter einer Personengesellschaft (z. B. OHG-Gesellschafter, Komplementär) erhält für seine Arbeitsleistung kein Gehalt. Ihre Arbeit ist durch den Gewinn abgegolten. Demgegenüber zahlen vergleichbare Unternehmen aufgrund ihrer Rechtsform (z. B. GmbH) Geschäftsführergehälter, die sich als Aufwand niederschlagen.

Es ist daher – sowohl unter dem Gesichtspunkt einer exakten Kostenerfassung in der KLR als auch unter dem Gesichtspunkt der Vergleichbarkeit der Kostenstrukturen unterschiedlicher Unternehmen – unerlässlich, diese unternehmerische Tätigkeit in Geld zu bemessen und als Kosten zu erfassen. Die Höhe des Unternehmerlohns sollte nach dem Arbeitseinsatz des Unternehmers bestimmt werden und sich am jeweils bestehenden Lohnniveau ausrichten. Dem **kalkulatorischen Unternehmerlohn** steht **kein Aufwand gegenüber.** Er stellt Zusatzkosten dar.

> Der **kalkulatorische Unternehmerlohn** erfasst bei **Einzelunternehmen** und **Personengesellschaften** die Kosten für die Arbeitsleistung der mitarbeitenden Unternehmer.

3.3.3.2 ╳ Kalkulatorische Miete

Gelegentlich stellt ein Unternehmer Räume des Privatvermögens auch für betriebliche Zwecke zur Verfügung. Würde er solche Räume anmieten, müssten Mietkosten gezahlt werden. Obwohl keine Mietzahlungen anfallen, ist es unter kostenrechnerischen Gesichtspunkten gerechtfertigt, in der Kostenrechnung einen der ortsüblichen Miete entsprechenden Betrag anzusetzen. Für die **Nutzung der betriebseigenen Räume** wird **kein Mietwert** verrechnet.

> Vom Unternehmer unentgeltlich überlassene Privaträume für betriebliche Zwecke sind in der Kostenrechnung mit der ortsüblichen Miete **(kalkulatorische Miete)** anzusetzen.

Übungsaufgabe

65 Abgrenzung von Aufwendungen und Kosten

1. Erklären Sie den Begriff Anderskosten und nennen Sie ein Beispiel!

2. Erläutern Sie, warum in der KLR kalkulatorische Abschreibungen angesetzt und nicht die in der Buchführung erfassten bilanziellen Abschreibungen übernommen werden!

3. Begründen Sie, warum es unter kostenmäßigen Gesichtspunkten berechtigt ist, für den Einzelunternehmer und für die mitarbeitenden Gesellschafter einer OHG jeweils entsprechende Kosten für deren Arbeitsleistung anzusetzen!

4. Erläutern Sie den Zweck der Verrechnung kalkulatorischer Kosten!

5. Unterscheiden Sie Anderskosten und Zusatzkosten!

6. Bei einer KG wird für die Mitarbeit des Komplementärs ein Unternehmerlohn in der Kalkulation berücksichtigt und über die Umsatzerlöse erwirtschaftet.

   Aufgabe:

   Erläutern Sie die Auswirkungen des einkalkulierten Unternehmerlohns auf das Betriebsergebnis und das Unternehmensergebnis!

7. Am 30. Juli 20.. haben wir einen Lkw angeschafft. Die Anschaffungskosten belaufen sich auf 81 000,00 EUR. Die Nutzungsdauer beträgt 9 Jahre. Es wird linear abgeschrieben.

In der KLR wird der Lkw von den Wiederbeschaffungskosten abgeschrieben. Die Wiederbeschaffungskosten betragen 95 625,00 EUR. Die Abschreibung erfolgt ebenfalls linear.

Aufgabe:

Übertragen Sie das folgende Schema in Ihr Heft und tragen Sie die ermittelten Abschreibungsbeträge ein:

Neutraler Aufwand	Zweckaufwand	Grundkosten	Zusatzkosten

8. 8.1 Ein Industrieunternehmen bucht folgende Beträge:

Abschreibungen

bilanzielle Abschreibungen	52 700,00 EUR
kalkulatorische Abschreibungen	48 900,00 EUR

Unternehmerlohn

gezahlter Unternehmerlohn	0,00 EUR
kalkulatorischer Unternehmerlohn	15 000,00 EUR

Aufgabe:

Ermitteln Sie, in welcher Höhe jeweils neutraler Aufwand oder Zweckaufwand entstanden ist bzw. in welcher Höhe Grundkosten oder Zusatzkosten entstanden sind! Verwenden Sie hierzu die folgende Tabelle:

	Buchführung		Kosten- und Leistungsrechnung	
Vorgang	Neutraler Aufwand	Zweckaufwand	Grundkosten	Zusatzkosten

8.2 Nennen Sie die Voraussetzungen, die erfüllt sein müssen, damit bei der bilanziellen bzw. der kalkulatorischen Abschreibung die reale Kapitalerhaltung gesichert ist!

8.3 Das Emissionsgerät eines Industrieunternehmens mit einer Nutzungsdauer von 8 Jahren wird bilanziell linear von den Anschaffungskosten abgeschrieben. Der Buchwert des Emissionsgeräts am Ende des 1. Nutzungsjahres beträgt 10 937,50 EUR.

Aufgaben:

8.3.1 Ermitteln Sie den Buchwert am Ende des 2. Nutzungsjahres!

8.3.2 Kalkulatorisch wird das Emissionsgerät linear vom Wiederbeschaffungswert abgeschrieben. Die kalkulatorische Nutzungsdauer beträgt 10 Jahre. Für das 2. Nutzungsjahr wird mit einer Preissteigerung von 8 % gerechnet. Berechnen Sie die Höhe der kalkulatorischen Abschreibung für das 2. Nutzungsjahr und ermitteln Sie den Wertansatz des Emissionsgeräts in der KLR am Ende des 2. Nutzungsjahres!

8.4 Nennen und erklären Sie Kriterien, nach denen die bilanzielle von der kalkulatorischen Abschreibung abgegrenzt werden kann!

3.3.4 Ergebnistabelle mit kostenrechnerischen Korrekturen

Der Abgrenzung der Anderskosten und der Zusatzkosten in der Ergebnistabelle liegen **zwei Grundfälle** zugrunde. Sie ergänzen die vier Grundfälle der unternehmensbezogenen Abgrenzung.[1]

---

1 Siehe S. 144.

Grundfälle		Beispiele	
⑤	Kosten und Aufwendungen fallen nicht in gleicher Höhe an. (Anderskosten)	bilanzielle Abschreibung (Aufw.)	7 300,00 EUR
		kalkulatorische Abschreibung (Kosten)	8 700,00 EUR
		Verl.a. Schadensfällen (Aufwendungen)	4 100,00 EUR
		kalkulatorische Wagnisse (Kosten)	7 200,00 EUR
⑥	Kosten sind keine Aufwendungen. (Zusatzkosten)	Aufwendungen für Unternehmerlohn	0,00 EUR
		kalkulatorischer Unternehmerlohn	40 000,00 EUR

Rechnungskreis I			Rechnungskreis II					
Erfolgsbereich			Abgrenzungsbereich				Kosten- und Leistungsrechnung	
Buchführung			unternehmens- bezogene Abgrenzung		kostenrechnerische Korrekturen			
Konten	Aufw.	Erträge	Aufw.	Erträge	Aufw.	Erträge	Kosten	Leistungen
bilanz. Abschreibung	7 300,00				7 300,00			
Verl. a. Schadensfällen	4 100,00				4 100,00			
kalk. Abschreibung						8 700,00	8 700,00	
kalk. Wagnisse						7 200,00	7 200,00	
kalk. Unternehmerl.						40 000,00	40 000,00	

Beispiel:

Das Industrieunternehmen Max Kluge KG weist beim Jahresabschluss nebenstehende Werte aus:

Konten	Betrag
Umsatzerlöse für eig. Erzeugnisse	547 820,00
Aufw. für Rohstoffe	230 400,00
Vertriebsprovisionen	20 320,00
Fremdinstandhaltung	6 940,00
Löhne	85 000,00
Abschreibungen auf Sachanlagen	10 870,00
Mieten, Pachten	12 500,00
Büromaterial	46 810,00
Reisekosten	9 480,00

Angaben für kostenrechnerische Korrekturen:

– Es werden kalkulatorische Zinsen in Höhe von 9 780,00 EUR angesetzt.

– Statt der bilanziellen Abschreibungen in Höhe von 10 870,00 EUR sollen kalkulatorische Abschreibungen in Höhe von 8 950,00 EUR in Ansatz gebracht werden.

– Für die Abgeltung der Arbeitskraft des Komplementärs wird mit einem kalkulatorischen Unternehmerlohn in Höhe von 50 000,00 EUR gerechnet.

Aufgaben:

1. Erstellen Sie eine Ergebnistabelle unter Berücksichtigung der Angaben für die kostenrechnerischen Korrekturen!

2. Ermitteln Sie das Unternehmensergebnis, das Ergebnis aus kostenrechnerischen Korrekturen sowie das Betriebsergebnis!

Lösungen:

	Rechnungskreis I		Rechnungskreis II					
	Erfolgsbereich		Abgrenzungsbereich				Kosten- und Leistungsrechnung	
	Buchführung		unternehmensbezogene Abgrenzung		kostenrechnerische Korrekturen			
Konten	Aufw.	Erträge	Aufw.	Erträge	Aufw.	Erträge	Kosten	Leistungen
UErl. f. eig. Erzeugn.		547 820,00						547 820,00
Aufw. f. Rohstoffe	230 400,00						230 400,00	
Vertriebsprovisionen	20 320,00						20 320,00	
Fremdinstandhaltung	6 940,00						6 940,00	
Löhne	85 000,00						85 000,00	
Abschr. a. Sachanl.	10 870,00				10 870,00			
Mieten, Pachten	12 500,00						12 500,00	
Büromaterial	46 810,00						46 810,00	
Reisekosten	9 480,00						9 480,00	
Kalkulator. Kosten Abschreibungen						8 950,00	8 950,00	
Zinsen						9 780,00	9 780,00	
Kalk. U.-Lohn						50 000,00	50 000,00	
Summen:	422 320,00	547 820,00			10 870,00	68 730,00	480 180,00	547 820,00
Salden (Ergebnisse):	125 500,00				57 860,00		67 640,00	
	547 820,00	547 820,00			68 730,00	68 730,00	547 820,00	547 820,00
	Unternehmensergebnis		Ergebnis aus unternehmensbezogener Abgrenzung		Ergebnis aus kostenrechnerischen Korrekturen		Betriebsergebnis	

Unternehmensergebnis	**–**	**Abgrenzungsergebnis**	**=**	**Betriebsergebnis**
125 500,00 EUR	–	57 860,00 EUR	=	67 640,00 EUR

Beachte:

Die Zuordnung der Aufwendungen zu den kostenrechnerischen Korrekturen entspricht der **Vorgabe der AkA.**

Erläuterungen zu den kostenrechnerischen Korrekturen:

■ **Zu den Anderskosten** ⑤

Sollen die **Abschreibungen** in der KLR anders verrechnet werden, als es dem Betrag von 10 870,00 EUR in der Buchführung entspricht, dann wird zunächst der Betrag der Buchführung in Höhe von 10 870,00 EUR als Aufwand in den Bereich der kostenrechnerischen Korrekturen übernommen.

Der Betrag der **kalkulatorischen Abschreibungen** in Höhe von 8 950,00 EUR wird als **Kosten in der KLR erfasst** und als **Ertrag** bei den **kostenrechnerischen Korrekturen**. Er wird als Ertrag erfasst, weil die Abschreibungen in den Verkaufspreis einkalkuliert werden. Der Ertrag wird durch den Verkauf der Erzeugnisse erwirtschaftet, wenn diese zumindest zu kostendeckenden Preisen verkauft werden können.

Die **bilanzielle Abschreibung** ist um 1 920,00 EUR (10 870,00 EUR − 8 950,00 EUR) **höher angesetzt als die kalkulatorische Abschreibung**. Die Folge ist, der Mehraufwand **verringert den Gewinn des Abgrenzungs- und des Unternehmensergebnisses**. Es handelt sich um eine **verdeckte Finanzierung aus dem Gewinn**.

■ **Zu den Zusatzkosten** ⑥

Da es für den **kalkulatorischen Unternehmerlohn** keinen Aufwandsposten in der Buchführung gibt, kann auch kein Aufwand in die kostenrechnerischen Korrekturen übernommen werden. Der Unternehmerlohn kommt, sofern beim Verkauf der Erzeugnisse kostendeckende Preise erzielt werden, als Ertrag in das Unternehmen zurück. Daher erscheint der als Kosten in der KLR zu erfassende Unternehmerlohn in Höhe von 50 000,00 EUR sowohl unter den Kosten in der KLR als auch als Ertrag in der Spalte der kostenrechnerischen Korrekturen.

Weil der kalkulatorische Unternehmerlohn einerseits Kosten darstellt und andererseits über die Umsatzerlöse als Ertrag zurückfließt, hat er **keinen Einfluss auf das Betriebsergebnis**. Im **Abgrenzungs- und Unternehmensergebnis** bewirkt der Unternehmerlohn dagegen eine **Ertragserhöhung**.

■ **Zu dem Ergebnis aus kostenrechnerischen Korrekturen**

Die Differenz zwischen den verrechneten Kosten und den betrieblichen Aufwendungen der Buchführung ergibt das Ergebnis aus kostenrechnerischen Korrekturen. Da im vorliegenden Beispiel die Summe der Erträge höher ist als die Summe der Kosten, stellt das Ergebnis aus kostenrechnerischen Korrekturen einen Gewinn dar. Er beträgt in unserem Beispiel 57 860,00 EUR. Um diese Differenz weicht das Betriebsergebnis vom Unternehmensergebnis ab. In Höhe dieser Differenz wurden in der KLR mehr Kosten verrechnet, als es den erfassten Aufwendungen in der Buchführung entspricht. Daraus ergibt sich, dass das Betriebsergebnis um diese Differenz kleiner als das Unternehmensergebnis ist.

Übungsaufgaben

66 Kalkulatorische Kosten, Erstellen einer Ergebnistabelle mit kostenrechnerischen Korrekturen

1. Ein Industriebetrieb weist in der Ergebnistabelle folgende kostenrechnerische Korrekturen auf:

	Kostenrechnerische Korrekturen	
	Aufwendungen	Erträge
Abschreibung auf das Betriebsgebäude	42 000,00 EUR	63 000,00 EUR
Abschreibung auf technische Anlagen	252 000,00 EUR	189 000,00 EUR
Unternehmerlohn		234 000,00 EUR
	294 000,00 EUR	486 000,00 EUR

Aufgaben:

1.1 Ermitteln Sie das Betriebsergebnis, wenn keine unternehmensbezogene Abgrenzungen vorgenommen werden mussten! Das festgestellte Unternehmensergebnis beträgt 717 000,00 EUR.

1.2 Erläutern Sie, unter welchen Voraussetzungen die kalkulatorischen Kosten zu betrieblichen Erträgen (Leistungen) werden!

1.3 Geben Sie für die Anderskosten der beiden Abschreibungsposten jeweils die Höhe der Grundkosten und neutralen Aufwendungen bzw. Zusatzkosten an!

1.4 Begründen Sie, warum Abschreibungen nicht zu Auszahlungen führen!

2. Erstellen einer Ergebnistabelle mit kostenrechnerischen Korrekturen

Die Buchführung eines Industriebetriebs weist für den Monat Mai folgende Aufwendungen und Erträge auf (Auszug):

Umsatzerlöse für eigene Erzeugnisse	470 000,00 EUR
Aufwendungen für Rohstoffe	300 000,00 EUR
Löhne, Gehälter	100 000,00 EUR
Abschreibungen auf Sachanlagen	20 000,00 EUR
Mieten, Pachten	2 000,00 EUR
Reisekosten	4 000,00 EUR
Verluste aus Schadensfällen	15 000,00 EUR
Kfz-Steuer, Verbrauchssteuern	30 000,00 EUR

Angaben zur Kosten- und Leistungsrechnung

– Kalkulatorische Abschreibungen auf Sachanlagen	35 000,00 EUR
– Kalkulatorische Zinsen	36 000,00 EUR
– Kalkulatorischer Unternehmerlohn	12 000,00 EUR

Aufgabe:

Erstellen Sie eine Ergebnistabelle und ermitteln Sie das Unternehmensergebnis, das Betriebsergebnis sowie das Ergebnis aus kostenrechnerischen Korrekturen!

67 Erstellen einer Ergebnistabelle mit kostenrechnerischen Korrekturen

In einem Industrieunternehmen sind folgende Sachverhalte gegeben:

1. Das betriebliche Kapital beträgt 2 470 000,00 EUR. Der kalkulatorische Zinssatz wird mit 8 % angesetzt.

2. Der Unternehmerlohn wird mit 120 000,00 EUR festgesetzt.

3. Der kalkulatorische Wagniszuschlag beträgt 48 000,00 EUR. Während des Geschäftsjahres sind Schadensfälle (Verluste aus Schadensfällen) in Höhe von 72 000,00 EUR eingetreten.

4. Auf den Fuhrpark mit Anschaffungskosten in Höhe von 200 000,00 EUR werden aus steuerlichen Gründen 20 % bilanzmäßig abgeschrieben (Abschreibungen auf Sachanlagen).

   Die verbrauchsbedingte kalkulatorische Abschreibung beträgt 15 % von den Wiederbeschaffungskosten in Höhe von 230 000,00 EUR.

5. Die Lohnkosten belaufen sich auf 84 700,00 EUR.

6. Das Unternehmen rechnet mit einer kalkulatorischen Miete in Höhe von 30 000,00 EUR.

7. Die Umsatzerlöse für eigene Erzeugnisse betragen 500 000,00 EUR.

Aufgabe:
Stellen Sie die Vorgänge in einer Ergebnistabelle dar!

3.3.5 Ergebnistabelle mit unternehmensbezogener Abgrenzung und kostenrechnerischen Korrekturen

Im folgenden Beispiel werden die beiden zunächst getrennt dargestellten Abgrenzungsstufen zusammengefasst.

Rechnungskreis I			Rechnungskreis II					
Erfolgsbereich			Abgrenzungsbereich				Kosten- und Leistungsrechnung	
Buchführung			unternehmens-bezogene Abgrenzung		kostenrechnerische Korrekturen			
Konten	Aufw.	Erträge	Aufw.	Erträge	Aufw.	Erträge	Kosten	Leistungen
UErl. f. eig. Erzeugn.		1 297 820,00						1 297 820,00
Ertr. a. and. Finanzanl.		43 800,00		43 800,00				
Zinserträge		17 950,00		17 950,00				
Aufw. f. Rohstoffe	710 400,00						710 400,00	
Vertriebsprovisionen	20 320,00						20 320,00	
Fremdinstandhaltung	6 940,00						6 940,00	
Löhne	220 000,00						220 000,00	
Abschr. a. Sachanl.	10 870,00				10 870,00			
Mieten, Pachten	18 110,00						18 110,00	
Büromaterial	95 760,00						95 760,00	
Reisekosten	18 940,00						18 940,00	
Periodenfr. Aufw.	5 750,00		5 750,00					
Abschr. a. Finanzanl.	2 850,00		2 850,00					
Zinsaufwendungen	6 450,00		6 450,00					
Außergewöhnliche Aufw.	20 000,00		20 000,00					
Kalkulator. Kosten Abschreibungen						8 950,00	8 950,00	
Zinsen						9 780,00	9 780,00	
Kalk. U.-Lohn						50 000,00	50 000,00	
Summen:	1 136 390,00	1 359 570,00	30 050,00	61 750,00	10 870,00	68 730,00	1 159 200,00	1 297 820,00
Salden (Ergebnisse):	223 180,00		26 700,00		57 860,00		138 620,00	
	1 359 570,00	1 359 570,00	61 750,00	61 750,00	68 730,00	68 730,00	1 297 820,00	1 297 820,00
	Unternehmens-ergebnis		Ergebnis aus unternehmens-bezogener Abgrenzung		Ergebnis aus kosten-rechnerischen Korrekturen		Betriebs-ergebnis	

Unternehmens-ergebnis	–	**Abgrenzungs-ergebnis**	=	**Betriebs-ergebnis**
223 180,00 EUR	–	84 560,00 EUR	=	138 620,00 EUR

Beachte:

Die **unterschiedliche Vorgehensweise** bei der **Aufgliederung der „Abschreibungen auf Sachanlagen" und den Zinsaufwendungen** ist von der **AkA vorgegeben.** Vgl. „Industriekontenrahmen für IHK-Abschlussprüfungen", herausgegeben von der AkA.

Übungsaufgaben

68 Erstellen einer vollständigen Ergebnistabelle

Die Buchführung eines Industriebetriebs weist folgende Quartalszahlen aus:

Konten	Beträge
Umsatzerlöse für eigene Erzeugnisse	1 420 000,00 EUR
Bestandsveränderungen an unfertigen Erzeugnissen (Bestandsmehrung)	80 700,00 EUR
Eigenverbrauch	15 500,00 EUR
Erträge aus Beteiligungen	28 000,00 EUR
Erträge a. and. Finanzanlagen	8 500,00 EUR
Zinserträge	5 100,00 EUR
Aufwendungen für Rohstoffe	767 900,00 EUR
Frachten und Fremdlager	31 500,00 EUR
Löhne, Gehälter	204 400,00 EUR
Arbeitgeberanteil zur Sozialversicherung	84 370,00 EUR
Abschreibungen auf Sachanlagen	52 430,00 EUR
Leasing	28 910,00 EUR
Büromaterial	48 700,00 EUR
Verluste aus Schadensfällen	18 800,00 EUR
Grundsteuer	34 750,00 EUR
Abschreibungen auf Finanzanlagen	24 600,00 EUR
Zinsaufwendungen	12 870,00 EUR

Angaben für die Kosten- und Leistungsrechnung:
- In den Löhnen ist eine Lohnnachzahlung in Höhe von 24 300,00 EUR enthalten. Im Arbeitgeberanteil zur Sozialversicherung entspricht das einem Betrag von 4 680,00 EUR
- Kalkulatorische Abschreibungen auf Sachanlagen 41 800,00 EUR
- Kalkulatorische Wagnisse 15 000,00 EUR
- In dem Betrag für die Grundsteuer ist eine Steuernachzahlung in Höhe von 29 900,00 EUR enthalten
- Kalkulatorische Zinsen 42 800,00 EUR
- Kalkulatorischer Unternehmerlohn 34 000,00 EUR

Aufgabe:

Ermitteln Sie mithilfe einer Ergebnistabelle das Unternehmensergebnis, die Abgrenzungsergebnisse und das Betriebsergebnis!

69 Erstellen einer vollständigen Ergebnistabelle

Die Buchführung eines Industriebetriebs weist folgende Quartalszahlen aus:

Konten	Beträge
Umsatzerlöse für eigene Erzeugnisse	841 200,00 EUR
Erträge aus dem Abgang von Vermögensgegenständen	42 200,00 EUR
Erträge aus anderen Wertpapieren	21 750,00 EUR
Zinserträge	4 800,00 EUR
Aufwendungen für Rohstoffe zu Einstandspreisen	391 850,00 EUR
Frachten und Fremdlager	22 400,00 EUR
Löhne, Gehälter	198 420,00 EUR
Arbeitgeberanteil zur Sozialversicherung	24 760,00 EUR
Abschreibungen auf Sachanlagen	19 540,00 EUR
Kosten des Geldverkehrs	4 700,00 EUR
Büromaterial	21 890,00 EUR
Verluste aus Schadensfällen	17 400,00 EUR

Grundsteuer	8 890,00 EUR
Abschreibungen auf Finanzanlagen	7 380,00 EUR
Zinsaufwendungen	12 100,00 EUR

Angaben für die Kosten- und Leistungsrechnung:

– Die Aufwendungen für Rohstoffe werden in der KLR mit festen Verrechnungspreisen[1] in Höhe von 370 500,00 EUR erfasst.
– Kalkulatorische Abschreibungen auf Sachanlagen 18 700,00 EUR
– In den Kosten für Büromaterial ist eine Rechnung aus der vergangenen Rechnungsperiode in Höhe von 1 500,00 EUR enthalten.
– Kalkulatorische Wagnisse 21 100,00 EUR
– In der Grundsteuer ist eine Nachzahlung in Höhe von 2 000,00 EUR enthalten.
– Kalkulatorische Zinsen 28 900,00 EUR
– Kalkulatorischer Unternehmerlohn 28 700,00 EUR

Aufgabe:

Ermitteln Sie mithilfe einer Ergebnistabelle das Unternehmensergebnis, die Abgrenzungsergebnisse und das Betriebsergebnis!

70 Beurteilen einer vollständigen Ergebnistabelle

Die Gesellschafter der Gebrüder Bauer Instrumentenbau OHG planen eine Umstrukturierung des Rechnungswesens. Die sachliche Abgrenzung soll künftig mithilfe einer Ergebnistabelle vorgenommen werden. Für das laufende Geschäftsjahr enthält die Ergebnistabelle folgende Daten (Zahlen in Tsd. EUR):

Rechnungskreis I				Rechnungskreis II					
Erfolgsbereich				Abgrenzungsbereich				Kosten- und Leistungsrechnung	
Buchführung				unternehmens-bezogene Abgrenzung		kostenrechnerische Korrekturen			
Nr.	Konten	Aufw.	Erträge	Aufw.	Erträge	Aufw.	Erträge	Kosten	Leistungen
1	UErl. f. eig. Erzeugn.		4 400						4 400
2	Bestandsveränd. FE/UE		500						500
3	Periodenfremde Ertr.		280		280				
4	Personalaufwend.	2 600						2 600	
5	Aufw. f. Roh-, Hilfs- u. Betriebsstoffe	1 000						1 000	
6	Abschreib. a. Sach-anlagen	700				700			
7	Periodenfremde Aufw.	50		50					
8	Sonst. Aufwendungen	600		200				400	
9	Kalk. Abschreib.						660	660	
10	Kalk. Unternehmerlohn						300	300	
	Summe	4 950	5 180	250	280	700	960	4 960	4 900
	Ergebnisse	230		30		260			60
		5 180	5 180	280	280	960	960	4 960	4 960

---

1 Um Schwankungen in der Kalkulation, die sich durch mehr oder weniger zufallsabhängige Preisschwankungen im Einkauf ergeben können, zu vermeiden, verwenden Industriebetriebe in der Kosten- und Leistungsrechnung auch feste Verrechnungspreise für die Werkstoffe. Diese werden nur dann verändert, wenn sich die Marktpreise entscheidend nach oben oder unten verändern.

Aufgaben:

1. Erläutern Sie ausführlich für die Position 6 (Abschreibungen auf Sachanlagen), warum der im Rechnungskreis I ausgewiesene Wert von dem im Rechnungskreis II abweicht!

2. Die sonstigen Aufwendungen (Position 8) sind ein Sammelposten für verschiedene Vorgänge. Zeigen Sie für diese Position anhand zweier Geschäftsvorfälle die Ursache für die Abweichungen zwischen den Beträgen der Buchführung und der Kosten- und Leistungsrechnung!

3. Begründen Sie, warum für die Position 10 (kalkulatorischer Unternehmerlohn) im Rechnungskreis I kein Betrag ausgewiesen ist, jedoch im Rechnungskreis II!

4. Bei der Besprechung des Jahresergebnisses im Gesellschafterkreis fallen folgende Äußerungen:
   - „Der Betrieb arbeitet unwirtschaftlich.“
   - „Für die Gesellschafter hat sich das letzte Geschäftsjahr überhaupt nicht gelohnt.“
   - „Die Gewinnsituation war im letzten Geschäftsjahr ganz ausgezeichnet. Für die Gesellschafter gibt es keinen Anlass zur Kritik.“

   Nehmen Sie zu jeder dieser Äußerungen unter Beachtung der Ergebnistabelle begründet Stellung!

4 Systeme der Kosten- und Leistungsrechnung

Die Kostenrechnung bedient sich, je nach angestrebtem Ziel, verschiedener **Abrechnungssysteme.**

Vollkostenrechnung	Ziel der Vollkostenrechnung ist es, alle innerhalb einer Abrechnungsperiode angefallenen Kosten den Kostenträgern zuzurechnen. Es wird angestrebt, die Kosten über einen zumindest kostendeckenden Verkaufspreis wiederzuerwirtschaften.
Teilkostenrechnung (Deckungsbeitragsrechnung)	Die Teilkostenrechnung geht vom erzielbaren Marktpreis aus und zieht hiervon zunächst die Kosten ab, die direkt mit der Beschaffung, der Produktion und dem Absatz zusammenhängen (variable Kosten). Ein verbleibender Ertragsüberschuss (Deckungsbeitrag) dient dann dazu, die Kosten, die unabhängig von einem einzelnen Auftrag anfallen (fixe Kosten), abzudecken.
Plankostenrechnung	Eine Plankostenrechnung liegt vor, wenn der Kostenanfall vorausgeplant wird, d.h., es wird für eine Kostenstelle bzw. einen Kostenträger die Kostenhöhe im Voraus berechnet und fest vorgegeben. Die Differenz zwischen den geplanten (vorgegebenen) und den tatsächlich angefallenen Kosten wird gesondert erfasst und stellt ein wichtiges Instrument der Kostenkontrolle dar. Die Plankostenrechnung ist wegen der fest vorgegebenen Kosten eine auf die Zukunft gerichtete Kostenrechnung.
Prozesskostenrechnung[1]	Die Prozesskostenrechnung basiert auf der Überlegung, dass Tätigkeiten (Aktivitäten) Gemeinkosten verursachen. Zusammengehörende Tätigkeiten werden zu Prozessen zusammengefasst. Um die Prozesse organisatorisch erfassen zu können, gehen große Unternehmen vermehrt dazu über, ihre funktionsorientierte (aufgabenorientierte) Unternehmensorganisation auf eine prozessorientierte Organisation umzustellen. Die Folge hieraus ist, dass die Gemeinkosten den betrieblichen Prozessen zugerechnet werden müssen. Dies erfordert eine besondere Form der Kostenrechnung, die Prozesskostenrechnung.

---

[1] Auf die Prozesskostenrechnung wird in diesem Schulbuch eingegangen. Die Prozesskostenrechnung ist jedoch nicht mehr prüfungsrelevant (AkA/IHK-Prüfungs-News Nr. 2/09).

5 Vollkostenrechnung

5.1 Teilbereiche der Vollkostenrechnung

Die Vollkostenrechnung muss im Wesentlichen drei Grundfragen beantworten, wofür jeweils unterschiedliche Teilbereiche der Kostenrechnung zuständig sind.

Welche Kosten sind angefallen?	Diese Frage betrifft die systematische Erfassung aller Kosten, die bei der Erstellung und Verwertung betrieblicher Leistungen (Kostenträger) entstehen. Diese Frage betrifft den Teilbereich der **Kostenartenrechnung.**
An welchen Stellen im Betrieb sind die Kosten angefallen?	Die Beantwortung dieser Frage fällt in den Bereich der **Kostenstellenrechnung.**
Wer hat die Kosten zu tragen?	Bei dieser Frage geht es im Wesentlichen um das Problem der verursachungsgerechten Zurechnung der entstandenen Kosten auf die Kostenträger (Erzeugnisse). Diese Frage betrifft den Teilbereich der **Kostenträgerrechnung.**

5.2 Kostenartenrechnung

Die **Kostenartenrechnung** hat die Aufgabe, alle Kosten einer Abrechnungsperiode nach Arten eindeutig, periodengerecht und vollständig zu erfassen.

5.2.1 Gliederung der Kosten nach der Zurechenbarkeit auf Kostenträger

(1) Einzelkosten (direkte Kosten)

Einzelkosten sind Kosten, die **unmittelbar** einem **einzelnen Erzeugnis** zugerechnet werden können.

> **Beispiel:**
>
> Die wichtigsten **Einzelkosten** sind die **Aufwendungen für Rohstoffe** sowie die **Fertigungslöhne.** Daneben sind zu unterscheiden:
>
> - **Sondereinzelkosten der Fertigung (SEKF):** Das sind Kosten für Sonderfertigungen oder zusätzliche Sonderwünsche der Besteller. Ferner zählen hierzu sonstige auftrags- oder serienweise erfassbare Kosten z. B. für Spezialwerkzeuge, Modelle, Stücklizenzgebühren usw.
>
> - **Sondereinzelkosten des Vertriebs (SEKV):** Das sind insbesondere Vertreterprovisionen, Spezialverpackungen, besondere Transportkosten, Zölle.

(2) Gemeinkosten (indirekte Kosten)

Gemeinkosten sind Kosten, die gemeinsam für alle Erzeugnisse anfallen und daher **nicht unmittelbar** einem **einzelnen Erzeugnis** zugerechnet werden können.

> **Beispiele:**
>
> Gehälter, soziale Abgaben des Arbeitgebers, Mieten, betriebliche Steuern, Energiekosten, Werbe- und Reisekosten, Abschreibungen, Verbrauch von Betriebsstoffen, Verbrauchswerkzeuge, Instandhaltung.

- Die **Einzelkosten** können den Erzeugnissen **direkt** zugeordnet werden.
- **Gemeinkosten** fallen für alle Erzeugnisse gemeinsam an. Sie können den einzelnen Erzeugnissen nur **indirekt** zugerechnet werden.
- **Sondereinzelkosten** sind Kosten, die einzelnen Erzeugnissen, einem Auftrag oder einer Erzeugnisgruppe zugerechnet werden können.

(3) Verhalten der Einzel- und Gemeinkosten bei Änderung der Ausbringungsmenge[1]

Ändert sich die Ausbringungsmenge, so verändern sich auch die Einzel- und Gemeinkosten. In welcher Weise sie sich ändern, hängt vom Einzelfall ab.

- Setzen sich die **Gemeinkosten** aus einem variablen und einem fixen Anteil zusammen, so verändern sich die Gemeinkosten **unterproportional** bei einer **Erhöhung** und **überproportional** bei einem **Rückgang** der Ausbringungsmenge.

  Der Grund ist, dass sich der Fixkostenanteil der Gemeinkosten

> **Beispiel:**
>
> Die Mietkosten für ein Auslieferungslager betragen monatlich 8 000,00 EUR. Werden 16 000 Einheiten einer Ware ausgeliefert, so fallen Mietkosten von 0,50 EUR je Einheit an. Werden nur 10 000 Einheiten ausgeliefert, betragen die Mietkosten je Einheit 0,80 EUR.

- bei einer **höheren Ausbringungsmenge** auf mehr Erzeugnisse verteilt, d. h., der **Gemeinkostenanteil pro Erzeugnis sinkt.**
- bei einer **geringeren Ausbringungsmenge** auf weniger Erzeugnisse verteilt, d. h., der **Gemeinkostenanteil pro Erzeugnis steigt.**

- **Einzelkosten** sind in der Regel voll variabel.

  Sie können allerdings auch einen Fixkostenanteil enthalten. In diesem Fall ergeben sich für die Einzelkosten die gleichen Auswirkungen wie für die Gemeinkosten.

> **Beispiele:**
>
> - Werden für einen Mantel 2,5 m Stoff benötigt, so sind es bei zwei Mäntel des gleichen Modells 5 m Stoff.
> - Mehrfacher Import von Fertigungsmaterial, für den eine einmalige Einfuhrgenehmigung erforderlich ist.

Für dieses Schulbuch wird vorausgesetzt:

- Die **Einzelkosten** sind variabel.
- Die **Gemeinkosten** können sowohl **fixe** als auch **variable Anteile** enthalten.

---

1 Zu den fixen und variablen Kosten vgl. die Ausführungen auf S. 161 f.

5.2.2 Gliederung der Kosten bei Änderung der Ausbringungsmenge (Beschäftigung)

5.2.2.1 Kapazität und Beschäftigungsgrad

Jedes Unternehmen ist bezüglich seiner räumlichen, technischen und personellen Ausstattung auf eine bestimmte Ausbringungsmenge festgelegt. Diese Ausbringungsmenge je Zeiteinheit (Tag, Monat, Jahr) nennt man **Kapazität.** Von der Kapazität ist die tatsächliche Ausbringungsmenge zu unterscheiden, die man in einem Prozentsatz zur Kapazität angibt. Diesen Prozentsatz nennt man **Beschäftigungsgrad.**

■ **Kapazität** ist die Ausbringungsmenge, die bei gegebener Ausstattung erreichbar ist.[1] An der Kapazitätsgrenze beträgt der Beschäftigungsgrad 100 %.

■ Der **Beschäftigungsgrad (Kapazitätsausnutzungsgrad)** drückt das prozentuale Verhältnis der tatsächlichen Ausbringungsmenge **(Beschäftigung)** zur Kapazität aus.

$$\text{Beschäftigungsgrad} = \frac{\text{tatsächliche Ausbringungsmenge} \cdot 100}{\text{Kapazität}}$$

Beispiel:

Die Kapazität beträgt pro Monat 8000 Stück eines Erzeugnisses. Im Monat Mai betrug die tatsächliche Ausbringungsmenge 6000 Stück.

Aufgabe:

Berechnen Sie den Beschäftigungsgrad in Prozent!

Lösung:

$$\text{Beschäftigungsgrad} = \frac{6000 \cdot 100}{8000} = \underline{\underline{75\,\%}}$$

5.2.2.2 Auswirkungen der Ausbringungsmengenänderung auf die Kosten

Betrachtet man die Gesamtkosten einer Geschäftsperiode, so stellt man fest, dass sich ein Teil der Kosten bei einer Veränderung der Ausbringungsmenge nicht verändert, andere Kosten sich jedoch verändern. Es sind daher zwei Arten von Kosten zu unterscheiden: die **fixen Kosten** und die **variablen Kosten.**

(1) Auswirkungen einer Veränderung der Ausbringungsmenge auf das Verhalten von fixen Kosten

Fixe Kosten sind Kosten, die sich bei einer Änderung der Ausbringungsmenge in **ihrer absoluten Höhe nicht verändern.** ✗

---

1 Unter **Kapazität** versteht man die technisch bedingte obere Leistungsgrenze eines Betriebes, also die höchste Ausbringungsmenge (maximale Beschäftigung).

11 Speth u.a. - ISBN 978-3-8120-0521-0

■ **Absolut fixe Kosten**

Gesamtbetrachtung. Absolut fixe Kosten (K_{fix}) verändern sich von der Ausbringungsmenge 0 bis zur Kapazitätsgrenze nicht.

> **Beispiele:**
>
> Miete, Abschreibungen, Gehälter, Löhne für die Überwachung des Betriebs, Abschreibungen, Grundsteuern.

Stückbetrachtung. Bezieht man die angefallenen Fixkosten auf ein einzelnes Stück (k_{fix}), so ergibt sich folgender Zusammenhang: Erhöht man die Menge an Ausbringungseinheiten, dann verteilt sich der konstant hohe Block an Fixkosten auf eine größere Menge, d. h., die Fixkosten pro Stück sinken. Eine sinkende Ausbringungsmenge hat die entsprechend umgekehrte Wirkung.

$$\text{Fixkosten je Leistungseinheit } (k_{fix}) = \frac{\text{Fixkosten der Periode } (K_{fix})}{\text{Anzahl der Ausbringungseinheiten}}$$

Beispiel:

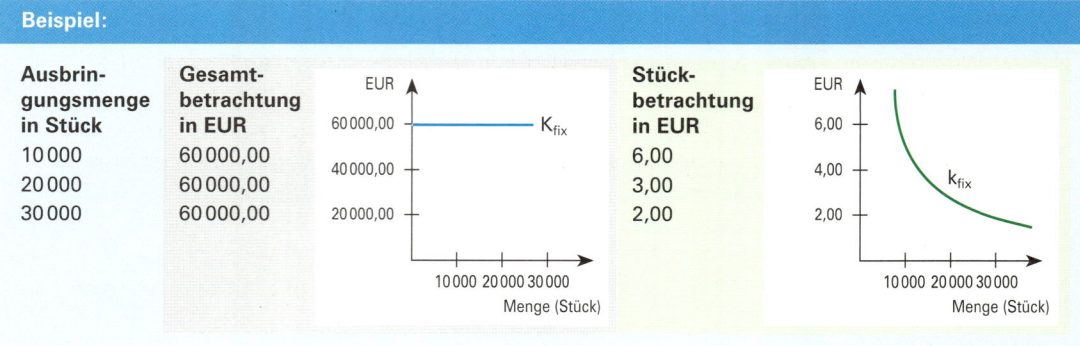

Ausbringungsmenge in Stück	Gesamtbetrachtung in EUR		Stückbetrachtung in EUR	
10 000	60 000,00		6,00	
20 000	60 000,00		3,00	
30 000	60 000,00		2,00	

Schlussfolgerung: Ausbringungsmenge und Fixkosten je Stück verlaufen zueinander in entgegengesetzter Richtung.

 Die **absolut fixen Kosten** bleiben **bis zur neuen Kapazitätsgrenze** trotz Änderung der Ausbringungsmenge **absolut gleich**.

■ **Relativ fixe Kosten (sprungfixe Kosten)[1]**

Soll die Ausbringungsmenge gesteigert werden, dann erreicht sie irgendwann einen Punkt, von dem ab sie mit der vorhandenen technischen Ausstattung bzw. den beschäftigten Mitarbeitern nicht mehr erhöht werden kann. Es müssen neue Maschinen gekauft, zusätzliche Mitarbeiter eingestellt und/oder eine neue Fabrikhalle angemietet werden. In diesem Fall erhöhen sich die fixen Kosten sprunghaft. Die zusätzlich entstehenden Kosten nennt man **relativ fixe Kosten**.

Die relativ fixen Kosten (sprungfixe Kosten) bleiben ebenfalls nur innerhalb einer bestimmten Ausbringungsmenge konstant.

---

1 Man spricht auch von **intervallfixen Kosten**.

Beispiel:

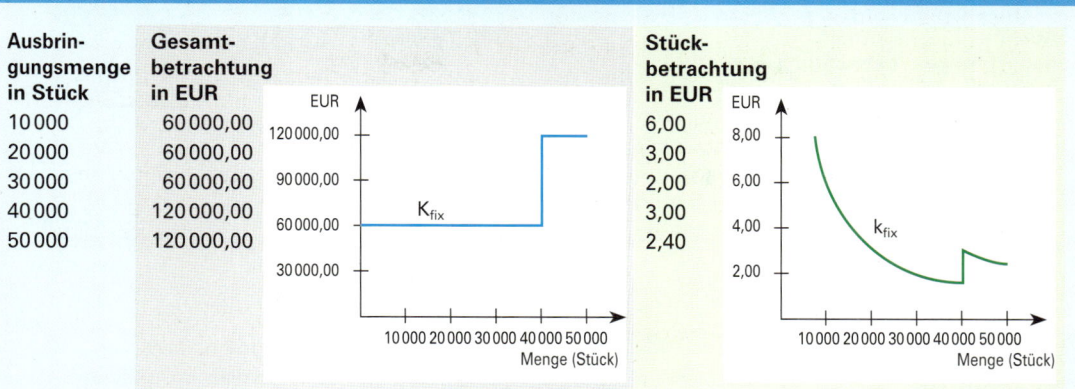

Ausbringungsmenge in Stück	Gesamtbetrachtung in EUR	Stückbetrachtung in EUR
10 000	60 000,00	6,00
20 000	60 000,00	3,00
30 000	60 000,00	2,00
40 000	120 000,00	3,00
50 000	120 000,00	2,40

- Wird die Kapazitätsgrenze überschritten, springen die absolut fixen Kosten auf ein neues Niveau.

- Die auf eine Ausbringungseinheit umgerechneten fixen Kosten verringern sich bei steigender Ausbringungsmenge und erhöhen sich bei rückläufiger Ausbringungsmenge.

(2) Auswirkungen einer Veränderung der Ausbringungsmenge auf das Verhalten von variablen Kosten

Variable Kosten sind Kosten, die sich bei Änderung der Ausbringungsmenge in ihrer **absoluten Höhe verändern**.

- **Proportionale Kosten**

Gesamtbetrachtung. Die proportionalen Kosten (K_v) verändern sich im gleichen Verhältnis wie die Ausbringungsmenge.

Stückbetrachtung. Bezieht man die Summe der proportionalen Kosten einer Periode auf eine Ausbringungseinheit (k_v), dann ist der Anteil, der auf eine Ausbringungseinheit entfällt, bei jeder Ausbringungsmenge gleich hoch.

Beispiele:

Fertigungsmaterial, Fertigungslöhne, Provisionen.

$$\text{Proportionale Kosten je Produktionseinheit } (k_v) = \frac{\text{Summe der proportionalen Kosten } (K_v)}{\text{Ausbringungseinheiten}}$$

Beispiel:

Ausbringungsmenge in Stück	Gesamtbetrachtung in EUR		Stückbetrachtung in EUR	
10 000	50 000,00		5,00	
20 000	100 000,00		5,00	
30 000	150 000,00		5,00	

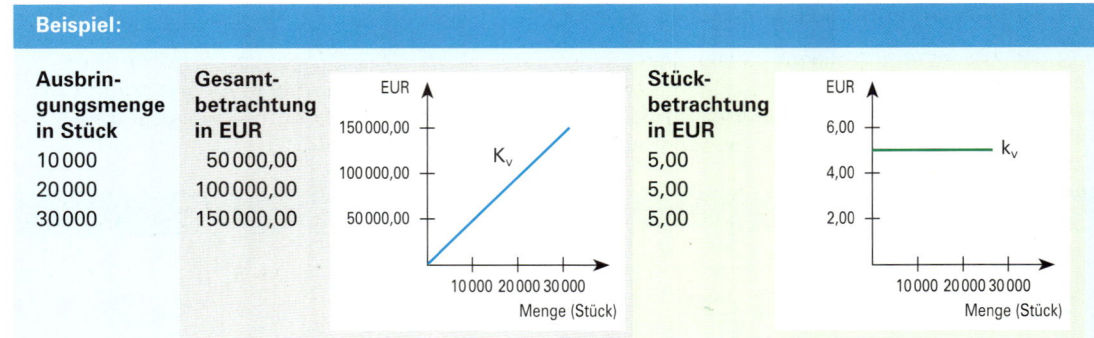

- In der Gesamtbetrachtung verändern sich die **proportionalen Kosten** im gleichen Verhältnis wie die Ausbringungsmenge.
- Auf eine Ausbringungseinheit (z. B. auf ein Stück) bezogen, bleiben die proportionalen **Kosten konstant.**

- **Überproportionale (progressive) Kosten**

Diese Kosten steigen stärker an als die Ausbringungsmenge. Das ist häufig der Fall bei Überbeschäftigung. Beispiele für überproportionale Kosten sind Überstundenlöhne, erhöhter Energieverbrauch, Reparaturkosten und Abschreibungen aufgrund der Überbeanspruchung der Maschinen.

Beispiel:

Ausbringungsmenge in Stück	Gesamtbetrachtung in EUR		Stückbetrachtung in EUR	
10 000	50 000,00		5,00	
20 000	120 000,00		6,00	
30 000	300 000,00		10,00	

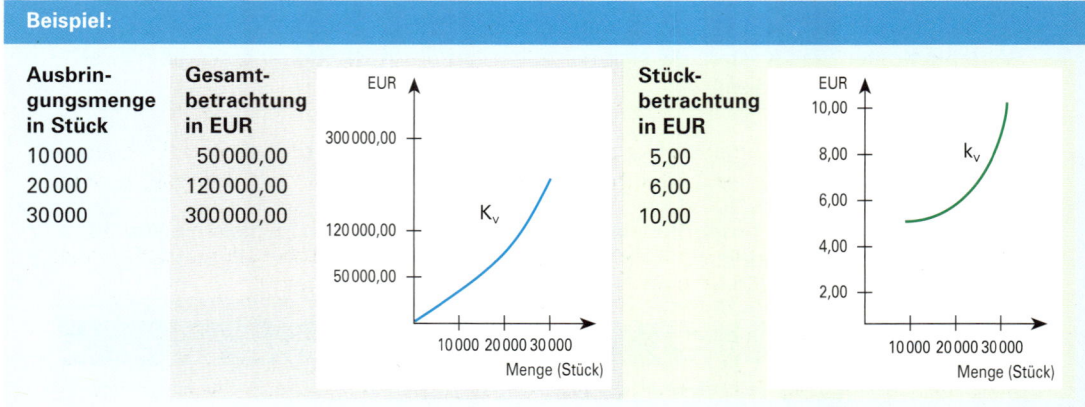

Überproportionale (progressive) variable Kosten steigen sowohl in der Gesamtbetrachtung als auch in der Stückbetrachtung stärker an als die Ausbringungsmenge.

■ Unterproportionale (degressive) Kosten

Die unterproportionalen Kosten steigen geringer als die Ausbringungsmenge an. Die Gründe dafür liegen z. B. in günstigeren Einkaufsmöglichkeiten für das Material und/oder Steigerung der Produktivität dadurch, dass mit steigender Ausbringungsmenge effizientere Fertigungsverfahren verwendet werden.

Beispiel:

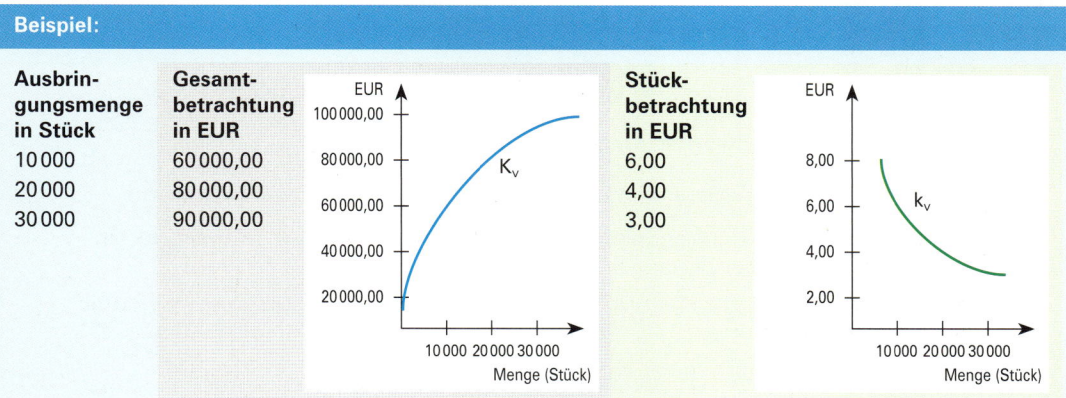

Ausbringungsmenge in Stück	Gesamtbetrachtung in EUR
10 000	60 000,00
20 000	80 000,00
30 000	90 000,00

Stückbetrachtung in EUR
6,00
4,00
3,00

- In der Gesamtbetrachtung verändern sich die unterproportional verlaufenden Kosten in einem schwächeren Maße als die Ausbringungsmenge.
- Bei einem unterproportionalen Verlauf der variablen Kosten sinken die Stückkosten bei steigender Ausbringungsmenge mit immer geringerer Rate **(Degressionseffekt der fixen Kosten)**.

5.2.2.3 Mischkosten

Es gibt Kostenarten, die zugleich fixe und variable Kostenanteile enthalten, z. B. Telefonkosten (Anschlussgebühr + Tarifeinheiten) oder Energiekosten (Grundentgelt + Verbrauchsentgelt).

Zur Trennung genügt es – unter der **Annahme eines linearen Gesamtkostenverlaufs** –, die Gesamtkosten von mindestens zwei Ausbringungsmengen zu kennen.

Beispiel:

In einem Industriebetrieb fielen in den Monaten Oktober und November folgende Ausbringungsmengen und Gesamtkosten an:

Monat	Ausbringungsmenge	Gesamtkosten
Oktober	800 Stück	34 000,00 EUR
November	1 000 Stück	40 000,00 EUR

Aufgabe:
Berechnen Sie die variablen Stückkosten und die fixen Gesamtkosten in den beiden Monaten!

Lösung:

Die Zunahme der Kosten im Monat November um 6000,00 EUR bei einer Erhöhung der Ausbringungsmenge um 200 Stück kann nur auf einen Anstieg des variablen Teils der Gesamtkosten zurückzuführen sein.

Berechnung der variablen Stückkosten (k_v):

$$\text{Variable Stückkosten } (k_v) \ = \ \frac{K_2 - K_1}{x_2 - x_1} \text{ oder } \frac{\text{Kostendifferenz } (\Delta K)}{\text{Mengenänderung } (\Delta x)}$$

$$= \ \frac{40\,000 - 34\,000}{1\,000 - 800} = \frac{6\,000}{200} = \underline{30{,}00 \text{ EUR/Stück}}$$

Berechnung der fixen Gesamtkosten (K_{fix}):

$$\text{Fixe Gesamtkosten } = \text{ Gesamtkosten} - (\text{Ausbringungsmenge} \cdot \text{variable Stückkosten})$$

$$= \ 34\,000{,}00 \text{ EUR} - (800 \text{ Stück} \cdot 30{,}00 \text{ EUR/Stück}) \ = \ \underline{10\,000{,}00 \text{ EUR}}$$

Probe:

Gesamtkosten bei 1000 Stück:

$K = K_{fix} + k_v \cdot x$

$K = 10\,000{,}00 + 30{,}00 \cdot 1\,000 = \underline{40\,000{,}00 \text{ EUR}}$

<u>**Ergebnis:**</u>

Die variablen Stückkosten betragen 30,00 EUR, die fixen Gesamtkosten 10000,00 EUR.

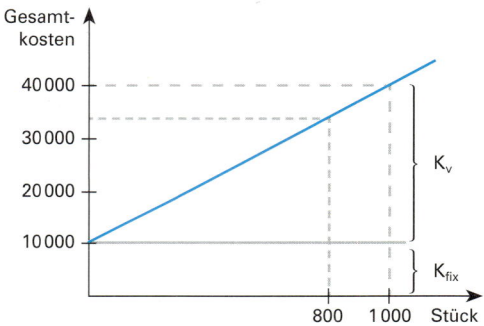

 Mischkosten sind **Gemeinkosten,** die **fixe** und **variable Kostenanteile** aufweisen.

5.2.3 Gliederung der Kosten nach der zeitlichen Erfassung

(1) Istkosten ✓

 Istkosten sind die **tatsächlich angefallenen Kosten** einer **abgelaufenen Rechnungsperiode**.

Werden die Istkosten auf die in der gleichen Abrechnungsperiode hergestellten und verkauften Erzeugnisse weiterverrechnet, dann wirken sich alle Zufallsschwankungen, denen die Kosten unterliegen können (z.B. Preisschwankungen auf den Rohstoffmärkten, erhöhter Ausschuss, Großreparaturen, erhöhter Energieverbrauch, Überstunden usw.), auf die Preiskalkulation in dieser Rechnungsperiode aus.

(2) Normalkosten ⋋

 Normalkosten sind **Durchschnittswerte der Istkosten** mehrerer Abrechnungsperioden.

Die Durchschnittswerte gleichen die im Zeitablauf auftretenden Schwankungen der Kosten aus. Außerdem werden in die Normalkosten in der Regel auch zukünftig zu erwartende Schwankungen der Kosten (z. B. Lohnsteigerungen, Steigerung von Rohstoffpreisen) eingerechnet. Angebote werden überwiegend zu Normalkosten kalkuliert **(Vorkalkulation)**. Durch den Vergleich der Normalkosten mit den Istkosten lässt sich die Kostenentwicklung in einer Rechnungsperiode kontrollieren **(Nachkalkulation)**.

Übungsaufgaben

71   Kostenarten

1. Beschreiben Sie die Aufgaben der Kostenartenrechnung!

2. 2.1 Nennen Sie das Kriterium, nach welchem die Aufgliederung der Kosten in Einzel- und Gemeinkosten erfolgt!

    2.2 Erklären Sie an zwei Beispielen den Unterschied zwischen Einzel- und Gemeinkosten!

    2.3 Erläutern Sie, warum die Unternehmen möglichst viele Kostenarten als Einzelkosten zu erfassen versuchen!

    2.4 Ordnen Sie die folgenden Kostenarten den Einzelkosten bzw. Gemeinkosten zu!

    Miete für den Ausstellungsraum, Aufwendungen für Rohstoffe, Kraftfahrzeugsteuer, freiwillige soziale Aufwendungen, Gehälter, Aufwendungen für Handelswaren, bilanzielle Abschreibungen, Werbeanzeigekosten für ein Sonderangebot, Zustellentgelt für die Lieferungen der Erzeugnisse an die Kunden, Provisionsaufwendungen, Aufwendungen für Betriebsstoffe, kalkulatorische Abschreibungen.

3. Nennen Sie die Kostenarten, die fixe Kosten sind!

    Frachtkosten beim Verkauf von Erzeugnissen, linearer Abschreibungsbetrag für die Lagerausstattung, Bankzinsen für einen Kontokorrentkredit, Bezugskosten beim Einkauf von Betriebsstoffen, Miete für ein Großlager, Aufwendungen für Rohstoffe, Gehälter, Vertreterprovision, Verpackungs- und Transportkosten.

4. Die variablen Kosten für eine Erzeugnisgruppe betragen bei einem Absatz von 2 600 Stück 23 140,00 EUR. Die fixen Kosten der Erzeugnisgruppe betragen bis zu einem Umsatz von 2 800 Stück 8 500,00 EUR. Der Listenverkaufspreis beträgt je Stück 14,80 EUR. Der Verlauf der variablen Kosten ist proportional.

    Aufgaben:

    4.1 Berechnen Sie den Betriebsgewinn/Betriebsverlust bei einem Absatz von

        4.1.1   1 200 Stück bzw.

        4.1.2   2 500 Stück!

    4.2 Berechnen Sie die jeweiligen Stückkosten!

5. Erklären Sie die Aussage des nebenstehenden Schemas!

fixe Kosten (K_{fix})	Gemeinkosten
variable Kosten (K_v)	Einzelkosten

6. Erläutern Sie den Unterschied zwischen Ist- und Normalkosten!

7. Die Verwendung der Istkosten eignet sich vor allem für die Nachkalkulation, die der Normalkosten dagegen für die Vorkalkulation.

    Aufgabe:

    Verdeutlichen Sie diese Aussage!

72 Kostenverläufe, Problem der Fixkosten

Aus der Kosten- und Leistungsrechnung eines Industrieunternehmens sind die folgenden vier typischen Kostenverläufe entnommen:

verkaufte Menge	(1) fixe Kosten		(2) proportionale Kosten		(3) unterproportionale Kosten		(4) progressive Kosten	
	gesamt	Stück	gesamt	Stück	gesamt	Stück	gesamt	Stück
0	400,00		–		–		–	
100	400,00		50,00		50,00		50,00	
200	400,00		100,00		90,00		100,00	
300	400,00		150,00		125,00		150,00	
400	400,00		200,00		155,00		220,00	
500	400,00		250,00		175,00		300,00	
600	400,00		300,00		190,00		400,00	

Aufgaben:

1. Übertragen Sie die Tabelle in Ihr Heft und berechnen Sie die Kosten für die restlichen Kostenarten!

2. Nennen Sie je zwei Beispiele für die aufgeführten Kostenverläufe!

3. Stellen Sie den Verlauf der vier Kostenarten (Gesamtkosten und Stückkosten) jeweils in einem Koordinatensystem grafisch dar!

4. Bei modernen Industriebetrieben ist der Anteil der fixen Kosten an den Gesamtkosten in der Regel hoch.

   4.1 Recherchieren Sie, worauf dieser Sachverhalt zurückzuführen ist!

   4.2 Beschreiben Sie, welche Auswirkungen das plötzliche Ausbleiben von Aufträgen auf den Verlauf der fixen Kosten hat!

5. Die Bayerischen Wollwerke GmbH haben für einen Zweigbetrieb eine lineare Kostenstruktur ermittelt:

   Die Fixkosten betragen 45 000,00 EUR/Monat. Die Gesamtkosten belaufen sich bei einer Ausbringungsmenge von 5 000 Einheiten auf 85 000,00 EUR.

   Aufgaben:

   5.1 Berechnen Sie die Gesamtkosten! Verwenden Sie dazu die angegebene Tabelle!

   5.2 Nennen Sie die Kostenfunktion!

   5.3 Ermitteln Sie die Gesamtkosten, wenn die Bayerischen Wollwerke GmbH für den kommenden Monat eine Ausbringungsmenge von 3 800 m Kleiderstoffe planen!

Kleiderstoffe (Ausbringungsmenge in m)	K_{fix}	K_v	K
1 000			
2 000			
3 000			
4 000			
5 000			

5.3 Kostenstellenrechnung

5.3.1 Begriff und Aufgaben der Kostenstellenrechnung

Produziert ein Unternehmen mehrere Erzeugnisse, so hat die Kostenrechnung die Aufgabe, die **anfallenden Gemeinkosten** am Ort ihrer Entstehung **zu erfassen** und auf die einzelnen Erzeugnisse **(Kostenträger) verursachungsgerecht zuzurechnen.** Damit wird erreicht, dass den einzelnen Erzeugnissen und Dienstleistungen der Anteil an Gemeinkosten zugerechnet wird, den diese verursacht haben. Die Zurechnung erfolgt mithilfe von **Zuschlagssätzen.** Mit der Erfassung der Gemeinkosten verbunden ist eine **Kostenkontrolle.**

Die Erfassung, Zurechnung und Kontrolle der Gemeinkosten übernimmt die **Kostenstellenrechnung.**

- Die **Kostenstellenrechnung** erfasst die Gemeinkostenarten an den Stellen im Betrieb, an denen sie entstanden sind.
- Eine **Kostenstelle** ist ein Teilbereich eines Betriebs zur Erfassung der Gemeinkosten am Ort ihrer Entstehung.
- Die **Kostenstellenrechnung**
  - bereitet durch die Ermittlung von Zuschlagssätzen eine angemessene **Verrechnung der Gemeinkosten auf die Kostenträger** vor.
  - ermöglicht eine **wirksame Kontrolle** der in den einzelnen Teilbereichen des Betriebs angefallenen Gemeinkosten.

5.3.2 Kriterien für die Bildung von Kostenstellen

(1) Grundlegendes

Die Bildung von Kostenstellen kann nach **verschiedenen Kriterien** erfolgen.

- **Räumlich-geografische Gesichtspunkte**

Hier werden räumliche bzw. geografisch abgegrenzte Betriebsteile als Kostenstelle erfasst.

Beispiele:

Halle I, Halle II, Filiale Dresden, Filiale Hamburg, Werkstatt I, Werkstatt II.

- **Funktionsbereiche**

Hier werden gleichartige Arbeitsgänge zu einer Kostenstelle zusammengefasst.

Beispiele:

Material-, Fertigungs-, Verwaltungs- und Vertriebskostenstelle.

- **Verantwortungsbereiche**

Hier werden Organisationseinheiten zu Kostenstellen zusammengefasst. Damit wird ermöglicht, den Kostenstellenleiter für die angefallenen Kosten verantwortlich zu machen.

Beispiele:

Abteilung, Produktgruppe, Beschaffung, Werk, Vertrieb.

(2) Funktionsbereiche als Kriterium für die Bildung von Kostenstellen

Die Leistungserstellung eines Industriebetriebs vollzieht sich im Wesentlichen in den folgenden **vier Funktionsbereichen (Kostenbereichen):**

Material	z. B. Einkauf, Werkstoffabnahme, Werkstoffprüfung, Lagerung der Werkstoffe
Fertigung	z. B. Holzverarbeitung, Metallverarbeitung, Fräserei, Montage
Verwaltung	z. B. Personal, Buchhaltung, Kalkulation, Import und Export
Vertrieb	z. B. Verkauf, Werbung, Fertiglager, Versand

Jedem Kostenbereich können **Teilbereiche** zugeordnet werden. So zählen z. B. zum Kostenbereich

Material

- Einkauf
- Werkstoffabnahme und -prüfung
- Materialverwaltung und Lagerung
- Materialausgabe

5.3.3 Durchführung der Kostenstellenrechnung mithilfe des Betriebsabrechnungsbogens (BAB)

5.3.3.1 Begriff und Aufbau des Betriebsabrechnungsbogens

Technisches Mittel für die ordnungsmäßige Erfassung der angefallenen Gemeinkosten und ihre Verrechnung auf die Kostenstellen und die Kostenträger ist der **Betriebsabrechnungsbogen.**

> Der **Betriebsabrechnungsbogen (BAB)** ist eine tabellarische Form der Kostenstellenrechnung.

Der **Betriebsabrechnungsbogen** hat folgende Grundstruktur:

Auf der rechten Hälfte des BABs werden horizontal die **einzelnen Kostenstellen** angeordnet. Auf der linken Seite werden vertikal die von der Kostenartenrechnung übernommenen **Gemeinkosten** aufgelistet. Bei der Verteilung der Gemeinkosten auf die Kostenstellen wird in einer Zwischenspalte ein Hinweis darauf gegeben, auf welcher Grundlage die Verteilung der jeweiligen Gemeinkostenart auf die verschiedenen Kostenstellen erfolgen soll. Man spricht daher auch von **Verteilungsgrundlage** bzw. von **Verteilungsschlüssel.**

Gemein-kostenarten	EUR	Verteilungs-grundlage	Kostenstellen			
			Material	Fertigung	Verwaltung	Vertrieb

5.3.3.2 Problem der Verrechnung der Gemeinkosten auf die Kostenstellen

(1) Direkte Verrechnung (Kostenstelleneinzelkosten[1])

Es gibt Gemeinkosten, die einen direkten Bezug zu den einzelnen Kostenstellen haben und sich daher auch direkt auf die einzelnen Kostenstellen verrechnen lassen. Man nennt sie **Kostenstelleneinzelkosten.**

Beispiele:	
■ Gehälter, Sozialkosten mithilfe von Gehaltslisten.	■ Materialgemeinkosten mithilfe von Materialentnahmescheinen.
■ Stromkosten mithilfe von Zählern.	■ Instandhaltung anhand von Belegen.
■ Abschreibungen einzelner Anlagegüter mittels Anlagendatei.	

(2) Indirekte Verrechnung (Kostenstellengemeinkosten[1])

Bei einem großen Teil der Gemeinkosten wird eine direkte Verrechnung nicht möglich sein. Dann bleibt nur noch die Möglichkeit, die angefallenen Kosten mithilfe eines **Verteilungsschlüssels** auf die einzelnen Kostenstellen umzulegen. Dabei hängt die verursachungsgerechte Verteilung von der Wahl eines verursachungsgerechten Verteilungsschlüssels ab.

Der Verteilungsschlüssel sollte so gewählt werden, dass ein hohes Maß an Abhängigkeit zwischen dem Verteilungsschlüssel und den zu verrechnenden Kosten besteht. Im Idealfall – und der wird hier unterstellt – ist die Abhängigkeit proportional.

Beispiele:
■ Miete nach m^2.
■ Heizung nach m^3.
■ Kfz-Kosten nach km.
■ Unfallversicherung nach Anzahl der Beschäftigten je Kostenstelle.

- ■ Der **BAB** ist ein abrechnungstechnisches Hilfsmittel für die Verteilung der **Gemeinkosten** auf die einzelnen Kostenstellen.
- ■ Die **Verteilung der Gemeinkosten** erfolgt entweder
  - ■ direkt aufgrund der einer Kostenstelle zurechenbaren Belege **(Kostenstelleneinzelkosten)** oder
  - ■ indirekt über Verteilungsschlüssel **(Kostenstellengemeinkosten).**
- ■ Der **BAB baut auf der Kostenartenrechnung** auf.

---

[1] Man spricht auch abgekürzt von **Stelleneinzelkosten** und **Stellengemeinkosten**.

Übungsaufgabe

73 Grundlagen der Kostenstellenrechnung

1. Nennen Sie die wichtigsten Aufgaben der Kostenstellenrechnung!
2. Erläutern Sie die Begriffe Kostenstelle und Kostenbereich!
3. Nennen Sie Kriterien, die Sie bei der Bildung von Kostenstellen beachten sollten!
4. Begründen Sie, warum die Gemeinkosten auf die Kostenstellen verteilt werden!
5. Grenzen Sie die Kostenstelleneinzelkosten von den Kostenstellengemeinkosten ab!
6. Beschreiben Sie den Fall, der eintreten würde, wenn die Gemeinkosten nicht verursachungsgemäß auf die verschiedenen Produkte zugerechnet werden würde!
7. Nennen Sie beispielhaft vier Gemeinkosten und geben Sie dafür die mögliche Verteilungsgrundlage an!
8. Formulieren Sie den Grundsatz, der bei der Wahl eines Verteilungsschlüssels beachtet werden muss!

5.3.4 Aufstellung eines einstufigen Betriebsabrechnungsbogens

5.3.4.1 Wahl der Zuschlagsgrundlagen (Bezugsgrößen)

Die Festlegung der verursachungsgerechten Zuschlagsgrundlagen ist maßgebend für die richtige Verrechnung der angefallenen Gemeinkosten auf die Kostenträger. In der Regel greift man in der Praxis auf **Wertgrößen** zurück.

Es ist z. B. in der Praxis üblich, die im Materialbereich anfallenden Gemeinkosten **(Materialgemeinkosten)** entsprechend dem **Verbrauch an Fertigungsmaterial,** die in der Fertigung anfallenden Gemeinkosten **(Fertigungsgemeinkosten)** entsprechend den **Fertigungslohnkosten** auf die einzelnen Kostenträger zu verrechnen. Dabei werden die jeweiligen Gemeinkosten in Prozenten zu den gewählten Zuschlagsgrundlagen ausgedrückt und mit diesen Zuschlagssätzen werden die einzelnen Gemeinkostenarten bei der Kalkulation erfasst.

Während zwischen Materialgemeinkosten und Materialeinzelkosten sowie zwischen Fertigungsgemeinkosten und Fertigungseinzelkosten eine Abhängigkeit unterstellt werden kann, ist die Wahl der Zuschlagsgrundlage für die **Verwaltungs- und Vertriebsgemeinkosten** wesentlich problematischer. In Ermangelung geeigneter Bezugsgrößen wählt man für diese Gemeinkosten als gemeinsame Zuschlagsgrundlage die **Herstellkosten der Rechnungsperiode (Herstellkosten der Produktion).**

5.3.4.2 Ermittlung der Gemeinkostenzuschlagssätze ohne Berücksichtigung der Bestandsveränderungen

Beispiel:

Die Kostenartenrechnung eines Industriebetriebs weist für den Monat Januar folgende Kosten aus:

Verbrauch von			
Fertigungsmaterial	85 000,00 EUR	Sozialkosten	1 300,00 EUR
Hilfsstoffkosten	6 000,00 EUR	Instandhaltung	11 500,00 EUR
Betriebsstoffkosten	4 000,00 EUR	Betriebssteuern	2 500,00 EUR
Fertigungslöhne	56 600,00 EUR	Kalk. Abschreibungen	12 000,00 EUR
Gehälter	9 000,00 EUR	Energiekosten	3 000,00 EUR
		Sonstige Kosten	4 800,00 EUR

Bezugsgrößen für die Gemeinkosten:
- Die Materialgemeinkosten sind auf den Verbrauch von Fertigungsmaterial zu beziehen.
- Die Fertigungsgemeinkosten sind auf die Fertigungslöhne zu beziehen.
- Die Verwaltungs- und Vertriebsgemeinkosten sind auf die Herstellkosten der Rechnungsperiode zu beziehen.

Für die Erstellung des BAB ist folgender Verteilungsschlüssel zu verwenden:

Gemeinkostenarten	I. Material	II. Fertigung	III. Verwaltung	IV. Vertrieb
Hilfsstoffkosten lt. Entnahmescheinen	1 800,00	3 000,00	–	1 200,00
Betriebsstoffkosten lt. Entnahmescheinen	900,00	2 300,00	100,00	700,00
Gehälter lt. Gehaltsliste	400,00	1 000,00	5 400,00	2 200,00
Sozialkosten	1	2	7	3
Instandhaltung lt. Arbeitsstunden	20	84	2	9
Betriebssteuern	–	4	1	–
Kalk. Abschreibungen	1	7	3	1
Energiekosten lt. kWh	4 000	40 000	10 000	6 000
Sonstige Kosten lt. Belegen	1	6	2	3

Aufgaben:
1. Verteilen Sie aufgrund der angegebenen Verteilungsschlüssel die Gemeinkosten auf die einzelnen Kostenstellen!
2. Ermitteln Sie für jede Kostenstelle die Zuschlagssätze für die Gemeinkosten!
3. Ermitteln Sie die Selbstkosten der Rechnungsperiode (Monat: Januar)!

Lösungen:

Zu 1.: Verteilung der Gemeinkosten mithilfe des Betriebsabrechnungsbogens (BAB)

| Gemeinkostenarten | Zahlen
der KLR | Verteilungs-
schlüssel | Kostenstellen | | | |
			I. Material	II. Fertigung	III. Verwaltung	IV. Vertrieb
Hilfsstoffkosten	6 000,00	Entnahmescheine	1 800,00	3 000,00	–	1 200,00
Betriebsstoffkosten	4 000,00	Entnahmescheine	900,00	2 300,00	100,00	700,00
Gehälter	9 000,00	Gehaltsliste	400,00	1 000,00	5 400,00	2 200,00
Sozialkosten	1 300,00	1 : 2 : 7 : 3	100,00	200,00	700,00	300,00
Instandhaltung	11 500,00	Arbeitsstunden	2 000,00	8 400,00	200,00	900,00
Betriebssteuern	2 500,00	0 : 4 : 1 : 0	–	2 000,00	500,00	–
Kalk. Abschreibungen	12 000,00	1 : 7 : 3 : 1	1 000,00	7 000,00	3 000,00	1 000,00
Energiekosten	3 000,00	Kilowatt-Std.	200,00	2 000,00	500,00	300,00
Sonst. Kosten	4 800,00	1 : 6 : 2 : 3	400,00	2 400,00	800,00	1 200,00
Summe der Gemeinkosten	54 100,00	aufge- schlüsselt	6 800,00	28 300,00	11 200,00	7 800,00
	Zuschlagsgrundlagen: Verbrauch v. Fertigungsmat. Fertigungslöhne Herstellkosten der Rechnungs- periode		85 000,00	56 600,00	176 700,00	176 700,00
	Zuschlagssätze[1]		8 %	50 %	6,34 %	4,41 %

1 Mit diesen Zuschlagssätzen werden im Rahmen der Kalkulation die Gemeinkosten erfasst.

Zu 2.: Ermittlung der Zuschlagssätze

■ **Zuschlagssatz für die Materialgemeinkosten**

Es wird unterstellt, dass die Materialgemeinkosten (MGK) vom Verbrauch an Fertigungsmaterial abhängen. Daher werden die MGK für ihre Verrechnung auf die Kostenträger in Prozenten zum Verbrauch von Fertigungsmaterial angegeben.

Verbrauch von Fertigungsmaterial	85 000,00 EUR $\triangleq$ 100 %	$x = \dfrac{6\,800 \cdot 100}{85\,000} = \underline{\underline{8\,\%}}$
MGK	6 800,00 EUR $\triangleq$ x %	

Der MGK-Zuschlagssatz von 8 % besagt, dass immer dann, wenn für 100,00 EUR Fertigungsmaterial verbraucht wurde, parallel und gleichzeitig 8,00 EUR Gemeinkosten im Materialbereich (z. B. Einkauf, Warenabnahme ...) anfallen.

$$\text{MGK-Zuschlagssatz} = \frac{\text{Materialkosten} \cdot 100}{\text{Verbrauch von Fertigungsmaterial}}$$

■ **Zuschlagssatz für die Fertigungsgemeinkosten**

Die Fertigungsgemeinkosten werden auf die aufgewendeten Fertigungslöhne bezogen. Dabei wird unterstellt, dass die anfallenden Fertigungsgemeinkosten von der Höhe der aufgewendeten Fertigungslöhne abhängen. Dies ist in der Praxis nur **bedingt der Fall,** und zwar insbesondere dann nicht, wenn der Betrieb maschinenintensiv ist.

Fertigungslöhne	56 600,00 EUR $\triangleq$ 100 %	$x = \dfrac{28\,300 \cdot 100}{56\,600} = \underline{\underline{50\,\%}}$
FGK	28 300,00 EUR $\triangleq$ x %	

$$\text{FGK-Zuschlagssatz} = \frac{\text{Fertigungsgemeinkosten} \cdot 100}{\text{Fertigungslöhne}}$$

In maschinenintensiven Betrieben werden in der Praxis in aller Regel die maschinenabhängigen Kosten gesondert erfasst und dafür Maschinenstundensätze errechnet.

■ **Zuschlagssatz für die Verwaltungsgemeinkosten**

Bei den Verwaltungs- und Vertriebsgemeinkosten wird eine Abhängigkeit von der Höhe der Herstellkosten der Rechnungsperiode unterstellt.

Berechnung der Herstellkosten der Rechnungsperiode

Verbrauch von Fertigungsmaterial	85 000,00 EUR	
+ Materialgemeinkosten (MGK)	6 800,00 EUR	
= Materialkosten		91 800,00 EUR
Fertigungslöhne	56 600,00 EUR	
+ Fertigungsgemeinkosten (FGK)	28 300,00 EUR	
= Fertigungskosten		84 900,00 EUR
= Herstellkosten der Rechnungsperiode		176 700,00 EUR

Herstellkosten der Rechnungsperiode	176 700,00 EUR $\triangleq$ 100 %	$x = \dfrac{11\,200 \cdot 100}{176\,700} = \underline{\underline{6,34\,\%}}$
VerwGK	11 200,00 EUR $\triangleq$ x %	

$$\text{VerwGK-Zuschlagssatz} = \frac{\text{Verwaltungsgemeinkosten} \cdot 100}{\text{Herstellkosten der Rechnungsperiode}}$$

■ **Zuschlagssatz für die Vertriebsgemeinkosten**

Herstellkosten der
Rechnungsperiode 176 700,00 EUR $\triangleq$ 100 % $x = \dfrac{7\,800 \cdot 100}{176\,700} = \underline{4,41\,\%}$
VertrGK 7 800,00 EUR $\triangleq$ x %

$$\text{VertrGK-Zuschlagssatz} = \frac{\text{Vertriebsgemeinkosten} \cdot 100}{\text{Herstellkosten der Rechnungsperiode}}$$

Zu 3.: Ermittlung der Selbstkosten der Rechnungsperiode (Monat: Januar)

Aufgrund der Zahlenangaben des Beispiels ergeben sich die Selbstkosten der Rechnungsperiode durch folgende Berechnung:

Herstellkosten der Rechnungsperiode	176 700,00 EUR
+ Verwaltungsgemeinkosten	11 200,00 EUR
+ Vertriebsgemeinkosten	7 800,00 EUR
= Selbstkosten der Rechnungsperiode	195 700,00 EUR

Bei der Ermittlung der Zuschlagssätze wurde zugrunde gelegt, dass es sich um Zahlenwerte der vergangenen Rechnungsperiode handelt, d. h. um **Istkosten**. Die berechneten Zuschlagssätze stellen somit **Istzuschlagssätze** dar.

Übungsaufgaben

74   Stoffwiederholung zur Kostenstellenrechnung

1. Erläutern Sie die Einordnung der Kostenstellenrechnung in den Gesamtbereich der Kosten- und Leistungsrechnung!

2. Beschreiben Sie den rechnungstechnischen Ablauf der Kostenstellenrechnung!

3. Nennen Sie die wichtigsten Kriterien bei der Einrichtung von Kostenstellen!

4. Notieren Sie die richtige(n) Aussage(n) zur Kostenstellenrechnung!

   4.1 Sie ermittelt für jede Kostenstelle das Betriebsergebnis.

   4.2 Sie gliedert die Aufwendungen auf in unternehmens- und betriebsbezogene Aufwendungen.

   4.3 Sie ermittelt den Verkaufspreis für ein Produkt.

   4.4 Sie erfasst für die einzelnen Betriebsabteilungen die Gemeinkosten.

   4.5 Sie errechnet für jede Kostenstelle die angefallenen Aufwendungen.

5. Das Verursachungsprinzip ist ein wichtiges Prinzip bei der Verteilung der Gemeinkostenarten. Prüfen Sie, welche Art der Verteilung am ehesten dem Verursachungsprinzip entspricht!

   5.1 Verteilung nach Zuschlagssätzen.

   5.2 Verteilung nach zuvor festgelegten Prozentsätzen.

   5.3 Verteilung aufgrund von Belegen.

   5.4 Gleichmäßige Verteilung aller Gemeinkosten auf die einzelnen Kostenstellen.

   Aufgabe:

   Übertragen Sie jeweils die richtige(n) Aussage(n) in Ihr Heft!

75 Betriebsabrechnungsbogen, Zuschlagssätze

Ein Industriebetrieb führt die vier Kostenstellen Material, Fertigung, Verwaltung und Vertrieb. Aus den Zahlen der Kosten- und Leistungsrechnung ergeben sich folgende Gemeinkostenbeträge:

	TEUR
Hilfslöhne	500
Gehälter	1 000
Gesetzlicher Sozialaufwand	500
Stromkosten	100
Raumkosten	300
Kalk. Abschreibungen auf Anlagen	500
Kalk. Zinsen auf Anlage- und Umlaufvermögen	900

Aufgaben:

1. Ermitteln Sie mithilfe eines Betriebsabrechnungsbogens die Gemeinkosten der vier Kostenstellen unter Verwendung der nachfolgend genannten Schlüssel:

	Material	Fertigung	Verwaltung	Vertrieb
Hilfslöhne	40 %	40 %	12 %	8 %
Gehälter	20 %	20 %	32 %	28 %
Gesetzlicher sozialer Aufwand nach der Zahl der Mitarbeiter	160	560	152	128
Stromverbrauch im Verhältnis	2	6	1	1
Raumkosten nach Fläche in m^2	500	1 500	600	400
Anlagevermögen TEUR	1 500	3 000	300	200
Umlaufvermögen TEUR (Material- und Erzeugnisbestände)	3 000	2 000	4 000	1 000

2. Berechnen Sie die Zuschlagssätze (auf- bzw. abgerundet auf volle Prozentsätze)!

Zusatzangaben hierfür: Verbrauch von Fertigungsmaterial 4 850 TEUR
                      Fertigungslöhne 1 000 TEUR

76 Betriebsabrechnungsbogen, Zuschlagssätze

Die Kostenartenrechnung eines Industriebetriebs weist für den Monat November folgende Kosten aus, die wie folgt aufzuteilen sind:

	Zahlen der KLR	Material	Fertigung	Verwal- tung	Vertrieb
Hilfsstoffkosten	145 700,00	2 050,00	129 450,00	3 500,00	10 700,00
Betriebsstoffkosten	22 400,00	1 700,00	14 400,00	4 100,00	2 200,00
Gehälter	130 500,00	4 100,00	98 900,00	18 600,00	8 900,00
Sozialkosten					
Mieten, Pachten	84 200,00	650 m^2	2 720 m^2	330 m^2	510 m^2
Büromaterial	91 100,00	3	2	11	4
Sonst. betr. Kosten	70 560,00	3	4	2	3
Kalk. Abschreibungen		2	8	4	1
Aufw. f. Schadensfälle	45 800,00	2	4	2	2

Verbrauch von Fertigungsmaterial:	1 046 553,80 EUR
Fertigungslöhne:	560 702,50 EUR

Weitere Angaben

– Die Sozialkosten betragen jeweils 80 % der Gehaltssumme.
– Kalkulatorische Abschreibungen je Jahr:
  auf das Betriebsgebäude
  2 % von den Anschaffungskosten   3 100 000,00 EUR
  auf die technischen Anlagen und Maschinen
  10 % vom Buchwert   1 690 600,00 EUR
  auf den Fuhrpark
  15 % vom Wiederbeschaffungswert   600 000,00 EUR

Aufgaben:

1. Erstellen Sie den Betriebsabrechnungsbogen!

2. Berechnen Sie den Zuschlagssatz je Kostenstelle für den Monat November!

3. Ermitteln Sie die Selbstkosten der Rechnungsperiode!

4. Notieren Sie, welche Aufgabe die Kostenstellenrechnung erfüllt! Übertragen Sie jeweils die richtige(n) Aussage(n) in Ihr Heft!
   4.1 Sie ermittelt für jede Kostenstelle das Betriebsergebnis.
   4.2 Sie gliedert die Aufwendungen auf in unternehmens- und betriebsbezogene Aufwendungen.
   4.3 Sie ermittelt den Verkaufspreis für ein Produkt.
   4.4 Sie erfasst für die einzelnen Betriebsabteilungen die Gemeinkosten.
   4.5 Sie errechnet für jede Kostenstelle die angefallenen Aufwendungen.

5.3.4.3 Ermittlung der Gemeinkostenzuschlagssätze unter Berücksichtigung der Bestandsveränderungen

(1) Grundlegendes

Bisher wurden die Verwaltungs- und Vertriebsgemeinkosten auf die **Herstellkosten der Rechnungsperiode** bezogen. Dabei wurde unterstellt, dass die hergestellten Erzeugnisse im gleichen Geschäftsjahr verkauft worden sind. Werden nicht alle Erzeugnisse verkauft (**Bestandsmehrung der Fertigerzeugnisse**[1]) oder werden Erzeugnisse noch zusätzlich aus dem Lager verkauft (**Bestandsminderung der Fertigerzeugnisse**[1]), so ändern sich Herstellkosten der verkauften Ware um die Höhe der Bestandsveränderungen. Die Herstellkosten unter Berücksichtigung der Bestandsveränderungen bezeichnet man als **Herstellkosten des Umsatzes (Herstellkosten der verkauften Erzeugnisse).** Sie bilden die neue Bezugsgrundlage für die Ermittlung der Verwaltungs- und Vertriebsgemeinkostenzuschlagssätze. Diese Vorgehensweise **entspricht den Vorgaben der AkA für die Abschlussprüfung.**

> **Bezugsgrundlage** für die Ermittlung des Zuschlagssatzes für die **Verwaltungs-** und **Vertriebsgemeinkosten** sind die **Herstellkosten des Umsatzes (Herstellkosten der verkauften Erzeugnisse).**

---

1 Dies gilt auch für die Bestandsveränderungen bei unfertigen Erzeugnissen.

177

12 Speth u.a. - ISBN 978-3-8120-0521-0

(2) Berechnung der Herstellkosten des Umsatzes

■ Einbeziehung von Bestandsmehrungen an fertigen Erzeugnissen[1]

Eine **Bestandsmehrung** an fertigen Erzeugnissen bedeutet, dass innerhalb der Geschäfts-periode mehr Produkte hergestellt als verkauft wurden. Ein Teil der Produkte wanderte in das Lager, wodurch sich der Lagerbestand erhöht hat. Um von den Herstellkosten der Rechnungsperiode zu den Herstellkosten des Umsatzes (Herstellkosten der verkauften Erzeugnisse) zu gelangen, müssen die Bestandsmehrungen von den Herstellkosten der Rechnungsperiode abgezogen werden:

> Herstellkosten der Rechnungsperiode (Herstellkosten der produzierten Erzeugnisse)
> − Bestandsmehrungen bei fertigen Erzeugnissen
> = Herstellkosten des Umsatzes (Herstellkosten der verkauften Erzeugnisse)

■ Einbeziehung von Bestandsminderungen an fertigen Erzeugnissen

Eine **Bestandsminderung** bedeutet, dass innerhalb der Geschäftsperiode mehr Güter ver-kauft wurden als hergestellt worden sind. Neben den in der Periode hergestellten Produk-ten wurden auch Lagerbestände verkauft. Dadurch vermindert sich der Lagerbestand. Um zu den Herstellkosten des Umsatzes zu gelangen, müssen die Bestandsminderungen zu den Herstellkosten der Rechnungsperiode hinzuaddiert werden.

> Herstellkosten der Rechnungsperiode (Herstellkosten der produzierten Erzeugnisse)
> + Bestandsminderungen bei fertigen Erzeugnissen
> = Herstellkosten des Umsatzes (Herstellkosten der verkauften Erzeugnisse)

Da sich die Bestandsveränderungen bei fertigen Erzeugnissen in unterschiedliche Richtun-gen bewegen können und die Bestandsveränderungen bei den unfertigen Erzeugnissen in der gleichen Weise einbezogen werden müssen, wird die **Berechnung der Herstellkosten des Umsatzes** in folgendem Schema zusammengefasst:

> Herstellkosten der Rechnungsperiode (Herstellkosten der produzierten Erzeugnisse)
> − Bestandsmehrungen
> + Bestandsminderungen
> = Herstellkosten des Umsatzes (Herstellkosten der verkauften Erzeugnisse)

Beispiel:

Die Kostenartenrechnung eines Industriebetriebs weist für das 1. Quartal folgende Daten aus:

Verbrauch von Fertigungsmaterial	256 000,00 EUR
Materialgemeinkosten	32 000,00 EUR
Fertigungslöhne	695 825,00 EUR
Fertigungsgemeinkosten	672 300,00 EUR
Verwaltungsgemeinkosten	77 000,00 EUR
Vertriebsgemeinkosten	64 800,00 EUR

---

1 Da die Einbeziehung von fertigen und unfertigen Erzeugnissen in der gleichen Weise erfolgt, geht man, weil das leichter vorstellbar ist, von fertigen Erzeugnissen aus.

Bestandsangaben:	Unfertige Erzeugnisse (UE)	Fertige Erzeugnisse (FE)
Anfangsbestände	175 000,00 EUR	214 000,00 EUR
Schlussbestände lt. Inventur	140 000,00 EUR	236 000,00 EUR

Aufgaben:

1. Ermitteln Sie die Selbstkosten des Umsatzes für das 1. Quartal!
2. Berechnen Sie für jede Kostenstelle die Zuschlagssätze für die Gemeinkosten!

Hinweise:

Die Materialgemeinkosten sind auf den Verbrauch von Fertigungsmaterial, die Fertigungsgemeinkosten auf die Fertigungslöhne, die Verwaltungsgemeinkosten und die Vertriebsgemeinkosten auf die Herstellkosten des Umsatzes zu beziehen.

Lösungen:

Zu 1.: Berechnung der Selbstkosten des Umsatzes

	Verbrauch v. Fertigungsmaterial	256 000,00 EUR
+	MGK	32 000,00 EUR
+	Fertigungslöhne	695 825,00 EUR
+	FGK	672 300,00 EUR
=	Herstellkosten der Rechnungsperiode	1 656 125,00 EUR
+	Bestandsminderung UE	35 000,00 EUR
−	Bestandsmehrung FE	22 000,00 EUR
=	Herstellkosten des Umsatzes	1 669 125,00 EUR
+	Verwaltungsgemeinkosten	77 000,00 EUR
+	Vertriebsgemeinkosten	64 800,00 EUR
=	Selbstkosten des Umsatzes	1 810 925,00 EUR

Zu 2.: Berechnung der Zuschlagssätze

Gemeinkosten insgesamt	Kostenstellen			
	Material	Fertigung	Verwaltung	Vertrieb
846 100,00	32 000,00	672 300,00	77 000,00	64 800,00
	256 000,00 (≙ 100 %)	695 825,00 (≙ 100 %)	1 669 125,00 (≙ 100 %)	1 669 125,00 (≙ 100 %)
	12,5 %	96,62 %	4,61 %	3,88 %

Übungsaufgaben

77 Berechnung von Zuschlagssätzen

1. In einem Industriebetrieb werden der KLR bzw. der Buchführung folgende Zahlen entnommen: Verbrauch von Fertigungsmaterial 310 700,00 EUR, MGK 24 856,00 EUR, Fertigungslöhne 205 800,00 EUR, FGK 174 930,00 EUR, SEKF 22 900,00 EUR, VerwGK 81 310,46 EUR, VertrGK 48 047,09 EUR.

	Fertige Erzeugnisse (FE)	Unfertige Erzeugnisse (UE)
Anfangsbestand	175 600,00 EUR	25 800,00 EUR
Schlussbestand lt. Inventur	150 100,00 EUR	46 400,00 EUR

Aufgabe:

Berechnen Sie die Zuschlagssätze für die Gemeinkosten!

2. Im BAB eines Industrieunternehmens wurden für die Kostenstellen folgende Gemeinkosten errechnet:

Material	Fertigung	Verwaltung	Vertrieb
25 625,00	671 646,00	247 202,10	156 094,67

Für den gleichen Zeitraum wurden außerdem folgende Daten ermittelt: Verbrauch von Fertigungsmaterial 205 000,00 EUR, Fertigungslöhne 471 000,00 EUR, Bestandsmehrung an fertigen Erzeugnissen 51 000,00 EUR, Bestandsminderung an unfertigen Erzeugnissen 35 000,00 EUR.

Aufgabe:

Berechnen Sie die Zuschlagssätze für die Gemeinkosten!

78 Erstellen eines Betriebsabrechnungsbogens, Berechnung der Zuschlagssätze

In einem Industriebetrieb fallen folgende Gemeinkosten an, die wie folgt aufzuteilen sind:

	Zahlen der KLR	Verteilungsschlüssel			
		Material	Fertigung	Verwaltung	Vertrieb
Hilfs- u. Betriebsstoffkosten	67 200,00	3	12	1	–
Energie	78 300,00	2	5	1	1
Hilfslöhne	23 800,00	3	4	–	–
Gehälter	91 200,00	1	2	7	2
Sozialkosten	43 510,00	4	6	7	2
Fremdreparaturen	24 150,00	1	5	1	–
Steuern	63 000,00	1	4	1	1
Kalkulatorische Kosten	88 200,00	2	8	3	1

Verbrauch von Fertigungsmaterial: 683 416,66 EUR; Fertigungslöhne 196 795,08 EUR

Bestände an fertigen und unfertigen Erzeugnissen:

	FE	UE
Anfangsbestand	58 600,00 EUR	18 800,00 EUR
Schlussbestand lt. Inventur	45 100,00 EUR	24 400,00 EUR

Aufgaben:

1. Erstellen Sie den Betriebsabrechnungsbogen!
2. Berechnen Sie den Zuschlagssatz je Kostenstelle!
3. Erstellen Sie die Gesamtkalkulation für die Selbstkosten der verkauften Erzeugnisse!

5.3.5 Aufstellung eines mehrstufigen Betriebsabrechnungsbogens

5.3.5.1 Bildung von Hilfskostenstellen

(1) Begriff Hilfskostenstellen

Der mehrstufige BAB enthält neben den bisherigen **Hauptkostenstellen** (Material, Fertigung, Verwaltung und Vertrieb), die ihre Leistungen an die Kostenträger abgeben, noch **Hilfskostenstellen (Vorkostenstellen),** die ihre Leistungen an andere Kostenstellen abgeben **(innerbetriebliche Leistungsverrechnung).**

Beispiel:
Ein Elektrogerätehersteller unterhält eine Kantine, die Frühstück und einen Mittagstisch anbietet und allen Mitarbeitern offensteht. Die Hilfskostenstelle Kantine gibt ihre Leistungen somit an alle Kostenstellen ab. Die Kosten der Kantine sind daher auf alle Kostenstellen (z. B. nach der Anzahl der Mitarbeiter, die eine Mahlzeit einnehmen) aufzuteilen.

- **Hilfskostenstellen** geben ihre Leistungen an andere Kostenstellen ab.
- Die auf die Hilfskostenstellen entfallenden Kosten werden **vor der Berechnung der Gemeinkostenzuschlagssätze auf andere Kostenstellen umgelegt.**

Der mehrstufige BAB differenziert die Gemeinkosten gegenüber dem einstufigen BAB und erhöht dadurch dessen Aussagekraft.

(2) Arten von Hilfskostenstellen

Art der Hilfskostenstelle	Erläuterungen	Beispiele
Allgemeine Hilfskostenstellen	Sie dienen dem Gesamtbetrieb, d. h., ihre Leistungen werden von allen oder fast allen Kostenstellen in Anspruch genommen. Aus diesem Grund sind die Kosten der allgemeinen Hilfskostenstellen entsprechend der Inanspruchnahme auf die übrigen Kostenstellen zu verteilen.	Grundstücke und Gebäude, betriebseigene Strom- und Wasserversorgung, Werkfeuerwehr, soziale Einrichtungen (Kantine, Erholungsheim, Sportplätze).
Besondere Hilfskostenstellen	Sie geben ihre Leistungen nur an bestimmte Hauptkostenstellen weiter. Die anfallenden Kosten dieser Hilfskostenstellen sind deshalb nur auf die ihnen übergeordneten Hauptkostenstellen umzulegen. Es ist vor allem üblich, den Fertigungsstellen besondere Hilfskostenstellen (Fertigungshilfskostenstellen) vorzuschalten.	Konstruktionsbüro, Arbeitsvorbereitung, Modellfertigung für die Fertigung, Versandabteilung, Lehrwerkstätte, Werkzeugmacherei.

5.3.5.2 Umlage der Hilfskostenstellen (Vorkostenstellen) auf die Hauptkostenstellen

Die **Umlage der Hilfskostenstellen (Vorkostenstellen)** kann in Abhängigkeit von den organisatorischen Gegebenheiten durch **direkte Verrechnung (Belege)** oder **indirekte Verrechnung (Schlüssel)** erfolgen.

Die **allgemeinen Hilfskostenstellen** geben in der Regel ihre Gemeinkosten auch an die besonderen Hilfskostenstellen ab. Deshalb muss die Umlage der Gemeinkosten der allgemeinen Hilfskostenstellen vor der Umlage der Gemeinkosten der besonderen Hilfskostenstellen vorgenommen werden.

Beispiel:

Ein erweiterter BAB weist vor der Umlage der Vorkostenstellen folgende Zahlen auf:

Gemein- kosten- arten	Kosten lt. KLR	Kostenstellen						
		Allgem. Hilfskos- tenstelle	Material	Ferti- gungs- hilfskos- tenstelle	Ferti- gung I	Ferti- gung II	Verwal- tung	Vertrieb
Summe der Gemeinkosten	244 100,00	15 000,00	31 000,00	33 000,00	74 000,00	50 000,00	31 850,00	9 250,00

Die Werte der allgemeinen Hilfskostenstelle werden in der Reihenfolge der oben genannten übrigen Kostenstellen im Verhältnis 2 : 2 : 3 : 4 : 3 : 1 umverteilt. Die Gemeinkostensumme der Fertigungshilfskostenstelle wird auf die Fertigungshauptkostenstellen I und II im Verhältnis 4 : 3 umgelegt.

Aufgabe:

Ermitteln Sie jeweils die Summen der Gemeinkosten in den einzelnen Hauptkostenstellen!

Lösung:

Gemein- kosten- arten	Kosten lt. KLR	Kostenstellen						
		Allgem. Hilfskos- tenstelle	Material	Ferti- gungs- hilfskos- tenstelle	Ferti- gung I	Ferti- gung II	Verwal- tung	Vertrieb
Summe der Gemeinkosten	244 100,00	15 000,00	31 000,00	33 000,00	74 000,00	50 000,00	31 850,00	9 250,00
Umlage der allgem. Hilfskostenstelle			2 000,00	2 000,00	3 000,00	4 000,00	3 000,00	1 000,00
Zwischensumme				35 000,00	77 000,00	54 000,00		
Umlage der Fertigungshilfs- kostenstelle					20 000,00	15 000,00		
Summe			33 000,00		97 000,00	69 000,00	34 850,00	10 250,00

Übungsaufgabe

79   Mehrstufige Betriebsabrechnungsbogen

1. Die Chemischen Werke Dortmund AG haben in der ersten Stufe folgende Gemeinkostensummen für die Kostenstellen ermittelt:

	Kosten lt. KLR	Allgem. Hilfskostenstelle Wasserwerk	Material	Fertigungshilfskostenstelle Labor	Fertigung I	Fertigung II	Verwaltung	Vertrieb
Summe der Gemeinkosten	3850000,00	345000,00	600000,00	360000,00	810000,00	1250000,00	405000,00	80000,00

Die Gemeinkosten des Wasserwerkes sollen im Verhältnis des Wasserverbrauchs umgelegt werden: Material 10 m^3, Labor 60 m^3, Fertigung I 1000 m^3, Fertigung II 1200 m^3, Verwaltung 20 m^3, Vertrieb 10 m^3. Die Kosten des Labors verteilen sich auf die Fertigungshauptstellen I und II im Verhältnis 1 : 3.

Aufgabe:

Berechnen Sie jeweils die Gemeinkosten in den einzelnen Hauptkostenstellen!

2. Der erweiterte BAB der Dresdener Werkzeug GmbH weist für den Monat Oktober folgende Zahlen aus:

	Kosten lt. KLR	Allgem. Hilfskostenstelle Heizzentrale	Material	Fertigungshilfskostenstelle Arbeitsvorbereitung	Fertigung I	Fertigung II	Verwaltung	Vertrieb
Summe der Gemeinkosten	728000,00	48000,00	72000,00	72000,00	96000,00	240000,00	120000,00	80000,00

Die Gemeinkosten der Heizzentrale sind auf die anderen Kostenstellen im Verhältnis 2 : 2 : 6 : 9 : 8 : 5 umzuverteilen. Die Umverteilung der Fertigungshilfskostenstelle orientiert sich an den Fertigungsstunden. Fertigung I: 1080 Std., Fertigung II: 3920 Std.

Aufgabe:

Berechnen Sie die Gemeinkostensummen, die jeweils auf die Hauptkostenstellen entfallen!

5.3.5.3 Aufstellung eines mehrstufigen Betriebsabrechnungsbogens unter Berücksichtigung von Bestandsveränderungen mit Ermittlung der Zuschlagssätze

Beispiel:

Die Vereinigten Industriewerke GmbH stellen zwei Erzeugnisse her: Holzwaren und Metallwaren. Zur Erstellung des BAB liegen folgende Daten vor:

| Gemeinkosten-arten | Zahlen der KLR | Allgemeiner Kostenbereich | | Kostenstellen | | | | | |
		Kantine	Fuhrpark	I Material	Reparaturen Instandhaltung	II Fertigung Holzwaren	II Fertigung Metallwaren	III Verwaltung	IV Vertrieb
I. Verteilung der Gemeinkosten auf die Kostenstellen									
Hilfs- und Betriebsstoffe	66 000,00	1 400,00	800,00	1 100,00	700,00	24 000,00	36 000,00		2 000,00
Gehälter ...	64 900,00	7 200,00	4 200,00	3 700,00	5 100,00	12 000,00	11 000,00	15 400,00	6 300,00
Summe der Gemeinkosten	846 100,00	32 000,00	42 800,00	24 800,00	84 000,00	240 500,00	310 400,00	63 200,00	48 400,00
II. Umlage der Kosten der allgemeinen Hilfskostenstelle									
Kantine			2	1	1	3	3	3	3
Fuhrpark				2		4	4	3	4
III. Umlage der Kosten der besonderen Hilfskostenstellen									
Reparaturen/Instandhaltung						2	3		

Einzelkosten: Verbrauch von Fertigungsmaterial 256 000,00 EUR, Fertigungslöhne Holzwaren 365 425,00 EUR, Fertigungslöhne Metallwaren 330 400,00 EUR.

Bestands-veränderungen: Bestandsminderung an unfertigen Erzeugnissen 35 000,00 EUR, Bestandsmehrungen an fertigen Erzeugnissen 22 000,00 EUR.

Hinweis: Die Materialgemeinkosten sind auf den Verbrauch von Fertigungsmaterial, die Fertigungsgemeinkosten auf die Fertigungslöhne, die Verwaltungsgemeinkosten und die Vertriebsgemeinkosten sind auf die Herstellkosten des Umsatzes zu beziehen.

Aufgaben:

1. Erstellen Sie den BAB anhand der vorgegebenen Daten und berechnen Sie die Zuschlagssätze auf zwei Stellen nach dem Komma!
2. Berechnen Sie die Selbstkosten des Umsatzes!

Lösungen:

Gemeinkostenarten	Zahlen der KLR	Allgemeiner Kostenbereich		Kostenstellen						
		Kantine	Fuhrpark	I Material	Reparaturen Instandhaltung	II Fertigung Holzwaren	Fertigung Metallwaren	III Verwaltung	IV Vertrieb	
Hilfs- und Betriebsstoffe	66 000,00	1 400,00	800,00	1 100,00	700,00	24 000,00	36 000,00		2 000,00	
Gehälter	64 900,00	7 200,00	4 200,00	3 700,00	5 100,00	12 000,00	11 000,00	15 400,00	6 300,00	
. . .										
Summe der Gemeinkosten vor der Kostenumlage	846 100,00	32 000,00	42 800,00	24 800,00	84 000,00	240 500,00	310 400,00	63 200,00	48 400,00	
			4 000,00	2 000,00	2 000,00	6 000,00	6 000,00	6 000,00	6 000,00	
			46 800,00	5 200,00	2 600,00	10 400,00	10 400,00	7 800,00	10 400,00	
					88 600,00	35 440,00	53 160,00			
				32 000,00		292 340,00	379 960,00	77 000,00	64 800,00	
				256 000,00 (≙ 100 %)		365 425,00 (≙ 100 %)	330 400,00 (≙ 100 %)	1 669 125,00 (≙ 100 %)	1 669 125,00 (≙ 100 %)	
				12,5 %		80 %	115 %	4,61 %	3,88 %	

Berechnung der Selbstkosten des Umsatzes:

	Verbrauch von Fertigungsmat.	256 000,00 EUR
+	MGK	32 000,00 EUR
+	Fertigungslöhne Holzwaren	365 425,00 EUR
+	FGK Holzwaren	292 340,00 EUR
+	Fertigungslöhne Metallwaren	330 400,00 EUR
+	FGK Metallwaren	379 960,00 EUR
=	Herstellkosten der Abrechnungsperiode	1 656 125,00 EUR
+	Bestandsminderung UE	35 000,00 EUR
−	Bestandsmehrung FE	22 000,00 EUR
=	Herstellkosten des Umsatzes	1 669 125,00 EUR
+	Verwaltungsgemeinkosten	77 000,00 EUR
+	Vertriebsgemeinkosten	64 800,00 EUR
=	Selbstkosten des Umsatzes	1 810 925,00 EUR

Übungsaufgaben

80 Mehrstufiger Betriebsabrechnungsbogen, Berechnung der Zuschlagssätze

	Kostenstellen						
	Allgem. Kostenbereich		Material-ver-waltung	Fertigung		Verwaltung	Vertrieb
	Energie	Fuhrpark		Kunststoff-verarbeitung	Holzverar-beitung		
Gemein-kosten insgesamt in TEUR	5 190	5 404	8 700	89 500	107 800	65 800	49 500
Zuschlags-grundlagen			Verbr. von Fert.-Mat. 116 000	Fertigungs-löhne 72 764	Fertigungs-löhne 126 824	Herstell-kosten des Umsatzes	Herstell-kosten des Umsatzes

Weitere Angaben

– Verteilung der Kostenstelle Energie: 1 : 2 : 4 : 5 : 1 : 2
– Verteilung der Kostenstelle Fuhrpark: 2 : 9 : 10 : 1 : 3
– Mehrbestand an Fertigerzeugnissen: 38 940 TEUR.

Aufgaben:

1. Berechnen Sie in den Hauptkostenstellen jeweils die Zuschlagssätze für die Gemeinkosten!
2. Ermitteln Sie die Selbstkosten des Umsatzes!

81 Mehrstufiger Betriebsabrechnungsbogen, Berechnung der Zuschlagssätze

Eine Maschinenfabrik produziert zwei Maschinengruppen. Zur Erstellung des BAB liegen folgende Daten vor:

	Zahlen der KLR in EUR	Allgemeiner Kostenbereich		Mate-rial	Fertigung			Verwaltung	Vertrieb
		Energie-zentrale	Kantine		Techn. Büro	Masch.-gruppe A	Masch.-gruppe B		
Gemeinkostenmaterial	52 000,00				12 000,00	18 000,00	22 000,00		
Energiekosten	32 000,00								
Gehälter u. Hilfslöhne	140 000,00	3	2	2	1	8	10	5	4
Sozialkosten	52 500,00	3	2	2	1	8	10	5	4
Bürokosten	30 000,00	1	1	1	2	2	2	5	1
Abschreibungen	96 000,00								
Steuern u. Abgaben	10 000,00	2	1	2	2	3	5	3	2
Umlage des allgemeinen Kostenbereichs:									
Energiezentrale			2	1	1	6	5	3	2
Kantine				1	2	7	6	3	1
Umlage der besonderen Hilfskostenstelle:									
Technisches Büro						2	3		

Verbrauch von Fertigungsmaterial: 363 302,00 EUR
Fertigungslöhne Maschinengruppe A: 105 720,00 EUR
Fertigungslöhne Maschinengruppe B: 157 399,20 EUR

	UE	FE
Anfangsbestände	105 700,00	398 510,00
Schlussbestände lt. Inventur	96 900,00	423 720,00

Weitere Angaben zum BAB

Die Gemeinkosten Energie sind nach kWh und die Abschreibungen sind nach den investierten Werten zu verteilen:

Kostenstellen	Verbrauchte kWh	Investierte Werte je EUR
Energiezentrale	1 400	40 000,00
Kantine	1 200	32 000,00
Material	800	24 000,00
Technisches Büro	500	58 000,00
Maschinengruppe A	14 200	380 000,00
Maschinengruppe B	13 100	836 000,00
Verwaltung	6 100	165 000,00
Vertrieb	2 700	65 000,00

Aufgabe:

Erstellen Sie den BAB anhand der vorgegebenen Daten und berechnen Sie die Zuschlagssätze!

82 Mehrstufiger Betriebsabrechnungsbogen, Berechnung der Zuschlagssätze, Berechnung der Selbstkosten des Umsatzes, Zweck von Hilfskostenstellen

	Allgemeiner Bereich Reparaturabteilung	Materialbereich	Lehrwerkstatt	Arbeitsvorbereitung	Fertigungsbereich Produktion I	Fertigungsbereich Produktion II	Verwaltungsbereich Personalabteilung	Verwaltungsbereich Ausbildung kfm. Angestellte	Verwaltungsbereich Verwaltung	Vertriebsbereich
Gemeink. insgesamt in TEUR	44 100	12 850	8 200	5 748	134 241	157 413	21 400	32 550	79 600	66 880
Zuschlagsgrundlagen		122 381			146 400	130 750			Herstellk. des Umsatzes	Herstellk. des Umsatzes

Weitere Angaben

– Verteilung der Kostenstelle Reparaturabteilung: 1 : 1 : 2 : 6 : 4 : 1 : 0 : 2 : 1.
– Verteilung der Kostenstelle Lehrwerkstatt auf die Produktion I und II: 3 : 2.
– Verteilung der Kostenstelle Arbeitsvorbereitung auf die Produktion I und II: 3 : 1.
– Verteilung der Kostenstelle Personalabteilung auf Ausbildung kfm. Angestellte und Verwaltung: 2 : 1.
– Verteilung der Kostenstelle Ausbildung kfm. Angestellte auf die Kostenstelle Verwaltung.
– Bestandsminderung an fertigen Erzeugnissen: 17 140 TEUR.

Aufgaben:

1. Berechnen Sie die Zuschlagssätze für die Gemeinkosten!
2. Bestimmen Sie die Selbstkosten des Umsatzes!
3. Erklären Sie, aus welchem Grund die Bildung
   3.1 von allgemeinen Hilfskostenstellen und
   3.2 die Aufteilung des Fertigungsbereichs in besondere Hilfskostenstellen
   sinnvoll ist!

5.4 Kostenträgerrechnung

Die Leistungseinheiten, für die Kosten angefallen sind, nennt man **Kostenträger,** weil sie die Kosten zu tragen haben. Als Kostenträger können, je nach der Struktur des Betriebs, einzelne **Produkte** oder **Produktgruppen** dienen.

- **Kostenträger** sind Leistungseinheiten, für die Kosten angefallen sind.
- Als Kostenträger können einzelne **Produkte** oder auch die Zusammenfassung gleichartiger Produkte zu einer **Produktgruppe** dienen.

Die **Hauptaufgabe der Kostenträgerrechnung** besteht darin, festzustellen, wie viel Kosten auf die einzelnen Kostenträger entfallen.

- Sollen die Kosten für einen **einzelnen Auftrag** (z. B. ein einzelnes Stück) berechnet werden, spricht man von **Kostenträgerstückrechnung.** Sie wird auch als **Kalkulation** bezeichnet.
- Bezieht sich die Zurechnung der Kosten auf eine **Abrechnungsperiode** (Monat, Jahr), spricht man von **Kostenträgerzeitrechnung.** In ihr können sowohl das Betriebsergebnis insgesamt als auch die auf Kostenträger bezogenen Teilergebnisse ermittelt werden.

Die **Kostenträgerrechnung** verteilt die **Kosten** verursachungsgerecht auf die **Kostenträger.**

Im Einzelnen können auf der Grundlage der

■ Kostenträgerstückrechnung[1]

- durch die **Vorwärtskalkulation (Angebotskalkulation)** die Selbstkosten und der Angebotspreis eines Auftrags ermittelt werden,
- durch die **Rückwärtskalkulation** die Materialeinzelkosten berechnet werden,
- durch die **Differenzrechnung** Gewinn und Gewinnzuschlagssatz der einzelnen Aufträge ermittelt werden,
- durch die **Nachkalkulation** der erzielte Gewinn bzw. Verlust je Auftrag bestimmt werden.

■ Kostenträgerzeitrechnung[2]

- durch die Gegenüberstellung der Verkaufserlöse und der angefallenen Kosten die **Ertragskraft des Unternehmens** festgestellt werden,
- durch die Gegenüberstellung der Ist- und Normalkosten eine **Kostenüber- bzw. Kostenunterdeckung** ermittelt werden.

---

1 Vgl. hierzu S. 189 ff.
2 Vgl. hierzu S. 221 ff.

5.5 Kostenträgerstückrechnung (Kalkulation)

5.5.1 Begriff und Arten der Kostenträgerstückrechnung

Die **Kostenträgerstückrechnung (Kalkulation)** ermittelt die Kosten für ein **Produkt** bzw. eine **Produktgruppe**.

Je nach der **Art der Fertigungsverfahren** (Serienfertigung, Einzelfertigung, Massenfertigung oder Sortenfertigung) werden unterschiedliche Kalkulationsmethoden angewandt.

Es ergeben sich folgende Zuordnungen:

Fertigungsverfahren	Kalkulationsmethode
Serienfertigung	**Zuschlagskalkulation**
Es werden unterschiedliche Produkte in verschiedenen Produktionsabläufen hergestellt, die unterschiedliche Kosten verursachen. Z. B. Werkzeugmaschinen, Autos, Motorräder.	Die Einzelkosten werden den Kostenträgern direkt zugerechnet, die Gemeinkosten werden den Kostenträgern indirekt über die in den Kostenstellen ermittelten Zuschlagssätze zugeordnet.
Einzelfertigung	Den einzelnen Projekten werden alle angefallenen Kosten zugerechnet. Daher ergeben sich im Allgemeinen keine Zurechnungsprobleme.
Es werden jeweils nur aufgrund von Einzelaufträgen einzelne Produkte (meist Großobjekte) hergestellt. Z. B. Flugzeugherstellung, Schiffbau, Brückenbau.	
Massenfertigung	**Divisionskalkulation**
Es wird ein einheitliches Produkt in großen Mengen hergestellt. Z. B. Zement- oder Kalkherstellung, Elektrizitätserzeugung.	$$\text{Stückkosten} = \frac{\text{Gesamtkosten}}{\text{Gesamtmenge}}$$
Sortenfertigung	**Äquivalenzziffernkalkulation**[1]
Es werden mehrere Sorten eines Produktes hergestellt. Die Endprodukte weisen dabei bestimmte Größen-, Formen- und Beschaffenheitsunterschiede auf, die mit der gleichen, allerdings zumeist verstellbaren Produktionseinrichtung und dem gleichen Rohmaterial mit unterschiedlichen Zusatzstoffen erreicht werden. Z. B. Autoindustrie, Brauereien.	Da die gleichen Rohstoffe verwendet werden, ergeben sich Kostenunterschiede z. B. nur durch unterschiedliche Durchlaufzeiten. Dadurch entstehen feststehende Kostenrelationen, mit deren Hilfe Äquivalenzziffern gebildet werden, mit denen man die einzelnen Sorten in gleichartige Recheneinheiten umwandeln kann. Danach kann dann wiederum die Divisionskalkulation angewandt werden.

---

1 **Äquivalenz**: Gleichwertigkeit.

5.5.2 Zuschlagskalkulation

(1) Verfahrensablauf der Zuschlagskalkulation

Werden unterschiedliche Produkte hergestellt – und davon wird im Folgenden ausgegangen – ist eine **individuelle Kostenermittlung** für jedes Produkt bzw. für jede Produktgruppe erforderlich. Diese Form der Kostenträgerstückrechnung bezeichnet man als **Zuschlagskalkulation.** Da bei der Zuschlagsrechnung **alle Kosten,** die bei der Herstellung des Produktes anfallen, in die **Preisberechnung eingehen,** liegt eine **Vollkostenrechnung** vor.

Der **Verfahrensablauf einer Zuschlagskalkulation** ist folgender:

- Die **Einzelkosten** werden aus der Kostenartenrechnung **direkt** den Kostenträgern zugerechnet. Das betrifft im Wesentlichen das Fertigungsmaterial und die Fertigungslöhne.
- Die in der Kostenstellenrechnung erfassten **Gemeinkosten** werden den Kostenträgern **indirekt** über Zuschlagssätze zugeordnet.

Die nachfolgende Abbildung verdeutlicht die Zusammenhänge:

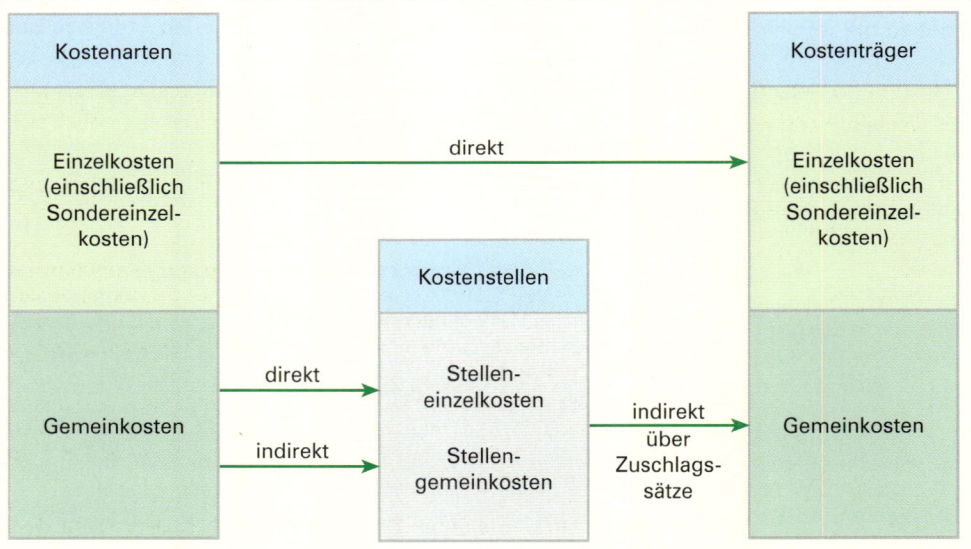

- **Einzelkosten** werden auf der Grundlage der Kostenartenrechnung **direkt** auf die **Kostenträger** verrechnet.
- **Gemeinkosten** werden direkt oder indirekt den Kostenstellen zugeschlagen und mithilfe der dort ermittelten **Zuschlagssätze** auf die **Kostenträger** verrechnet.

(2) Arten der Zuschlagskalkulation

Die Zuschlagskalkulation ermittelt die Kosten, die für die Herstellung einer einzelnen Erzeugnisart voraussichtlich entstehen werden bzw. entstanden sind. Im ersten Fall liegt eine **Angebotskalkulation (Vorkalkulation),** im zweiten Fall eine **Nachkalkulation** vor.

5.5.3 Zuschlagskalkulation als Angebotskalkulation

Je nach Bedarf wird die Angebotskalkulation

- als Vorwärtskalkulation,
- als Rückwärtskalkulation oder
- als Differenzkalkulation

eingesetzt.

5.5.3.1 Vorwärtskalkulation

Um einen Verkauf tätigen zu können, ist es in der Praxis oft notwendig, ein Angebot mit einem verbindlichen Angebotspreis abzugeben. Das Unternehmen ist dann gezwungen, vor Beginn der Produktion eine Angebotskalkulation vorzunehmen.

Bei der Angebotskalkulation wird mit **voraussichtlichen Kosten (Normalkosten)** gerechnet. Ausgehend von den Istkosten der Vergangenheit müssen daher alle bis zum Leistungsabschluss zu erwartenden Veränderungen einschließlich eines Risikozuschlags für nicht vorhersehbare Veränderungen einkalkuliert werden.

Normalkosten sind die aus den Istkosten vergangener Perioden abgeleiteten durchschnittlichen Kosten.

Bei der Berechnung der Vorwärtskalkulation werden die Einzel- und Gemeinkosten unterschiedlich ermittelt und eingerechnet:

Zu den Einzelkosten	<ul><li>Bei einer Angebotskalkulation kann der **Verbrauch von Fertigungsmaterial** aufgrund von Stücklisten ermittelt werden. Die benötigten Preise ergeben sich aus vorliegenden Preisen der Vergangenheit bzw. derzeitigen Angebotspreisen, wobei die zu erwartenden Preisänderungen zu berücksichtigen sind.</li><li>Die **Lohnkosten** ergeben sich aufgrund der Fertigungszeiten, bei denen auf Erfahrungen der Vergangenheit bzw. auf vorhandene Zeitvorgaben zurückgegriffen werden kann. Zu erwartende Lohnänderungen sind auch hier zu berücksichtigen.</li></ul>
Zu den Gemeinkosten	Die Gemeinkosten werden über Zuschlagssätze einkalkuliert. Diese werden innerhalb des Betriebsabrechnungsbogens ermittelt. Da man bei einer Angebotskalkulation nicht bis zum Abschluss der laufenden Geschäftsperiode warten kann, wird mit Normalzuschlagssätzen gearbeitet.

Beispiel:

Eine Maschinenfabrik errechnet zur Abgabe eines Angebots für eine Abfüllmaschine den Listenverkaufspreis. Es wird mit folgenden Kosten kalkuliert:

Verbrauch von Fertigungsmaterial	17 200,00 EUR	SEKF	1 400,00 EUR
Fertigungslöhne	21 400,00 EUR	SEKV	890,00 EUR

Normalzuschlagssätze: MGK 9 %, FGK 110 %, VerwGK 18 %, VertrGK 6 %.

Bei der Angebotskalkulation der Abfüllmaschine sollen 15 % Gewinn, 7 % Vertreterprovision (vom Zielverkaufspreis), 10 % Kundenrabatt und 2 % Skonto einkalkuliert werden.

Aufgabe:

Berechnen Sie den Listenverkaufspreis (Nettoverkaufspreis)!

Lösung:

100 %		Materialeinzelkosten	17 200,00 EUR	
9 %		+ Materialgemeinkosten	1 548,00 EUR	
		Materialkosten		18 748,00 EUR
100 %	←	Fertigungslöhne	21 400,00 EUR	
110 %		+ Fertigungsgemeinkosten	23 540,00 EUR	
		Zwischensumme	44 940,00 EUR	
		+ Sondereinzelkosten der Fertigung (SEKF)	1 400,00 EUR	
		Fertigungskosten		46 340,00 EUR
100 %		**Herstellkosten**		65 088,00 EUR
18 %		+ Verwaltungsgemeinkosten	11 715,84 EUR	
6 %		+ Vertriebsgemeinkosten	3 905,28 EUR	
		+ Sondereinzelkosten des Vertriebs (SEKV)	890,00 EUR	16 511,12 EUR
100 %	←	**Selbstkosten**		81 599,12 EUR
15 %		+ Gewinn		12 239,87 EUR
→ 91 %		**Barverkaufspreis**		93 838,99 EUR
7 %		+ Vertreterprovision		7 218,38 EUR
2 %		+ Kundenskonto		2 062,40 EUR
90 % 100 %		**Zielverkaufspreis**		103 119,77 EUR
10 %		+ Kundenrabatt		11 457,75 EUR
100 %		**Listenverkaufspreis (Nettoverkaufspreis)**		114 577,52 EUR

Vorwärtskalkulation

Erläuterungen zur Berechnung von Gewinnaufschlag, Kundenskonto, Vertreterprovision und Kundenrabatt

■ Gewinnaufschlag

Nach der Berechnung der Selbstkosten geht es bei der Angebotskalkulation um den Gewinnaufschlag, der in Prozenten zu den Selbstkosten erfolgt. Da in den Zuschlagssätzen für die Fertigungsgemeinkosten die Eigenkapitalverzinsung, der Unternehmerlohn und die speziellen Risiken des Unternehmers bereits einkalkuliert sind, muss **über den Gewinn** das **allgemeine Unternehmerrisiko** abgedeckt werden.

Eine allgemeine Regel für die Festsetzung der Höhe des Gewinnaufschlags (Gewinnzuschlagssatz) kann man nicht geben. Sofern es sich um Produkte handelt, für die Marktpreise vorliegen, sind den Unternehmen durch die Konkurrenzsituation enge Grenzen gesetzt. Bei nicht marktgängigen Produkten müssen sich die Unternehmen mit Fingerspitzengefühl an den Angebotspreis herantasten, den der Markt hergibt.

■ Kundenskonto und Vertreterprovision

Die Kunden erwarten im Allgemeinen bei Zahlung innerhalb der Skontofrist einen Preisnachlass. Soll dieser Preisnachlass nicht zulasten des Gewinnes gehen, muss er im Angebotspreis vorher einkalkuliert werden.

Da der Kunde den Skonto vom Zielverkaufspreis berechnet, dieser also aus der Sicht des Kunden 100 % ausmacht, entspricht der Barverkaufspreis aus der Sicht des Anbieters dem verminderten Grundwert (100 % – Prozentsatz des Skontos). Der Skonto muss somit durch eine „im Hundertrechnung" auf den Barverkaufspreis aufgeschlagen werden.

Da auch eine evtl. noch anfallende Vertreterprovision den Gewinn schmälern würde, muss auch diese vorher einkalkuliert werden. Beide Prozentsätze können zusammengefasst werden. Beträgt z.B. die Vertreterprovision 7 % und der Kundenskonto 2 %, entspricht der vorläufige Verkaufspreis 91 %.

■ **Kundenrabatt**

Aus den gleichen Gründen muss auch der vom Kunden erwartete Rabatt in den Angebotspreis einkalkuliert werden. Da der Kunde den Rabatt durch eine „vom Hundertrechnung" vom Angebotspreis (Nettoverkaufspreis, Listenverkaufspreis) abzieht, muss der Anbieter ihn durch eine „im Hundertrechnung" aufschlagen. Soll z.B. der Kundenrabatt 10 % betragen, entspricht der Zielverkaufspreis bei der Angebotskalkulation 90 %.

Übungsaufgaben

83 Vorwärtskalkulation

Eine Fensterfabrik soll ein Angebot für die Lieferung eines Fensters bestimmter Größe abgeben. Bei günstigem Angebot wird die Bestellung einer größeren Menge in Aussicht gestellt.

Aufgrund der betrieblichen Unterlagen liegen folgende Kalkulationsdaten vor:

Verbrauch von Fertigungsmaterial 44,30 EUR, Fertigungslöhne 61,25 EUR, Sondereinzelkosten der Fertigung 157,66 EUR. Die Normalzuschlagssätze für die Gemeinkosten betragen: Materialgemeinkosten 6,7 %, Fertigungsgemeinkosten 157,4 %, Verwaltungsgemeinkosten 16,4 %, Vertriebsgemeinkosten 9,8 %. Außerdem sollen einkalkuliert werden: 12,5 % Gewinn, 5 % Kundenrabatt, 3 % Kundenskonto und 8 % Vertreterprovision.

Aufgabe:

Berechnen Sie den Angebotspreis!

84 Vorwärtskalkulation

Zur Herstellung einer Spezialmaschine rechnet ein Industriebetrieb mit folgenden Kosten: Verbrauch von Fertigungsmaterial 8 420,00 EUR; Fertigungslöhne 3 720,00 EUR. Aus der Kostenstellenrechnung werden die folgenden Zuschlagssätze (Normalzuschlagssätze) entnommen: Materialzuschlag (MGK) 10,5 %, Lohnzuschlag (FGK) 145 %, Verwaltungs- und Vertriebsgemeinkostenzuschlag 13,7 %. Die Sondereinzelkosten der Fertigung betragen 890,00 EUR.

Aufgaben:

1. Berechnen Sie die Selbstkosten!
2. Die Maschine wird unter Einrechnung von 12 % Gewinn, von 15 % Kundenrabatt und 2 % Kundenskonto angeboten.
   Berechnen Sie den Listenverkaufspreis!

13 Speth u.a. - ISBN 978-3-8120-0521-0

85 Berechnung der Zuschlagssätze, Vorwärtskalkulation

Im BAB einer Möbelfabrik wurden für die Kostenstellen folgende Gemeinkosten errechnet:

Material	Fertigung	Verwaltung	Vertrieb
9 180,00 EUR	179 400,00 EUR	60 955,92 EUR	37 693,50 EUR

Für den gleichen Zeitraum wurden außerdem folgende Daten ermittelt: Fertigungslöhne 195 000,00 EUR, Verbrauch von Fertigungsmaterial 108 000,00 EUR, Bestandsmehrung an unfertigen Erzeugnissen 14 000,00 EUR, Bestandsminderung an fertigen Erzeugnissen 25 000,00 EUR.

Bezugsgrundlage: VerwGK und VertrGK werden auf die Herstellkosten des Umsatzes bezogen.

Aufgaben:

1. Berechnen Sie die Zuschlagssätze für die Gemeinkosten!
2. Ermitteln Sie mit den errechneten Zuschlagssätzen den Listenverkaufspreis für eine Büroanbauwand, wenn mit folgenden Daten gerechnet wird: Fertigungsmaterial 480,00 EUR, Fertigungslöhne 760,00 EUR, SEKF 120,00 EUR, Gewinnzuschlag 20 %, Kundenskonto 3 %, Vertreterprovision 9 %, Kundenrabatt 15 %!

86 Berechnung der Zuschlagssätze, Vorwärtskalkulation

Der BAB einer Lederfabrik enthält für den Monat März folgende Angaben über die Gemeinkosten:

Material	Fertigung	Verwaltung	Vertrieb
42 100,50 EUR	785 680,00 EUR	224 035,00 EUR	173 118,00 EUR

An Einzelkosten fallen an:

Verbrauch von Fertigungsmaterial	647 700,00 EUR
Fertigungslöhne	561 200,00 EUR

Aufgaben:

1. Berechnen Sie die Zuschlagssätze!
2. Ermitteln Sie den Listenverkaufspreis eines Auftrages, für den folgende Angaben vorliegen: Fertigungsmaterial 1 040,00 EUR, Fertigungslöhne 35 Stunden zu je 78,50 EUR, Gewinnzuschlag 20 %, Vertreterprovision 5 %, Kundenskonto 2 % und Kundenrabatt 10 %!

5.5.3.2 Rückwärtskalkulation (retrograde Kalkulation)

Liegt der Listenverkaufspreis aufgrund der gegebenen Markt- bzw. Konkurrenzsituation fest, so eignet sich das Kalkulationsschema in umgekehrter Richtung **von unten nach oben** zur Errechnung der aufwendbaren Materialeinzelkosten (**retrograde Kalkulation; Rückwärtskalkulation**). Dabei werden bei vorgegebenen Kalkulationsbedingungen die Materialeinzelkosten errechnet, die höchstens gezahlt werden dürfen, um den angestrebten Gewinn zu erreichen.

Lösung:[1]

100 %		Materialeinzelkosten	27 038,94 EUR	
8,5 %		+ Materialgemeinkosten	2 298,31 EUR	
108,5 %		**Materialkosten**		29 337,25 EUR
	100 %	Fertigungslöhne	19 800,00 EUR	
	108 %	+ Fertigungsgemeinkosten	21 384,00 EUR	
	208 %	Zwischensumme	41 184,00 EUR	
		+ Sondereinzelkosten der Fertigung	900,00 EUR	
		Fertigungskosten		42 084,00 EUR
100 %		**Herstellkosten**		71 421,25 EUR
19 %		− Verwaltungsgemeinkosten	13 570,04 EUR	
6,8 %		− Vertriebsgemeinkosten	4 856,64 EUR	18 426,68 EUR
125,8 %		Zwischensumme		89 847,93 EUR
		− Sondereinzelkosten des Vertriebs		940,00 EUR
	100 %	**Selbstkosten**		90 787,93 EUR
	15 %	− Gewinn		13 618,19 EUR
91 %	115 %	**Barverkaufspreis**		104 406,12 EUR
7 %		− Vertreterprovision	8 031,24 EUR	
2 %		− Kundenskonto	2 294,64 EUR	10 325,88 EUR
100 %	90 %	**Zielverkaufspreis**		114 732,00 EUR
	10 %	− Kundenrabatt		12 748,00 EUR
	100 %	**Listenverkaufspreis (Nettoverkaufspreis)**		127 480,00 EUR

Rückwärtskalkulation

Ergebnis: Die Materialeinzelkosten dürfen höchstens 27 038,94 EUR betragen.

Allgemeiner Rechenweg:

■ Stellen Sie zuerst das Kalkulationsschema von **oben nach unten** auf und tragen Sie die in der Aufgabe vorgegebenen Prozentsätze und EUR-Beträge ein.

---

1 Die Rechenzeichen verstehen sich aus der Sicht der Rückwärtsrechnung.

- Überlegen Sie bei jedem Rechenschritt, ob es sich bei der Rückwärtsrechnung um eine Rechnung **vom Hundert** (Kundenrabatt, Vertreterprovision, Kundenskonto) oder **auf Hundert** (Gewinn, VerwGK, VertrGK, MGK) handelt.
- **Sonderfall: Berechnung der Fertigungskosten.** Sofern Sondereinzelkosten der Fertigung vorliegen, müssen zunächst die Fertigungskosten in einer Zwischenrechnung im Rahmen einer Vorwärtskalkulation ermittelt (Fertigungslöhne + Fertigungsgemeinkosten = Zwischensumme + Sondereinzelkosten der Fertigung) und von den in der Rückwärtsrechnung ermittelten Herstellkosten subtrahiert werden.
- **Überprüfen** Sie das Ergebnis durch eine **Vorwärtskalkulation**.

Übungsaufgaben

87 Rückwärtskalkulation

Aufgrund der starken Konkurrenz können wir eine Maschine für höchstens 55 000,00 EUR verkaufen. Es liegen folgende Kalkulationsdaten vor:

Fertigungslöhne	4 800,00 EUR	
Sondereinzelkosten des Vertriebs	300,00 EUR	
Sondereinzelkosten der Fertigung	500,00 EUR	

Kundenskonto	2 %	Verwaltungsgemeinkosten	10 %
Vertriebsgemeinkosten	15 %	Fertigungsgemeinkosten	450 %
Gewinnzuschlag	12,5 %	Kundenrabatt	10 %
Materialgemeinkosten	25 %	Vertreterprovision (vom Zielverkaufspreis)	3 %

Aufgabe:

Berechnen Sie die aufwendbaren Kosten für das Fertigungsmaterial!

88 Rückwärtskalkulation

Eine Druckerei erhält eine Anfrage, ob ein Posten Prospekte zu einem Nettopreis von 15 500,00 EUR gedruckt werden kann.

Es entsteht die Frage, wie viel EUR dürfen die Papierkosten höchstens betragen, wenn folgende Kosten anfallen: Fertigungslöhne 2 800,00 EUR, FGK 94 %, MGK 8 %, SEKF 560,00 EUR, VerwGK 18 %, VertrGK 7 %. Der Kunde erwartet einen Nachlass von 2 % Skonto.

Aufgabe:

Berechnen Sie die höchstmöglichen Papierkosten, wenn ein Gewinn von 10 % erwirtschaftet werden soll!

89 Bestimmung der Kosten für das erforderliche Fertigungsmaterial

Der neue Wohnwagen „Family" soll den Händlern zum Listenverkaufspreis von 24 450,00 EUR angeboten werden. Die Kalkulationssätze des Wohnwagenherstellers sind: 7 % Materialgemeinkosten, 110 % Fertigungsgemeinkosten, 10 % Verwaltungsgemeinkosten, 6 % Vertriebsgemeinkosten, 9 % Gewinn, 2 % Kundenskonto und 20 % Kundenrabatt. Die anfallenden Fertigungslöhne betragen 4 360,00 EUR.

Aufgabe:

Ermitteln Sie die Kosten für das erforderliche Fertigungsmaterial!

5.5.3.3 Differenzkalkulation

Häufig verhindert es die „Marktlage", dass das Unternehmen weder die Kosten des Materialeinsatzes noch den Listenverkaufspreis gestalten kann. In diesem Fall muss es das Ziel der Kalkulation sein festzustellen, ob der so erwirtschaftete Gewinn ausreichend ist.

Wird die Höhe des anfallenden Gewinnes errechnet, spricht man von **Differenzkalkulation**.[1] Da sowohl die **Kosten** als auch der **Listenverkaufspreis** festliegen, muss von **beiden** Werten aus mit dem Rechenweg begonnen werden, und zwar einmal als **Vorwärtskalkulation** (von den Materialeinzelkosten bis zu den Selbstkosten) und zum anderen als **Rückwärtskalkulation** (vom Listenverkaufspreis bis zum Barverkaufspreis).

> **Beispiel:**
>
> Bei der Herstellung eines Wäschetrockners fielen 280,00 EUR Materialeinzelkosten und 160,00 EUR Fertigungslöhne an. Es wird mit folgenden Zuschlagssätzen gerechnet: MGK 11 %, FGK 120 %, VerwGK 10,5 %, VertrGK 6 %, SEKV 40,00 EUR.
>
> **Aufgabe:**
>
> Berechnen Sie, mit welchem Gewinn in EUR und in Prozent der Hersteller rechnen kann, wenn er 12 % Vertreterprovision (vom Zielverkaufspreis), 3 % Kundenskonto und 15 % Kundenrabatt einrechnet und einen Listenverkaufspreis von 1 259,00 EUR ansetzt!

Lösung:

100 % 11 %		Materialeinzelkosten + Materialgemeinkosten	280,00 EUR 30,80 EUR		**Vorwärts-** **kalkulation**
⟶	100 % 120 %	**Materialkosten** Fertigungslöhne + Fertigungsgemeinkosten	 160,00 EUR 192,00 EUR	310,80 EUR	+
		Fertigungskosten		352,00 EUR	
100 % 10,5 % 6 %	←	**Herstellkosten** + Verwaltungsgemeinkosten + Vertriebsgemeinkosten	 69,59 EUR 39,77 EUR	662,80 EUR 109,36 EUR	**Berechnung** **des Gewinn-** **zuschlagssatzes**
		Zwischensumme + Sondereinzelkosten des Vertriebs (SEKV)	 40,00 EUR	772,16 EUR	
⟶	100 % x %	**Selbstkosten** − Gewinn		812,16 EUR 97,47 EUR	812,16 EUR ≙ 100 % 97,47 EUR ≙ x %
85 % 12 % 3 %		**Barverkaufspreis** − Vertreterprovision − Kundenskonto	 128,42 EUR 32,10 EUR	909,63 EUR 160,52 EUR	$x = \dfrac{100 \cdot 97{,}47}{812{,}16} = \underline{12\,\%}$
100 %	85 % 15 %	**Zielverkaufspreis** − Kundenrabatt		1 070,15 EUR 188,85 EUR	
	100 %	**Listenverkaufspreis** **(Nettoverkaufspreis)**		 1 259,00 EUR	**Rückwärts-** **kalkulation** −

Ergebnis: Der Hersteller kann mit einem Gewinn von 12 %, das sind 97,47 EUR, rechnen.

---

1 Die Differenz zwischen Barverkaufspreis und Selbstkosten stellt den Gewinn/Verlust dar. Man spricht daher auch von **Gewinnkalkulation**.

Allgemeiner Rechenweg:

- Stellen Sie zuerst das Kalkulationsschema **von oben nach unten** auf und tragen Sie die in der Aufgabe vorgegebenen Prozentsätze und EUR-Beträge ein!

- Kennzeichnen Sie den Rechenweg durch Pfeile und errechnen Sie stufenweise durch **Vorwärtskalkulation** die **Selbstkosten** bzw. durch **Rückwärtskalkulation** den **Barverkaufspreis!**

- Ermitteln Sie den **Gewinn** als **Differenz zwischen dem Barverkaufspreis und den Selbstkosten!**

- Berechnen Sie anschließend den **Gewinn in Prozent zu den Selbstkosten** (Gewinnzuschlagssatz)!

Übungsaufgaben

90 Differenzkalkulation, Vorwärtskalkulation

Eine Maschinenfabrik kalkuliert eine Fräsmaschine nach folgenden Angaben:

– Verbrauch von Fertigungsmaterial	7 350,00 EUR		– MGK	12 %
– Fertigungslohn 58 Std. zu je	52,00 EUR		– FGK	15 %
– Fremdarbeiten 48 Std. zu je	95,00 EUR		– VerwGK + VertrGK	25 %
– Konstruktionszeichnung	400,00 EUR		– Kundenskonti	3 %
			– Vertreterprovision	5 %

Die Maschinenfabrik verkauft die Fräsmaschine für 24 500,00 EUR netto.

Aufgabe:
Ermitteln Sie den Gewinn in EUR und in Prozent!

91 Vorwärtskalkulation, Angleichung des Angebotspreises an ein Konkurrenzangebot, Berechnung der Selbstkosten

1. Aufgrund der Anfrage der Schreinerei Stuckenberg OHG kalkuliert die Maschinenfabrik Peter GmbH den Angebotspreis für den Schnelltrenn-Säge-Automaten UNI 9 mit folgenden Kalkulationsdaten:

Verbrauch von Fertigungsmaterial:	4 900,00 EUR			
Fertigungslöhne:	1 260,00 EUR			
Gemeinkostenzuschläge:	MGK	8,4 %	VerwGK	11 %
	FGK	106 %	VertrGK	7 %

Es wird mit 20 % Gewinn, 4 % Vertreterprovision vom Zielverkaufspreis, 2 % Kundenskonto und 15 % Kundenrabatt gerechnet.

Aufgaben:

1.1 Berechnen Sie den Angebotspreis!

1.2 Ein Konkurrenzunternehmen hat ein Angebot von 13 980,00 EUR unterbreitet. Ermitteln Sie, welcher Gewinn in EUR und in Prozent verbleiben, wenn der Angebotspreis der Konkurrenz um 600,00 EUR unterboten werden soll!

2. Ein Fahrradhersteller produziert die Modelle Alpha und Beta. Die Absatzmenge für Produkt Alpha beträgt 500 Stück bei 200,00 EUR Herstellkosten je Stück. Die Absatzmenge für Produkt Beta beträgt 1 500 Stück bei 300,00 EUR Herstellkosten je Stück. Die Produktionskapazität ist damit voll ausgelastet.

An Verwaltungsgemeinkosten sind insgesamt 71 500,00 EUR angefallen.

In der Kostenstelle Vertrieb sind insgesamt 55 000,00 EUR Kosten aufgelaufen. Die Kostenstelle Vertrieb ist für beide Produkte tätig. Alle Produkte werden einzeln verkauft. Die

Tätigkeiten im Rahmen der Verwaltungs- und Verkaufsprozesse sind bei beiden Produkten stets die gleichen. Die maximale Kapazität der Vertriebsabteilung beträgt 2 500 Verkaufsvorgänge.

Aufgabe:

Berechnen Sie die Selbstkosten je Stück!

Überblick		
Vergleich der Kalkulationsverfahren		
Art	**Vorwärtskalkulation** (Verkaufskalkulation)	**Rückwärtskalkulation** (retrograde Kalkulation)	**Differenzkalkulation**
Zweck	Ermittlung des Verkaufspreises (Angebotspreises)	Ermittlung der höchstmöglichen Kosten für das Fertigungsmaterial	Ermittlung von Gewinn/ Gewinnzuschlag bei gegebenem Listenverkaufspreis und gegebenen Einzelkosten
Rechenweg	Fertigungsmaterial + MGK v. H. = **Materialkosten** Fertigungslöhne + FGK v. H. + Sondereinzelkosten der Fertigung = **Fertigungskosten** **Herstellkosten** + VwGK v. H. + VtGK v. H. + Sondereinzelkosten des Vertriebs = **Selbstkosten** + Gewinn v. H. = **Barverkaufspreis** + Vertreterprovision i. H. + Kundenskonto i. H. = **Zielverkaufspreis** + Kundenrabatt i. H. = **Listenverkaufspreis** (Nettoverkaufspreis)	Fertigungsmaterial − MGK a. H. = **Materialkosten** Fertigungslöhne + FGK v. H. + Sondereinzelkosten der Fertigung = **Fertigungskosten** **Herstellkosten** − VwGK a. H. − VtGK a. H. − Sondereinzelkosten des Vertriebs = **Selbstkosten** − Gewinn a. H. = **Barverkaufspreis** − Vertreterprovision v. H. − Kundenskonto v. H. = **Zielverkaufspreis** − Kundenrabatt v. H. = **Listenverkaufspreis** (Nettoverkaufspreis)	Fertigungsmaterial + MGK v. H. = **Materialkosten** Fertigungslöhne + FGK v. H. + Sondereinzelkosten der Fertigung = **Fertigungskosten** **Herstellkosten** + VwGK v. H. + VtGK v. H. + Sondereinzelkosten des Vertriebs = **Selbstkosten** − Gewinn v. H. = **Barverkaufspreis** − Vertreterprovision v. H. − Kundenskonto v. H. = **Zielverkaufspreis** − Kundenrabatt v. H. = **Listenverkaufspreis** (Nettoverkaufspreis)

5.5.4 Zuschlagskalkulation als Nachkalkulation[1] mit Normal- und Istkostenzuschlagssätzen – Kostenüber- und -unterdeckung

In der **Vorkalkulation** konnte nur mit voraussichtlichen Kosten **(Normalkosten)** gerechnet werden. Nach **Fertigstellung des Auftrags** können die tatsächlich angefallenen Kosten **(Istkosten)** ermittelt und den vorkalkulierten Kosten gegenübergestellt werden **(Nachkalkulation).**

---

1 Prinzipiell ist es möglich, im Rahmen der Nachkalkulation die Vorwärtskalkulation, die Rückwärtskalkulation und die Differenzkalkulation einzusetzen. Allerdings kommt in der Praxis in aller Regel nur die Differenzkalkulation zum Einsatz, da der Unternehmer insbesondere daran interessiert ist, den tatsächlich erzielten Gewinn zu erfahren.

(1) Beispiel für eine Nachkalkulation

Beispiel:

Die Nachkalkulation für die erstellte Abfüllmaschine (siehe S. 191 f.) ergab folgende Kosten:

Verbrauch von Fertigungsmaterial	17 500,00 EUR	SEKF	900,00 EUR
Fertigungslöhne	19 800,00 EUR	SEKV	940,00 EUR

Istzuschlagssätze lt. BAB	MGK	8,5 %	VerwGK	19 %
dieser Abrechnungsperiode:	FGK	108 %	VertrGK	6,8 %

Der in der Angebotskalkulation auf S. 192 ermittelte Listenverkaufspreis in Höhe von 114 577,52 EUR ist der verbindliche Angebotspreis.

Aufgabe:

Berechnen Sie den Gewinn und den Gewinnsatz, der an dem abgewickelten Auftrag erwirtschaftet wurde!

Lösung:

		Vorkalkulation			Nachkalkulation	
Materialeinzelkosten		17 200,00 EUR			17 500,00 EUR	
Materialgemeinkosten	9 %	1 548,00 EUR		8,5 %	1 487,50 EUR	
Materialkosten			18 748,00 EUR			18 987,50 EUR
Fertigungslöhne		21 400,00 EUR			19 800,00 EUR	
Fert.-Gemeinkosten	110 %	23 540,00 EUR		108 %	21 384,00 EUR	
Sondereinzelkosten der Fertigung (SEKF)		1 400,00 EUR			900,00 EUR	
Fertigungskosten			46 340,00 EUR			42 084,00 EUR
Herstellkosten			65 088,00 EUR			61 071,50 EUR
Verw.-Gemeinkosten	18 %	11 715,84 EUR		19 %	11 603,59 EUR	
Vertr.-Gemeinkosten	6 %	3 905,28 EUR		6,8 %	4 152,86 EUR	
Sondereinzelkosten des Vertriebs (SEKV)		890,00 EUR	16 511,12 EUR		940,00 EUR	16 696,45 EUR
Selbstkosten			81 599,12 EUR			77 767,95 EUR
Gewinn	15 %		12 239,87 EUR			16 071,04 EUR
Barverkaufspreis			93 838,99 EUR			93 838,99 EUR
Vertreterprovision	7 %		7 218,38 EUR			
Kundenskonto	2 %		2 062,40 EUR			
Zielverkaufspreis			103 119,77 EUR		Berechnung des Gewinnsatzes:	
Kundenrabatt	10 %		11 457,75 EUR		77 767,95 ≙ 100 %	
					16 071,04 ≙ x %	
Listenverkaufspreis (Nettoverkaufspreis)			114 577,52 EUR		x = 20,67 %	

Die **Nachkalkulation** dient zum einen der **Kostenkontrolle** und zum anderen ist sie Anlass, die **Abweichungen** zwischen Vor- und Nachkalkulation zu überprüfen und die Ursachen hierfür zu analysieren.

(2) Ursachen für Kostenabweichungen

■ Preisabweichungen

Preiserhöhungen (Preissenkungen) bei Werkstoffen bzw. Energie, Gehaltserhöhungen (Rückgang der Gehälter durch Entlassungen) oder Erhöhungen der Versicherungsbeiträge (Rückgang der Versicherungsbeiträge durch Absenken der Versicherungssummen) u. Ä. führen zu einer höheren (niedrigeren) Belastung der Kostenstellen mit Gemeinkosten und damit zu höheren (niedrigeren) Zuschlagssätzen.

> **Beispiel:**
>
> Bei einem Hersteller von Tiefkühlkost erhöhen sich die Strompreise um 5 % gegenüber den Normalkosten. Dies führt zu erhöhten Kosten bei der Lagerhaltung der Fertigprodukte und damit zu einer Kostenunterdeckung bei den Vertriebskosten. Eine solche Kostenabweichung hat der Leiter des Vertriebs nicht zu vertreten.

■ Verbrauchsabweichungen

Es ist nicht immer möglich, geplante Fertigungszeiten bzw. Materialvorgaben einzuhalten. Ein Über- oder Unterschreiten der Planvorgaben führt zu steigenden oder fallenden Gemeinkosten und damit zu schwankenden Zuschlagssätzen.

> **Beispiel:**
>
> Bei Überlastung der Produktion fallen mehr qualitativ mangelhafte Erzeugnisse als gewöhnlich an. Damit erhöhen sich die Fertigungskosten. Es kommt zu einer Kostenunterdeckung. Diese Kostenabweichung hat der Leiter der Fertigung zu vertreten.

■ Änderung der Ausbringungsmenge (Beschäftigung)

Wird die Ausbringungsmenge z. B. ausgeweitet, so fallen mehr **Einzelkosten** wie Material- oder Lohnkosten an. Einzelkosten sind **variable Kosten.** Hier geht man davon aus, dass sich die Kosten **proportional zur Ausbringungsmenge** verhalten.

Bei den **Gemeinkosten** geht man davon aus, dass sie **variable und fixe Kosten enthalten.** Während die **variablen Kosten** bei einer Erhöhung der Ausbringungsmenge **proportional ansteigen,** bleibt der **Fixkostenanteil der Gemeinkosten unverändert.** Die Folge ist, die Gemeinkosten **steigen unterproportional** bei einer **Ausweitung der Ausbringungsmenge** (die fixen Kosten verteilen sich auf eine größere Menge) und **steigen überproportional** bei einem **Rückgang der Ausbringungsmenge** (die fixen Kosten verteilen sich auf eine geringere Menge).

> **Beispiel:**
>
> Bei einem Industriebetrieb betragen die Fertigungslöhne 45 000,00 EUR bei einer Produktion von 1 500 Stanzteilen. An Fertigungsgemeinkosten fallen 24 000,00 EUR an (18 000,00 EUR fix, 6 000,00 EUR variabel).
>
> Durch einen Großauftrag erhöht sich die Ausbringungsmenge im Folgemonat auf 2 800 Stanzteile. Der Großauftrag wird mit dem bisher verwendeten Normal-FGK-Zuschlagssatz kalkuliert.
>
> **Aufgaben:**
> 1. Berechnen Sie den bei der Produktion von 1 500 Stanzteilen verwendeten Normal-FGK-Zuschlagssatz!
> 2. Berechnen Sie den bei der Produktion von 2 800 Stanzteilen tatsächlich anfallenden FGK-Zuschlagssatz!
> 3. Berechnen Sie die Kostenabweichung bei Berücksichtigung der Fixkostendegression!

Zu 1.: Berechnung des Normal-FGK-Zuschlagssatzes

$$\text{Normal-FGK-Zuschlagssatz} = \frac{24\,000 \cdot 100}{45\,000} = \underline{\underline{53,33\,\%}}$$

Zu 2.: Berechnung des tatsächlichen FGK-Zuschlagssatzes bei 2 800 Stanzteilen

FGK fix	= 18 000,00 EUR
FGK variabel 2 800 Stück · 4,00 EUR/Stück	= 11 200,00 EUR
Fertigungsgemeinkosten	= 29 200,00 EUR

$$\text{FGK-Zuschlagssatz} = \frac{29\,200 \cdot 100}{84\,000} = \underline{\underline{34,76\,\%}}$$

Ergebnis: Mit zunehmender Ausbringungsmenge sinkt der FGK-Zuschlagssatz. Wird die erhöhte Ausbringungsmenge mit dem Normal-FGK-Zuschlagssatz kalkuliert, entsteht eine Kostenüberdeckung.

Zu 3.: Höhe der Kostenabweichung bei Berücksichtigung der Fixkostendegression

Fertigungslöhne	84 000,00 EUR	
+ 53,33 % Normal-FGK	44 797,20 EUR	
= Fertigungsgemeinkosten		128 797,20 EUR
– Fertigungslöhne	84 000,00 EUR	
+ 34,76 % Tatsächlicher FGK	29 198,40 EUR	
= Fertigungsgemeinkosten		113 198,40 EUR
= Kostenabweichung (Kostenüberdeckung)		15 598,80 EUR

Die beispielhaft für die Fertigungsgemeinkosten dargestellte Entwicklung der Gemeinkosten bei einer Änderung der Ausbringungsmenge gilt in gleicher Weise für die übrigen Gemeinkosten.

- Ändert sich die Ausbringungsmenge, so kommt es bei der Zuschlagskalkulation zu **Abweichungen** bei den **Zuschlagssätzen für die Gemeinkosten.**
- **Ursache der Abweichungen** ist der **Fixkostenanteil in den Gemeinkosten,** da bei der Zuschlagskalkulation unterstellt wird, dass sich auch die fixen Kosten proportional zu den Einzelkosten ändern. Fixkosten bleiben jedoch konstant.

Übungsaufgaben

92 Vor- und Nachkalkulation, tatsächlich erzielter Gewinn

Erstellen Sie zur Aufgabe 83, S. 193, eine Nachkalkulation!

Nach Fertigstellung des Auftrages und der Ermittlung der Istzuschlagssätze aufgrund des erstellten BABs ergaben sich folgende Werte: Verbrauch von Fertigungsmaterial 56,30 EUR, Fertigungslöhne 65,20 EUR, Sondereinzelkosten der Fertigung 162,68 EUR. Die Istzuschlagssätze für die Gemeinkosten betrugen: MGK 6,9 %, FGK 149,5 %, VerwGK 17,4 %, VertrGK 9,5 %.

Aufgabe:

Stellen Sie bei einem unveränderten Angebotspreis den tatsächlichen Gewinn in EUR und in Prozent fest!

93 Vor- und Nachkalkulation, tatsächlich erzielter Gewinn, Handeln bei Preiskonkurrenz

1. Für die Ermittlung des Angebotspreises für einen Kühlschrank liegen bei der Frost GmbH folgende Kalkulationsunterlagen vor:

   Verbrauch von Fertigungsmaterial 275,80 EUR, Fertigungslöhne 330,40 EUR, Normalzuschlagssätze für MGK 35 %, FGK 85 %, VerwGK 20 %, VertrGK 18 %. Der Gewinnaufschlag wird mit 25 % angesetzt. Außerdem sollen noch 10 % Rabatt und 2 % Skonto einkalkuliert werden.

   Aufgabe:

   Ermitteln Sie den Angebotspreis!

2. Erstellen Sie die Nachkalkulation!

   An Istkosten fielen an: Verbrauch von Fertigungsmaterial 260,75 EUR, Fertigungslöhne 310,80 EUR. Die Istzuschlagssätze für die Gemeinkosten betrugen: MGK 32,5 %, FGK 79,5 %, VerwGK 21,5 %, VertrGK 17,2 %.

   Aufgaben:

   2.1 Ermitteln Sie den Gewinn in EUR und in Prozent, wenn sich der Angebotspreis nicht verändert!

   2.2 Berechnen Sie, auf welchen Betrag der Listenverkaufspreis (Nettoverkaufspreis) bei sonst gleichbleibenden Kalkulationsgrundlagen im Falle einer starken Preiskonkurrenz notfalls herabgesetzt werden könnte!

94 Vor- und Nachkalkulation, tatsächlich erzielter Gewinn

Erstellen Sie zur Aufgabe 84, S. 193, eine Nachkalkulation! Die Istkostenrechnung ergab folgende Kalkulationsdaten:

Verbrauch von Fertigungsmaterial 8 720,00 EUR; Fertigungslöhne 3 165,00 EUR; Istzuschlagssätze: MGK 10,4 %, FGK 151 %; VerwGK/VertrGK 14,9 %. Die Sondereinzelkosten der Fertigung betrugen 795,00 EUR. Kundenrabatt und Kundenskonto wurden mit den angegebenen Prozentsätzen gewährt. Der Listenverkaufspreis betrug 29 517,06 EUR.

Aufgabe:

Berechnen Sie den Gewinn in EUR und in Prozent, der tatsächlich erzielt wurde!

95 Berechnung der Istzuschlagssätze, Nachkalkulation

Erstellen Sie zur Aufgabe 85, S. 194, eine Nachkalkulation! Die Istkostenrechnung ergab folgende Kalkulationsdaten:

Gemeinkosten	Material	Fertigung	Verwaltung	Vertrieb
Istgemeinkosten	9 936,00 EUR	181 935,00 EUR	56 910,00 EUR	36 929,00 EUR

Die Einzelkosten und die Bestandsveränderungen bleiben unverändert.

Aufgaben:

1. Berechnen Sie die Istzuschlagssätze für die Gemeinkosten!

2. Führen Sie mit den errechneten Istzuschlagssätzen für die Büroanbauwand eine Nachkalkulation durch! Die übrigen Kalkulationsdaten bleiben unverändert. Es wurde ein Barverkaufspreis von 3 021,48 EUR erzielt.

   Ermitteln Sie, ob der in der Vorkalkulation eingerechnete Gewinn erzielt wurde!

96 Vor- und Nachkalkulation, Kostenabweichungen, Ursachen der Kostenabweichungen

Eine Möbelfabrik stellt für die Ausstattung von zwei Büroräumen folgende Kalkulationsgrundlagen fest:

Verbrauch von Fertigungsmaterial:	9 400,00 EUR		
Fertigungslöhne:	16 200,00 EUR		

Normal-Gemeinkostenzuschläge:	MGK	12,4 %	VerwGK	6 %
	FGK	104 %	VertrGK	8 %

Es wird mit 18 % Gewinn und 2 % Kundenskonto gerechnet.

Aufgaben:

1. Berechnen Sie den Angebotspreis!

2. Ein Konkurrenzunternehmen hat ein Angebot von 58 866,35 EUR unterbreitet.

   Ermitteln Sie den Gewinn sowie den Gewinnsatz, wenn der Angebotspreis der Konkurrenz um 800,00 EUR unterboten werden soll!

3. Überprüfen Sie die kalkulierten Normalselbstkosten für die Ausstattung der Büroräume durch Nachkalkulation mit Istzuschlagssätzen, wenn der aktuelle BAB folgende Istgemeinkosten aufweist:

Istgemein- kosten	Kostenstellen			
	I Material	II Fertigung	III Verwaltung	IV Vertrieb
Summe der Gemeinkosten	83 800,00	589 260,00	133 620,00	163 730,00

Gesamter Verbrauch an Fertigungsmaterial:	647 700,00 EUR
Gesamte Fertigungslöhne:	561 200,00 EUR

   3.1 Berechnen Sie die Istzuschlagssätze!

   3.2 Ermitteln Sie die Istselbstkosten und vergleichen Sie das Ergebnis von Angebots- und Nachkalkulation!

4. 4.1 Die Geschäftsleitung stellt fest, dass die tatsächlichen Kosten höher liegen als der kalkulierte Angebotspreis. Erläutern Sie zwei Ursachen von Kostenabweichungen, für die der jeweilige Kostenstellenleiter die Verantwortung übernehmen muss!

   4.2 Die Geschäftsleitung informiert sich beim Leiter der Kostenstelle Verwaltung, warum die Ist-Verwaltungskosten über den geplanten Verwaltungsgemeinkosten liegen.

   Der Leiter der Kostenstelle Verwaltung weist darauf hin, dass der Normal- und der Ist-Gemeinkostenzuschlagssatz gleich hoch sind. Deswegen habe er die vorliegende Kostenabweichung in der Kostenstelle Verwaltung nicht zu vertreten.

   Beurteilen Sie, ob die Aussage des Kostenstellenleiters zutreffend ist!

   4.3 Die Kostenstelle Material weist ebenfalls eine Kostenunterdeckung auf. Erläutern Sie zwei Ursachen von Kostenabweichungen, für die der Leiter der Kostenstelle keine Verantwortung übernehmen muss!

5. Die Auftragslage der Möbelfabrik ist stark ansteigend. Erläutern Sie die Auswirkungen einer ansteigenden Beschäftigung auf die Zuschlagskalkulation!

97   Bestimmung der Kosten für das Fertigungsmaterial

Die Werkzeugfabrik WEGA AG hat im Produktprogramm die Akku Schlagbohrmaschine 18 V im Programm. Aufgrund des hohen Wettbewerbsdrucks durch die fernöstliche Konkurrenz soll die Schlagbohrmaschine zum Listenverkaufspreis von 671,41 EUR angeboten werden. Aus diesem Grund dürfen die gesamten Fertigungskosten höchstens 293,50 EUR betragen. Die Kosten für das Fertigungsmaterial betragen derzeit 118,70 EUR. Die Kostenrechnungsabteilung wird beauftragt, sicherzustellen, dass trotz des niedrigen Listenverkaufspreises ein gewünschter Gewinnzuschlagssatz von 19 % erzielt werden kann.

Die WEGA AG rechnet mit folgenden Kalkulationsdaten (Normalkosten): VerwGK 4,8 %, VertrGK 2,2 %, MGK 15 %, SEKV 4,52 EUR, Kundenskonto 3 %, Kundenrabatt 17 %.

Aufgaben:

1. Berechnen Sie den Prozentsatz, um den das Fertigungsmaterial günstiger bezogen werden muss, damit der angestrebte Gewinn erreicht werden kann!

2. Die am Quartalsende ermittelten Istkosten ergeben folgende Kalkulationsdaten: MGK 18 %, Fertigungskosten 295,10 EUR, VerwGK 6,5 %, VertrGK 2,8 %, Sondereinzelkosten des Vertriebs 5,29 EUR. Beurteilen Sie das Ergebnis aus Aufgabe 1 unter Beachtung der beschriebenen Kostenentwicklung!

98   Berechnung der Fertigungsgemeinkosten und des Fertigungsgemeinkostenzuschlagssatzes

Die Electronic Düsseldorf GmbH hat u. a. das Wireless Alarmsystem WS-100 im Programm. Im Monat April fallen Fertigungslöhne in Höhe von 9 400,00 EUR und Fertigungsgemeinkosten in Höhe von 10 340,00 EUR (Fixkostenanteil 65 %) an.

Im Mai werden alle Aufträge mit dem Fertigungsgemeinkostenzuschlagssatz des Monats April kalkuliert. Es kommt wegen Betriebsferien zu einem Beschäftigungsrückgang von 30 %.

Aufgaben:

1. Berechnen Sie die Höhe der Kostenabweichung für den Monat Mai!

2. Ermitteln Sie den Ist-FGK-Zuschlagssatz für den Monat Mai!

5.5.5   Zuschlagskalkulation mit Maschinenstundensätzen

5.5.5.1   Ermittlung der Maschinenstundensätze

(1)   Grundlagen zur Berechnung von Maschinenstundensätzen

Durch die fortschreitende Mechanisierung der Betriebe gewinnt die Maschinenstundensatzkalkulation immer größere Bedeutung. In dem Maße wie Personal immer mehr durch Maschinen ersetzt wird, vergrößert sich der Anteil der maschinenabhängigen Gemeinkosten gegenüber den lohnabhängigen Gemeinkosten. Daher ist es im Sinne einer genaueren Kalkulation erforderlich, die **Fertigungsgemeinkosten** in die **maschinenabhängigen** und in die **lohnabhängigen Fertigungsgemeinkosten (Rest-Fertigungsgemeinkosten)** aufzuteilen.

Für die **maschinenabhängigen Fertigungsgemeinkosten** werden die **Maschinenlaufzeiten** als Bezugsgrundlage gewählt, für die **lohnabhängigen Rest-Fertigungsgemeinkosten** wie bisher die **Fertigungslöhne**.

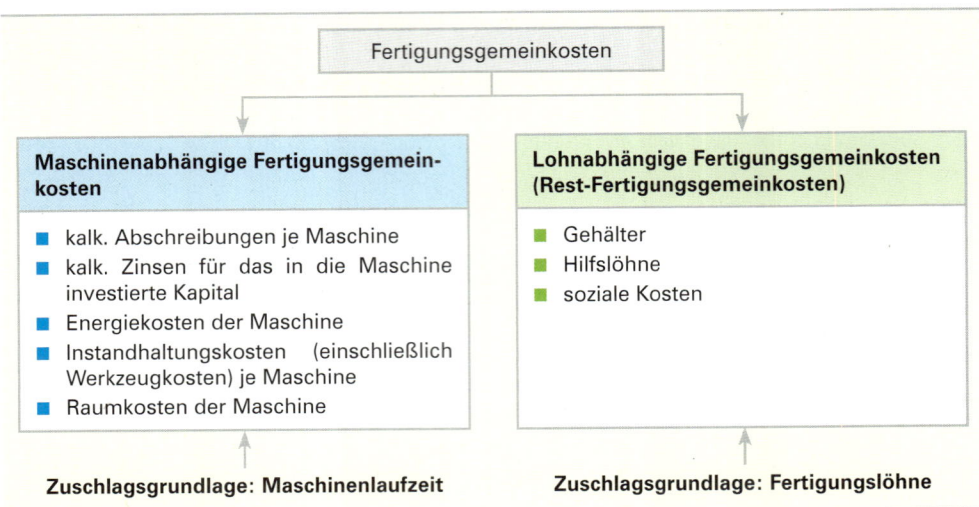

Sind in einem Betrieb **unterschiedlich teure Maschinen** vorhanden, die bei der Herstellung der einzelnen Erzeugnisse aufgrund der verschiedenartigen Produktionsverfahren **unterschiedlich lange beansprucht** werden, so ist es erforderlich, die Maschinenkosten für **jede Maschine bzw. Maschinenart** gesondert zu erfassen.

Werden die anfallenden maschinenabhängigen Gemeinkosten auf die Maschinenlaufzeit bezogen, so erhält man den **Maschinenstundensatz.**

(2) Berechnung der maschinenabhängigen Gemeinkosten

Der erste Schritt bei der Berechnung der Maschinenstundensätze besteht in der Ermittlung der effektiv für die Produktion der Erzeugnisse angefallenen Maschinenlaufzeit.

Maximale Laufzeit	Ausfallzeit
	Effektive Laufzeiten

Beispiel:

Für die Maschinen in einem Industriebetrieb mit 37,5-Stunden-Woche und 7,5 Stunden täglicher Arbeitszeit fallen im laufenden Jahr Stillstandszeiten durch 14 Feiertage, 22 Urlaubstage, 6 Krankheitstage sowie 35 Ausfallstunden für Instandhaltung an.

Aufgabe:

Berechnen Sie die effektive Maschinenlaufzeit!

Lösung:

	Maximal mögliche Maschinenlaufzeit (52 Wochen zu 37,5 Stunden)	1 950 Std.
−	Instandhaltungszeit	35 Std.
−	Stillstandszeiten 14 Feiertage zu 7,5 Stunden	105 Std.
	22 Urlaubstage zu 7,5 Stunden	165 Std.
	6 Krankheitstage zu 7,5 Stunden	45 Std.
=	effektive Maschinenlaufzeit im laufenden Jahr	1 600 Std.

Im zweiten Schritt werden zunächst die maschinenabhängigen Gemeinkosten durch die Laufzeit der Maschine/Periode dividiert. Durch die anschließende Addition der einzelnen Gemeinkosten je Maschinenstunde erhält man dann den Maschinenstundensatz.

Beispiel:

Die Anschaffungskosten der Beschichtungsmaschine belaufen sich auf 214 500,00 EUR. Es wird von Wiederbeschaffungskosten in Höhe von 234 000,00 EUR ausgegangen. Die Nutzungsdauer wird mit 13 Jahren angesetzt. Die jährliche Maschinenlaufzeit beträgt 1 600 Stunden. Kalkulatorisch wird nach der linearen Abschreibungsmethode abgeschrieben. Es wird mit einem kalkulatorischen Zinssatz von 8 % gerechnet. Für die Gesamtnutzungsdauer der Maschine werden die Instandhaltungskosten auf 62 400,00 EUR geschätzt. Der Raumkostensatz beträgt pro Jahr und m^2 212,00 EUR. Die Maschine hat einen Raumbedarf von 24,50 m^2. Der Strombedarf der Maschine beträgt 45 kWh, der Strompreis 0,15 EUR je kWh.

Aufgabe:

Berechnen Sie den Maschinenstundensatz der Beschichtungsmaschine!

Lösung:

Abschreibungen je Maschinenstunde:

Für die Berechnung der Abschreibung wird die kalkulatorische Abschreibung herangezogen. Berechnungsgrundlage sind die Wiederbeschaffungskosten.

$$\text{Abschreibungsbetrag je Maschinenstunde} = \frac{234\,000}{13 \cdot 1\,600} = \underline{\underline{11,25 \text{ EUR/Std.}}}$$

$$\frac{\text{Abschreibungsbetrag}}{\text{je Maschinenstunde}} = \frac{\text{Wiederbeschaffungskosten}}{\text{Nutzungsdauer} \cdot \text{Laufzeit/Jahr}}$$

Zinskosten je Maschinenstunde:

Üblicherweise wird für die Berechnung der kalkulatorischen Zinsen das Durchschnittsverfahren benutzt, d. h., bei der Berechnung der jährlichen Zinsen wird jeweils von den halben Anschaffungskosten[1] ausgegangen.

$$\text{Zinskosten je Maschinenstunde} = \frac{214\,500 \cdot 8}{2 \cdot 100 \cdot 1\,600} = \underline{\underline{5,36 \text{ EUR/Std.}}}$$

$$\frac{\text{Zinskosten}}{\text{je Maschinenstunde}} = \frac{^{1}/_{2}\,\text{Anschaffungskosten} \cdot \text{kalk. Zinssatz}}{100 \cdot \text{Laufzeit/Jahr}}$$

Instandhaltungskosten je Maschinenstunde:

Die auf eine Maschine entfallenden Instandhaltungskosten (Reparaturen, Werkzeuge, Wartung) sind nicht exakt voraussehbar. Man muss daher auf die Angaben des Herstellers oder auf Erfahrungswerte der Vergangenheit zurückgreifen.

$$\text{Instandhaltungskosten je Maschinenstunde} = \frac{62\,400}{13 \cdot 1\,600} = \underline{\underline{3,00 \text{ EUR/Std.}}}$$

$$\frac{\text{Instandhaltungskosten}}{\text{je Maschinenstunde}} = \frac{\text{gesamte Instandhaltungskosten}}{\text{Nutzungsdauer} \cdot \text{Laufzeit/Jahr}}$$

---

1 Statt der Anschaffungskosten können auch die **Wiederbeschaffungskosten** angesetzt werden.

Raumkosten je Maschinenstunde:

Die Raumkosten einer Maschine sind abhängig vom Raumbedarf und vom Raumkostensatz.

- Der **Raumbedarf** einer Maschine (gemessen in m^2) umfasst die Grundfläche der Maschine, Bedienungsflächen sowie die Abstellfläche für die Werkstücke.

- Im **Raumkostensatz** werden die anteiligen Abschreibungen, Zinsen, Instandhaltungskosten für Gebäude, ferner die anteiligen Heizungs-, Licht-, Klimatisierungs- und Versicherungskosten sowie die anteiligen personellen Kosten erfasst.

$$\text{Raumkosten je Maschinenstunde} = \frac{24,50 \cdot 212,00}{1\,600} = \underline{3,25 \text{ EUR/Std.}}$$

$$\frac{\text{Raumkosten}}{\text{je Maschinenstunde}} = \frac{\text{Raumbedarf je Maschine} \cdot \text{Raumkostensatz je Maschine}}{\text{Laufzeit/Jahr}}$$

Energiekosten je Maschinenstunde:

Der Energieverbrauch einer Maschine ist je nach Energieart in Litern/Stunde (z. B. Diesel, Benzin), in m^3/Stunde (z. B. Gas, Dampf) oder in kWh (Strom) anzugeben. Der durchschnittliche Energieverbrauch wird vom Hersteller der Maschine in aller Regel in der Betriebsanleitung ausgewiesen. Allerdings ist in der Praxis davon auszugehen, dass der tatsächliche Energieverbrauch nicht mit 100 % anzusetzen ist, da eine Maschine im Durchschnitt nicht mit der vollen Leistungsfähigkeit belastet wird.

Bei der Berechnung der Energiekosten geht man von der Annahme (Fiktion) aus, dass sich die Energiekosten proportional zu der tatsächlichen Leistungsaufnahme verhalten.

$$\text{Energiekosten je Maschinenstunde}[1] = 45 \cdot 0,15 = \underline{6,75 \text{ EUR/Std.}}$$

(3) Ermittlung des Maschinenstundensatzes

Der **Maschinenstundensatz** ergibt sich aus der Addition der einzelnen maschinenabhängigen Kosten je Stunde.

Maschinenstundensatz: 11,25 + 5,36 + 3,00 + 3,25 + 6,75 = $\underline{29,61 \text{ EUR/Std.}}$

Übungsaufgabe

99 Berechnung der Maschinenkosten

1. Die Kosten- und Leistungsrechnung einer Metallwarenfabrik weist für die Maschinengruppe Formpresse folgende Daten aus:

   Das Unternehmen arbeitet mit 8 gleichartigen Formpressen. Die Anschaffungskosten einer Formpresse betragen 32 600,00 EUR. Die jährliche Arbeitszeit in der Abteilung beträgt 240 Tage, die tägliche Arbeitszeit 8 $^1/_2$ Stunden. An Ausfallzeit (Leerstunden) sind für die Abteilung 220 Arbeitsstunden anzusetzen.

   Die kalkulatorische Nutzungsdauer[2] beträgt 8 Jahre. Die Wiederbeschaffungskosten je Maschine werden mit 36 400,00 EUR angesetzt. Kalkulatorisch wird linear abgeschrieben.

   Als Zinssatz für das in die Maschinen investierte Kapital sind 7,5 % von den halben Anschaffungskosten zu veranschlagen.

   Für die Instandhaltung aller Formpressen sind jährlich 48 594,00 EUR zu berücksichtigen. Der Raumbedarf je Formpresse beträgt 32 m^2. Als Raumkostensatz werden je m^2 164,00 EUR pro Jahr angesetzt.

---

1 Eine allgemeine Formel zur Berechnung der Energiekosten je Maschinenstunde kann nicht angeboten werden.

2 Das ist die erwartete Nutzungsdauer, mit der das Unternehmen kalkuliert.

Der Strombedarf für eine Formpresse beträgt 72 kWh, der Strompreis 0,16 EUR je kWh.

Aufgabe:

Berechnen Sie den Maschinenstundensatz!

2. In einer Möbelfabrik sind drei Maschinengruppen vorhanden.

Maschinen-gruppe	Anzahl	Wiederbeschaffungs-kosten/Stück	Nutzungsdauer in Jahren	kWh-Verbrauch	m²-Bedarf
Sägemaschine	10	42 000,00 EUR	8	12	24
Schleifmaschine	8	28 000,00 EUR	10	14	16
Hobelmaschine	14	56 000,00 EUR	12	16	26

Der Quartals-BAB weist folgende Gemeinkosten aus:

Kostenstelle Werkstattgebäude (4 200 m²)   37 800,00 EUR
Kostenstelle Heizung (beheizte Fläche 3 700 m²)   13 320,00 EUR

Die kalkulatorischen Zinsen betragen 9 %. Sie werden von den halben Anschaffungskosten berechnet. Die Anschaffungskosten der Sägemaschine betragen 40 000,00 EUR, der Schleifmaschine 25 500,00 EUR und der Hobelmaschine 52 000,00 EUR. Die gesamten (geschätzten) Instandhaltungskosten belaufen sich bei der Maschinengruppe Sägemaschine auf 20 %, bei der Maschinengruppe Schleifmaschine auf 25 % und bei der Maschinengruppe Hobelmaschine auf 30 % der Wiederbeschaffungskosten. Es wird die lineare Abschreibungsmethode verwendet.

Der Strompreis beträgt 0,16 EUR je kWh.

Aufgaben:

2.1 Berechnen Sie die Maschinenstundensätze, wenn jährlich je Maschine 2 400 Laufstunden anfallen!

2.2 Berechnen Sie die monatlichen Maschinenkosten, wenn alle Maschinen je Monat 200 Betriebsstunden gelaufen sind!

(4) Behandlung der Rest-Fertigungsgemeinkosten

Im Rahmen des BAB werden die Gemeinkosten der Fertigung aufgeteilt in maschinenabhängige Gemeinkosten und in lohnabhängige Rest-Fertigungsgemeinkosten. Als Bezugsgrundlage für die maschinenabhängigen Fertigungsgemeinkosten werden die Maschinenlaufzeiten gewählt, für die lohnabhängigen Rest-Fertigungsgemeinkosten die Fertigungslöhne.

Bei der Anwendung der Zuschlagskalkulation mit Maschinenstundensätzen ändert sich z. B. die Kostenstelle Fertigung im BAB wie folgt:

Fertigung					
Gemein-kosten	Maschinenabhängige Gemeinkosten			Lohnabhängige Gemeinkosten (Rest-Fertigungsgemeinkosten)	
	Maschine I	Maschine II	Maschine III		
Summe der Gemeinkosten	13 632,00 EUR	14 892,00 EUR	7 728,00 EUR		21 981,60 EUR
effektive Laufzeit	160 Std.	120 Std.	140 Std.	Fertigungs-löhne	28 400,00 EUR
Maschinen-Std.-Satz	85,20 EUR	124,10 EUR	55,20 EUR	Rest-FGK-Satz	77,4 %

209

14 Speth u.a. - ISBN 978-3-8120-0521-0

- Maschinenstundensatz $= \dfrac{\text{maschinenabhängige Gemeinkosten}}{\text{effektive Maschinenlaufzeit}}$

- Rest-Fertigungsgemeinkostensatz $= \dfrac{\text{Rest-FGK} \cdot 100}{\text{Fertigungslöhne}}$

Übungsaufgabe

100 Berechnung Maschinenstundensatz, Maschinenkosten und Rest-Fertigungsgemeinkostensatz

Die Zinngießerei Clemens Altaner GmbH möchte ihre Kosten genauer erfassen und deshalb den BAB in Maschinenkosten und Rest-Fertigungsgemeinkosten aufgliedern. Die Kosten- und Leistungsrechnung weist bisher folgende Daten auf:

Ausschnitt aus dem BAB:

Kostenarten	Fertigung		
	Summe der Gemeinkosten	Maschinenkosten	Rest-Fertigungsgemeinkosten
Hilfsstoffe	571 800,00		
Betriebsstoffe	223 400,00		
Energiekosten	114 980,00		
Personalkosten	739 545,00	_____	
Instandhaltungskosten	268 820,00	_____	
Betriebssteuern	96 300,00		
Raumkosten	77 245,30	_____	
Abschreibungen	1 591 885,12	_____	
Zinsen	81 140,00	_____	

Maschinenbestand (gleiche Kostenstruktur)	Wiederbeschaffungskosten je Maschine	Nutzungsdauer	Raumbedarf in m² je Maschine	Strombedarf in kWh je Maschine
12	62 000,00	8	30	18

Die jährliche Arbeitszeit beträgt 260 Tage, die tägliche Arbeitszeit 8 Stunden. An Leerstunden sind monatlich 8 Arbeitsstunden anzusetzen.

Der Zinssatz für das investierte Kapital beläuft sich auf 7,5 %. Die Anschaffungskosten je Maschine betragen 60 500,00 EUR.

Die jährlichen Instandhaltungskosten betragen 4 600,00 EUR je Maschine (Schätzung).

Es wird kalkulatorisch nach der linearen Abschreibungsmethode abgeschrieben.

Der Raumkostensatz je m² beträgt 99,20 EUR jährlich. Der Strompreis beträgt 0,19 EUR je kWh.

Aufgaben:

1. Berechnen Sie den Maschinenstundensatz je Maschine!

2. Übertragen Sie den BAB in Ihr Übungsheft. Berechnen Sie die Maschinenkosten und die Rest-Fertigungsgemeinkosten und tragen Sie die Beträge in den BAB ein! Dabei wird vorausgesetzt, dass sämtliche Maschinen die Sollleistung erbracht haben.

3. Berechnen Sie den Rest-Fertigungsgemeinkostensatz, wenn 4 114 506,00 EUR an Fertigungslöhnen angefallen sind!

(5) Kalkulation mit Maschinenstundensätzen

Beispiel:

Für einen Auftrag, bei dem nach den auf S. 209 ermittelten Maschinenstundensätzen nur Maschine I und Maschine II zum Einsatz kommen, ist der Selbstkostenpreis aufgrund folgender Angaben zu berechnen:

Verbrauch von Fertigungsmaterial	1 210,00 EUR	Maschine I	3 Std. zu je	85,20 EUR
Fertigungslöhne	820,00 EUR	Maschine II	2 Std. zu je	124,10 EUR

Die Zuschlagssätze betragen: MGK 8 % VerwGK 12 %
 Rest-FGK 77,4 % VertrGK 8 %

Aufgabe:

Berechnen Sie die geplanten Selbstkosten des Auftrags!

Lösung:

Materialeinzelkosten	1 210,00 EUR	
+ 8 % Materialgemeinkosten	96,80 EUR	
= **Materialkosten**		1 306,80 EUR
+ Fertigungslöhne	820,00 EUR	
+ 77,4 % Rest-FGK	634,68 EUR	
+ Maschine I: 3 Std. · 185,20 EUR/Std.	255,60 EUR	
+ Maschine II: 2 Std. · 124,10 EUR/Std.	248,20 EUR	
+ **Fertigungskosten**		1 958,48 EUR
= **Herstellkosten**		3 265,28 EUR
+ 12 % Verwaltungsgemeinkosten		391,83 EUR
+ 8 % Vertriebsgemeinkosten		261,22 EUR
= **Selbstkosten**		3 918,33 EUR

Übungsaufgaben

101 Berechnung der Gemeinkostenzuschlagssätze und der Maschinenstundensätze, Vorwärtskalkulation mit Maschinenstundensatz, Beispiele für Maschinenkosten

1. Der BAB eines Industriebetriebs weist folgende Zahlen aus:

Material	Fertigung				Verwaltung	Vertrieb
	Maschine A	Maschine B	Maschine C	Rest-FGK		
75 000,00 EUR	320 000,00 EUR	400 000,00 EUR	500 000,00 EUR	396 000,00 EUR	201 476,00 EUR	323 422,00 EUR

Verbrauch von Fertigungsmaterial: 600 000,00 EUR
Fertigungslöhne: 360 000,00 EUR

Die Laufzeit der einzelnen Maschinen beträgt:
Maschine A: 1 600 Std., Maschine B: 5 000 Std., Maschine C: 4 000 Std.

Aufgaben:

1.1 Berechnen Sie die Gemeinkostenzuschlagssätze und die Maschinenstundensätze!

Anmerkung: Die Rest-Fertigungsgemeinkosten sind auf die Fertigungslöhne, die Verwaltungs- und die Vertriebsgemeinkosten sind auf die Herstellkosten der Rechnungsperiode zu beziehen.

1.2 Für die Herstellung eines Produkts kalkuliert der Industriebetrieb zusätzlich mit folgenden Daten: Fertigungsmaterial 210,00 EUR, Fertigungslöhne 170,00 EUR, Beanspruchung von Maschine A 12 Min., Maschine B 9 Min. und Maschine C 18 Min. Des Weiteren werden eingerechnet: 25 % Gewinn, 12 % Vertreterprovision, 3 % Kundenskonto und 20 % Kundenrabatt.

Ermitteln Sie den Listenverkaufspreis!

1.3 Nennen Sie Kostenarten, die zu den maschinenabhängigen Kosten zu rechnen sind und geben Sie an, wie aus diesen der Maschinenstundensatz errechnet wird!

1.4 Erklären Sie, welche Folgen sich aus der Anwendung der Maschinenstundensatzrechnung für den Aufbau des BABs ergeben!

1.5 Erläutern Sie, wodurch sich die Herstellkosten der Rechnungsperiode von den Herstellkosten des Umsatzes unterscheiden!

2. Die Metall-Design Richter GmbH richtet nach Anschaffung einer neuen Multifunktionsmaschine eine zusätzliche Kostenstelle für die Fertigung ein.

Aufgabe:

Ermitteln Sie den Maschinenstundensatz für die Multifunktionsmaschine aufgrund folgender Angaben: Wiederbeschaffungskosten 600 000,00 EUR, betriebliche Nutzungsdauer 10 Jahre, jährliche Maschinenlaufzeit je Anlage 1944 Stunden, kalkulatorischer Zinssatz 9 % p. a., Instandhaltungskosten 22 770,00 EUR jährlich, jährliche Raumkosten 104,00 EUR pro m^2 bei einem Platzbedarf von 30 m^2, Energiebedarf 25 kWh; Strompreis 0,15 EUR/kWh, Grundgebühr monatlich 80,00 EUR.

102 Vorwärtskalkulation, Kalkulation eines Sonderpreises, Nachkalkulation mit Maschinenstundensätzen, Kostenüber- und -unterdeckung

1. Eine Maschinenfabrik rechnet für einen neuen Maschinentyp mit folgenden Kalkulationsdaten:

Verbrauch von Fertigungsmaterial		1 040,00 EUR		
Fertigungslöhne		870,00 EUR		
Gemeinkostenzuschläge:	MGK	5 %	VerwGK	9 %
	Rest-FGK	85 %	VertrGK	7 %
Nutzung von Maschinen:	Maschine A:	25 Minuten		
		108,00 EUR Maschinenstundensatz		
	Maschine B:	13 Minuten		
		78,00 EUR Maschinenstundensatz		

Gewinnzuschlag 33 $^1/_3$ %, Vertreterprovision 12,5 %, Kundenskonto 2 $^1/_2$ % und Kundenrabatt 20 %.

Aufgaben:

1.1 Berechnen Sie den Listenverkaufspreis!

1.2 Um den Absatz zu steigern, wird die Maschine zum Sonderpreis von 5 421,14 EUR angeboten. Berechnen Sie, wie viel Gewinn in EUR und in Prozent dem Unternehmen verbleiben!

2. Für einen Reparaturauftrag ist der Angebotspreis unter Berücksichtigung folgender Angaben zu kalkulieren:

Verbrauch von Reparaturmaterial		195,80 EUR	Normalzuschlagssätze:	
Fertigungslöhne	2,6 Stunden zu je	45,00 EUR	– MGK	7,5 %
Maschine I	0,6 Stunden zu je	104,90 EUR	– Rest-FGK	101,8 %
Maschine II	1,3 Stunden zu je	63,50 EUR	– VerwGK	9,4 %
Gewinnzuschlag	20 %		– VertrGK	8,8 %

Aufgaben:

2.1 Berechnen Sie den Angebotspreis für den Reparaturauftrag!

2.2 Die Istkostenrechnung für den Reparaturauftrag ergab folgende Kalkulationsdaten:

Verbr. v. Rep.-Mat.		210,50 EUR	Istzuschlagssätze:	
Fertigungslöhne	2,8 Stunden zu je	46,70 EUR	– MGK	9 %
Maschine I	0,75 Stunden zu je	104,90 EUR	– Rest-FGK	104 %
Maschine II	1,2 Stunden zu je	63,50 EUR	– VerwGK	10,3 %
			– VertrGK	7 %

2.2.1 Berechnen Sie die entstandenen Selbstkosten!

2.2.2 Berechnen Sie die Kostenabweichung in EUR und in Prozent!

3. Nennen Sie zwei Gründe, warum im Allgemeinen die Kalkulation der Fertigungskosten auf der Basis von Maschinenstundensätzen genauer wird!

5.5.5.2 Berechnung des Maschinenstundensatzes bei unterschiedlicher Maschinenlaufzeit

Dadurch dass der Maschinenstundensatz mit der Laufzeit der Maschinen multipliziert wird, wird unterstellt, dass alle maschinenabhängigen Fertigungsgemeinkosten proportional verlaufen. Ein Teil der maschinenabhängigen Fertigungskosten ist jedoch unabhängig von der Maschinenlaufzeit. Die Folge ist: Der Maschinenstundensatz **steigt unterproportional** bei einer **Ausweitung der Maschinenlaufzeit** (die fixen Kosten verteilen sich auf eine längere Laufzeit) und **steigt überproportional** bei einem **Rückgang der Maschinenlaufzeit** (die fixen Kosten verteilen sich auf eine kürzere Laufzeit).

Für eine **differenzierte Maschinenstundensatzrechnung,** in der die Laufzeitschwankungen berücksichtigt werden, ist es notwendig, die maschinenabhängigen Fertigungsgemeinkosten in **fixe und variable Kosten** aufzuteilen.[1]

Zu den **fixen maschinenabhängigen Fertigungsgemeinkosten** zählen insbesondere die **Platzkosten der Maschinen** sowie die **kalkulatorischen Kosten. Teilweise fix und teilweise variabel** sind vor allem **Energiekosten** und die **Wartungskosten.**

- ■ Ändert sich die Maschinenlaufzeit, so kommt es zu **Abweichungen beim Maschinenstundensatz.**

- ■ **Ursache der Abweichungen** ist der **Fixkostenanteil** in den maschinenabhängigen Fertigungsgemeinkosten, der den Maschinenstundensatz – je nach Maschinenlaufzeit – in unterschiedlicher Höhe beeinflusst.

- ■ Die **variablen maschinenabhängigen Fertigungsgemeinkosten** verändern sich **proportional zur Maschinenlaufzeit.**

---

1 Für die Aufteilung der fixen und variablen Fertigungsgemeinkosten kann im BAB eine besondere Kostenstelle gebildet werden.

Beispiel:

Die Kostenstelle Fertigung eines Industriebetriebs mit fixen und variablen maschinenabhängigen Fertigungsgemeinkosten weist die in der Tabelle aufgeführten Gemeinkosten auf.

Gemeinkosten	Gesamte Fertigungs- gemeinkosten Monat Juni	Maschinenabhängige Fertigungsgemeinkosten	
		fix	variabel
Reparaturkosten	14 800,00	3 200,00	11 600,00
Wartungskosten	18 400,00	12 100,00	6 300,00
Kalk. Abschreibung	32 500,00	32 500,00	
Kalk. Zinsen	14 700,00	14 700,00	
Platzkosten	52 900,00	52 900,00	
Betriebsstoffkosten	26 300,00		26 300,00
Energiekosten	34 200,00	8 300,00	25 900,00
Werkzeuge	12 900,00	12 900,00	
Versicherung	9 600,00	9 600,00	
Summe	216 300,00	146 200,00	70 100,00

Aufgaben:

1. Berechnen Sie den Maschinenstundensatz, wenn die Maschinenlaufzeit im Juni 1 600 Laufstunden und im August ferienbedingt 1 500 Laufstunden beträgt! Die variablen Kosten im August betragen 65 718,75 EUR.[1]

2. Interpretieren Sie die Höhe des Maschinenstundensatzes bei sich ändernden Maschinenlaufzeiten!

Lösungen:

Zu 1.: Berechnung der Maschinenstundensätze

	Juni	August
Fixe Maschinenkosten je Stunde	$\dfrac{146\,200}{1\,600} = 91{,}38$ EUR	$\dfrac{146\,200}{1\,500} = 97{,}47$ EUR
+ Variable Maschinenkosten je Stunde	$\dfrac{70\,100}{1\,600} = 43{,}81$ EUR	$\dfrac{65\,718{,}75}{1\,500} = 43{,}81$ EUR
= Maschinenstundensatz	**135,19 EUR**	**141,28 EUR**

Zu 2.: Interpretation der Ergebnisse

Bei einer kürzeren Maschinenstundenlaufzeit verringern sich die variablen Maschinenkosten proportional. Die fixen Maschinenkosten je Stunde steigen an, da sich die Fixkosten auf eine geringere Maschinenlaufzeit verteilen. Im umgekehrten Fall verlaufen diese Kostenarten entgegengesetzt (Fixkostendegression).

---

1 Es wird von einem proportionalen Verlauf der variablen Kosten ausgegangen.

Übungsaufgaben

103 Berechnung des Maschinenstundensatzes, des Restgemeinkostensatzes, Vorwärtskalkulation mit Maschinenstundensatz

Aus der Kosten- und Leistungsrechnung eines Industriebetriebs stehen folgende Zahlen und Angaben zur Verfügung (Gemeinkosten lt. BAB):

Material	Fertigung			Verwaltung	Vertrieb
	maschinenabhängige FGK		Rest-FGK		
	fix	variabel			
380 000,00 EUR	159 225,00 EUR	207 400,00 EUR	148 500,00 EUR	308 688,75 EUR	228 161,25 EUR

Einzelkosten: Verbrauch von Fertigungsmaterial: 304 000,00 EUR
Fertigungslöhne: 135 000,00 EUR

Bestände	Anfangsbestand	Schlussbestand		Laufzeit der Maschine
Unfertige Erzeugnisse	48 000,00 EUR	46 000,00 EUR		1 650 Stunden
Fertige Erzeugnisse	57 000,00 EUR	51 000,00 EUR		

Aufgaben:

1. Berechnen Sie die Gemeinkostenzuschlagssätze und den Maschinenstundensatz (Ergebnisse auf ganze Zahlen aufrunden)! Bezugsgröße für die Verwaltungsgemeinkosten und die Vertriebsgemeinkosten sind die Herstellkosten des Umsatzes und für die Rest-Fertigungsgemeinkosten die Fertigungslöhne.

2. Ein Kunde des Betriebs bestellt 150 Stück eines Produkts, dessen Herstellung (pro Stück) Maschinenkosten von 27 Min. in Anspruch nimmt. Pro Stück wird Fertigungsmaterial im Wert von 16,50 EUR benötigt, die Fertigungslöhne betragen 24,00 EUR.

   Ermitteln Sie den Listenverkaufspreis je Stück, wenn 7,93 % Gewinn, 2 % Kundenskonto und 10 % Vertreterprovision zu berücksichtigen sind!

104 Gemeinkostenzuschlagssätze bei mehrstufigem BAB, Berechnung des Maschinenstundensatzes

Der Betriebsabrechnungsbogen eines Industriebetriebs weist nach Verteilung der Gemeinkosten auf die Kostenstellen folgende Werte (EUR) aus:

Gemein-kosten-arten	Kosten lt. KLR	Material	Drehautomat		Rest-gemein-kosten	Übrige Fertigungs-stellen	Ver-waltung	Vertrieb
			maschinenab. FGK					
			fix	variabel				
Summe	503 248,00	18 160,00	19 500,00	26 880,00	28 600,00	306 760,00	57 726,00	45 622,00

Die Materialkosten betragen 330 180,00 EUR, die Fertigungslöhne Drehautomat 189 200,00 EUR, Fertigungslöhne Übrige Fertigungsstellen 318 546,00 EUR, Maschinenlaufzeit 600 Stunden.

Aufgaben:

1. Berechnen Sie die Gemeinkostenzuschlagssätze und den Maschinenstundensatz!

2. Ermitteln Sie die Selbstkosten der Rechnungsperiode!

3. Ermitteln Sie, mit welchem Maschinenstundensatz gerechnet werden kann, wenn wegen Zusatzaufträgen die Maschinenlaufzeit auf 820 Stunden erhöht werden muss. Aufgrund des größeren Verschleißes der Maschinen und damit einem größeren Wartungs- und Reparaturaufwand steigen die variablen maschinenabhängigen Fertigungsgemeinkosten um 8 %.

5.5.6 Divisionskalkulation

(1) Überblick

Die Divisionskalkulation wird in Unternehmungen verwendet, die ein einheitliches Produkt in großer Anzahl herstellen (**Massenfertigung**). Dabei werden die Kosten je Leistungseinheit durch Division der Gesamtkosten einer Rechnungsperiode durch die in dieser Rechnungsperiode erstellten Leistungseinheiten ermittelt. Bei der Divisionskalkulation entfällt sowohl die Aufteilung der Kosten in Einzel- und Gemeinkosten als auch die Aufschlüsselung der Gemeinkosten auf Kostenstellen.

> **Beispiele:**
>
> Typische Betriebe für Massenfertigung sind z. B. Elektrizitäts-, Gas- und Wasserwerke sowie Betriebe der Grundstoffindustrie (z. B. Kohlegewinnung, Zement-, Kies- und Bausteinherstellung).

Die Divisionskalkulation kann durchgeführt werden als einfache Divisionskalkulation und als mehrfache Divisionskalkulation.

(2) Einfache Divisionskalkulation

Die einfache Divisionskalkulation setzt voraus, dass nur eine Erzeugnisart produziert wird. Die Selbstkosten je Leistungseinheit ergeben sich aus der Division der Gesamtkosten einer Rechnungsperiode durch die Leistungsmenge der gleichen Periode.

$$\text{Selbstkosten je Leistungseinheit} = \frac{\text{Gesamtkosten der Rechnungsperiode}}{\text{Leistungsmenge der Rechnungsperiode}}$$

> **Beispiel:**
>
> Ein Zementwerk produziert in einem Monat 10 400 t Zement. Für diesen Monat fallen folgende Kosten an:
>
> | | |
> |---|---|
> | Verbrauch von Fertigungsmaterial | 621 000,00 EUR |
> | Fertigungslöhne | 167 000,00 EUR |
> | Sonstige Fertigungskosten | 195 000,00 EUR |
> | Verwaltungs- und Vertriebskosten | 109 000,00 EUR |
>
> **Aufgaben:**
> 1. Berechnen Sie die Selbstkosten je Tonne!
> 2. Berechnen Sie den Listenverkaufspreis je Tonne bei 15 % Gewinnzuschlag, 3 % Kundenskonto, 8 % Vertreterprovision vom Zielverkaufspreis und 20 % Kundenrabatt!

Lösungen:

1. $\text{Selbstkosten je Tonne} = \dfrac{621\,000\text{ EUR} + 167\,000\text{ EUR} + 195\,000\text{ EUR} + 109\,000\text{ EUR}}{10\,400\text{ t}} = \underline{\underline{105{,}00\text{ EUR/t}}}$

2.

Selbstkosten	105,00 EUR
+ 15 % Gewinn	15,75 EUR
= Barverkaufspreis	120,75 EUR
+ 8 % Vertreterprovision	10,85 EUR
+ 3 % Kundenskonto	4,07 EUR
= Zielverkaufspreis	135,67 EUR
+ 20 % Kundenrabatt	33,92 EUR
= Listenverkaufspreis (Nettoverkaufspreis)	169,59 EUR

(3) Mehrfache Divisionskalkulation

Bei der mehrfachen Divisionskalkulation werden die Bestandsveränderungen im Lager berücksichtigt. Dies führt dazu, dass die Herstellkosten und die Verwaltungs- und Vertriebskosten zu trennen sind. Die Herstellkosten der Rechnungsperiode werden durch die **produzierte** Menge, die Verwaltungs- und die Vertriebskosten dieser Rechnungsperiode durch die in diesem Zeitraum **verkaufte** Menge dividiert. Dadurch wird vermieden, dass die am Lager verbliebenen Erzeugnisse mit Verwaltungs-[1] und Vertriebskosten belastet werden, die sie gar nicht verursacht haben.

$$\frac{\text{Selbstkosten}}{\text{je Leistungseinheit}} = \frac{\text{Herstellkosten}}{\text{Produktionsmenge}} + \frac{\text{Verwaltungs- und Vertriebskosten}}{\text{verkaufte Menge}}$$

Beispiel:

Wir greifen auf das Beispiel von S. 216 zurück. Von der Produktion in Höhe von 10 400 t wurden 8 200 t abgesetzt.

Aufgabe:

Berechnen Sie die Selbstkosten je abgesetzter Tonne!

Lösung:

Herstellkosten	$= \dfrac{621\,000\ \text{EUR} + 167\,000\ \text{EUR} + 195\,000\ \text{EUR}}{10\,400\ \text{t}} =$	94,52 EUR/t
Verwaltungs- und Vertriebskosten	$= \dfrac{109\,000\ \text{EUR}}{8\,200\ \text{t}} =$	13,29 EUR/t
Selbstkosten		107,81 EUR/t

Erläuterungen:

Der Preis steigt an, da die Verwaltungs- und Vertriebskosten von 8 200 t aufgebracht werden müssen, d. h., die Belastung je t mit Verwaltungs- und Vertriebskosten erhöht sich. Ohne die Aufteilung wäre der Angebotspreis je verkaufte t zu niedrig kalkuliert worden.

Übungsaufgabe

105 Preisberechnungen mithilfe der Divisionskalkulation

1. In einem Industrieunternehmen mit Massenfertigung entstanden in einem Monat folgende Kosten:

Roh-, Hilfs- und Betriebsstoffverbrauch	190 108,00 EUR
Materialgemeinkosten	161 592,00 EUR
Löhne und Gehälter	89 528,00 EUR
Fertigungsgemeinkosten	100 272,00 EUR
Verwaltungskosten	75 200,00 EUR
Vertriebskosten	18 900,00 EUR
kalkulatorische Abschreibungen	105 340,00 EUR

Aufgaben:

1.1 Berechnen Sie die Selbstkosten je Produktionseinheit bei einer Produktionsmenge von 34 950 Einheiten!

1.2. Berechnen Sie den Listenverkaufspreis bei 18 % Gewinnzuschlag, 3 % Kundenskonto, 7 % Vertreterprovision und 15 % Kundenrabatt!

---

1 Auf eine getrennte Zuordnung der Verwaltungskosten wird hier aus Vereinfachungsgründen nicht eingegangen.

1.3 Der Lagerbestand konnte in diesem Monat um 1500 Einheiten abgebaut werden. Ermitteln Sie die Selbstkosten je Produktionseinheit, wenn die Verwaltungs- und Vertriebskosten auf die abgesetzte Menge bezogen werden!

1.4 Begründen Sie, warum bei einem Abbau des Lagerbestandes der Angebotspreis sinkt, wenn die Verwaltungs- und Vertriebskosten auf die verkaufte Menge bezogen werden!

2. Ein Getränkehersteller hat im vergangenen Geschäftsjahr 251700 Liter Orangensaft hergestellt und in Literflaschen abgefüllt. Lt. KLR sind hierbei folgende Kosten angefallen:

Verbrauch von Fertigungsmaterial einschließlich Flaschen 74915,00 EUR; MGK 22700,00 EUR; Fertigungslöhne 38100,00 EUR; FGK 36500,00 EUR; VerwK/VertrK 62900,00 EUR; SEKV 4000,00 EUR.

Aufgaben:

2.1 Berechnen Sie die Selbstkosten je Liter!

2.2 Ermitteln Sie den Listenverkaufspreis je Literflasche, wenn 12 % Gewinnzuschlag, 5 % Vertreterprovision, $2^{1}/_{2}$ % Kundenskonto und 25 % Kundenrabatt einkalkuliert werden!

2.3 Von der Produktion in Höhe von 251700 Liter wurden 221500 Liter abgesetzt.
Ermitteln Sie die Selbstkosten je Liter, wenn die Herstellkosten der produzierten Menge und die Verwaltungs- und Vertriebskosten sowie die Sondereinzelkosten des Vertriebs der verkauften Menge zugewiesen werden!

3. In einer Backwarenfabrik werden in drei aufeinanderfolgenden, abgegrenzten Produktionsstufen Backwaren hergestellt.

	Stufe I	Stufe II	Stufe III
Herstellkosten	63000,00 EUR	143000,00 EUR	48000,00 EUR
Stückzahl	10500	13000	12000

Aufgaben:

3.1 Ermitteln Sie die Herstellkosten je Einheit!

3.2 Berechnen Sie den Listenverkaufspreis für eine Torte, falls ein Kundenrabatt von 5 % und ein Kundenskonto von 2 % gewährt wird, der Gewinn 12 % betragen soll und 15 % Verwaltungs- und Vertriebskosten anfallen!

3.3 Ermitteln Sie die Bestandsveränderungen zwischen den Produktionsstufen in EUR!

5.5.7 Äquivalenzziffernkalkulation

(1) Überblick

Fertigt ein Unternehmen mehrere Erzeugnisse, die fertigungstechnisch weitgehend ähnlich und vergleichbar sind **(Sortenfertigung),** und stehen deren Kosten für die Produktion in einem bestimmten, messbaren Verhältnis zueinander, so kann die Kalkulation mit **Äquivalenzziffern (Wertigkeitsziffern, Kostenverhältnisziffern)** durchgeführt werden.

Beispiele:

Ein Blechwalzwerk stellt verschiedene Sorten von Drähten und Blechen her; eine Textilfabrik fertigt verschiedene Stoffe; eine Papierfabrik produziert verschiedene Papierarten; eine Brauerei braut unterschiedliche Biersorten.

Der **Einsatz der Äquivalenzziffernkalkulation** setzt voraus, dass

- die **Erzeugnisse artgleich** sind,
- die **Erzeugnisse** in einem **festen Kostenverhältnis** zueinander stehen.

Bei gleichem Produktionsablauf entstehen bei der Sortenfertigung dadurch unterschiedliche Kosten je Sorte, weil z. B. unterschiedliche Materialmengen oder unterschiedliche Fertigungszeiten zur Herstellung der einzelnen Erzeugnisarten benötigt werden. Das Verhältnis der Kosten eines Produktes zu den Kosten der anderen Produkte wird mithilfe von Äquivalenzziffern ausgedrückt.

Äquivalenzziffern sind Verhältniszahlen, die das Kostenverhältnis der einzelnen Sorten (Kostenträger) zu der Bezugssorte (Richtsorte) angeben

Die **Bezugssorte** erhält die **Äquivalenzziffer 1**. Mithilfe der Äquivalenzziffern werden die anderen Erzeugnisse anschließend in Form von Recheneinheiten auf die Bezugssorte umgerechnet.

$$\text{Rechnungs-einheit} = \text{Produktions-menge} \cdot \text{Äquivalenz-ziffer}$$

Die **Stückkosten je Rechnungseinheit** werden durch Division der Gesamtkosten der Produktion durch die Summe der Rechnungseinheiten ermittelt.

$$\text{Stückkosten je Rechnungseinheit} = \frac{\text{Gesamtkosten}}{\text{Rechnungseinheiten}}$$

Die **Gesamtkosten je Sorte** erhält man durch Multiplikation der Stückkosten je Rechnungseinheit mit den Rechnungseinheiten je Sorte.

$$\text{Gesamtkosten je Sorte} = \text{Stückkosten je Rechnungseinheit} \cdot \text{Rechnungseinheiten je Sorte}$$

Die Division der Gesamtkosten je Sorte durch die produzierte Menge der Sorte ergibt die **Stückkosten je Sorte**.

$$\text{Stückkosten je Sorte} = \frac{\text{Gesamtkosten je Sorte}}{\text{Produzierte Menge je Sorte}}$$

(2) Beispiel für eine Äquivalenzziffernkalkulation

Beispiel:

In einer Textilfabrik werden folgende Mengen der Stoffsorten A, B und C hergestellt:

A: 1 200 t, B: 480 t, C: 960 t. Aufgrund von technischen Verbrauchsmessungen und Erfahrungen aus der Vergangenheit stehen die Kosten für die drei Stoffsorten in folgendem Verhältnis: 1 (A), 1,2 (B), 0,8 (C). Die Gesamtkosten für die drei Stoffsorten betragen 203 520,00 EUR.

Aufgabe:

Berechnen Sie die Stückselbstkosten je t der einzelnen Stoffsorten!

219

Lösung:

Stoff-sorte	Produktions-menge (t)	Äquivalenz-ziffer	Rechnungs-einheiten (RE)	Stück-selbstkosten (EUR/t)	Gesamt-selbstkosten (EUR/Sorte)
A	1 200	1,0	1 200	80,00	96 000,00
B	480	1,2	576	96,00	46 080,00
C	960	0,8	768	64,00	61 440,00
Summe			2 544		203 520,00

$$\text{Kosten je Rechnungseinheit} = \frac{203\,520 \text{ EUR}}{2\,544 \text{ RE}} = \underline{\underline{80,00 \text{ EUR/RE}}}$$

Übungsaufgabe

106 Berechnung der Äquivalenzziffern, Ermittlung der Selbstkosten

1. Eine Papierfabrik produziert im Monat August vier Papiersorten. Die in diesem Zeitraum entstandenen Gesamtkosten betragen 35 531 300,00 EUR. Die Gesamtkosten sind im Verhältnis der vor einem Jahr ermittelten Herstellkosten je t zu verteilen. Die Herstellkosten je t betragen: Sorte A: 2 000,00 EUR (Äquivalenzziffer 1), Sorte B: 1 500,00 EUR, Sorte C: 2 400,00 EUR, Sorte D: 2 700,00 EUR.

   Aufgaben:

   1.1 Berechnen Sie die Äquivalenzziffern!

   1.2 Ermitteln Sie die Selbstkosten je t jeder Sorte!

2. Für ein Blechwalzwerk, in dem die Blechsorten A, B und C in verschiedener Qualität hergestellt werden, liegen für den Monat Juni folgende Daten vor:

Blechsorte	Produktionsmenge (Stück)	Einzelkosten insgesamt (EUR)
A	3 000	15 155,00 EUR
B	7 500	11 600,00 EUR
C	3 750	20 300,00 EUR

   An Gemeinkosten entstanden insgesamt 16 245,00 EUR. Sie sind mithilfe der errechneten Äquivalenzziffern auf die drei Blechsorten zu verteilen.

   Aufgaben:

   2.1 Berechnen Sie auf der Grundlage der Produktionsmenge die Äquivalenzziffern (Blechsorte A entspricht der Äquivalenzziffer 1)!

   2.2 Ermitteln Sie die Selbstkosten je Sorte!

   2.3 Ermitteln Sie die Selbstkosten je Stück jeder Sorte!

5.6 Kostenträgerzeitrechnung

5.6.1 Inhalt und Aufgaben der Kostenträgerzeitrechnung

Bei der Kostenträgerzeitrechnung werden die **Selbstkosten des Umsatzes** ermittelt und den **Nettoverkaufserlösen der Rechnungsperiode** gegenübergestellt. Die **Differenz** zwischen den **Nettoverkaufserlösen** und den **Selbstkosten des Umsatzes** ergibt das **Umsatzergebnis**. Technisches Hilfsmittel zur Berechnung des Umsatzergebnisses ist das **Kostenträgerblatt**.

- ■ Bei der **Kostenträgerzeitrechnung** werden die ermittelten **Selbstkosten des Umsatzes** den **Nettoverkaufserlösen** gegenübergestellt.

- ■ Die **Differenz** zwischen den erzielten **Nettoverkaufserlösen** und den **Selbstkosten des Umsatzes** ergibt das **Umsatzergebnis**.

Grundlage der Kalkulation **während der Rechnungsperiode** sind die **Normalkosten**. Nach **Abschluss einer Rechnungsperiode** (z. B. eines Monats) muss festgestellt werden, ob die tatsächlich entstandenen Kosten **(Istkosten)** auch gedeckt worden sind.

5.6.2 Ermittlung der Normalkosten

Die Verrechnung der Gemeinkosten auf die Kostenträger auf der Basis von Normalkosten erfolgt mithilfe von Normalzuschlagssätzen. Diese ergeben sich z. B. aus den Durchschnittswerten der Istkostenzuschlagssätze vergangener Geschäftsperioden, unter Berücksichtigung der Preiserwartungen auf der Beschaffungsseite und der erwarteten Beschäftigung. Diese Durchschnittssätze haben den Vorteil der Stetigkeit und Verfügbarkeit. Eine solche Vorgehensweise ermöglicht eine genauere Vorkalkulation (z. B. bei der Abgabe von Angeboten, bei der Erstellung von Preislisten).

Beispiel:
Für das erste Halbjahr liegen folgende monatliche Ist-Fertigungsgemeinkostensätze vor:

Januar: 57,8 %   März: 58,5 %   Mai: 62,7 %
Februar: 60,1 %   April: 59,8 %   Juni: 56,9 %

Aufgabe:
Berechnen Sie aus den sechs vorliegenden Istzuschlagssätzen den Normalzuschlagssatz für die Fertigungsgemeinkosten!

Lösung:

$$\text{Normalzuschlagssatz} = \frac{57,8\,\% + 60,1\,\% + 58,5\,\% + 59,8\,\% + 62,7\,\% + 56,9\,\%}{6} = \underline{\underline{59,3\,\%}}$$

5.6.3 Kostenüberdeckungen und Kostenunterdeckungen

Nach Ablauf der festgelegten Abrechnungsperiode können die **angefallenen Kosten (Istkosten)** den **vorkalkulierten Kosten (Normalkosten)** gegenübergestellt werden. In der Regel weichen die Normalkosten von den Istkosten ab. Die **Abweichungen** bei den Kosten in der Vor- und in der Nachkalkulation beruhen einerseits auf **unterschiedlichen Einzelkosten** und andererseits auf den **unterschiedlichen Zuschlagssätzen** in der Vor- und Nachkalkulation.

Normalkosten > Istkosten = Kostenüberdeckung
Normalkosten < Istkosten = Kostenunterdeckung

Sind die **Normalkosten höher als die Istkosten,** liegt eine **Kostenüberdeckung** vor. Sind die **Normalkosten niedriger als die Istkosten,** liegt eine **Kostenunterdeckung** vor.[1] Liegen erhebliche Abweichungen zwischen der Vor- und Nachkalkulation vor, so sind die Gründe für die aufgetretenen Abweichungen zu ermitteln.

- Bei der **Kostenunterdeckung** liegen die **Normalkosten unter den Istkosten,** d. h., die tatsächlich angefallenen Selbstkosten werden durch die einkalkulierten Kosten nicht mehr gedeckt.

- Bei der **Kostenüberdeckung** liegen die **Normalkosten über den Istkosten,** d. h., die einkalkulierten Selbstkosten sind höher als die wirklich angefallenen Selbstkosten.

Übungsaufgabe

107 Kostenträgerrechnung, Ist- und Normalkosten

1. Die verrechneten Gemeinkosten betragen 65 850,00 EUR, die angefallenen Istkosten 62 780,00 EUR.

   Berechnen Sie, ob eine Kostenüber- oder Kostenunterdeckung vorliegt!

2. Nennen Sie einen Vorteil, den die Verrechnung mit Normalkosten hat!

3. Erläutern Sie, wie sich Normalkostenrechnung und Istkostenrechnung unterscheiden!

4. Erläutern Sie den Begriff Kostenträger!

5. Nennen Sie einige Aufgaben der Kostenträgerrechnung!

6. Nennen Sie die beiden Arten der Kostenträgerrechnung und erläutern Sie kurz deren Zielsetzung!

5.6.4 Rechnerischer Ablauf der Kostenträgerzeitrechnung (Kostenträgerblatt) mit Normalkosten

Beispiel:

Die Kosten- und Leistungsrechnung eines Industrieunternehmens weist für den Monat Oktober in der Vorkalkulation, in der die Gemeinkosten mit Normalzuschlagssätzen verrechnet werden, folgende Gesamtdaten auf.

Verbr. v. Fertigungsmaterial	480 000,00	SEKF	8 100,00
Fertigungslöhne	210 000,00	SEKV	4 800,00
Nettoverkaufserlöse	1 460 000,00		

Die Zuschlagssätze betragen: MGK 12 %, FGK 85 %, VerwGK 18 %, VertrGK 7 %.

Bezugsgrundlagen: Die VerwGK und die VertrGK sind auf die Herstellkosten des Umsatzes zu beziehen.

---

1   Zu den Ursachen von Kostenunter- und -überdeckungen siehe S. 201.

Bestände an FE und UE:

	UE	FE
Anfangsbestand	31 400,00 EUR	62 800,00 EUR
Schlussbestand lt. Inventur	26 000,00 EUR	85 100,00 EUR

Aufgabe:

Stellen Sie das Kostenträgerblatt auf und berechnen Sie das Umsatzergebnis sowie die Aufschlüsselung auf die beiden Kostenträger!

Lösung:

Ziffer	Bezeichnungen	Beträge der Rechn.-Periode
1	Verbrauch von Fertigungsmaterial	480 000,00
2	+ 12 % Materialgemeinkosten	57 600,00
3	= **Materialkosten** (1 + 2)	537 600,00
4	Fertigungslöhne	210 000,00
5	+ 85 % Fertigungsgemeinkosten	178 500,00
6	+ Sondereinzelkosten der Fertigung	8 100,00
7	= **Fertigungskosten** (4 + 5 + 6)	396 600,00
8	= **Herstellkosten der Rechnungsperiode** (3 + 7)	934 200,00
9	+ Bestandsminderung UE	5 400,00
10	– Bestandsmehrung FE	22 300,00
11	**Herstellkosten des Umsatzes** (8 + 9 – 10)	917 300,00
12	+ 18 % Verwaltungsgemeinkosten (von 11)	165 114,00
13	+ 7 % Vertriebsgemeinkosten (von 11)	64 211,00
14	+ Sondereinzelkosten des Vertriebs	4 800,00
15	= **Selbstkosten des Umsatzes** (11 + 12 + 13 + 14)	1 151 425,00
16	**Nettoverkaufserlöse**	1 460 000,00
15	– Selbstkosten des Umsatzes	1 151 425,00
17	= **Umsatzergebnis** (16 – 15)	308 575,00

Zur Erinnerung:

Von den Herstellkosten der Rechnungsperiode zu den Herstellkosten des Umsatzes (Ziffer 8 bis Ziffer 11)

Werden **weniger Güter verkauft als hergestellt**, drückt sich diese Differenz in einer **Bestandserhöhung** aus. Die Kostenseite muss der Leistungsseite angepasst werden. Folge: Die Herstellkosten des Umsatzes müssen um die Kosten der nicht verkauften Erzeugnisse **(Bestandsmehrung)** verringert werden.

$$\text{Herstellkosten des Umsatzes} = \text{Herstellkosten der Rechnungsperiode} - \text{Bestandsmehrung}$$

Bei einer **Bestandsminderung** sind die Verhältnisse entgegengesetzt. Daher muss der Wert der Bestandsminderung aus Sicht der Kostenrechnung zu den Herstellkosten der Rechnungsperiode **hinzuaddiert** werden. Das gilt sowohl für die fertigen Erzeugnisse als auch für die unfertigen Erzeugnisse.

>   Herstellkosten der Rechnungsperiode
> − Bestandsmehrung
> + Bestandsminderung
> ─────────────────────────────
> = Herstellkosten des Umsatzes

Übungsaufgabe

108 Ermittlung von Kostenabweichungen im Kostenträgerblatt

In der Vorkalkulation eines Industriebetriebs, in der die Gemeinkosten mit Normalzuschlagssätzen ermittelt werden, ergeben sich für den Monat Januar folgende Daten:

Nettoverkaufserlöse 3 016 100,00 EUR, Verbrauch von Fertigungsmaterial 598 700,00 EUR, Fertigungslöhne 697 650,00 EUR, MGK 11 %, FGK 160 %, VerwGK 13 %, VertrGK 8 %.

Bezugsgrundlagen: Die VerwGK und die VertrGK sind auf die Herstellkosten des Umsatzes zu beziehen.

Bestände an fertigen und unfertigen Erzeugnissen:

	UE	FE
Anfangsbestand	72 450,00 EUR	99 490,00 EUR
Schlussbestand lt. Inventur	129 050,00 EUR	44 480,00 EUR

Aufgabe:
Stellen Sie das Kostenträgerblatt auf und berechnen Sie das Umsatzergebnis insgesamt und bezogen auf die beiden Kostenträger!

5.6.5 Rechnerischer Ablauf der Kostenträgerzeitrechnung (Kostenträgerblatt) mit Ist- und Normalkosten – Kostenüberdeckung und Kostenunterdeckung

Die Kostenüber- oder Kostenunterdeckungen lassen sich im Kostenträgerblatt feststellen, wenn man die Normalkosten den Istkosten gegenüberstellt.

Beispiel:

Zugrunde gelegt wird das Kostenträgerblatt von S. 222 f. aus dem die Normalkosten der Rechnungsperiode hervorgehen. Aufgrund der Nachkalkulation ergeben sich für die Gemeinkosten die folgenden Istzuschlagssätze:

MGK 10 %	FGK 90 %	VerwGK 15 %	VertrGK 8 %

Die VerwGK und die VertrGK sind auf die Herstellkosten des Umsatzes zu beziehen.

Aufgaben:
1. Ermitteln Sie die Selbstkosten des Umsatzes als Istkosten und bei Normalzuschlagssätzen!
2. Errechnen Sie die Kostenüber- bzw. Kostenunterdeckung!
3. Ermitteln Sie das Betriebsergebnis!

Lösungen:

Ziffer	Bezeichnungen	Istkosten	Normal-zuschlagssätze	Normalkosten	Kostenüber-/-unterdeckungen
1	Verbrauch v. Fert.-Material	480 000,00		480 000,00	
2	+ 10 % Materialgemeinkosten	48 000,00	12 %	57 600,00	+ 9 600,00
3	= **Materialkosten** (1 + 2)	528 000,00		537 600,00	
4	Fertigungslöhne	210 000,00		210 000,00	
5	+ 90 % Fert.-Gemeinkosten	189 000,00	85 %	178 500,00	− 10 500,00
6	+ Sondereinzelkosten d. Fertigung	8 100,00		8 100,00	
7	= **Fertigungskosten** (4 + 5 + 6)	407 100,00		396 600,00	
8	= **Herstellk. d. Rech.-Periode** (3 + 7)	935 100,00		934 200,00	
9	+ Bestandsminderung UE	5 400,00		5 400,00	
10	− Bestandsmehrung FE	22 300,00		22 300,00	
11	**Herstellkosten des Umsatzes** (8 + 9 – 10)	918 200,00		917 300,00	
12	+ 15 % Verw.-Gemeinkosten (v. 11)	137 730,00	18 %	165 114,00	+ 27 384,00
13	+ 8% Vertr.-Gemeinkosten (v. 11)	73 456,00	7 %	64 211,00	− 9 245,00
14	Sondereinzelkosten des Vertriebs	4 800,00		4 800,00	
15	= **Selbstkosten des Umsatzes** (11 + 12 + 13 + 14)	1 134 186,00		1 151 425,00	+ 17 239,00
16	= Nettoverkaufserlöse	1 460 000,00		1 460 000,00	
15	− Selbstkosten des Umsatzes	1 134 186,00		1 151 425,00	
17	= **Umsatzergebnis**			308 575,00	
18	+ Kostenüberdeckung			17 239,00	
19	= **Betriebsergebnis**	325 814,00		325 814,00	

Erläuterungen: Vom Umsatzergebnis zum Betriebsergebnis (Ziffer 17 bis 19)

Das Umsatzergebnis bei der Vorkalkulation ergibt sich durch folgende Rechnung:

> Nettoverkaufserlöse – Selbstkosten des Umsatzes = Umsatzergebnis

Die Rechnung mit Normalzuschlagssätzen (Angebotskalkulation) führt zu einem anderen Ergebnis als die Nachkalkulation mit Istkosten, da die **Gemeinkosten mit anderen Zuschlagssätzen** berechnet werden. Das **Umsatzergebnis in der Normalkostenrechnung** unterscheidet sich daher vom **Betriebsergebnis in der Istkostenrechnung,** und zwar um die **Differenz zwischen den Normalgemeinkosten und den Istgemeinkosten** (Kostenüber- bzw. Kostenunterdeckungen).

Da bei einer **Kostenüberdeckung** die verrechneten Normalkosten **über** den angefallenen Istkosten liegen, fällt das Umsatzergebnis niedriger aus als das mit Istkosten ermittelte Betriebsergebnis. Um im Falle einer Kostenüberdeckung vom Umsatzergebnis zum Betriebsergebnis zu gelangen, muss zum Umsatzergebnis eine **Kostenüberdeckung hinzuaddiert** werden.

Im vorliegenden Beispiel ergibt sich eine Kostenüberdeckung in Höhe von 17 239,00 EUR. Bei einem Umsatzergebnis in Höhe von 308 575,00 EUR (siehe Ziffer 17) führt das zu einem Betriebsergebnis in Höhe von (308 575,00 EUR + 17 239,00 EUR) 325 814,00 EUR (siehe Ziffer 19).

Bei einer **Kostenunterdeckung** sind die **Normalkosten niedriger** als die tatsächlich angefallenen **Istkosten.** Daher ist das Umsatzergebnis höher als das tatsächliche Ergebnis. Um vom Umsatzergebnis

15 Speth u.a. - ISBN 978-3-8120-0521-0

zum Betriebsergebnis zu gelangen, muss eine **Kostenunterdeckung vom Umsatzergebnis subtrahiert** werden.

- Umsatzergebnis + Kostenüberdeckung = Betriebsergebnis
- Umsatzergebnis – Kostenunterdeckung = Betriebsergebnis

Übungsaufgaben

109 Gegenüberstellung von Ist- und Normalkosten im Kostenträgerblatt, Berechnung der Kostenüber- bzw. Kostenunterdeckung

Ein Industrieunternehmen entnimmt der Abgrenzungstabelle folgende Zahlenwerte:

Betriebsabrechnungsbogen am Ende der Rechnungsperiode

Gemeinkosten	Material	Fertigung	Verwaltung	Vertrieb
insgesamt	85 260,60 EUR	926 670,00 EUR	309 709,27 EUR	180 663,74 EUR

Einzelkosten und Leistungen

		Normalzuschlagssätze	
Verbrauch von Fertigungsmaterial	897 480,00 EUR	MGK	9 %
Fertigungslöhne	671 500,00 EUR	FGK	136,2 %
Nettoverkaufserlöse	3 247 200,00 EUR	VerwGK	13 %
		VertrGK	6,5 %

Aufgaben:

1. Ermitteln Sie die Selbstkosten des Umsatzes
   1.1 als Istkosten,
   1.2 bei Normalzuschlagssätzen!
2. Berechnen Sie die Kostenüber- bzw. Kostenunterdeckung sowie das Betriebsergebnis der Abrechnungsperiode!
3. Berechnen Sie die Istzuschlagssätze!

110 Gegenüberstellung von Ist- und Normalkosten im Kostenträgerblatt, Berechnung der Kostenüber- bzw. Kostenunterdeckung

Die Kosten- und Leistungsrechnung eines Industrieunternehmens liefert für den Monat Mai folgende Kalkulationsdaten:

Einzelkosten und Leistungen

Verbrauch von Fertigungsmaterial	210 700,00 EUR
Fertigungslöhne	140 500,00 EUR
SEKF	6 500,00 EUR
SEKV	5 200,00 EUR
Nettoverkaufserlöse	792 322,00 EUR.

Zuschlagssätze	Material	Fertigung	Verwaltung	Vertrieb
Istzuschlagssätze	14 749,00 EUR	231 825,00 EUR	78 724,62 EUR	36 334,44 EUR
Normalzuschlagssätze	8 %	166 %	11,5 %	7,2 %

Bestände an FE und UE	FE	UE
Anfangsbestand	71 700,00 EUR	18 400,00 EUR
Schlussbestand lt. Inventur	67 200,00 EUR	21 600,00 EUR

Aufgaben:

1. Ermitteln Sie die Selbstkosten des Umsatzes

   1.1 als Istkosten,

   1.2 bei Normalzuschlagssätzen!

2. Errechnen Sie die Kostenüber- bzw. Kostenunterdeckung sowie das Betriebsergebnis der Abrechnungsperiode!

111 Gegenüberstellung von Ist- und Normalkosten im Kostenträgerblatt, Berechnung der Kostenüber- bzw. Kostenunterdeckung

Die Pharmageräte AG kalkuliert mit folgenden Normalzuschlagssätzen:

MGK 12 %, FGK 140 %, VerwGK 15 %, VertrGK 10 %.

Zur Überprüfung dieser Zuschlagssätze werden die Istkosten des vergangenen Abrechnungszeitraums herangezogen:

Verbrauch von Fertigungsmaterial	460 000,00 EUR
Fertigungslöhne	318 000,00 EUR
Materialgemeinkosten lt. BAB	58 700,00 EUR
Fertigungsgemeinkosten lt. BAB	412 300,00 EUR
Vertriebsgemeinkosten lt. BAB	135 014,00 EUR
Verwaltungsgemeinkosten lt. BAB	147 288,00 EUR
Nettoverkaufserlöse	1 580 000,00 EUR

Bezugsgrundlagen: Die VerwGK und die VertrGK sind auf die Herstellkosten des Umsatzes zu beziehen.

Bestandsveränderungen:

UE:	Bestandsminderung	17 100,00 EUR
FE:	Bestandsmehrung	38 700,00 EUR

Aufgaben:

1. Stellen Sie in einer Gesamtkalkulation die Istkosten und die Normalkosten einander gegenüber und ermitteln Sie, welche Kostenüber- bzw. Kostenunterdeckungen sich für die einzelnen Positionen feststellen lassen!

2. Ermitteln Sie die Ist-Gemeinkostenzuschlagssätze!

3. Berechnen Sie das Betriebsergebnis der Abrechnungsperiode!

5.7 Zusammenfassung zur Kostenarten-, Kostenstellen- und Kostenträgerrechnung

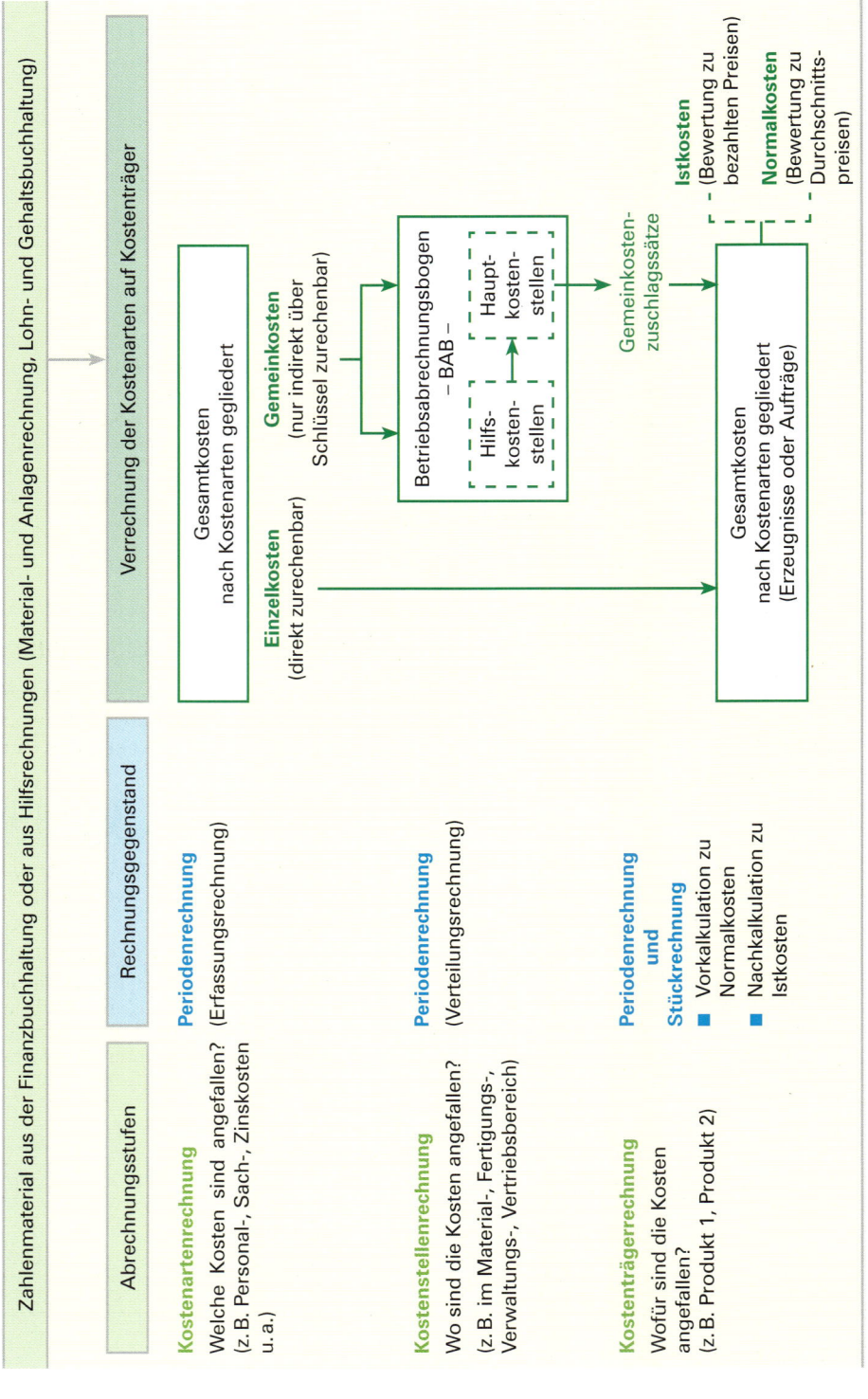

Zahlenmaterial aus der Finanzbuchhaltung oder aus Hilfsrechnungen (Material- und Anlagenrechnung, Lohn- und Gehaltsbuchhaltung)

Abrechnungsstufen

Rechnungsgegenstand

Verrechnung der Kostenarten auf Kostenträger

Kostenartenrechnung

Welche Kosten sind angefallen? (z. B. Personal-, Sach-, Zinskosten u. a.)

Periodenrechnung (Erfassungsrechnung)

Gesamtkosten nach Kostenarten gegliedert

Einzelkosten (direkt zurechenbar)

Gemeinkosten (nur indirekt über Schlüssel zurechenbar)

Betriebsabrechnungsbogen – BAB –

Hilfs-kosten-stellen

Haupt-kosten-stellen

Gemeinkosten-zuschlagssätze

Kostenstellenrechnung

Wo sind die Kosten angefallen?

(z. B. im Material-, Fertigungs-, Verwaltungs-, Vertriebsbereich)

Periodenrechnung (Verteilungsrechnung)

Kostenträgerrechnung

Wofür sind die Kosten angefallen? (z. B. Produkt 1, Produkt 2)

Periodenrechnung und Stückrechnung

■ Vorkalkulation zu Normalkosten
■ Nachkalkulation zu Istkosten

Gesamtkosten nach Kostenarten gegliedert (Erzeugnisse oder Aufträge)

Istkosten – (Bewertung zu bezahlten Preisen)

Normalkosten – (Bewertung zu Durchschnitts-preisen)

5.8 Vor- und Nachteile der Vollkostenrechnung in Form der Zuschlagskalkulation

5.8.1 Vorteile der Vollkostenrechnung in Form der Zuschlagskalkulation

Bei der Vollkostenrechnung werden **alle Kosten,** die bei der Erstellung und Verwertung von Leistungen anfallen **erfasst** und auf die **Kostenträger verrechnet.** Die Kosten werden dabei untergliedert in **Einzel- und Gemeinkosten.** Zunächst wird mit **Normalkosten** kalkuliert, die anschließend in einer Nachkalkulation mit den angefallenen **Istkosten** überprüft werden.

Die **Vorteile der Vollkostenrechnung** sind:

- Sie zeigt die vollständige **Deckung der Selbstkosten** auf.
- Sie bietet einen guten Überblick über die gesamten anfallenden Kosten.
- Sie ist eine **gute Basis** für **mittel- und langfristige Unternehmensentscheidungen.** Um überleben zu können, muss ein Unternehmen mittel- und langfristig sämtliche Kosten durch seine Umsätze decken können.
- Sie ist das **gebräuchlichste Kostenrechnungsverfahren,** z. B. erfolgt die Bewertung des Vorrats- und Sachanlagevermögens zu Herstellkosten.
- Die Vollkostenrechnung ist **leicht durchzuführen.**

5.8.2 Nachteile der Vollkostenrechnung in Form der Zuschlagskalkulation

Wird die Zuschlagskalkulation **allein** als Grundlage für die Kalkulation, Preispolitik oder Produktpolitik verwendet, ist leicht nachweisbar, dass sie zu falschen Ergebnissen und Schlussfolgerungen führt und sich daher nicht als Steuerungsinstrument eines Unternehmens eignet.

Beispiel:

Ein Unternehmen kann bei Vollauslastung innerhalb einer Rechnungsperiode 1 000 Stück eines Produktes zum Nettoverkaufspreis von 50,00 EUR je Stück absetzen.

Die Stückkosten setzen sich nach der Zuschlagskalkulation zusammen aus Einzelkosten in Höhe von 16,00 EUR und einem Gesamtkostenzuschlagssatz (GKZ) von 181,25 %. Der GKZ hat einen Fixkostenanteil von 15 000,00 EUR und variable Gemeinkosten von 14,00 EUR.

Aufgabe:

Berechnen Sie den Gewinn der Rechnungsperiode nach der Zuschlagskalkulation zunächst ohne und anschließend mit Trennung der Gemeinkosten in fixe und variable Kosten bei unterschiedlichen Ausbringungsmengen!

Lösung:

Die Abrechnung der Rechnungsperiode führt zu folgendem Ergebnis:

Nettoverkaufserlöse insgesamt		50 000,00 EUR
– Kosten		
Einzelkosten (1 000 Stück · 16,00 EUR)	16 000,00 EUR	
+ 181,25 % GKZ	29 000,00 EUR	45 000,00 EUR
= Gewinn		5 000,00 EUR

Die **Stückkosten** betragen 45 000,00 EUR : 1 000 Stück = <u>45,00 EUR</u>

1. Kritikpunkt: Die Anwendung der einmal auf der Basis der Vollkosten errechneten Stückkosten führt bei abweichender Ausbringungsmenge zu falschen Ergebnissen.

Wird die Veränderung der Kosten aufgrund von Schwankungen der Ausbringungsmenge nicht berücksichtigt und weiterhin mit den einmal errechneten Selbstkosten von 45,00 EUR je Stück kalkuliert, kann das zu falschen Unternehmensentscheidungen hinsichtlich der Preispolitik führen, wie das in den folgenden Berechnungen gezeigt wird:

■ **Fall 1: Die Ausbringungsmenge sinkt auf 600 Einheiten**

Berechnung **ohne Aufteilung der Kosten** und unter Beibehaltung der einmal berechneten

Stückkosten in Höhe von 45,00 EUR

Nettoverkaufserlöse	(600 Stück · 50,00 EUR)		30 000,00 EUR
− Gesamtkosten	(600 Stück · 45,00 EUR)		27 000,00 EUR
= Gewinn			3 000,00 EUR

Berechnung **mit Aufteilung der Gesamtkosten in fixe und variable Kosten** und unter Berücksichtigung der Kostenveränderung bei Änderung der Ausbringungsmenge.

Nettoverkaufserlöse	(600 Stück · 50,00 EUR)		30 000,00 EUR
− Kosten			
Einzelkosten	(600 Stück · 16,00 EUR)	9 600,00 EUR	
variable Gemeinkosten	(600 Stück · 14,00 EUR)	8 400,00 EUR	
fixe Gemeinkosten		15 000,00 EUR	33 000,00 EUR
= Verlust			− 3 000,00 EUR

Erläuterungen:

Berechnung der Stückkosten unter Berücksichtigung der Kostenaufteilung:

Einzelkosten	16,00 EUR
variable Gemeinkosten	14,00 EUR
fixe Gemeinkosten (15 000,00 EUR : 600 Stück)	25,00 EUR
Stückkosten insgesamt	55,00 EUR

Bei einem Nettoverkaufserlös von 50,00 EUR führt das zu einem Stückverlust von 5,00 EUR. Das ergibt bei 600 Stück einen Gesamtverlust von 3 000,00 EUR.

■ **Fall 2: Die Ausbringungsmenge steigt auf 1 200 Einheiten**

Berechnung **ohne Aufteilung der Kosten** und unter Beibehaltung der einmal berechneten Stückkosten in Höhe von 45,00 EUR.

Stückkosten in Höhe von 45,00 EUR

Nettoverkaufserlöse	(1 200 Stück · 50,00 EUR)		60 000,00 EUR
− Gesamtkosten	(1 200 Stück · 45,00 EUR)		54 000,00 EUR
= Gewinn			6 000,00 EUR

Berechnung **mit Aufteilung der Gesamtkosten in fixe und variable Kosten** unter Berücksichtigung der Kostenveränderung bei Änderung der Ausbringungsmenge.

	Nettoverkaufserlöse	(1 200 Stück · 50,00 EUR)		60 000,00 EUR
−	Kosten			
	Einzelkosten	(1 200 Stück · 16,00 EUR)	19 200,00 EUR	
	variable Gemeinkosten	(1 200 Stück · 14,00 EUR)	16 800,00 EUR	
	fixe Gemeinkosten		15 000,00 EUR	51 000,00 EUR
=	**Gewinn**			**9 000,00 EUR**

Erläuterungen:

Berechnung der Stückkosten unter Berücksichtigung der Kostenaufteilung:

Einzelkosten	16,00 EUR
variable Gemeinkosten	14,00 EUR
fixe Gemeinkosten (15 000,00 EUR : 1 200 Stück)	12,50 EUR
Stückkosten insgesamt	42,50 EUR

Bei einem Nettoverkaufserlös von 50,00 EUR beträgt der Stückgewinn 7,50 EUR. Beim Verkauf von 1 200 Stück ergibt das einen Gesamtgewinn von 9 000,00 EUR.

- Die Annahme, dass sich die Gemeinkosten im gleichen Verhältnis wie die Einzelkosten ändern, ist nur richtig, wenn der **Fixkostenanteil bei den Gemeinkosten null bzw. gering** ist.

- Die Zurechnung der Gemeinkosten auf die Kostenträger in Form von Zuschlagssätzen ist insbesondere bei **hohen Zuschlagssätzen problematisch.**

- Wird eine Aufteilung des Kostenblocks in fixe und variable Kosten nicht berücksichtigt, führt das hinsichtlich des Stückkostensatzes zu **falschen Kalkulationsgrundlagen** und damit zu einer **falschen Preispolitik.**

2. Kritikpunkt: Die Vollkostenrechnung kann zu falschen Entscheidungen bei der Produktpolitik führen.

Beispiel:

Ein Unternehmen verkauft zwei Produkte (Produkt A und B).

Die Gesamtkosten betragen nach der Zuschlagskalkulation beim Produkt A 32 000,00 EUR und beim Produkt B 58 000,00 EUR. Gliedert man die jeweiligen Gesamtkosten auf in variable Kosten (Einzelkosten und variable Gemeinkosten) und Fixkosten, so ergeben sich folgende Werte: variable Kosten Produkt A 18 000,00 EUR, Produkt B 30 000,00 EUR, fixe Gemeinkosten 42 000,00 EUR. Die Nettoverkaufserlöse betragen beim Produkt A 30 000,00 EUR, beim Produkt B 90 000,00 EUR.

Die fixen Kosten sollen auf Produkt A und B im Verhältnis 1 : 2 auf die beiden Produktarten verteilt werden.

Aufgaben:

1. Berechnen Sie das Betriebsergebnis ohne und mit Aufteilung in fixe und variable Kosten!

2. Begründen Sie, ob ein Produkt, das mit Verlust verkauft wird, aus dem Produktprogramm ausscheiden sollte!

Lösungen:

Zu 1.: Berechnung des Betriebsgewinns

■ Zuschlagskalkulation

	Produkt A	Produkt B
Nettoverkaufserlöse	30 000,00 EUR	90 000,00 EUR
− Gesamtkosten	32 000,00 EUR	58 000,00 EUR
= Verlust/Gewinn	− 2 000,00 EUR	+ 32 000,00 EUR

■ Aufteilung der Gesamtkosten in variable und fixe Kosten

	Produkt A	Produkt B
Nettoverkaufserlöse	30 000,00 EUR	90 000,00 EUR
− variable Kosten	18 000,00 EUR	30 000,00 EUR
Zwischensumme	12 000,00 EUR	60 000,00 EUR
− fixe Kosten	14 000,00 EUR	28 000,00 EUR
Verlust/Gewinn	− 2 000,00 EUR	32 000,00 EUR
		− 2 000,00 EUR
= Betriebsgewinn		30 000,00 EUR

Ergebnis: Beim Produkt A entsteht ein Verlust von 2 000,00 EUR, beim Produkt B ein Gewinn von 32 000,00 EUR. Dadurch beträgt der Gesamtgewinn des Unternehmens 30 000,00 EUR.

Zu 2.: Ausscheiden aus dem Produktprogramm

■ Empfehlung nach der Zuschlagskalkulation

Das Produkt A muss als Verlustbringer aus Sicht der Vollkostenrechnung aus dem Produktprogramm herausgenommen werden, da ansonsten der Gesamtgewinn geschmälert wird.

■ Empfehlung bei Aufteilung der Kosten in fixe und variable Anteile

Nettoverkaufserlöse bei Produkt B	90 000,00 EUR
− variable Kosten	30 000,00 EUR
= Zwischensumme	60 000,00 EUR
− fixe Kosten (insgesamt)[1]	42 000,00 EUR
= Betriebsgewinn	18 000,00 EUR

Durch das Ausscheiden des Produktes A aus dem Produktprogramm hat sich die Gewinnsituation des Unternehmens um 12 000,00 EUR verschlechtert. Das ist genau der Betrag, um den die Netto-verkaufserlöse des Produktes A die variablen Kosten übersteigen. In dieser Höhe konnte nämlich das Produkt A an der Deckung der fixen Kosten beteiligt werden.

Eine **undifferenzierte Anwendung der Vollkostenrechnung** in Form der Zuschlagskalkulation führt zu einer **falschen Produktpolitik.**

Übungsaufgabe

112 Kritik der Vollkostenrechnung

1. Nennen Sie Gründe, warum die Vollkostenrechnung als Instrument der Unternehmenssteuerung nicht geeignet ist!

2. Zeigen Sie auf, welche Kostenart für die Mängel der Vollkostenrechnung verantwortlich ist!

3. Begründen Sie, warum ein Artikel, bei dem sich auf der Basis der Vollkostenrechnung ein Verlust ergibt, nicht gleich aus dem Produktprogramm ausscheiden muss!

---

1 Durch das Ausscheiden eines Produktes verändert sich die Höhe der Fixkosten insgesamt **zunächst** nicht.

6 Teilkostenrechnung (Deckungsbeitragsrechnung)

6.1 Abgrenzung der Teilkostenrechnung von der Vollkostenrechnung

Die Ausführungen unter Kapitel 5.8, S. 229 ff. haben deutlich gemacht, dass die **Mängel, die der Vollkostenrechnung anhaften,** in den **Fixkosten begründet** liegen. Soll die Kostenrechnung in erster Linie als **Instrument der Unternehmenssteuerung** betrachtet werden, liegt es nahe, zunächst auf eine **Verrechnung der Fixkosten zu verzichten** und diese erst bei der Ergebnisermittlung wieder einzubeziehen. Eine solche Rechnung, die zunächst auf einen Teil bei der Weiterverrechnung der Kosten verzichtet, nennt man im Gegensatz zur Vollkostenrechnung eine **Teilkostenrechnung.**

> Die **Teilkostenrechnung** geht von einer Aufgliederung der Kosten in **fixe Kosten** und **variable Kosten** aus.

Eine weitverbreitete Form der Teilkostenrechnung ist die **Deckungsbeitragsrechnung.**[1]

6.2 Aufbau der Deckungsbeitragsrechnung

Bei der Deckungsbeitragsrechnung werden **Deckungsbeiträge** ermittelt. Diese ergeben sich, indem man von den **Nettoverkaufserlösen** der Produkte die **variablen Kosten** abzieht. In Höhe der Deckungsbeiträge sind die Produkte an der Deckung der noch nicht verrechneten Fixkosten beteiligt.

Das **Grundschema der Deckungs-beitragsrechnung** lautet:

```
  Nettoverkaufserlöse
– variable Kosten
= Deckungsbeitrag
```

> - **Nettoverkaufserlöse** sind die Erlöse, die dem Unternehmen nach Abzug der Umsatzsteuer und etwaiger Erlösschmälerungen (z.B. Kundenrabatt, Kundenskonto, Vertreterprovision) tatsächlich verbleiben.[2]
> - Der **Deckungsbeitrag** ist der Überschuss der Nettoverkaufserlöse über die variablen Kosten.
> - Der **Deckungsbeitrag** gibt an, welchen Beitrag ein Kostenträger zur **Deckung** der **fixen Kosten** leistet.

Übungsaufgabe

113 Grundlagen der Deckungsbeitragsrechnung

1. Erläutern Sie den Begriff Deckungsbeitrag!
2. Erklären Sie, bei welchen wichtigen Unternehmensaufgaben die Deckungsbeitragsrechnung sinnvolle Hilfestellung leisten kann!

---

1 Für den Begriff „Deckungsbeitragsrechnung" wird in der betriebswirtschaftlichen Literatur auch der Begriff **„Direct Costing"** verwandt.

2 Der Nettoverkaufserlös entspricht dem Barverkaufspreis im Kalkulationsschema.

3. Begründen Sie, worin Sie den entscheidenden Unterschied zwischen der Vollkostenrechnung und der Deckungsbeitragsrechnung sehen!

4. Notieren Sie außerhalb des Buches, welche Aussage über den Deckungsbeitrag richtig ist!

    4.1 Er deckt höchstens die fixen Kosten ab.

    4.2 Er steigt, wenn bei konstanten Stückerlösen die variablen Stückkosten steigen.

    4.3 Er sinkt, wenn bei konstanten Stückerlösen die variablen Stückkosten steigen.

    4.4 Er errechnet sich als Differenz zwischen den variablen Kosten und den Selbstkosten.

    4.5 Verrechnete Gemeinkosten minus Istgemeinkosten ergibt den Deckungsbeitrag.

6.3 Deckungsbeitragsrechnung als Stückrechnung

Beispiel:

Aus Wettbewerbsgründen ist ein Hersteller gezwungen, den Listenverkaufspreis für ein Trimmgerät auf 816,32 EUR festzusetzen. Den Sportartikelgroßhändlern werden 25 % Rabatt und 2 % Skonto eingeräumt. Die variablen Kosten betragen 400,00 EUR.

Aufgaben:

1. Berechnen Sie den Deckungsbeitrag je Stück!

2. Stellen Sie den Deckungsbeitrag je Stück grafisch dar!

Lösungen:

Zu 1.: Berechnung des Deckungsbeitrags

	Listenverkaufspreis (netto)	816,32 EUR
−	25 % Rabatt	204,08 EUR
=	Zielverkaufspreis	612,24 EUR
−	2 % Skonto	12,24 EUR
=	Nettoverkaufserlös (Barverkaufspreis)	600,00 EUR
−	variable Kosten	400,00 EUR
=	Deckungsbeitrag	200,00 EUR

Zu 2.: Grafische Darstellung

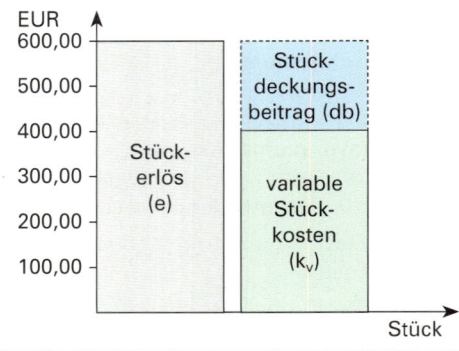

Nettoverkaufserlös je Stück
(Barverkaufspreis je Stück)
− variable Kosten je Stück

= Deckungsbeitrag je Stück

Erläuterung:

Der Deckungsbeitrag besagt, dass je Trimmgerät 200,00 EUR zur Deckung der Fixkosten zur Verfügung stehen. Ob der Deckungsbeitrag ausreicht, um neben der Deckung der fixen Kosten auch einen **Stückgewinn** zu erzielen, bleibt offen. Sicher ist aber, dass jeder Preis, der **über** den **variablen Kosten** liegt, zur Deckung der fixen Kosten beiträgt. Insofern dient der **Stückdeckungsbeitrag** als **Entscheidungshilfe** für die **Annahme oder Ablehnung von Aufträgen**.

- Jeder Deckungsbeitrag trägt zur Verbesserung des Betriebsergebnisses bei.
- Ob ein Stückgewinn erzielt wird und gegebenenfalls in welcher Höhe, kann nicht bestimmt werden.

Übungsaufgabe

114 Stückdeckungsbeitragsrechnung

1. Aus Wettbewerbsgründen ist ein Betonwerk gezwungen, den Listenverkaufspreis für ein Bauelement auf 2 448,96 EUR festzusetzen. Den Bauunternehmen werden 25 % Rabatt und 2 % Skonto eingeräumt. Die variablen Kosten betragen 1 200,00 EUR.

   Aufgaben:

   1.1 Berechnen Sie den Deckungsbeitrag sowie den Stückdeckungsbeitragssatz!

   1.2 Stellen Sie den Deckungsbeitrag je Stück grafisch dar!

   1.3 Beschreiben Sie die Rolle des Stückdeckungsbeitrags bei der Entscheidung über die Annahme oder Ablehnung eines Auftrages!

   1.4 Arbeiten Sie das Hauptproblem bei der Anwendung der Deckungsbeitragsrechnung heraus!

2. Die Kosten- und Leistungsrechnung eines Industriebetriebs liefert uns folgende Zahlen:

   Der Listenverkaufspreis je Stück beträgt 1 297,84 EUR. Dem Großhandel werden folgende Bedingungen gewährt: Kundenrabatt?, Kundenskonto $2\,^1/_2$ %. Die variablen Kosten betragen 260,00 EUR je Stück. Es wird ein Deckungsbeitrag von 625,78 EUR erzielt.

   Aufgaben:

   2.1 Berechnen Sie den Kundenrabatt in EUR und in Prozent, der bei dem vorgegebenen Listenverkaufspreis höchstens gewährt werden kann!

   2.2 Um den Marktanteil zu erhöhen, begnügt sich der Industriebetrieb für eine Werbeaktion mit der Deckung der variablen Kosten. Es wird mit den Bedingungen aus der Aufgabe 5.1 kalkuliert. Ermitteln Sie den Listenverkaufspreis für das Sonderangebot!

3. Die Teilkostenrechnung eines Unternehmens weist für ein bestimmtes Produkt folgende Ergebnisse aus:

   Aufgaben:

   3.1 Nettoverkaufserlös > variable Stückkosten.

   3.2 Nettoverkaufserlös < variable Stückkosten.

   3.3 Nettoverkaufserlös = variable Stückkosten.

   3.4 Stückdeckungsbeitrag = 0,00 EUR.

   Notieren Sie außerhalb des Buches, bei welchem Ergebnis das Produkt nicht mehr verkauft werden sollte!

4. Die Selbstkosten für eine Küchenmaschine betragen 540,00 EUR. Die Deckungsbeitragsrechnung ermittelt variable Kosten in Höhe von 290,00 EUR.

   Aufgabe:

   Begründen Sie, unter welcher Voraussetzung es langfristig sinnvoll ist, die Küchenmaschine in das Produktprogramm aufzunehmen!

6.4 Deckungsbeitragsrechnung als Periodenrechnung

6.4.1 Einstufige Deckungsbeitragsrechnung

Bei der Deckungsbeitragsrechnung als Periodenrechnung werden zur Ermittlung des Betriebsergebnisses die fixen Kosten in einem Block von der Summe der Deckungsbeiträge abgezogen.

Es liegt folgendes Berechnungsschema zugrunde:

Erzeugnis A		**Erzeugnis B**	**usw.**
Nettoverkaufserlöse	+	Nettoverkaufserlöse	
− variable Kosten		− variable Kosten	
= Deckungsbeitrag von Erzeugnis A		= Deckungsbeitrag von Erzeugnis B	⟶ Summe der Deckungsbeiträge − fixe Kosten[1]
			= Betriebsergebnis (Betriebsgewinn/Betriebsverlust)

Beispiel:

Die KLR eines Industrieunternehmens liefert uns für den Monat Juni für die Erzeugnisse A und B folgende Zahlen:

	Erzeugnis A	Erzeugnis B
Produktions- und Absatzmenge	300 Stück	400 Stück
Nettoverkaufserlös je Stück	500,00 EUR	750,00 EUR
Variable Kosten je Stück	160,00 EUR	505,00 EUR
Fixe Kosten des Unternehmens für den Monat Juni	150 000,00 EUR	

Aufgaben:

1. Berechnen Sie den Deckungsbeitrag je Erzeugnis und die Deckungsbeiträge insgesamt!
2. Ermitteln Sie das Betriebsergebnis für den Monat Juni!
3. Berechnen Sie den Stückdeckungsbeitragssatz für das Erzeugnis A sowie den Gesamtdeckungsbeitragssatz!

Lösungen:

Zu 1. und 2.: Berechnung der Deckungsbeiträge und des Betriebsergebnisses

	Erzeugnis A	Erzeugnis B	Gesamtbeträge
Nettoverkaufserlöse (E)	150 000,00 EUR	300 000,00 EUR	450 000,00 EUR
− variable Kosten (K_v)	48 000,00 EUR	202 000,00 EUR	250 000,00 EUR
= Deckungsbeiträge (DB)	102 000,00 EUR	98 000,00 EUR	200 000,00 EUR
− fixe Kosten (K_{fix})			150 000,00 EUR
= Betriebsergebnis (Gewinn)			50 000,00 EUR

---

[1] Die fixen Kosten lassen sich bei einem Mehrproduktunternehmen nicht verursachungsgerecht auf die einzelnen Produkte aufteilen.

Zu 3.: Berechnung der Stück- und Gesamtdeckungsbeitragssätze

Der Deckungsbeitragssatz[1] gibt an, welcher Teil der Nettoverkaufserlöse in Prozent zur Deckung der fixen Kosten bereitsteht. Der Deckungsbeitragssatz kann als **Stückdeckungsbeitragssatz (db-Satz)** oder als **Gesamtdeckungsbeitragssatz (DB-Satz)** definiert werden.

$$\text{db-Satz} = \frac{db \cdot 100}{\text{Nettoverkaufserlöse/Stück}} \qquad \text{DB-Satz} = \frac{DB \cdot 100}{\text{Nettoverkaufserlöse/Zeitraum}}$$

$$\text{db-Satz für das Erzeugnis A} = \frac{340 \cdot 100}{500} = 68\,\% \qquad \text{DB-Satz} = \frac{200\,000 \cdot 100}{450\,000} = 44{,}44\,\%$$

Die Gewinnermittlung bei der Deckungsbeitragsrechnung lässt sich schematisch wie folgt darstellen:[2]

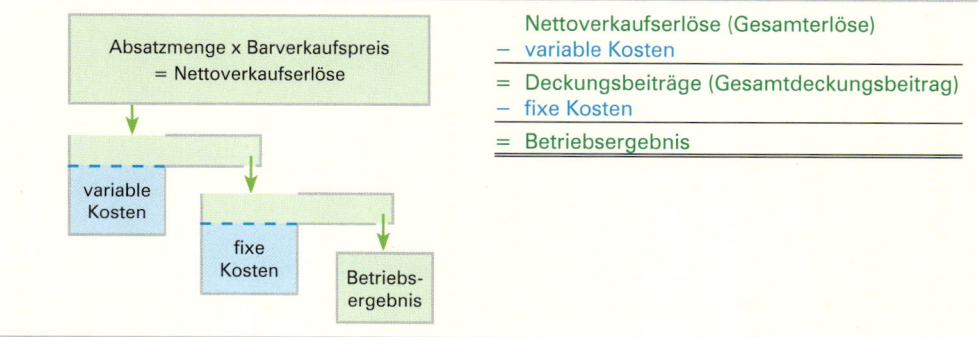

Übungsaufgaben

115 Deckungsbeitragsrechnung als Periodenrechnung

Ein Motorenwerk stellt von einem Motor drei verschiedene Modelle her. Die KLR liefert für den Monat Mai folgende Zahlen:

	Modell 1	Modell 2	Modell 3
Verbr. v. Fertigungsmaterial/Stück	900,00 EUR	780,00 EUR	410,00 EUR
Fertigungslöhne/Stück	420,00 EUR	525,00 EUR	190,00 EUR
variable Gemeinkosten/Stück	360,00 EUR	305,00 EUR	280,00 EUR
Summe d. variablen Kosten/Stück	1 680,00 EUR	1 610,00 EUR	880,00 EUR
produzierte u. verkaufte Anzahl	300 Stück	400 Stück	700 Stück
Nettoverkaufserlöse je Stück	2 910,00 EUR	2 200,00 EUR	1 510,00 EUR

Die Fixkosten im Monat Mai betragen 820 000,00 EUR.

Aufgaben:

1. Ermitteln Sie das Betriebsergebnis für den Monat Mai!
2. Berechnen Sie den Stückdeckungsbeitragssatz für das Modell 1!
3. Bestimmen Sie den Gesamtdeckungsbeitragssatz!

---

1 Der Deckungsbeitragssatz kann auch als **Deckungsbeitragsfaktor** formuliert werden:

$$\text{db-Faktor} = \frac{db}{\text{Nettoverkaufserlöse/Stück}} \qquad \text{DB-Faktor} = \frac{DB}{\text{Nettoverkaufserlöse/Zeitraum}}$$

2 Vgl. Zdrowomyslaw, Norbert/Götze, Wolfgang: Kosten-, Leistungs- und Erlösrechnung, München/Wien 1995, S. 461.

116 Deckungsbeitragsrechnung als Periodenrechnung, Betriebsergebnis

Die Hohmann AG stellt drei verschiedene Typen von Gartenstühlen her. Für den Monat Oktober legt die Kosten- und Leistungsrechnung folgende Zahlen vor:

	Typ A	Typ B	Typ C
Nettoverkaufserlöse je Stück	120,00 EUR	85,00 EUR	76,00 EUR
variable Stückkosten	85,00 EUR	69,00 EUR	65,00 EUR
Verkaufsmengen in Stück	1 500	3 500	5 200

Die fixen Kosten der Rechnungsperiode werden mit 95 000,00 EUR veranschlagt.

Aufgaben:

1. Berechnen Sie für jeden Typ den Deckungsbeitrag je Stück!

2. Stellen Sie unter dem Gesichtspunkt der erzielten Stückdeckungsbeiträge eine Rangfolge der Erzeugnisarten auf!

3. Stellen Sie den Stückdeckungsbeitrag für den Kostenträger A grafisch dar!

4. Ermitteln Sie für jeden Typ die Deckungsbeiträge der Rechnungsperiode!

5. Führen Sie die Betriebsergebnisrechnung der Periode durch!

6. Der Produktionsleiter weist auf Rationalisierungsmöglichkeiten in der Produktion hin und empfiehlt der Geschäftsleitung, die Produktion auf zwei Modelle zu begrenzen. Begründen Sie aus Sicht der Kostenrechnung, ob die Geschäftsleitung diesem Vorschlag folgen soll!

117 Deckungsbeitragsrechnung als Periodenrechnung, Betriebsergebnis

Die Kludi GmbH stellt Haushaltskühlschränke und Wäschetrockner her. Auf dem Absatzmarkt gelten folgende Listenverkaufspreise: für Kühlschränke 600,00 EUR, für Wäschetrockner 420,00 EUR. An Einzelkosten fallen an: für einen Kühlschrank 220,00 EUR, für einen Wäschetrockner 185,00 EUR. Die variablen Gemeinkosten betragen jeweils 85 % der Einzelkosten.

Den Abnehmern werden 10 % Rabatt und 2 % Skonto gewährt. Die Fixkosten der Rechnungsperiode betragen 350 000,00 EUR. Die Absatzmengen betrugen bei den Kühlschränken 5 000 Stück, bei den Wäschetrocknern 3 500 Stück.

Aufgaben:

1. Ermitteln Sie die Deckungsbeiträge:

    1.1 für jedes Erzeugnis,

    1.2 für die Rechnungsperiode insgesamt!

2. Ermitteln Sie das Betriebsergebnis der Rechnungsperiode!

6.4.2 Mehrstufige Deckungsbeitragsrechnung

Bei der mehrstufigen Deckungsbeitragsrechnung werden die Fixkosten aufgeteilt, z. B. in Fixkosten für eine Erzeugnisart oder eine Erzeugnisgruppe. Der noch verbleibende Rest stellt Fixkosten für den gesamten Unternehmensbereich dar (Unternehmensfixkosten).

Erzeugnis- fixkosten	Sie sind der Gesamtstückzahl einer Erzeugnisart direkt zurechenbar. **Beispiele:** Forschungs- und Entwicklungskosten für die Erzeugnisart, Zinskosten, Abschreibungen auf Anlagen, die nur für diese Erzeugnisart verwendet werden, Lizenzgebühren für die Erzeugnisart.
Erzeugnis- gruppenfixkosten	Sie entfallen auf mehrere ähnliche Erzeugnisse, die zu einer Erzeugnisgruppe zusammengefasst werden können.[1] **Beispiele:** Kapitalkosten von Anlagen, die nur von der betreffenden Erzeugnisgruppe beansprucht werden, Forschungs- und Entwicklungskosten für diese Erzeugnisgruppen, Gehälter für Angestellte, die nur für eine bestimmte Erzeugnisgruppe tätig sind.
Unternehmens- fixkosten	Sie sind der Rest der Fixkosten, der nicht auf die speziellen Erzeugnisse bzw. Erzeugnisgruppen aufgeteilt werden kann, z. B. Kosten der Unternehmensleitung.

Aufgrund der Fixkostenaufspaltung ergibt sich für die mehrstufige Deckungsbeitragsrechnung folgendes Berechnungsschema:

Erzeugnis A		Erzeugnis B		Erzeugnis C		Erzeugnis D	
Nettoverkaufserlöse – variable Kosten	+	Nettoverkaufserlöse – variable Kosten	+	Nettoverkaufserlöse – variable Kosten	+	Nettoverkaufserlöse – variable Kosten	
= Deckungsbeitrag I – Erzeugnisfixkosten		= Deckungsbeitrag I – Erzeugnisfixkosten		= Deckungsbeitrag I – Erzeugnisfixkosten		= Deckungsbeitrag I – Erzeugnisfixkosten	
= Deckungsbeitrag II		= Deckungsbeitrag II		= Deckungsbeitrag II		= Deckungsbeitrag II	Summe der Deckungs- beiträge II – Unternehmens- fixkosten
							= Betriebsergebnis

Beispiel:

Ein Industriebetrieb stellt im Erzeugnisbereich Metall die Erzeugnisse Stahltank und Stahlleitern und im Erzeugnisbereich Holz die Erzeugnisse Büromöbel und Labormöbel her. Die Fertigung der beiden Erzeugnisbereiche wird in getrennten Kostenstellen erfasst. Verwaltung und Vertrieb sind für die beiden Erzeugnisgruppen zentralisiert. Für die Rechnungsperiode liegen folgende Daten vor:

---

1 Auf die Erzeugnisgruppenfixkosten wird im Folgenden nicht eingegangen.

	Metall		Holz	
	Stahltank	Stahlleitern	Büromöbel	Labormöbel
Stückzahl	50	1400	600	1100
Nettoverkaufserlöse je Stück	15 000,00 EUR	320,00 EUR	560,00 EUR	960,00 EUR
variable Stückkosten	6 100,00 EUR	190,00 EUR	305,00 EUR	520,00 EUR
Erzeugnisfixkosten	103 000,00 EUR	74 000,00 EUR	69 800,00 EUR	196 900,00 EUR
Unternehmensfixkosten	586 600,00 EUR			

Aufgaben:

1. Ermitteln Sie die Deckungsbeiträge je Erzeugnisart (Deckungsbeitrag II)!
2. Berechnen Sie das Betriebsergebnis der Rechnungsperiode!

Lösungen:

	Metall		Holz		Insgesamt
	Stahltank	Stahlleitern	Büromöbel	Labormöbel	
Nettoverkaufserlöse	750 000,00 EUR	448 000,00 EUR	336 000,00 EUR	1 056 000,00 EUR	2 590 000,00 EUR
− variable Kosten	305 000,00 EUR	266 000,00 EUR	183 000,00 EUR	572 000,00 EUR	1 326 000,00 EUR
= Deckungsbeitrag I	445 000,00 EUR	182 000,00 EUR	153 000,00 EUR	484 000,00 EUR	1 264 000,00 EUR
− Erzeugnisfixkosten	103 000,00 EUR	74 000,00 EUR	69 800,00 EUR	196 900,00 EUR	443 700,00 EUR
= Deckungsbeitrag II	342 000,00 EUR	108 000,00 EUR	83 200,00 EUR	287 100,00 EUR	820 300,00 EUR
− Unternehmens-fixkosten					586 600,00 EUR
= Betriebsgewinn der Rechnungsperiode					233 700,00 EUR

Übungsaufgaben

118 Mehrstufige Deckungsbeitragsrechnung, begründete Entscheidung zwischen zwei Fertigungsverfahren

Eine Möbelfabrik stellt Schreibtische im alten Werk in Werkstattfertigung und im Zweigwerk in automatisierter Fertigung her. Die Aufgliederung der Gemeinkosten im BAB für die Teilkostenrechnung ergibt folgende Zuordnungen:

	fix	proportional-variabel je Schreibtisch
Bereich Werkstattfertigung	1 830,00 EUR	30,00 EUR
Bereich automatisierte Fertigung	12 000,00 EUR	3,60 EUR
Gesamtunternehmen	1 500,00 EUR	

Die monatliche Kapazität beträgt 150 Schreibtische bei Werkstattfertigung und 600 Schreibtische in der automatisierten Fertigung. Der Nettoverkaufserlös je Schreibtisch beträgt einheitlich 121,20 EUR.

Neben den für den Monat April eingeplanten 450 Schreibtischen in der automatisierten Fertigung soll im selben Monat noch ein Großauftrag von 150 Schreibtischen produziert werden. Die Werkstattfertigung besitzt für den Monat April keinen Auftrag.

Im Produktionsbereich fallen neben den Gemeinkosten folgende Einzelkosten an:

	Werkstattfertigung	automatisierte Fertigung
Materialverbrauch je Schreibtisch	20,00 EUR	20,00 EUR
Fertigungslöhne je Stunde	60,00 EUR	60,00 EUR
Fertigungsdauer je Schreibtisch	60 Minuten	48 Minuten

Aufgaben:

1. Berechnen Sie die Deckungsbeiträge I und II sowie das Betriebsergebnis, wenn der Großauftrag in Werkstattfertigung und in automatisierter Fertigung bzw. nur in automatisierter Fertigung hergestellt wird!

2. Begründen Sie, für welches Fertigungsverfahren Sie sich aufgrund der in 1. angestellten Berechnungen entscheiden!

119 Mehrstufige Deckungsbeitragsrechnung, begründete Entscheidung für die Einstellung der Produktion eines Produkts

Im Industriewerk Fritz Hutter GmbH werden drei Produkte hergestellt. Folgende Daten liegen für Juni 20.. vor:

	A	B	V
Nettoverkaufserlös/Stück in EUR	185,00	230,00	280,00
variable Kosten/Stück in EUR	102,00	92,00	174,00
produzierte und verkaufte Menge in Stück	1 400	1 200	1 150

Die gesamten Fixkosten betragen 310 700,00 EUR. Davon können 20 % dem Produkt A zugerechnet werden. Fixkosten in Höhe von 14 000,00 EUR sind keinem Produkt zuzuordnen. Produkt B bringt einen negativen DB II von 12 340,00 EUR.

Aufgaben:

1. Berechnen Sie für den Juni 20.. die Erzeugnisfixkosten der drei Produkte, die fehlenden DB I und DB II sowie das Betriebsergebnis!

2. Es wird erwogen, die Produktion von B einzustellen. Die Erzeugnisfixkosten wären um 75 % abbaubar. Berechnen Sie, wie sich das monatliche Betriebsergebnis unter sonst gleichen Bedingungen verändern würde!

120 Mehrstufige Deckungsbeitragsrechnung, Vorschläge zur Verbesserung des Betriebsergebnisses

Die Hans Schmid OHG stellt die Produkte D, E und F her. Die Kostenrechnung liefert für das Produkt F im 1. Quartal folgende Daten: Fertigungsmaterial je Stück 130,00 EUR, Fertigungslöhne je Stück 210,00 EUR, Gemeinkosten insgesamt 56 000,00 EUR, davon Erzeugnisfixkosten 48 500,00 EUR, Nettoverkaufserlös je Stück 490,00 EUR, hergestellte und verkaufte Menge 300 Stück.

Aufgaben:

1. Ermitteln Sie für das Produkt F die Deckungsbeiträge (DB) I und II!

2. Zur Verbesserung des Betriebsergebnisses werden verschiedene Überlegungen angestellt.

    2.1 Die Produktion des Typs F wird eingestellt, wobei die Erzeugnisfixkosten um 34 400,00 EUR abbaubar wären. Eine Marktprognose ergibt eine unveränderte absetzbare Menge von 300 Stück pro Quartal. Begründen Sie rechnerisch, ob diese Maßnahme sinnvoll wäre!

    2.2 Die Produktion von F wird beibehalten und eine Erhöhung des Verkaufspreises erwogen. Berechnen Sie den Umsatz pro Quartal, der bei gleichbleibender Absatzmenge die Kosten von F gerade noch deckt!

    2.3 Eine weitere Überlegung ist die Erhöhung der Absatzmenge. Der ursprüngliche Preis von 490,00 EUR wird beibehalten. Berechnen Sie, um wie viel Stück der Absatz pro Quartal gesteigert werden müsste, um die dem Produkt F zurechenbaren Kosten zu decken!

241

16 Speth u.a. - ISBN 978-3-8120-0521-0

6.5 Deckungsbeitragsrechnung als betriebswirtschaftliche Entscheidungshilfe bei der Preis-, Absatz- und Produktionsplanung

6.5.1 Deckungsbeitragsrechnung als Instrument zur Bestimmung von Preisuntergrenzen

6.5.1.1 Bestimmung der kurzfristigen und langfristigen Preisuntergrenze

Die Tatsache, dass ein positiver Deckungsbeitrag zur Deckung der Fixkosten beiträgt, kann das Unternehmen dazu nutzen, die Deckungsbeitragsrechnung als Instrument der Preispolitik einzusetzen. Kurzfristig kann das Unternehmen nämlich den Preis so absenken, dass lediglich die variablen Kosten abgedeckt sind. Für eine kurze Zeit kann es die fixen Kosten außer Acht lassen, denn diese fallen an, ob ein Verkauf getätigt wird oder nicht. Die **Summe der variablen Kosten** ist damit die **kurzfristige Preisuntergrenze (absolute Preisuntergrenze)**. Liegt der erzielte Stückpreis unter den variablen Kosten, sollte die Produktion des Erzeugnisses eingestellt bzw. ein Auftrag abgelehnt werden.

Langfristig kann ein Unternehmen nicht mit Verlusten produzieren, es muss zumindest kostendeckend arbeiten. Die **langfristige Preisuntergrenze** wird daher durch die **Stückkosten** bestimmt.

- Die **kurzfristige (absolute) Preisuntergrenze** liegt bei dem Preis, bei dem der Stückerlös die **variablen Kosten je Einheit** abdeckt. Der Deckungsbeitrag ist in diesem Fall gleich null.

$$e = k_v$$

- Die **langfristige Preisuntergrenze** liegt bei dem Preis, bei dem der Stückerlös die entstandenen **Selbstkosten je Einheit** abdeckt.

$$e = \frac{K_{fix}}{\text{erzeugte Menge}} + k_v$$

Aus den Formeln ist zu erkennen, dass die **langfristige Preisuntergrenze** mit **zunehmender Ausbringungsmenge absinkt (Degressionseffekt der Fixkosten),** während die **kurzfristige Preisuntergrenze** von der **jeweiligen Ausbringungsmenge unabhängig** ist.

Beispiel:

Ein Industrieunternehmen stellt nur ein Erzeugnis her. Für den Monat Februar weist die KLR folgende Daten aus: variable Stückkosten 60,00 EUR, Fixkosten 115 000,00 EUR, Produktionsmenge 7 000 Stück.

Aufgaben:

1. Ermitteln Sie die kurzfristige Preisuntergrenze!
2. Berechnen Sie die langfristige Preisuntergrenze!

Lösungen:

Zu 1.:   Kurzfristige Preisuntergrenze: <u>60,00 EUR</u>

Zu 2.:   Langfristige Preisuntergrenze:

$$\frac{115\,000,00\ \text{EUR}}{7\,000\ \text{Stück}} + 60,00\ \text{EUR} = \underline{76,43\ \text{EUR/Stück}}$$

6.5.1.2 Vorteile und Gefahren der Bestimmung von Preisuntergrenzen

(1) Vorteile

■ Eine Preissenkung bei einzelnen Erzeugnissen kann das Unternehmen dazu nutzen, auf sein **Produktprogramm aufmerksam zu machen**. Es hofft darauf, dass die niedrig kalkulierten Erzeugnisse Auslöser dafür sind, dass die Kunden auch die übrigen Erzeugnisse des Produktprogramms bestellen. Auf diese Weise erreicht das Unternehmen eine Umsatz- und Gewinnsteigerung.

■ Durch die Vorgabe von Preisuntergrenzen bzw. festgelegten Deckungsbeiträgen wird die **Absatzpolitik des Unternehmens flexibler** (beweglicher). So muss z. B. der Reisende für sein Produktprogramm lediglich sein vorgegebenes Deckungssoll erreichen. Er ist also in der Lage, auf das Marktgeschehen einzugehen und in schlechten oder umkämpften Absatzgebieten geringere Preise in Kauf zu nehmen, sofern es ihm gelingt, in guten Absatzgebieten Preise zu erzielen, die über dem vorgegebenen Deckungsbeitrag liegen. Bei richtiger Anwendung können so Marktchancen besser wahrgenommen werden.

■ Preisuntergrenzen ermöglichen es z. B. bei mangelnder Kapazitätsauslastung, Entscheidungen zu treffen, ob **Zusatzaufträge** angenommen werden können.

(2) Gefahren

■ Die große **Gefahr der Deckungsbeitragsrechnung als Stückrechnung** liegt darin, dass das Unternehmen insgesamt ein **zu niedriges Preisniveau akzeptiert**. Die Deckungsbeitragsrechnung verführt dazu, dass sich der Verkauf lediglich an einem positiven Deckungsbeitrag orientiert, ohne dabei genau zu wissen, ob die fixen Kosten insgesamt gedeckt sind bzw. ob ein Gewinn erwirtschaftet wird.

■ Es besteht die Gefahr, den Blick auf „einen **Teil der Kosten** bzw. auf den **Gewinn zu vernachlässigen**". Erst die Deckungsbeitragsrechnung als Zeitrechnung offenbart dann, ob ein Betriebsgewinn oder ein Betriebsverlust erwirtschaftet wurde.

■ Durch die **Vorgabe von Preisuntergrenzen** bzw. festgelegten Deckungsbeiträgen wird die **Absatzpolitik des Unternehmens flexibler** (beweglicher).

■ Bei der Deckungsbeitragsrechnung besteht die **Gefahr**, eine zu **nachgiebige Preispolitik** zu betreiben und eine vollständige Kostendeckung zu vernachlässigen.

Übungsaufgaben

121 Deckungsbeitrag, Preisuntergrenzen

1. Stellen Sie dar, wie die Begriffe „kurzfristige Preisuntergrenze" und „langfristige Preisuntergrenze" bestimmt sind!

2. Entscheiden Sie begründet, ob ein Industriebetrieb langfristig überleben kann, wenn er die Preise für seine Erzeugnisse an der langfristigen Preisuntergrenze ausrichtet!

3. Die Kostenrechnung eines Industriebetriebs liefert uns für den Monat Januar folgende Zahlen:

	Erzeugnis A	Erzeugnis B
Produktions- und Absatzmenge	700 Stück	1 300 Stück
Listenverkaufspreis je Stück	580,00 EUR	410,00 EUR
Kundenrabatt	10 %	12 %
Kundenskonto	3 %	2 %
variable Kosten je Stück	280,00 EUR	302,00 EUR
fixe Kosten	98 500,00 EUR	

Aufgaben:

3.1 Bestimmen Sie den Deckungsbeitrag für die Erzeugnisse A und B!

3.2 Errechnen Sie das Betriebsergebnis!

3.3 Nennen Sie die absolute Preisuntergrenze für die Erzeugnisse A und B!

3.4 Erläutern Sie, warum die Ausbringungsmenge keinen Einfluss auf die kurzfristige Preisuntergrenze hat!

122 Preisuntergrenzen, Kapazitätsänderungen, Preispolitik

Eine Maschinenfabrik stellt Abfüllmaschinen her. Vom Typ A werden im Monat Januar 10 Maschinen hergestellt. Hierfür sind folgende Kosten (linearer Kostenverlauf) in den einzelnen Kostenstellen angefallen:

Kostenstellen \ Gesamtkosten	Einzelkosten	Gemeinkosten	
		fixe Kosten	variable Kosten
Material	170 000,00 EUR	10 000,00 EUR	18 000,00 EUR
Fertigung	80 000,00 EUR	35 000,00 EUR	24 000,00 EUR
Verwaltung/Vertrieb		15 000,00 EUR	

Die Maschine des Typs A erzielt einen Nettoverkaufspreis von 36 000,00 EUR. Von der Maschine A können maximal 10 Stück je Monat hergestellt werden.

Aufgaben:

1. Ermitteln Sie die kurzfristige Preisuntergrenze je Maschine des Typs A!

2. Berechnen Sie die langfristige Preisuntergrenze!

3. Die Maschinenfabrik plant eine Erweiterungsinvestition zur Herstellung des Maschinentyps A. Die Kapazität erhöht sich dadurch um 20 %.

   Die Kostenstruktur ändert sich wie folgt: Die fixen Kosten steigen um 40 %, die variablen Kosten sinken um 25 %.

   3.1 Berechnen Sie die neuen Stückkosten je Maschine!

   3.2 Bestimmen Sie den Gewinn, der sich dadurch je Maschine ergibt!

   3.3 Ermitteln Sie die Gewinnschwelle für den Fall, dass der Nettoverkaufserlös für die Maschine A um 15 % sinkt!

4. Die Preispolitik ist abhängig von der Entwicklung der Beschäftigung. Erläutern und begründen Sie die Preispolitik, die Sie umsetzen würden, wenn

   4.1 die Beschäftigung sinkt,

   4.2 die Beschäftigung steigt!

123 Vergleich Produkteliminierung, Vollkostenrechnung und Deckungsbeitragsrechnung, Preisuntergrenze

Sachverhalt

Die Geschäftsleitung der Kleiderfabrik Pforzheim GmbH vermutet, dass die Produktion der Hosen mit Verlust verbunden ist. Sie möchte deshalb herausfinden, ob sie nicht besser die Produktion der Hosen einstellen sollte.

Entscheidungshilfe hierzu erwartet sie von den Ergebnissen der Kosten- und Leistungsrechnung.

Am Ende eines Rechnungsabschnitts stehen folgende Zahlen zur Verfügung:

Einzelkosten	Hosen	Jacken
Verbrauch von Fertigungsmaterial	25 000,00 EUR	45 000,00 EUR
Fertigungslöhne	35 000,00 EUR	70 000,00 EUR
Sondereinzelkosten des Vertriebs	5 000,00 EUR	–

Gemeinkosten	fix	variabel
Materialstelle	2 000,00 EUR	1 500,00 EUR
Fertigungsstelle Hosen	18 000,00 EUR	14 000,00 EUR
Fertigungsstelle Jacken	53 000,00 EUR	35 000,00 EUR
Verw.- und Vertriebsstelle	25 000,00 EUR	–

Hergestellt wurden 2 100 Hosen, die zu 55,00 EUR/Stück und 3 500 Jacken, die zu 85,00 EUR/Stück verkauft wurden. Auf beide Produkte wurden 15 % Rabatt gewährt.

Aufgaben:

1. Überprüfen Sie mithilfe der Vollkostenrechnung, ob die Vermutung der Geschäftsleitung bezüglich der Hosen zutrifft!

   Kalkulieren Sie mit einem Material-Gemeinkostenzuschlagssatz von 5 % und einem Verwaltungs- und Vertriebs-Gemeinkostenzuschlagssatz von 8 %!

2. Stellen Sie eine Deckungsbeitragsrechnung für beide Produkte auf!

   Beurteilen Sie das Ergebnis dahingehend, ob die Hosen aus der Produktion genommen werden sollten!

   Verteilen Sie die variablen Materialgemeinkosten auf die Produkte Hosen und Jacken im Verhältnis 1 : 2!

3. Ermitteln Sie die kurzfristige Preisuntergrenze für die Hosen!

4. Erläutern Sie, welche Aufgaben nur die Vollkostenrechnung und welche nur die Teilkostenrechnung erfüllen kann!

6.5.2 Entscheidung über Eigenfertigung oder Fremdbezug (Make or Buy)

6.5.2.1 Entscheidung bei noch freien Produktionskapazitäten

Im Fall noch freier Produktionskapazitäten muss ein Unternehmen prüfen, ob es nicht kostengünstiger wäre, bisher fremdbezogene Vorprodukte/Erzeugnisse künftig zur Auslastung der Kapazitäten selbst herzustellen. In den Vergleich dürfen nur die variablen Herstellkosten einbezogen werden, da die anteiligen Fixkosten auch bei Fremdbezug weiterhin entstehen.

Beispiel:

Ein Industriebetrieb hat noch freie Kapazität. Die Geschäftsleitung überlegt daher, ob sie das Getriebe für die neue Maschine selbst herstellen oder von einem Zulieferer beziehen soll. Folgende Daten liegen vor:

Fremdbezug: Bareinkaufspreis 148,00 EUR je Stück, Frachtkosten pauschal 1 % des Bareinkaufspreises.

Eigenfertigung: Verbrauch von Fertigungsmaterial 30,00 EUR, variable MGK 8 %, Fertigungslöhne 45,00 EUR, variable FGK 62 %.

Aufgabe:

Entscheiden Sie, ob sich die Eigenfertigung lohnt!

Lösung:

Kosten bei Fremdbezug

	Bareinkaufspreis	148,00 EUR
+	1 % Frachtkosten pauschal	1,48 EUR
=	Einstandspreis je Getriebe	149,48 EUR

Kosten bei Eigenfertigung[1]

	Materialeinzelkosten	30,00 EUR
+	8% variable MGK	2,40 EUR
	Fertigungslöhne	45,00 EUR
+	62 % variable FGK	27,90 EUR
=	variable Herstellkosten je Getriebe	105,30 EUR

Eigenfertigung oder Fremdbezug?

	Einstandspreis je Getriebe bei Fremdbezug	149,48 EUR
–	variable Herstellkosten je Getriebe bei Eigenfertigung	105,30 EUR
=	Kostenvorteil bei Eigenfertigung	44,18 EUR

Ergebnis: Bei der Eigenfertigung entsteht gegenüber dem Fremdbezug ein Kostenvorteil in Höhe von 44,18 EUR. Die Eigenfertigung ist daher vorteilhafter.

Bei **freier Kapazität** ist die Eigenfertigung dem Fremdbezug dann vorzuziehen, wenn die variablen Herstellkosten unter dem Einstandspreis bei Fremdbezug liegen.

---

1 Die fixen Kosten sind durch die bisherige Beschäftigung bereits in voller Höhe abgedeckt. Relevante Kosten sind daher ausschließlich die variablen Kosten.

6.5.2.2 Entscheidung bei notwendigen Kapazitätserweiterungen

Bei **ausgelasteter Kapazität** müssen neben den variablen Kosten auch die **zusätzlich entstehenden fixen Kosten** der Kapazitätserweiterung einbezogen werden.[1]

Die Frage, ob die Eigenfertigung Kostenvorteile bringt, hängt im Wesentlichen von der Ausbringungsmenge ab. Es gilt daher, die Ausbringungsmenge zu ermitteln, bei der die Kosten der Eigenfertigung und die Kosten des Fremdbezugs gleich hoch sind.

Diese Ausbringungsmenge bezeichnet man als **kritische Menge.** Sie wird wie folgt berechnet:

$$\text{Kosten bei Fremdbezug } (K_{FB}) = \text{Kosten bei Eigenfertigung } (K_{EF})$$
$$k \cdot x = k_v \cdot x + K_{fix}$$

Vor der kritischen Menge ist der Fremdbezug, danach die Eigenfertigung günstiger.

Beispiel:

Wir greifen auf das Beispiel von S. 246 zurück. Da die Kapazität ausgelastet ist, müsste im Fall der Eigenfertigung die Kapazität für die Getriebefertigung erweitert werden. Es wäre mit Anschaffungskosten in Höhe von 720 000,00 EUR zu rechnen. Die Nutzungsdauer für die neue Anlage läge bei 8 Jahren. Ferner würden zusätzliche Fixkosten für Instandhaltung, Versicherung usw. in Höhe von 4 500,00 EUR entstehen.

Aufgaben:

1. Entscheiden Sie, ob sich die Eigenfertigung bei einer Fertigungsmenge von 2 000 Getrieben pro Jahr lohnt!

2. Bestimmen Sie rechnerisch und grafisch die kritische Menge, ab der sich die Eigenfertigung lohnt!

Lösungen:

Zu 1.: Kosten bei Fremdbezug

Einstandspreis je Getriebe	149,48 EUR
Einstandspreis von 2 000 Getrieben	298 960,00 EUR

Kosten bei Eigenfertigung

Variable Herstellkosten je Getriebe	105,30 EUR
variable Herstellkosten von 2 000 Getrieben	210 600,00 EUR
+ kalkulatorische Abschreibung	90 000,00 EUR
+ zusätzliche Fixkosten	4 500,00 EUR
	305 100,00 EUR

Ergebnis: Bei der Eigenfertigung entsteht bei einer Fertigungsmenge von 2 000 Getrieben gegenüber dem Fremdbezug ein Kostennachteil in Höhe von 6 140,00 EUR. Die Eigenfertigung lohnt sich nicht.

---

1 Auf die Eigenfertigung zulasten eines anderen Produkts, wodurch Opportunitätskosten (Verzichtskosten) entstehen würden, wird im Folgenden nicht eingegangen.

Zu 2.: Berechnung der kritischen Menge

$$K_{FB} = K_{EF}$$
$$149,48\,x = 105,30\,x + 94\,500$$
$$44,18\,x = 94\,500$$
$$x = \underline{2\,138,98}$$

Ergebnis: Die Eigenfertigung ist erst ab einer Fertigungsmenge von 2 139 Getrieben lohnend.

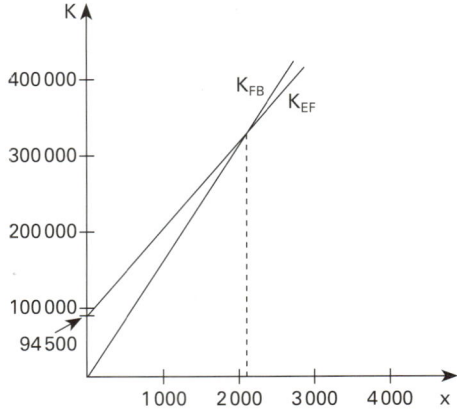

Bei einer **erforderlichen Kapazitätserweiterung** ist die Eigenfertigung dem Fremdbezug dann vorzuziehen, wenn die variablen und die zusätzlich entstehenden fixen Kosten unter den Kosten des Fremdbezugs liegen.

Neben den rein kostenrechnerischen Entscheidungskriterien sind z. B. noch folgende **weitere Entscheidungskriterien** hinsichtlich Eigenfertigung oder Fremdbezug zu beachten:

- Qualität und Zuverlässigkeit des Lieferanten,
- Abhängigkeit von Lieferanten,
- Verlust von Know-how bei vollständigem Outsourcing,[1]
- Beschäftigung der eigenen Mitarbeiter,
- mittelfristige Entwicklung der eigenen Kapazitätsauslastung.

Übungsaufgaben

124 Deckungsbeitragsrechnung, Eigenfertigung oder Fremdbezug

Ein Baumaschinenhersteller plant aufgrund noch freier Kapazität ein bisher fremdbezogenes Motorengehäuse selbst herzustellen. Die Produktion des Motorengehäuses verursacht folgende Kosten: Materialkosten 195,00 EUR, variable MGK 7,5 %, Fertigungslohn je Stunde 43,80 EUR, variable FGK 101 %, Sondereinzelkosten der Fertigung 132,50 EUR, Produktionszeit je Motorengehäuse 50 Minuten. Der Einstandspreis des Zulieferers für das Motorengehäuse beträgt 564,95 EUR. Der Nettoverkaufserlös des Motorengehäuses beläuft sich auf 634,95 EUR.

Aufgaben:

1. Berechnen Sie die Gesamtkosten der Eigenproduktion für das Motorengehäuse!
2. Beurteilen Sie, ob sich die Eigenfertigung der Motorengehäuse lohnt!
3. Nennen Sie drei Entscheidungskriterien, die trotz eines Kostenvorteils gegen einen Fremdbezug sprechen!

---

1 **Outsourcing:** Fremdvergabe.

125 Eigenfertigung oder Fremdbezug bei einem Verlustprodukt

Im Zweigwerk des Autozulieferers Gustav Heine KG werden verschiedene Typen von Radkappen gefertigt.

Produkt	Radkappe A	Radkappe B	Radkappe C
Deckungsbeitrag pro Stück	26,00 EUR	10,00 EUR	30,00 EUR
Produktions- und Absatzmenge in Stück	3900	2500	8100
Anteil an den Fixkosten	25 %	14 %	61 %

Die gesamten Fixkosten betragen 280 000,00 EUR pro Jahr. Der Preis von Radkappe A beläuft sich auf 40,00 EUR.

Aufgaben:

1. Ermitteln Sie die Deckungsbeiträge, das Betriebsergebnis je Produkt und das Betriebsergebnis insgesamt!

2. Die Gustav Heine KG überlegt, die Produktion des Verlustprodukts einzustellen. Dadurch könnten der Anteil der fixen Kosten für die Radkappe B um 80 % abgebaut werden.

   Berechnen Sie, wie sich das Betriebsergebnis durch diese Maßnahme verändern würde!

3. Die Produktion der Radkappe B wird nicht eingestellt. Die Radkappe B wird ausschließlich an die Autosport GmbH verkauft. Die Autosport GmbH würde langfristig von Radkappe B zwischen 7 000 und 8 000 Stück pro Jahr beziehen, wenn der bisherige Stückpreis (40,00 EUR) um 10 % gesenkt würde.

   Da die bisherige Kapazität für die Produktion der Radkappe B nicht ausreicht, fallen durch die Annahme des Auftrags zusätzliche Fixkosten in Höhe von 5 800,00 EUR/Jahr an. Die variablen Stückkosten würden sich dadurch nicht ändern.

   Bestimmen Sie die Mindestabnahmemenge, die von der Autosport GmbH zugesagt werden müsste, damit die Radkappe B keinen negativen Beitrag zum Betriebsergebnis leistet!

4. Die Kapazitätserweiterung wird nicht durchgeführt. Eine Alternative wäre der komplette Fremdbezug der Radkappe B. Es liegt ein Angebot zum Preis von 50,00 EUR pro Stück vor. Die bisherigen Fixkosten für die Radkappe B könnten in diesem Falle nur um 45 % abgebaut werden.

   Berechnen Sie, bis zu welcher Menge der Fremdbezug vorteilhaft ist!

6.5.3 Deckungsbeitragsrechnung als Instrument zur Entscheidungsfindung über die Annahme eines Zusatzauftrages

Zusatzaufträge sind solche Aufträge, die **unterhalb der derzeitigen Verkaufspreise** angenommen werden. Bei **nicht ausgelasteter Produktionskapazität** kann unter bestimmten Bedingungen das Betriebsergebnis verbessert werden.

Ein Zusatzauftrag führt dann zu einer Verbesserung des Betriebsergebnisses, wenn die Nettoverkaufserlöse höher liegen als die variablen Kosten des Auftrages. Die fixen Kosten können außer Betracht bleiben, da sie ja unabhängig davon anfallen, ob der Zusatzauftrag angenommen wird oder nicht. Der erzielbare Deckungsbeitrag ist das Kriterium für die Annahme oder Ablehnung des Zusatzauftrages.

- Für die Annahme bzw. die Ablehnung eines Zusatzauftrages gilt:
  - Deckungsbeitrag > 0 ⟶ Annahme des Zusatzauftrages
  - Deckungsbeitrag < 0 ⟶ Ablehnung des Zusatzauftrages
- Zusatzaufträge tragen zur besseren Produktionsauslastung und zur Arbeitsplatzerhaltung bei.

Beispiel:

Im laufenden Monat ist folgende Produktions- und Absatzsituation gegeben:

	Erzeugnis I	Erzeugnis II
Nettoverkaufserlös	198,00 EUR	270,00 EUR
variable Stückkosten	112,00 EUR	120,00 EUR
fixe Kosten insgesamt	150 000,00 EUR	
Absatzmenge	700 Stück	950 Stück
Kapazität	900 Stück	1 200 Stück

Das Unternehmen hat die Möglichkeit, von Erzeugnis II 210 Stück zum Festpreis von 180,00 EUR als Sondermodell zu verkaufen.

Aufgabe:

Prüfen Sie, ob sich die Hereinnahme des Zusatzauftrages lohnt!

Lösung:

	Erzeugnis I	Erzeugnis II	**Zusatzauftrag**
Nettoverkaufserlöse	138 600,00 EUR	256 500,00 EUR	37 800,00 EUR
− variable Kosten	78 400,00 EUR	114 000,00 EUR	25 200,00 EUR
= Deckungsbeitrag	60 200,00 EUR	142 500,00 EUR	12 600,00 EUR
− fixe Kosten	150 000,00 EUR		
= Betriebsgewinn ohne Zusatzauftrag	52 700,00 EUR		
+ Deckungsbeitrag Zusatzauftrag	12 600,00 EUR		
= Betriebsgewinn mit Zusatzauftrag	65 300,00 EUR		

Ergebnis: Die Hereinnahme des Zusatzauftrages lohnt sich, da dadurch der Betriebsgewinn um 12 600,00 EUR gesteigert werden kann.

Hinweis:

Sofern ein positiver Deckungsbeitrag erzielt werden kann, lohnt sich die Hereinnahme des Zusatzauftrages auch im Fall eines Betriebsverlusts. Ein positiver Deckungsbeitrag trägt dann dazu bei, den Betriebsverlust zu verringern.

Übungsaufgaben

126 Deckungsbeitragsrechnung, Zusatzauftrag

Ein Industrieunternehmen produziert drei verschiedene Erzeugnisse. Die KLR gibt uns hierfür folgende Daten an:

	Erzeugnis I	Erzeugnis II	Erzeugnis III
Nettoverkaufserlöse	1 420,00 EUR	3 390,00 EUR	7 710,00 EUR
konstante Stückkosten	1 600,00 EUR	2 910,00 EUR	5 850,00 EUR
Absatzmenge	20 Stück	30 Stück	15 Stück
Kapazität	25 Stück	50 Stück	30 Stück
fixe Kosten insgesamt	45 100,00 EUR		

Das Unternehmen erhält einen Zusatzauftrag über 12 Stück des Erzeugnisses III zum Festpreis von 6 200,00 EUR. Das Industrieunternehmen nimmt den Zusatzauftrag aus arbeitsmarktpolitischen Gründen an.

Aufgaben:

1. Berechnen Sie den Betriebsgewinn bzw. Betriebsverlust!

2. Unterbreiten Sie einen Vorschlag zur Produktionsprogrammplanung!

3. Stellen Sie dar, unter welchen Voraussetzungen es sinnvoll ist, Zusatzaufträge anzunehmen, wenn dafür eine Kapazitätserweiterung erforderlich ist!

127 Betriebsergebnis, Zusatzauftrag

Ein Industrieunternehmen produziert drei verschiedene Typen einer Kaffeemaschine. Die KLR ermittelt für den Monat Juli folgende Zahlen:

	Typ A	Typ B	Typ C
produziert und verkauft	6 500 Stück	9 750 Stück	10 400 Stück
Nettoverkaufserlös je Stück	58,50 EUR	88,40 EUR	104,00 EUR
konstante Stückkosten	49,40 EUR	73,45 EUR	89,70 EUR

Aufgaben:

1. Berechnen Sie für jeden Typ den Deckungsbeitrag je Stück und den Deckungsbeitrag insgesamt!

2. Ermitteln Sie das Betriebsergebnis für den Monat Juli, wenn die Fixkosten insgesamt 241 150,00 EUR betragen!

3. Begründen Sie rechnerisch, ob es unter wirtschaftlichen Gesichtspunkten empfehlenswert ist, einen Zusatzauftrag von 3 900 Stück von Typ B anzunehmen, wenn entsprechend von Typ C dann 3 900 Stück weniger produziert werden können!

4. Kostensteigerungen beim Typ C führen zu einer Erhöhung der variablen Stückkosten um 2,30 EUR. Von einem Exporteur kommt gleichzeitig ein Zusatzauftrag über 5 000 Kaffeemaschinen des Typs C. Der Exporteur verlangt einen Preisabschlag von 12 % auf den Nettoverkaufspreis.

Berechnen Sie den zusätzlichen Betriebsgewinn/-verlust und begründen Sie, ob das Industrieunternehmen den Auftrag annehmen soll!

128 Entscheidung über Zusatzauftrag und Preis

Die Geschäftsleitung der Kunststoffwerke Erler GmbH beschließt, die Deckungsbeitragsrechnung einzuführen. Das Unternehmen erwartet für das kommende Quartal folgende Daten:

	Produkt A	Produkt B
Absatzmenge	350 Stück	800 Stück
Nettoverkaufserlös je Stück	450,00 EUR	325,00 EUR
variable Kosten je Stück	300,00 EUR	200,00 EUR
fixe Kosten	74 000,00 EUR	

Aufgaben:

1. Ermitteln Sie das voraussichtliche Betriebsergebnis mithilfe der Deckungsbeitragsrechnung!

2. Mit der Absatzmenge des Produktes A ist die Kapazität des Produktbereichs A nicht ausgelastet. Daher kann noch ein Zusatzauftrag über 40 Einheiten A angenommen werden.

   Bestimmen Sie die Preisuntergrenze für diesen Zusatzauftrag, wenn aus diesem Auftrag noch ein zusätzlicher Gewinn von 2 000,00 EUR erwirtschaftet werden soll!

3. Die Deckungsbeitragsrechnung ermöglicht eine marktorientierte Mengenplanung und Preispolitik. Begründen Sie diese Aussage!

129 Kosten- und Erlösfunktionen, Deckungsbeitragsrechnung

Im Zweigwerk der Möbelfabrik Sitzer GmbH werden ausschließlich Regale hergestellt. Die Kapazitätsgrenze liegt bei 1 750 Stück pro Monat. Der durchschnittliche Verkaufspreis je Regal beträgt 161,00 EUR. Für das erste Quartal liegen folgende Kostendaten vor:

Monat	Produzierte und verkaufte Menge (Stück)	Gesamtkosten
Oktober	780	100 100,00 EUR
November	1 170	127 400,00 EUR
Dezember	1 365	

Kosten und Erlöse verlaufen linear.

Aufgaben:

1. Berechnen Sie, bei welcher Stückzahl das Zweigwerk der Sitzer GmbH die Gewinnschwelle erreicht!

2. Ermitteln Sie die langfristige (durchschnittliche) Preisuntergrenze eines Regals. Gehen Sie davon aus, dass die Kapazität voll augelastet ist.

3. Berechnen Sie das Betriebsergebnis des Zweigwerks für das erste Quartal. Legen Sie die Daten von 1. zugrunde!

4. Im Monat Januar erhält die Sitzer GmbH das Angebot einer Möbelhauskette 120 Regale mit einem Nachlass von 25 % gegenüber dem üblichen Verkaufspreis abzunehmen. Die Möbelhauskette war bisher nicht Kunde der Sitzer GmbH.

   Da die Kapazität voll ausgelastet ist, kann der Zusatzauftrag nur mit Überstunden der Belegschaft bewältigt werden. Der Überstundenzuschlag beträgt 20 %, der Lohnanteil an den variablen Kosten 26,00 EUR.

   Berechnen Sie, wie sich die Annahme des Auftrags auf das Betriebsergebnis auswirkt!

5. Erklären Sie, worauf es zurückzuführen ist, dass das Betriebsergebnis bei einem Anstieg der produzierten und verkauften Regale überproportional wächst!

6. Führen Sie jeweils ein weiteres Argument an, welches für bzw. gegen die Annahme des Auftrags der Möbelhauskette spricht!

6.5.4 Optimierung des Produktionsprogramms

Dem Unternehmer stellt sich immer die Frage,

- welche Produkte er in sein Produktionsprogramm aufnehmen soll,
- welchen Produkten im Falle von Produktionsengpässen der Vorrang einzuräumen ist und
- welche Produkte eliminiert werden müssen.

Generell gilt, dass die Entscheidung zugunsten der Produkte zu fällen ist, die den höchsten Deckungsbeitrag liefern.

6.5.4.1 Optimierung des Produktionsprogramms bei freien Kapazitäten

Geht man davon aus, dass bei noch **nicht voll ausgelasteter Kapazität** noch weitere Produkte abgesetzt werden können, dann stellt sich die Frage, welche Produkte vorrangig produziert werden sollen. Es muss eine Rangfolge der Produktion festgelegt werden.

Bei nicht voll ausgelasteter Kapazität ist den Produkten der Vorrang einzuräumen, mit denen je Stück der **höchste Deckungsbeitrag** erwirtschaftet wird. Die Produktionsabfolge orientiert sich an der Höhe des absoluten Deckungsbeitrags (Deckungsbeitrag je Stück).

Beispiel:

Die Maschinenfabrik Sauter KG stellt vier verschiedene Motorentypen (A, B, C und D) zu folgenden Bedingungen her:

Motoren- typ	Nettoverkaufs- erlös je Stück	variable Stückkosten	(absoluter) Stück- deckungsbeitrag
A	7 120,00 EUR	2 790,00 EUR	4 330,00 EUR
B	13 510,00 EUR	8 220,00 EUR	5 290,00 EUR
C	5 090,00 EUR	2 910,00 EUR	2 180,00 EUR
D	18 870,00 EUR	14 330,00 EUR	4 540,00 EUR

Aufgabe:
Ermitteln Sie, in welcher Rangfolge die Produktion der einzelnen Motoren erfolgt!

Lösung:

Rangfolge	Höhe des Deckungs-beitrags je Stück	Motorentyp
I	5 290,00 EUR	B
II	4 540,00 EUR	D
III	4 330,00 EUR	A
IV	2 180,00 EUR	C

Ergebnis: Die Rangfolge, in der die einzelnen Motorentypen produziert werden, lautet: B, D, A, C.

Übungsaufgabe

130 Produktförderung, Produkteliminierung

Ein Industriebetrieb verfügt über freie Kapazität. Er fertigt die Produkte A, B und C. Das Produkt C ist bei den Kunden besonders gefragt. Eine Erhöhung von Produktion und Absatz lässt die Marktsituation zu. Eine Kapazitätserweiterung ist derzeit finanziell nicht zu stemmen. Die Geschäftsleitung fragt daher bei der Abteilung Kostenrechnung an, ob es kostenrechnerisch sinnvoll ist, die Produktion des Produkts A einzustellen und die freie Kapazität zur Produktion des Produkts C zu nutzen.

Die Kosten- und Leistungsrechnung liefert folgende Daten:

	Produkt A	Produkt B	Produkt C
Nettoverkaufserlöse	33,60 EUR	58,80 EUR	95,20 EUR
variable Stückkosten	25,20 EUR	39,20 EUR	60,20 EUR
Absatzmenge	1 400 Stück	3 000 Stück	2 100 Stück
Kapazität	1 500 Stück	6 000 Stück	2 700 Stück

Die fixen Kosten des Industriebetriebs betragen insgesamt 82 000,00 EUR.

Aufgaben:

1. Begründen Sie, warum die Geschäftsleitung das Produkt A zugunsten des Produkts C eliminieren möchte!
2. Prüfen Sie die Anfrage der Geschäftsleitung aus Sicht der Kostenrechnung und unterbreiten Sie der Geschäftsleitung einen Vorschlag!

6.5.4.2 Optimierung des Produktionsprogramms bei Vorliegen eines Engpasses

(1) Überblick

Ist in einem Teilbereich des Betriebs, den alle Produkte durchlaufen müssen, die Kapazitätsgrenze erreicht, entsteht ein Engpass. Die Produktionsmenge kann dann nicht in der Weise gesteigert werden, wie es von der Absatzseite her möglich wäre (**Engpass in der Produktion**). In diesem Fall gilt:

> Bei **voll ausgelasteter Kapazität** müssen die Deckungsbeiträge auf **eine Einheit der Engpasskapazität** umgerechnet werden.

Die neuen Fragestellungen lauten:

- Wie lange wird die **Engpassabteilung** von den einzelnen Produkten während des Produktionsprozesses **in Anspruch genommen?**
- Welcher Deckungsbeitrag wird je beanspruchte Zeiteinheit von den einzelnen Produkten erzielt **(relativer Deckungsbeitrag)?**

Beachte:

Eine weitere Ursache für eine Engpasssituation kann darin bestehen, dass ein für die Produktion benötigter Rohstoff nicht rechtzeitig in dem benötigten Umfang beschafft werden kann **(Engpass bei der Beschaffung).** Allerdings ändert sich in diesem Fall die Problemsituation nicht grundlegend, da sich auch in diesem Fall das Produktionsprogramm am relativen Deckungsbeitrag ausrichtet.

---

(2) Engpass in der Produktion

Beispiel:

Bei der Maschinenfabrik Gottfried Sauter KG durchlaufen alle Motorentypen die Abteilung Qualitätsprüfung. Diese Abteilung bildet mit 2400 Stunden pro Monat den betrieblichen Engpass. Für die Qualitätsprüfung werden folgende Prüfzeiten aufgewendet:

	Motorentypen			
	A	B	C	D
Prüfzeiten in Minuten	30	40	15	20

Es sind die absoluten Stückdeckungsbeiträge von dem Beispiel auf S. 253 zugrunde zu legen.

Aufgaben:

1. Berechnen Sie den relativen Deckungsbeitrag und ermitteln Sie die Rangfolge der Motorentypen bei der Produktionsentscheidung!
2. Bestimmen Sie das optimale Produktionsprogramm, wenn im Monat Juni folgende absetzbare Mengen möglich sind:

	Motorentypen			
	A	B	C	D
absetzbare Menge (Stück)	1260	1500	2280	2460

3. Berechnen Sie den im Monat Juni erzielten Betriebsgewinn, wenn Fixkosten in Höhe von 23071800,00 EUR anfallen!

Lösungen:

Zu 1.: Berechnung der relativen Deckungsbeiträge und die Rangfolge der Motorentypen bei der Produktionsentscheidung

Zunächst muss der absolute Stückdeckungsbeitrag auf eine Einheit der Engpasskapazität (hier: eine Stunde) umgerechnet werden. Das Ergebnis ist der **relativer Deckungsbeitrag** pro Stunde.

$$\text{Relativer Deckungsbeitrag} = \frac{\text{absoluter Stückdeckungsbeitrag}}{\text{verbrauchte Engpasseinheit (z. B. Stunde, Stück)}}$$

Motoren-typ	Prüfzeit je Motor	verbrauchte Eng-passeinheit je Stück	(absoluter) Stückdeckungsbeitrag	relativer Deckungs-beitrag je Stunde	Rang-folge
A	30 Min.	30/60[1]	4 330,00 EUR	8 660,00 EUR	III
B	40 Min.	40/60	5 290,00 EUR	7 935,00 EUR	IV
C	15 Min.	15/60	2 180,00 EUR	8 720,00 EUR	II
D	20 Min.	20/60	4 540,00 EUR	13 620,00 EUR	I

Ergebnis: Die Rangfolge, in der die einzelnen Motorentypen produziert werden, lautet: D, C, A, B.

Zu 2.: Bestimmung des optimalen Produktionsprogramms

Rang	Motoren-typ	absetzbare Menge	geprüfte Stücke je Stunde			Prüfzeit insgesamt in Stunden		Produktionsmenge in Stück (optimales Produktionsprogramm)
I	D	2 460	:	3	=	820		2 460
II	C	2 280	:	4	=	570		2 280
III	A	1 260	:	2	=	630		1 260
						2 020		
IV	B	1 500	1,5		x	380	=	570
						2 400		

Erläuterungen:

Die Motorentypen D, C und A können in der absetzbaren Menge produziert werden. Dafür werden in der Engpassabteilung Qualitätsprüfung 2 020 Stunden benötigt. Für den mit dem niedrigsten relativen Deckungsbeitrag ausgestatteten Motorentyp B, der bei der absetzbaren Menge von 1 500 Stück 1 000 Prüfstunden benötigen würde (1 500 Stück : 1,5 Stück/Std.), verbleibt nur noch eine Prüfzeit von 380 Stunden. In dieser Zeit können lediglich 570 Motoren (1,5 Stück/Std. · 380 Std. restliche Prüfzeit) dieses Motorentyps geprüft werden. Damit können auch nur 570 Stück dieses Motorentyps produziert werden.

Zu 3.: Berechnung des Betriebsgewinns

Motorentyp	produzierte Motoren	absoluter Stück-deckungsbeitrag	Deckungsbeitrag insgesamt
A	1 260 Stück	4 330,00 EUR	5 455 800,00 EUR
B	570 Stück	5 290,00 EUR	3 015 300,00 EUR
C	2 280 Stück	2 180,00 EUR	4 970 400,00 EUR
D	2 460 Stück	4 540,00 EUR	11 168 400,00 EUR

	Summe aller Deckungsbeiträge	24 609 900,00 EUR
–	Fixkosten	23 071 800,00 EUR
=	Betriebsgewinn	1 538 100,00 EUR

- Liegt in einem Teilbereich der Produktion ein Engpass vor, so sind die Deckungsbeiträge je verbrauchter Engpasseinheit (relative Deckungsbeiträge) zu ermitteln.
- Die Entscheidung, in welcher Menge eine Erzeugniseinheit produziert wird, richtet sich nach der Höhe des relativen Deckungsbeitrags.

1 Pro Stunde können 2 Motoren geprüft werden.

(3) Engpass bei der Beschaffung

Beispiel:

Eine Maschinenfabrik produziert Verpackungsmaschinen in vier verschiedenen Ausführungen. Für alle vier Maschinentypen werden Kugellager benötigt, die nur von einem Unternehmen bezogen werden können. Der Einstandspreis je Kugellager beträgt 7 200,00 EUR.

Die folgende Tabelle enthält die benötigte Menge an Kugellagern je Maschine, die Summe der übrigen variablen Kosten und die Nettoverkaufspreise je Maschine.

Maschinen-ausführung	Kugellager je Maschine	übrige variable Kosten	Nettoverkaufs-erlöse
I	6	24 000,00 EUR	69 900,00 EUR
II	4	31 400,00 EUR	61 760,00 EUR
III	1	14 700,00 EUR	22 110,00 EUR
IV	5	18 600,00 EUR	57 200,00 EUR

Aufgaben:

1. Berechnen Sie die gesamten variablen Kosten je Maschine!
2. Ermitteln Sie den Deckungsbeitrag je Maschine!
3. Bestimmen Sie den Deckungsbeitrag je Engpasseinheit!
4. Stellen Sie die Reihenfolge des gewinnoptimalen Produktionsprogramms auf, wenn kurzfristig nur 15 Kugellager bezogen werden können!

Lösungen:

Zu 1. bis 3.:

Maschinen-ausführung	gesamte variable Kosten je Maschine	Deckungsbeitrag je Maschine	Stückdeckungsbeitrag/ Engpasseinheit
I	67 200,00 EUR	2 700,00 EUR	450,00 EUR
II	60 200,00 EUR	1 560,00 EUR	390,00 EUR
III	21 900,00 EUR	210,00 EUR	210,00 EUR
IV	54 600,00 EUR	2 600,00 EUR	520,00 EUR

Lösungsschritte am Beispiel der Maschinenausführung I:

1. Schritt. Berechnung der gesamten variablen Kosten je Maschine

6 Kugellager zu je 7 200,00 EUR =	43 200,00 EUR
+ übrige variable Kosten	24 000,00 EUR
	67 200,00 EUR

2. Schritt:

Nettoverkaufserlöse	69 900,00 EUR
– variable Kosten	67 200,00 EUR
= Stückdeckungsbeitrag	2 700,00 EUR

3. Schritt: Stückdeckungsbeitrag/Engpasseinheit = $\dfrac{2\,700}{6}$ = 450,00 EUR

Zu 4.: Die Reihenfolge des gewinnoptimalen Produktionsprogramms lautet:

Maschine IV (5 Kugellager), Maschine I (6 Kugellager), Maschine II (4 Kugellager). Maschine III kann mangels eines Kugellagers nicht produziert werden.

257

17 Speth u.a. - ISBN 978-3-8120-0521-0

Übungsaufgaben

131 Optimierung des Fertigungsprogramms bei Engpass

In einer Möbelfabrik werden vier verschiedene Formen von Wohnzimmertischen (A, B, C, D) hergestellt. Für den Monat November liefert die KLR folgende Zahlen:

	Wohnzimmertische			
	A	B	C	D
Nettoverkaufserlöse je Stück	1 080,00 EUR	940,00 EUR	510,00 EUR	280,00 EUR
variable Stückkosten	720,00 EUR	690,00 EUR	370,00 EUR	115,00 EUR
absetzbare Stückzahlen	700 Stück	220 Stück	320 Stück	200 Stück
Zeitbedarf je Stück in der Engpassstufe	30 Minuten	12 Minuten	15 Minuten	20 Minuten
Fertigungsstd. insgesamt in der Engpassstufe	360 Stunden			
Fixe Gesamtkosten	279 900,00 EUR			

Aufgaben:

1. Berechnen Sie die relativen Deckungsbeiträge!
2. Bestimmen Sie das optimale Produktionsprogramm!
3. Ermitteln Sie den Betriebsgewinn im Monat November, wenn die gesamten Fixkosten 279 900,00 EUR ausmachen!
4. Stellen Sie die wichtigsten Merkmale der Deckungsbeitragsrechnung und der Vollkostenrechnung einander gegenüber!

132 Optimierung des Fertigungsprogramms bei Zusatzauftrag

Ein Industrieunternehmen stellt drei Produkte (A, B und C) her. Der Produktionsplan für die 24. Woche enthält folgende Daten:

Produktart	geplante Stückzahl	Stückzeit in Minuten	variable Stückkosten	Nettoverkaufserlös je Stück
A	240	30	40,00 EUR	56,00 EUR
B	120	40	64,00 EUR	90,00 EUR
C	50	48	84,00 EUR	120,00 EUR

Die Fixkosten betragen insgesamt 6 100,00 EUR. In der Montageabteilung, die die Engpassstufe darstellt, stehen pro Woche 240 Arbeitsstunden zur Verfügung.

Aufgaben:

1. Ermitteln Sie den absoluten Deckungsbeitrag je Stück sowie insgesamt für jede Produktart und berechnen Sie den Betriebsgewinn!
2. Für die 25. Woche ist folgendes Produktionsprogramm vorgesehen: A 120 Stück, B 30 Stück, C 200 Stück.

   Vor Beginn der Produktion fragt ein Kunde an, ob 200 Stück von dem Sondermodell D zum Stückpreis von 60,00 EUR kurzfristig geliefert werden können. Der Auftrag kann nur ganz oder gar nicht angenommen werden. Die variablen Stückkosten betragen hierfür 46,00 EUR und die Stückzeit beträgt 24 Minuten. Die Produktion des Sondermodells muss in der 25. Woche durchgeführt werden.

2.1 Ermitteln Sie, ob das Industrieunternehmen diesen Auftrag annehmen soll (rechnerischer Nachweis)!

2.2 Erstellen Sie, sofern der Auftrag angenommen wird, das neue Produktionsprogramm für die 25. Woche!

133 Optimierung des Fertigungsprogramms bei Engpass

In einem Betrieb weist die kurzfristige Erfolgsrechnung des Vormonats folgende Daten aus:

	Gesamt	Produkt A	Produkt B	Produkt C
Nettoverkaufserlöse	2 362 000,00	780 000,00	936 000,00	646 000,00
variable Kosten	1 197 200,00	468 000,00	312 000,00	417 200,00
Deckungsbeitrag	1 164 800,00	312 000,00	624 000,00	228 800,00
fixe Kosten	910 000,00			
Betriebsgewinn	254 800,00			
hergestellte Stückzahl		1 560	2 080	1 040
Fertigungszeit pro Stück		25 Min.	30 Min.	15 Min.
Verfügbare Kapazität:	2 600 Stunden			

Aufgaben:

1. Berechnen Sie den Prozentsatz der freien Kapazität des Vormonats!

2. Ermitteln Sie den Deckungsbeitrag je Erzeugnis und Produktionsstunde und geben Sie die Reihenfolge der Förderungswürdigkeit der Produkte an:

    2.1 bei freier Kapazität und

    2.2 bei einer Engpasssituation!

3. Bestimmen Sie das Betriebsergebnis bei einer Kapazitätsausnutzung von 1 170 Stunden und einer entsprechenden Programmbereinigung, wenn die bisherigen Stückzahlen nicht erhöht werden können!

4. Angenommen, die Kapazität beträgt 1 690 Stunden.

    4.1 Ermitteln Sie das Betriebsergebnis!

    4.2 Geben Sie an, wie viel Stück von den einzelnen Produkten hergestellt werden!

5. Berechnen Sie das Betriebsergebnis bei einer Kapazitätsauslastung von 90 %, wenn das Produkt mit dem höchsten relativen Deckungsbeitrag zusätzlich hergestellt würde!

    Berücksichtigen Sie zur Lösung das Ergebnis von 1.

134 Optimierung des Produktionsprogramms bei Rohstoffengpass

Eine Schokoladenfabrik stellt vier Sorten Schokolade her (A, B, C, D). Für alle vier Sorten wird Kakao benötigt, der jedoch aufgrund von Ernteausfällen nur in beschränktem Umfang bezogen werden kann. Die Einkaufsabteilung erhielt insgesamt 960 kg Kakao zu 36,00 EUR/kg. Im vergangenen Quartal konnten von jeder Schokoladensorte 30 000 Tafeln zu je 100 g abgesetzt werden.

Die folgende Tabelle enthält (je 100-g-Tafel) die benötigte Menge Kakaobutter (in Gramm), die Summe der übrigen variablen Kosten und die Nettoverkaufserlöse:

Sorte	Menge Kakao	übrige variable Kosten	Nettoverkaufspreis
A	30 g	1,20 EUR	2,82 EUR
B	20 g	1,44 EUR	2,76 EUR
C	5 g	1,80 EUR	2,10 EUR
D	10 g	1,08 EUR	1,92 EUR

Aufgaben:

1. Berechnen Sie die gesamten variablen Kosten je 100-g-Tafel!

2. Ermitteln Sie den Deckungsbeitrag je 100-g-Tafel!

3. Bestimmen Sie den Deckungsbeitrag je Engpasseinheit!

4. Stellen Sie das gewinnoptimale Produktionsprogramm auf!

135 Optimierung des Fertigungsprogramms bei Preisdifferenzierung

Die Herzog GmbH hat ihre Produktpalette um das Steckspiel mit dem Markennamen Stick erweitert. Das Produkt Stick wird als Standardkasten vertrieben. Im vergangenen Geschäftsjahr verkaufte die Herzog GmbH ausschließlich im Inland über den Fachhandel 56 000 Kästen mit einem durchschnittlichen Nettoverkaufserlös von 25,00 EUR je Stück.

In einer Sitzung der Geschäftsleitung behauptet der Leiter des Rechnungswesens, dass Stick ein Flop sei; die anderen Produkte müssten Stick mitfinanzieren. Zum Beweis seiner Aussage legt er folgende Kostenanalyse aus dem vergangenen Geschäftsjahr vor:

Gesamte proportional-variable Kosten für Stick	812 000,00 EUR
Fixe Kosten der Produktions- und Verpackungsmaschinen, die ausschließlich dem Produkt Stick zuzuordnen sind:	388 000,00 EUR
Von den Fixkosten des Unternehmens wurden im Rahmen der Vollkostenrechnung auf das Produkt Stick verteilt:	700 000,00 EUR

Aufgaben:

1. Begründen Sie, ob es falsch war, Stick in das Produktionsprogramm aufzunehmen! Belegen Sie Ihre Auffassung rechnerisch!

2. Erörtern Sie, welche Argumente unabhängig von Kostengesichtspunkten dagegen sprechen könnten, das Produkt Stick aus dem Produktionsprogramm zu nehmen!

3. Im Exportbereich ließe sich ein zusätzlicher Absatz von 22 000 Kästen Stick pro Jahr bei einem Nettoverkaufserlös von 18,50 EUR pro Stück erzielen.

   Prüfen Sie, ob die Herzog GmbH unter dem Gesichtspunkt der Gewinnmaximierung diese Strategie der Preisdifferenzierung realisieren sollte!

6.6 Ermittlung des Break-even-Points (Gewinnschwelle)

(1) Begriffsbestimmung des Break-even-Points

Die Deckungsbeitragsrechnung legt die Frage nahe, bei welcher Warenmenge die Fixkosten durch Deckungsbeiträge gedeckt sind. Da an diesem Punkt der Betrieb von der Verlustzone in die Gewinnzone tritt, nennt man ihn die **Gewinnschwelle (Nutzenschwelle)** oder auch, da die Deckungsbeitragsrechnung ihren Ursprung im angelsächsischen Raum hat, **Break-even-Point (BEP).**

Die **Gewinnschwelle (Nutzenschwelle)** liegt bei der Ausbringungsmenge, bei der die Gesamtkosten bzw. Stückkosten gleich dem Gesamterlös bzw. Stückerlös ist.

Umgesetzt auf die Deckungsbeitragsrechnung bedeutet dies, dass der **Break-even-Point erreicht** ist, wenn bei einem Produkt **alle Kosten abgedeckt** sind und der **Deckungsbeitrag bei null** ist. Die Formel hierfür lautet:

$$\text{Break-even-Point} = \frac{K_{fix}}{db} \text{ oder } \frac{K_{fix}}{e - k_v}$$

(2) Beispiel für die Berechnung und grafische Darstellung der Gewinnschwelle und des Gewinnmaximums

Beispiel:

Ein Industriebetrieb stellt Zubehörteile (Plastikbausätze) für Modelleisenbahnen her. Monatlich können maximal 1 000 Packungen (Inhalt 10 Bausätze) erzeugt werden. Es wird nur auf Bestellung gearbeitet.

- An fixen Kosten fallen monatlich an: für Gehälter 9 000,00 EUR, für Miete 1 600,00 EUR, für Nebenkosten (Heizung, Licht, Reinigung) 400,00 EUR, für die Verzinsung des investierten Kapitals 3 000,00 EUR und für die Abschreibung der Spritzgussmaschinen und der Werkzeuge 6 000,00 EUR. Die fixen Kosten betragen also insgesamt 20 000,00 EUR.

- Die variablen Kosten betragen 30,00 EUR je Verkaufspackung. Sie setzen sich aus den Roh- und Hilfsstoffkosten (6,00 EUR), den

Akkordlöhnen (22,00 EUR) und den Energiekosten (2,00 EUR) zusammen.

- Der Absatzpreis je Verkaufspackung beträgt 55,00 EUR.

Aufgaben:

1. Berechnen Sie in Intervallen von jeweils 100 Verkaufspackungen für die Herstellung von 100 bis 1 000 Verkaufspackungen die anfallenden Gesamtkosten, die Stückkosten, den Gesamtgewinn bzw. -verlust und den Stückgewinn bzw. -verlust! Erstellen Sie hierzu eine Kosten-Leistungs-Tabelle!

2. Berechnen Sie die Gewinnschwelle (Break-even-Point)!

3. Stellen Sie E, K, K_v und K_{fix}, k, k_v und e grafisch dar!

Lösungen:

Zu 1.:

Menge der Verkaufspackungen (x)	fixe Gesamtkosten in EUR (K_{fix})	variable Gesamtkosten in EUR (K_v)	Gesamtkosten in EUR (K)	Gesamterlös (abgesetzte Menge · Preis) (E)	Gewinn (grüne Zahlen) bzw. Verlust (blaue Zahlen) (G/V)	variable Stückkosten (k_v)	fixe Stückkosten (k_{fix})	Stückkosten in EUR (k)	Stückerlös in EUR (e)	Stückverlust bzw. Stückgewinn (g/v)
100	20 000,00	3 000,00	23 000,00	5 500,00	17 500,00	30,00	200,00	230,00	55,00	175,00
200	20 000,00	6 000,00	26 000,00	11 000,00	15 000,00	30,00	100,00	130,00	55,00	75,00
300	20 000,00	9 000,00	29 000,00	16 500,00	12 500,00	30,00	66,67	96,67	55,00	41,67
400	20 000,00	12 000,00	32 000,00	22 000,00	10 000,00	30,00	50,00	80,00	55,00	25,00
500	20 000,00	15 000,00	35 000,00	27 500,00	7 500,00	30,00	40,00	70,00	55,00	15,00
600	20 000,00	18 000,00	38 000,00	33 000,00	5 000,00	30,00	33,33	63,33	55,00	8,33
700	20 000,00	21 000,00	41 000,00	38 500,00	2 500,00	30,00	28,57	58,57	55,00	3,57
800	20 000,00	24 000,00	44 000,00	44 000,00	–	30,00	25,00	55,00	55,00	–
900	20 000,00	27 000,00	47 000,00	49 500,00	2 500,00	30,00	22,22	52,22	55,00	2,78
1 000	20 000,00	30 000,00	50 000,00	55 000,00	5 000,00	30,00	20,00	50,00	55,00	5,00

Zu 2.: $x = \dfrac{20\,000}{55 - 30} = \underline{\underline{800 \text{ Stück (Gewinnschwelle)}}}$

Zu 3.:

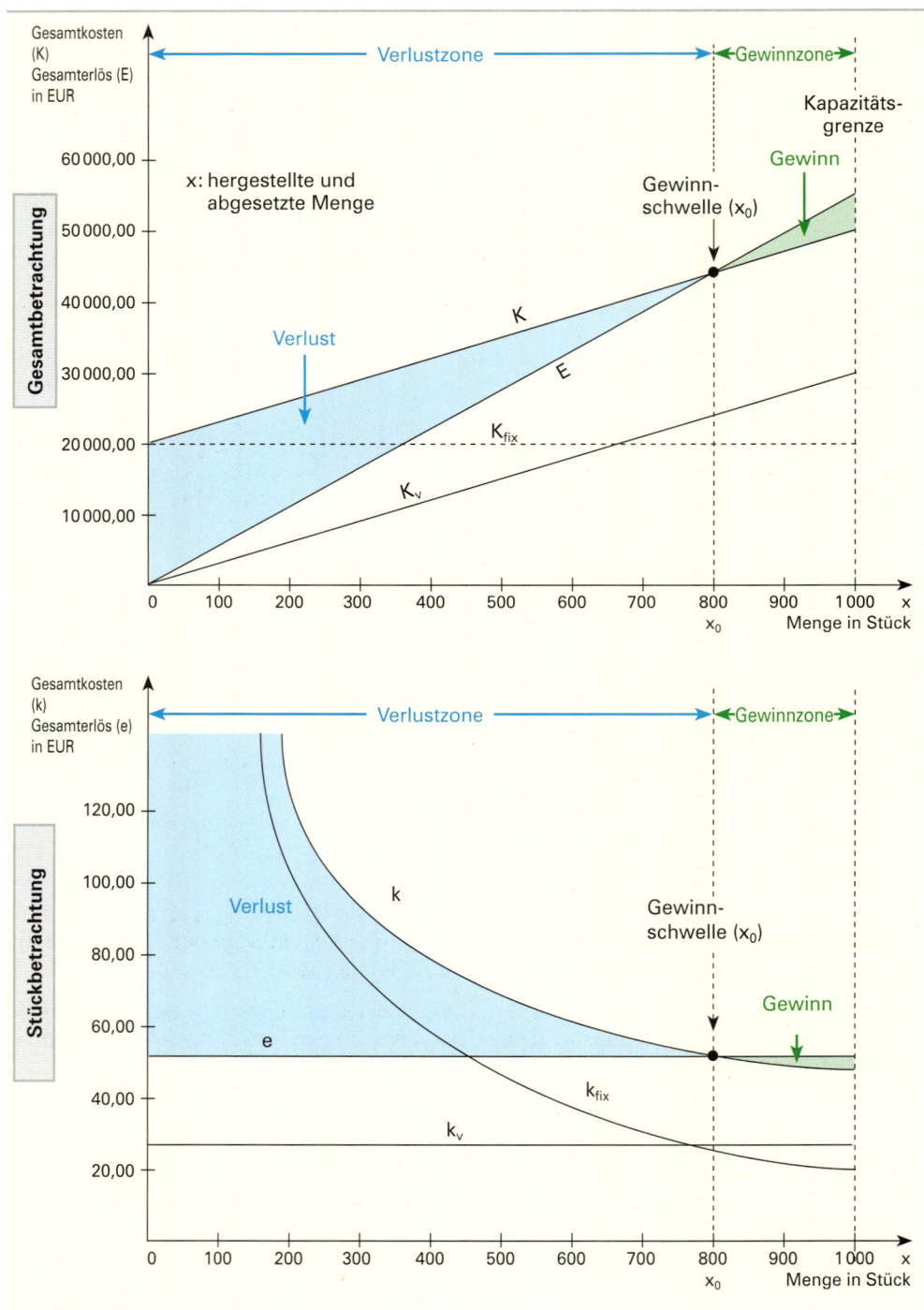

(3) Break-even-Point als Umsatzgröße

Als Mengengröße hat der Break-even-Point nur bei Einproduktunternehmen eine sinnvolle Aussagekraft. In Mehrproduktunternehmen muss er als Umsatzgröße ermittelt werden (Break-even-Umsatz [BEU]). Als Umsatzgröße soll der Break-even-Point die praktische Frage klären, bei welchem Umsatz ein Unternehmen, das sich in der Gewinnzone befindet, an die Gewinnschwelle stößt.

Beispiel:

Der Einfachheit halber greifen wir auf unser bekanntes Beispiel von S. 261 f. zurück und gehen davon aus, dass das Unternehmen in der Abrechnungsperiode einen Umsatzerlös von 55 000,00 EUR erzielt.

Aufgabe:
Ermitteln Sie den Break-even-Umsatz (BEU)!

Lösung:

Bei der Gewinnschwelle müssen die fixen Kosten durch die erzielten Deckungsbeiträge ausgeglichen werden. Bei einem Stückerlös von 55,00 EUR entsteht ein Deckungsbeitrag je Stück von 25,00 EUR. Das entspricht einem Stückdeckungsbeitragssatz von 45,45...% (Stückdeckungsbeitragsfaktor 0,4545...). Den auf den Umsatz bezogenen Break-even-Point erhält man daher, wenn man die fixen Kosten durch den Prozentsatz des Deckungsbeitrags dividiert.

$$\text{Break-even-Umsatz} = \frac{20\,000}{\dfrac{45,45\ldots}{100}} = \frac{20\,000}{0,4545\ldots} = \underline{44\,000,00\ \text{EUR}}$$

Ergebnis: Beim Umsatz von 44 000,00 EUR erreicht das Unternehmen den Break-even-Umsatz. Er entspricht der Menge von 800 Einheiten.

$$\text{Break-even-Umsatz} = \frac{K_{fix}}{\dfrac{\text{Deckungsbeitrag}}{\text{Erlös}}}$$

(4) Einfluss von Preisänderungen und/oder Kostenänderungen auf die Gewinnschwelle (Break-even-Point)

Aus der Formel auf S. 260 erkennt man, dass bei einer **Erhöhung des Angebotspreises (e) die Gewinnschwelle** im Vergleich zur Ausgangssituation **früher** und bei einer **Herabsetzung des Angebotspreises** (e) die **Gewinnschwelle später** erreicht wird.

Bei einer Kostenänderung ist es umgekehrt. **Steigen die Kosten,** wird die **Gewinnschwelle** im Vergleich zur Ausgangssituation **später,** bei einer **Kostensenkung** wird die **Gewinnschwelle früher** erreicht.

Beispiel 1:

Wir gehen davon aus, dass bei sonst gleichen Bedingungen der Angebotspreis für eine Verkaufspackung im Beispiel auf S. 261 f. aufgrund der Konkurrenzsituation von 55,00 EUR auf 50,00 EUR herabgesetzt werden muss.

Aufgabe:
Berechnen Sie die Veränderung der Gewinnschwelle!

Lösung:

Da der Preis sinkt, sinkt der Divisor in der Berechnungsformel. Daher wird der Wert für x (Absatzmenge an der Gewinnschwelle) größer, d. h., die Gewinnschwelle wird im Vergleich zur Ausgangssituation später erreicht.

$$x = \frac{20\,000}{50 - 30} = \frac{20\,000}{20} = \underline{1\,000}$$

Ergebnis: Die Gewinnschwelle ist (von ursprünglich 800 Verkaufseinheiten) auf 1 000 Mengeneinheiten gestiegen.

Beispiel 2:

Wir gehen davon aus, dass die Materialkosten (k_v) aufgrund weiterer Rationalisierungsmaßnahmen von bisher 30,00 EUR auf 26,50 EUR gesenkt werden konnten. Der Verkaufspreis für eine Verkaufspackung beträgt 55,00 EUR.

Aufgabe:

Berechnen Sie die Veränderung der Gewinnschwelle!

Lösung:

Da die variablen Kosten (k_v) sinken, steigt der Divisor in der Berechnungsformel. Daher wird der Wert für x (Absatzmenge an der Gewinnschwelle) kleiner, d. h., die Gewinnschwelle wird im Vergleich zur Ausgangssituation früher erreicht.

$$x = \frac{20\,000}{55 - 26,5} = \frac{20\,000}{28,5} = \underline{701,75\ldots}$$

Ergebnis: Die Gewinnschwelle ist (von ursprünglich 800 Verkaufseinheiten) auf rund 702 Mengeneinheiten gesunken.

Übungsaufgaben

136 Gewinn in Abhängigkeit von der Ausbringungsmenge

Die Hartmut Hug KG stellt Spielpuppen für Kinder her. Eine Puppe wird für 80,00 EUR verkauft. Bei vollkommener Ausnutzung der Kapazität können insgesamt 500 Puppen produziert werden. Die Produktion erfolgt nur nach Bestellung. Die Kostenstruktur verläuft linear.

Die monatlichen Fixkosten betragen 10 000,00 EUR. Die variablen Stückkosten betragen konstant 40,00 EUR.

Menge	Gesamtkosten			Stückkosten			Gesamterlös	Gesamt-	
x	K_{fix}	K_v	K	k_{fix}	k_v	k	E	gewinn	verlust
100	10 000,00				40,00				
200									
300									
400									
500									

Aufgaben:

1. Ergänzen Sie die angegebene Tabelle!

2. Berechnen Sie die Gewinnschwelle (Break-even-Point)!

3. Ermitteln Sie das Gewinnmaximum!

4. Berechnen Sie die Produktionsmenge, bei der ein Gewinn von 3520,00 EUR erzielt wird!

5. Stellen Sie die Funktionen E, K, K_v und K_{fix} sowie die Funktionen k, k_v und e grafisch dar! Beschriften Sie Ihre Zeichnung!

137 Break-even-Point – Berechnung und grafische Darstellung, Ermittlung der Preisstrategie für wirtschaftliches Arbeiten

1. Die MOTRE KG stellt ein Brettspiel her, welches zum herrschenden Marktpreis von 12,00 EUR/Stück absetzbar ist. Es wurden 16 000 Stück hergestellt. Die Fixkosten der Abrechnungsperiode betragen 60 000,00 EUR, der variable Kostenanteil beträgt 6,00 EUR je Stück.

   Aufgaben:

   1.1 Ermitteln Sie die Gewinnschwelle!

   1.2 Bestimmen Sie den Gesamtgewinn bei Verkauf sämtlicher Spiele!

   1.3 Ermitteln Sie, wie sich die Gewinnschwelle verändert, wenn die variablen Kosten aufgrund von Lohnerhöhungen 7,00 EUR betragen!

2. In der Marketing-Abteilung der RAWA GmbH wird darüber diskutiert, ob Kochtöpfe im Rahmen einer Sonderaktion angeboten werden sollen. Der variable Kostenanteil pro Stück beträgt 25,00 EUR. Die Kochtopfaktion verursacht zusätzliche Fixkosten in Höhe von 180 000,00 EUR. Bei unterschiedlichen Angebotspreisen werden folgende Absatzmengen erwartet:

Preis/Stück	erwartete Absatzmenge
30,00 EUR	30 000 Stück
35,00 EUR	20 000 Stück
40,00 EUR	8 000 Stück

   Aufgabe:

   Weisen Sie nach, bei welcher Preisstrategie das Unternehmen wirtschaftlich arbeitet!

3. Die Gustav Plau AG stellt im Abrechnungszeitraum I nur das Produkt A her. Dazu liegen folgende Daten vor:

   - Kapazität   16 000 Stück
   - variable Stückkosten   70,00 EUR
   - Fixkosten   450 000,00 EUR
   - Stückerlös   120,00 EUR

   Aufgaben:

   3.1 Berechnen Sie den Break-even-Point!

   3.2 Ermitteln Sie die Produktionsmenge, wenn ein Betriebsgewinn von 150 000,00 EUR erreicht werden soll!

   3.3 Stellen Sie in einer nicht maßstabsgetreuen Skizze die Gewinnschwellenmenge und die Höhe des geplanten Gewinns dar. Achten Sie auf die vollständige Beschriftung Ihrer Zeichnung!

   3.4 Im nächsten Abrechnungszeitraum wird einem langjährigen Kunden für seinen Auftrag über 700 Stück ein Vorzugspreis von 105,00 EUR je Stück eingeräumt.

   Berechnen Sie, wie viel Stück von A im nächsten Abrechnungszeitraum zusätzlich gefertigt und zum üblichen Stückpreis von 120,00 EUR verkauft werden müssen, wenn der Betriebsgewinn von 150 000,00 EUR gehalten werden soll!

138 Deckungsbeitragsrechnung, Absatzänderungen

Die Bauschreinerei Rolf Becker & Co. KG führt in ihrem Sortiment Fenster, Türen und Garagentore. Die Kostenrechnungsabteilung hat für den Monat Dezember folgendes Zahlenmaterial zusammengestellt:

Werke	Produkte	Stück	Nettoverkaufserlöse in EUR	Variable Kosten in EUR
I	Fenster	250	300 000,00	126 000,00
II	Türen	100	240 000,00	162 000,00
III	Garagentore	30	108 000,00	28 500,00

Aufgaben:

1. Bestimmen Sie für das Produkt Türen rechnerisch den Deckungsbeitrag insgesamt und je Stück!

2. Im November brachte die Türenproduktion einen Gesamtdeckungsbeitrag von 50 700,00 EUR. Weisen Sie rechnerisch nach, um wie viel Prozent sich der Absatz im Monat Dezember verändert!

3. Berechnen Sie den Break-even-Point für das Produkt Garagentore! Die fixen Kosten von Werk III betragen 66 000,00 EUR.

4. Die Bauschreinerei möchte an dem Verkauf der Garagentore monatlich einen Gewinn von 40 000,00 EUR erzielen.

   Aufgabe:

   Berechnen Sie, wie viel Garagentore die Bauschreinerei monatlich verkaufen müsste, um das Gewinnziel zu erreichen!

5. Stellen Sie in einem Koordinatensystem (x-Achse: 2 Stück $\triangleq$ 1 cm; y-Achse: 10 000,00 EUR $\triangleq$ 1 cm) die Entwicklung der Kosten und der Verkaufserlöse für das Produkt Garagentore dar! Kennzeichnen Sie die Zonen für den Gewinn, den Verlust, die variablen Kosten und die Gewinnschwelle!

6. Markieren Sie für das Produkt Garagentore in der Grafik aus Aufgabe 5 den Deckungsbeitrag sowie den Gewinn

   6.1 bei einer Absatzmenge von 14 Stück,

   6.2 bei einer Absatzmenge von 30 Stück!

139 Betriebsergebnis, Gewinnschwelle, Absatzpolitik

Ein Zweigwerk der Holzwerke Brettle GmbH stellt ausschließlich Holzpaletten her. In der Planungsrechnung wird davon ausgegangen, dass man bei einer Kapazitätsauslastung von zwei Dritteln einen Umsatz von 1,4 Mio. EUR pro Monat und einen Deckungsbeitrag von 672 000,00 EUR pro Monat erzielen kann. Die Fixkosten betragen 840 000,00 EUR. Es wird ein linearer Gesamterlös und Gesamtkostenverlauf angenommen.

Aufgaben:

1. Ermitteln Sie das Betriebsergebnis!

2. Berechnen Sie den erforderlichen Gesamterlös, um die Gewinnschwelle zu erreichen!

3. Berechnen Sie das maximal erreichbare Betriebsergebnis!

4. Der Leiter des Zweigwerks hat in den letzten Wochen Aufträge zu nicht kostendeckenden Preisen angenommen. Der Eigentümer der GmbH Bernd Brettle, hätte dagegen solche Aufträge abgelehnt. Beurteilen Sie die unterschiedlichen Auffassungen aus kostenrechnerischer Sicht!

7 Systemvergleich zwischen Vollkostenrechnung und Teilkostenrechnung (Deckungsbeitragsrechnung)

Mit der Vollkostenrechnung und der Deckungsbeitragsrechnung wurden zwei verschiedene Abrechnungssysteme der Kosten- und Leistungsrechnung vorgestellt. In der nachfolgenden Übersicht sind die **wichtigsten Zielsetzungen der beiden Kostenrechnungssysteme** zusammengestellt.

Vollkostenrechnung	Deckungsbeitragsrechnung
■ Es werden alle **angefallenen Kostenarten** auf die Kostenträger verrechnet.	■ Es wird nur **ein Teil der angefallenen Kosten** auf die Kostenträger verrechnet.
■ Ziel der Vollkostenrechnung ist es, die Herstell- und Selbstkosten für die einzelnen Kostenträger zu ermitteln. Um alle Kostenarten auf die einzelnen Kostenträger aufteilen zu können, gliedert sie die Kostenarten nach der Zurechenbarkeit der Kostenarten auf die Kostenträger in **Einzelkosten und Gemeinkosten** auf.	■ Die Gesamtkosten werden aufgespalten, und zwar in einen Teil, der durch die Produktion entstanden ist **(variable Kosten)** und in einen Teil, den die Aufrechterhaltung der Betriebsbereitschaft verursacht hat **(fixe Kosten)**.
■ Für die **langfristige Produktions- und Absatzentscheidung** ist von Bedeutung, dass die Selbstkosten erwirtschaftet werden. Daher werden jeweils alle Kosten in die Kostenträger eingerechnet.	■ Da für die **kurzfristige Produktions- und Absatzentscheidung** nur die variablen Kosten von Bedeutung sind, wird nur dieser Kostenbestandteil auf die Kostenträger verrechnet.
■ Die Vollkostenrechnung ist geeignet für die **Preisbildung von Auftragsfertigungen** (öffentliche und private Auftraggeber), für **Preiskontrollen** (Erlöse – Selbstkosten – Vergleiche), für die **Ermittlung von Inventurwerten für die Handels- und Steuerbilanz** und für die **Ergebnisermittlung.**	■ Die Deckungsbeitragsrechnung ist geeignet, **Preisuntergrenzen** zu bestimmen, das **Produktionsprogramm zu optimieren** und die **Anpassung des Betriebs an Beschäftigungsschwankungen** zu erleichtern.
■ Die Vollkostenrechnung geht von der innerbetrieblichen Kostenstruktur aus und ermittelt für die einzelnen Leistungseinheiten einen Preis. Das Unternehmen versucht dann, diesen **Preis am Markt durchzusetzen. Der Preis wird als Funktion der Kosten gesehen.**	■ Die variablen Kosten werden von den erzielten Umsatzerlösen subtrahiert. Die Deckungsbeitragsrechnung sieht die Umsatzerlöse als Bezugsgröße an. Sie geht von den erzielten Umsatzerlösen aus und subtrahiert hiervon die Kosten. Damit wird die **Marktorientierung** dokumentiert und ein retrograder Rechenweg ausgelöst.
■ In der Vollkostenrechnung lautet die **Fragestellung: Wie viel muss der Betrieb für jede Produktionseinheit mindestens erhalten, um die mit der Produktion direkt und indirekt verbundenen Kosten (Gesamtkosten) zu erwirtschaften?**	■ In der Deckungsbeitragsrechnung lautet die Fragestellung: **Wie viel muss der Betrieb bei gegebener Betriebsbereitschaft mindestens erhalten, um die variablen Stückkosten für diese Produktionseinheit ersetzt zu bekommen?**
■ Die Vollkostenrechnung liefert mit zeitlicher Verzögerung Informationsmaterial über die Vergangenheit. Sie kann damit **keine kurzfristigen Entscheidungshilfen** bereitstellen.	■ Durch die Orientierung der Deckungsbeitragsrechnung an den Umsatzerlösen kann sie **kurzfristige Entscheidungshilfen** anbieten. Die Deckungsbeitragsrechnung ist **ein brauchbares Verfahren** im Rahmen der Preispolitik und Produktpolitik.

Erkenntnis:

Die Kostenrechnung kann die vielfältigen Aufgaben der modernen Wirtschaftspraxis (Entscheidungsvorbereitung, Kostenkontrolle, Preisbildung und Preiskontrolle, Inventurbewertung, Ergebnisermittlung und Bereitstellung von Informationsdaten) nur in der Form einer **Kombination** von **Voll- und Deckungsbeitragsrechnung** bewältigen.

8 Plankostenrechnung (Planungsrechnung)

8.1 Begriffbestimmungen

(1) Begriff Plankostenrechnung

Die **Plankostenrechung** legt verbindliche

- **Leistungsvorgaben** (z. B. geplante Umsatzerlöse, Eigenleistungen) sowie
- **Kostenvorgaben** (z. B. für Fertigungsmaterial, Gemeinkostenmaterial)

für eine **bestimmte Planungsperiode** fest.

Die **wertmäßige** Festlegung der Leistungs- und Kostenvorgaben erfolgt zu **Planpreisen** bzw. **Plankosten.**

(2) Planpreise

Planpreise werden vor allem für **Produktionsfaktoren** gebildet, die

- in klar **bestimmbaren Mengen** benötigt werden,
- regelmäßig in bestimmten Mengen von **außen bezogen** werden und
- betragsmäßig derart von Bedeutung sind, dass **Preisschwankungen die betriebliche Kostensituation** stören würden.

Planpreise gelten in der Regel für den **gesamten Planungszeitraum** (z. B. ein Jahr) und richten sich in etwa an den **Durchschnittspreisen** aus, die am Markt zu erwarten sind. Sie müssen ständig mit den tatsächlich gezahlten Preisen verglichen werden, um Preisabweichungen feststellen zu können.

Planpreise sind **Verrechnungspreise**, die sich an der Entwicklung der Marktpreise orientieren. Sie gelten in der Regel für den **gesamten Planungszeitraum.**

(3) Plankosten

Plankosten sind Kosten, bei denen sowohl die **Preise** als auch die **Verbrauchsmengen** für eine **geplante Ausbringungsmenge (Planbeschäftigung)** vorgegeben werden.

Plankosten = Planverbrauchsmenge · Planpreis

Die **Planverbrauchsmenge (Planbeschäftigung)** wird auf **technischer Grundlage,** z. B. durch die Konstrukteure, REFA-Ingenieure, Betriebstechniker, Kostenrechner ermittelt.

Plankosten gehen aus der betrieblichen Planung hervor. Es handelt sich um planmäßige Kosten, die bei wirtschaftlicher Durchführung der Produktion anfallen. Plankosten stellen das **Ziel** dar, das erreicht und wenn möglich unterschritten werden soll. Plankosten haben **Vorgabecharakter.**

Plankosten sind die in Zukunft zu **erwartenden Kosten.** Sie werden aufgrund sorgfältiger Analysen in Zusammenarbeit mit Konstrukteuren, REFA-Ingenieuren und Kostenrechnern vorausberechnet.

8.2 Aufbau, Ablauf und Aufgaben der Plankostenrechnung

8.2.1 Aufbau und Ablauf der Plankostenrechnung[1]

Der grundsätzliche **Aufbau der Plankostenrechnung** in **Kostenarten-, Kostenstellen-** und **Kostenträgerrechnung** ist den anderen Kostenrechnungssystemen ähnlich. Als neue Elemente kommen in der Plankostenrechnung noch die **Kostenplanung** und die **Kostenkontrolle** hinzu.

Der **Ablauf einer Plankostenrechnung** vollzieht sich im Wesentlichen in folgenden Schritten:

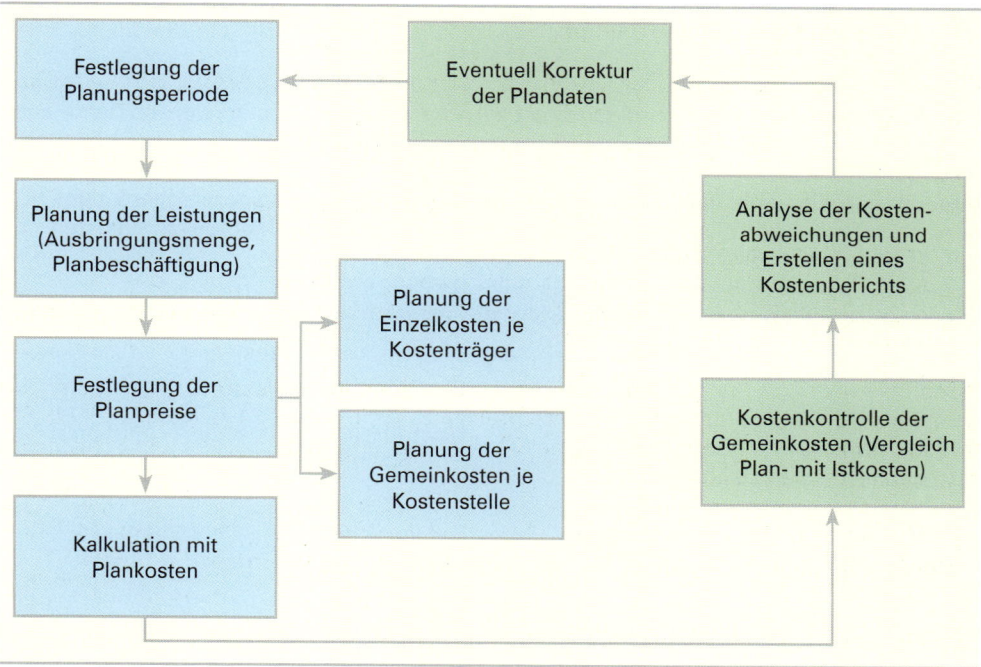

8.2.2 Aufgaben der Plankostenrechnung

Kalkulation der betrieblichen Leistungen	■ Festlegung der **Plangrößen** für jede Kostenstelle bei **vorgegebener Planbeschäftigung** (z. B. Produktions- und Maschinenstunden, Ausbringungsmenge). ■ Bestimmen der **Verbrauchsmengen** und **Verbrauchszeiten** für jede Kostenart. ■ Festlegen der **Plankosten für jede Kostenart** mithilfe von Planpreisen.
Kontrolle der Wirtschaftlichkeit	■ Kostenkontrolle durch Gegenüberstellen der Plankosten mit den tatsächlich angefallenen Istkosten **(Soll-Ist-Vergleich).** ■ Ermitteln der **Abweichungen** zwischen Plan- und Istkosten.

---

1 Da der Rahmenlehrplan nur Grundzüge der Plankostenrechnung vorsieht, werden die Festlegung der Planbeschäftigung sowie die Ermittlung der Planpreise nicht errechnet, sondern als Größen vorgegeben.

Bereitstellen von Daten für Unternehmens-entscheidungen	Die **Abweichungsanalyse** liefert wertvolle Ansatzpunkte zur Steigerung der Wirtschaftlichkeit, sodass die Plankosten zu einem wirksamen zukunfts-orientierten **Steuerungs- und Planungsinstrument der Unternehmensfüh-rung** wird.

8.3 Kostenartenrechnung

8.3.1 Planung der Einzelkosten

(1) Plan-Fertigungsmaterial

Einzelkosten sind dem Kostenträger direkt zurechenbar. Einzelkosten werden daher auch in der Plankostenrechnung je Kostenträger geplant. Allerdings verläuft der Verrechnungs-weg hier in umgekehrter Richtung wie bei der Istkostenrechnung. Während bei der Istkos-tenrechnung die angefallenen Materialeinzelkosten den Kostenträgern zugerechnet wer-den, müssen bei der Plankostenrechnung die zu erwartenden Materialeinzelkosten von den geplanten Leistungen her abgeleitet werden.

Beispiel:

Für die Herstellung eines Produktes in der Maschinenfabrik Kromer GmbH liegen für die Einzel-materialien folgende Angaben vor:

Einzelmaterialart	Netto-Plan-Einzelmaterialmenge	Plan-Abfallmenge in % der Brutto-Planmenge	Planpreis EUR/ME
A	124,80 kg	4 %	1,50
B	399,75 kg	2,5 %	1,70
C	5 Stück	–	9,00

Von dem Produkt werden 800 Stück hergestellt.

Aufgabe:

Berechnen Sie die Brutto-Plan-Materialkosten!

Lösung:

Einzelmaterialart	Brutto-Plan-Einzelmaterialmenge	Planpreis EUR/ME	Brutto-Plan-Einzel-materialkosten
A	130 kg[1]	1,50	195,00
B	410 kg	1,70	697,00
C	5 Stück	9,00	45,00
Gesamte Brutto-Plan-Einzelmaterialkosten			937,00

Brutto-Plan-Materialkosten: 937,00 EUR · 800 Stück = 749 600,00 EUR

---

1   96 % ≙ 124,8 kg
    100 % ≙   x   kg $x = \dfrac{124{,}80 \cdot 100}{96} = \underline{130\ kg}$

(2) Plan-Lohneinzelkosten

Zur Planung der Lohneinzelkosten ist zunächst für jede Kostenträgereinheit die erforderliche Plan-Arbeitszeit zu ermitteln. Dies erfolgt in der Regel für alle Arbeitsvorgänge mittels Arbeitszeitstudien, wobei von Normalleistungen auszugehen ist. Durch Multiplikation der Plan-Arbeitszeit mit den Plan-Lohnsätzen werden dann die Plan-Lohneinzelkosten für die Kostenträgereinheit bestimmt.

> Plan-Lohneinzelkosten = Plan-Arbeitszeit · Plan-Lohnsatz

Beispiel:

Eine Maschinenfabrik fertigt für einen Autohersteller das Gussteil MLX. Die Arbeitszeitstudien ergeben folgende Zeitvorgaben je Gussteil: Rüstzeit 9,2 Min., Stückzeit: 14,8 Min. Der Plan-Lohnsatz beträgt 54,00 EUR/Std. Planproduktionsmenge: 800 Stück.

Aufgaben:

1. Berechnen Sie die Auftragszeit zur Herstellung der 800 Stück!
2. Berechnen Sie die geplanten Lohnkosten je Fertigungsminute!
3. Berechnen Sie die Plankosten für die Fertigungslöhne!

Lösungen:

Zu 1.:

Rüstzeit	9,2 Min.
Ausführungszeit (14,8 Min. x 800 Stück)	11 840,0 Min.
Auftragszeit	11 849,2 Min.

Zu 2.:

Lohnkosten je Minute:

$$\frac{54,00 \text{ EUR}}{60 \text{ Min.}} = 0{,}9 \text{ EUR/Min.}$$

Zu 3.:

Plankosten für Fertigungslöhne: 11 849,2 Min. · 0,9 EUR/Min. = 10 664,28 EUR

8.3.2 Planung der Gemeinkosten

Im Rahmen der Kostenartenrechnung werden für jede Gemeinkostenart die Plankosten errechnet und anschließend für die einzelnen Kostenstellen festgelegt.

Beispiel: Kostenart: Hilfslöhne

Plankosten: 4 Aushilfskräfte, geplanter Lohn je Stunde 14,80 EUR; geplante Stundenzahl insgesamt 192 je Arbeitskraft

4 Aushilfskräfte · 14,80 EUR · 192 Std. = 11 366,40 EUR

Um die **Plangemeinkosten bei unterschiedlichen Ausbringungsmengen** (Planbeschäftigungen, Beschäftigungsgraden) festlegen zu können, ist eine **Kostenauflösung**[1] in **fixe**

---

1 Auf die Verfahren der Kostenauflösung wird im Folgenden nicht eingegangen.

Kosten und **variable Kosten** notwendig. Dadurch lassen sich die vorgeplanten Kosten „flexibilisieren", d. h., den Kostenstellen können Plankosten für unterschiedliche Beschäftigungsauslastungen vorgegeben werden **(flexible Plankostenrechnung).**

8.4 Kostenstellenrechnung als flexible Plankostenrechnung

Im Rahmen der Kostenstellenrechnung werden auf der Grundlage einer festgelegten Planbeschäftigung **(Basisplanbeschäftigung)** die Gemeinkosten in fixe und variable Kosten aufgegliedert. Damit wird erreicht, dass bei Beschäftigungsänderungen die variablen Gemeinkosten an die vom Plan abweichende Beschäftigung angepasst werden können, während die fixen Kosten in voller Höhe bestehen bleiben. Die Kostenstellenrechnung kann damit für jede Kostenstelle – auf der Basis der festgelegten Planbeschäftigung – einen **Kostenplan** für einen bestimmten Planungszeitraum (z. B. einen Monat) bereitstellen.

Beispiel:

Kostenplan – Heilmann GmbH				
Zeitraum: Mai	Kostenstellenbezeichnung: Fertigungskostenstelle 4010 F I		Kst.-Nr. 4010	Blatt: 1
Planbezugsgröße: 420 Fertigungsstunden		KSt-Leiter: Stellvertreter:		

Nr.	Kostenart	Plankosten EUR/Monat		
		ges.	prop.	fix
1	Fertigungseinzelkosten (-löhne)	16 044,00	16 044,00	0,00
2	5. Hilfslöhne	–	–	–
3	6. Gehälter	10 450,00	0,00	10 450,00
4	7. Sozialaufwendungen	2 200,00	0,00	2 200,00
5	8. Materialkosten	420,00	420,00	0,00
6	9. Fremdenergie	280,00	196,00	84,00
7	10. Fremdleistungskosten	600,00	600,00	0,00
8	11. Steuern, Beiträge	10,00	0,00	10,00
9	12. Versicherungen	75,00	0,00	75,00
10	13. Leasing, Miete	220,00	0,00	220,00
11	14. Werbung, Repräsentation	–	–	–
12	15. allg. Verwaltungskosten	310,00	124,00	186,00
13	16. kalkulatorische Abschreibungen	550,00	165,00	385,00
14	17. kalkulatorische Zinsen	380,00	0,00	380,00
15	18. kalkulatorische Wagniskosten	2 313,00	7,00	2 306,00
16	Σ Plangemeinkosten	17 808,00	1 512,00	16 296,00
	Σ Plan-Fertigungskosten	33 852,00	17 556,00	16 296,00
	Planbezugsgröße (Std.)	420	420	420
	Plan-Gemeinkostenzuschlagssatz (EUR/Std.)	42,40	3,60	38,80
	Plankostenverrechnungssatz Fertigung (EUR/Std.)	80,60	41,80	38,80

$$\text{Plankostenverrechnungs-} \atop \text{satz Fertigung} = \frac{\text{Plankosten}}{\text{Planbeschäftigung}} \qquad \frac{33\,852{,}00\ \text{EUR}}{420\ \text{Std.}} = \underline{\underline{80{,}60\ \text{EUR/Std.}}}$$

Wird die Plan-Arbeitszeit für die jeweilige Kostenträgereinheit mit dem Plankostenverrechnungssatz Fertigung multipliziert, ergeben sich die **Plan-Fertigungskosten,** mit denen die Kostenstelle den Kostenträger belastet.

Beispiel:

Werden für den Auftrag Aluminiumräder 140 Fertigungslohnstunden benötigt, so weist diese Kostenstelle dem Auftrag 11 284,00 EUR (140 Std. · 80,60 EUR/Std.) zu.

- Der **Plankostenverrechnungssatz** gibt an, welcher Plankostenbetrag auf eine Beschäftigungseinheit (z. B. eine Arbeitsstunde) entfallen.
- Der Plankostenverrechnungssatz enthält sowohl fixe Kosten als auch variable Kosten. Er ist somit ein **Vollkostensatz** und die **flexible Plankostenrechnung** deshalb eine **Vollkostenrechnung.**

8.5 Kostenträgerrechnung (Zuschlagskalkulation)

Im Folgenden beschränken wir uns auf die Darstellung der Plankalkulation auf **Vollkostenbasis.**

Beispiel:

Die Heilmann GmbH fertigt für einen Auftrag 600 Aluminiumräder. Es wird mit folgenden Kosten geplant:

Materialeinzelkosten 29 400,00 EUR, Materialgemeinkosten 12 %, Plankostenverrechnungssatz Fertigung 80,60 EUR, Sondereinzelkosten der Fertigung 2 200,00 EUR, Verwaltungs-gemeinkosten 14 %, Vertriebsgemeinkosten 6 %, Sondereinzelkosten des Vertriebs 850,00 EUR.

Aufgabe:

Berechnen Sie die Planselbstkosten des Auftrags!

Lösung:

Fertigungsmaterial	29 400,00 EUR	
+ 12 % MGK	3 528,00 EUR	
= Planmaterialkosten		32 928,00 EUR
Plan-Fertigungskosten 80,60 EUR · 600 Stück	48 360,00 EUR	
+ Sondereinzelkosten der Fertigung	2 200,00 EUR	50 560,00 EUR
= Plan-Herstellkosten		83 488,00 EUR
+ 14 % Verwaltungsgemeinkosten		11 688,32 EUR
+ 6 % Vertriebsgemeinkosten		5 009,28 EUR
+ Sondereinzelkosten des Vertriebs		850,00 EUR
= Planselbstkosten		101 035,60 EUR

273

18 Speth u.a. - ISBN 978-3-8120-0521-0

8.6 Sollkosten

Der Plankostenverrechnungssatz enthält fixe und variable Kosten. Zieht man den Plankostenverrechnungssatz bei unterschiedlichen Beschäftigungsgraden zur Berechnung der Plangemeinkosten heran, so wird unterstellt, dass die fixen Kosten proportional zur Beschäftigungsänderung steigen oder fallen.

> Verrechnete Plangemeinkosten = Plankostenverrechnungssatz · (Ist-)Beschäftigung

Die Annahme, dass die fixen Kosten proportional zur Beschäftigungsänderung verlaufen, ist falsch, da diese innerhalb bestimmter Kapazitätsgrenzen unverändert bleiben. Die Plangemeinkosten müssen daher bei unterschiedlichen Beschäftigungsgraden so berechnet werden, dass die **fixen Plangemeinkosten unverändert** bleiben und sich nur die **variablen Plangemeinkosten proportional** verändern. Diese Art der Berechnung berücksichtigen die **Sollkosten**. Die Sollkosten lassen sich mit folgender Gleichung berechnen:

$$\text{Sollkosten} = \frac{\text{variable Plangemeinkosten} \cdot \text{Istbeschäftigung}}{\text{Planbeschäftigung}} + \text{fixe Plangemeinkosten}$$

Über die Berechnung der Sollkosten werden die variablen Plangemeinkosten vom geplanten Beschäftigungsgrad auf den tatsächlichen Beschäftigungsgrad umgerechnet, wobei die fixen Plangemeinkosten in voller Höhe erhalten bleiben.

- Nur bei einer einzigen Beschäftigung – der **Basisplanbeschäftigung** – stimmen die bei der Kalkulation berücksichtigten Kosten **(verrechnete Plangemeinkosten)** mit den Kostenvorgaben der Kostenstelle **(Sollkosten)** überein.

- Ist die **tatsächliche Auslastung** der Kostenstelle (Istbeschäftigung) **geringer als die Basisplanbeschäftigung,** so liegen die verrechneten Plankosten **unter** den Sollkosten. Damit werden **zu wenig** fixe Kosten verrechnet.

- Ist die **tatsächliche Auslastung** der Kostenstelle **höher als die Basisplanbeschäftigung,** liegen die verrechneten Plankosten **über** den Sollkosten. Damit werden zu viele fixe Kosten verrechnet.

Fortsetzung des Beispiels von S. 273

Bei einer Planbeschäftigung von 420 Stunden/Monat betragen die variablen Plangemeinkosten 17 556,00 EUR und die fixen Plangemeinkosten 16 296,00 EUR. Der Plankostenverrechnungssatz beträgt 80,60 EUR.

Aufgabe:

Stellen Sie die verrechneten Plangemeinkosten und die Sollkosten grafisch dar und kennzeichnen Sie die zu viel bzw. zu wenig verrechneten Fixkosten!

Lösung:

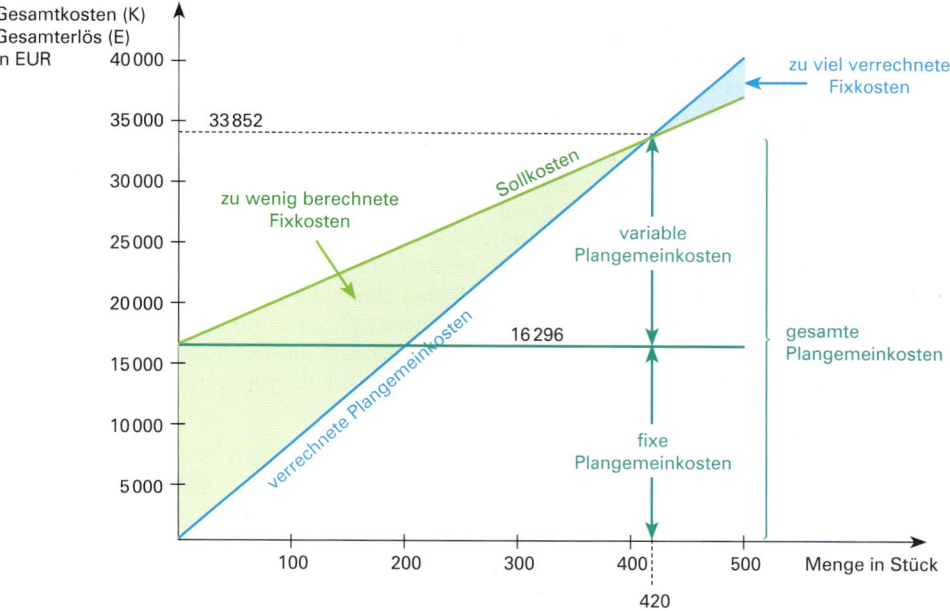

8.7 Soll-Ist-Kostenvergleich (Kostenkontrolle)

(1) Kostenabweichungen[1]

Abweichungen von den Kostenvorgaben können auftreten als Preisabweichungen, Verbrauchsabweichungen (Mengenabweichung) und Beschäftigungsabweichungen.

Preisabweichungen	Sie treten auf, wenn Planpreis und tatsächlich gezahlter Preis nicht übereinstimmen. Um Preisabweichungen aus dem Soll-Ist-Kostenvergleich fernzuhalten, werden den Istkosten der Abrechnungsperiode die **gleichen Verrechnungspreise** zugrunde gelegt wie den Sollkosten.
Beschäftigungs-abweichungen	Sie entstehen immer dann, wenn die Istbeschäftigung von der Planbeschäftigung abweicht. Durch den **Vergleich der verrechneten Plangemeinkosten** mit den **Sollkosten bei Istbeschäftigung** (siehe S. 276) lassen sich die Beschäftigungsabweichungen ermitteln und aus der Kostenkontrolle heraushalten.
Verbrauchs-abweichungen	Sie zeigen an, inwieweit die tatsächlich verbrauchte Gemeinkostengütermenge mit der geplanten Verbrauchsmenge übereinstimmt. Die in den Kostenstellen ausgewiesenen Verbrauchsabweichungen stellen den Maßstab für die Wirtschaftlichkeitskontrolle dar. Deshalb besteht der eigentliche Zweck der flexiblen Plankostenrechnung in der Ermittlung der Verbrauchsabweichungen. Ein Mehrverbrauch an Gemeinkostengütern ist von den Kostenstellenleitern zu verantworten.

---

1 Vgl. hierzu die Ausführungen auf S. 201 f.

275

(2) Berechnung der Beschäftigungs- und Verbrauchsabweichung

Beispiel:

In der Kostenstelle „Fräserei" der Metallwaren Willmuth GmbH wird die Basisplanbeschäftigung mit 7000 Stunden vorgegeben. Bei dieser Beschäftigung werden Gesamtkosten in Höhe von 21 000,00 EUR erwartet. Die Beurteilung dieser Kosten ergibt einen Fixkostenanteil von 7 000,00 EUR sowie einen Anteil variabler Kosten in Höhe von 14 000,00 EUR.

Bei der Aufstellung des BABs der Metallwaren Willmuth GmbH für den Monat Februar wurden die tatsächlichen Kosten (Istkosten) der Kostenstelle Fräserei mit 12 000,00 EUR ermittelt. Die Kostenstelle wurde im Abrechnungszeitraum 5 000 Stunden (Istbeschäftigung) beansprucht.

Aufgaben:

1. Berechnen Sie die Sollkostenfunktion!
2. Berechnen Sie die Gesamtabweichung der Istkosten von den verrechneten Plankosten!
3. Berechnen Sie die Sollkosten bei Istbeschäftigung!
4. Berechnen Sie die Beschäftigungsabweichung!
5. Berechnen und interpretieren Sie die Verbrauchsabweichung!

Lösungen:

Zu 1.: Die lineare Sollkostenfunktion in Abhängigkeit von der Beschäftigung lautet allgemein:

> Sollkosten der Beschäftigung i = variable Stückkosten · Beschäftigung i + Fixkosten

Im Beispiel ergeben sich variable Stückkosten in Höhe von 2,00 EUR/Stunde (14 000,00 EUR/7 000 Stunden). Somit lautet die Funktion der Sollkosten:

$$KS_{(i)} = 7000 + 2 \cdot i$$
$$KS_{(7000)} = 7000 + 14000$$
$$KS_{(7000)} = 21000 \text{ EUR}$$

Zu 2.: Um eine Kontrolle der Kostenstelle vornehmen zu können, muss zunächst einmal die **Gesamtabweichung** der **Istkosten** von den **verrechneten Plankosten** ermittelt werden:

verrechnete Plankosten bei Istbeschäftigung ($Kp_{(i)}$) (3,00 EUR/Std.[1] · 5 000 Std.)	15 000,00 EUR
− Istkosten lt. BAB ($K_{(i)}$)	12 000,00 EUR
= Gesamtabweichung (GA)	3 000,00 EUR

Diese positive Gesamtabweichung bedeutet eine Verbesserung des Betriebsergebnisses gegenüber den Planüberlegungen, da den Kostenträgern bei der Vorkalkulation mehr Kosten belastet wurden als tatsächlich angefallen sind.

Zu 3.: Die Gesamtabweichung kann nichts über das Verhalten der Kostenstelle aussagen, da noch die Beschäftigungsabweichung zu berücksichtigen ist. Dazu benötigen wir zusätzlich die **Sollkosten** bei **Istbeschäftigung ($KS_{(i)}$)**:

$$KS_{(i)} = KF + k_v \cdot i$$
$$KS_{(i)} = 7000,00 \text{ EUR} + 2,00 \text{ EUR/Std.} \cdot 5000 \text{ Std.}$$
$$KS_{(i)} = 17000,00 \text{ EUR}$$

Zu 4.: Wir erhalten die **Beschäftigungsabweichung**, indem wir die **Sollkosten bei Istbeschäftigung ($KS_{(i)}$)** von den bei der Istbeschäftigung **verrechneten Plankosten ($Kp_{(i)}$)** subtrahieren:

verrechnete Plankosten bei Istbeschäftigung ($Kp_{(i)}$)	15 000,00 EUR
− Sollkosten bei Istbeschäftigung ($KS_{(i)}$)	17 000,00 EUR
= Beschäftigungsabweichung (BA)	− 2 000,00 EUR

---

1 3,00 EUR/Std. = $\dfrac{21\,000,00 \text{ EUR}}{7\,000,00 \text{ EUR}}$

Diese negative Beschäftigungsabweichung sagt aus, dass wegen der Unterschreitung der Basisplanbeschäftigung Fixkosten in Höhe von 2 000,00 EUR bei der Kalkulation nicht berücksichtigt werden konnten. Diese Abweichung kann nicht dem Leiter der Kostenstelle angelastet werden.

Zu 5.: Der Kostenstellenleiter hat lediglich die **Verbrauchsabweichung** zu verantworten, die sich als Differenz zwischen den **Sollkosten bei Istbeschäftigung (KS$_{(i)}$)** und den **Istkosten lt. BAB (K$_{(i)}$)** ergibt:

	Sollkosten bei Istbeschäftigung (KS$_{(i)}$)	17 000,00 EUR
–	Istkosten lt. BAB (K$_{(i)}$)	12 000,00 EUR
=	Verbrauchsabweichung (VA)	5 000,00 EUR

Diese positive Verbrauchsabweichung besagt, dass die tatsächlich angefallenen Kosten unter den für die Kostenstelle geplanten Kosten liegen. Die Kostenstelle hat also durch verantwortlichen Verbrauch eine echte Kosteneinsparung erzielt. Mit anderen Worten, der Kostenstellenleiter hat sein vorgegebenes Kostenbudget um 5 000,00 EUR unterschritten.

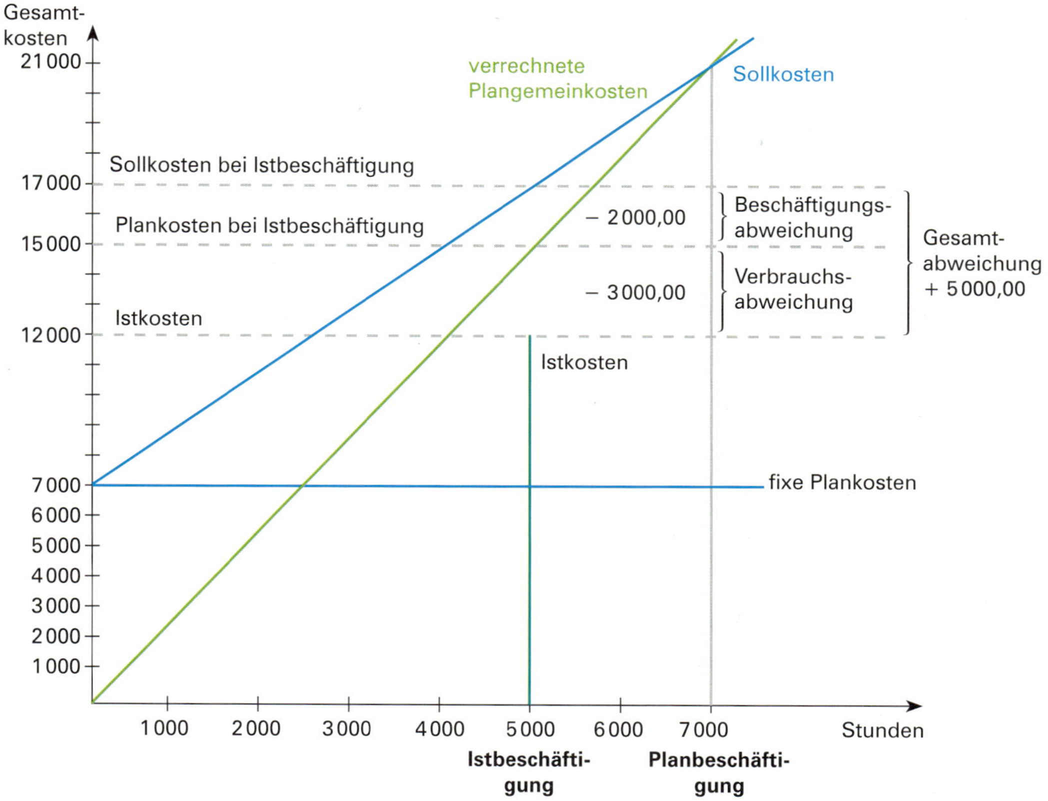

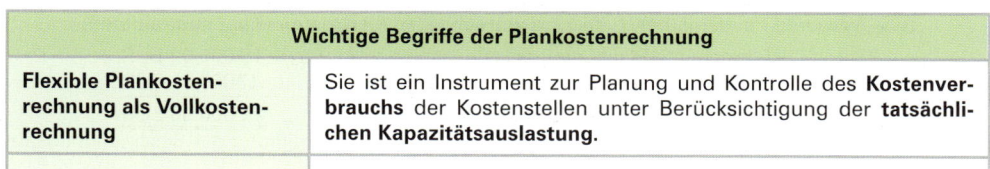

Wichtige Begriffe der Plankostenrechnung	
Flexible Plankostenrechnung als Vollkostenrechnung	Sie ist ein Instrument zur Planung und Kontrolle des **Kostenverbrauchs** der Kostenstellen unter Berücksichtigung der **tatsächlichen Kapazitätsauslastung.**

Basisplanbeschäftigung (Bpb):	Auslastung der Kostenstelle, die bei der Kostenplanung als Vorgabe angenommen wird.
Istbeschäftigung (i):	Tatsächliche Auslastung der Kostenstelle in einem Abrechnungszeitraum.
Sollkosten (KS):	Kostenvorgabe für unterschiedliche Beschäftigungsgrade auf der Basis einer linearen Kostenfunktion.
Plankostenverrechnungssatz (PkVs):	Faktor, mit dem der Beschäftigungsgrad zu multiplizieren ist, um die den Kostenträgern zuzurechnenden Kosten zu ermitteln.
verrechnete Plankosten (Kp)	Kosten, die im Rahmen der Vorkalkulation auf die Kostenträger umgelegt wurden.
Istkosten (K$_{(i)}$):	Kosten, die der Kostenstelle aufgrund des Betriebsabrechnungsbogens zuzurechnen sind.
Beschäftigungsabweichung (BA):	Differenz zwischen verrechneten Plankosten bei Istbeschäftigung und Sollkosten, die nicht vom Kostenstellenleiter zu vertreten ist. Sie gibt an, inwieweit die Fixkosten bei der Kalkulation berücksichtigt wurden.
positive BA:	≙ Überdeckung der Fixkosten
negative BA:	≙ Unterdeckung der Fixkosten
Verbrauchsabweichung (VA):	Differenz zwischen Sollkosten und Istkosten. Werden Preisabweichungen ausgeschlossen, so hat der Kostenstellenleiter diese Abweichung zu vertreten.
positive VA:	≙ tatsächliche Kosten liegen unter der Kostenvorgabe.
negative VA:	≙ tatsächliche Kosten liegen über der Kostenvorgabe.
Gesamtabweichung (GA):	Summe aus Beschäftigungs- und Verbrauchsabweichung oder Differenz zwischen verrechneten Plankosten bei Istbeschäftigung und Istkosten.
positive GA:	Betriebsergebnis ist höher als geplant, da den Kostenträgern mehr Kosten belastet wurden, als aufgrund der Betriebsabrechnung notwendig gewesen wäre.
negative GA:	Betriebsergebnis ist niedriger als geplant, da den Kostenträgern weniger Kosten belastet wurden, als aufgrund der Betriebsabrechnung notwendig gewesen wäre.

Übungsaufgaben

140 Stoffvertiefung Plankostenrechnung

1. Beschreiben Sie die Unterschiede zwischen der Plankostenrechnung und der Istkostenrechnung!

2. Stellen Sie dar, welche Aufgaben (Funktionen) der Plankostenrechnung im Rahmen des Rechnungswesens zugeschrieben werden können!

3. Erklären Sie, welche Arten von Kostenabweichungen der Kostenstellenleiter bei der Kontrolle der Istkosten mithilfe der Plankosten nicht zu verantworten hat!

4. Begründen Sie, warum auch im Bereich der Plankostenrechnung eine Aufteilung der Kosten in fixe und variable Kosten erforderlich ist!

5. Geben Sie die einzelnen Rechenschritte an, die bei der Ermittlung der Beschäftigungsabweichung vorzunehmen sind und erläutern Sie diese kurz!

6. Die Summe der variablen Plankosten wurde bei einer angenommenen Beschäftigung von 75 % mit 35 850,00 EUR errechnet.

   Die Istkosten betragen bei einer tatsächlichen Beschäftigung von 85 % 40 810,00 EUR.

   Aufgabe:

   Berechnen Sie die Kostenabweichung, für die der Kostenstellenleiter zur Verantwortung gezogen werden kann!

141 Ermittlung verschiedener Rechengrößen der Plankostenrechnung

1. Für die Kostenstelle Dreherei werden im Rahmen der Grundplanung für die Planbeschäftigung Plankosten in Höhe von 220 000,00 EUR vorgegeben, von denen 40 % fix sind. Bei einer Istbeschäftigung von 80 % der Planbeschäftigung fallen Kosten in Höhe von 192 200,00 EUR an.

   Aufgabe:

   Ermitteln Sie die Verbrauchsabweichung, die Beschäftigungsabweichung und die Gesamtabweichung!

2. Für die Kostenstelle Endmontage wird bei einer Basisplanbeschäftigung von 10 000 Produkteinheiten ein Plankostenverrechnungssatz von 3,00 EUR pro Produkteinheit ermittelt. Die fixen Kosten betragen 10 000,00 EUR. Die Istkosten belaufen sich bei einer Beschäftigung von 9 000 Produkteinheiten auf 29 000,00 EUR.

   Aufgabe:

   Ermitteln Sie die Verbrauchsabweichung, die Beschäftigungsabweichung und die Gesamtabweichung!

3. In einer Fabrik für Labormöbel wird ein Abflussrohr nach folgenden Planvorgaben kalkuliert:

   Fertigungsmaterial I   4,72 kg Verrechnungspreis   4,30 EUR/kg
   Fertigungsmaterial II   1,70 kg Verrechnungspreis 12,80 EUR/kg

   Materialgemeinkosten 8 %

   Fertigungsstelle I   0,50 Std./Stück, Plankostenverrechnungssatz 24,60 EUR
   Fertigungsstelle II   0,80 Std./Stück, Plankostenverrechnungssatz 17,70 EUR

   Verwaltungsgemeinkosten 12 %, Vertriebsgemeinkosten 18 %.

   Aufgabe:

   Berechnen Sie die Planselbstkosten für ein Abflussrohr!

4. In der Kostenstelle „Zuschneiden" mit drei gleichen Zuschneidemaschinen wurden bei einer Beschäftigung von 3 600 Stunden/Monat und 6 000 zugeschnittenen Metallteilen folgende Istkosten ermittelt:

Kostenart	Gesamtkosten	variable Kosten	fixe Kosten
Fertigungsmaterial	144 000,00 EUR	144 000,00 EUR	–
Gemeinkostenmaterial	55 200,00 EUR	36 000,00 EUR	19 200,00 EUR
Energie	38 400,00 EUR	28 800,00 EUR	9 600,00 EUR
Fertigungslöhne	220 800,00 EUR	220 800,00 EUR	–
Hilfslöhne	45 600,00 EUR	9 600,00 EUR	36 000,00 EUR
Soziale Abgaben	50 400,00 EUR	36 000,00 EUR	14 400,00 EUR
Abschreibungen	160 800,00 EUR	19 200,00 EUR	141 600,00 EUR
Sonstige Gemeinkosten	88 800,00 EUR	58 800,00 EUR	30 000,00 EUR

   Aufgaben:

   4.1 Bestimmen Sie die gesamten Plangemeinkosten bei einer Planbeschäftigung von 4 320 Stunden/Monat!

4.2 Berechnen Sie den Plankostenverrechnungssatz!

4.3 Berechnen Sie die Planselbstkosten für eine Zuschneideeinheit, wenn 8 % Material-gemeinkosten anfallen, die Produktionsdauer 0,2 Stunden/Einheit beträgt und 28 % Verwaltungs- und Vertriebskosten anfallen!

5. Bei der Grundplanung für eine Fertigungsstelle wird ermittelt, dass die Plankosten bei 100 % iger Kapazitätsauslastung von 8000 Maschinenstunden im Monat 50000,00 EUR betragen, davon sind 38000,00 EUR variable Kosten. Die Basisplanbeschäftigung wird für alternative Berechnungen mit 70 % Kapazitätsauslastung angesetzt. Die effektive Maschinenauslastung der Fertigungsstelle beträgt 6400 Maschinenstunden, die Istkosten belaufen sich dabei auf 40000,00 EUR.

Aufgabe:

Berechnen Sie die verrechneten Plankosten bei Istbeschäftigung, die Sollkosten bei Istbeschäftigung, die Beschäftigungsabweichung und die Verbrauchsabweichung!

6. Für eine Kostenstelle werden bei einer Basisplanbeschäftigung von 360 Einheiten Plankosten in Höhe von 41400,00 EUR, davon 23400,00 EUR variable Kosten, vorgegeben. Die tatsächliche Beschäftigung beträgt 300 Einheiten. Dabei werden 38000,00 EUR Kosten verbraucht.

Aufgabe:

Ermitteln Sie für diese Kostenstelle: die Verbrauchsabweichung, die Beschäftigungsabweichung und die Gesamtabweichung!

7. In einer Kostenstelle betragen die gesamten Plankosten für die Basisplanbeschäftigung 21000,00 EUR. Darin sind 7500,00 EUR Fixkosten enthalten. Die variablen Stückkosten betragen 9,00 EUR pro Einheit.

Aufgaben:

7.1 Ermitteln Sie die Basisplanbeschäftigung!

7.2 Tatsächlich wurde eine Beschäftigung von 1100 Stück erreicht. Dabei wurden 17845,00 EUR Kosten verbraucht. Errechnen und interpretieren Sie:

    7.2.1 die Verbrauchsabweichung,

    7.2.2 die Beschäftigungsabweichung!

9 Prozesskostenrechnung

9.1 Gründe für die Entwicklung der Prozesskostenrechnung[1]

9.1.1 Mängel der klassischen Vollkostenrechnung

Die Vollkostenrechnung ist darauf ausgerichtet, die Kosten des **direkten Leistungsbereiches** (z. B. Teilefertigung, Montage) zu erfassen. Sie stellt die Erfassung der Einzelkosten in den Mittelpunkt und ordnet ihnen die Gemeinkosten zu. Dies ist so lange richtig, wie der Anteil der Einzelkosten an den Gesamtkosten überwiegt.

Die gegenwärtige Situation in den Industriebetrieben ist jedoch vor allem dadurch geprägt, dass

- der Dienstleistungsbereich zulasten der Sachgüterproduktion ansteigt,
- die Fertigungstiefe abnimmt (Outsourcing),
- der Automatisierungsgrad ansteigt sowie
- die Anzahl der Produktvarianten größer wird, um differenzierte Kundenwünsche zu befriedigen.

Die Folge dieser Entwicklung ist, dass die Anforderungen an die **indirekten Leistungsbereiche** (z. B. Forschung und Entwicklung, Beschaffung, Produktionsplanung und -steuerung, Logistik, Qualitätssicherung, Auftragsabwicklung, Softwareentwicklung, Versand, Rechnungswesen u. a.) ansteigen.

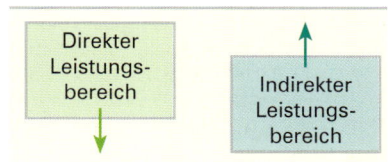

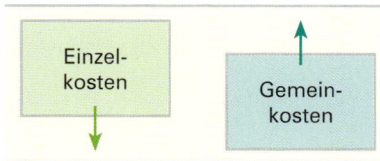

Daraus resultiert eine **Verschiebung in der Kostenstruktur**. Der **Anteil der Gemeinkosten** an den Gesamtkosten **steigt an,** der **Anteil der Einzelkosten** an den Gesamtkosten **sinkt**. In dieser Situation gewinnt das Problem einer **verursachungsgerechten Zurechnung der Gemeinkosten** an Bedeutung.

Beispiel:

Die Zuschlagskalkulation der Vollkostenrechnung, bei der die Gemeinkosten über die in den Kostenstellen ermittelten Zuschlagssätze verrechnet werden, wird dem Bedürfnis der Transparenz und dem Verursachungsprinzip nicht gerecht. Diese Berechnungen sind relativ grob, weil zwischen den Gemeinkosten und der gewählten Zuschlagsgrundlage oft keine Proportionalität nachweisbar ist. Im Allgemeinen hängen die Gemeinkosten auch nicht von einer, sondern von mehreren Zuschlagsgrundlagen ab. Die berechtigte Kritik an diesem Verrechnungssystem kann durch folgenden Fall verdeutlicht werden:

Der ermittelte Zuschlagssatz für die Materialgemeinkosten beträgt 10 Prozent. Für einen bestimmten Auftrag wird Material der Qualität C im Wert von 2 000,00 EUR verwendet. Der Gemeinkostenzuschlag beträgt in diesem Fall 200,00 EUR.

---

1 **Hinweis:** Die Prozesskostenrechnung ist nicht mehr prüfungsrelevant (AkA/IHK-Prüfungs-News Nr. 2/09).
Die Ausführungen lehnen sich an die folgende Literatur an:
Steger, J.: Kosten- und Leistungsrechnung, 3. Aufl., Oldenbourg Wissenschaftsverlag GmbH.
Burger, A.: Kostenmanagement, 3. Aufl., Oldenbourg Wissenschaftsverlag GmbH.

> Für einen vergleichbaren Auftrag wird die gleiche Art und die gleiche Menge an Material benötigt, nur von der Qualität A mit einem Preis von 5 000,00 EUR. Der Gemeinkostenzuschlag beträgt dann 500,00 EUR.

Da anzunehmen ist, dass aufgrund der gleichen Tätigkeiten gleich hohe Gemeinkosten anfallen, erkennt man die Fragwürdigkeit dieses Verrechnungssystems.

9.1.2 Ziele der Prozesskostenrechnung

Das **Generalziel** der prozessorientierten Kostenrechnung lautet, die Mängel der traditionellen Zuschlagskalkulation hinsichtlich der Behandlung der Gemeinkosten zu beheben. Dieses Ziel versucht die Prozesskostenrechnung dadurch zu erreichen, dass sie anstelle der Einzelkosten **Prozesse**[1] **als Zuschlagsgrundlage für eine verursachungsgerechte Zuordnung der Gemeinkosten heranzieht.** Die Prozesskostenrechnung unterstellt dabei, dass Prozesse die Ursachen für die Entstehung der Gemeinkosten in den einzelnen Unternehmensbereichen (insbesondere den **indirekten Leistungsbereichen**) besser abbildet.

> **Prozesse** als Zuschlagsgrundlage
> für Gemeinkosten
> **statt**
> **Einzelkosten**

Wichtige **Einzelziele** der Prozesskostenrechnung sind, dass es durch die Zuordnung der Gemeinkosten auf Prozesse zu einer **Erhöhung der Kostentransparenz** in den indirekten Leistungsbereichen kommt und damit zu einer **besseren (effizienteren) Planung und Kontrolle der Gemeinkosten.** Zudem wird erreicht, dass die Gemeinkosten verursachungsgerecht auf die Kostenträger verrechnet werden können (**verursachungsgerechte Produktkalkulation**).

Die Verrechnung der Einzel- und Gemeinkosten auf die Kostenträger in der Prozesskostenrechnung zeigt die nachfolgende Grafik.

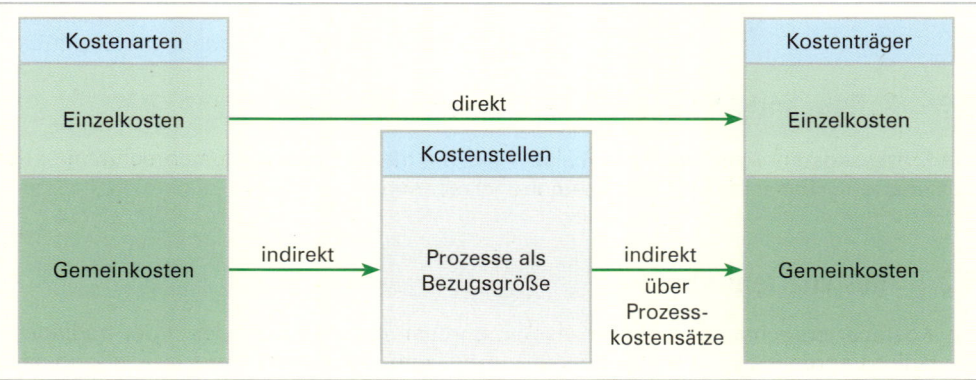

---

1 **Zur Erinnerung:**
   Geschäftsprozesse bestehen aus einer **zusammenhängenden, abgeschlossenen Folge von Tätigkeiten,** die zur **Erfüllung einer betrieblichen Aufgabe** notwendig sind und den **Kunden einen Nutzen liefern.**
   Geschäftsprozesse werden nur für sich **wiederholende betriebliche Abläufe** beschrieben (modelliert).

9.1.3 Zusammenhang zwischen der Vollkostenrechnung und der Prozesskostenrechnung

Die Prozesskostenrechnung erfasst alle im Unternehmen anfallende Kosten und ist somit eine **Vollkostenrechnung**. Sie wird für die **indirekten Leistungsbereiche** herangezogen, sofern dort **hohe Gemeinkosten** anfallen. Für den **eigentlichen Fertigungsbereich** wird weiterhin die **traditionelle Vollkostenrechnung** mit der Verrechnung der Gemeinkosten über Zuschlagssätze (bezogen auf die Einzelkosten) herangezogen. Die Prozesskostenrechnung stellt im **Industriebetrieb** eine **Ergänzung** und **Verfeinerung** der traditionellen Vollkostenrechnung dar.

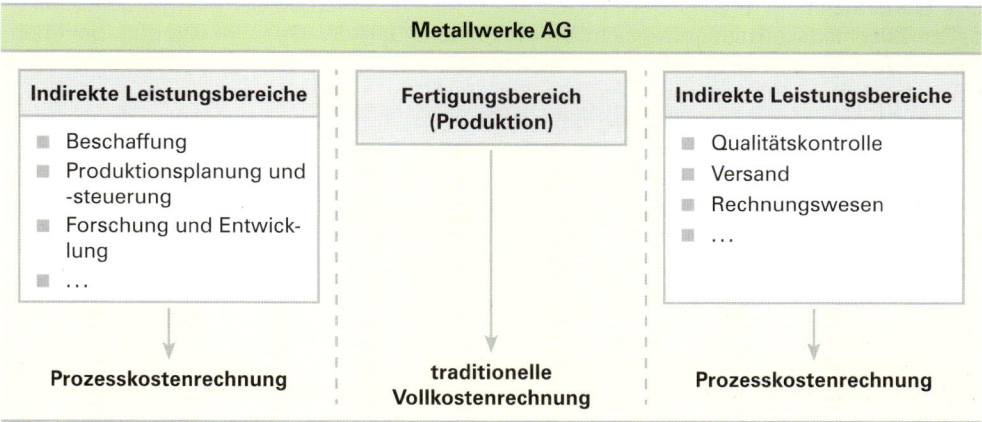

Die **Prozesskostenrechnung** ist eine **Vollkostenrechnung**, die **Geschäftsprozesse** als Bezugsgrundlage für eine verursachungsgerechte **Verrechnung der Gemeinkostenanteile** in den **indirekten Leistungsbereichen** des Unternehmens heranzieht.

9.2 Aufbau und Ablauf der Prozesskostenrechnung

Die Prozesskostenrechnung bedient sich – wie die traditionelle Vollkostenrechnung – der Kostenarten-, Kostenstellen- und Kostenträgerrechnung.

9.2.1 Kostenartenrechnung

Die Kostenartenrechnung in der Prozesskostenrechnung entspricht der in der traditionellen Vollkostenrechnung, d. h., die Kosten werden zunächst erfasst und anschließend nach ihrer Zurechenbarkeit auf Kostenträger in **Einzel-** und **Gemeinkosten** untergliedert.

9.2.2 Kostenstellenrechnung

9.2.2.1 Analyse der Tätigkeiten (Aktivitäten) in einer Kostenstelle

Die Prozesskostenrechnung geht davon aus, dass die in den Kostenstellen ausgeübten **Tätigkeiten (Aktivitäten)** die **Gemeinkosten verursachen**. Die Analyse und Gliederung dieser Tätigkeiten in den einzelnen Kostenstellen **(Tätigkeitsanalyse)** soll zum einen **sämtliche Tätigkeiten** in der Kostenstelle erfassen und zum anderen eventuell vorhandene **kostenstellenübergreifende Arbeitsabläufe** aufzeigen. Die Tätigkeiten sind zu beschreiben und der **Zeitbedarf je Tätigkeit** festzuhalten. Außerdem muss die **Zahl der Tätigkeiten,** die pro Periode (z. B. pro Quartal) anfallen, festgestellt werden.

Beispiel:

Tätigkeitsanalyse für die Kostenstelle 2212 Einkauf Rohstoffe

Nr.	Tätigkeit	Zeitbedarf (Min./Tätigkeit)	Menge pro Quartal
1	Entscheidung treffen, Angebote einzuholen	20	2 100
2	Anfrage schreiben und kontrollieren	20	1 680
3	Anfrage ausdrucken, ablegen	8	1 680
4	Anfrage absenden	45	1 680
5	Eingehende Angebote prüfen	160	1 500
6	Angebotsvergleich durchführen	220	1 500
7	Entscheidung für die Annahme eines Angebots treffen	120	1 500
8	Angebote ablegen	10	1 500
9	...	...	...

Tätigkeiten (Aktivitäten) sind Vorgänge, die zu einer **betrieblichen Leistung** führen und **Kosten verursachen.** Sie müssen abgrenzbar, homogen, wiederholbar (repetitiv[1]) und ihr Zeitbedarf muss messbar sein.

9.2.2.2 Bildung von Teilprozessen

Die Tätigkeiten in einer Kostenstelle sind in der Regel heterogen.[2] Die zusammenhängenden Tätigkeiten innerhalb einer Kostenstelle, die zu einem **gemeinsamen Arbeitsablauf** gehören, zu einem **gemeinsamen Arbeitsergebnis** führen und für die eine **gemeinsame Bezugsgrundlage (Kostentreiber[3])** verwendet werden kann, werden zu **Teilprozessen** zusammengefasst.

---

1 **Repetieren:** wiederholen.

2 **Heterogen:** ungleichartig.

3 Siehe S. 286 f.

Beispiel:

Teilprozesse für die Kostenstelle 2212 Einkauf Rohstoffe

Nr.	Tätigkeit	Teilprozesse
1	Entscheidung treffen, Angebote einzuholen	
2	Anfrage schreiben und kontrollieren	Angebote einholen
3	Anfrage ausdrucken, ablegen	
4	Anfrage absenden	
5	Eingehende Angebote prüfen	
6	Angebotsvergleich durchführen	Angebote bearbeiten
7	Entscheidung über Annahme eines Angebots treffen	
8	Angebote ablegen	
9	…	

Ein **Teilprozess** umfasst die Summe der Tätigkeiten, die zu einem **gemeinsamen Arbeitsablauf** gehören, zu einem **gemeinsamen Arbeitsergebnis** führen und eine **gemeinsame Bezugsgrundlage (Kostentreiber)** haben.

9.2.2.3 Zusammenführung (Verdichtung) von Teilprozessen zu Hauptprozessen

In den Kostenstellen erfolgen Teilprozesse. Kostenstellenübergreifende Teilprozesse, die zu einem **gemeinsamen Arbeitsablauf** gehören, zu einem **gemeinsamen Arbeitsergebnis** führen und für die eine **gemeinsame Bezugsgrundlage (Kostentreiber)** verwendet werden kann, werden zu **Hauptprozessen** zusammengefasst.

Beispiel:

Zusammenhang zwischen Hauptprozessen, Teilprozessen und ausführenden Kostenstellen:

Hauptprozess 20: Beschaffung Fertigungsmaterial

Teilprozesse	Kostenstellen
Angebot einholen Angebot bearbeiten Bestellung aufgeben Vertragsabschluss Reklamationen Lieferantenpflege Besprechungen durchführen Einkauf leiten	2212 Einkauf Rohstoffe
Materiallieferung entgegennehmen Materialprüfung Material an Materiallager weiterleiten	2214 Materialannahme
Fertigungsmaterial einlagern	2232 Lager

Quelle: Steger, J.: Kosten- und Leistungsrechnung, 3. Aufl., S. 542.

285

Ein **Hauptprozess** umfasst die **Summe der Teilprozesse** aus **verschiedenen Kostenstellen,** die zu einem **gemeinsamen Arbeitsablauf** gehören, zu einem **gemeinsamen Arbeitsergebnis** führen und eine **gemeinsame Bezugsgrundlage (Kostentreiber)** haben.

9.2.2.4 Festlegung von Kostentreibern (cost driver)

(1) Begriff und Aufgaben von Kostentreibern

- **Kostentreiber** sind **prozessbezogene Maßgrößen (Bezugsgrundlagen),** die für jeden einzelnen Teilprozess bestimmt werden.

- Inhaltlich sind Kostentreiber **Mengengrößen** (z. B. Zahl der Produktänderungen, der Varianten, der Teilenummern, der Versandaufträge, der Arbeitsplanschritte) oder **Zeitgrößen** (z. B. die Dauer von Einlagerungen oder einer Instandhaltung).

Die Kostentreiber haben zwei Aufgaben zu erfüllen. Sie sollen Maßstab sein für die

- **Kostenverursachung:** Voraussetzung hierfür ist, dass zwischen der Höhe der Kosten und der Zunahme bzw. Abnahme des Kostentreibers eine Abhängigkeitsbeziehung besteht. Im Idealfall ist die Beziehung zwischen Kostentreiber und Kosten proportional.

- **Kostenzurechnung auf Kostenträger:** Man möchte wissen, wie viele Einheiten des Kostentreibers für ein konkretes Kalkulationsprojekt anfallen. Dementsprechend erhält es dann Kosten zugerechnet.

(2) Bestimmung der Kostentreiber

■ Überblick

Die Prozesskostenrechnung geht von der Abhängigkeit der Kosten von messbaren Leistungseinheiten aus. Nun gibt es aber in einem Unternehmen auch kostenverursachende Leistungen, die nicht durch Maßgrößen erfassbar sind. Man denke z. B. an Leitungsfunktionen, an die Ausbildung von Personal usw. Daher sind zu unterscheiden:

Leistungsmengen-induzierte (lmi) Prozesse[1]	■ Sie bestehen aus Tätigkeiten (z. B. Anzahl der Anfragen, Anzahl der eingehenden Angebote prüfen) und Teilprozessen (z. B. Angebote einholen, Angebote bearbeiten), die sich wiederholen.
	■ Für diese Prozesse gibt es Maßgrößen, die vom Unternehmen beeinflusst werden können.
Leistungsmengen-neutrale (lmn) Prozesse	■ Sie bestehen aus Tätigkeiten, die generell anfallen und nicht von einer Leistungsmenge abhängen.
	■ Für diese Prozesse gibt es keine Maßgröße zur Erfassung ihrer Kosten.

---

1 **Induzieren:** herleiten, veranlassen, auslösen.

■ Leistungsmengeninduzierte (lmi) Prozesse

- **Leistungsmengeninduzierte Prozesse (lmi-Prozesse)** hängen von dem zu erbringenden **Leistungsumfang** ab. Ihnen kann ein Kostentreiber zugeordnet werden.
- Die **Höhe der Prozesskosten steigt** oder **sinkt** mit der **Zahl der durchgeführten Prozesse**.

Für leistungsmengeninduzierte Prozesse müssen geeignete **Bezugsgrößen (Kostentreiber)** zur Quantifizierung der Prozesse gefunden werden. Kostentreiber treten somit an die Stelle der in der Zuschlagskalkulation verwendeten Bezugsgrößen, z. B. an die Stelle der Materialeinzelkosten, der Fertigungslöhne oder der Herstellkosten. Die Kostentreiber sind so auszuwählen, dass ein direkter Zusammenhang zwischen den Kosten und der Prozessmenge besteht. Kostenänderungen sollen danach möglichst proportional zu den Leistungsänderungen verlaufen.

Beispiel:

Kostenstelle: 2212 Einkauf Rohstoffe	
Teilprozesse	Kostentreiber (Bezugsgrundlage) Anzahl der ...
Angebot einholen	Anfragen
Angebot bearbeiten	Angebote
Bestellung aufgeben	Bestellungen
Vertragsabschluss	Einzelverträge
Reklamationen	Reklamationen
Lieferantenpflege	Lieferanten

■ Leistungsmengenneutrale (lmn) Prozesse

- **Leistungsmengenneutrale Prozesse (lmn-Prozesse)** sind **unabhängig** von dem zu **erbringenden Leistungsumfang.** Es gibt keine Kostentreiber.
- Die **Höhe der Prozesskosten** ist **unabhängig** von der **Zahl der durchgeführten Prozesse.**

Leistungsmengenneutrale Prozesse unterstützen die leistungsmengeninduzierten Prozesse. Es handelt sich insbesondere um dispositive, innovative und kreative Prozesse, die unregelmäßig anfallen (nicht repetitive Tätigkeiten).

Beispiele für Aktivitäten:

Abteilungen leiten, Besprechungen durchführen, Teilnahme an Qualitätszirkeln, Personal fortbilden.

(3) Bestimmung der Prozessmenge (Kostentreibermenge)

Nach der Bestimmung der Kostentreiber gilt es nun, die Prozessmengen – für alle **leistungsmengeninduzierten (lmi) Prozesse** – festzulegen.[1] Die Prozessmengen (Kostentreibermengen) dienen als Grundlage für die **Berechnung der Kosten eines jeden Prozesses.**

---

1 Die **leistungsmengenneutralen (lmn) Prozesse** bleiben unberücksichtigt, da ihr Leistungsvolumen nicht messbar ist.

Die **Prozessmenge (Kostentreibermenge)** ist die Häufigkeit, mit der ein Prozess in einer Periode durchgeführt wird.

Bei der **Vorkalkulation (Angebotskalkulation)** wird die **Anzahl der geplanten Teilprozesse (Planprozessmengen)** festgelegt, bei der **Nachkalkulation** wird die Anzahl der **tatsächlich angefallenen Teilprozesse** gezählt **(Istprozessmenge)**.

Beispiel:		
Kostenstelle: 2212 Einkauf Rohstoffe		
Teilprozesse	Kostentreiber (Bezugsgrundlage) Anzahl der ...	Teilprozessmengen
Angebot einholen	Anfragen	1 680
Angebot bearbeiten	Angebote	1 500
Bestellung aufgeben	Bestellungen	1 200
Vertragsabschluss	Einzelverträge	150
Reklamationen	Reklamationen	600
Lieferantenpflege	Lieferanten	300
Besprechungen/Einkauf leiten	–	–

(4) Verfahren zur Planung der Prozesskosten

Auf der Basis der Teilprozessmengen lassen sich die Gemeinkosten, die bei der Durchführung der leistungsmengeninduzierten (lmi) Prozesse verursacht werden, ermitteln. Die Teilprozesskosten werden in der Praxis nach dem analytischen Planungsverfahren oder nach dem retrograden Planungsverfahren erfasst.

Analytisches Planungsverfahren	Hier werden die Teilprozesskosten durch eine Kostenanalyse aufgrund technischer und betriebswirtschaftlicher Untersuchungen erfasst. Wichtige Kostenarten (z. B. Personalkosten, Maschinenkosten) werden **direkt pro Teilprozess** ermittelt, die übrigen Gemeinkosten (z. B. Energiekosten, Raumkosten, Kommunikationskosten) werden **pauschal** erfasst und mithilfe von **Verteilungsschlüsseln** auf die **Teilprozesse umgelegt.**
	Das Erfassen der Teilprozesskosten in Form des analytischen Verfahrens ist sehr zeitaufwendig und teuer. Es wird daher in der Praxis kaum angewandt.[1]
Retrogrades Planungsverfahren	Hier werden die Teilprozesskosten über die **Vorgabe eines Kostenbudgets** für jede einzelne Kostenstelle ermittelt **(Kostenstellenbudget).** In das Kostenstellenbudget werden alle Beträge eingestellt, die zur Deckung der Kosten in der Planungsperiode vorgesehen sind. Die eingestellten Beträge werden dabei auf die einzelnen Teilprozesse entsprechend der **eingeplanten Mitarbeiter** und deren **Jahresarbeitszeit (Mannjahr, Mitarbeiterjahr)** aufgeteilt.
	Außer dieser Kostenvorgabe muss für jeden Teilprozess noch die Dauer angegeben werden, die für die einmalige Durchführung des jeweiligen Teilprozesses erforderlich ist **(Vorgabezeit),** sowie die **Menge** der geplanten Teilprozesse.

---

1 Im Folgenden wird auf das analytische Planungsverfahren nicht eingegangen.

(5) Verteilung des Kostenstellenbudgets auf die einzelnen Teilprozesse nach dem retrograden Planungsverfahren

Beispiel (Fortsetzung von S. 288):

Für die Kostenstelle 2212 Einkauf Rohstoffe mit einer hohen Bestellhäufigkeit wird ein Jahreskostenstellenbudget von 960 000,00 EUR vorgegeben. In der Kostenstelle sind 10 Mitarbeiter beschäftigt. Die Arbeitszeit je Mitarbeiter beträgt pro Jahr 1 600 Stunden. Die Vorgabezeiten sind der Tabelle zu entnehmen.

Aufgabe:

Berechnen Sie die Imi- und die Imn-Prozesskosten!

Teilprozesse	Vorgabezeit (Std.) je Kostentreiber
Angebot einholen	1,67
Angebot bearbeiten	4,53
Bestellung aufgeben	2,75
Vertragsabschluss	2,67
Reklamationen	1,67
Lieferantenpflege	2,00
Besprechungen/ Einkauf leiten	1 105

Lösung:

Für die Kostenstelle 2212 Einkauf Rohstoffe ergeben sich bei Aufteilung des Kostenstellenbudgets auf die einzelnen Teilprozesse entsprechend der Mannjahre folgende Prozesskosten:

Teilprozesse	Kostentreiber (Bezugsgrundlage) Anzahl der ...	Teilprozessmengen	Vorgabezeit (Std.)	Mannjahre	Imi-Prozesskosten in EUR	Imn-Prozesskosten in EUR
Angebot einholen	Anfragen	1 680	1,67	1,75	168 000,00	
Angebot bearbeiten	Angebote	1 500	4,53	4,25	408 000,00	
Bestellung aufgeben	Bestellungen	1 200	2,75	2,06	197 760,00	
Vertragsabschluss	Einzelverträge	150	2,67	0,25	24 000,00	
Reklamationen	Reklamationen	600	1,67	0,626	60 120,00	
Lieferantenpflege	Lieferanten	300	2,00	0,375	36 000,00	
Besprechungen/ Einkauf leiten	–	–	1 105	0,689		66 120,00
Summe				10,0	893 880,00	66 120,00

$$= 960\,000{,}00$$

Erläuterungen am Beispiel des Teilprozesses „Angebot einholen":

$$\text{Kostenstellenbudget je Mitarbeiter} = \frac{960\,000 \text{ EUR}}{10 \text{ Mitarbeiter}} = 96\,000{,}00 \text{ EUR/Mitarbeiter}$$

$$\text{Mannjahre für den Teilprozess} = \frac{1{,}67 \text{ Std.} \cdot 1\,680 \text{ Anfragen}}{1\,600 \text{ Stunden/Jahr}} = 1{,}75 \text{ Mannjahre}$$

$$\text{Imi-Prozesskosten} = 1{,}75 \text{ Mannjahre} \cdot 96\,000{,}00 \text{ EUR}$$

$$= 168\,000{,}00 \text{ EUR}$$

- Beim **retrograden Planungsverfahren** werden die Teilprozesskosten über die Vorgabe eines **Kostenbudgets** für jede einzelne Kostenstelle ermittelt.
- Die in das Kostenstellenbudget eingestellten Beträge werden auf die einzelnen Teilprozesse entsprechend der **Mitarbeiterzahl** und deren **Jahresarbeitszeit (Mannjahr, Mitarbeiterjahr)** aufgeteilt.

19 Speth u.a. - ISBN 978-3-8120-0521-0

Für die **Berechnung der Mitarbeiterjahre** gilt folgende Formel:

$$\text{Mitarbeiterjahre} = \frac{\text{Vorgabezeit} \cdot \text{Teilprozessmenge pro Jahr}}{\text{Jahresarbeitszeit pro Mitarbeiter}}$$

9.2.2.5 Ermittlung der Teilprozesskostensätze innerhalb einer Kostenstelle

Der **Teilprozesskostensatz** drückt die Kosten je Teilprozess aus. Er zeigt die Kosten je Durchführung eines Teilprozesses.

Entsprechend der Art des Teilprozesses ermittelt man **Teilprozesskostensätze** für Imi-Prozesse und **Umlagesätze** für Imn-Prozesse.

■ Ermittlung des Imi-Teilprozesskostensatzes

Der Imi-Teilprozesskostensatz wird ermittelt, indem man die leistungsmengeninduzierten (Imi) Teilprozesskosten (die in einer Periode für den Teilprozess anfallenden Kosten) durch die Teilprozessmenge (Anzahl der Kostentreiberausprägungen in einer Periode) dividiert.

$$\text{Teilprozesskostensatz für Imi-Prozesse} = \frac{\text{Imi-Teilprozesskosten}}{\text{Teilprozessmenge}}$$

Der **Imi-Teilprozesskostensatz** gibt die Kosten für die einmalige Abwicklung des betreffenden Imi-Teilprozesses an.

■ Ermittlung des Imn-Umlagesatzes

Für die leistungsmengenneutralen (Imn) Prozesse fehlt eine Bezugsgröße (Kostentreiber). Sie werden daher wie bei der Gemeinkostenverrechnung in der Zuschlagskalkulation mit einem Zuschlagssatz auf die Kostenträger verrechnet. Hierfür werden die Kosten der Imn-Prozesse proportional zum Verhältnis der Kosten der Imi-Prozesse umgelegt.

$$\text{Umlagesatz für Imn-Prozesse} = \frac{\text{Imn-Teilprozesskosten}}{\text{Imi-Teilprozesskosten}} \cdot \text{Teilprozesskostensatz}$$

Der **Imn-Umlagesatz** gibt an, in welcher Höhe Imn-Kosten dem jeweiligen Imi-Teilprozess bei dessen einmaliger Abwicklung zugerechnet werden müssen.

■ Ermittlung des Prozesskostensatzes eines Teilprozesses

Der Prozesskostensatz (Gesamtprozesskostensatz) eines Teilprozesses in EUR ergibt sich aus der Addition des Teilprozesskostensatzes und des Umlagesatzes.

$$\text{Prozesskostensatz eines Teilprozesses} = \text{Imi-Teilprozesskostensatz} + \text{Imn-Umlagesatz}$$

Der **Teilprozesskostensatz** gibt die Kosten für die einmalige Abwicklung eines Teilprozesses an.

Beispiel:

Kostenstelle: 2212 Einkauf Rohstoffe

Teilprozesse	Kostentreiber (Bezugsgrundlage) Anzahl der ...	Teil-prozess-mengen	Teilprozesskosten EUR		Teil-prozess-kostensatz EUR	Umlage-satz EUR	Gesamter Prozess-kostensatz
			Imi	Imn			
Angebot einholen	Anfragen	1 680	168 000,00		100,00 [1]	7,40 [2]	107,40 [3]
Angebot bearbeiten	Angebote	1 500	408 000,00		272,00	20,12	292,12
Bestellung aufgeben	Bestellungen	1 200	197 760,00		164,80	12,19	176,99
Vertragsabschluss	Einzelverträge	150	24 000,00		160,00	11,84	171,84
Reklamationen	Reklamationen	600	60 120,00		100,20	7,41	107,61
Lieferantenpflege	Lieferanten	300	36 000,00		120,00	8,88	128,88
Besprechungen/ Einkauf leiten	–			66 120,00	–	–	–
Gesamt			893 880,00	66 120,00			

Erläuterungen:

[1] **Berechnung des Teilprozesskostensatzes „Angebot einholen"**

$$\text{Teilprozesskostensatz} = \frac{168\,000\ \text{EUR}}{1\,680\ \text{Anfragen}} = \underline{100{,}00\ \text{EUR/Anfrage}}$$

[2] **Imn-Umlagesatz des Teilprozesses „Angebot einholen"**

$$\text{Imn-Umlagesatz} = \frac{66\,120{,}00\ \text{EUR}}{893\,880{,}00\ \text{EUR}} \cdot 100{,}00\ \text{EUR} = \underline{7{,}40\ \text{EUR/Anfrage}}$$

[3] **Gesamter Prozesskostensatz für den Teilprozess „Angebot einholen"**

$$\text{Prozesskostensatz} = 100{,}00\ \text{EUR} + 7{,}40\ \text{EUR} = \underline{107{,}40\ \text{EUR/Anfrage}}$$

9.2.2.6 Ermittlung des Hauptprozesskostensatzes

Die Kosten je Teilprozess werden auf die Hauptprozesse verrechnet, indem die einzelnen Teilprozesse je Hauptprozess mit dem Teilprozesskostensatz multipliziert werden. Die Summe aus den Teilprozesskosten ergibt dann die **Prozesskosten des Hauptprozesses.** Dividiert man die Prozesskosten eines Hauptprozesses durch die **Prozessmenge eines Hauptprozesses,** so erhält man den **Prozesskostensatz eines Hauptprozesses.**

$$\text{Prozesskostensatz eines Hauptprozesses} = \frac{\text{Prozesskosten eines Hauptprozesses}}{\text{Prozessmenge eines Hauptprozesses}}$$

■ Der **Prozesskostensatz eines Hauptprozesses** gibt die Kosten für die einmalige Abwicklung eines Hauptprozesses an.

■ Es wird unterstellt, dass zwischen der **Kostentreibermenge** und der **Höhe der Prozesskosten** eine **Proportionalität** besteht.

Beispiel:

Wir greifen auf den Hauptprozess „20 Beschaffung Fertigungsmaterial" (siehe S. 285) zurück und berechnen für diesen Hauptprozess den Hauptprozesskostensatz. Zusätzlich zu den Daten der Kostenstelle 2212 Einkauf Rohstoffe (siehe S. 291) werden für die Kostenstellen 2214 Materialannahme und 2232 Lager folgende Informationen bereitgestellt:

Teilprozesse	Kostenstelle	Prozess-menge	Gesamter Teilprozess-kostensatz in EUR
Materiallieferung entgegennehmen	2214 Material-annahme	330	338,10
Materialprüfung		410	210,20
Material an Materiallager weiterleiten		330	225,00
Fertigungsmaterial einlagern	2232 Lager	330	195,00

Kostentreiber des Hauptprozesses 20 ist die Anzahl der Bestellungen. Die Kostentreibermenge (Prozessmenge) beträgt 1 000 Bestellungen.

Aufgabe:

Ermitteln Sie den Hauptprozesskostensatz für den Hauptprozess 20 mithilfe der Prozesskosten und der Prozessmenge!

Lösung:

Hauptprozess: Beschaffung Fertigungsmaterial				
Teilprozesse	Teilprozess-mengen	Gesamter Teil-prozesskosten-satz in EUR	Hauptprozess-kostensatz in EUR	Hauptprozess-kosten (gesamt) in EUR
Angebote einholen	1 680	107,40	180,43	180 430,00
Angebote bearbeiten	1 500	292,14	438,18	438 180,00
Bestellung aufgeben	1 200	176,99	212,39	212 390,00
Vertragsabschluss	150	171,84	25,78	25 780,00
Reklamationen	600	107,61	64,57	64 570,00
Lieferantenpflege	300	128,88	38,66	38 660,00
Material entgegennehmen	330	338,10	111,57	111 570,00
Materialprüfung	410	210,20	86,18	86 180,00
Material an Materiallager weiterleiten	330	225,00	74,25	74 250,00
Fertigungsmaterial einlagern	330	195,00	64,35	64 350,00
Hauptprozesskosten (gesamt)				1 296 360,00
Bestellmenge				1000
Hauptprozesskostensatz/Bestellung			1 296,36	1 296,36

Erläuterungen zur Umrechnung des Teilprozesskostensatzes in den Hauptprozesskostensatz:

Zur Ermittlung des Hauptprozesskostensatzes müssen die Teilprozesskostensätze auf die Prozessmenge des Hauptprozesses umgerechnet werden.

$$\text{Hauptprozesskostensatz} = \frac{\text{Teilprozesskostensatz} \cdot \text{Prozessmenge des Teilprozesses}}{\text{Prozessmenge des Hauptprozesses}}$$

Beispiel:

Teilprozess Angebote einholen: $\frac{107,40 \cdot 1 680}{1 000} = \underline{180,43 \text{ EUR}}$

Berechnung der Hauptprozesskosten: 180,43 EUR · 1 000 = $\underline{180 430,00 \text{ EUR}}$

Übungsaufgaben

142 Begriffe der Prozesskostenrechnung, Ermittlung von Kostentreibern

1. Nennen Sie Gründe für die Entwicklung der Prozesskostenrechnung!

2. Erläutern Sie den Begriff indirekter Leistungsbereich!

3. Beschreiben Sie die Grundidee der Prozesskostenrechnung!

4. Erläutern Sie die Grundannahme der Prozesskostenrechnung!

5. Beschreiben Sie den Zusammenhang von Tätigkeiten, Teilprozessen und Hauptprozessen!

6. Bilden Sie zu den Begriffen Tätigkeiten, Teilprozesse und Hauptprozesse jeweils ein Beispiel aus dem Prozessbereich „Lieferungen beschaffen und lagern"!

7. 7.1 Erläutern Sie den Begriff Kostentreiber!

   7.2 Stellen Sie dar, welche Anforderungen ein Kostentreiber erfüllen muss!

8. Unterscheiden Sie zwischen lmi-Prozessen und lmn-Prozessen!

9. Bestimmen Sie zu den nachfolgenden Prozessen mögliche Kostentreiber und geben Sie jeweils an, ob es sich um einen lmi- oder um einen lmn-Prozess handelt! Verwenden Sie hierzu die nachfolgende Tabelle.

Hauptprozess: Materialzugänge prüfen		
Teilprozesse	Prozesstyp	Kostentreiber
Materialzugänge entgegennehmen Durchführung von Prüfungen nach Menge und Qualität Abteilung leiten Ausschussmeldungen an Einkauf weiterleiten Besprechungen mit betroffenen Abteilungen führen		

10. Geben Sie an, wodurch Kostentreiber inhaltlich bestimmt sind!

11. Erläutern Sie den Begriff Mannjahre und geben Sie die Formel zur Berechnung der Mannjahre an!

143 Ermittlung der Teilprozesskostensätze einer Kostenstelle

Die Fritz Heine KG hat für die Kostenstelle „8040 Kreditoren bearbeiten" die nachfolgenden Teilprozessmengen und Teilprozesskosten ermittelt.

Kostenstelle: 8040 Kreditoren bearbeiten				
Teilprozesse	Kostentreiber	Teilprozess-mengen	Teilprozesskosten (EUR)	
			lmi	lmn
Vorkontierung der Lieferantenrechnungen	Anzahl der Rechnungen	18 229	32 812,20	
Buchung der Lieferantenrechnungen	Anzahl der angesprochenen Konten	16 210	19 452,00	
manuelle Zahlungen auslösen	Anzahl manueller Zahlungen	13 450	16 812,50	
maschinelle Zahlungen auslösen	Anzahl maschineller Zahlungen	24 200	22 990,00	
Zahlungsanweisungen überprüfen	Anzahl der Schecks/ Überweisungen	6 320	16 432,00	

Teilprozesse	Kostentreiber	Teilprozess-mengen	Teilprozesskosten (EUR)	
			lmi	lmn
Buchungsmitteilungen bearbeiten	Anzahl der Buchungs-mitteilungen	21 200	42 400,00	
Kreditorenstammdaten pflegen	Anzahl der Daten-änderungen	3 812	16 010,40	
Besprechungen durchführen				2 403,00
Abteilung leiten				30 976,79

Aufgabe:

Berechnen Sie die Teilprozesskostensätze, den Umlagesatz sowie den Prozesskostensatz der Kostenstelle „8040 Kreditoren bearbeiten"!

144 Ermittlung der Prozesskostensätze für eine Kostenstelle, Berechnung der Prozesskosten eines Hauptprozesses

Die Franz Grüner KG weist im Bereich Logistik folgende Informationen aus! Für die Kostenstelle „Einkauf" des Bereichs Logistik liegen folgende Daten vor:

Kostenstelle: Einkauf			
Teilprozesse	Kostentreiber		Mannjahre
	Anzahl der ...	Menge	
Einzelbestellungen Serienmaterial	Bestellungen	4 950	3,30
Abrufe über Rahmenverträge	Abrufe	2 750	0,88
Bestellung Gemeinkostenmaterial	Bestellungen	3 300	2,86
Rahmenverträge abschließen	Rahmenverträge	33	0,33
Lieferantenpflege	Lieferanten	55	0,77
Bestelländerung durchführen	Bestelländerungen	2 200	1,10
Reklamationen abwickeln	Reklamationen	660	0,55
Eilbestellungen	Eilbestellungen	1 100	0,77
Abteilung leiten	–	–	0,99
Summe			11,55

Das Kostenstellenbudget für die Kostenstelle Einkauf beträgt 1 155 000,00 EUR.

Für den Hauptprozess Beschaffung Gemeinkostenmaterial im Bereich Logistik liegen folgende Daten vor:

Bereich Logistik: Hauptprozess Beschaffung Gemeinkostenmaterial		
Teilprozesse	Teilprozessmenge	Teilprozesskostensatz in EUR
Bestellung Gemeinkostenmaterial	3 300	94,79
Bestelländerungen durchführen	2 200	54,69
Reklamationen abwickeln	660	91,15
Eilbestellungen	1 100	76,56
Warenannahme	2 750	120,00
Wareneingang/Erfassung	2 750	9,00
Warenüberprüfung	3 080	27,57
Transport in das Lager	2 420	7,89
Ware einlagern	2 420	29,71

Die Bestellmenge beträgt 2 200.

Aufgaben:

1. Ermitteln Sie die Prozesskosten und die Prozesskostensätze für die Kostenstelle Einkauf!
2. Bestimmen Sie die Prozesskosten des Hauptprozesses Beschaffung Gemeinkostenmaterial!

9.2.3 Prozesskostenträgerstückrechnung[1] (prozessorientierte Kalkulation)

(1) Aufbau der Prozesskostenstückrechnung

Grundlage der prozessorientierten Kalkulation ist das Grundschema der Zuschlagskalkulation. Danach werden die **Einzelkosten direkt dem Kostenträger zugerechnet** und die in den Kostenstellen erfassten **Prozesskosten (Gemeinkosten)** mithilfe der ermittelten Hauptprozesskostensätze, **entsprechend der Inanspruchnahme der Hauptprozesse,** auf die Kostenträger verrechnet.

Die **übrigen Gemeinkosten,** die nicht in die Prozesskostensätze eingerechnet werden können, werden den Kostenträgern mit dem **Verfahren der traditionellen Zuschlagskalkulation zugerechnet,** d. h. mithilfe von wertorientierten Gemeinkostenzuschlagssätzen, bezogen auf Einzelkosten bzw. Herstellkosten.

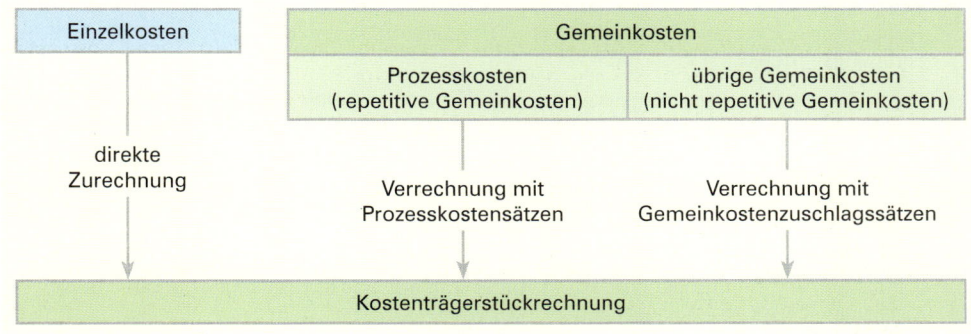

- Die **Verrechnung der Prozesskosten** hängt von der **Anzahl der Prozessdurchführungen** ab und nicht von dem Wert oder dem Zeitbedarf der verbrauchten Ressourcen.

- Die **Verrechnung der übrigen Gemeinkosten** erfolgt nach dem **Verfahren der traditionellen Kostenrechnung** mithilfe von wertorientierten Gemeinkostenzuschlagssätzen.

(2) Beispiel für eine Prozesskostenkalkulation und Vergleich der Prozesskostenkalkulation mit der traditionellen Zuschlagskalkulation

Beispiel:

I. Sachverhalt:

In der Franz Schneider GmbH wird der Abfüllautomat BVX gefertigt.

---

1 Im Folgenden beschränken wir uns auf die Darstellung der Kostenträgerstückrechnung.

1. Die Prozessanalyse der **Prozesskostenrechnung** ergab für die indirekten Leistungsbereiche zwei Hauptprozesse bzw. Hauptprozesskostensätze:

Bereich	Hauptprozess (HP)	Anzahl der Hauptprozesse für das Produkt BVX		Hauptprozess-kostensatz
		von 1 bis 3 Stück	von 4 bis 6 Stück	
Materialbereich	HP 20 Beschaffung Fertigungsmaterial	1	2	1 840,00 EUR
Verwaltungs-/ Vertriebsbereich	HP 30 Bearbeitung Kundenauftrag	1		6 720,00 EUR

2. Aus der **Vollkostenrechnung** liegen hierfür folgende Daten vor:

Materialeinzelkosten: 17 750,00 EUR   Sondereinzelkosten der Fertigung: 1 980,00 EUR
Fertigungseinzelkosten I: 6 210,00 EUR   Sondereinzelkosten des Vertriebs: 870,00 EUR
Fertigungseinzelkosten II: 4 790,00 EUR

Die Ist-Gemeinkostenzuschlagssätze der Franz Schneider GmbH betragen:

- MGK-Zuschlagssatz: 8,5 %
- FGK-Zuschlagssatz I: 62,4 %
- FGK-Zuschlagssatz II: 42,8 %
- VerwGK-Zuschlagssatz: 7,5 %
- VertrGK-Zuschlagssatz: 5,8 %

II. Aufgaben:

1. Berechnen Sie nach der prozessorientierten Kalkulation
   1.1 die Selbstkosten für die Produktion von einem, drei und sechs Abfüllautomaten und
   1.2 die jeweiligen Stückselbstkosten!
2. Berechnen Sie die Selbstkosten nach der traditionellen Zuschlagskalkulation!

Lösungen:

Zu 1.: Berechnung der prozessorientierten Kalkulation

Kostenarten	1 Stück EUR	3 Stück EUR	6 Stück EUR	
Materialeinzelkosten HP 20 Beschaffung Fertigungsmaterial	17 750,00 1 840,00	53 250,00 1 840,00	106 500,00 3 680,00	
Materialkosten	19 590,00	55 090,00	110 180,00	
Fertigungseinzelkosten I 62,4 % Fertigungsgemeinkosten I Fertigungseinzelkosten II 42,8 % Fertigungsgemeinkosten II Sondereinzelkosten der Fertigung	6 210,00 3 875,04 4 790,00 2 050,12 1 980,00	18 630,00 11 625,12 14 370,00 6 150,36 5 940,00	37 260,00 23 250,24 28 740,00 12 300,72 11 880,00	
Fertigungskosten	18 905,16	56 715,48	113 430,96	
Herstellkosten HP 30 Bearbeitung Kundenauftrag Sondereinzelkosten Vertrieb	38 495,16 6 720,00 870,00	111 805,48 6 720,00 2 610,00	223 610,96 6 720,00 5 220,00	
Selbstkosten insgesamt	46 085,16	121 135,48	235 550,96	1.1
Selbstkosten je Stück	46 085,16	40 378,49	39 258,49	1.2

Zu 2.: Berechnung nach der traditionellen Zuschlagskalkulation

Materialeinzelkosten	17 750,00 EUR	
8,5 % MGK	1 508,75 EUR	
Materialkosten		19 258,75 EUR
Fertigungseinzelkosten I	6 210,00 EUR	
62,4 % Fertigungsgemeinkosten I	3 875,04 EUR	
Fertigungseinzelkosten II	4 790,00 EUR	
42,8 % Fertigungsgemeinkosten II	2 050,12 EUR	
Sondereinzelkosten der Fertigung	1 980,00 EUR	
Fertigungskosten		18 905,16 EUR
Herstellkosten		38 163,91 EUR
7,5 % Verwaltungsgemeinkosten		2 862,29 EUR
5,8 % Vertriebsgemeinkosten		2 213,51 EUR
Sondereinzelkosten Vertrieb		870,00 EUR
Selbstkosten 1 Stück		44 109,71 EUR

Erläuterungen:

■ **Prozessorientierte Kalkulation**

Der Stückpreis für den Abfüllautomaten sinkt bei der Erhöhung der Produktion (der Absatzmenge). Dies ist zum einen darauf zurückzuführen, dass die Gemeinkosten im Materialbereich prozessbezogen nur einmal (bzw. zweimal bei der Herstellung von sechs Automaten) anfallen und verrechnet werden. Zum anderen verursacht der Hauptprozess „Bearbeitung Kundenauftrag" auftragsbezogene Gemeinkosten in Höhe von 6 720,00 EUR unabhängig davon, ob ein, drei oder sechs Automaten hergestellt wurden. Die **Hauptprozesskostensätze** sind auf die Produktion **mehrerer Einheiten (Abfüllautomaten)** ausgerichtet.

Die **Selbstkosten** verändern sich bei der **Prozesskostenrechnung** in Abhängigkeit von der **Auftragsmenge** (Degressionseffekt).

■ **Traditionelle Zuschlagskalkulation**

Die kalkulierten Selbstkosten liegen bei der Herstellung **eines** Abfüllautomaten deutlich niedriger als bei der prozessorientierten Kalkulation. Der Grund liegt darin, dass bei der Zuschlagskalkulation der Stückpreis mit einer Veränderung der Herstellungsmenge konstant bleibt, da die Zuteilung der Gemeinkosten über die Gemeinkostenzuschlagssätze proportional zu den Einzelkosten erfolgt. Die **Zuschlagssätze** sind auf die Produktion einer **Einheit (eines Abfüllautomaten)** ausgerichtet. Eine Stückpreissenkung wäre hier nur möglich, wenn beim Materialeinkauf aufgrund der größeren Beschaffungsmenge ein Mengenrabatt erreicht werden kann.

Die **Selbstkosten** verändern sich bei der **Zuschlagskalkulation** in (proportionaler) Abhängigkeit von den **Einzelkosten**.

■ Die **Prozesskostenrechnung** ermittelt **Prozesskostensätze** für sich **wiederholende Prozesse**.

■ Die **Zuschlagskalkulation** ermittelt die **Zuschlagssätze** in **proportionaler Abhängigkeit** zu den **Einzelkosten**.

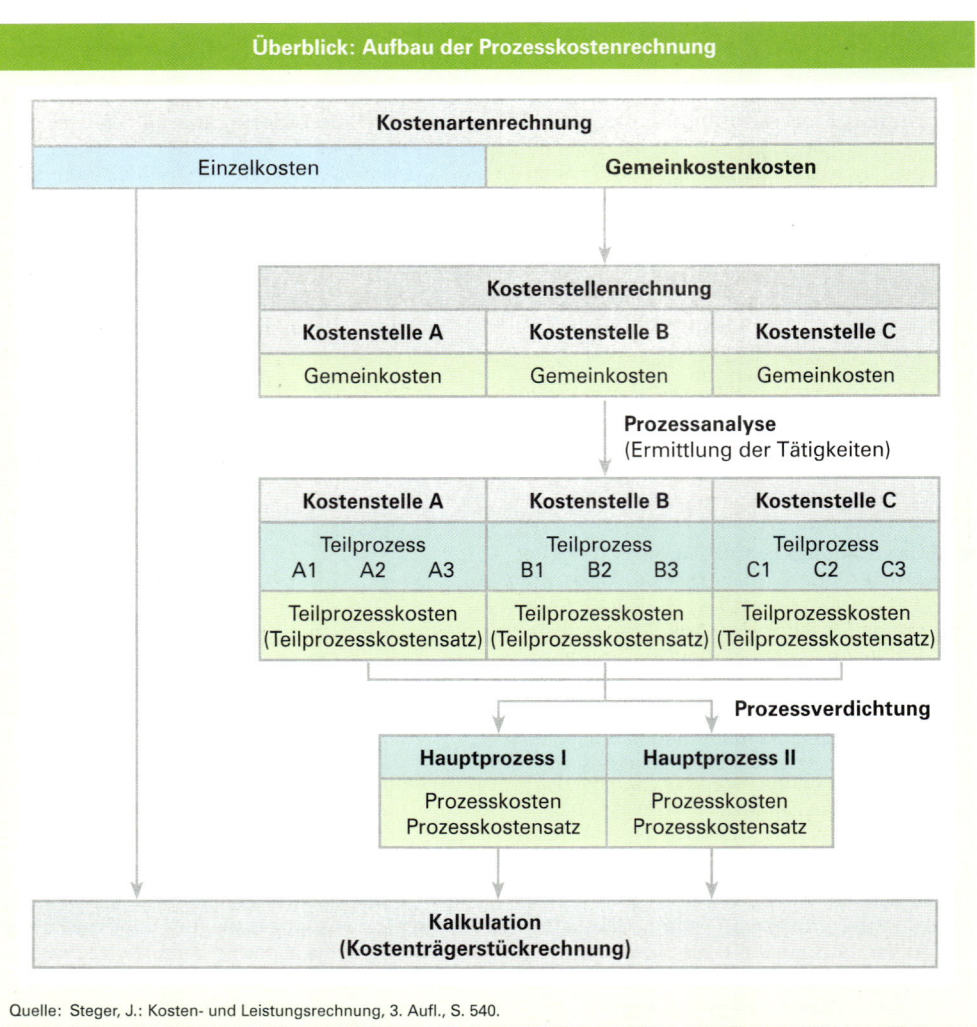

Überblick: Aufbau der Prozesskostenrechnung

Quelle: Steger, J.: Kosten- und Leistungsrechnung, 3. Aufl., S. 540.

9.3 Für und Wider die Prozesskostenrechnung

Argumente für die Prozesskostenrechnung	Argumente gegen die Prozesskostenrechnung
■ Durch die Prozessanalyse werden **unwirtschaftliche Abläufe erkannt** und **Rationalisierungsmöglichkeiten** aufgedeckt. Die **Transparenz der Gemeinkosten** wird erhöht, weil aufgezeigt wird, welche Kosten für die einzelnen Prozesse anfallen.	■ Die Kalkulation in der Prozesskostenrechnung ist eine Vollkostenrechnung. Damit ist der Nachteil verbunden, dass die **Fixkosten nicht verursachungsgerecht** auf die Produkte **verrechnet werden können**.

Argumente für die Prozesskostenrechnung	Argumente gegen die Prozesskostenrechnung
■ Die Prozesskostenrechnung zeigt die Kosten für die betrieblichen Tätigkeiten auf, die nicht zu einer Erhöhung der Wertschöpfung beitragen. Daraus können Informationen für eine **strategische Gestaltung der betrieblichen Wertschöpfung** gewonnen werden. ■ Die Prozesskostenrechnung ermöglicht eine **kostenstellenübergreifende prozessbezogene Kostenkontrolle.** Damit wird die Kostenkontrolle erweitert und verbessert. ■ Die mengenbezogene Verrechnung der Gemeinkosten in der Kalkulation der Prozesskostenrechnung erhöht die **Genauigkeit der stückbezogenen Gemeinkostenverrechnung.** ■ Die Prozesskostenrechnung stellt eine sinnvolle Ergänzung der Vollkostenrechnung dar. ■ Die Prozesskostenrechnung bietet **strategische Informationsvorteile.** Diese Informationsvorteile eröffnen **Kalkulationsspielräume für die Preispolitik,** ermöglichen die Erstellung **kostenoptimaler Produktionsprogramme** und die **Zusammenstellung optimaler Auftragsgrößen.** ■ Die Prozesskostenrechnung deckt die **Quersubventionierung von Produkten** auf, die beim Einsatz der traditionellen Zuschlagskalkulation entsteht.	■ Die Verteilung der indirekten Gemeinkosten auf die Teilprozesse erfolgt mithilfe von Kostentreibern. Zwischen den Gemeinkosten und den Kostentreibern wird dabei ein proportionales Verhalten angenommen. Gleiches gilt bei der Verrechnung der Teilprozesskosten auf die Hauptprozesse bzw. bei der Zurechnung der Hauptprozesskosten auf die Kostenträger **(Problem der Proportionalitätsannahme).** ■ Da viele Prozesse kostenstellenübergreifend sind, können eventuell auftretende Kostenabweichungen nicht allein einem Kostenstellenleiter angelastet werden. Für eine wirksame Kostenkontrolle müssen daher noch sogenannte **Prozessverantwortliche (Process Owner)** zur Prozessdurchführung ernannt werden.

Übungsaufgaben

145 Begriffe der Prozesskostenrechnung, Vollkostenrechnung und Prozesskostenrechnung

1. Nennen und erläutern Sie drei Ziele der Prozesskostenrechnung!

2. 2.1 Begründen Sie, warum die Addition der Prozesskostensätze der Teilprozesse im Allgemeinen nicht dem Prozesskostensatz für den Hauptprozess entspricht!

    2.2 Erläutern Sie, unter welcher Bedingung die Summe der Prozesskostensätze der Teilprozesse dem Prozesskostensatz für den Hauptprozess entsprechen würde!

3. Die Zuschlagskalkulation der Vollkostenrechnung errechnet die Materialgemeinkosten wie folgt:

    Verbrauch von Fertigungsmaterial
    + x % Materialgemeinkosten
    _____
    = Materialkosten

    Aufgabe:

    Erläutern Sie vor diesem Hintergrund den wesentlichen Mangel der traditionellen Vollkostenrechnung gegenüber der Prozesskostenrechnung!

4. Ein Industriebetrieb stellt zwei Produkte her. Von Produkt I, Listeneinkaufspreis 18,00 EUR je Stück, wurden 180 Stück bestellt, von Produkt II, Listeneinkaufspreis 90,00 EUR je Stück, werden auch 180 Stück bestellt. Die Gemeinkosten für beide Produkte betragen insgesamt 38 880,00 EUR. Es wird unterstellt, dass beide Produkte einen gleich hohen Anteil an den Gemeinkosten haben.

Aufgaben:

4.1 Führen Sie eine vereinfachte Vollkostenkalkulation durch und ermitteln Sie den Gemeinkostenzuschlagssatz!

4.2 Berechnen Sie den Prozesskostensatz und kalkulieren Sie die Selbstkosten je Stück!

4.3 Erklären Sie, wodurch der Unterschied in den kalkulierten Selbstkosten pro Stück zustande kommt!

4.4 Erläutern Sie, welchen systemimmanenten Fehler die Zuschlagskalkulation macht! In den Beispielen zur Zuschlagskalkulation lautet ein häufig verwendeter Satz: „Die Selbstkosten pro Stück betragen … EUR." Nehmen Sie kritisch zu solch einer Aussage Stellung, indem Sie hinterfragen, ob die Aussage stimmt!

146 Kalkulation mit Zuschlagssätzen und Kalkulation mit Prozesskosten, Interpretation der Ergebnisse

Die Rainer Amtmann GmbH fertigt Schulmöbel.

Aus der **Vollkostenrechnung** für Schultische liegen folgende Daten vor:

Materialeinzelkosten je Tisch	48,00 EUR
Fertigungseinzelkosten je Tisch	21,00 EUR
Sondereinzelkosten der Fertigung je 1 000 Tische	8 100,00 EUR

Die Ist-Gemeinkostenzuschlagssätze der Rainer Amtmann GmbH betragen:

MGK-Zuschlagssatz	12 %
FGK-Zuschlagssatz	85 %
VerwGK-Zuschlagssatz	18 %
VertrGK-Zuschlagssatz	7 %

Die Prozessanalyse der **Prozesskostenrechnung** ergab für die indirekten Leistungsbereiche zwei Hauptprozesse bzw. Hauptprozesskostensätze:

Bereich	Hauptprozess (HP)	Anzahl der Hauptprozesse für Schultische		Hauptprozess-kostensatz EUR
		von 1 bis 1 000 Tische	von 1 001 bis 2 000 Tische	
Material-bereich	HP 80 „Beschaffung Fertigungsmaterial"	2	4	2 350,00
Vertriebs-bereich	HP 90 „Bearbeitung Kundenauftrag"	1		34 810,50

Der Fertigungsgemeinkostenzuschlagssatz wird von der Vollkostenrechnung übernommen.

Aufgaben:

1. Berechnen Sie die Selbstkosten für 1 000 und 2 000 Tische und die Selbstkosten je Stück nach der traditionellen Zuschlagskalkulation!

2. Berechnen Sie die Selbstkosten für 1 000 und 2 000 Tische und die Selbstkosten je Stück nach der Prozesskostenrechnung!

3. Interpretieren Sie das Ergebnis der Vollkostenrechnung und der Prozesskostenrechnung!

147 Ermittlung von Teilprozesskosten, Teilprozesskostensatz bestimmen

In der Kostenstelle „4130 Beschaffung der Erwin Siedler GmbH" liegen für die Planperiode 12 folgende Informationen vor:

Kostenplan Erwin Siedler GmbH		
Zeitraum Periode 12	Kostenstelle: Beschaffung 4130	Kostenstellenleiter: Böhmer
Teilprozesskosten		EUR
Löhne Sozialaufwendungen Büromaterial Kommunikationsentgelte Reisekosten Kosten für Fremdleistungen Kalkulatorische Abschreibungen Sonstige Kosten		375 000,00 100 000,00 4 500,00 17 500,00 11 000,00 12 500,00 15 000,00 14 500,00
Kosten insgesamt		550 000,00

Die jeweiligen Kostentreiber und Teilprozessmengen der Kostenstelle sind in der nachfolgenden Tabelle enthalten. Die in den Gesamtkosten enthaltenen Kosten der Kostenstellenleitung in Höhe von 50 000,00 EUR sind nicht von der Leistungsmenge der Kostenstelle abhängig. Die restlichen Teilprozesskosten sind auf die Teilprozesse „Angebot einholen" und „Bestellungen abwickeln" im Verhältnis 2 : 3 aufzuteilen.

Teilprozesse		Cost Driver	Teilprozessmengen
Nr.	Bezeichnung	Art (Anzahl der)	Menge
1. 2. 3.	Angebote einholen Bestellungen abwickeln Abteilung leiten	Angebote Bestellungen –	1 000 2 000 –

Aufgaben:

1. Ermitteln Sie die Teilprozesskosten für die Kostenstelle „4130 Beschaffung"!
2. Ermitteln Sie jeweils den gesamten Teilprozesskostensatz für die Teilprozesse „Angebote einholen" und „Bestellungen abwickeln"!

148 Vergleich Zuschlagskalkulation, prozessorientierte Kalkulation

Die Franz Däschle GmbH möchte für einen Verpackungsautomaten die bisher eingesetzte traditionelle Zuschlagskalkulation durch eine prozessorientierte Kalkulation überprüfen. Die Abteilung Kostenrechnung liefert hierzu für das 2. Quartal die nachfolgenden Daten.

Traditionelle Zuschlagskalkulation

Materialeinzelkosten je Verpackungsautomaten 14 500,00 EUR, MGK-Zuschlagssatz 7,0 %, Fertigungseinzelkosten je Verpackungsautomaten 1 940,00 EUR, FGK-Zuschlagssatz 70,0 %, VerwGK 5,2 %, VertrGK 4,8 %, SEKF: 480,00 EUR, SEKV: 210,00 EUR.

Prozessorientierte Kalkulation

Prozessgrößen	Prozessmengen	Prozesskosten
Beschaffung	15 000	12 300 000,00
Lagerung	7 000	4 648 000,00
Fertigungsplanung/-steuerung	14 000	20 412 000,00
Qualitätsprüfung	1 800	2 061 000,00
Auftragsakquisition[1]	1 200	1 920 000,00
Kalkulation/Angebotsabgabe	800	748 000,00
Versand/Fakturierung	500	442 000,00

Aufgaben:

1. Berechnen Sie die Selbstkosten je Verpackungsautomaten nach der traditionellen Zuschlagskalkulation!

2. Ermitteln Sie die Prozesskostensätze!

3. Die Franz Däschle GmbH produziert die Verpackungsautomaten in Losen von 4 und 10 Stück. Die Prozessanalyse ergab für die indirekten Leistungsbereiche die nachfolgenden Prozessmengen:

Bereich	Prozessmengen	
	von 1 bis 4 Stück	von 5 bis 10 Stück
Beschaffung	5	5
Lagerung	3	4
Fertigungsplanung/-steuerung	3	4
Qualitätsprüfung	4	4
Auftragsakquisition	2	3
Kalkulation/Angebotsabgabe	3	3
Versand/Fakturierung	4	5

Berechnen Sie die Selbstkosten je Verpackungsautomaten nach der prozessorientierten Kalkulation für die beiden Lose!

149 Vergleich Vollkostenrechnung und Prozesskostenrechnung, Analyse der Ergebnisse, Konsequenzen für unternehmerische Entscheidungen

Ein Industriebetrieb stellt die Produkte I und II her. Die Kostenrechnung liefert für die abgelaufene Rechnungsperiode folgende Daten:

	Produkt I	Produkt II
Materialeinzelkosten je Stück	7 430,00 EUR	9 200,00 EUR
Fertigungseinzelkosten je Stück	9 220,00 EUR	14 480,00 EUR
Hergestellte Menge	1 200	800

---

1 **Akquisition:** Kundenwerbung.

Um festellen zu können, ob im Materialbereich ein Kostensenkungspotenzial besteht, wird für diesen Bereich eine Prozesskostenrechnung erstellt. Für den Materialbereich wurden folgende Teilprozesse ermittelt:

Teilprozesse[1]	Kostentreiber	Treibermenge Produkt I	Treibermenge Produkt II	Prozesskosten EUR
Angebote einholen, Rahmenverträge erstellen	Anzahl der Angebote und Verträge	8 200	6 500	3 160 500,00
Material bestellen	Anzahl der Bestellungen	4 800	7 900	1 397 000,00
Reklamationen bearbeiten	Anzahl der Reklamationen	2 500	5 100	665 000,00
Zahlungen abwickeln	Anzahl der Zahlungen	1 600	1 000	202 280,00
Waren ein- und auslagern	Anzahl der Zu- und Abgänge	7 100	6 800	4 378 500,00
Abteilung leiten				784 262,40

Aufgaben:

1. Berechnen Sie die Teilprozesskostensätze, den Umlagesatz und den Gesamtprozesskostensatz!

2. Ermitteln Sie die Prozesskosten je Teilprozess und je Stück für die Produkte I und II!

3. Berechnen Sie die Selbstkosten je Stück für die Produkte I und II sowie die Selbstkosten je Produktgruppe nach der Prozesskostenrechnung!

   Es wurden in der vergangenen Rechnungsperiode folgende Zuschlagssätze zugrunde gelegt: Fertigungsgemeinkosten 120 %, Verwaltungs- und Vertriebsgemeinkosten 38 %.

4. Bestimmen Sie die Selbstkosten je Stück für die Produkte I und II sowie die Selbstkosten je Produktgruppe nach der traditionellen Zuschlagskalkulation!

   Der Materialgemeinkostensatz in der Zuschlagskalkulation beträgt 72 %.

5. Beurteilen Sie im Vergleich zur traditionellen Vollkostenrechnung den Einsatz der Prozesskostenrechnung im Materialbereich!

6. Prüfen Sie, ob sich aus dem Ergebnis des Kostenvergleichs Konsequenzen für unternehmerische Entscheidungen ableiten lassen!

10 Diagramme im Rahmen des Berichtswesens und der Präsentation

Ziel des Berichtswesens muss es sein, das gesamte Unternehmensgeschehen transparent zu machen.

(1) Diagramme – eine Form, Informationen transparent zu machen

Nach Art und Umfang der Information sowie nach dem Anlass, der zur Erstellung des Berichts geführt hat, untergliedert man Diagramme in:

---

1 Aus Vereinfachungsgründen werden beispielhaft nur sechs Teilprozesse vorgegeben.

■ Linien- oder Kurvendiagramm

Dieses Diagramm soll den Zusammenhang zwischen unabhängigen Größen (z. B. Monate) und abhängigen Werten (z. B. Umsätze) demonstrieren (**rechnerische Grundlage** sind **Beziehungszahlen**). Die Zuordnung der Werte erfolgt über Punkte im Koordinatensystem, die durch eine Linie miteinander verbunden werden. Diese Art der Darstellung wirkt immer dann anschaulich, wenn zu jeder unabhängigen Größe ein oder zwei abhängige Werte existieren. Sind mehrere Werte von einer unabhängigen Größe abhängig, so verliert der Betrachter leicht den Überblick. Liniendiagramme sind gut geeignet, die Entwicklung der abhängigen Werte darzustellen. Zeitreihen und Trends werden häufig mit Liniendiagrammen veranschaulicht.

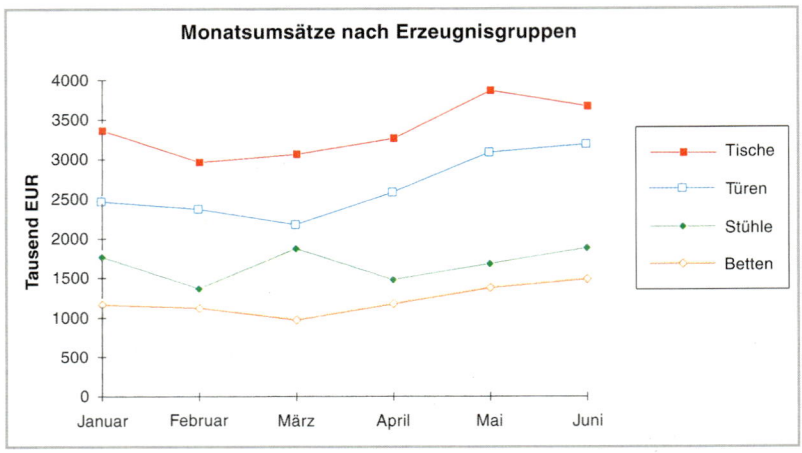

■ Säulendiagramm[1]

Im Falle mehrerer abhängiger Werte bedient man sich häufig der Darstellungsweise des Säulendiagramms. Die Höhe der abhängigen Werte wird hierbei durch die Höhe rechteckiger Säulen im Koordinatensystem dargestellt. Durch unterschiedliche Farben bzw. Schraffur der Säulen ist es möglich, eine größere Anzahl von abhängigen Werten in einer Zeichnung darzustellen. **Rechnerische Grundlage** sind hier auch **Beziehungszahlen.**

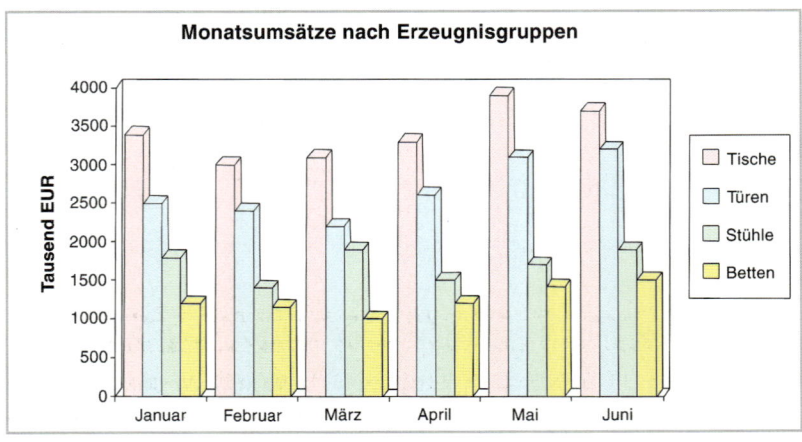

---

1 Ein Säulendiagramm, bei dem die Balken horizontal angeordnet sind, bezeichnet man als **Balkendiagramm.**

■ Kreisdiagramm

Interessieren nicht unbedingt die absoluten Zahlen, sondern der Aufbau eines Gesamtwertes aus verschiedenen Teilwerten, so wählt man häufig das Kreisdiagramm (Tortendiagramm) zur Veranschaulichung. Die Gesamtfläche eines Kreises stellt dann einen Gesamtwert dar (z. B. Halbjahresumsatz), die einzelnen Sektoren des Kreises zeigen an, aus welchen Einzelwerten (z. B. Monatsumsatz) sich der Gesamtwert zusammensetzt. Die Größe der einzelnen Sektoren lässt sich leicht mithilfe der Dreisatzrechnung ermitteln, wenn wir uns klar machen, dass jeder Kreis einen Winkel von 360° umschließt. Jeder Sektor muss also den Winkel beinhalten, der dem Anteil des Teils am Gesamtwert entspricht. Unter dem Gesichtspunkt der **Rechenverfahren** handelt es sich hierbei um **Gliederungszahlen**.

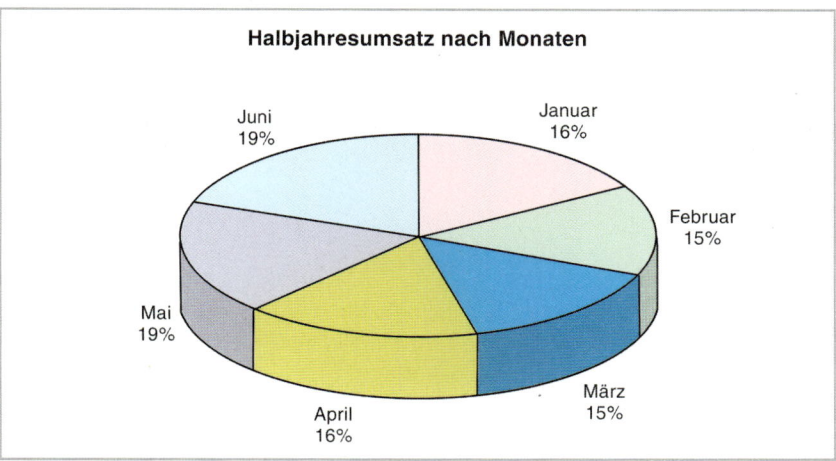

■ „Gestapeltes Säulendiagramm"

Die unterschiedlichen Aussagen von Säulen- und Kreisdiagramm werden durch das „gestapelte Säulendiagramm" miteinander verbunden. Hierbei werden die einzelnen Säulen mittels unterschiedlicher Farben bzw. Schraffur in Teilflächen zerlegt. Jede Teilfläche steht jetzt für einen Einzelwert, der zusammen mit den übrigen Einzelwerten den Gesamtwert (Säule) ergibt. **Rechnerische Grundlage** sind **Gliederungszahlen**.

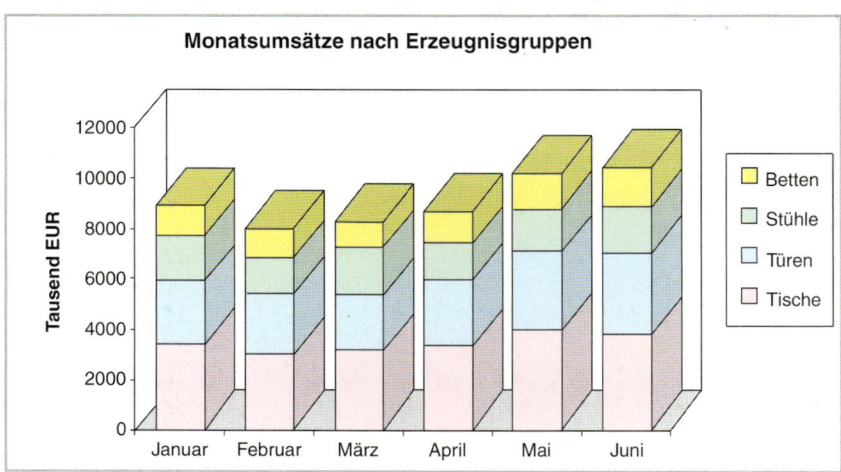

305

20 Speth u.a. - ISBN 978-3-8120-0521-0

■ **Diagramme**

Arbeitsablauf, Fertigungsplanung, Arbeitsvorbereitung und Fertigungslenkung werden durch Diagramme verständlich und „sichtbar" gemacht.

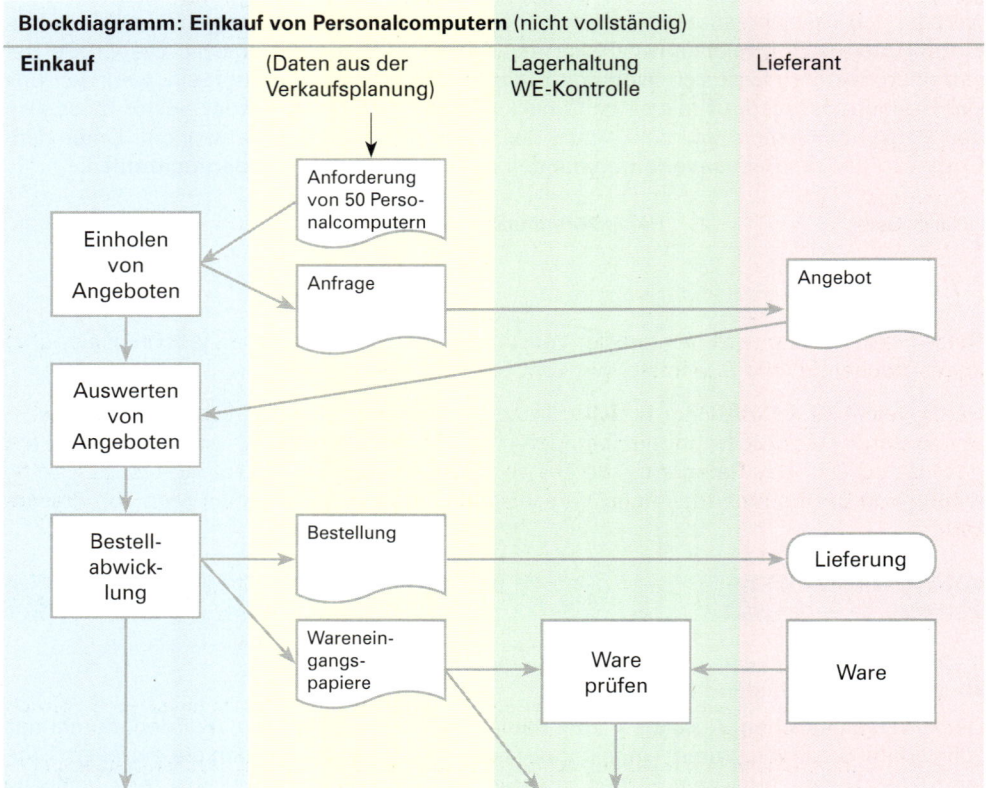

Blockdiagramm: Einkauf von Personalcomputern (nicht vollständig)

■ **Gliederungsschema**

Organisationsstrukturen, Aufgabengliederungen, Grobsystematiken, Über- und Unterordnungsverhältnisse werden insbesondere durch Gliederungsschemata verdeutlicht.

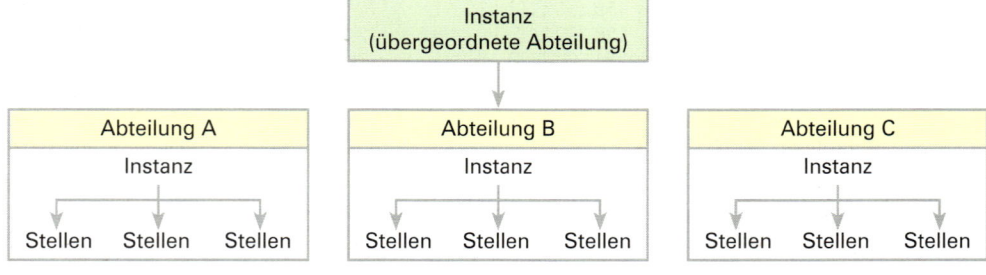

■ **Tabellen**

Die Zerlegung großer Datenmengen, die Veränderungen von Größen im Zeitablauf, die Darstellung großer Teilmengen, der Vergleich von Werten oder die Herausstellung der Beziehungen von Variablen werden am besten durch Tabellen strukturiert.

Umsatzentwicklung der Fritz Peter AG in Prozenten			
Land	2017	2018	2019
EG-Länder	42	40	44
USA	26	29	30
Osteuropa	8	5	7
Naher Osten	24	26	19

(2) Festlegung von Berichtsterminen

Diese Fragestellung wird hier nur der Vollständigkeit halber angeführt, jedoch nicht näher angesprochen, da der Berichtstermin vom Einzelfall abhängt.

Häufig reicht ein **schriftlicher Bericht** für die Unternehmensleitung nicht aus. Um Unklarheiten durch Rückfragen unmittelbar klären zu können, verlangt sie einen **Vortrag.** Geht der Vortrag über das Referieren von Fakten hinaus und zielt er darauf ab, die Geschäftsleitung von bestimmten Ideen und Vorschlägen zu überzeugen, spricht man von **Präsentation.**

Übungsaufgaben

150 Darstellen eines Kreis-, Säulen- und Liniendiagramms

1. Stellen Sie dar, welche Fragestellungen bei der Organisation des Berichtswesens Berücksichtigung finden sollen!
2. Erfragen Sie in Ihrem Betrieb, auf welche Informationen von der Geschäftsleitung bei einem Standardbericht (z. B. eines Handlungsreisenden) besonders Wert gelegt wird und berichten Sie nach Rücksprache mit Ihrem Vorgesetzten hierüber in der Klasse.
3.[1] Ein Industrieunternehmen arbeitet im Außenhandel mit drei Vertretern. Im vergangenen Quartal erreichten die drei Vertreter folgende Ergebnisse:

2. Quartal	Vertreter Abel		Vertreter Bebel		Vertreter Cebel	
	Kunden	Umsatz	Kunden	Umsatz	Kunden	Umsatz
April	28	159 460 EUR	17	161 670 EUR	22	126 104 EUR
Mai	32	136 320 EUR	29	124 990 EUR	27	165 240 EUR
Juni	46	281 520 EUR	21	90 720 EUR	25	150 750 EUR
	106	577 300 EUR	67	377 380 EUR	74	442 094 EUR

Aufgaben:

Stellen Sie

3.1 den Gesamtumsatz der drei Vertreter in einem Kreisdiagramm,

3.2 die Monatsumsätze der drei Vertreter in einem gestapelten Säulendiagramm und

3.3 die Umsätze der Vertreter in den drei Monaten des Quartals als Liniendiagramm dar!

---

1 Die Aufgabe kann auch am PC mithilfe des Grafikteils eines Tabellenkalkulationsprogramms gelöst werden.

151 Darstellen eines Säulen- und Kreisdiagramms

1.[1] Von je 100,00 EUR Warenwert entfallen derzeit auf die Verpackung folgende Beträge:

Nahrungs-mittel	Glas	chemische Erzeugnisse	Feinkeramik Porzellan	Möbel	Bekleidung
5,90 EUR	2,70 EUR	2,30 EUR	2,10 EUR	0,80 EUR	0,40 EUR

Aufgabe:

Stellen Sie die Werte in einem Säulendiagramm dar!

2. Von einem Hunderteuroschein, den der Facheinzelhandel derzeit von seiner Kundschaft einnimmt, verbleiben als noch zu versteuernder Gewinn 3,90 EUR. Der übrige Teil verteilt sich wie folgt:

Wareneinsatz	Löhne, Gehälter	Umsatzsteuer	Miete	Sonstiges
61,50 EUR	12,00 EUR	10,70 EUR	3,20 EUR	8,70 EUR

152 Darstellen eines Liniendiagramms

Stellen Sie die folgenden Zahlenwerte in einem Liniendiagramm dar:

1. Über die Entwicklung der Mitarbeiterzahl in einem Industrieunternehmen liegen folgende Daten vor:

	1984	1990	1996	2002	2017
Anzahl der Mitarbeiter	160 400	104 200	83 000	69 000	55 000

2. 2.1 Der Umsatz eines Unternehmens verlief wie folgt:

Umsatz in TEUR				
13	14	15	16	17
3 000	3 300	3 860	4 000	4 140

2.2 Der Unternehmer möchte auch die prozentuale Steigerung des Umsatzes, bezogen auf das Jahr 13, veranschaulichen.

Rechnen Sie die Veränderung des Umsatzes, gemessen an dem Umsatz des Jahres 13, in Prozent aus und zeichnen Sie das entsprechende Liniendiagramm!

---

1 Die Aufgabe kann auch am PC mithilfe des Grafikteils eines Tabellenkalkulationsprogramms gelöst werden.

Lernfeld 6: Beschaffungsprozesse planen, steuern und kontrollieren/ Lernfeld 10: Absatzprozesse planen, steuern und kontrollieren

1 Buchungen im Beschaffungs- und Absatzbereich

1.1 Besondere Buchungen bei Eingangsrechnungen

Wichtiger Hinweis:

- Beim **Just-in-time-Verfahren** werden die Werkstoffeinkäufe sowie die dabei anfallenden Bezugskosten direkt als **Aufwand** in der **Kontoklasse 6 im Soll** gebucht. Werden **Werkstoffe zurückgesandt** oder erhält das Unternehmen vom Lieferer einen **Nachlass** (Gutschrift, Bonus, Skonto), so werden die in der Klasse 6 gebuchten Werkstoffaufwendungen durch eine **Habenbuchung** auf dem **entsprechenden Aufwandskonto (bzw. Unterkonto)** korrigiert.

- Beim **bestandsorientierten Verfahren** werden die Werkstoffeinkäufe sowie die dabei anfallenden Bezugskosten auf einem **Bestandskonto** in der **Kontoklasse 2 im Soll** gebucht. Werden **Werkstoffe zurückgesandt** oder erhält das Unternehmen vom Lieferer einen **Nachlass**, so werden die in der Klasse 2 gebuchten Werkstoffe durch eine **Habenbuchung** auf dem **entsprechenden Bestandskonto (bzw. Unterkonto)** korrigiert.

1.1.1 Buchhalterische Behandlung von Sofortnachlässen und Bezugskosten

(1) Buchhalterische Behandlung von Sofortnachlässen

Nachlässe, die der Lieferer sofort bei Rechnungsstellung gewährt, zählen nicht zu den Anschaffungskosten. Sie erscheinen in der Buchführung nicht. Gebucht wird der verminderte Einkaufspreis.

Beispiel:

Geschäftsvorfall		Konten	Soll	Haben
Kauf von Betriebsstoffen auf Ziel	2 000,00 EUR	6030 Aufw. f. Betriebsstoffe[1]	1 800,00	
− 10 % Mengenrabatt	200,00 EUR	2600 Vorsteuer	342,00	
	1 800,00 EUR	an 4400 Verb. a. Lief. u. Leist.		2 142,00
+ 19 % USt	342,00 EUR			
	2 142,00 EUR			

Sofortnachlässe, die der Lieferer gewährt, werden **nicht gebucht.** Sie zählen **nicht** zu den **Anschaffungskosten.**

---

1 Beim **bestandsrechnerischen Verfahren**: 2030 Betriebsstoffe.

Lernfelder
6, 10

Lernfeld 6: Beschaffungsprozesse planen, steuern und kontrollieren/
Lernfeld 10: Absatzprozesse planen, steuern und kontrollieren

(2) Buchung von Bezugskosten

Die Bezugskosten, die vom Verkäufer zusätzlich in Rechnung gestellt werden, sind zunächst auf einem gesonderten Konto zu erfassen. Die Buchhaltung soll aufzeigen, wie hoch der reine Warenwert und wie hoch die Nebenkosten sind.

Je nachdem, nach welchem Verfahren gebucht werden soll, ergibt sich für die Buchung der Bezugskosten folgende Eingliederung in den Kontenrahmen:

Verbrauchsorientiertes Verfahren	Bestandsorientiertes Verfahren
■ 6001 Bezugskosten (für Rohstoffe)	■ 2001 Bezugskosten (für Rohstoffe)
■ 6021 Bezugskosten (für Hilfsstoffe)	■ 2021 Bezugskosten (für Hilfsstoffe)
■ 6031 Bezugskosten (für Betriebsstoffe)	■ 2031 Bezugskosten (für Betriebsstoffe)
■ 6081 Bezugskosten (für Handelswaren)	■ 2211 Bezugskosten (für Handelswaren)

Beispiel:

Geschäftsvorfälle		Konten	Soll	Haben
1. Rohstoffeinkauf auf Ziel,				
netto	1 500,00 EUR	6000 Aufwend. f. Rohstoffe[1]	1 500,00	
+ Verpackung	50,00 EUR	6001 Bezugskosten[1]	200,00	
+ Fracht	150,00 EUR	2600 Vorsteuer	323,00	
	1 700,00 EUR	an 4400 Verb. a. L. u. Leist.		2 023,00
+ 19 % USt	323,00 EUR			
	2 023,00 EUR			
2. Kauf von Hilfsstoffen auf Ziel,				
netto	850,00 EUR	6020 Aufwend. f. Hilfsstoffe[1]	850,00	
+ Verpackung	40,00 EUR	6021 Bezugskosten[1]	110,00	
+ Fracht	70,00 EUR	2600 Vorsteuer	182,40	
	960,00 EUR	an 4400 Verb. a. L. u. Leist.		1 142,40
+ 19 % USt	182,40 EUR			
	1 142,40 EUR			

Das **Konto Bezugskosten** stellt ein **Unterkonto** des **jeweiligen Werkstoffaufwandskontos** dar.

Übungsaufgabe

153 Buchungssätze zum Kauf von Werkstoffen und Handelswaren mit Sofortnachlässen und Bezugskosten

Bilden Sie für eine Werkzeugfabrik zu folgenden Geschäftsvorfällen die Buchungssätze!

1. Wir kaufen Stahlbleche auf Ziel, Listeneinkaufspreis 12 000,00 EUR zuzüglich 19 % USt. Der Lieferer gewährt uns 20 % Rabatt. Die Fracht und Verpackungskosten betragen 510,00 EUR zuzüglich 19 % USt.

---

1 Beim **bestandsorientierten Verfahren**: 2000 Rohstoffe, 2020 Hilfsstoffe.
   2001 Bezugskosten, 2021 Bezugskosten

2. Kauf von Dichtungsringen von einem ausländischen Exporteur auf Ziel, Listeneinkaufspreis 795,20 EUR zuzüglich 19 % USt. Zölle und Gebühren: 8 % vom Listeneinkaufspreis.

3. Kauf von Elektromotoren gegen Bankscheck. Lieferung frei Haus 2 400,00 EUR zuzüglich 19 % USt. Für Fracht werden 150,00 EUR zuzüglich 19 % USt in Rechnung gestellt.

4. Für eine erhaltene Schleifmittellieferung zahlen wir die Frachtkosten in bar 60,00 EUR zuzüglich 19 % USt.

5. Einkauf einer Partie Kupplungen zum Listeneinkaufspreis von 8 500,00 EUR zuzüglich 19 % USt gegen Banküberweisung.

6. Die Frachtkosten (zu Geschäftsvorfall 5) in Höhe von 198,50 EUR zuzüglich 19 % USt werden bar bezahlt.

7. Wir beziehen Waschbenzin auf Ziel im Gesamtwert von 5 880,00 EUR zuzüglich 19 % USt. Der Rabattsatz unseres Lieferers beträgt 30 %. An Verpackungskosten werden uns 180,00 EUR in Rechnung gestellt.

8. Wir erhalten eine Rechnung für die Lieferung von 4 500 Stück Kleinmotoren zum Preis von 150,00 EUR je Stück zuzüglich 19 % USt. Der Warenwert der Rechnung wird um 20 % Mengenrabatt gekürzt. Für Fracht und Verpackung werden 350,00 EUR zuzüglich 19 % USt in Rechnung gestellt.

9. Uns liegt folgende Eingangsrechnung für Handelsware vor:

5 Bürotische zu je 950,00 EUR	4 750,00 EUR
− 20 % Händlerrabatt	950,00 EUR
	3 800,00 EUR
+ Fracht	320,00 EUR
+ Verpackung	90,00 EUR
+ Transportversicherung	47,50 EUR
	4 257,50 EUR
+ 19 % USt	808,93 EUR
= Rechnungsbetrag	5 066,43 EUR

10. Wir haben die uns bei der Lieferung von Schmiermittelstoffen in Rechnung gestellte Leihverpackung vereinbarungsgemäß an den Lieferer zurückgesandt und erhalten daraufhin eine Gutschrift über 208,25 EUR einschließlich 19 % USt.

1.1.2 Rücksendungen an den Lieferer

Rücksendungen an den Lieferer werden buchhalterisch als **Rückbuchung (Storno)** erfasst und direkt auf den betreffenden **Werkstoff- bzw. Handelswarenkonto** gebucht. Da der Warenwert durch die Rücksendung sinkt, ist die **Vorsteuer zu berichtigen.**

Beispiel:

Von einer bei uns gebuchten Rohstofflieferung (Rohstoffwert lt. Eingangsrechnung 15 000,00 EUR zuzüglich 19 % USt) senden wir Rohstoffe zurück (Falschlieferung).

Rohstoffwert	500,00 EUR
+ 19 % USt	95,00 EUR
= Gutschriftsbetrag	595,00 EUR

Aufgaben:

1. Buchen Sie den Geschäftsvorfall auf den Konten des Hauptbuches!

2. Bilden Sie dazu den Buchungssatz!

Lernfelder 6, 10

Lernfeld 6: Beschaffungsprozesse planen, steuern und kontrollieren/
Lernfeld 10: Absatzprozesse planen, steuern und kontrollieren

Lösungen:

Zu 1.: Buchung auf den Konten des Hauptbuches

S	6000 Aufwend. f. Rohstoffe		H		S	4400 Verb. a. Lief. u. Leist.		H
4400	15 000,00	4400	500,00	← →	6000/2600	595,00	6000/2600	17 850,00

S	2600 Vorsteuer		H
4400	2 850,00	4400	95,00 ←

Zu 2.: Buchungssätze

Geschäftsvorfall	Konten	Soll	Haben
Von einer gebuchten Rohstofflieferung schicken wir Rohstoffe zurück: Nettowert 500,00 EUR + 19 % USt 95,00 EUR = Bruttowert 595,00 EUR	4400 Verb. a. Lief. u. Leist. an 6000 Aufw. f. Rohstoffe[1] an 2600 Vorsteuer	595,00	500,00 95,00

Erläuterung:

Der Rücksendung anderer Werkstoffe und Handelswaren liegen die gleichen Überlegungen zugrunde.

> Senden wir beanstandete Werkstoffe bzw. Handelswaren zurück, vermindert sich deren Aufwendungen bzw. Bestand sowie die Verbindlichkeiten an den Lieferer. Die Vorsteuer ist anteilig zu berichtigen.

Beispiel:

Geschäftsvorfall	Konten	Soll	Haben
Gutschrift für eine Rücksendung von Verpackungsmaterial, das auf einer Eingangsrechnung für Rohstoffe gesondert in Rechnung gestellt wurde: Nettowert 350,00 EUR + 19 % USt 66,50 EUR = Bruttowert 416,50 EUR	4400 Verb. a. Lief. u. Leist. an 6001 Bezugskosten[1] an 2600 Vorsteuer	416,50	350,00 66,50

Übungsaufgabe

154 Buchungssätze zum Kauf von Werkstoffen und Handelswaren sowie von Rücksendungen

Bilden Sie für folgende Geschäftsvorfälle die Buchungssätze!

1. 1.1 Wir kaufen Betriebsstoffe im Gesamtwert von 2 150,00 EUR zuzüglich 19 % USt gegen Rechnung.

   1.2 Nach Buchung und Überprüfung der Sendung wird ein Teil der Betriebsstoffe wegen Qualitätsmängeln zurückgesandt, 430,00 EUR zuzüglich 19 % USt.

---

1 Beim **bestandsrechnerischen Verfahren**: 2000 Rohstoffe, 2001 Bezugskosten.

2. 2.1 Wir kaufen Hilfsstoffe auf Ziel im Warenwert von 2 900,00 EUR zuzüglich 19 % USt.

    2.2 Einen Teil der bereits gebuchten Hilfsstoffe senden wir wegen Beschädigung zurück. Warenwert 480,00 EUR zuzüglich 19 % USt.

3. 3.1 Wir kaufen Handelswaren im Gesamtwert von 6 324,00 EUR zuzüglich 19 % USt gegen Rechnung.

    3.2 Nach Buchung und Überprüfung der Sendung wird ein Teil der Ware wegen Qualitätsmängeln zurückgesandt, 830,50 EUR zuzüglich 19 % USt.

1.1.3 Preisnachlässe von Lieferern

Bei den hier zu behandelnden Preisnachlässen handelt es sich um Preisnachlässe, die ein Lieferer **nach** der beim Empfänger gebuchten Eingangsrechnung gewährt.

Als nachträglich gewährte Preisnachlässe kommen infrage:

- Preisnachlässe aufgrund beanstandeter Mängel der Lieferung **(Mängelrüge)**,
- nachträglich gewährte Rabatte **(Umsatzboni)**,
- von Lieferern gewährte Skonti **(Liefererskonti)**.

Der Industriekontenrahmen sieht für jedes Werkstoffaufwandskonto jeweils ein gesondertes Nachlasskonto vor:

Verbrauchsorientiertes Verfahren	**Bestandsorientiertes Verfahren**
■ 6002 Nachlässe (für Rohstoffe)	■ 2002 Nachlässe (für Rohstoffe)
■ 6012 Nachlässe (für Vorprodukte)	■ 2012 Nachlässe (für Vorprodukte)
■ 6022 Nachlässe (für Hilfsstoffe)	■ 2022 Nachlässe (für Hilfsstoffe)
■ 6032 Nachlässe (für Betriebsstoffe)	■ 2032 Nachlässe (für Betriebsstoffe)
■ 6082 Nachlässe (für Waren)	■ 2082 Nachlässe (für Waren)

Nachträgliche Preisminderungen von Lieferern **mindern die Verbindlichkeiten**. Sie werden auf dem entsprechenden **Unterkonto Nachlässe** gebucht. Durch die Minderung der Verbindlichkeiten ist die **Vorsteuer zu berichtigen**.

Geschäftsvorfälle	Konten	Soll	Haben
Wegen Mängel an der Betriebsstofflieferung erhalten wir eine **Lieferergutschrift** über 300,00 EUR zuzüglich 19 % USt.	4400 Verb. a. Lief. u. Leist.	357,00	
	an 6032 Nachlässe[1]		300,00
	an 2600 Vorsteuer		57,00

---

1 Beim **bestandsorientierten Verfahren**: 2032 Nachlässe.

Lernfelder 6, 10

Lernfeld 6: Beschaffungsprozesse planen, steuern und kontrollieren/
Lernfeld 10: Absatzprozesse planen, steuern und kontrollieren

Geschäftsvorfälle	Konten	Soll	Haben
Ein Hilfsstofflieferer gewährt uns einen **Umsatzbonus** in Form folgender Gutschrift: Halbjahresbonus 2 % von 35 000,00 EUR = 700,00 EUR + 19 % USt 133,00 EUR = Gutschriftsbetrag 833,00 EUR	4400 Verb. a. Lief. u. Leist. an 6022 Nachlässe[1] an 2600 Vorsteuer	833,00	700,00 133,00
Wir bezahlen eine Liefererrechnung für Rohstoffe unter Abzug von **Skonto** Rechnungsbetrag 7 140,00 EUR − 2 % Skonto 142,80 EUR = Banküberweisung 6 997,20 EUR	4400 Verb. a. Lief. u. Leist. an 2800 Bank an 6002 Nachlässe[1] an 2600 Vorsteuer[2]	7 140,00	6 997,20 120,00 22,80

Übungsaufgaben

155 Buchungssätze zu Preisnachlässen bei Werkstoffen und Handelswaren

Buchen Sie im Grundbuch der Maschinenfabrik Werner Simon GmbH die folgenden Geschäftsvorfälle!

1. Der Lieferer sendet uns für zurückgesandte Schrauben eine Gutschrift in Höhe des Bruttowertes von 386,75 EUR.

2. Unser Lieferer für Schmieröl gewährt uns am Jahresende einen Bonus in Höhe von 1 863,00 EUR zuzüglich 19 % Umsatzsteuer.

3. Wir senden Leihverpackungen für Stahlbleche zurück und erhalten eine Gutschrift in Höhe des Bruttowertes von 856,80 EUR.

4. Wir senden einen Elektromotor wegen Beschädigung zurück und erhalten vom Lieferer eine Gutschrift in Höhe des Bruttowertes von 1 483,93 EUR.

5. Auf eine Lieferung Pflegemittel (Handelswaren) gewährt uns der Lieferer nachträglich einen Rabatt in Form einer Gutschrift in Höhe des Bruttowertes von 452,20 EUR.

6. Vom Lieferer für die Computer-Steuerung der Maschinen erhalten wir am Jahresende einen Bonus in Höhe von 2 160,00 EUR zuzüglich 19 % Umsatzsteuer.

7. Wir kaufen Maschinenöl auf Ziel. Rechnungsbetrag einschließlich 19 % Umsatzsteuer 9 686,60 EUR.

8. Für Verpackungs- und Versandkosten stellt der Lieferer für Schweißmaterial eine gesonderte Rechnung aus, die wie folgt lautet:

Verpackungskosten	115,00 EUR
+ Transportkosten	90,00 EUR
	205,00 EUR
+ 19 % Umsatzsteuer	38,95 EUR
= Rechnungsbetrag	243,95 EUR

---

1 Beim **bestandsrechnerischen Verfahren**: 2020 Nachlässe, 2002 Nachlässe.

2 **Berechnung der Vorsteuerkorrektur:**

119 % ≙ 142,80 EUR
100 % ≙   x   EUR $x = \dfrac{142{,}80 \cdot 100}{119} = \underline{120{,}00 \text{ EUR}}$
120,00 EUR · 19 % = 22,80 EUR

156 Buchungssätze zu Preisnachlässen bei Werkstoffen nach Belegen

Bilden Sie für die Soester Büromöbel AG die Buchungssätze zu den nachfolgenden Buchungsbelegen!

Beleg 1

Naturholz AG Augsburg

Naturholz AG · Lindenstraße 15 · 86153 Augsburg

Soester Büromöbel AG
Industriepark 5
59494 Soest

Bitte stets angeben

Rechnungsdatum:	25.09.20..
Rechnungs-Nr.:	345376
Kunden-Nr.:	4711
Lieferdatum:	24.09.20..

Rechnungs-Nr. H 345 376

Pos.	Menge	Bezeichnung	Einzelpreis	Gesamtbetrag in EUR
1	46	Spanplatten 19 mm	40,25	1851,50
		− 20 % Lieferrabatt		370,30
				1481,20
		− 5 % Jubiläumsrabatt		74,06
				1407,14
		+ 19 % USt		267,36
				1674,50

Beleg 2

METALLWARENFABRIK
BERNHARD MÜLLER OHG

Bernhard Müller OHG · Waldkauzstr. 1 · 86804 Buchloe

Soester Büromöbel AG
Industriepark 5
59494 Soest

Ihr Zeichen, Ihre Nachricht vom ri/ka 18.09.20..	Unser Zeichen, unsere Nachricht vom mü/fe 10.09.20..	Datum 20.09.20..

Sehr geehrte Frau Heinrich,

in der Rechnung über Bürotischgestelle vom 10. September 20 . . haben wir versehentlich keinen Mengenrabatt gewährt. Selbstverständlich erhalten Sie den vereinbarten Rabatt nachträglich per Gutschrift:

20 % Mengenrabatt vom Warenwert	42500,00 EUR	8500,00 EUR
+ 19 % USt		1615,00 EUR
Gutschrift		10115,00 EUR

Entschuldigen Sie bitte unser Versehen.

Mit freundlichen Grüßen

B. Müller

Beleg 3

Soester Büromöbel AG

Soester Büromöbel AG · Industriepark 5 · 59494 Soest

Innovation AG
Am Winkel 19
01109 Dresden

Soest, 20.09.20..

Rechnungs-Nr. 7788/99

Aufgrund eines Furnierfehlers – „Eiche" statt „Mahagoni" – senden wir Furnier im Wert von 1250,00 EUR zuzüglich 19 % USt zurück. Bitte nehmen Sie eine entsprechende Verrechnung in Ihrer Buchhaltung vor.

Soester Büromöbel AG
i. A. *Meyerling*

Beleg 4

SägGut OHG · Rahlstedter Str. 144 · 22143 Hamburg

Soester Büromöbel AG
Industriepark 5
59494 Soest

		Bestell-Nr. 2210

Bestelldatum 10.09.20..
Lieferschein-Nr. 212/22
Telefon 040 6724-556
Fax 040 6724-587

Bei Zahlung unbedingt angeben:

Rechnungsdatum 20.09.20..	Kunden-Nr. 3355	Rechnungs-Nr. 7788/99

Wir berechnen für unsere Lieferung vom 18.09.20..

Artikel-Nr.	Menge (Stück)	Artikelbezeichnung	Einzelpreis EUR	Gesamtbetrag EUR
1032	50	Spanplatten „Mahagoni" Top 1	131,20	6560,00
		Warenwert (netto)		6560,00
		+ Furnierzuschlag „Mahagoni"		500,00
				7060,00
		− 10 % Rabatt		706,00
				6354,00
		+ Zustellkosten		480,00
				6834,00
		+ 19 % USt		1298,46
		Rechnungsbetrag		8132,46

Lernfelder
6, 10

Lernfeld 6: Beschaffungsprozesse planen, steuern und kontrollieren/
Lernfeld 10: Absatzprozesse planen, steuern und kontrollieren

Beleg 5

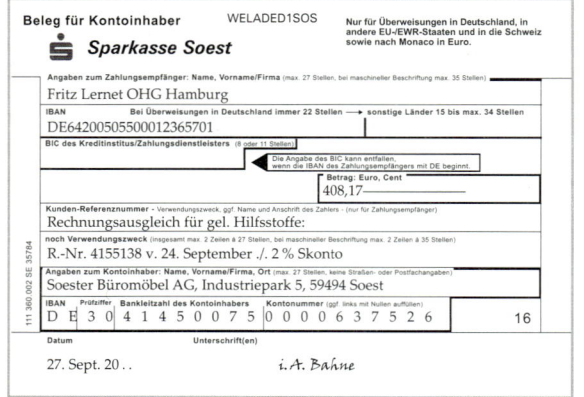

Beleg 6

157 Buchung einer Eingangsrechnung, Zahlung mit Skontoabzug

Bilden Sie die Buchungssätze aus der Sicht der Franz Bäumler GmbH!

1. Für die Eingangsrechnung!
2. Für die Zahlung innerhalb von 8 Tagen unter Abzug von 2 % Skonto per Bankscheck!

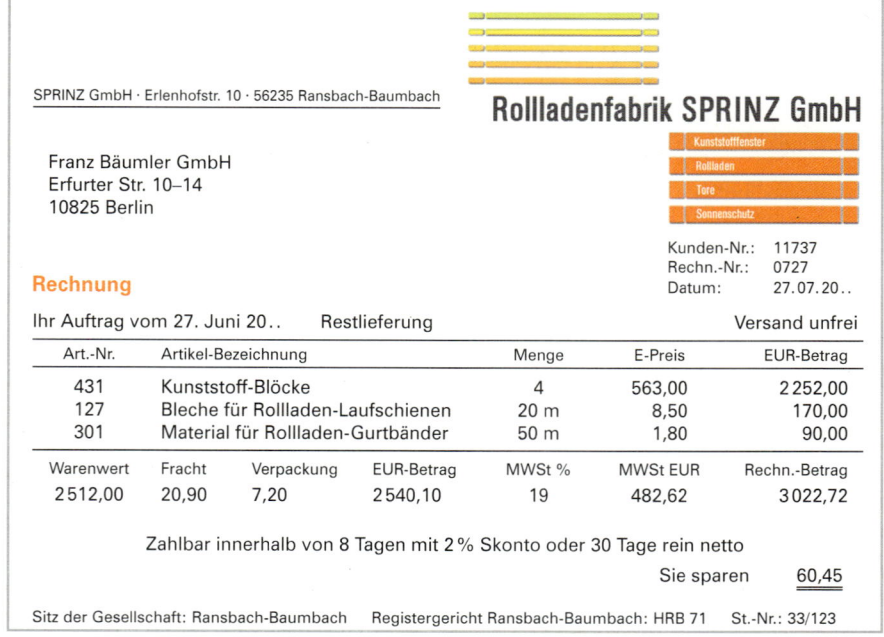

1.1.4 Abschluss der Unterkonten Bezugskosten und Nachlässe

Die Bezugskosten und Nachlässe stellen Unterkonten des betreffenden Werkstoffaufwands- bzw. Warenaufwandskontos dar. Diese Unterkonten werden über das betreffende Hauptkonto abgeschlossen.

Beispiel:

Summe der Aufwendungen auf dem Konto 6000 Aufwendungen für Rohstoffe: 87 400,00 EUR, Summe der Bezugskosten auf dem Konto 6001 Bezugskosten: 7 980,00 EUR, Summe der Nachlässe auf dem Konto 6002 Nachlässe: 3 420,00 EUR.

Aufgaben:

1. Übertragen Sie die Angaben auf die entsprechenden Konten und schließen Sie die Konten 6001 und 6002 ab!
2. Nennen Sie die Aufwendungen für Rohstoffe!

Lösungen:

Zu 1.:

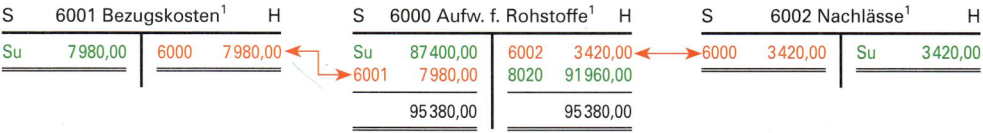

S	6001 Bezugskosten[1]	H		S	6000 Aufw. f. Rohstoffe[1]	H		S	6002 Nachlässe[1]	H
Su	7 980,00	6000 7 980,00		Su	87 400,00	6002 3 420,00		6000 3 420,00	Su 3 420,00	
				6001	7 980,00	8020 91 960,00				
					95 380,00	95 380,00				

Zu 2.: Die Aufwendungen für Rohstoffe betragen 91 960,00 EUR.

Übungsaufgaben

158 Abschluss der Unterkonten Bezugskosten und Nachlässe

I. Richten Sie die folgenden Konten ein:

6020 Aufwendungen für Hilfsstoffe, 6021 Bezugskosten, 6022 Nachlässe, 6030 Aufwendungen für Betriebsstoffe, 6031 Bezugskosten, 6032 Nachlässe.

II. Saldovorträge:

6020: 142 780,00 EUR, 6021: 12 940,00 EUR, 6022: 7 160,00 EUR,
6030: 74 560,00 EUR, 6031: 4 330,00 EUR, 6032: 2 860,00 EUR.

III. Aufgaben:

1. Übertragen Sie die Saldovorträge auf die entsprechenden Konten und schließen Sie die Unterkonten ab!
2. Weisen Sie buchhalterisch die Aufwendungen für Hilfsstoffe und die Aufwendungen für Betriebsstoffe aus!

159 Buchungssätze zu Zahlung einer Liefererrechnung mit Skontoabzug

Bilden Sie für eine Möbelfabrik die Buchungssätze zu den nachfolgenden Geschäftsvorfällen!

1. 1.1 Wir erhalten von einem Lieferer eine Rechnung über bezogenen Leim in Höhe von 1 760,00 EUR zuzüglich 19 % USt.
   1.2 Wir begleichen die Rechnung innerhalb der Skontofrist unter Abzug von 2 % Skonto mit Bankscheck.
2. 2.1 Wir erhalten von einem Lieferer eine Rechnung über gelieferte Matratzen in Höhe von 4 150,00 EUR zuzüglich 19 % USt.
   2.2 Wir begleichen die Rechnung innerhalb der Skontofrist unter Abzug von 3 % Skonto mit Bankscheck.

---

1 Beim **bestandsrechnerischen Verfahren:** 2001, 2000, 2002.

Lernfelder 6, 10

Lernfeld 6: Beschaffungsprozesse planen, steuern und kontrollieren/
Lernfeld 10: Absatzprozesse planen, steuern und kontrollieren

1.2 Besondere Buchungen bei Ausgangsrechnungen

1.2.1 Buchhalterische Behandlung von Sofortnachlässen und Versandkosten

(1) Buchhalterische Behandlung von Sofortnachlässen gegenüber Kunden

Die dem Kunden sofort bei Rechnungserteilung gewährten Nachlässe (Sofortnachlässe) vermindern die Verkaufserlöse und erscheinen nicht in der Buchführung. Gebucht wird der verminderte Verkaufspreis.

Geschäftsvorfall	Konten	Soll	Haben
Wir verkaufen eigene Erzeugnisse auf Ziel laut folgender Ausgangsrechnung: Listenpreis 2 500,00 EUR − 10 % Rabatt 250,00 EUR 2 250,00 EUR + 19 % USt 427,50 EUR = Rechnungsbetrag 2 677,50 EUR	2400 Ford. a. L. u. L. an 5000 UE f. eig. Erzeugn. an 4800 Umsatzsteuer	2 677,50	2 250,00 427,50

Sofortnachlässe an die Kunden werden **nicht gebucht**.

(2) Buchhalterische Behandlung der den Kunden zusätzlich in Rechnung gestellten Nebenkosten

■ **Vertriebskosten, die den Kunden in Rechnung gestellt werden**

Die zusätzlich in Rechnung gestellten Vertriebskosten erhöhen die Verkaufserlöse. Im Verkaufsbereich wird **kein** Unterkonto geführt. Die zusätzlich in Rechnung gestellten Versandkosten werden zusammen mit dem Warenwert **direkt auf dem entsprechenden Umsatzerlöskonto** gebucht.

Geschäftsvorfall	Konten	Soll	Haben
Wir verkaufen eigene Erzeugnisse auf Ziel laut folgender Ausgangsrechnung: Listenpreis 1 200,00 EUR + Verpackung 55,00 EUR + Fracht 105,00 EUR 1 360,00 EUR + 19 % USt 258,40 EUR = Rechnungsbetrag 1 618,40 EUR	2400 Ford. a. L. u. L. an 5000 UE f. eig. Erzeugn. an 4800 Umsatzsteuer	1 618,40	1 360,00 258,40

■ **Vertriebskosten, für die Eingangsrechnungen vorliegen**

Vertriebskosten, für die Eingangsrechnungen vorliegen, werden als **Aufwand gebucht**.

Nr.	Geschäftsvorfälle		Konten	Soll	Haben
1.	Wir zahlen folgende noch nicht gebuchte Eingangsrechnung für Verpackungsmaterial bar: + 19 % USt	247,00 EUR 46,93 EUR 293,93 EUR	6040 Aufw. f. Verpackungsmat. 2600 Vorsteuer an 2880 Kasse	247,00 46,93	293,93
2.	Wir begleichen eine noch nicht gebuchte Rechnung unseres Spediteurs durch Bank- überweisung für Fahrten im Monat März + 19 % USt	380,00 EUR 72,20 EUR 452,20 EUR	6140 Frachten und Fremdlager 2600 Vorsteuer an 2800 Bank	380,00 72,20	452,20
3.	Wir zahlen Vertriebsprovision bar + 19 % USt	460,00 EUR 87,40 EUR 547,40 EUR	6150 Vertriebsprovision 2600 Vorsteuer an 2880 Kasse	460,00 87,40	547,40

1.2.2 Rücksendungen durch Kunden

Rücksendungen durch Kunden werden buchhalterisch als **Rückbuchung (Storno)** erfasst und direkt auf dem **betreffenden Umsatzerlöskonto** gebucht. Da die Umsatzerlöse durch die Rücksendung sinken, ist die **Umsatzsteuer zu berichtigen.**

Beispiel:

Von einer bereits bei uns gebuchten Lieferung (Warenwert lt. Ausgangsrechnung 20 000,00 EUR zuzüglich 19 % USt) schickt uns der Kunde wegen Falschlieferung Erzeugnisse zurück im Wert von:

	Wert der Erzeugnisse netto	800,00 EUR
+	19 % USt	152,00 EUR
=	Rechnungsbetrag	952,00 EUR

Aufgaben:

1. Buchen Sie die Rücksendung des Kunden auf den Konten des Hauptbuches!
2. Bilden Sie dazu den Buchungssatz!

Lösungen:

Zu 1.: Buchung auf den Konten des Hauptbuches

S	2400 Ford. a. Lief. u. Leist.	H		S	5000 Umsatzerl. f. eig. Erzeugn.	H
5000/ 4800	23 800,00	5000/ 4800	952,00	2400	800,00	2400	20 000,00

S	4800 Umsatzsteuer	H
	2400	152,00	2400	3 800,00

Lernfelder 6, 10

Lernfeld 6: Beschaffungsprozesse planen, steuern und kontrollieren/
Lernfeld 10: Absatzprozesse planen, steuern und kontrollieren

Zu 2.: Buchungssatz

Geschäftsvorfall	Konten	Soll	Haben
Ein Kunde sendet Erzeugnisse zurück: Nettowert 800,00 EUR + 19 % USt 152,00 EUR 952,00 EUR	5000 Umsatzerl. f. eig. Erz. 4800 Umsatzsteuer an 2400 Ford. a. Lief. u. Leist.	800,00 152,00	 952,00

> Senden Kunden beanstandete Erzeugnisse zurück, vermindern sich die Umsatzerlöse sowie die Forderungen. Die Umsatzsteuer ist anteilig zu berichtigen.

Übungsaufgabe

160 Buchungssätze Sofortnachlässe, Nebenkosten, Rücksendungen

1. **Beleg 1:**   **Beleg 2:**

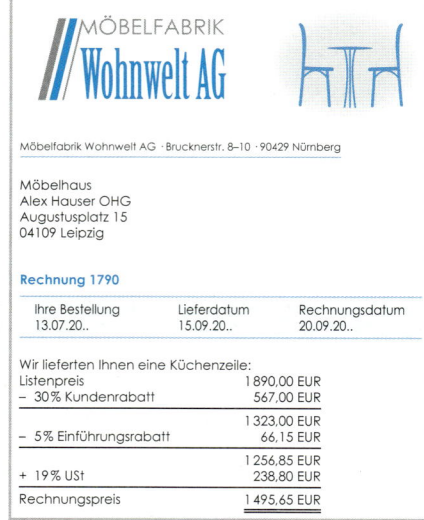

Beleg 1:

MÖBELFABRIK Wohnwelt AG

Möbelfabrik Wohnwelt AG · Brucknerstr. 8–10 · 90429 Nürnberg

Möbelhaus
Alex Hauser OHG
Augustusplatz 15
04109 Leipzig

Rechnung 1790

Ihre Bestellung	Lieferdatum	Rechnungsdatum
13.07.20..	15.09.20..	20.09.20..

Wir lieferten Ihnen eine Küchenzeile:

Listenpreis	1 890,00 EUR
– 30 % Kundenrabatt	567,00 EUR
	1 323,00 EUR
– 5 % Einführungsrabatt	66,15 EUR
	1 256,85 EUR
+ 19 % USt	238,80 EUR
Rechnungspreis	1 495,65 EUR

Beleg 2:

MÖBELFABRIK Wohnwelt AG

Möbelfabrik Wohnwelt AG · Brucknerstr. 8–10 · 90429 Nürnberg

Möbelhaus
Friedrich Lenz
Wielandstr. 21
39108 Magdeburg

Rechnung 1799

Ihre Bestellung	Lieferdatum	Rechnungsdatum
15.08.20..	18.09.20..	21.09.20..

Wir lieferten Ihnen einen Orientteppich:

Listenpreis	865,00 EUR
– 10 % Rabatt	86,50 EUR
	778,50 EUR
+ Zustellkosten	25,00 EUR
	803,50 EUR
+ 19 % USt	152,67 EUR
Rechnungspreis	956,17 EUR

Aufgabe:

Bilden Sie die Buchungssätze zu den Belegen 1 und 2 für die Möbelfabrik Wohnwelt AG!

2. Ausgangsrechnung Nr. 2654 für Handelswaren

Warenwert	2 390,00 EUR
+ Verpackungskosten	105,00 EUR
+ Frachtkosten	132,00 EUR
+ Transportversicherung	25,00 EUR
	2 652,00 EUR
+ 19 % USt	503,88 EUR
= Rechnungsbetrag	3 155,88 EUR

Aufgabe:

Bilden Sie den Buchungssatz für die Ausgangsrechnung!

3. 3.1 Ein Kunde kauft zwei Erzeugnisse im Bruttowert von 124,95 EUR je Erzeugnis gegen Rechnung. Bilden Sie den Buchungssatz!

   3.2 Nach einigen Tagen gibt er einen Artikel zurück und bezahlt den anderen bar. Bilden Sie den Buchungssatz!

1.2.3 Preisnachlässe gegenüber Kunden

Neben den Preisänderungen, die sofort bei Rechnungserteilung gewährt werden, gibt es im Verkaufsbereich Preisnachlässe, die nach der Buchung einer Ausgangsrechnung auftreten. Es sind drei Fälle zu unterscheiden:

- Preisnachlässe aufgrund beanstandeter Mängel des Kunden **(Mängelrüge)**,
- den Kunden nachträglich gewährte Rabatte **(Umsatzboni)**,
- den Kunden bei vorzeitiger Zahlung gewährte Skonti **(Kundenskonti)**.

Durch die nachträgliche Preisänderung nehmen die Forderungen gegenüber den Kunden ab, d.h., die Umsatzerlöse werden geschmälert. Die Preisnachlässe werden nicht direkt auf dem betreffenden Konto Umsatzerlöse gebucht, sondern zunächst auf dem Konto **5001** bzw. **5101 Erlösberichtigungen** erfasst.

(1) Ein Kunde erhält eine Gutschrift aufgrund seiner Reklamation

Beispiel:

Der Kunde reklamiert an den gelieferten Erzeugnissen (Warenwert lt. Eingangsrechnung 30 000,00 EUR zuzüglich 19 % USt) Mängel und erhält daraufhin von uns einen Preisnachlass in Form einer Gutschrift in Höhe von

	Wert der Erzeugnisse netto	800,00 EUR
+	19 % USt	152,00 EUR
=	Kundengutschrift	952,00 EUR

Aufgaben:

1. Buchen Sie den Geschäftsvorfall auf den Konten des Hauptbuches!
2. Bilden Sie dazu den Buchungssatz!

Lösungen:

Zu 1.: Buchung auf den Konten des Hauptbuches

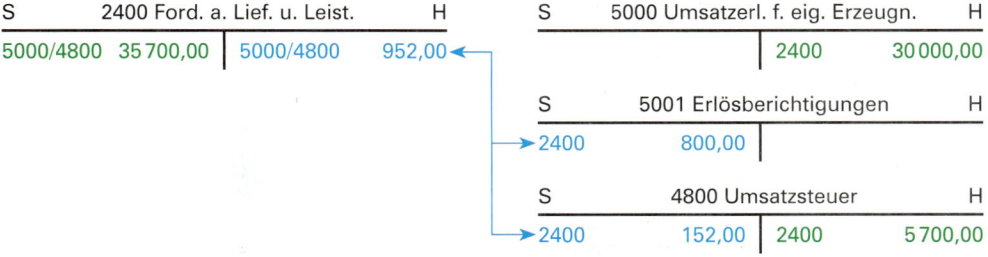

21 Speth u.a. - ISBN 978-3-8120-0521-0

Lernfelder 6, 10

Lernfeld 6: Beschaffungsprozesse planen, steuern und kontrollieren/
Lernfeld 10: Absatzprozesse planen, steuern und kontrollieren

Zu 2.: Buchungssatz

Geschäftsvorfall	Konten	Soll	Haben
Wir gewähren einem Kunden eine Gutschrift aufgrund seiner Mängelrüge	5001 Erlösberichtigungen 4800 Umsatzsteuer an 2400 Ford. a. L. u. L.	800,00 152,00	 952,00

(2) Ein Kunde erhält eine Umsatzrückvergütung (Bonus) in Form einer Gutschrift

Die Buchung des Kundenbonus löst auf den Konten die gleichen Wirkungen aus wie eine Mängelrüge und führt daher zum gleichen Buchungssatz.

Geschäftsvorfall	Konten	Soll	Haben
Wir gewähren einem Kunden auf gelieferte Erzeugnisse einen Umsatzbonus in Form einer Gutschrift 600,00 EUR zzgl. 19 % USt.	5001 Erlösberichtigungen 4800 Umsatzsteuer an 2400 Ford. a. L. u. L.	600,00 114,00	 714,00

(3) Kundenskonti

Zahlt der Kunde eine Ausgangsrechnung für die Lieferung von Handelswaren unter Skontoabzug, ist der Skonto auf dem Unterkonto **5101 Erlösberichtigungen** zu erfassen.

Beispiel:

Ein Kunde bezahlt eine bereits gebuchte Rechnung für die Lieferung von Handelswaren in Höhe von	11 900,00 EUR
unter Abzug von 2 % Skonto durch Banküberweisung	238,00 EUR
Bankgutschrift	11 662,00 EUR

Aufgabe:
Bilden Sie den Buchungssatz!

Lösung:

Geschäftsvorfall	Konten	Soll	Haben
Ein Kunde überweist uns einen Rechnungsbetrag über die Lieferung von Handelswaren 11 900,00 EUR unter Abzug von 2 % Skonto 238,00 EUR Bankgutschrift 11 662,00 EUR	2800 Bank 4800 Umsatzsteuer[1] 5101 Erlösberichtigungen[1] an 2400 Ford. a. L. u. Leist.	11 662,00 38,00 200,00	 11 900,00

 Nachträgliche Preisminderungen gegenüber Kunden **mindern die Umsatzerlöse.** Sie werden auf dem **entsprechenden Unterkonto Erlösberichtigungen** gebucht. Durch die Minderung der Umsatzerlöse ist die **Umsatzsteuer zu berichtigen.**

---

1 **Berechnung der Umsatzsteuerkorrektur:**
   119 % $\widehat{=}$ 238,00 EUR
   19 % $\widehat{=}$ x EUR $x = \dfrac{238 \cdot 19}{119} = 38,00$ EUR

1.2.4 Abschluss des Kontos Erlösberichtigungen

Das Konto Erlösberichtigungen stellt ein Unterkonto des betreffenden Umsatzerlöskontos dar. Es wird über das betreffende Hauptkonto abgeschlossen.

Beispiel:

Summe der Erträge auf dem Konto 5000 Umsatzerlöse für eigene Erzeugnisse: 321 480,00 EUR, Summe der Erlösberichtigungen auf dem Konto 5001: 19 190,00 EUR.

Aufgaben:

1. Übernehmen Sie die angegebenen Beträge auf die entsprechenden Konten und schließen Sie die Konten ab!

2. Ermitteln Sie buchhalterisch die Umsatzerlöse!

Lösungen:

Zu 1.:

S	5001 Erlösberichtigungen	H
Su	19 190,00	5000	19 190,00

S	5000 Umsatzerlöse für eig. Erzeugnisse	H
5001	19 190,00	Su	321 480,00
8020	302 290,00		
	321 480,00		321 480,00

Zu 2.: Die Umsatzerlöse betragen 302 290,00 EUR.

Übungsaufgaben

161 Buchungssätze Preisnachlässe

Bilden Sie zu den folgenden Geschäftsvorfällen die Buchungssätze:

(**Hinweis:** Bei allen Geschäftsvorfällen ist davon auszugehen, dass die ursprüngliche Rechnung bereits bei uns gebucht war.)

1. Aufgrund seiner Reklamation erhält ein Kunde auf die gelieferten Erzeugnisse nachträglich einen Preisnachlass in Form einer Gutschrift. Gutschriftbetrag einschließlich 19 % USt 476,00 EUR.

2. Ein treuer Kunde erhält durch Gutschriftanzeige den vierteljährlichen Umsatzbonus. Berechnen und buchen Sie den Bonus aufgrund folgender Daten:

   Erzielter Umsatz aus dem Verkauf von Fertigerzeugnissen einschließlich 19 % USt 177 310,00 EUR.

Bonusstaffelung: Nettoumsatz:	bis	50 000,00 EUR	Bonus:	1 %
	bis	100 000,00 EUR		2 %
	bis	150 000,00 EUR		3 %
	über	150 000,00 EUR		4 %

3. Ein Kunde schickt einen Teil unserer Erzeugnisse zurück

Nettowert	291,30 EUR	
+ 19 % USt	55,35 EUR	346,65 EUR

4. Der Betriebsstoffe-Lieferer gewährt uns aufgrund unserer Reklamation einen Preisnachlass in Form einer Gutschrift über netto

	720,00 EUR	
+ 19 % USt	136,80 EUR	856,80 EUR

Lernfelder 6, 10

Lernfeld 6: Beschaffungsprozesse planen, steuern und kontrollieren/
Lernfeld 10: Absatzprozesse planen, steuern und kontrollieren

5. Wir erteilen einem Kunden aufgrund einer Mängelrüge
   an zugesandten Erzeugnissen eine Gutschrift über
   brutto (19 % USt)   221,58 EUR

6. Wir erhalten eine Falschlieferung an Rohstoffen von
   unserem Lieferer und senden diese zurück.
   Bruttowert einschließlich 19 % USt   773,50 EUR

7. Wir schicken Hilfsstoffe an den Lieferer zurück
   Nettowert   1 123,40 EUR
   + 19 % USt   213,45 EUR   1 336,85 EUR

162 Abschluss der Unterkonten Bezugskosten, Nachlässe, Erlösberichtigungen

Richten Sie folgende Konten ein: 2000 Rohstoffe, 6001 Bezugskosten, 6002 Nachlässe, 5000 Umsatzerlöse für eigene Erzeugnisse, 5001 Erlösberichtigungen, 6000 Aufwendungen für Rohstoffe, 8010 SBK und 8020 GuV-Konto.

Tragen Sie die folgenden Beträge auf den Konten vor und ermitteln Sie buchhalterisch den Rohgewinn:

Anfangsbestand an Rohstoffen 71 000,00 EUR, Rohstoffeinkäufe 142 200,00 EUR, Bezugskosten 7 200,00 EUR, Nachlässe 2 100,00 EUR, Umsatzerlöse 235 700,00 EUR, Erlösberichtigungen 5 300,00 EUR, Inventurbestand an Rohstoffen 61 800,00 EUR.

163 Buchungssätze zu Gutschrift vom Lieferer und Rücksendungen an den Lieferer

1. Formulieren Sie aufgrund der Belege den jeweils zugrunde liegenden Geschäftsvorfall!

2. Buchen Sie die Geschäftsvorfälle im Grundbuch der Fahrradfabrik Fritz Schnell e. Kfm!

Beleg 1

Beleg 2

164 Buchung einer Ausgangsrechnung, Zahlung des Kunden unter Abzug von Skonto

Bilden Sie die Buchungssätze aus der Sicht der Fritz Pfennig OHG!

1. Für die Ausgangsrechnung!
2. Für den Zahlungseingang auf dem Bankkonto der Fritz Pfennig OHG am 9. Juli unter Abzug des vereinbarten Skontobetrags.

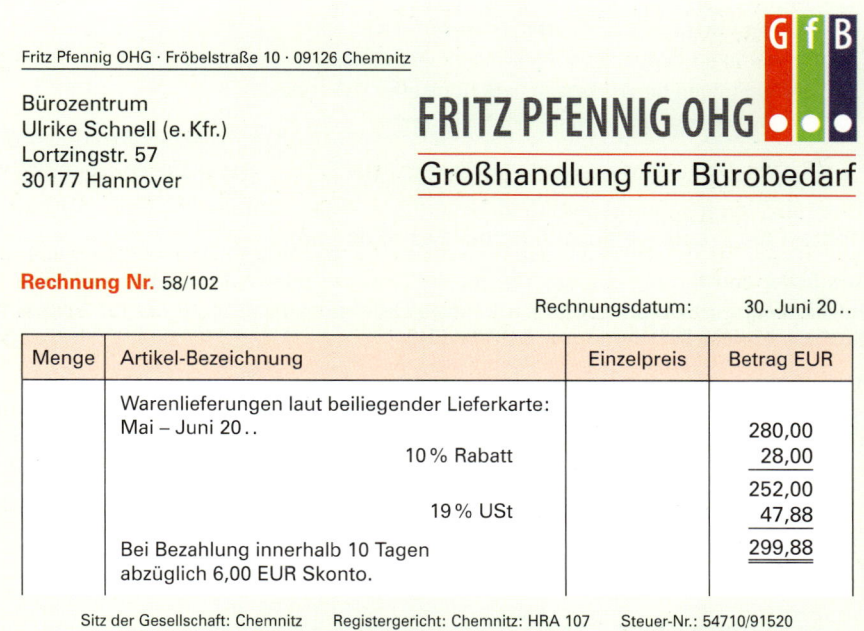

Fritz Pfennig OHG · Fröbelstraße 10 · 09126 Chemnitz

Bürozentrum
Ulrike Schnell (e. Kfr.)
Lortzingstr. 57
30177 Hannover

FRITZ PFENNIG OHG
Großhandlung für Bürobedarf

Rechnung Nr. 58/102

Rechnungsdatum: 30. Juni 20..

Menge	Artikel-Bezeichnung	Einzelpreis	Betrag EUR
	Warenlieferungen laut beiliegender Lieferkarte: Mai – Juni 20..		280,00
	10 % Rabatt		28,00
			252,00
	19 % USt		47,88
	Bei Bezahlung innerhalb 10 Tagen abzüglich 6,00 EUR Skonto.		299,88

Sitz der Gesellschaft: Chemnitz   Registergericht: Chemnitz: HRA 107   Steuer-Nr.: 54710/91520

165 Zahlungseingang auf dem Bankkonto

Bilden Sie den Buchungssatz für den nachfolgenden Beleg aus Sicht der Wipper GmbH!

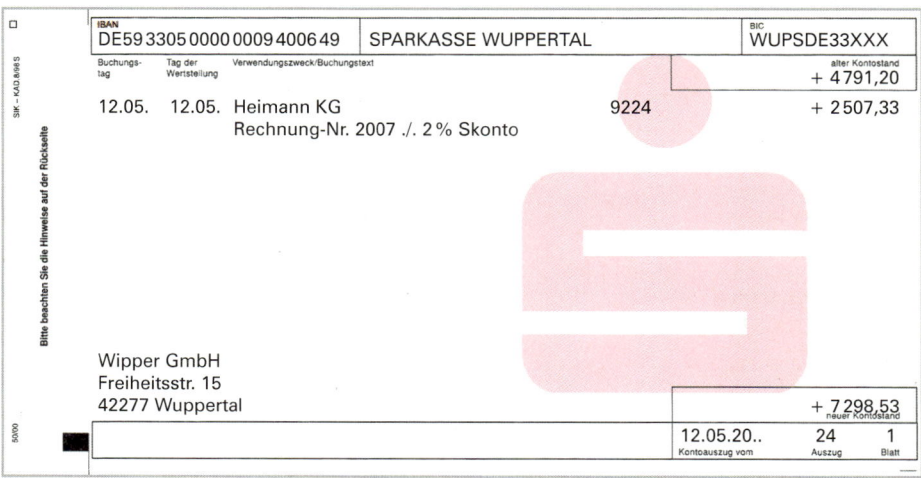

IBAN DE59 3305 0000 0009 4006 49	SPARKASSE WUPPERTAL	BIC WUPSDE33XXX
Buchungs-tag	Tag der Wertstellung	Verwendungszweck/Buchungstext	alter Kontostand + 4 791,20

12.05.   12.05.   Heimann KG   9224   + 2 507,33
                 Rechnung-Nr. 2007 ./. 2 % Skonto

Wipper GmbH
Freiheitsstr. 15
42277 Wuppertal

neuer Kontostand + 7 298,53

Kontoauszug vom 12.05.20..   Auszug 24   Blatt 1

Lernfelder 6, 10

Lernfeld 6: Beschaffungsprozesse planen, steuern und kontrollieren/
Lernfeld 10: Absatzprozesse planen, steuern und kontrollieren

1.3 Anzahlungen

1.3.1 Überblick

Anzahlungen (Vorauszahlungen) werden zwischen den Vertragspartnern in der Regel vereinbart bei

- Anlagegütern mit langer Fertigungsdauer (z. B. Brücken, Schiffe),
- Sonderanfertigungen (z. B. Maschinen, Werkzeuge),
- Großaufträgen für Werkstoffe (z. B. Rohstoffe, Vorprodukte),
- unsicheren bzw. unbekannten Auftraggebern.

Erhält ein Lieferer von seinem Kunden eine Anzahlung **(erhaltene Anzahlung),** beinhaltet dies – bis zur ordnungsgemäßen Leistung – eine **Schuld auf Lieferung bzw. Leistung** (Konto **4300 Erhaltene Anzahlung auf Bestellungen**).

Aus Sicht des Kunden beinhaltet die Anzahlung **(geleistete Anzahlung)** eine **Forderung auf Lieferung bzw. Leistung** (Konto **0900 Geleistete Anzahlungen auf Sachanlagen** bzw. **2300 Geleistete Anzahlungen auf Vorräte**).

Anzahlungen sind **umsatzsteuerpflichtig,** d. h., der Unternehmer, der eine Anzahlung erhält, muss dem Kunden eine Anzahlungsrechnung ausstellen, auf der die Umsatzsteuer gesondert ausgewiesen wird [§§ 13, 15 UStG].

1.3.2 Geleistete Anzahlungen auf Vorräte[1]

Beispiel:

Wir bestellen Rohstoffe im Wert von 140 000,00 EUR zuzüglich 19 % USt. Vertragsgemäß leisten wir am 15. Mai eine Anzahlung von 30 % durch Banküberweisung: 42 000,00 EUR zuzüglich 19 % USt. Die Lieferung erfolgt am 30. Juni mit unten stehender Rechnungsstellung. Die Restzahlung erfolgt am 14. Juli durch Banküberweisung.

Aufgaben:

1. Buchen Sie die Geschäftsvorfälle auf Konten!

2. Bilden Sie die Buchungssätze für

   2.1 die Anzahlung am 15. Mai,

   2.2 die Rechnungsstellung am 30. Juni nach Eingang der Rohstoffe,

   2.3 die Restzahlung am 14. Juli!

Rohstoffe	140 000,00 EUR	
+ 19 % USt	26 600,00 EUR	166 600,00 EUR
− Anzahlung	42 000,00 EUR	
+ 19 % USt	7 980,00 EUR	49 980,00 EUR
= Fällige Zahlung bis 14. Juli		116 620,00 EUR

---

1 Auf geleistete Anzahlungen auf Anlagegüter wird auf S. 352 eingegangen.

Lösungen:

Zu 1.: Buchung auf den Konten

S	2300 Geleistete Anzahl a. Vorräte		H
2800	42 000,00	4400	42 000,00

S	6000 Aufw. f. Rohstoffe	H
4400	140 000,00	

S	2600 Vorsteuer		H
2800	7 980,00	4400	7 980,00
4400	26 600,00		

S	2800 Bank		H
AB	180 000,00	2300/2600	49 980,00
		4400	116 620,00

S	4400 Verb. a. Lief. u. Leist.		H
2300/2600	49 980,00	6000/2600	166 600,00
2800	116 620,00		

Zu 2.: Buchungssätze

Nr.	Geschäftsvorfälle	Konten	Soll	Haben
2.1	15.05.: Anzahlung durch Banküberweisung	2300 Gel. Anz. a. Vorräte 2600 Vorsteuer an 2800 Bank	42 000,00 7 980,00	 49 980,00
2.2	30.06.: Buchung der Rechnungsstellung	6000 Aufw. f. Rohstoffe 2600 Vorsteuer an 4400 Verb. a. Lief. u. Leist. 4400 Verb. a. Lief. u. Leist. an 2300 Gel. Anz. a. Vorräte an 2600 Vorsteuer	140 000,00 26 600,00 49 980,00	 166 600,00 42 000,00 7 980,00
2.3	14.07.: Restzahlung	4400 Verb. a. Lief. u. Leist. an 2800 Bank	116 620,00	 116 620,00

1.3.3 Erhaltene Anzahlungen auf Vorräte

Beispiel:

Wir legen die Vorgänge und Zahlen des Beispiels von S. 326 zugrunde, buchen allerdings jetzt den Geschäftsvorgang aus Sicht des Lieferers.

Lösungen:

Zu 1.: Buchung auf den Konten

S	2800 Bank	H
4300/4800	49 980,00	
2400	116 620,00	

S	2400 Ford. a. Lief. u. Leist.		H
5000/4800	166 600,00	4300/4800	49 980,00
		2800	116 620,00

S	4300 Erh. Anzahl. a. Bestellungen		H
2400	42 000,00	2800	42 000,00

S	5000 UErl. f. eig. Erzeugnisse	H
		2400	140 000,00

S	4800 Umsatzsteuer		H
2400	7 980,00	2800	7 980,00
		2400	26 600,00

Lernfelder
6, 10

Lernfeld 6: Beschaffungsprozesse planen, steuern und kontrollieren/
Lernfeld 10: Absatzprozesse planen, steuern und kontrollieren

Zu 2.: Buchungssätze

Nr.	Geschäftsvorfälle	Konten	Soll	Haben
2.1	15.05.: Eingang der Einzahlung	2800 Bank an 4300 Erh. Anzahl. a. Best. an 4800 Umsatzsteuer	49 980,00	42 000,00 7 980,00
2.2	30.06.: Buchung der Rechnungsstellung	2400 Ford. a. Lief. u. Leist. an 5000 UErl. f. eig. Erzeugn. an 4800 Umsatzsteuer 4300 Erh. Anzahl. a. Best. 4800 Umsatzsteuer an 2400 Ford. a. L. u. Leist.	166 600,00 42 000,00 7 980,00	140 000,00 26 600,00 49 980,00
2.3	14.07.: Eingang der Restzahlung	2800 Bank an 2400 Ford. a. Lief. u. Leist.	116 620,00	116 620,00

Übungsaufgabe

166 Buchungssätze zu geleisteten bzw. erhaltenen Anzahlungen

1. Eine Möbelfabrik bestellt am 20. Januar bei einer Holzfabrik Kirschbaumfurniere im Wert von 50 800,00 EUR zuzüglich 19 % USt. Es wird eine Anzahlung zum 10. Februar von 25 % per Banküberweisung vereinbart. Die Restzahlung erfolgt 10 Tage nach Lieferung durch Bankeinzug. Die Lieferung erfolgt am 3. April.

   Aufgaben:

   1.1 Bilden Sie die Buchungssätze für die Geschäftsvorfälle am 10. Februar, 3. April und 13. April für die Möbelfabrik!

   1.2 Bilden Sie die Buchungssätze für die Geschäftsvorfälle am 10. Februar, 3. April und 13. April für die Holzfabrik.

2. Erhaltene Anzahlungen werden auf der Kontenklasse 4, geleistete Anzahlungen auf der Kontenklasse 2 gebucht. Erläutern Sie diese Kontenklassenzuteilung!

1.4 Buchungen im Bereich Einfuhr und Ausfuhr von Gütern

1.4.1 Beschaffung von Gütern im Gemeinschaftsgebiet und aus Drittländern (Einfuhr)

1.4.1.1 Grundlagen des Währungsrechnens

(1) Kurzinformation zur Einführung des Euro

Am 1. Januar 1999 wurde in elf europäischen Ländern der **Euro** als gemeinsame Währung eingeführt. Dadurch bilden diese elf Länder in währungspolitischer Hinsicht ein einheitliches Gebiet, die **Europäische Währungsunion (EWU)** oder auch als **Europäische Wirtschafts- und Währungsunion (EWWU)** bezeichnet. Sofern die Konvergenzkritierien (Aufnahmebedingungen) erfüllt werden, können weitere Länder der Europäischen Währungsunion beitreten. Diesen Schritt haben inzwischen Griechenland und Slowenien sowie Malta, Zypern (griechischer Landesteil), die Slowakei, Estland, Lettland und Litauen vollzogen, sodass sich die ursprüngliche Zahl von elf auf neunzehn Mitgliedstaaten erhöht hat.[1] Mit der Schaffung einer einheitlichen gemeinsamen Währung in diesen Staaten ist ein großer Schritt in Richtung einer europäischen Vereinigung getan. Dieser Schritt bedeutet für die Mitgliedstaaten die Übertragung der geld- und währungspolitischen Maßnahmen an eine unabhängige supranationale Institution, die **Europäische Zentralbank (EZB)**.

Das Gebiet der neunzehn Länder stellt in währungspolitischer Hinsicht „Inland" dar. Dem Euro als Inlandswährung (Binnenwährung) dieser neunzehn Länder stehen die Währungen der übrigen Länder, die nicht diesem Währungsverbund angehören, als Fremdwährungen gegenüber.

EWU	andere Länder (Drittländer)
Binnenwährung (Euro)	Fremdwährung (z. B. US-Dollar, Schweizer Franken)

(2) Grundbegriffe zum Währungsrechnen

■ **Währung**

> Die **Währung** ist das gesetzliche Zahlungsmittel eines Staates bzw. einer Staatengemeinschaft.

Beispiele:	
Staat/Staatengemeinschaft	**Währung**
Großbritannien	Pfund
USA	Dollar
Europäische Wirtschafts- und Währungsunion	Euro

■ **Wechselkurs**

> Der **Wechselkurs** ist das Austauschverhältnis zwischen verschiedenen Währungen.

---

1 Die neunzehn Länder der Europäischen Währungsunion sind Belgien, Deutschland, Estland, Finnland, Frankreich, Irland, Italien, Lettland, Litauen, Luxemburg, Malta, Niederlande, Österreich, Portugal, Griechenland, Slowakei, Slowenien, Spanien und Zypern (griechischer Landesteil).

Lernfelder
6, 10

Lernfeld 6:   Beschaffungsprozesse planen, steuern und kontrollieren/
Lernfeld 10: Absatzprozesse planen, steuern und kontrollieren

■ **Kursnotierung**

Die **Mengennotierung** ist die heute übliche Notierungsform in der Praxis der Kursnotierungen. Bei der Mengennotierung gibt der Kurs an, welchen Betrag an **Fremdwährung** man für einen bestimmten Betrag **inländischer Währung** erhält bzw. bezahlen muss. Bei der Mengennotierung geht man jeweils von einem Euro aus. Die Frage lautet daher, welchem Wert ein Euro in der Fremdwährung entspricht.

Beispiele:

Einheit	EWU-Länder	Währung	Nicht-EWU-Länder	Währung	Kurs
1		Euro	USA	USD	1,1845
1		Euro	Dänemark	DKK	7,5754

Die Beispiele sagen aus, dass z. B. am Devisenmarkt ein Euro dem Wert von 1,1845 USD entspricht.

Oder kurz: Kurs für 1 Euro   1,1845 Dollar
                Kurs für 1 Euro   7,5754 DKK

■ **Ankaufskurs (Geldkurs), Verkaufskurs (Briefkurs)[1]**

Die Bezeichnungen verstehen sich aus der Sicht einer im eigenen Währungsgebiet ansässigen Bank. Da die Bank genauso wie ein Warenhändler an dem Handel mit Fremdwährungen verdienen möchte, ist der **Verkaufskurs höher als der Ankaufskurs.** Der Betrag, der sich aus der Differenz beider Kurse ergibt (Kursspanne), ist der **Gewinn (Rohgewinn)** der Bank aus dem Handel mit Fremdwährungen.

Will z. B. eine Unternehmung in Deutschland bei ihrer Bank eine bestimmte Menge einer **Fremdwährung gegen Euro kaufen,** so berechnet ihr die Bank den **niedrigeren Ankaufskurs (Geldkurs),** denn die Bank kauft Euro an. Will die Unternehmung in Deutschland einen bestimmten Betrag einer **Fremdwährung gegen Inlandswährung eintauschen,** dann legt die Bank den **höheren Verkaufskurs (Briefkurs)** zugrunde, denn die Bank verkauft Euro.

Beispiel:

Einheit	EWU-Länder	Währung	Nicht-EWU-Land	Währung	Ankauf	Verkauf
1		Euro	USA	USD	1,1845	1,2010

Das Beispiel besagt, dass der Ankauf von einem Euro 1,1845 USD kostet und der Verkauf von einem Euro 1,2010 USD erbringt. Wenn die Bank USD verkauft, kauft sie Euro an. Daher gilt der Ankaufskurs. Wenn die Bank USD ankauft, verkauft sie Euro. Daher gilt der Verkaufskurs.

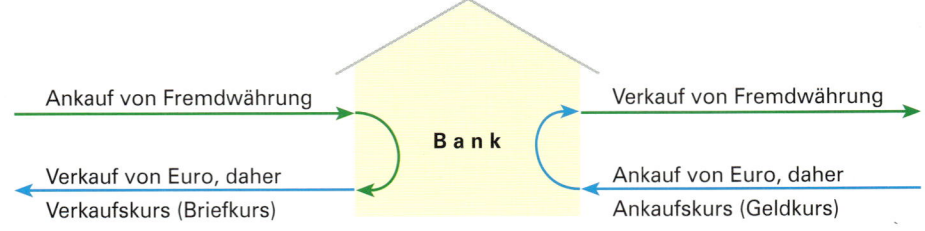

Ankauf von Fremdwährung   Verkauf von Fremdwährung

Bank

Verkauf von Euro, daher   Ankauf von Euro, daher
Verkaufskurs (Briefkurs)   Ankaufskurs (Geldkurs)

---

1 Im Sortenhandel werden in der Regel die Begriffe Ankauf und Verkauf verwendet, im Devisenhandel die Begriffe Geld und Brief.

■ Sorten und Devisen

Sorten	**Sorten** sind **Banknoten und Münzen einer Fremdwährung.** Sorten werden von den Banken für den privaten und geschäftlichen Reiseverkehr in Fremdwährungsgebiete bereitgestellt.
Devisen	**Devisen** sind **fremde Zahlungsmittel in Form von Buchgeld** (z. B. Schecks, Wechsel, Überweisungen). Sie spielen insbesondere im Import- und Exportgeschäft mit Fremdwährungsländern eine Rolle.

(3) Umrechnung von Währungen

Der Zahlungsabwicklung bei Einfuhr- oder Ausfuhrgeschäften mit Drittländern werden die entsprechenden Devisenkurse zugrunde gelegt.

Ausschnitt aus einer Devisenkursnotierung		
Währung	1 Euro	
	Geld	Brief
USD	1,1478	1,1484

Erläuterung:

Die Kursnotierung bedeutet, dass beim Ankauf von **einem** Euro der niedrige Geldkurs von 1,1478 USD und beim Verkauf von **einem** Euro der höhere Briefkurs von 1,1484 USD zugrunde gelegt wird.

Beispiel 1: Einfuhr aus USA

Ein deutscher Importeur bezieht aus den USA einen Spezialbagger. Der vereinbarte Preis beträgt 45 000,00 USD.

Aufgabe:

Berechnen Sie den Eurobetrag, mit dem die Bank ihren Kunden belastet! Von Nebenkosten wird abgesehen.

Lösung:

In diesem Fall kauft die Bank EUR an, da sie USD verkauft. Daher legt sie den niedrigeren Geldkurs zugrunde.

$$1,1478 \text{ USD} \triangleq 1,00 \text{ EUR}$$
$$45\,000,00 \text{ USD} \triangleq x \text{ EUR} \qquad x = 45\,000 : 1,1478 = \underline{39\,205,44 \text{ EUR}}$$

Ergebnis: Die Bank belastet den Kunden mit 39 205,44 EUR.

Beispiel 2: Ausfuhr nach USA

Ein deutscher Maschinengroßhändler liefert eine Maschine in die USA. Vereinbarungsgemäß erfolgt die Fakturierung in USD. Der Preis für die Maschine beträgt 45 000,00 USD.

Aufgabe:

Berechnen Sie den Eurobetrag, den die Bank ihrem Kunden für den Ankauf der 45 000,00 Dollar gutschreibt! Von Nebenkosten wird abgesehen.

Lernfelder 6, 10

Lernfeld 6: Beschaffungsprozesse planen, steuern und kontrollieren/
Lernfeld 10: Absatzprozesse planen, steuern und kontrollieren

Lösung:

In diesem Beispiel verkauft die Bank EUR, da sie USD ankauft. Daher legt sie den höheren Briefkurs zugrunde.

$$1,1484 \text{ USD} \triangleq 1,00 \text{ EUR}$$
$$45\,000,00 \text{ USD} \triangleq \text{ x } \text{ EUR} \qquad x = 45\,000 : 1,1484 = \underline{39\,184,95 \text{ EUR}}$$

Ergebnis: Die Bank schreibt dem Kunden 39 184,95 EUR gut.

Übungsaufgabe

Ausschnitt aus einer Notierung von Devisenkursen			
		1 Euro	
Land	**Währung**	**Geld**	**Brief**
USA	USD	1,1430	1,1435
Japan	JPY	123,3500	123,5800
England	GBP	0,8437	0,8442
Schweiz	CHF	1,0875	1,0878
Kanada	CAD	1,4761	1,4798
Schweden	SEK	9,2600	9,2630
Norwegen	NOK	7,81	7,86
Dänemark	DKK	7,4232	7,4632

167 Umrechnung von Währungen

1. Berechnen Sie aufgrund der Devisenkurse für einen deutschen Exporteur die Bankgutschriften für die folgenden in der jeweiligen Auslandswährung ausgestellten Rechnungsbeträge:

   1.1   1 875,00 USD

   1.2   74 980,00 CHF

2. Berechnen Sie aufgrund der Devisenkurse für einen deutschen Importeur die einzelnen Banklastschriften für die folgenden in der jeweiligen Auslandswährung vorliegenden Rechnungsbeträge:

   2.1   34 000,00 CAD

   2.2   7 850,00 GBP

   2.3   46 850,00 DKK

3. Eine deutsche Möbelgroßhandlung bezieht aus der Schweiz 150 Bürostühle zu je 420,00 CHF. Vereinbarungsgemäß wird die Rechnung in CHF ausgestellt.

   Aufgabe:

   Ermitteln Sie, mit welchem Betrag die Möbelgroßhandlung aufgrund der Devisenkurse auf ihrem Bankkonto belastet wird!

4. Wir haben an einen kanadischen Kunden eine Spezialmaschine verkauft und erhalten vereinbarungsgemäß eine Überweisung über 16 580,00 CAD.

   Aufgabe:

   Berechnen Sie die Bankgutschrift, die wir aufgrund der Devisenkurse erhalten!

1.4.1.2 Innergemeinschaftlicher Erwerb

(1) Grundbegriffe

Die Verwirklichung des gemeinsamen Marktes zwischen den 28 europäischen Staaten hat Konsequenzen in den Außenhandelsbeziehungen mit sich gebracht.

- Neben den Begriffen **Inland** und **Ausland** gibt es jetzt einen dritten Begriff **„Gemeinschaftsgebiet"**, welches das Gebiet der 28 Staaten der Europäischen Union[1] umfasst.
- Staaten, die weder zum deutschen Inland noch zum übrigen Gemeinschaftsgebiet gehören, werden als **Drittlandstaaten** bezeichnet.

Aus der Sicht der Bundesrepublik Deutschland ergeben sich folgende Gebietsbegriffe:

Inland	Ausland	
Deutschland	übriges Gemeinschaftsgebiet	Drittlandsgebiet
Gebiet der Europäischen Gemeinschaft		Gebiet außerhalb des Gemeinschaftsgebiets

(2) Umsatzsteuerliche Konsequenzen

Konsequenterweise kann es innerhalb des Gemeinschaftsgebietes die Begriffe Einfuhr und Ausfuhr nicht mehr geben. Sie wurden ersetzt durch die Begriffe **„innergemeinschaftlicher Erwerb"** und **„innergemeinschaftliche Lieferungen"**. Aus der Sicht der Bundesrepublik Deutschland kann es **Außenhandelsgeschäfte** (Einfuhr und Ausfuhr) **nur noch mit den Drittländern** geben.

Innerhalb des Gemeinschaftsgebietes sieht das Umsatzsteuergesetz folgende Regelungen vor:

- Der **innergemeinschaftliche Erwerb ist umsatzsteuerpflichtig,**
- die **innergemeinschaftliche Lieferung ist umsatzsteuerfrei.**[2]

> **Beachte:**
>
> Prinzipiell ist der **Verkauf der Ware umsatzsteuerpflichtig.** Der **Verkäufer** schuldet seinem Finanzamt die Umsatzsteuer. Beim **innergemeinschaftlichen Erwerb ist dies anders.** Aufgrund der unterschiedlichen Umsatzsteuersätze in den einzelnen EU-Ländern ist nicht die Lieferung, sondern der **Erwerb der Ware umsatzsteuerpflichtig** und zwar mit dem Umsatzsteuersatz des betreffenden Bestimmungslandes. Die **Umsatzsteuer wird erst erhoben,** wenn die **Ware den Erwerber** erreicht hat. Der **Erwerber** schuldet dann seinem Finanzamt die Umsatzsteuer **(Bestimmungslandprinzip).**

(3) Beispiel für einen innergemeinschaftlichen Erwerb

Kauft ein Unternehmen z. B. Werkstoffe aus Italien, so liegt ein innergemeinschaftlicher Erwerb vor. Für den **italienischen Lieferanten** ist die Lieferung **umsatzsteuerfrei,** für den **deutschen**

---

1 Zum Gemeinschaftsgebiet gehören: Belgien, Bulgarien, Dänemark, Deutschland, Estland, Finnland, Frankreich, Griechenland, Irland, Italien, Kroatien, Lettland, Litauen, Luxemburg, Malta, Niederlande, Österreich, Polen, Portugal, Rumänien, Schweden, Slowakei, Slowenien, Spanien, Tschechien, Ungarn, Vereinigtes Königreich und Zypern.

2 Vgl. hierzu die Ausführungen auf S. 338 f.

Lernfelder 6, 10

Lernfeld 6: Beschaffungsprozesse planen, steuern und kontrollieren/
Lernfeld 10: Absatzprozesse planen, steuern und kontrollieren

Erwerber umsatzsteuerpflichtig.[1] Gezahlt wird nur der **Nettowert an den Lieferer.** Es entsteht keine Steuerbelastung. Da das deutsche Unternehmen vorsteuerabzugsberechtigt ist, kann es die Umsatzsteuer gleichzeitig gegen die entsprechende Vorsteuer verrechnen.

In der Umsatzsteuer-Voranmeldung ist der steuerpflichtige innergemeinschaftliche Erwerb getrennt **auszuweisen.** Der **innergemeinschaftliche Erwerb von Gütern** wird deshalb zunächst auf dem Zwischenkonto **2500 Innergemeinschaftlicher Erwerb** gebucht. Anschließend erfolgen dann die Umbuchungen auf das betreffende Werkstoff-, Warenoder Anlagekonto. Die Buchung der **Vorsteuer** erfolgt über das Konto **2602 Vorsteuer für innergemeinschaftlichen Erwerb.**

Beispiel:

Die Möbelfabrik Franz Elbs GmbH bezieht Stoffe für Polstermöbel aus Italien im Wert von 45 000,00 EUR zuzüglich 19 % USt auf Ziel.

Aufgabe:
Bilden Sie die Buchungssätze für den Beschaffungs- und Umbuchungsvorgang!

Lösung:

Geschäftsvorfälle	Konten	Soll	Haben
Kauf von Rohstoffen aus Italien auf Ziel 45 000,00 EUR	2500 Innergem. Erwerb an 4400 Verb. a. Lief. u. Leist.	45 000,00	45 000,00
Buchung der Umsatzsteuer	2602 Vorsteuer f. innerg. Erw. an 4800 Umsatzsteuer	8 550,00	8 550,00
Umbuchung der innergemeinschaftlichen Lieferung	6000 Aufwend. f. Rohstoffe an 2500 Innergem. Erwerb	45 000,00	45 000,00

1.4.1.3 Beschaffung von Gütern aus Drittlandstaaten

(1) Zoll

Die Einfuhr von Waren aus dem Gebiet der Europäischen Gemeinschaft ist zollfrei. Auch mit Ländern aus Drittlandsgebieten bestehen für einen Großteil von Waren Abkommen über wechselseitige Zollfreiheit.

Sofern die Güter bei der Einfuhr verzollt werden müssen, ist die Bezugsgrundlage für die **Verzollung,** der **Zollwert,** zu ermitteln. Dieser ergibt sich wie folgt:

> Warenwert
> − möglicher Rabattabzug
> − möglicher Skontoabzug
> + Verpackungskosten
> + Transportkosten (Auslandsanteil)
> = Zollwert

(2) Einfuhrumsatzsteuer (EUSt)

Die Einfuhr von Gütern aus Drittlandstaaten ist umsatzsteuerpflichtig. Die Einfuhrumsatzsteuer wird von den **Zollbehörden** erhoben. **Steuerschuldner ist derjenige, der die Güter**

---

1 Die Rechnung muss die Umsatzsteuer-Identifikationsnummer beider Unternehmen enthalten und z. B. den Vermerk „ohne italienische Umsatzsteuer".

einführt. Das kann ein Unternehmen oder ein Privatmann sein. Da es sich um die Umsatzsteuer für eine Eingangsrechnung handelt, kann das Unternehmen sie bei der Umsatzsteuer-Voranmeldung als Vorsteuer verrechnen.

Berechnungsgrundlage für die Einfuhrumsatzsteuer:

	Zollwert
+	Zollabgabe
+	Verbrauchsteuern
+	Beförderungskosten (Inlandsanteil bis zum 1. Bestimmungsort innerhalb der EU)
=	Bemessungsgrundlage für die EUSt

(3) Buchung der Eingangsrechnung

Die Rechnung in ausländischer Währung ist auf der Grundlage des Devisenkassamittelkurses umzurechnen. Die **Buchung der Eingangsrechnung** erfolgt über das **Konto 2510 Gütereinfuhr**. Die **Transportkosten** sowie der **Zoll** werden über das Konto **2511 Bezugskosten,** die Kosten der Zahlungsabwicklung über das Konto **6750 Kosten des Geldverkehrs** und die **Einfuhrumsatzsteuer** über das Konto **2604 Einfuhrumsatzsteuer** gebucht.

Das Konto 2510 Gütereinfuhr ist ein Zwischenkonto, von dem anschließend dann die Umbuchung auf das betreffende Werkstoff-, Waren- oder Anlagenkonto erfolgt.

Beispiel:

Die Stahlwerke Oberhausen AG importieren aus Japan genietete Rohre, fob Tokio als Handelsware. Rechnungspreis 1 605 000,00 JPY zuzüglich Verpackungskosten und Frachtkosten bis Grenze von insgesamt 150 000,00 JPY. Am Tag der Lieferung liegt folgende Notierung vor: JPY 125,10. Der Zollsatz beträgt 6 %, die Einfuhrumsatzsteuer 19 %.

Aufgaben:

1. Ermitteln Sie den Rechnungspreis in EUR und bilden Sie die Buchungssätze für den Rechnungseingang und die entsprechenden Umbuchungen!

2. Berechnen Sie die Zollabgabe sowie die Einfuhrumsatzsteuer und bilden Sie die Buchungssätze für den Bescheid des Zollamtes!

Lösungen:

Zu 1.: Ermittlung des Rechnungspreises und Bildung der Buchungssätze

	Eingangsrechung 1 605 000,00 JPY: 125,10	=	12 829,74 EUR
+	Verpackung und Auslandsfracht 150 000,00 JPY : 125,10	=	1 199,04 EUR
=	Rechungsbetrag		14 028,78 EUR

Geschäftsvorfälle	Konten	Soll	Haben
Buchung der Einfuhrrechnung	2510 Gütereinfuhr 2511 Bezugskosten an 4400 Verb. a. Lief. u. Leist.	12 829,74 1 199,04	 14 028,78
Umbuchung der Waren und Bezugskosten	2510 Gütereinfuhr an 2511 Bezugskosten 6080 Aufwend. f. Waren an 2510 Gütereinfuhr	1 199,04 14 028,78	 1 199,04 14 028,78

335

Lernfelder
6, 10

Lernfeld 6: Beschaffungsprozesse planen, steuern und kontrollieren/
Lernfeld 10: Absatzprozesse planen, steuern und kontrollieren

Zu 2.: Berechnung und Buchung der Zollabgabe und der Einfuhrumsatzsteuer

Warenwert	12 829,74 EUR		Zollwert	14 028,78 EUR
+ Verpackung und Fracht	1 199,04 EUR		+ Zollabgabe	841,73 EUR
= Zollwert	14 028,78 EUR		= Bemessungswert	14 870,51 EUR
6 % Zoll	841,73 EUR		19 % EUSt	2 825,40 EUR

Geschäftsvorfall	Konten	Soll	Haben
Buchung des Bescheids vom Zollamt für die Zollabgabe 841,73 EUR und die Einfuhrumsatzsteuer 2 825,40 EUR	2511 Bezugskosten 2604 Einfuhrumsatzsteuer an 4820 Zollverbindlichkeiten	841,73 2 825,40	3 667,13

(4) Bezahlung der Eingangsrechnung

In der Zeitspanne zwischen Buchung der Eingangsrechnung und der Bezahlung der Eingangsrechnung kann der Kurs der Währung steigen oder fallen. **Kursgewinne** werden auf dem Konto **5430 Andere sonstige betriebliche Erträge, Kursverluste** auf dem Konto **6750 Kosten des Geldverkehrs** erfasst.

Beispiel: Bezahlung der Eingangsrechnung mit Kursverlust

Die Zahlung der Eingangsrechnung erfolgt durch Banküberweisung. Die Bank berechnet eine Zahlungsabwicklungsgebühr in Höhe von 38,40 EUR. Devisenkurs zum Zeitpunkt der Zahlung JPY 121,20.

Aufgaben:
1. Berechnen Sie den Zahlungsbetrag!
2. Bilden Sie zum Zahlungsvorgang die Buchungssätze!

Lösungen:

Zu 1.: Berechnung des Zahlungsbetrags

Eingangsrechung 1 605 000,00 JPY : 121,20	=	13 242,57 EUR
+ Verpackung und Auslandsfracht 150 000,00 JPY: 121,20	=	1 237,62 EUR
= Zahlungsbetrag		14 480,19 EUR

Der Kursverlust beträgt: 14 480,19 EUR – 14 028,78 EUR = 451,41 EUR

Zu 2.: Buchung des Zahlungsvorgangs

Geschäftsvorfall	Konten	Soll	Haben
Zahlung der Eingangsrechnung durch Banküberweisung 14 028,78 EUR, Buchung des Kursverlustes 451,41 EUR	4400 Verb. a. Lief. u. Leist. 6750 Kosten d. Geldv. an 2800 Bank	14 028,78 451,41	14 480,19
Buchung der Zahlungsabwicklungsgebühr 38,40 EUR	6750 Kosten f. Geldv. an 2800 Bank	38,40	38,40

Beispiel: Bezahlung der Eingangsrechnung mit Kursgewinn

Die Zahlung der Eingangsrechnung erfolgt durch Banküberweisung. Die Bank berechnet Zahlungsabwicklungskosten 34,56 EUR. Devisenkurs am Zeitpunkt der Zahlung JPY 125,70.

Aufgaben:
1. Berechnen Sie den Zahlungsbetrag!
2. Bilden Sie zum Zahlungsvorgang die Buchungssätze!

Lösungen:

Zu 1.: Berechnung des Zahlungsbetrags

Zahlungsbetrag: 17 550 000,00 JPY : 125,70 = 13 961,81 EUR

Kursgewinn: 14 028,78 EUR – 13 961,81 EUR = 66,97 EUR

Zu 2.: Buchung des Zahlungsvorgangs

Geschäftsvorfall	Konten	Soll	Haben
Zahlung der Eingangsrechnung durch Banküberweisung 14 028,78 EUR, Buchung des Kursgewinns 66,97 EUR	4400 Verb. a. Lief. u. Leist. an 2800 Bank an 5430 And. sonst. b. Ertr.	14 028,78	13 961,81 66,97
Buchung der Zahlungsabwicklungs-gebühr 34,56 EUR	6750 Kosten f. Geldv. an 2800 Bank	34,56	34,56

Übungsaufgaben

168 Abwicklung eines innergemeinschaftlichen Erwerbs

Die Elektrowerke Pfender GmbH importiert elektrische Kleinteile (Rohstoffe) aus den USA. Rechnungspreis 14 720,00 USD. An Frachtkosten werden dem Importeur 2 193,75 USD in Rechnung gestellt. Rechnungsdatum ist der 17. November. Der Zollsatz beträgt 7,3 % und die EUSt 19 %.

Aufgaben:

1. Berechnen Sie den Rechnungspreis, die Zollabgabe und die EUSt (Devisenkurs USD 1,1510)!
2. Bilden Sie die Buchungssätze für die Eingangsrechnung und die entsprechenden Umbuchungen!
3. Bilden Sie den Buchungssatz für den Bescheid des Zollamtes über die Zollabgabe und die Einfuhrumsatzsteuer!
4. Der Rechnungsausgleich erfolgt am 1. Dezember zum Kurs von USD 1,1380 durch Banküberweisung. An Gebühren belastet uns die Bank mit 102,10 EUR.

   Bilden Sie die Buchungssätze für den Rechnungsausgleich!

169 Abwicklung eines innergemeinschaftlichen Erwerbs

Die Maschinenfabrik Mogema GmbH bezieht vom Mineralölwerk Hajek AG in St. Gallen (Schweiz) Schmierstoffe im Wert von 1 921,05 CHF. Für Transport und Verpackung werden 169,93 CHF in Rechnung gestellt. Der Zoll beträgt 9 % des Zollwertes, die Einfuhrumsatzsteuer 19 % von der vorgeschriebenen Bemessungsgrundlage.

Aufgaben:

1. Buchen Sie im Grundbuch die Eingangsrechnung sowie die Kosten für Transport und Verpackung am 5. März, Devisenkurs: CHF 1,1350!
2. Berechnen Sie den Zoll sowie die EUSt! Buchen Sie den Zollbescheid im Grundbuch (Banküberweisung, Wert 7. März)!
3. Der Bescheid über den Zoll und die EUSt wird am 10. März durch Banküberweisung beglichen. Bilden Sie den Buchungssatz!
4. Der Rechnungsausgleich erfolgt am 19. März durch Banküberweisung. Devisenkurs CHF 1,1120. An Zahlungsabwicklungsgebühren belastet uns die Bank mit 24,60 EUR.

   Bilden Sie den Buchungssatz für den Rechnungsausgleich!

337

22 Speth u.a. - ISBN 978-3-8120-0521-0

Lernfelder 6, 10

Lernfeld 6: Beschaffungsprozesse planen, steuern und kontrollieren/
Lernfeld 10: Absatzprozesse planen, steuern und kontrollieren

1.4.2 Lieferung von Gütern im Gemeinschaftsgebiet und in Drittländern (Ausfuhr)

1.4.2.1 Innergemeinschaftliche Lieferung

(1) Grundlegendes

Eine innergemeinschaftliche Lieferung liegt vor, wenn Waren von einem EU-Mitgliedstaat in einen anderen EU-Mitgliedstaat gewerbsmäßig ausgeführt werden. Die **innergemeinschaftliche Lieferung** ist **umsatzsteuerfrei** [§ 4 Nr. 16 UStG], wenn die folgenden Voraussetzungen erfüllt sind:

- Die **Lieferung** in das übrige Gemeinschaftsgebiet **ist nachzuweisen** (z. B. durch Empfangsbestätigung, Spediteurbescheinigung, Versicherungsschein).
- **Die Umsatzsteuer-Identitätsnummer (USt-IdNr.)** des Erwerbers ist festzuhalten.[1] Mit der USt-IdNr. wird die Steuerpflicht des Erwerbers im Importland nachgewiesen. Die USt-IdNr. wird vom Importstaat ausgegeben.

Alle innergemeinschaftlichen Lieferungen sind jeweils bis zum 10. Tag nach Ablauf eines Kalendervierteljahrs beim Bundesamt für Finanzen (Außenstelle Saarlouis) auf einem amtlich vorgeschriebenen Vordruck **(Zusammenfassende Meldung)** abzugeben [§ 18 a UStG].

(2) Buchung innergemeinschaftlicher Lieferungen

In der Umsatzsteuer-Voranmeldung sind steuerfreie innergemeinschaftliche Lieferungen **getrennt auszuweisen**. Deshalb erfolgt die Buchung auf dem Konto **5060 Erlöse aus innergemeinschaftlicher Lieferung**.

Beispiel:

Die Maschinenfabrik Merk KG liefert Elektromotoren an eine französische Werkzeugfabrik im Wert von 28 000,00 EUR auf Ziel.

Aufgabe:
Bilden Sie zu dem Geschäftsvorfall den Buchungssatz!

Lösung:

Geschäftsvorfall	Konten	Soll	Haben
Wir verkaufen eigene Erzeugnisse in das übrige Gemeinschaftsgebiet im Wert von 28 000,00 EUR auf Ziel.	2400 Ford. a. L. u. Leist. an 5060 Erl. a. innergem. Lief.	28 000,00	28 000,00

---

1 Gibt der Erwerber seine Umsatzsteuer-Identifikationsnummer nicht an oder wird an einen Privatkunden in Frankreich verkauft, so wird die Lieferung mit deutscher Umsatzsteuer in Rechnung gestellt.

1.4.2.2 Lieferung von Gütern in Drittländer (Ausfuhr)

(1) Behandlung der Umsatzsteuer

Bei Warenlieferungen in ein Drittlandgebiet wird auf die Erhebung der Umsatzsteuer verzichtet [§ 4 Nr. 1 und 3 UStG], weil diese Waren im Bestimmungsland der dortigen Umsatzsteuer unterworfen werden. Würden diese Umsätze nicht steuerbefreit, käme es zu einer zweimaligen Belastung der Waren mit Umsatzsteuer, was sich nachteilig auf die Wettbewerbsfähigkeit der exportierenden Wirtschaft auswirken würde. Die Umsatzsteuerbefreiung bezieht sich auch auf die bei der Ausfuhr dem Abnehmer in Rechnung gestellten Nebenkosten, z. B. Verpackungs-, Fracht- oder Versicherungskosten.

Die Ausfuhr muss glaubhaft nachgewiesen werden (internationaler Frachtbrief, Grenzübertrittbescheinigung des Zolls).

(2) Buchung von Lieferungen in Drittländer

In der Umsatzsteuer-Voranmeldung sind steuerfreie Lieferungen in Drittländer **getrennt auszuweisen**. Deshalb erfolgt die Buchung auf dem Konto **5070 Ausfuhrerlöse**.

> **Beispiel:**
>
> Ein deutscher Maschinenhersteller liefert eine Maschine in die USA zum Preise von 20 000,00 USD. Für den Transport nach Übersee werden 1 650,00 USD in Rechnung gestellt. Am Tag der Auslieferung (Rechnungsdatum) ergibt sich ein Währungskurs von USD 1,1515.
>
> Beim Zahlungseingang nach vier Wochen auf dem Bankkonto notiert der Dollar mit 1,1220. Für die Abwicklung der Gutschrift in EUR berechnet die Bank eine Zahlungsabwicklungsgebühr in Höhe von 31,70 EUR.
>
> **Aufgaben:**
>
> 1. Rechnen Sie den Betrag der Ausgangsrechnung von USD in EUR um!
> 2. Bilden Sie den Buchungssatz für die Ausgangsrechnung und für die in Rechnung gestellten Transportkosten!
> 3. Bilden Sie den Buchungssatz für den Zahlungseingang auf dem Geschäftskonto bei der Bank!

Lösungen:

Zu 1.:

Ausgangsrechnung	20 000,00 : 1,1515 =	17 368,65 EUR
Transportkosten	1 650,00 : 1,1515 =	1 432,91 EUR
Rechnungsbetrag		18 801,56 EUR

Zu 2.:

Geschäftsvorfall	Konten	Soll	Haben
Buchung der Ausgangsrechnung und der Transportkosten in Höhe von 18 801,56 EUR.	2400 Ford. a. L. u. Leist. an 5070 Ausfuhrerlöse	18 801,56	18 801,56

Lernfelder 6, 10

Lernfeld 6: Beschaffungsprozesse planen, steuern und kontrollieren/
Lernfeld 10: Absatzprozesse planen, steuern und kontrollieren

Zu 3.:

Zahlungseingang: 21 650,00 : 1,1220 = 19 295,90 EUR
Kursgewinn: 19 295,90 – 18 801,56 = 494,34 EUR

Geschäftsvorfall	Konten	Soll	Haben
Buchung des Zahlungseingangs in Höhe von 19 295,90 EUR.	2800 Bank an 2400 Ford. a. Lief. u. Leist. an 5430 And. sonst. b. Ertr.	19 295,90	18 801,56 494,34
Buchung der Zahlungsabwicklungs-gebühr von 31,70 EUR.	6750 Kosten d. Geldv. an 2800 Bank	31,70	31,70

Übungsaufgaben

170 Lieferung von Gütern in ein Drittland

Es gelten die Daten des Beispiels von S. 339 mit folgender Änderung:

Der Dollarkurs beträgt beim Zahlungseingang 1,1818.

Aufgaben:

1. Berechnen Sie den Zahlungseingang!

2. Ermitteln Sie den Kursgewinn- bzw. verlust!

3. Bilden Sie die Buchungssätze

   3.1 für die Ausgangsrechnung,

   3.2 für den Zahlungseingang unter Berücksichtigung der Kursänderung!

171 Lieferung von Gütern in ein Drittland

Ein Unternehmen exportiert Erzeugnisse an eine Maschinenfabrik in Kanada. Der Ausfuhrnachweis liegt vor. Rechnungsbetrag 85 000,00 CAD CIF Quebec. Der Spediteur stellt dem Unternehmen für die Abwicklung des Transports und der Zollformalitäten 4 073,00 EUR zuzüglich 19 % USt in Rechnung.

Aufgaben:

Bilden Sie die Buchungssätze für:

1. die Ausgangsrechnung bei einem Devisenkurs von CAD 1,1420,

2. die Begleichung der noch nicht gebuchten Speditionsrechnung durch Banküberweisung,

3. den Eingang der Gutschrift auf unserem Bankkonto! Devisenkurs CAD 1,1182. An Zahlungsabwicklungsgebühren werden belastet: 115,96 EUR.

172 Lieferung von Gütern in ein Drittland

Der Textilmaschinenhersteller Textor AG exportiert 3 Webstühle nach London. Der Ausfuhrnachweis liegt vor. Der Gesamtwert der Ausgangsrechnung beträgt 61 210,00 GBP. Zusätzlich werden dem Kunden die Kosten für den Transport der Ware mit dem eigenen Lkw nach Hamburg sowie die Lager- und Verladekosten mit 3 200,00 GBP in Rechnung gestellt.

Aufgaben:

1. Buchen Sie im Grundbuch die Ausgangsrechnung und die angefallenen Beförderungskosten! Devisenkurs: GBP 0,8417.

2. Die Gutschrift der Bank erfolgt zum Kurs von GBP 0,8245. Die Bank stellt uns $\frac{1}{8}$ % Abwicklungsgebühr und $\frac{1}{4}$ ‰ Courtage in Rechnung. Bilden Sie den Buchungssatz für den Zahlungseingang!

1.5 Beleggeschäftsgang

173 Umfassender Geschäftsgang mit mehreren Belegkreisen

I. Sachverhalt:

Bei **Rudolf Walterbeck e. Kfm., Papierfabrik,** Brügmannstr. 101, 44135 Dortmund, handelt es sich um einen kleinen Papierhersteller mit den **Warengruppen:**

Druckpapiere, Korrespondenzpapiere, Kunststoffpapiere/Folien und Recyclingpapiere.

Die Buchungsbelege werden nach Belegkreisen sortiert und bearbeitet; hierzu hat die Buchhaltung folgende Belegkreise festgelegt:

1. Eingangsrechnungen
2. Ausgangsrechnungen
3. Kasse
4. Bankverkehr Volksbank Dortmund e. G.
5. Bankverkehr Postbank Niederlassung Dortmund
6. Personalwirtschaft
7. Anlagenwirtschaft

II. Saldenliste Sachkonten zum 25. März 20..:

Konto	Bezeichnung	Sollbetrag	Habenbetrag
0510	Bebaute Grundstücke	300 000,00	
0530	Betriebsgebäude	1 256 000,00	
0720	Anlagen und Maschinen	345 600,00	
0840	Fuhrpark	95 600,00	
0860	Büromaschinen	144 550,00	
2000	Rohstoffe	68 400,00	
2200	Fertige Erzeugnisse	150 700,00	
2400	Forderungen a. Lief. u. Leist.	47 778,50	
2600	Vorsteuer	6 225,00	
2800	Bank	35 848,70	
2880	Kasse	1 250,00	
3000	Eigenkapital		2 025 555,00
3001	Privatkonto	1 702,00	
4250	Langfristige Bankverbindlichkeiten		50 145,00
4400	Verbindlichkeiten a. Lief. u. Leist.		103 173,00
4800	Umsatzsteuer		13 347,00
4830	Sonst. Verbindlichk. gegenüber dem Finanzamt		6 730,00
5000	Umsatzerlöse für eigene Erzeugnisse		499 800,00
5202	Bestandsveränderungen an fertigen Erzeugnissen		
6000	Aufwendungen für Rohstoffe	203 700,00	

Lernfelder
6, 10

Lernfeld 6:   Beschaffungsprozesse planen, steuern und kontrollieren/
Lernfeld 10: Absatzprozesse planen, steuern und kontrollieren

Konto	Bezeichnung	Sollbetrag	Habenbetrag
6050	Aufwendungen für Energie	2 685,80	
6300	Gehälter	28 620,00	
6520	Abschreibungen auf Sachanlagen		
6700	Mieten, Pachten	4 200,00	
6750	Kosten des Geldverkehrs	150,00	
6800	Büromaterial	1 240,00	
6820	Portokosten		
6830	Kosten der Telekommunikation	2 460,00	
6870	Werbung	1 700,00	
6900	Versicherungsbeiträge	340,00	
7030	Kraftfahrzeugsteuer		

III. Aufgaben:

1. Übernehmen Sie die Saldovorträge zum 25. März 20.. in die T-Konten!

2. Bilden Sie zu den Belegen die Buchungssätze!

3. Buchen Sie die Belege in der Finanzbuchhaltung!

4. Bereiten Sie den Periodenabschluss zum 31. März 20.. unter Berücksichtigung folgender Abschlussangaben vor:

    4.1   Schlussbestand an fertigen Erzeugnissen   171 950,00 EUR

    4.2   Schlussbestand an Rohstoffen   45 800,00 EUR

    4.3   Abschreibungen auf

        – 0530 Betriebsgebäude   29 120,00 EUR

        – 0720 Anlagen und Maschinen   34 560,00 EUR

        – 0840 Fuhrpark   19 050,00 EUR

        – 0860 Büromaschinen   14 455,00 EUR

    4.4   Abschluss der Vor- und Umsatzsteuer

    4.5   Abschluss des Privatkontos

5. Führen Sie den Periodenabschluss zum 31. März 20.. durch!

6. Erstellen Sie die Schlussbilanz unter der Voraussetzung, dass es keine Abweichungen zur Buchführung gibt!

Hinweis:

Buchen Sie den Bankverkehr mit der Dortmunder Volksbank e.G. und der Postbank Dortmund gemeinsam über das Konto Bank.

IV. Belege: Belegkreis 1: Eingangsrechnungen

1.1

KARL RANZAUER e. KFM.
Forstbetrieb, Sägewerk Lüdenscheid

Karl Ranzauer e. Kfm. · Hamburger Str. 124 · 58583 Lüdenscheid

Papierfabrik
Rudolf Walterbeck e. Kfm.
Brügmannstr. 101
44135 Dortmund

Kunden-Nr.:	12017
Rechnungs-Nr.:	1348302923
Ihre Auftrags-Nr.:	19123
Rechnungsdatum:	15.03.20..
Lieferdatum:	25.03.20..

Rechnung

Wir lieferten Ihnen

10 Festmeter Bruchholz, Fichte und Kiefer

Netto-Warenwert:	2 582,52 EUR
19 % Umsatzsteuer:	490,68 EUR
Rechnungsbetrag:	3 073,20 EUR

Zahlbar innerhalb von 30 Tagen netto Kasse.
Bei Zahlung innerhalb von 10 Tagen 3 % Skonto.

Sitz der Unternehmung: Lüdenscheid
Steuer-Nr.: 360/3460/1001
Karl Ranzauer e. Kfm.
Hamburger Str. 124
58583 Lüdenscheid
Tel.: 02351 518910

Registergericht: Lüdenscheid,
HRA 6589
Bankverbindung: Deutsche Bank
Niederlassung: Lüdenscheid
IBAN: DE56 4507 0002 0006 7890 00
BIC: DEUTDEDW450

1.2

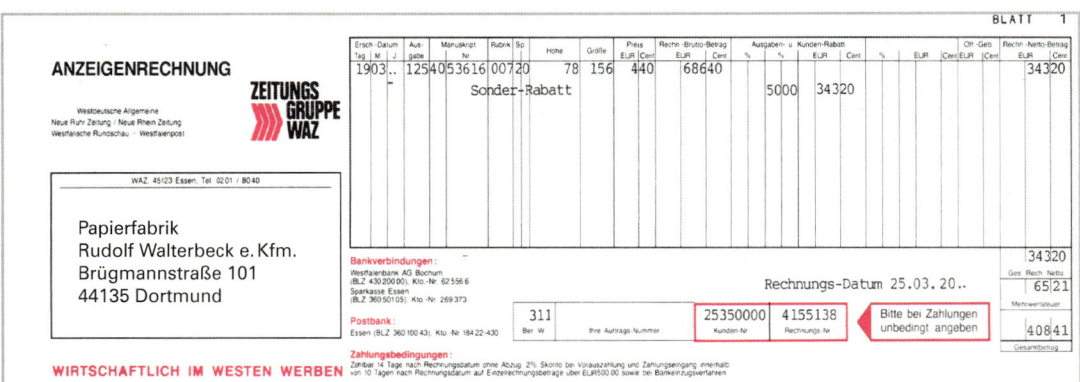

Lernfelder
6, 10

Lernfeld 6: Beschaffungsprozesse planen, steuern und kontrollieren/
Lernfeld 10: Absatzprozesse planen, steuern und kontrollieren

Belegkreis 2: Ausgangsrechnungen

1.3

F&P Computertechnik GmbH

F&P Computertechnik GmbH Reisestr. 17-19, 44135 Dortmund

Papierfabrik
Rudolf Walterbeck e. Kfm.
Brügmannstr. 101
44135 Dortmund

Ihr Zeichen, Ihre Nachricht von   Unser Zeichen, unsere Nachricht vom   Telefon 0231 523535

Dortmund
25. März 20..

Rechnung Nr. 65090

Lieferdatum: 18.03.20..

Menge	Bezeichnung	Einzelpreis	Gesamtpreis
2	F&P PC	1300,00	2600,00 EUR
2	Monitor	490,00	980,00 EUR
2	Streamer Archive	164,50	329,00 EUR
			3909,00 EUR
	+ 19 % USt		742,71 EUR
	Rechnungsbetrag		4651,71 EUR

F&P Computertechnik GmbH
Reisestr. 17-19
44135 Dortmund
Steuer-Nr. 381/2340/4680

Geschäftsführung
Gerhard Frabe
Tel. 0231 523535

Sparkasse Dortmund
IBAN DE88 4405 0199 0001 0717 50
BIC DORTDE33XXX
HRB 1203

2.1

PAPIERFABRIK
Rudolf Walterbeck e. Kfm., Dortmund

Rudolf Walterbeck e. Kfm., · Brügmannstr. 101 · 44135 Dortmund

Merkur Verlag GmbH & Co. KG
Ritterstr. 24
31737 Rinteln

Ihr Zeichen, Ihre Nachricht von   Unser Zeichen, unsere Nachricht vom   Telefon 0231 593535

Dortmund
25. März 20..

Rechnung Nr. 23081

Lieferdatum: 20.03.20..

Pos.	Menge	Bezeichnung	Einzelpreis	Gesamtpreis
1	10000 Bogen	IDEM-CB-80 Black Copy weiß 43,0 x 61,0	14,45 % Bogen	1445,00 EUR
2	10000 Bogen	IDEM-CB-53 Black Copy weiß 43,0 x 61,0	12,19 % Bogen	1219,00 EUR
3	10000 Bogen	IDEM-CB-90 Black Copy weiß 43,0 x 61,0	15,83 % Bogen	1583,00 EUR
				4247,00 EUR
		+ 19 % USt		806,93 EUR
		Rechnungsbetrag		5053,93 EUR

Sitz der Gesellschaft:
Brügmannstr. 101
44135 Dortmund
Telefon: 0231 593535
Telefax: 0231 593539

RG Dortmund: HRA 2020
Steuer-Nr: 340/3542/4810

Dortmunder Volksbank eG
IBAN: DE93 4416 0014 0500 1088 00
BIC: GENODEM1DOR

Postbank Dortmund
IBAN: DE30 4401 0046 0134 3804 64
BIC: PBNKDEFFXXX

344

2.3

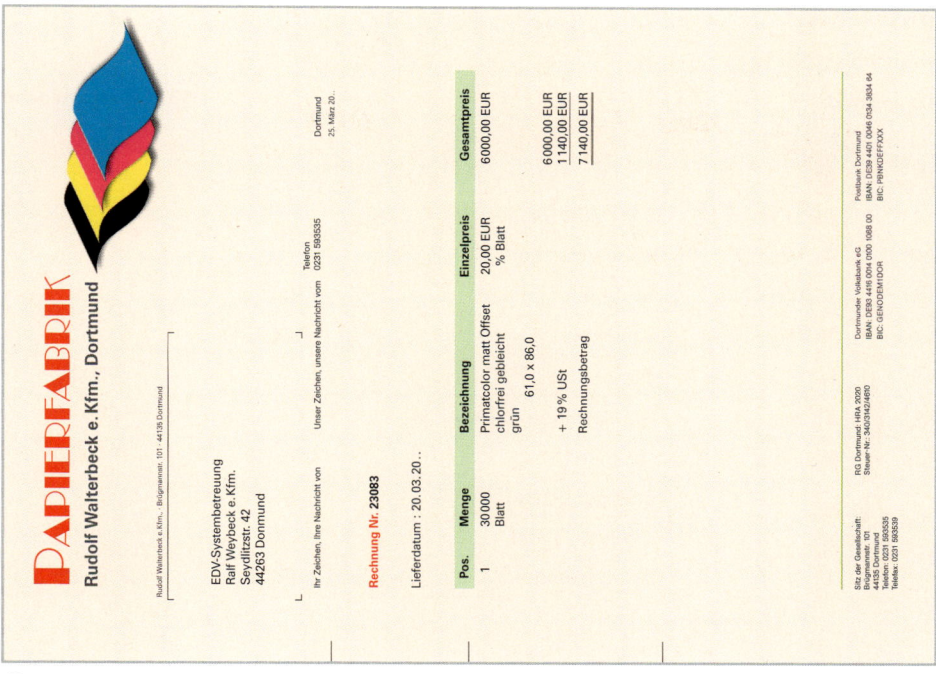

PAPIERFABRIK
Rudolf Walterbeck e. Kfm., Dortmund

Rudolf Walterbeck e. Kfm. · Bürgrmarnstr. 101 · 44135 Dortmund

EDV-Systembetreuung
Ralf Weybeck e. Kfm.
Seydlitzstr. 42
44263 Dortmund

Dortmund
25. März 20..

| Ihr Zeichen, Ihre Nachricht von | Unser Zeichen, unsere Nachricht vom | Telefon 0231 593535 |

Rechnung Nr. 23083

Lieferdatum : 20. 03. 20 . .

Pos.	Menge	Bezeichnung	Einzelpreis	Gesamtpreis
1	30000 Blatt	Primatcolor matt Offset chlorfrei gebleicht grün 61,0 x 86,0	20,00 EUR % Blatt	6000,00 EUR
		+ 19 % USt		6000,00 EUR 1140,00 EUR
		Rechnungsbetrag		7140,00 EUR

Sitz der Gesellschaft:
Brügrmarnstr. 101
44135 Dortmund
Telefon: 0231 593535
Telefax: 0231 593539

RG Dortmund HRA 2020
Steuer Nr.: 3403/3482/48RD

Dortmunder Volksbank eG
IBAN: DE93 4416 0014 0034 1088 00
BIC: GENODEM1DOR

Postbank Dortmund
IBAN: DE39 4401 0046 0034 3834 64
BIC: PBNKDEFFXXX

2.2

PAPIERFABRIK
Rudolf Walterbeck e. Kfm., Dortmund

Rudolf Walterbeck e. Kfm. · Brügrmarnstr. 101 · 44135 Dortmund

Unternehmensberatung
Wolfgang Döhmann e. Kfm.
Herbeder Str. 54
58455 Witten

Dortmund
25. März 20..

| Ihr Zeichen, Ihre Nachricht von | Unser Zeichen, unsere Nachricht vom | Telefon 0231 593535 |

Rechnung Nr. 23082

Lieferdatum : 20. 03. 20 . .

Pos.	Menge	Bezeichnung	Einzelpreis	Gesamtpreis
1	1000 Bogen	Salamander holzfrei ledergeprägt Umschlagkarton silbergrau 70,0 x 100,0	155,30 EUR % Bogen	1553,00 EUR
2	5000 Bogen	100 RC Script satiniert aus 100 % Altpapier altweiß 43,0 x 61,0	5,69 EUR % Bogen	284,50 EUR
3	500 Bogen	Senator leinengeprägt Porzellankarton weiß 61,0 x 86,0	85,40 EUR % Bogen	427,00 EUR
		+ 19 % USt		2264,50 EUR 430,26 EUR
		Rechnungsbetrag		2694,76 EUR

Sitz der Gesellschaft:
Brügrmarnstr. 101
44135 Dortmund
Telefon: 0231 593535
Telefax: 0231 593539

RG Dortmund HRA 2020
Steuer Nr.: 3403/3482/48RD

Dortmunder Volksbank eG
IBAN: DE93 4416 0014 0034 1088 00
BIC: GENODEM1DOR

Postbank Dortmund
IBAN: DE39 4401 0046 0034 3834 64
BIC: PBNKDEFFXXX

Lernfelder
6, 10

Lernfeld 6: Beschaffungsprozesse planen, steuern und kontrollieren/
Lernfeld 10: Absatzprozesse planen, steuern und kontrollieren

Belegkreis 3: Kasse

Kassenbuchblatt Nr. 12

Monat: März 20..   **12. Kalenderwoche**

Beleg Nr.	Beleg Datum	Text	Einnahmen in EUR	Ausgaben in EUR
3.1	26. März 20..	Tanken DO-BE 44		73,50
3.2	28. März 20..	Postwertzeichen		130,00
3.3	28. März 20..	Barabhebung Bank	1 500,00	
3.4	28. März 20..	Barverkauf	446,25	
3.5	30. März 20..	Miete		700,00
3.6	31. März 20..	Bareinzahlung Bank		1 000,00
Datum: *31. März 20..*		Summen	1 946,25	1 903,50
		Anfangsbestand	1 250,00	
Unterschrift *Treu*		Schlussbestand		1 292,75
		Kontrollsummen	3 196,25	3 196,25

3.1

RAN-STATION
Ingrid Häusle

Röntgenstraße 59
44369 Dortmund
TEL: 0231 593535 FAX: 593539

*   54,44 Liter   SÄULENNr 3*
Super Blfr. A   73,50 EUR
1,35 EUR/Liter
               BAR   73,50 EUR

TOTAL   73,50 EUR

MWST 19,00 % A   11,74 EUR
NETTO   61,76 EUR

5112   26.03.20..   13:17   B18   K.0001
StNr.Kraftst.: 121/174/53705
StNr.Shopware: 91158/58899

Vielen Dank für Ihren Einkauf
und gute Fahrt!

3.2

Deutsche Post AG
44135 Dortmund
82571613 3655   28. März 20..

130,00 EUR

Postwertzeichen ohne Zuschlag
Vielen Dank für Ihren Besuch.
Ihre Deutsche Post AG

3.3

QUITTUNG
IBAN DE93441600140100108800   EUR 1 500,00
Name des Kontoinhabers   *Rudolf Walterbeck e.Kfm.*

Von der DORTMUNDER VOLKSBANK eG empfing ich heute den Betrag von

eintausendfünfhundert —

was ich hiermit bescheinige.

Dortmund, den **28. März 20..**   *R. Walterbeck*
                                    Unterschrift

Eingerahmtes Feld bitte nicht beschriften

3.4

3.5

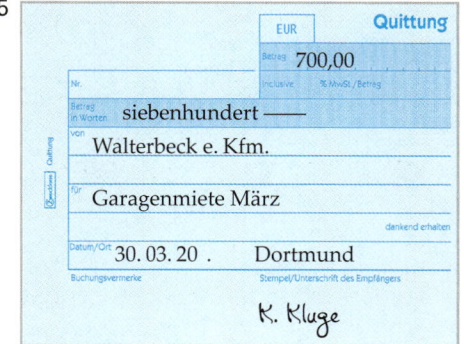

3.6

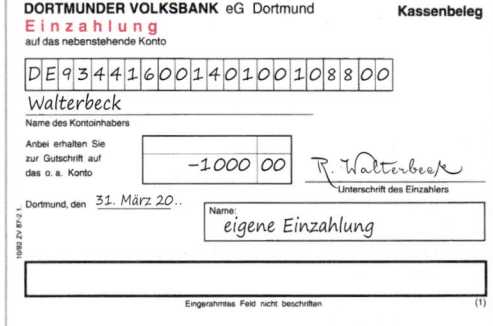

Lernfelder 6, 10

Lernfeld 6: Beschaffungsprozesse planen, steuern und kontrollieren/
Lernfeld 10: Absatzprozesse planen, steuern und kontrollieren

Belegkreis 4: Bankverkehr Dortmunder Volksbank e. G.

Der Bankverkehr wird durch die nachfolgenden Kontoauszugsblätter dokumentiert.

			IBAN		BIC		erstellt am	Auszug	Blatt
	Dortmunder Volksbank e. G.		DE93 4416 0014 0100 1088 00		GENODEM1DOR		29.03.20..	16	1
	Alter Kontostand							28 780,00	+
4.1	27.03.	300007 27.03.	Re-Nr. 4155138			Überweisung		408,41	−
			Empfänger: WAZ Essen						
4.2 (3.3)	28.03.	300102 28.03.	Auszahlung			Barauszahlung		1 500,00	−
4.3	29.03.	300103 29.03.	Miete März 20..			Lastschrift		600,00	−
			Empfänger: Immobilien Meister						
	Neuer Kontostand							26 271,59	+

Papierfabrik
Rudolf Walterbeck e. Kfm.
Brügmannstr. 101   **Kontoauszug**
44135 Dortmund
Bitte Rückseite beachten.

			Kontonummer			erstellt am	Auszug	Blatt
	Dortmunder Volksbank e. G.		DE93 4416 0014 0100 1088 00	GENODEM1DOR		31.03.20..	17	1
	Alter Kontostand						26 271,59	+
4.4	30.03.	300104 30.03.	Re-Nr. 23083 vom 25. März 20..		Gutschrift		7 140,00	+
			Auftraggeber: Ralf Weybeck					
4.5 (3.6)	31.03.	300105 31.03.	Eigene Einzahlung		Bareinzahlung		1 000,00	+
4.6	31.03.	300108 31.03.	Re-Nr. 65090 vom 25. März 20..		Lastschrift		4 651,71	−
			Empfänger: F&P Dortmund					
4.7	31.03.	300109 31.03.	Tilgungsrate März 20..		Lastschrift		5 000,00	−
			Kreditkonto 100 109 222					
4.8	31.03.	300110 31.03.	Re-Nr. 23042 vom 24. März 20..		Gutschrift		5 175,00	+
			Auftraggeber: Wolfgang Döhmann					
	Neuer Kontostand						29 934,88	+

Papierfabrik
Rudolf Walterbeck e. Kfm.
Brügmannstr. 101   **Kontoauszug**
44135 Dortmund
Bitte Rückseite beachten.

Belegkreis 5: Bankverkehr Postbank Dortmund

5.1
5.2

5.3
5.4

Bitte beachten Sie die Hinweise auf der Rückseite.

Kontoauszug in EUR

IBAN DE 39 4401 0046 0134 3834 64   Auszug 3
Datum 25.03.20..   Blatt 1

Postbank

Vorgang / Buchungsinformation	PN-Nummer	Buchung	Wertstellung		Umsatz in EUR
· Lastschrift Telekom					
Fernmeldekonto 237800002380	114	25.03.	25.03.		315,45 −
· Lastschrift					
Finanzamt Dortmund					
Kfz-Steuer DO-BE 44	114	25.03.	25.03.		830,00 −
· Lastschrift Anlage	117	25.03.	25.03.		847,60 −
· Entgelte usw. Anlage	117	25.03.	25.03.		22,50 −

150 / 01 / 012036 / 015   1,10
403298 – 1 – 1 – T

Zahlungseingänge	0,00+
Zahlungsausgänge	2.015,55 −
Alter Kontostand	7.068,70+

Papierfabrik
Rudolf Walterbeck e. Kfm.
Brügmannstr. 101
44135 Dortmund

Neuer Kontostand	5.053,15 +

Zinssatz für Dispositionskredit: 9,75%
Zinssatz für geduldete Überziehung: 13,25%
Dispositionskredit in EUR: 5.000,00

Postbank Dortmund   Privatkunden   Tel: 0180 3040500*   Fax: 0180 3040800*   · 7x24 Stunden   direkt@postbank.de   www.postbank.de
44131 Dortmund   Geschäftskunden Tel: 0180 4440400**   Fax: 0180 3040999*   · 7x24 Stunden   business@postbank.de
BIC PBNKDEFFXXX   * 9 Cent/Min. **20 Cent/Anruf · dt. Festnetz; Mobiltarif max. 42 Cent/Min. oder 60 Cent/Anruf   firmenkunden@postbank.de   USt.-IdNr. DE169824467

Bitte beachten Sie die Hinweise auf der Rückseite.

IBAN: DE 39 4401 0046 0134 3834 64   Anlage 1
Datum 25.03.20..   Blatt 1

Postbank

Vorgang / Buchungsinformation	PN-Nummer	Buchung	Wertstellung	Umsatz in EUR
· Buchungsbestätigung				

Gemäß Ihrem Auftrag haben wir am 25.03.20.. überwiesen

Betrag   : EUR 847,60
Zahlungsempfänger   : HDI Hannover
Kontonummer   : 5405 72-305
Bankleitzahl   : 25010030
Verwendungszweck   : Kfz-Haftpflicht
Referenz-Nr.   : 122032102365

Ihre Postbank

Postbank Dortmund   Privatkunden   Tel: 0180 3040500*   Fax: 0180 3040800*   · 7x24 Stunden   direkt@postbank.de   www.postbank.de
44131 Dortmund   Geschäftskunden Tel: 0180 4440400**   Fax: 0180 3040999*   · 7x24 Stunden   business@postbank.de
BIC: PBNKDEFFXXX   * 9 Cent/Min. **20 Cent/Anruf · dt. Festnetz; Mobiltarif max. 42 Cent/Min. oder 60 Cent/Anruf   firmenkunden@postbank.de   USt.-IdNr. DE169824467

Bitte beachten Sie die Hinweise auf der Rückseite.

IBAN: DE 39 4401 0046 0134 3834 64   Anlage 2
Datum 25.03.20..   Blatt 1

Postbank

Vorgang / Buchungsinformation	PN-Nummer	Buchung	Wertstellung	Umsatz in EUR
· Zinsen, Porto und Entgelte für das abgelaufene Quartal				
Kontoführungsentgelt				22,50 −
Gesamtsumme für Konto	0134383464 per 31.03.			22,50 −

Postbank Dortmund   Privatkunden   Tel: 0180 3040500*   Fax: 0180 3040800*   · 7x24 Stunden   direkt@postbank.de   www.postbank.de
44131 Dortmund   Geschäftskunden Tel: 0180 4440400**   Fax: 0180 3040999*   · 7x24 Stunden   business@postbank.de
BIC: PBNKDEFFXXX   * 9 Cent/Min. **20 Cent/Anruf · dt. Festnetz; Mobiltarif max. 42 Cent/Min. oder 60 Cent/Anruf   firmenkunden@postbank.de   USt.-IdNr. DE169824467

Lernfelder 6, 10

Lernfeld 6: Beschaffungsprozesse planen, steuern und kontrollieren/
Lernfeld 10: Absatzprozesse planen, steuern und kontrollieren

2 Buchungen im Sachanlagebereich

2.1 Kauf von Sachanlagen

(1) Kauf von Sachanlagen ohne Anzahlung

Zum Anlagevermögen zählen die Vermögensposten, die dem Unternehmen langfristig dienen. Sie werden nur allmählich verbraucht (z.B. Gebäude, Büromaschinen, Fuhrpark). Beim Erwerb werden die Güter des Anlagevermögens mit ihren **Anschaffungskosten** erfasst.

Die **Berechnung der Anschaffungskosten** erfolgt somit nach folgendem Schema:

	Anschaffungspreis:	Nettopreis ohne Umsatzsteuer
−	Anschaffungspreisminderungen:	z.B. Rabatte, Skonti, Boni, sonstige Nachlässe
+	Anschaffungsnebenkosten:	Typische Beispiele sind: Transport-, Umbau-, Montagekosten, Aufwendungen für Provisionen, Notariats-, Gerichts- und Registerkosten
=	Anschaffungskosten	

Anmerkung:

Finanzierungskosten (z.B. Kreditzinsen, Diskont, Gebühren) gehören **nicht** zu den Anschaffungskosten.

Beispiel:

Kauf von Lagerregalen gegen Rechnungsstellung. Nettopreis: 19 730,00 EUR zuzüglich 19 % USt. Die gesondert in Rechnung gestellten Transportkosten in Höhe von 1 230,00 EUR zuzüglich 19 % USt wurden sofort bar bezahlt.

Die Rechnung für die Regale wird später durch Banküberweisung unter Abzug von 3 % Skonto beglichen.

Aufgaben:

1. Berechnen Sie die Anschaffungskosten!
2. Buchen Sie die Geschäftsvorfälle auf Konten!
3. Bilden Sie die Buchungssätze:

   3.1 Bei der Anschaffung der Lagerregale,

   3.2 bei der Zahlung:

       3.2.1 der Eingangsrechnung für die Transportkosten bar,

       3.2.2 der Eingangsrechnung für die Lagerregale durch Banküberweisung!

Lösungen:

Zu 1.: Berechnung der Anschaffungskosten

Anschaffungspreis	19 730,00 EUR
− 3 % Skonto	591,90 EUR
= vorläufige Anschaffungskosten	19 138,10 EUR
+ Transportkosten	1 230,00 EUR
= Anschaffungskosten	20 368,10 EUR

Zu 2.: Buchung auf Konten

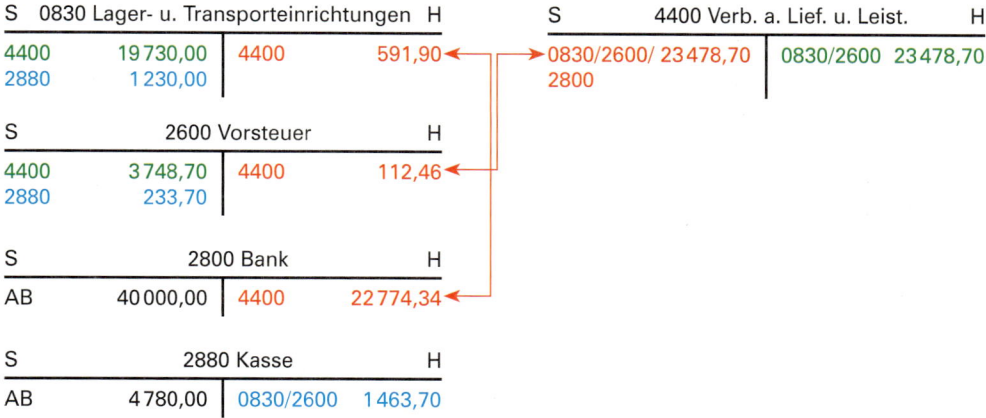

S	0830 Lager- u. Transporteinrichtungen	H		S	4400 Verb. a. Lief. u. Leist.	H
4400	19 730,00	4400	591,90	0830/2600/ 23 478,70	0830/2600	23 478,70
2880	1 230,00			2800		

S	2600 Vorsteuer	H
4400	3 748,70	4400	112,46
2880	233,70		

S	2800 Bank	H
AB	40 000,00	4400	22 774,34

S	2880 Kasse	H
AB	4 780,00	0830/2600	1 463,70

Erläuterungen zu den Zahlengrundlagen für die Buchung:

Bei der Anschaffung:

	Anschaffungskosten	19 730,00 EUR
+	19 % USt	3 748,70 EUR
=	Verbindlichkeiten	23 478,70 EUR

Aufteilung des Skontobetrags:

119 % $\triangleq$ 704,36 EUR
19 % $\triangleq$ x EUR

$$x = \frac{704,36 \cdot 19}{119} = \underline{112,46\ EUR}$$

Berechnung des Zahlungsbetrags:

	Rechnungsbetrag	23 478,70 EUR
–	3 % Skonto	704,36 EUR
=	Banküberweisung	22 774,34 EUR

	Skontobetrag brutto	704,36 EUR
–	Vorsteuerkorrektur	112,46 EUR
=	Skontobetrag netto	591,90 EUR

Zu 3.: Buchungssätze

Nr.	Geschäftsvorfälle	Konten	Soll	Haben
3.1	Buchung bei der Anschaffung der Lagerregale	0830 L.- u. Transporteinr. 2600 Vorsteuer an 4400 Verb. a. L. u. L.	19 730,00 3 748,70 	 23 478,70
3.2.1	Buchung der Barzahlung der Transportkosten	0830 L.- u. Transporteinr. 2600 Vorsteuer an 2880 Kasse	1 230,00 233,70 	 1 463,70
3.2.2	Buchung bei der Zahlung der Rechnung unter Abzug von 3 % Skonto durch Banküberweisung	4400 Verb. a. L. u. L. an 0830 L.- u. Transporteinr. an 2600 Vorsteuer an 2800 Bank	23 478,70 	 591,90 112,46 22 774,34

Lernfelder 6, 10

Lernfeld 6: Beschaffungsprozesse planen, steuern und kontrollieren/
Lernfeld 10: Absatzprozesse planen, steuern und kontrollieren

- Beim Erwerb werden Anlagegüter mit den Anschaffungskosten bewertet.
- Anschaffungskosten = Listeneinkaufspreis + Nebenkosten − Nachlässe
- Spätere Nachlässe werden unmittelbar auf dem entsprechenden Anlagekonto gebucht.
- Spätere Nachlässe machen eine Korrektur der Vorsteuer erforderlich.
- Finanzierungskosten und Folgekosten gehören nicht zu den Anschaffungskosten.
- Gebühren einer Behörde unterliegen nicht der Umsatzsteuer.

(2) Kauf von Sachanlagen mit Anzahlung

Wird bei der Bestellung eines Anlagegutes eine Anzahlung vereinbart, so bucht der **Zahlende** diese auf dem Konto **0900 Geleistete Anzahlungen auf Sachanlagen**. Der **Lieferer** bucht die Anzahlung auf dem Konto **4300 Erhaltene Anzahlungen**. Die Anzahlung ist umsatzsteuerpflichtig.

Beispiel:

Wir kaufen bei einer Maschinenfabrik eine Transportanlage zum Anschaffungspreis von 360 000,00 EUR zuzüglich 19 % USt. Am 1. September, dem Tag der Bestellung, wird, wie vertraglich vereinbart, eine Anzahlung von 120 000,00 EUR zuzüglich 19 % USt durch Banküberweisung geleistet. Die Restzahlung erfolgt am 30. November, nach Auslieferung der Transportanlage durch Banküberweisung.

Aufgabe:
Bilden Sie die Buchungssätze zu den Geschäftsvorfällen am 1. September und am 30. November für den Besteller der Transportanlage!

Lösung:

Geschäftsvorfälle	Konten	Soll	Haben
01. 09.: Anzahlung durch Banküberweisung	0900 Gel. Anz. a. Sachanl. 2600 Vorsteuer an 2800 Bank	120 000,00 22 800,00	 142 800,00
30. 11.: Buchung der Rechnungsstellung und Restzahlung	0750 Transportanl. u. Ä. 2600 Vorsteuer an 4400 Verb. a. Lief. u. Leist.	360 000,00 68 400,00	 428 400,00
	4400 Verb. a. Lief. u. Leist. an 0900 Gel. Anz. a. Sachanl. an 2600 Vorsteuer	142 800,00	 120 000,00 22 800,00
	4400 Verb. a. Lief. u. Leist. an 2800 Bank	285 600,00	 285 600,00

Übungsaufgaben

174 Berechnung der Anschaffungskosten, Buchungssätze Kauf von Anlagegütern

Bilden Sie zu den folgenden Vorgängen die Buchungssätze!

Hinweis: Berechnen Sie vor der Buchung jeweils die Anschaffungskosten!

1. 1.1 Wir kaufen für unsere Büroräume Möbel im Werte von 14 500,00 EUR zuzüglich 19 % USt. Der Lieferer räumt uns 10 % Rabatt ein.

   1.2 Die Begleichung der Rechnung erfolgt durch Banküberweisung unter Abzug von 2 % Skonto.

2. 2.1 Wir kaufen eine kleine Verpackungsmaschine zum Nettopreis von 1 800,00 EUR zuzüglich 19 % USt. Die Transportkosten betragen 85,00 EUR zuzüglich 19 % USt. Nach einer Überprüfung der Anlage wird noch ein Zusatzgerät im Wert von 480,00 EUR zuzüglich 19 % USt hinzugekauft.

2.2 Die Zahlung erfolgt in Höhe von 1 200,00 EUR bar, über den Restbetrag erfolgt eine Banküberweisung.

3. 3.1 Wir kaufen ein Kopiergerät im Wert von 4 500,00 EUR zuzüglich 19 % USt und erhalten einen Sonderrabatt von 10 %. An Transportkosten fallen 80,00 EUR zuzüglich 19 % USt an. Für die Inbetriebnahme werden Kosten in Höhe von 150,00 EUR zuzüglich 19 % USt berechnet.

3.2 Die Rechnung wird durch Banküberweisung beglichen.

175 Berechnung der Anschaffungskosten, Buchungssätze Kauf von Anlagegütern, Berücksichtigung einer Anzahlung

1. Wir beziehen uns auf das Beispiel auf S. 352.

Aufgabe:

Bilden Sie die Buchungssätze zu den Geschäftsvorfällen am 01. September und am 30. November aus Sicht der Maschinenfabrik!

2.

Franz Best OHG, Heidacker 20, 22523 Hamburg

Farbenfabrik
Beate Bunt GmbH
Liebigstraße 15
49074 Osnabrück

Automatenbau
Franz Best OHG · Hamburg

Auftragsbestätigung und Rechnung Nr. 1443

Lieferdatum: 10.05.20..
Rechnungsdatum: 14.05.20..

Sie kauften nach unseren Lieferungsbedingungen		
1 Kassensystem ML 120		15 850,00 EUR
− 5 % Sonderrabatt		792,50 EUR
		15 057,50 EUR
+ Fracht		675,00 EUR
+ Montage		520,00 EUR
		16 252,50 EUR
+ 19 % USt		3 087,98 EUR
		19 340,48 EUR
− Anzahlung 01.04.	5 000,00 EUR	
+ 19 % USt	950,00 EUR	5 950,00 EUR
		13 390,48 EUR

Zahlung unter Abzug von 3 % Skonto vom Restbetrag bis 28. Mai 20..

Sitz der Gesellschaft: Hamburg   Registergericht Hamburg, HRA 545   Steuer-Nr.: 25954/82653

Aufgaben:

Bilden Sie die Buchungssätze

2.1 für die oben sstehende Rechnung vom 14.05. aus Sicht der Beate Bunt GmbH!

2.2 für die Zahlung der Rechnung am 28. Mai durch Banküberweisung unter Abzug von 3 % Skonto!

23 Speth u.a. - ISBN 978-3-8120-0521-0

Lernfelder
6, 10

Lernfeld 6: Beschaffungsprozesse planen, steuern und kontrollieren/
Lernfeld 10: Absatzprozesse planen, steuern und kontrollieren

Anmerkung: Berechnen Sie vor der Buchung der Aufgaben 3., 4. und 5. jeweils die Anschaffungskosten!

3. 3.1 Wir kaufen einen Geschäftswagen zum Listeneinkaufspreis von 28 500,00 EUR zuzüglich 19 % USt. Die Überführungskosten betragen 680,00 EUR zuzüglich 19 % USt. Die Zulassungsgebühren in Höhe von 38,00 EUR werden bar bezahlt.[1]

   3.2 Die Zahlung der Eingangsrechnung erfolgt durch Bankscheck.

   3.3 Der Pkw weist Lackschäden auf. Aufgrund unserer Reklamation erhalten wir vom Lieferer in Form einer Gutschrift einen Nachlass von 714,00 EUR (einschließlich 19 % USt).

4. Wir kaufen einen Büroschrank im Wert von 2 860,00 EUR zuzüglich 19 % USt. Der Kaufpreis wurde unter Abzug von 3 % Skonto sofort bar bezahlt.

5. Kauf einer Abfüllanlage zu folgenden Bedingungen: Listeneinkaufspreis 100 000,00 EUR, abzüglich 3 % Rabatt. Verpackungskosten 910,00 EUR, Fracht 1 080,00 EUR, Fundamentierungskosten 2 000,00 EUR, Aufwendungen für eine Sicherheitsprüfung 150,00 EUR jeweils zuzüglich 19 % Umsatzsteuer.

2.2   Aktivierungspflichtige Eigenleistungen

Um Kosten zu sparen oder um Know-how nicht an andere Betriebe zu verlieren, erstellen Industrieunternehmen oftmals **Sachanlagen für den eigenen Betrieb** (z. B. Maschinen, Werkzeuge) in Eigenleistung. Auch **Großreparaturen,** die für das betreffende Anlagegut zu einer Wertsteigerung führen, werden häufig durch eigene Mitarbeiter ausgeführt.

Die Eigenleistungen haben eine zweifache Wirkung: zum einen verursachen sie **Aufwendungen** (z. B. Löhne, Werkstoffe) und zum anderen führen sie zu einer **Werterhöhung des Sachanlagevermögens.** Die Aufwendungen, die zu einer Werterhöhung bei einem Sachanlagegut führen, müssen auf dem entsprechenden **Sachanlagekonto** (z. B. Technische Anlagen und Maschinen, Werkstätteneinrichtung, Werkzeuge u. a.) als **Vermögenszugang aktiviert** werden. Zum Ausgleich müssen anschließend die Aufwendungen als **Ertrag** auf dem Konto **5300 Aktivierte Eigenleistungen** gegengebucht werden.

Beispiel:	
Eine Werkzeugfabrik erstellt mit eigenen Mitarbeitern und eigenem Material ein Werkzeug zur eigenen Verwendung. An Aufwendungen sind angefallen: Rohstoffe 14 700,00 EUR, Löhne 7 800,00 EUR. Die Eigenleistungen betragen somit 22 500,00 EUR.	**Aufgaben:** 1. Buchen Sie die Geschäftsvorfälle auf Konten! 2. Bilden Sie den Buchungssatz bei Aktivierung der Eigenleistung! 3. Schließen Sie Konten ab. Führen Sie die Konten 8010 Schlussbilanzkonto und 8020 Gewinn- und Verlustkonto!

---

1 Gebühren sind nicht umsatzsteuerpflichtig.

Lösungen:

Zu 1.: Buchungen auf Konten[1]

S	0820 Werkzeuge u. a.	H
5300	22 500,00	8010 22 500,00

S	6000 Aufw. f. Rohstoffe	H
2000	14 700,00	8020 14 700,00

S	5300 Aktiv. Eigenleistungen	H
8020	22 500,00	0820 22 500,00

S	6200 Löhne	H
2800	7 800,00	8020 7 800,00

S	8010 SBK	H
0820	22 500,00	

S	8020 GuV	H
6000	14 700,00	5300 22 500,00
6200	7 800,00	

Zu 2.: Buchungssatz

Geschäftsvorfall	Konten	Soll	Haben
Aktivierung der Eigenleistung	0820 Werkzeuge u. a. an 5300 Aktiv. Eigenleist.	22 500,00	22 500,00

- Die **Erstellung von Eigenleistungen** ist **erfolgsneutral**. Aufwendungen und die aktivierten Eigenleistungen weisen den gleichen Betrag aus.
- Das **Sachanlagevermögen** wird durch die **Aktivierung der Aufwendungen** erhöht.

Übungsaufgaben

176 Buchungssätze zu aktivierungspflichtigen Eigenleistungen, Notwendigkeit der Aktivierung

1. Eine Metallwarenfabrik erstellt mit eigenen Mitarbeitern und eigenem Material für eine neue Werkshalle ein Fließband. Der Herstellaufwand beträgt 68 600,00 EUR. Die Nutzungsdauer beträgt 8 Jahre. Die Abschreibung erfolgt linear. Das Fließband wird am 1. März in Betrieb genommen.

   Aufgaben:

   1.1 Bilden Sie den Buchungssatz bei Aktivierung der Eigenleistung!

   1.2 Erläutern Sie, wie sich die Aktivierung der Eigenleistung auf das Vermögen und den Gewinn auswirken!

   1.3 Bilden Sie den Buchungssatz für die Abschreibung im ersten Jahr!

2. Eine Büromöbelfabrik stattet ihre Büroräume mit 20 Schreibtischen aus eigener Produktion aus. Nach Angaben der Betriebsbuchhaltung beträgt der Herstellaufwand je Schreibtisch 480,00 EUR. Der Nettoverkaufspreis beträgt 720,00 EUR.

   Aufgaben:

   2.1 Nennen Sie den Wert, mit welchem die Schreibtische zu aktivieren sind!

   2.2 Begründen Sie die Notwendigkeit der Aktivierung!

   2.3 Bilden Sie den Buchungssatz für die Aktivierung!

---

1 **Buchungssätze für die Buchung der Aufwendungen:**
   6000 Aufwendungen für Rohstoffe an 2000 Rohstoffe
   6200 Löhne an 2800 Bank

Lernfelder 6, 10

Lernfeld 6: Beschaffungsprozesse planen, steuern und kontrollieren/
Lernfeld 10: Absatzprozesse planen, steuern und kontrollieren

177 Buchungssätze Kauf von Anlagegütern

1. Sie sind Mitarbeiter der Möbelfabrik Zembrot GmbH.

   Aufgaben:

   Bilden Sie die Buchungssätze

   1.1 für den Rechnungseingang am 10. Mai,

   1.2 für die Zahlung am 20. Mai unter Abzug von 2 % Skonto durch Banküberweisung!

Maschinenfabrik Weingarten AG · Industriestr. 1–20 · 88250 Weingarten

**Maschinenfabrik
WEINGARTEN AG**

Möbelfabrik Zembrot GmbH
Zum Erlenholz 120–124
18147 Rostock

	Lieferdatum:	30.04.20..
Rechnung Nr. 197/4	Rechnungsdatum:	10.05.20..

Menge	Bezeichnung	Gesamtpreis in EUR
1	Verpackungsautomat MS 100	3 140,00 EUR
5	Zubehörteile	980,00 EUR
		4 120,00 EUR
	+ 19 % USt	782,80 EUR
		4 902,80 EUR

Zahlungsbedingungen: 2 % Skonto innerhalb 14 Tagen, 30 Tage Ziel

Sitz der Gesellschaft: Weingarten; Registergericht: Weingarten; HRB 99
Steuer-Nr.: 91510/71720
IBAN: DE41 6505 0110 0000 6700 01   BIC: SOLADES1RVB (KSK Ravensburg)

---

2. Die Zembrot GmbH kauft eine Werkzeugbank im Wert von 12 490,00 EUR zuzüglich 19 % USt. Der Kaufpreis wurde unter Abzug von 3 % Skonto durch Banküberweisung bezahlt.

3. Zum Ausbau des Werkgeländes kauft die Zembrot GmbH ein 4 500 m^2 großes Grundstück zum Preis von 20,00 EUR je m^2. An Nebenkosten fallen an: Grunderwerbsteuer 3,5 %, Notariatskosten 6 420,00 EUR zuzüglich 19 % USt, Zeitungsinserat 840,00 EUR zuzüglich 19 % USt, Maklergebühren 5 200,00 EUR zuzüglich 19 % USt und Erschließungs- und Anliegerkosten 15,00 EUR je m^2.

   Alle Zahlungen erfolgen durch Banküberweisung.

2.3 Verkauf gebrauchter Anlagegüter

(1) Berechnung des Buchwertes

Durch die Nutzung des Anlagegutes tritt eine Wertminderung ein. Sie wird durch die Abschreibung am Ende des Geschäftsjahres erfasst. Wird das Anlagegut während des Geschäftsjahres verkauft, so ist zunächst über eine **zeitanteilige Abschreibung** der Buchwert zu ermitteln. Zeitanteilig heißt, das **Anlagegut ist bis zu seinem Ausscheiden aus dem Betriebsvermögen abzuschreiben,** wobei der **Monat des Ausscheidens berücksichtigt wird.**[1]

Beispiel:	
Ein betriebseigener Pkw hat am 1. Januar des laufenden Geschäftsjahres einen Buchwert von 12 500,00 EUR. Die Abschreibung erfolgt jährlich mit 6 000,00 EUR. Der Pkw wird am 15. September des gleichen Jahres verkauft.	**Aufgabe:** Berechnen Sie den Buchwert des Pkw zum Zeitpunkt des Verkaufs!

Lösung:

	Buchwert des Pkw am 1. Januar	12 500,00 EUR
−	Abschreibung für 9 Monate (9/12)	4 500,00 EUR
=	Buchwert am Verkaufstag	8 000,00 EUR

(2) Buchungen beim Verkauf eines Anlagegutes

Der Verkauf von Anlagegütern stellt ein Hilfsgeschäft dar und ist umsatzsteuerpflichtig [§ 1 I, Nr. 1 UStG]. Die Umsatzsteuer wird vom erzielten Nettoverkaufspreis berechnet. Um am Jahresende die **Umsatzsteuerverprobung**[2] leicht durchführen zu können, werden in der Praxis **alle umsatzsteuerpflichtigen Vorgänge auf Erlöskonten** gebucht.

- Der Verkauf von Anlagegütern wird über das **Konto 5410 Sonstige Erlöse (z. B. aus Anlagenabgänge)** gebucht.
- Die Auflösung des Restwertes des betreffenden Anlagegutes wird nach zeitanteiliger Abschreibung über das Konto **6979 Anlagenabgänge** gebucht.

Beim Verkauf von gebrauchten Anlagegütern sind **drei Fälle** denkbar:

1. Fall: Der Nettoverkaufspreis entspricht genau dem Buchwert.

2. Fall: Der Nettoverkaufserlös übersteigt den Buchwert (Buchgewinn).

3. Fall: Der Nettoverkaufserlös ist niedriger als der Buchwert (Buchverlust).

---

1 **Hinweis bei der Berechnung der zeitanteiligen Abschreibung**
Grundsätzlich ist es möglich, den Abgangsmonat voll abzuschreiben oder diesen nicht mehr abzuschreiben [R 7.4 Abs. 8 EStR]. In diesem Schulbuch wird von folgender Regelung ausgegangen: Bei der Anschaffung **und** beim Verkauf zählt der Anschaffungs- bzw. Verkaufsmonat bei der Berechnung der Abschreibung mit.

2 In der EDV-Buchführung sind die Erlöskonten meist mit der Programmfunktion „Umsatzsteuerautomatik" verknüpft. Sie errechnet und bucht nach Eingabe des Bruttobetrags automatisch die Umsatzsteuer sowie den Nettowarenwert. Damit können die steuerpflichtigen Umsätze überprüft werden. Man spricht dann von **Umsatzsteuerverprobung.**

Lernfelder
6, 10

Lernfeld 6: Beschaffungsprozesse planen, steuern und kontrollieren/
Lernfeld 10: Absatzprozesse planen, steuern und kontrollieren

■ **1. Fall: Der Nettoverkaufspreis entspricht dem Buchwert[1]**

Beispiel:

Ein betriebseigener Pkw weist unter Berücksichtigung der zeitanteiligen Abschreibung am Verkaufstag einen Buchwert von 8 000,00 EUR auf. Wir verkaufen den Pkw bar zum Buchwert von 8 000,00 EUR zuzüglich 19 % USt.

Erzielter Nettoverkaufspreis	8 000,00 EUR
− errechneter Buchwert	8 000,00 EUR
= Buchgewinn/Buchverlust	0,00 EUR

Aufgaben:

1. Stellen Sie den Geschäftsvorfall auf den Konten dar!
2. Schließen Sie die Konten 0840 Fuhrpark, 6979 Anlagenabgänge und 5410 Sonstige Erlöse ab!
3. Bilden Sie die Buchungssätze beim Verkauf des Pkw und die Ausbuchung des Buchwertes!

Lösungen:

Zu 1. und 2.: Buchung auf den Konten

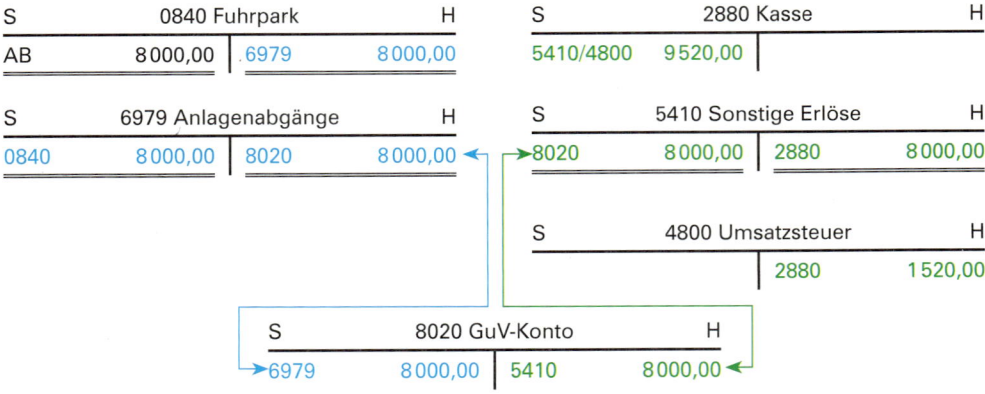

Zu 3.: Buchungssätze

Geschäftsvorfälle	Konten	Soll	Haben
Buchung des Anlageverkaufs	2880 Kasse an 5410 Sonstige Erlöse an 4800 Umsatzsteuer	9 520,00	8 000,00 1 520,00
Ausbuchung des Buchwertes	6979 Anlagenabgänge an 0840 Fuhrpark	8 000,00	8 000,00

Erklärung:

■ Der Verkauf des Pkw stellt einen umsatzsteuerpflichtigen Erlös dar. Aus diesem Grund ist auf den Konten 5410 Sonstige Erlöse und 4800 Umsatzsteuer zu buchen.

■ Durch den Verkauf scheidet der Pkw aus dem Vermögensbestand aus. Demzufolge muss der Bestand auf dem Konto 0840 Fuhrpark ausgebucht werden. Dies geschieht über das Konto 6979 Anlagenabgänge.

---

1 Die hier dargestellte EDV-/praxisgerechte Bruttomethode wird seit Sommer 2010 der Abschlussprüfung zugrunde gelegt (IHK-Prüfungs-News Nr. 2/09).

2. Fall: Der Nettoverkaufspreis ist höher als der Buchwert

Beispiel:

Ein betriebseigener Pkw weist unter Berücksichtigung der zeitanteiligen Abschreibung am Verkaufstag einen Buchwert von 8 000,00 EUR auf. Wir verkaufen den Pkw bar für 8 500,00 EUR zuzüglich 19 % USt.

	Erzielter Nettoverkaufspreis	8 500,00 EUR
−	errechneter Buchwert	8 000,00 EUR
=	Buchgewinn	500,00 EUR

Aufgaben:

1. Stellen Sie den Geschäftsvorfall auf den Konten dar!
2. Schließen Sie die Konten 0840 Fuhrpark, 6979 Anlagenabgänge und 5410 Sonstige Erlöse ab!
3. Bilden Sie die Buchungssätze beim Verkauf des Pkw und die Ausbuchung des Buchwertes!

Lösungen:

Zu 1. und 2.: Buchung auf den Konten

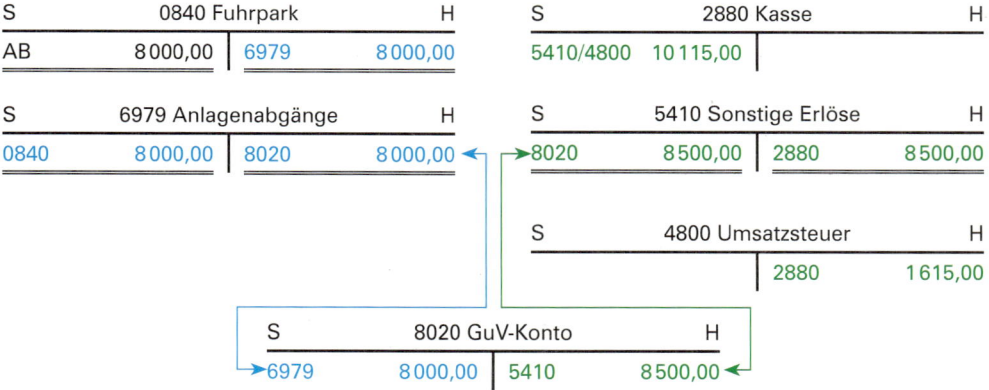

Zu 3.: Buchungssätze

Geschäftsvorfälle	Konten	Soll	Haben
Buchung des Anlageverkaufs	2880 Kasse	10 115,00	
	an 5410 Sonstige Erlöse		8 500,00
	an 4800 Umsatzsteuer		1 615,00
Ausbuchung des Buchwertes	6979 Anlagenabgänge	8 000,00	
	an 0840 Fuhrpark		8 000,00

Erklärung:

- Der Verkauf des Pkw stellt einen umsatzsteuerpflichtigen Erlös dar, der auf den Konten 5410 Sonstige Erlöse und 4800 Umsatzsteuer zu erfassen ist.
- Durch den Verkauf scheidet der Pkw aus dem Vermögensbestand aus. Demzufolge muss der Bestand auf dem Konto 0840 Fuhrpark in Höhe von 8 000,00 EUR ausgebucht werden. Dies geschieht über das Konto 6979 Anlagenabgänge.
- Der Buchgewinn in Höhe von 500,00 EUR wird auf dem GuV-Konto ausgewiesen.

Lernfelder
6, 10

Lernfeld 6: Beschaffungsprozesse planen, steuern und kontrollieren/
Lernfeld 10: Absatzprozesse planen, steuern und kontrollieren

■ 3. Fall: Der Nettoverkaufspreis ist niedriger als der Buchwert

Beispiel:

Ein betriebseigener Pkw weist unter Berücksichtigung der zeitanteiligen Abschreibung am Verkaufstag einen Buchwert von 8 000,00 EUR auf. Wir verkaufen den Pkw bar für 7 000,00 EUR zuzüglich 19 % USt.

	Erzielter Nettoverkaufspreis	7 000,00 EUR
−	errechneter Buchwert	8 000,00 EUR
=	Buchverlust	1 000,00 EUR

Aufgaben:

1. Stellen Sie den Geschäftsvorfall auf den Konten dar!
2. Schließen Sie die Konten 0840 Fuhrpark, 6979 Anlagenabgänge und 5410 Sonstige Erlöse ab!
3. Bilden Sie die Buchungssätze beim Verkauf des Pkw und die Ausbuchung des Buchwertes!

Lösungen:

Zu 1. und 2.: Buchung auf den Konten

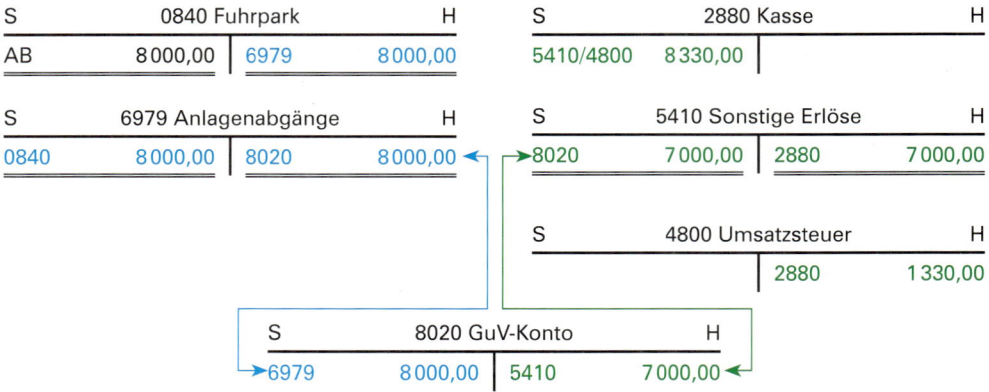

Zu 3.: Buchungssätze

Geschäftsvorfälle	Konten	Soll	Haben
Buchung des Anlage-verkaufs	2880 Kasse an 5410 Sonstige Erlöse an 4800 Umsatzsteuer	8 330,00	 7 000,00 1 330,00
Ausbuchung des Buchwertes	6979 Anlagenabgänge an 0840 Fuhrpark	8 000,00	 8 000,00

Erklärung:

■ Der Verkauf des Pkw stellt einen umsatzsteuerpflichtigen Erlös dar, der auf den Konten 5410 Sonstige Erlöse und 4800 Umsatzsteuer zu erfassen ist.

■ Durch den Verkauf scheidet der Pkw aus dem Vermögensbestand aus. Demzufolge muss der Bestand auf dem Konto 0840 Fuhrpark in Höhe von 8 000,00 EUR ausgebucht werden. Dies geschieht über das Konto 6979 Anlagenabgänge.

■ Der Buchverlust in Höhe von 1 000,00 EUR wird auf dem GuV-Konto ausgewiesen.

- Der **Verkauf von Anlagegütern** stellt einen **umsatzsteuerpflichtigen Erlös** dar und ist daher auf dem Erlöskonto **5410 Sonstige Erlöse** zu buchen.
- Der Restbuchwert des jeweils betroffenen Anlagekontos wird über das Konto **6979 Anlagenabgänge** ausgebucht.
- Ein **Buchgewinn** bzw. ein **Buchverlust** wird auf dem **Gewinn- und Verlustkonto** ausgewiesen.

2.4 Entnahme von Anlagegütern

Die Übernahme eines Anlagegutes in das Privatvermögen ist **umsatzsteuerpflichtig.** Die Entnahme ist zum **Tageswert** anzusetzen. Aufgrund der Umsatzsteuerverprobung erfolgt die Buchung über das Konto **5420 Entnahme von Gegenständen und Leistungen**.

Beispiel:

Der Gesellschafter Frank entnimmt am 7. Januar als Geburtstagsgeschenk für seine Tochter einen betriebseigenen Pkw. Buchwert 7 500,00 EUR, Tageswert 9 000,00 EUR zuzüglich 19 % USt.

Aufgabe:

Bilden Sie die Buchungssätze für die Entnahme und den Abschluss des Kontos 6979!

Lösung:

Geschäftsvorfall	Konten	Soll	Haben
Entnahme eines betriebseigenen Pkw in das Privatvermögen. Buchwert 7 500,00 EUR, Tageswert 9 000,00 EUR zuzüglich 19 % USt.	3001 Privatkonto an 5420 Entn. v. G. u. Leist. an 4800 Umsatzsteuer	10 710,00	9 000,00 1 710,00
	6979 Anlagenabgänge an 0840 Fuhrpark	8 000,00	8 000,00

Übungsaufgaben

178 Buchungen beim Verkauf gebrauchter Anlagegüter, Stoffvertiefung

Ein Kombiwagen hat unter Berücksichtigung der zeitanteiligen Abschreibung am Verkaufstag einen Restbuchwert von 7 200,00 EUR. Der Verkauf erfolgt bar, und zwar

1.1 zum Preis von   7 200,00 EUR
    + 19 % USt   1 368,00 EUR
    _____
                          8 568,00 EUR

1.2 zum Preis von   8 100,00 EUR
    + 19 % USt   1 539,00 EUR
    _____
                          9 639,00 EUR

1.3 zum Preis von   6 000,00 EUR
    + 19 % USt   1 140,00 EUR
    _____
                          7 140,00 EUR

Lernfelder 6, 10

Lernfeld 6: Beschaffungsprozesse planen, steuern und kontrollieren/
Lernfeld 10: Absatzprozesse planen, steuern und kontrollieren

Aufgaben:

1. Stellen Sie jeweils zu 1.1, 1.2 und 1.3 den gesamten Vorgang auf Konten dar! Schließen Sie die Konten 0840, 6979 und 5410 ab! Bilden Sie die Buchungssätze für den Verkaufsvorgang und den Abschluss der angegebenen Konten!

2. Erläutern Sie, warum die Praxis die Erlöse aus Anlageverkäufen zunächst immer auf einem Erlöskonto erfasst!

179 Buchungen beim Verkauf gebrauchter Anlagegüter

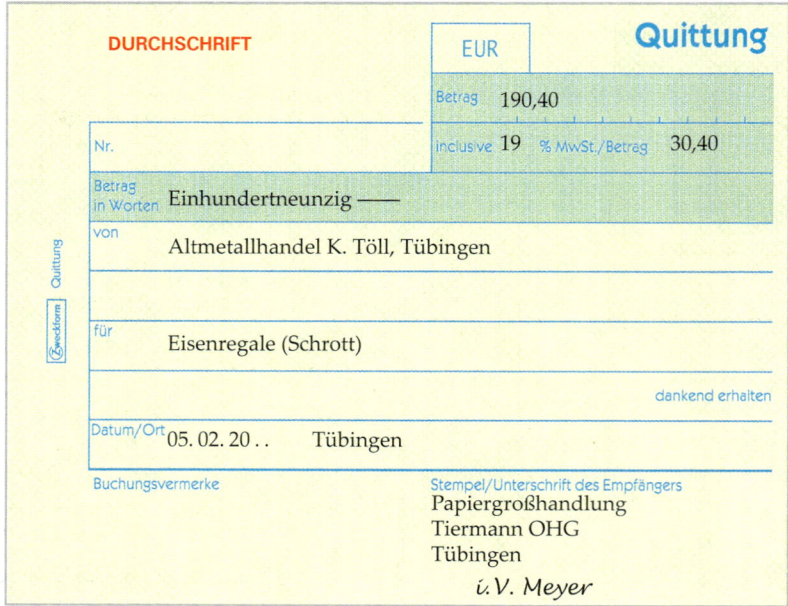

Aufgaben:

1. Bilden Sie den Buchungssatz aus Sicht der Papiergroßhandlung Tiermann OHG für die vorliegende Quittung!

   (Die Eisenregale waren voll abgeschrieben und standen mit einem Erinnerungswert[1] von 1,00 EUR in der Buchführung.)

2. Bilden Sie die Buchungssätze für die Ausbuchung des Buchwertes und den Abschluss der Konten 6979 und 5410!

180 Buchungen beim Verkauf gebrauchter Anlagegüter, Entnahme eines betriebseigenen Pkw

1. Ein Warenautomat mit Anschaffungskosten zu Beginn des Geschäftsjahres in Höhe von 7 500,00 EUR und einer Nutzungsdauer von 5 Jahren wird linear abgeschrieben. Der Warenautomat wird im Dezember des 3. Nutzungsjahres für 2 400,00 EUR zuzüglich 19 % USt gegen Bankscheck verkauft.

---

1 Die in der manuellen Buchführung übliche Abschreibung auf einen **Erinnerungswert** von 1,00 EUR, wenn das Wirtschaftsgut nach Ablauf der Nutzungsdauer noch weiter genutzt wird, ist in der als Nebenbuchhaltung betriebenen computerunterstützten Anlagenbuchführung nicht üblich. Hier wird auch bei Weiternutzung des Wirtschaftsgutes mit der letzten Rate auf den Restbuchwert von 0,00 EUR abgeschrieben.

Aufgaben:

1.1 Nennen Sie den Buchungssatz für die jährliche Abschreibung!

1.2 Ermitteln Sie, welcher Betrag bis zum Verkauf des Warenautomaten insgesamt abgeschrieben wurde!

1.3 Errechnen Sie den Veräußerungsgewinn bzw. -verlust beim Verkauf des Warenautomaten!

1.4 Bilden Sie die Buchungssätze für den Verkauf des Warenautomaten!

2. Ein betriebseigener Pkw wird am 12. Oktober in das Privatvermögen übernommen. Zu Beginn des Jahres betrug der Buchwert 12 600,00 EUR. Die jährliche Abschreibung beträgt 2 520,00 EUR. Der Tageswert beträgt 10 000,00 EUR zuzüglich 19 % USt.

Aufgaben:

2.1 Ermitteln Sie den Buchwert des Pkw zum 12. Oktober!

2.2 Bilden Sie die Buchungssätze für die Entnahme und den Abschluss des Kontos 6979!

181 Berechnung des Buchwertes, Abschreibung, Buchungen beim Verkauf gebrauchter Anlagegüter

Eine Verpackungsmaschine hat am 1. Januar einen Buchwert von 15 000,00 EUR. Es werden jährlich 5 400,00 EUR abgeschrieben. Die Verpackungsmaschine wird am 15. Mai des gleichen Jahres gegen Bankscheck verkauft.

Aufgaben:

1. Berechnen Sie den Buchwert am Veräußerungstag!

2. Bilden Sie den Buchungssatz für die Erfassung der zeitanteiligen Abschreibung!

3. Bilden Sie die Buchungssätze für den Verkauf der Verpackungsmaschine für

   3.1 16 400,00 EUR zuzüglich 19 % USt

   3.2 12 500,00 EUR zuzüglich 19 % USt

   sowie für die Ausbuchung des Buchwertes und den Abschluss der Konten 6979 und 5410!

 **Lernfeld 7: *Personalwirtschaftliche Aufgaben wahrnehmen***

3 Buchungen im Personalbereich

3.1 Aufbau der Lohn- und Gehaltsabrechnung

Die Lohn- und Gehaltsabrechnung vollzieht sich in drei Stufen:

(1) Ermittlung des Arbeitsentgelts (Bruttoentgelts)

Zum Arbeitsentgelt (Arbeitslohn) gehören alle Einnahmen, die dem Arbeitnehmer aus dem Dienstverhältnis zufließen. Es ist gleichgültig in welcher Form oder unter welcher Bezeichnung die Einnahmen gewährt werden. Neben **Geldbeträgen** können dem Arbeitnehmer auch **Sachwerte** (freie Kost und Wohnung oder Waren) zugeflossen sein. Welcher Wert für derartige Sachbezüge anzusetzen ist, richtet sich nach besonderen Verordnungen bzw. orientiert sich am Marktpreis. Neben den Sachbezügen zählen auch **geldwerte Vorteile**, z.B. die kostenlose Zurverfügungstellung eines Geschäftswagens, zum Arbeitsentgelt. Dem Arbeitnehmer werden dann die ersparten Aufwendungen, die für ein eigenes Auto dieses Typs anfallen, als Arbeitslohn hinzugerechnet.

(2) Ermittlung des Nettoentgelts

Zieht man vom steuer- und sozialversicherungspflichtigen Bruttoentgelt die vom Arbeitnehmer zu tragende Lohn- und Kirchensteuer, den zurzeit erhobenen Solidaritätszuschlag und den Arbeitnehmeranteil an den Sozialversicherungsbeiträgen (Kranken-, Renten-, Pflege- und Arbeitslosenversicherung) ab, erhält man das Nettoentgelt.

(3) Ermittlung des Auszahlungsbetrags

Das Nettoentgelt stellt nicht zwangsläufig auch den Auszahlungsbetrag dar. In vielen Fällen wird das Nettoentgelt um bestimmte Abzugsbeträge gekürzt. Als Abzugsbeträge können z.B. infrage kommen: vermögenswirksame Anlagen, Verrechnung von Vorschüssen, Kostenanteil für das Kantinenessen, Mietverrechnung für eine Werkswohnung, evtl. auch Lohnpfändungen.

In schematischer Darstellung erhält man folgendes **Abrechnungsschema**:

Ermittlung des Bruttoentgelts	Addition von Gehalt, Überstundenvergütungen, vermögenswirksamen Leistungen des Arbeitgebers, Urlaubsgeld, Sachwerten, geldwerten Vorteilen
− Steuern	Lohnsteuer, Solidaritätszuschlag, Kirchensteuer
− Sozialversicherungsbeiträge	Kranken-, Pflege-, Renten- und Arbeitslosenversicherung (unter Berücksichtigung der Beitragsbemessungsgrenzen)
Nettoentgelt	
− sonstige Abzüge	
= Auszahlungsbetrag	Verrechnung von Vorschüssen, Kantinenessen, Lohnpfändung, vermögenswirksamen Leistungen

3.2 Berechnung der Lohnsteuer, des Solidaritätszuschlags und der Kirchensteuer

(1) Lohnsteuer und Solidaritätszuschlag

Nach dem Einkommensteuergesetz sind alle inländischen natürlichen Personen – von einer bestimmten Einkommenshöhe ab – zur Zahlung von Steuern aus dem Einkommen verpflichtet. Die Lohnsteuer ist eine Sonderform der Einkommensteuer. Besteuert werden dabei die **Einkünfte aus nichtselbstständiger Arbeit.** Die **Höhe der Lohn- bzw. Einkommensteuer** wird bestimmt durch die **Höhe des Bruttolohns** bzw. **-gehalts,** den **Familienstand,** die **Anzahl der Kinder** und durch bestimmte **Freibeträge.** Auf die Lohnsteuer wird derzeit ein Solidaritätszuschlag von 5,5 % erhoben.

Die **Feststellung der Lohnsteuer, der Kirchensteuer und des Solidaritätszuschlags** erfolgt in der Regel unter Einsatz spezieller Anwendungsprogramme, welche die entsprechenden Beträge automatisch ermitteln.[1] Innerhalb der Lohnsteuer unterscheidet man **sechs Lohnsteuerklassen,** in denen die persönlichen Verhältnisse des Arbeitnehmers berücksichtigt werden.

Übersicht über die Lohnsteuerklassen

Steuer-klasse	Personenkreis	Pauschbeträge u. Freibeträge[2]	EUR[3]
I	Arbeitnehmer, die (1) ledig oder geschieden sind; (2) verheiratet sind, aber von ihrem Ehegatten dauernd getrennt leben, oder wenn der Ehegatte nicht im Inland wohnt; (3) verwitwet sind und bei denen die Voraussetzungen für die Steuerklasse III und IV nicht erfüllt sind.	Grundfreibetrag Arbeitnehmer-Pauschbetrag	9 000,00 1 000,00
II	Arbeitnehmer der Steuerklasse I, wenn bei ihnen der Entlastungsbetrag für Alleinerziehende zu berücksichtigen ist.	Grundfreibetrag Arbeitnehmer-Pauschbetrag	9 000,00 1 000,00
III	**Verheiratete** Arbeitnehmer, von denen nur ein Ehegatte in einem Dienstverhältnis steht oder der andere Partner zwar arbeitet, aber in der Steuerklasse V eingestuft ist, und verwitwete Arbeitnehmer für das Kalenderjahr, in dem der Ehegatte verstorben ist.	Grundfreibetrag Arbeitnehmer-Pauschbetrag	18 000,00 1 000,00
IV	**Verheiratete** Arbeitnehmer, wenn **beide** Ehegatten Arbeitslohn beziehen.	Grundfreibetrag Arbeitnehmer-Pauschbetrag	9 000,00 1 000,00
V	Verheiratete Arbeitnehmer, die unter die Lohnsteuerklasse IV fallen würden, bei denen jedoch ein Ehegatte nach Steuerklasse III besteuert wird.	Arbeitnehmer-Pauschbetrag	1 000,00
VI	Arbeitnehmer, die aus **mehr** als einem Arbeitsverhältnis (von verschiedenen Arbeitgebern) Arbeitslohn beziehen.		

Neben den in der Lohnsteuertabelle schon eingearbeiteten Pausch- und Freibeträgen kann der Steuerpflichtige noch **zusätzliche** Freibeträge berücksichtigen lassen.

---

1 Neben dem Einsatz spezieller Anwendungsprogramme können die Steuerbeträge auch mithilfe von **Lohnsteuertabellen** ermittelt werden. Siehe S. 366.

2 Aus Vereinfachungsgründen wird nur die wichtigste Pauschale und der wichtigste Freibetrag angeführt.

3 Januar 2018.

Erläuterungen:

- **Grundfreibetrag.** Er bedeutet, dass Einkommen bis zur Höhe von 9 000,00 EUR jährlich auf jeden Fall steuerfrei bleiben. Bei Verheirateten erhöht sich der Grundfreibetrag auf 18 000,00 EUR.
- **Arbeitnehmer-Pauschbetrag.** Arbeitnehmer erhalten für ihre Einkünfte aus nichtselbstständiger Arbeit von vornherein einen Pauschbetrag angerechnet, um ihre Einnahmen (Lohn, Gehalt) zu sichern (z. B. Aufwendungen für berufliche Fortbildung, Fahrkosten zwischen Wohnung und Arbeitsstätte, Aufwendungen für typische Berufskleidung).

Auszug aus der allgemeinen Monats-Lohnsteuertabelle

MONAT 1938,–*

Lohn/Gehalt bis €*		I–VI ohne Kinderfreibeträge				I, II, III, IV mit Zahl der Kinderfreibeträge ...		0,5			1			1,5			2			2,5			3**		
		LSt	SolZ	8%	9%		LSt	SolZ	8%	9%	SolZ	8%	9%	SolZ	8%	9%	SolZ	8%	9%	SolZ	8%	9%	SolZ	8%	9%
1 940,99	I,IV	193,50	10,64	15,48	17,41	I	193,50	6,53	9,50	10,68	—	4,02	4,52	—	—	—	—	—	—	—	—	—	—	—	—
	II	165,08	9,07	13,20	14,85	II	165,08	2,20	7,36	8,28	—	2,32	2,61	—	—	—	—	—	—	—	—	—	—	—	—
	III	17,66	—	1,41	1,58	III	17,66	—	—	—	—	—	—	—	—	—	—	—	—	—	—	—	—	—	—
	V	414,66	22,80	33,17	37,31	IV	193,50	8,55	12,44	13,99	6,53	9,50	10,68	0,41	6,64	7,47	—	4,02	4,52	—	1,79	2,01	—	—	—
	VI	445,33	24,49	35,62	40,07																					
1 943,99	I,IV	194,25	10,88	15,54	17,48	I	194,25	6,56	9,54	10,73	—	4,06	4,57	—	—	—	—	—	—	—	—	—	—	—	—
	II	165,75	9,11	13,26	14,91	II	165,75	2,31	7,40	8,33	—	2,36	2,65	—	—	—	—	—	—	—	—	—	—	—	—
	III	18,—	—	1,44	1,62	III	18,—	—	—	—	—	—	—	—	—	—	—	—	—	—	—	—	—	—	—
	V	415,66	22,86	33,25	37,40	IV	194,25	8,58	12,49	14,05	6,56	9,54	10,73	0,53	6,69	7,52	—	4,06	4,57	—	1,83	2,06	—	—	—
	VI	446,16	24,53	35,69	40,15																					
1 946,99	I,IV	194,91	10,72	15,59	17,54	I	194,91	6,60	9,60	10,80	—	4,10	4,61	—	0,02	0,02	—	—	—	—	—	—	—	—	—
	II	166,41	9,15	13,31	14,97	II	166,41	2,45	7,46	8,39	—	2,39	2,69	—	—	—	—	—	—	—	—	—	—	—	—
	III	18,33	—	1,46	1,64	III	18,33	—	—	—	—	—	—	—	—	—	—	—	—	—	—	—	—	—	—
	V	416,50	22,90	33,32	37,48	IV	194,91	8,62	12,54	14,11	6,60	9,60	10,80	0,66	6,74	7,58	—	4,10	4,61	—	1,86	2,09	—	0,02	0,02
	VI	447,33	24,60	35,78	40,25																					

Durch ein **elektronisches Verfahren zur Erhebung der Lohnsteuer** werden die Daten für die Besteuerung der Arbeitnehmer in einer Datenbank bei dem Bundeszentralamt für Steuern (BZSt) in Form von „**E**lektronischen **L**ohn**st**euer**a**bzugs**m**erkmalen" (kurz: **ELStAM**) gesammelt.

Die Finanzverwaltung ist dafür zuständig, dem Arbeitgeber die notwendigen Merkmale für die Besteuerung des Arbeitnehmers zu übermitteln. Der Arbeitgeber ist **verpflichtet,** die Lohnsteuerabzugsmerkmale seiner Mitarbeiter elektronisch aus der ELStAM-Datenbank der Finanzverwaltung abzurufen. Dazu muss er sich über das **ElsterOnline-Portal** bei der Finanzverwaltung authentifizieren.[1] Die dem Lohnsteuerabzug zugrunde gelegten Lohnsteuerabzugsmerkmale muss der Arbeitgeber **in der Gehaltsabrechnung** ausweisen.

Die Arbeitnehmer müssen bei Beginn des Arbeitsverhältnisses lediglich ihre **steuerliche Identifikationsnummer** und das **Geburtsdatum** angeben. Außerdem ist dem Arbeitgeber mitzuteilen, ob es sich um einen Haupt- oder Nebenjob handelt.

Am Ende des Jahres erhält der Arbeitnehmer vom Arbeitgeber eine **Lohnsteuerbescheinigung**[2] mit den Angaben über Bruttoverdienst und einbehaltene Abzüge (Lohnsteuer, Solidaritätszuschlag und Kirchensteuer). Sie dient dann dem Arbeitnehmer im Falle der Einkommensteuerveranlagung als Nachweis über die gezahlten Abzüge.

(2) Kirchensteuer

Die Kirchensteuer erheben die Kirchen von ihren Mitgliedern. Die Veranlagung erfolgt durch die Finanzämter, an die auch die Zahlungen zu leisten sind. Bei den Arbeitnehmern

---

1 **Authentifizieren:** beglaubigen, die Echtheit bezeugen.

2 Die Arbeitgeber sind verpflichtet, die ausgestellten Lohnsteuer-Bescheinigungen bis zum 28. Februar des Folgejahres elektronisch an die Finanzverwaltung zu übermitteln.

wird die Kirchensteuer zusammen mit der Lohnsteuer und dem Solidaritätszuschlag vom Arbeitgeber einbehalten und abgeführt. Zurzeit beträgt die Kirchensteuer 9 % von der zu zahlenden Lohn- bzw. Einkommensteuer. Lediglich in Baden-Württemberg und Bayern beträgt der Kirchensteuersatz 8 %.

Beispiel:

Edda Meyer ist Angestellte bei der Lampenfabrik Franz Kraemer OHG. Sie bezieht für den Monat Juli ein Bruttogehalt in Höhe von 1 941,00 EUR. Sie ist ledig (Lohnsteuerklasse I) und hat keine Kinder. Konfession: röm.-kath.

Bruttogehalt	1 941,00 EUR
Lohnsteuer lt. LSt.-Tabelle (Klasse I, ohne Kinder)	194,25 EUR
Solidaritätszuschlag	10,68 EUR
Kirchensteuer 9 %	17,48 EUR.

Die Angestellte hat insgesamt 222,41 EUR an Steuern zu entrichten. (Siehe Auszug aus der Lohnsteuertabelle auf S. 366!)

Beachte:

Die Lohnsteuer wird im **Abzugsverfahren** erhoben, d. h., die Arbeitgeber sind verpflichtet, die Lohnsteuer, die Kirchensteuer und den Solidaritätszuschlag einzubehalten und bis zum 10. des folgenden Monats an das Finanzamt abzuführen.

3.3 Berechnung der Sozialversicherungsbeiträge

Die Sozialversicherung ist eine gesetzliche Versicherung (Pflichtversicherung), der ca. 90 % der Bevölkerung angehören. Sie soll die Versicherten vor finanzieller Not bei Krankheit **(gesetzliche Krankenkasse)**, bei Arbeitslosigkeit **(gesetzliche Arbeitsförderung)**, bei Pflegebedürftigkeit **(soziale Pflegeversicherung)** und bei Erwerbsunfähigkeit, meistens aus Altersgründen **(gesetzliche Rentenversicherung),** schützen.

Außer der **Unfallversicherung,** die der Arbeitgeber allein zu tragen hat, müssen Arbeitnehmer und Arbeitgeber je 50 % der Beiträge zur Kranken-, Pflege-, Renten- und Arbeitslosenversicherung zahlen. Die Beiträge für jeden Sozialversicherungszweig werden bis zur jeweiligen **Beitragsbemessungsgrenze** über einen festen Prozentsatz vom jeweiligen Bruttoverdienst berechnet. Über die Beitragsbemessungsgrenze hinaus werden keine Beiträge zur jeweiligen Sozialversicherung erhoben.

Derzeit gelten für die Sozialversicherung folgende monatliche **Beitragssätze** bzw. **Beitragsbemessungsgrenzen** (seit 1. Januar 2018):[1]

			In den alten Bundesländern	In den neuen Bundesländern
Krankenversicherung:	14,6 %	Beitragsbemessungsgrenze[2]:	4 425,00 EUR	4 425,00 EUR
Pflegeversicherung:	2,55 %	Beitragsbemessungsgrenze[2]:	4 425,00 EUR	4 425,00 EUR
Rentenversicherung:	18,6 %	Beitragsbemessungsgrenze:	6 500,00 EUR	5 800,00 EUR
Arbeitslosenversicherung:	3,0 %	Beitragsbemessungsgrenze:	6 500,00 EUR	5 800,00 EUR

---

1 Die Beitragssätze für die Sozialversicherung bzw. die Beitragsbemessungsgrenzen werden in der Regel jährlich neu festgelegt. Informieren Sie sich bitte über die derzeit geltenden Beitragssätze und Bemessungsgrenzen.

2 Die bundesweit geltende **Versicherungspflichtgrenze** für die gesetzliche Krankenversicherung und Pflegeversicherung beträgt 4 950,00 EUR monatlich.

Beachte:

■ Der **Beitragssatz zur Krankenversicherung** in Höhe von 14,6 % gilt bundeseinheitlich. Zusätzlich kann jede Krankenkasse einen einkommensabhängigen **Zusatzbeitrag** erheben. Der Zusatzbeitragssatz ist je nachdem, wie die Krankenkasse wirtschaftet, unterschiedlich hoch. Der durchschnittliche Zusatzbeitragssatz beträgt 2018 1,0 %. Er ist eine Richtschnur für die Krankenkassen bei der Festlegung ihres individuellen Zusatzbeitragssatzes. An dem Zusatzbeitrag ist der **Arbeitgeber nicht beteiligt**.

■ Für alle kinderlosen Pflichtversicherten erhöht sich der **Beitrag zur Pflegeversicherung** um 0,25 % des beitragspflichtigen Einkommens. Für diesen Personenkreis beträgt daher der Beitragssatz 1,525 %. An dieser Erhöhung ist der **Arbeitgeber nicht beteiligt**.

Beispiel 1:

Die kinderlose Edda Meyer, Angestellte bei der Lampenfabrik Franz Kraemer OHG, 25 Jahre alt, erhält ein Bruttogehalt in Höhe von 1 941,00 EUR. Ihre Krankenkasse verlangt einen Zusatzbeitragssatz von 1,1 %.

Aufgaben:

Berechnen Sie

1. den Arbeitnehmeranteil zu den Sozialversicherungsbeiträgen,
2. den Arbeitgeberanteil zu den Sozialversicherungsbeiträgen!

Lösungen:

Bruttogehalt	1 941,00 EUR
Krankenversicherung: 14,6 % (7,3 % AN-Anteil)	141,69 EUR
Zusatzbeitragssatz für Arbeitnehmer: 1,1 %	21,35 EUR
Pflegeversicherung: 2,55 % (1,275 % AN-Anteil)	24,75 EUR
Sonderbeitrag für kinderlose Arbeitnehmer: 0,25 %	4,85 EUR
Rentenversicherung: 18,6 % (9,3 % AN-Anteil)	180,51 EUR
Arbeitslosenversicherung: 3,0 % (1,5 % AN-Anteil)	29,12 EUR
1. Arbeitnehmeranteil	402,27 EUR
2. Arbeitgeberanteil (402,27 EUR – 26,20 EUR)	376,07 EUR

Beispiel 2:

Der Geschäftsführer Peter Sonnenschein arbeitet in Berlin, ist verheiratet und hat ein Kind. Er verdient 6 980,00 EUR. Peter Sonnenschein ist in der gesetzlichen Krankenkasse versichert. Seine Krankenkasse verlangt einen Zusatzbeitragssatz von 1,0 %.

Aufgaben:

Berechnen Sie

1. den Arbeitnehmeranteil zu den Sozialversicherungsbeiträgen,
2. den Arbeitgeberanteil zu den Sozialversicherungsbeiträgen!

Lösungen:

Bruttogehalt	6 980,00 EUR
Krankenversicherung: 7,3 % (von 4 425,00 EUR)	323,03 EUR
Zusatzbeitragssatz: 1,0 % (von 4 425,00 EUR)	44,25 EUR
Pflegeversicherung: 1,275 % (von 4 425,00 EUR)	56,42 EUR
Rentenversicherung: 9,3 % (von 6 500,00 EUR)	604,50 EUR
Arbeitslosenversicherung: 1,5 % (von 6 500,00 EUR)	97,50 EUR
1. Arbeitnehmeranteil	1 125,70 EUR
2. Arbeitgeberanteil (1 125,70 EUR – 44,25 EUR)	1 081,45 EUR

Die Arbeitnehmeranteile zur Sozialversicherung werden zusammen mit den Arbeitgeberanteilen vom Arbeitgeber an die zuständigen Krankenkassen abgeführt, welche die entsprechenden Beiträge an die Träger der Renten- und Arbeitslosenversicherung weiterleiten.

3.4 Lohn- und Gehaltsabrechnung

Beispiel:

Ein verheirateter Mitarbeiter, dessen Ehefrau nicht berufstätig ist, erhält ein Gehalt lt. Tarifvertrag von 3 290,00 EUR. An Überstunden sind 280,00 EUR angefallen. Die vermögenswirksamen Leistungen des Arbeitgebers (gleichzeitig die Sparrate) betragen 40,00 EUR. Sie werden in einen Bausparvertrag einbezahlt. Er hat ein Kind und ist kirchensteuerpflichtig mit 9 %. Seine Krankenkasse verlangt einen Zusatzbeitragssatz von 1,1 %.

Aufgabe:

Erstellen Sie die Gehaltsabrechnung für den Mitarbeiter unter Verwendung des abgedruckten Auszugs aus der Lohnsteuertabelle und der Beitragssätze zur Sozialversicherung von S. 367!

3617,99* MONAT

(Auszug Lohnsteuertabelle)

Lösung:

Grundgehalt lt. Tarifvertrag	3 290,00 EUR
+ Zuschlag Überstunden	280,00 EUR
+ Arbeitgeberanteil vermögenswirksamer Leistungen	40,00 EUR
Bruttogehalt	3 610,00 EUR
− Lohnsteuer	349,33 EUR
− Solidaritätszuschlag	8,00 EUR
− Kirchensteuer (9 %)	18,18 EUR
− Krankenversicherung 7,3 %	263,53 EUR
− Zusatzbeitragssatz für Arbeitnehmer 1,1 %	39,71 EUR
− Pflegeversicherung 1,275 %	46,03 EUR
− Rentenversicherung 9,3 %	335,73 EUR
− Arbeitslosenversicherung 1,5 %	54,15 EUR
= Nettoentgelt	2 495,34 EUR
− Sparrate Bausparvertrag	40,00 EUR
= Auszahlungsbetrag	2 455,34 EUR

24 Speth u.a. - ISBN 978-3-8120-0521-0

Übungsaufgaben

182 Lohnabrechnung

Ein Mitarbeiter erhält einschließlich vermögenswirksamer Leistung des Arbeitgebers (monatlich 36,00 EUR) einen Bruttolohn von 3610,00 EUR; Lohnsteuerklasse II/1. Abzüge: Vermögenswirksame Sparleistung 36,00 EUR, Lohnpfändung 110,00 EUR, Wareneinkauf im Betrieb 90,00 EUR zuzüglich 19 % USt, Miete für Geschäftswohnung 360,00 EUR.

Aufgabe:

Berechnen Sie den Auszahlungsbetrag für den Mitarbeiter! Die Kirchensteuer beträgt 9 %. Der Zusatzbeitragssatz seiner Krankenkasse beträgt 1,1 %.

3 608,99* MONAT

Lohn/Gehalt bis €*		Abzüge an Lohnsteuer, Solidaritätszuschlag (SolZ) und Kirchensteuer (8%, 9%) in den Steuerklassen																							
		I–VI ohne Kinderfreibeträge					**I, II, III, IV** mit Zahl der Kinderfreibeträge																		
		LSt	SolZ	8%	9%		LSt	0,5 SolZ	8%	9%	1 SolZ	8%	9%	1,5 SolZ	8%	9%	2 SolZ	8%	9%	2,5 SolZ	8%	9%	3** SolZ	8%	9%
3 608,99 I,IV		625,16	34,38	50,01	56,26	I	625,16	29,01	42,20	47,47	23,90	34,76	39,11	19,04	27,70	31,16	14,45	21,02	23,64	10,11	14,70	16,54	5,71	8,76	9,86
II		588,16	32,34	47,05	52,93	II	588,16	27,07	39,38	44,30	22,05	32,08	36,09	17,30	25,16	28,31	12,80	18,62	20,94	8,55	12,44	14,—	0,41	6,64	7,47
III		348,66	19,17	27,89	31,37	III	348,66	15,06	21,90	24,64	7,86	16,10	18,11	—	10,56	11,88	—	5,70	6,41	—	1,65	1,85	—	—	—
V		990,41	54,47	79,23	89,13	IV	625,16	31,66	46,06	51,81	29,01	42,20	47,47	26,42	38,44	43,24	23,90	34,76	39,11	21,44	31,18	35,08	19,04	27,70	31,16
VI		1 026,66	56,46	82,13	92,39																					
3 611,99 I,IV		626,—	34,43	50,08	56,34	I	626,—	29,05	42,26	47,54	23,94	34,82	39,17	19,08	27,76	31,23	14,48	21,07	23,70	10,14	14,76	16,60	5,83	8,81	9,91
II		589,—	32,39	47,12	53,01	II	589,—	27,11	39,44	44,37	22,10	32,14	36,16	17,33	25,22	28,37	12,83	18,67	21,—	8,58	12,49	14,05	0,53	6,69	7,52
III		349,33	19,21	27,94	31,43	III	349,33	15,09	21,96	24,70	8,—	16,16	18,18	—	10,60	11,92	—	5,74	6,46	—	1,68	1,89	—	—	—
V		991,50	54,53	79,32	89,23	IV	626,—	31,71	46,12	51,89	29,05	42,26	47,54	26,46	38,50	43,31	23,94	34,82	39,17	21,48	31,24	35,15	19,08	27,76	31,23
VI		1 027,75	56,52	82,22	92,49																					
3 614,99 I,IV		626,91	34,48	50,15	56,42	I	626,91	29,10	42,33	47,62	23,98	34,89	39,25	19,17	27,82	31,30	14,51	21,13	23,77	10,18	14,81	16,66	5,96	8,86	9,97
II		589,91	32,44	47,19	53,09	II	589,91	27,16	39,51	44,45	22,14	32,21	36,23	17,38	25,28	28,44	12,87	18,72	21,06	8,62	12,54	14,11	0,66	6,74	7,58
III		350,—	19,25	28,—	31,50	III	350,—	15,13	22,01	24,76	8,13	16,21	18,23	—	10,65	11,98	—	5,78	6,50	—	1,72	1,93	—	—	—
V		992,58	54,59	79,40	89,33	IV	626,91	31,75	46,19	51,96	29,10	42,33	47,62	26,51	38,56	43,38	23,98	34,89	39,25	21,52	31,31	35,22	19,13	27,82	31,30
VI		1 028,83	56,58	82,30	92,59																					

183 Lohnabrechnung

Ein leitender Angestellter erhält ein Bruttogehalt von 7020,00 EUR einschließlich 36,00 EUR monatlich vermögenswirksame Leistung. Lohnsteuerklasse III/3. Für die Abwicklung eines Auftrags erhält der Angestellte eine Prämie von 250,00 EUR. Abzüge: Vermögenswirksame Sparleistung 36,00 EUR, Tilgung und Zinsen für ein Arbeitgeberdarlehen 450,00 EUR, einbehaltener Vorschuss 500,00 EUR.

Aufgabe:

Berechnen Sie den Auszahlungsbetrag für den Angestellten! Der Angestellte ist kirchensteuerpflichtig. Seine gesetzliche Krankenkasse verlangt einen Zusatzbeitragssatz von 1,0 %.

ab €	StK	Steuer	0 SolZ	KiStr	0,5 SolZ	KiStr	1 SolZ	KiStr	1,5 SolZ	KiStr	2 SolZ	KiStr	2,5 SolZ	KiStr	3 SolZ	KiStr	3,5 SolZ	KiStr	4 SolZ	KiStr
7.269,00	1	1.970,75	108,39	177,36	101,31	165,78	94,23	154,19	87,15	142,61	80,07	131,02	72,98	119,43	65,90	107,84	58,94	96,44	52,25	85,50
	2	1.904,00	·	·	97,63	159,77	90,55	148,18	83,47	136,59	76,39	125,01	69,31	113,42	62,26	101,88	55,43	90,71	48,88	80,00
	3	1.357,66	74,67	122,18	68,85	112,66	63,17	103,37	57,64	94,32	52,23	85,46	46,97	76,86	41,84	68,47	36,85	60,31	32,01	52,39
	4	1.970,75	108,39	177,36	104,85	171,57	101,31	165,78	97,77	159,98	94,23	154,19	90,69	148,40	87,15	142,61	83,60	136,81	80,07	131,02
	5	2.404,66	132,25	216,41	·	·	·	·	·	·	·	·	·	·	·	·	·	·	·	·
	6	2.440,91	134,25	219,68	·	·	·	·	·	·	·	·	·	·	·	·	·	·	·	·
7.272,00	1	1.972,00	108,46	177,48	101,37	165,89	94,30	154,31	87,22	142,72	80,13	131,13	73,05	119,54	65,98	107,96	59,01	96,56	52,31	85,60
	2	1.905,25	·	·	97,70	159,88	90,62	148,29	83,54	136,71	76,46	125,12	69,38	113,54	62,32	101,99	55,50	90,82	48,95	80,10
	3	1.358,66	74,72	122,27	68,91	112,77	63,23	103,46	57,68	94,39	52,28	85,55	47,02	76,95	41,90	68,56	36,91	60,40	32,06	52,47
	4	1.972,00	108,46	177,48	104,92	171,68	101,37	165,89	97,84	160,10	94,30	154,31	90,75	148,51	87,22	142,72	83,67	136,92	80,13	131,13
	5	2.405,91	132,32	216,53	·	·	·	·	·	·	·	·	·	·	·	·	·	·	·	·
	6	2.442,25	134,32	219,80	·	·	·	·	·	·	·	·	·	·	·	·	·	·	·	·
7.275,00	1	1.973,25	108,52	177,59	101,45	166,01	94,37	154,42	87,28	142,83	80,20	131,24	73,12	119,66	66,05	108,08	59,07	96,66	52,37	85,70
	2	1.906,50	·	·	97,77	159,99	90,69	148,41	83,61	136,82	76,53	125,24	69,45	113,65	62,39	102,10	55,56	90,92	49,01	80,20
	3	1.359,83	74,79	122,38	68,97	112,86	63,28	103,55	57,74	94,48	52,34	85,64	47,07	77,02	41,94	68,63	36,96	60,48	32,11	52,54
	4	1.973,25	108,52	177,59	104,99	171,80	101,45	166,01	97,90	160,21	94,37	154,42	90,82	148,62	87,28	142,83	83,75	137,04	80,20	131,24
	5	2.407,25	132,39	216,65	·	·	·	·	·	·	·	·	·	·	·	·	·	·	·	·
	6	2.443,50	134,39	219,91	·	·	·	·	·	·	·	·	·	·	·	·	·	·	·	·

Quelle: www.imacc.de

3.5 Buchung von Personalaufwendungen

Die erforderlichen Buchungen lassen sich mithilfe der nachfolgenden Fragen ableiten. Hierbei gehen wir von der Entgeltabrechnung von Edda Meyer, Angestellte der Lampenfabrik Franz Kraemer OHG für den Monat Juli aus.

Arbeitgeber-anteil an der Sozial-versicherung	Name	Brutto-gehalt	Abzüge			Abzüge insgesamt	Nettogehalt (Auszah-lungs-betrag)
			Lohnst./ Sol.-Zuschl.	Kirchen-steuer	Sozial-versicherung		
376,07	Edda Meyer	1 941,00	204,93	17,48	402,27	624,68	1 316,32

Aufwendungen des Arbeitgebers

Abzuführende Beträge (Verbindlichkeiten
- an das Finanzamt
- an die zuständige Krankenkasse

Aus-zahlungs-betrag

(1) Welche Aufwendungen erwachsen der Lampenfabrik monatlich für diese Mitarbeiterin?

Für Edda Meyer hat die Lampenfabrik folgende Beträge aufzuwenden:

Personalkosten (Bruttogehalt)	1 941,00 EUR
+ Sozialversicherungsbeiträge (Arbeitgeberanteil)	376,07 EUR
	2 317,07 EUR

Diese beiden Aufwandsposten müssen auf entsprechenden Aufwandskonten in unserer Buchführung gebucht werden: das **Bruttogehalt** auf dem Konto **6300 Gehälter,** der **Arbeitgeberanteil zur Sozialversicherung** auf dem Konto **6410 Arbeitgeberanteil zur Sozialversicherung.**

(2) Welche Abzüge werden einbehalten?

An **Lohnsteuer, Solidaritätszuschlag und Kirchensteuer** werden 222,41 EUR (194,25 EUR + 10,68 EUR + 17,48 EUR) einbehalten. Solange die einbehaltenen Steuern nicht an das Finanzamt abgeführt sind, stellen sie für das Unternehmen Verbindlichkeiten dar. Die Buchung erfolgt auf dem Konto **4830 Sonstige Verbindlichkeiten gegenüber Finanzbehörden.**

Die **Sozialversicherungsbeiträge** umfassen 402,27 EUR. Sie werden am drittletzten Bankarbeitstag des laufenden Monats zur Zahlung an die zuständige Krankenkasse fällig (siehe S. 372), d.h., bevor durch die Entgeltabrechnung die Beitragspflicht entstanden ist. Es handelt sich somit um einen Vorschuss an die Sozialkassen. Dieser wird auf dem Konto **2640 Sozialversicherungs-Beitragsvorauszahlung** gebucht. Mit dem Arbeitnehmeranteil wird gleichzeitig auch der Arbeitgeberanteil abgeführt.

(3) Welcher Betrag wird monatlich an Edda Meyer ausbezahlt?

Edda Meyer erhält das Nettogehalt in Höhe von 1 316,32 EUR ausgezahlt. In Höhe dieses Betrages erfolgt bei der Gehaltsauszahlung ein Abgang auf dem Zahlungskonto. Bei Bankzahlung, wie wir annehmen wollen, bedeutet das eine Habenbuchung auf dem Bankkonto.

(4) Wie sind die einzelnen Beträge bei der Lohn- und Gehaltsabrechnung zu buchen?

Es ergeben sich folgende Buchungen:[1]

1. Zum drittletzten Bankarbeitstag des laufenden Monats:	Zahlung der fälligen Sozialversicherungsbeiträge.
2. Am Monatsende	■ Buchung des Bruttogehaltes mit Auszahlung des Nettogehaltes, Verrechnung des Arbeitnehmeranteils zur Sozialversicherung und der Erfassung der einbehaltenen und abzuführenden Beträge an das Finanzamt. ■ Buchung des Arbeitgeberanteils zur Sozialversicherung mit Verrechnung des bereits bezahlten Arbeitgeberanteils zur Sozialversicherung.
3. Am 10. des folgenden Monats	Zahlung der einbehaltenen Lohnsteuer, der Kirchensteuer und des Solidaritätszuschlags.

Beispiel:

Wir greifen zurück auf die Gehaltsabrechnung von Edda Meyer (siehe S. 367 und S. 368).

Aufgabe:

Bilden Sie die Buchungssätze für die Gehaltsabrechnung!

Lösung:

Nr.	Konten	Soll	Haben
1.	2640 SV-Beitragsvorauszahlung an 2800 Bank	778,34	 778,34
2.	6300 Gehälter an 2800 Bank an 2640 SV-Beitragsvorauszahlung an 4830 Sonstige Verbindlichkeiten geg. Finanzbehörden 6410 AG-Anteil zur Sozialversicherung an 2640 SV-Beitragsvorauszahlung	1 941,00 376,07	 1 316,32 402,27 222,41 376,07
3.	4830 Sonstige Verbindl. geg. Finanzbehörden an 2800 Bank	222,41	 222,41

Erläuterungen:

■ Die Sozialversicherungsbeiträge werden spätestens bis zum drittletzten Bankarbeitstag des laufenden Monats und damit vor der eigentlichen Gehaltsbuchung der Krankenkasse gemeldet und durch Bankeinzug bezahlt. Die Vorauszahlung der Sozialversicherungsbeiträge (778,34 EUR) wird auf dem Konto 2640 SV-Beitragsvorauszahlung erfasst (Sollbuchung).

■ Zusammen mit der Gehaltsbuchung werden die einbehaltenen Sozialversicherungsbeiträge der Arbeitnehmer (402,27 EUR) sowie der Arbeitgeberanteil zur Sozialversicherung (376,07 EUR) mit dem Konto 2640 SV-Beitragsvorauszahlung verrechnet (Habenbuchung).

---

1 Alle Zahlungen erfolgen durch Banküberweisung.

3.6 Informationstechnische Unterstützung der Entgeltabrechnung

Eine integrierte Unternehmenssoftware (ERP-Software: Enterprise Resource Planning) unterstützt das Unternehmen in der Planung und Verwaltung der Entgeltabrechnung. Ziel ist es, die betrieblichen Prozesse, u. a. auch die Personalprozesse, effizient[1] abzuwickeln.

Zum Funktionsumfang einer Software rund um die Entgeltabrechnung gehören z. B.:

- Verwaltung der Personalstammdaten,
- Berechnung des Grundgehaltes,
- Berechnung gesetzlicher bzw. tariflicher Zulagen, wie z. B. Krankengeld,
- Abwicklung flexibler Arbeitszeitmodelle, z. B. Altersteilzeit,
- Berechnung und Abführung von Lohn- und Kirchensteuer und des Solidaritätszuschlags sowie der Sozialversicherungsbeiträge,
- Berechnung und Abführung von Pfändungen,
- Erstellen von Bescheinigungen, z. B. Entgeltbescheinigung für die Agentur für Arbeit.

Um diese Arbeiten durchführen zu können, müssen die Daten erfasst werden, die zur Entgeltabrechnung erforderlich sind. Die nachfolgende Abbildung zeigt die graphische Benutzeroberfläche für einen Mitarbeiter (Auszug) aus **Microsoft Dynamics – NAV®**. Um den Bildschirm nicht zu überfrachten und nur aufgabenbezogene Informationen anzuzeigen, sind die Daten auf mehrere Registerkarten verteilt. Die nachfolgenden Oberflächen zeigen nur die Inhalte der Registerkarte Allgemein und Steuer.

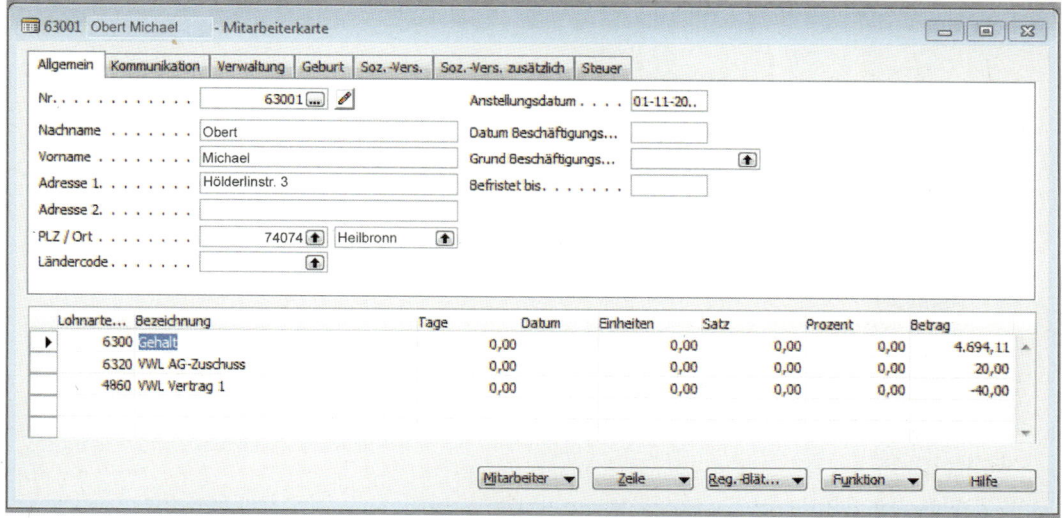

Sind diese Rahmendaten einmal eingegeben und ist das Modul „Entgeltabrechnung" gestartet, hat der Mitarbeiter der Personalabteilung keinen Einfluss mehr auf den Programmablauf.

---

1 **Effizient:** besonders wirksam.

Ein regelmäßiges Update der Software sorgt dafür, dass das Programm bei der Entgeltabrechnung die aktuell gültige Rechtslage (Steuersätze, Beitragssätze der Sozialversicherungen usw.) berücksichtigt.

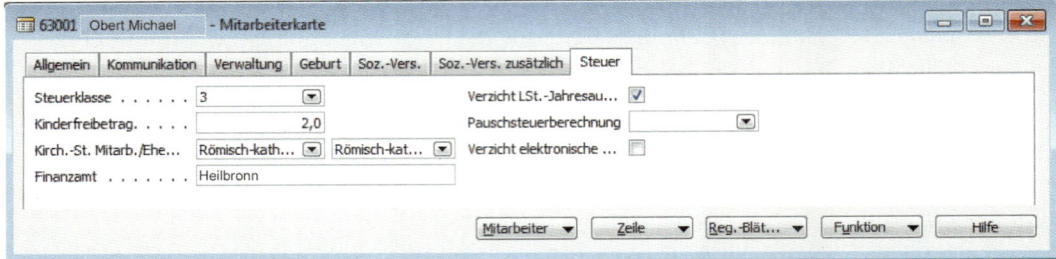

Übungsaufgaben

184 Buchungssätze Gehaltsabrechnung

Bilden Sie die Buchungssätze zu der folgenden Gehaltsabrechnung!

1. Wir überweisen die einbehaltenen Sozialversicherungsbeiträge für unsere Mitarbeiter in Höhe von 10 099,68 EUR durch die Bank.

2.

Gehaltsliste Monat Juni				
Bruttogehälter	LSt, Sol.-Zuschlag und Kirchensteuer	Sozial-versicherung	Bank-überweisung	Arbeitgeber-anteil
25 440,00	3 869,00	5 196,12	16 374,88	4 903,56

185 Buchungssätze Gehaltsabrechnung

Wir überweisen das Gehalt in Höhe von brutto 2 980,00 EUR an eine Mitarbeiterin durch die Bank. Der Arbeitnehmeranteil zur Sozialversicherung beträgt 608,67 EUR, die Lohnsteuer, der Solidaritätszuschlag und die Kirchensteuer betragen 278,04 EUR. Der Arbeitgeberanteil zur Sozialversicherung beträgt 575,89 EUR. Die Sozialversicherungsbeiträge werden am drittletzten Bankarbeitstag überwiesen.

Aufgabe:

Bilden Sie die Buchungssätze für obige Angaben!

186 Buchungssätze Gehaltsabrechnung

Wir zahlen einbehaltene Abzüge (Lohnsteuer, Solidaritätszuschlag und Kirchensteuer) in Höhe von 4 670,00 EUR sowie die fällige Grundsteuer für die betrieblichen Grundstücke und Gebäude in Höhe von 3 120,80 EUR durch Banküberweisung.

Aufgabe:

Bilden Sie die Buchungssätze für die Geschäftsvorfälle!

187 Buchungssätze Gehaltsabrechnung

Gehaltsliste Monat Juni					
Brutto-gehälter	Lohnsteuer/ Sol.-Zuschlag	Kirchensteuer	Sozial-versicherung	Gesamt-abzüge	Auszahlung Bank
30 390,00	4 686,00	393,00	6 131,18	11 210,18	19 179,82

Aufgabe:

Bilden Sie die Buchungssätze bei einem Arbeitgeberanteil zur Sozialversicherung in Höhe von 5 857,67 EUR!

188 Gehaltsabrechnung, Buchungssätze Gehaltsabrechnung, Auswirkungen Steuerfreibetrag

Ein Filialleiter erhält ein monatliches Grundgehalt von 3 200,00 EUR. Sofern seine Verkaufserlöse 25 000,00 EUR übersteigen, erhält er vom Mehrbetrag 3 % Umsatzprovision, die im Folgemonat ausbezahlt wird.

Im Oktober beträgt sein Umsatz 51 400,00 EUR.

Aufgaben:

1. Berechnen Sie den Auszahlungsbetrag vom November, wenn folgende Abzüge anfallen: Lohnsteuer, Solidaritätszuschlag und Kirchensteuer 641,75 EUR. Der Arbeitnehmeranteil zur Sozialversicherung beträgt 805,39 EUR. Der Arbeitgeberanteil zur Sozialversicherung beträgt 771,45 EUR.

2. Bilden Sie die Buchungssätze

   2.1 für die Zahlung der Sozialversicherungsbeiträge (Banküberweisung) und

   2.2 für die Gehaltsabrechnung (Banküberweisung)!

3. Beschreiben Sie die Auswirkungen eines Steuerfreibetrages als Lohnsteuerabzugsmerkmal für den Steuerpflichtigen bei seiner Gehaltsabrechnung!

189 Gehaltsabrechnung, Buchungssätze Gehaltsabrechnung

Die Prokuristin Frieda Fleißig hat ein Bruttogehalt von 5 708,00 EUR. Sie ist röm.-kath., unterliegt der Lohnsteuerklasse I und erhält einen Kinderfreibetrag. Frieda Fleißig ist in der gesetzlichen Krankenversicherung versichert. Ihre gesetzliche Krankenkasse verlangt einen Zusatzbeitrag von 1,1 %. Frieda Fleißig ist kirchensteuerpflichtig.

Aufgaben:

1. Erstellen Sie die Gehaltsabrechnung aufgrund der abgedruckten Lohnsteuertabelle! Zu den Abzügen für die Sozialversicherung vergleichen Sie bitte die Angaben auf S. 367.

2. Berechnen Sie den Arbeitgeberanteil zur Sozialversicherung!

3. Bilden Sie die Buchungssätze

   3.1 für die Zahlung der Sozialversicherungsbeiträge (Banküberweisung),

   3.2 für die erstellte Gehaltsabrechnung (Banküberweisung)!

Kinderfreibetrag			0		0,5		1		1,5		2		2,5		3		3,5		4
ab €	StK	Steuer	SolZ	KiStr	SolZ	KiStr	SolZ	KiStr	SolZ	KiStr	SolZ	KiStr	SolZ	KiStr	SolZ	KiStr	SolZ	KiStr	SolZ	KiStr
5.703,00																				
	1	1.330,25	73,16	119,72	66,08	108,13	59,10	96,71	52,40	85,76	45,98	75,25	39,84	65,20	33,98	55,60	28,39	46,46	23,08	37,76
	2	1.263,41	-	-	62,42	102,15	55,60	90,98	49,04	80,25	42,76	69,98	36,76	60,16	31,04	50,80	25,60	41,89	20,43	33,44
	3	856,33	47,09	77,06	41,96	68,67	36,97	60,50	32,12	52,57	27,41	44,86	22,84	37,37	18,41	30,13	14,11	23,09	3,83	16,30
	4	1.330,25	73,16	119,72	69,62	113,92	66,08	108,13	62,56	102,37	59,10	96,71	55,72	91,18	52,40	85,76	49,16	80,45	45,98	75,25
	5	1.764,16	97,02	158,77	-	-	-	-	-	-	-	-	-	-	-	-	-	-	-	-
	6	1.800,41	99,02	162,03	-	-	-	-	-	-	-	-	-	-	-	-	-	-	-	-
5.706,00																				
	1	1.331,41	73,22	119,82	66,14	108,23	59,17	96,82	52,47	85,86	46,04	75,35	39,90	65,29	34,03	55,69	28,44	46,54	23,13	37,85
	2	1.264,66	-	-	62,49	102,26	55,66	91,08	49,10	80,35	42,82	70,07	36,82	60,25	31,09	50,88	25,65	41,97	20,48	33,51
	3	857,16	47,14	77,14	42,02	68,76	37,02	60,58	32,17	52,65	27,46	44,93	22,88	37,45	18,45	30,19	14,15	23,15	3,96	16,36
	4	1.331,41	73,22	119,82	69,68	114,03	66,14	108,23	62,62	102,47	59,17	96,82	55,78	91,28	52,47	85,86	49,22	80,55	46,04	75,35
	5	1.765,33	97,09	158,87	-	-	-	-	-	-	-	-	-	-	-	-	-	-	-	-
	6	1.801,58	99,08	162,14	-	-	-	-	-	-	-	-	-	-	-	-	-	-	-	-
5.709,00																				
	1	1.332,58	73,29	119,93	66,21	108,34	59,23	96,93	52,52	85,95	46,10	75,44	39,95	65,38	34,08	55,77	28,49	46,62	23,17	37,92
	2	1.265,83	-	-	62,55	102,36	55,72	91,18	49,16	80,45	42,88	70,16	36,87	60,34	31,15	50,97	25,70	42,05	20,52	33,59
	3	858,00	47,19	77,22	42,06	68,83	37,07	60,66	32,22	52,72	27,50	45,01	22,92	37,51	18,48	30,25	14,19	23,23	4,10	16,42
	4	1.332,58	73,29	119,93	69,75	114,14	66,21	108,34	62,69	102,58	59,23	96,93	55,84	91,38	52,52	85,95	49,28	80,64	46,10	75,44
	5	1.766,50	97,15	158,98	-	-	-	-	-	-	-	-	-	-	-	-	-	-	-	-
	6	1.802,83	99,15	162,25	-	-	-	-	-	-	-	-	-	-	-	-	-	-	-	-

Quelle: www.imacc.de

3.7 Buchung von Vorschüssen und Sondervergütungen

(1) Vorschüsse

■ Auszahlung von Vorschüssen

Geschäftsvorfall	Konten	Soll	Haben
Unser Mitarbeiter Franz Heine erhält einen Gehaltsvorschuss von 200,00 EUR in bar	2650 Forderungen an Mitarbeiter an 2880 Kasse	200,00	200,00

Erläuterungen:

Bei der Kasse ergibt sich ein Abgang von 200,00 EUR, daher erfolgt eine Habenbuchung auf dem Kassenkonto. Für die von uns geleistete Vorauszahlung haben wir noch die Gegenleistung in Form der Arbeitsleistung zu „fordern". Insofern ist der hier ausgewiesene Vorschuss eine Forderung besonderer Art. Die Buchung erfolgt auf der Sollseite des **Kontos 2650 Forderungen an Mitarbeiter.**

■ Verrechnung von Vorschüssen

Die Vorauszahlung wird – je nach Vereinbarung – bei der nächsten Gehaltsabrechnung ganz oder teilweise verrechnet.

Geschäftsvorfall		Konten	Soll	Haben
Bruttogehalt	2 600,00 EUR	2640 SV-Beitragsvorausz. an 2800 Bank	1 025,70	1 025,70
– LSt, Solidaritäts-zuschlag und KSt	150,83 EUR	6300 Gehälter an 2800 Bank	2 600,00	1 724,62
– Sozialv.-Beiträge	524,55 EUR	an 4830 Verb. g. Finanzbehörden		150,83
Nettogehalt	1 924,62 EUR	an 2640 SV-Beitragsvorausz.		524,55
– Vorschuss	200,00 EUR	an 2650 Ford. an Mitarb.		200,00
= Banküberweisung	1 724,62 EUR	6410 AG-Anteil z. Sozialversich. an 2640 SV-Beitragsvorausz.	501,15	501,15
Der Arbeitgeberanteil an der Sozial-versicherung beträgt 501,15 EUR.				

Erläuterungen:

Dadurch, dass der Vorschuss bei der Gehaltszahlung abgezogen wird, ist die Forderung an den Mitarbeiter erloschen. Für die Auszahlung auf dem Zahlungskonto (Bank oder Kasse) ergibt sich ein um den Vorschuss geminderter Betrag.

(2) Sondervergütungen

■ Direkte Sondervergütungen („sonstige Bezüge" nach EStG)

Direkte Sondervergütungen sind Vergütungen, die ein Mitarbeiter zusätzlich zu seinem laufenden Arbeitslohn erhält, z. B. Weihnachtsgeld, 13. Monatsgehalt, Urlaubsgeld, Gratifikation, Beihilfe zu einem Kur- oder Sanatoriumsaufenthalt, vermögenswirksame Leistungen u. Ä. Diese „sonstigen Bezüge" stellen zusätzliches Arbeitsentgelt dar, die auf besonderen Lohn- bzw. Gehaltskonten gebucht werden können.

Der Industriekontenrahmen sieht für die Buchung der direkten Sondervergütungen folgende besondere Konten vor:

- ▦ 6310 Urlaubs- und Weihnachtsgeld
- ▦ 6320 Sonstige tarifliche oder vertragliche Aufwendungen
- ▦ 6330 Freiwillige Zuwendungen
- ▦ 6350 Sachbezüge

Geschäftsvorfall		Konten	Soll	Haben
Bruttogehalt	2 250,00	6300 Gehälter	2 250,00	
Urlaubsgeld	750,00	6310 Urlaubs- u. Weihnachtsgeld	750,00	
− LSt, Solidaritätszuschlag		an 2800 Bank		2 084,46
und KSt	310,29	an 4830 Verb. geg. Finanzbehörden		310,29
− Sozialv.-Beiträge	605,25	an 2640 SV-Vorauszahlung		605,25
= Nettogehalt	2 084,46			

■ **Indirekte Sondervergütungen**

Indirekte Sondervergütungen kommen allen Mitarbeitern zugute, z. B. Aufwendungen für betriebliche Fortbildungsmaßnahmen, Belegschaftsveranstaltungen, Betriebsausflüge, betriebliche Sozialeinrichtungen, betriebliche Sportgruppen u. Ä. Diese Aufwendungen stellen keine „sonstigen Bezüge" im Sinne des Einkommensteuergesetzes dar. Sie liegen vielmehr im betrieblichen Interesse. Die Buchung erfolgt in der **Kontengruppe 66 Sonstige Personalaufwendungen**.

Geschäftsvorfall	Konten	Soll	Haben
Wir gewähren für eine Sportver-anstaltung des Betriebsrats einen Zuschuss von 1 000,00 EUR bar.	6660 Aufw. f. Belegschaftsveranstalt. an 2880 Kasse	1 000,00	1 000,00

Übungsaufgaben[1]

190 Buchungssätze Gehaltsabrechnung

Bruttogehalt	LSt, Sol.-Zuschl. und KSt	Sozial-versicherung	Verrechneter Vorschuss	Auszahlungen Bank	Arbeitgeber-anteil
31 200,00	4 440,00	6 294,60	2 400,00	18 065,40	6 013,80

Bilden Sie die Buchungssätze lt. Gehaltsliste!

---

1 Alle Zahlungen im Rahmen der Gehaltsbuchungen erfolgen durch Banküberweisung.

191 Buchungssätze Gehaltsabrechnung

Bilden Sie für die nachfolgenden Geschäftsvorfälle die Buchungssätze!

1.

Bruttogehalt	Urlaubs-geld	Freiwillige Zuwendung	LSt, Sol.-Zuschl. und KSt	Sozial-versicherung	Auszahlung Bank	Arbeitgeber-anteil
6 420,00	500,00	200,00	1 080,50	1 436,46	4 603,04	1 372,38

2.

Brutto-lohn	LSt, Sol.-Zuschl. und KSt	Sozial-versicherung	einbeh. Miete	Weihnachts-geld	Auszahlung Bank	Arbeitgeber-anteil
3 372,00	486,30	739,79	720,00	250,00	1 675,91	707,20

3. Für Vorträge anlässlich einer betrieblichen Weiterbildungsveranstaltung werden für nicht-selbstständige Referenten 1 200,00 EUR Honorarkosten bar bezahlt.

4. Zuschuss des Betriebs für eine Betriebssportveranstaltung 800,00 EUR. Zahlung durch Bankscheck.

5. Banküberweisung an die Berufsgenossenschaft
für Berufsgenossenschaftsbeiträge.   4 180,00 EUR

6. Zum 10-jährigen Dienstjubiläum erhält ein Mitarbeiter einen
Anerkennungsbetrag bar ausbezahlt.   500,00 EUR
Die Lohnsteuer sowie die Sozialversicherungsbeiträge übernimmt
das Unternehmen. Diese Beiträge sind bereits gebucht.

7. Auszahlung eines Gehaltsvorschusses bar an einen Angestellten.   2 000,00 EUR

3.8 Buchung vermögenswirksamer Leistungen

(1) Kurze Darstellung der Rechtsgrundlagen des 5. VermBG

Wegen der Kompliziertheit des Gesetzes können hier nur die wesentlichen Punkte in ver-einfachter und verkürzter Form dargestellt werden.

- **Vermögenswirksame Leistungen** sind Geldleistungen, die der Arbeitgeber für den Ar-beitnehmer in Form bestimmter Vermögensbildungen anlegt. Diese Vermögensbildung für Arbeitnehmer wird unter bestimmten Voraussetzungen staatlich gefördert.

Vermögenswirksame Leistungen sind für den Arbeitnehmer arbeitsrechtlich Bestandteil des Lohns oder Gehalts, sie sind deshalb **lohnsteuer- und sozialversicherungspflichtig.**

Vermögenswirksame Leistungen sind für den Arbeitgeber Aufwendungen, die im Rah-men der **Lohnabrechnung** getrennt auszuweisen sind.

Da die vermögenswirksamen Leistungen in der Regel Bestandteil des Tarifvertrags bzw. des Arbeitsvertrags sind, werden diese im Folgenden über das Konto **6220 Sonstige tarifliche oder vertragliche Aufwendungen für Lohnempfänger** bzw. auf das Konto **6320 Sonstige tarifliche oder vertragliche Aufwendungen** gebucht.

- **Anlagemöglichkeiten für vermögenswirksame Leistungen** sind: Bausparen mithilfe eines Bausparvertrags, Beteiligung an einem Investmentfonds, Beteiligung an einem Unternehmen (z. B. Aktien, Genossenschaftsanteile an einer Genossenschaftsbank), Sparvertrag bei einem Kreditinstitut, Anlage in einer Kapitallebensversicherung, Beteiligung am Mitarbeiterbeteiligungs-Sondervermögen.

- Die **Arbeitnehmersparzulage** beträgt für bestimmte Anlageformen (z. B. Bausparverträge) 9 % der vermögenswirksamen Sparleistung, soweit diese 470,00 EUR jährlich nicht übersteigt. Das Einkommen darf während der siebenjährigen Sperrphase nicht größer als 17 900,00 EUR (Ehepaare 35 800,00 EUR) betragen.

  Die Arbeitnehmersparzulage gilt arbeitsrechtlich nicht als Bestandteil des Lohns oder Gehalts. Sie unterliegt daher weder der Lohnsteuer- noch der Sozialversicherungspflicht. Die Arbeitnehmersparzulage wird auf Antrag des Arbeitnehmers vom zuständigen Finanzamt jährlich auf Antrag festgesetzt und nach Ablauf der für die Anlage geltenden Sperrfrist ausbezahlt.

  Daneben können **zusätzlich** vermögenswirksame Leistungen bis zu einem Höchstbetrag von 400,00 EUR in betriebliche oder außerbetriebliche Beteiligungen (Aktien, Beteiligungen am arbeitgebenden Unternehmen durch stille Beteiligung oder Darlehensgewährung, Beteiligung am Mitarbeiterbeteiligungs-Sondervermögen) getätigt werden. Die darauf gewährte Arbeitnehmersparzulage beträgt 20 %. In diesem Fall beträgt die Einkommensgrenze für die Gewährung der Arbeitnehmersparzulage 20 000,00 EUR (Ehepaare 40 000,00 EUR).

- Vermögenswirksame Leistungen können in **Einzelverträgen,** in **Betriebsvereinbarungen,** in **Tarifverträgen** oder in **bindenden Festsetzungen** vereinbart werden. Sind keine vermögenswirksamen Leistungen vereinbart, kann der Arbeitnehmer verlangen, dass Teile seines Arbeitslohnes vermögenswirksam angelegt werden. Für sie hat er dann ebenfalls einen Anspruch auf die Arbeitnehmersparzulage.

(2) **Buchhalterische Darstellung**

Beispiel:		
Bruttogehalt		2 275,00 EUR
+ vermögenswirksame Leistung lt. Tarifvertrag		39,00 EUR
= steuer- und sozialversicherungspflichtiges Gehalt		2 314,00 EUR
− Lohnsteuer	341,91 EUR	
− Solidaritätszuschlag	11,35 EUR	
− Kirchensteuer 9 %	18,57 EUR	
− Sozialversicherung	472,63 EUR	
− vermögenswirksame Sparleistung	39,00 EUR	883,46 EUR
= Auszahlungsbetrag per Bank		1 430,54 EUR

Der Arbeitgeberanteil zur Sozialversicherung beträgt 446,02 EUR.

Aufgabe:

Buchen Sie die Gehaltsabrechnung auf den Konten und bilden Sie dazu die Buchungssätze!

Lösung:

S	6300 Gehälter		H
2640/4830/ 2800	2 275,00		

S	6320 So. tarifl. o. vertragl. Aufwend.		H
4860	39,00		

S	6410 Arbeitgeberanteil zur Sozialversicherung		H
2640	446,02		

S	2640 SV-Beitragsvorauszahlung		H
2800	918,65	6300	472,63
		6410	446,02

S	4830 Verb. geg. Finanzbeh.		H
		6300	371,83

S	4860 Verbindlichkeiten aus vermögensw. Leistungen		H
		6320	39,00

S	2800 Bank		H
AB	3 500,00	2640	918,65
		6300	1 430,54

Buchungssätze:

Konten	Soll	Haben
2640 SV-Beitragsvorauszahlung	918,65	
an 2800 Bank		918,65
6300 Gehälter	2 275,00	
6320 So. tarifl. o. vertr. Aufwend.	39,00	
an 2800 Bank		1 430,54
an 4830 Verb. g. Finanzbehörden		371,83
an 2640 SV-Beitragsvorauszahlung		472,63
an 4860 Verb. aus vermögensw. Leistungen		39,00
6410 AG-Anteil zur Sozialversicherung	446,02	
an 2640 SV-Beitragsvorauszahlung		446,02

Erläuterungen zur Gehaltsbuchung:

- Tarifliche oder vertragliche vermögenswirksame Leistungen stellen direkte Sondervergütungen („sonstige Bezüge") dar. Sie sind auf dem **Konto 6320 Sonstige tarifliche oder vertragliche Aufwendungen** zu erfassen.

- Die Vorauszahlung der Sozialversicherungsbeiträge wird auf dem **Konto 2640 Sozialversicherungs-Beitragsvorauszahlung** im Soll gebucht. Die Verrechnung der einbehaltenen Sozialversicherungsbeiträge sowie des Arbeitgeberanteils zur Sozialversicherung erfolgt über die Habenseite des Kontos 2640 Sozialversicherungs-Beitragsvorauszahlung.

- Durch die Einbehaltung der vermögenswirksamen Sparleistung wird der Auszahlungsbetrag gekürzt. Bis zur Weiterleitung an die betreffende Institution (z. B. Bank, Bausparkasse usw.) handelt es sich bei diesem Betrag um eine Verbindlichkeit des Betriebs. Daher: Habenbuchung auf dem **Konto 4860 Verbindlichkeiten aus vermögenswirksamen Leistungen.**

- Die einbehaltenen Abzüge für Lohnsteuer, Solidaritätszuschlag und Kirchensteuer stellen ebenfalls Verbindlichkeiten des Betriebs dar. Daher: Habenbuchung auf dem **Konto 4830 Verbindlichkeiten gegenüber Finanzbehörden.**

- Die Auszahlung des Gehalts erfolgt über die Bank. Daher: Habenbuchung auf dem **Konto 2800 Bank.**

- Die **vermögenswirksame Leistung des Arbeitgebers** führt für den Arbeitnehmer zu einer Erhöhung des Bruttogehalts (Bruttolohns) und ist damit steuer- und sozialversicherungspflichtig.

- Die **vermögenswirksamen Sparleistungen** werden bei der Lohn- bzw. Gehaltsauszahlung einbehalten und an die entsprechende Stelle weitergeleitet. Bis zur Weiterleitung stellen sie für den Betrieb eine Verbindlichkeit dar.

- Für die vermögenswirksame Sparleistung erhält der Arbeitnehmer, sofern bestimmte Einkommensgrenzen nicht überschritten werden, vom Staat eine steuer- und sozialversicherungsfreie **Arbeitnehmersparzulage,** die je nach Anlageform 9 % oder 20 % beträgt.

Übungsaufgabe

192 Buchungssätze zur Gehaltsabrechnung

Bilden Sie die Buchungssätze zu den folgenden Angaben:

1.

Name	Bruttolohn	vermögenswirks. Leist. lt. Tarifvertrag	Lohnsteuer/Sol.Zuschlag	Kirchensteuer 9 %	Sozialabgaben	vermögenswirks. Sparleist.	Auszahlungsbetrag (Bank)
Sonne	2 860,00	20,00	539,86	33,19	581,04	39,00	1 686,91
Lieb	2 910,00	20,00	250,16	–	591,13	39,00	2 049,71
Kramer	2 070,00	20,00	300,49	25,63	417,62	39,00	1 307,26
Peter	3 108,00	20,00	313,29	16,88	631,07	28,00	2 138,76
	10 948,00	80,00	1 403,80	75,70	2 220,86	145,00	7 182,64

Der Arbeitgeberanteil zur Sozialversicherung beträgt 2 125,65 EUR.

2. Ein Angestellter erhält einen Gehaltsvorschuss von 350,00 EUR in bar

3.

Bruttogehalt		2 015,00 EUR
+ vermögenswirksame Leistung des Betriebs lt. Betriebsvereinbarung		12,00 EUR
= steuer- und sozialversicherungspflichtiges Gehalt		2 027,00 EUR
– Abzüge:		
Lohnsteuer, Solidaritätszuschlag u. Kirchensteuer	526,70 EUR	
Sozialversicherung	414,01 EUR	
Vermögenswirksame Sparleistung	39,00 EUR	979,71 EUR
= Auszahlungsbetrag		1 047,29 EUR
Arbeitgeberanteil zur Sozialversicherung		395,77 EUR

Lernfeld 8: Jahresabschluss analysieren und bewerten

1 Aufgaben des Jahresabschlusses

(1) Allgemeine Aufgabe des Jahresabschlusses

Der Jahresabschluss einer Kapitalgesellschaft soll einen möglichst sicheren Einblick in die Vermögens-, Ertrags- und Finanzlage eines Unternehmens gewährleisten. Deshalb stellt der Gesetzgeber hohe Anforderungen an Inhalt und Form des Jahresabschlusses.

> Der **Jahresabschluss** ist ein **Dokument** (Beweisstück) und eine **Rechnungslegung** für eine bestimmte Rechnungsperiode.

(2) Aufgaben des Jahresabschlusses im Einzelnen

Bereitstellung von Information und Grundlage für Kontrollmaßnahmen	Der Jahresabschluss hat ein den tatsächlichen Verhältnissen entsprechendes Bild der Vermögens-, Finanz- und Ertragslage des Unternehmens zu vermitteln [§ 264 II HGB]. An dieser **Informationsfunktion des Jahresabschlusses** sind einerseits Anteilseigner und Arbeitnehmer der Unternehmung interessiert, andererseits aber auch Außenstehende wie z. B. Lieferanten, Kunden, Konkurrenten, die Finanzverwaltung, Kreditgeber oder andere aus der interessierten Öffentlichkeit.[1] Die genannten Personen bzw. Institutionen erhalten durch den Jahresabschluss die Möglichkeit, die Situation des Unternehmens zu kontrollieren und sich so vor Fehlinformationen zu schützen (**Kontrollfunktion des Jahresabschlusses**).
Grundlage für Unternehmensentscheidungen	Für die Unternehmensleitung, die Anteilseigner und das eventuell eingerichtete Kontrollorgan (z. B. Aufsichtsrat) liefert der Jahresabschluss viele entscheidungsrelevante Informationen, die für die zukünftige Ausrichtung der Geschäftspolitik bedeutsam sind (**Steuerungsfunktion des Jahresabschlusses**).
Grundlage für Finanzierungsentscheidungen und die Gewinnverwendung	Eine weitere Aufgabe des Jahresabschlusses besteht darin, die genaue Höhe des Gewinns (Verlusts) bzw. des Jahresüberschusses (Jahresfehlbetrages) festzustellen. Der Jahresabschluss ist damit die **Grundlage** für Entscheidungen über die Höhe der **Gewinnausschüttung** und der Zuführung von Mitteln zur **Erhöhung des Eigenkapitals**.
Grundlage für die Steuerermittlung	Für die Finanzverwaltung ist der Jahresabschluss Ausgangspunkt für die **Ermittlung des Steuergewinns** und damit der **Steuerfestsetzung**.

---

1 Damit Außenstehende eine ausreichende Information erhalten, besteht für Kapitalgesellschaften eine Offenlegungspflicht für den Jahresabschluss [§ 325 I HGB]. Zu Einzelheiten siehe Kapitel 7, S. 450 ff.

2 Erfassung von Inventurdifferenzen

2.1 Begriff und Ursachen von Inventurdifferenzen

Die in der Buchführung ermittelten Schlussbestände (**Sollbestände**) sind nicht immer mit den bei der Inventur ermittelten Beständen (**Istbestände**) identisch. Da es das wichtigste Ziel des Jahresabschlusses ist, den Eigentümern, Gläubigern, Mitarbeitern u. a. einen Überblick über die **tatsächliche Vermögens-, Finanz- und Ertragslage** des Unternehmens zu verschaffen, bilden die **Istbestände der Inventur** die **Grundlage für die Erstellung der Bilanz**.

Differenzen zwischen Soll- und Istbeständen entstehen vor allem durch

- **Buchungsfehler,** z. B. unterlassene Eingangs- bzw. Ausgangsbuchungen, doppelte Eingangs- oder Ausgangsbuchungen, Buchungen auf falschen Konten;
- **Wertveränderungen, die der Buchführung nicht bekannt sind,** z. B. Diebstahl, Bruch, Schwund.

Weichen Ist- und Sollbestände voneinander ab, müssen die **Sollbestände den Istbeständen durch Berichtigungsbuchungen** angepasst werden. Beispielhaft werden im Folgenden Inventurdifferenzen beim Werkstoffbestand dargestellt.

2.2 Inventurdifferenzen beim Werkstoffbestand

> Eine **Inventurdifferenz beim Werkstoffbestand** liegt vor, wenn der in der Buchführung **ausgewiesene Werkstoffbestand** (Buchbestand, Sollbestand) vom **Inventurbestand** (Istbestand) **abweicht**.

Der ausgewiesene Buchbestand kann niedriger (**Werkstoffminderbestand**) oder höher (**Werkstoffmehrbestand**) sein als der Inventurbestand. In beiden Fällen ist der Buchbestand mit entsprechenden Buchungen an den Inventurbestand anzupassen.

Die **buchhalterische Berichtigung der Inventurdifferenz** erfolgt durch

- eine **Nachbuchung** bei einem **Werkstoffminderbestand** bzw.
- eine **Rückbuchung (Stornierung)** bei einem **Werkstoffmehrbestand**.

(1) Werkstoffminderbestand

Bei einem Minderbestand ist der in der Buchführung ausgewiesene Werkstoffbestand zu niedrig angesetzt. In diesem Fall muss der Werkstoffbestand durch eine **Nachbuchung** berichtigt werden.

Beispiel:

In einem Industriebetrieb beträgt der Anfangsbestand eines Rohstoffes 500 Stück zum Einkaufswert von 150,00 EUR je Stück. Im Laufe der Geschäftsperiode wurden 2 100 Stück zum gleichen Stückpreis auf Ziel eingekauft und sofort als Aufwand gebucht. Es wurden aber nur 1 850 Stück in die Produktion gegeben, sodass 250 Stück an das Reservelager gingen.

Laut Buchführung ergibt das einen Schlussbestand von 750 Stück. Laut Inventur sind aber nur 740 Stück vorhanden.

Die Nachforschung ergab, dass die Inventurdifferenz auf eine nicht gebuchte Rohstoffeingangsrechnung in Höhe von 1 500,00 EUR zurückzuführen ist.

Aufgaben:

1. Ermitteln Sie rechnerisch die Inventurdifferenz!

2. Bilden Sie den Buchungssatz für die Nachbuchung der nicht gebuchten Rohstoffeingangsrechnung!

3. Richten Sie die Konten 2000, 6000, 8010 und 8020 ein. Buchen Sie auf den Konten mit den Zahlen der Inventur!

Lösungen:

Zu 1.: Rechnerische Lösung

Bestand an Rohstoffen lt. Buchführung	750 Stück · 150,00 EUR =	112 500,00 EUR
Bestand an Rohstoffen lt. Inventur	740 Stück · 150,00 EUR =	111 000,00 EUR
Inventurdifferenz (Minderbestand)	10 Stück · 150,00 EUR =	1 500,00 EUR

Zu 2.: Bildung des Buchungssatzes für eine Nachbuchung

Geschäftsvorfall	Konten	Soll	Haben
Nachbuchung einer nicht gebuchten Rohstoff-eingangsrechnung in Höhe von 1 500,00 EUR.	6000 Aufw. f. Rohstoffe an 2000 Rohstoffe	1 500,00	1 500,00

Zu 3.: Darstellung auf Konten

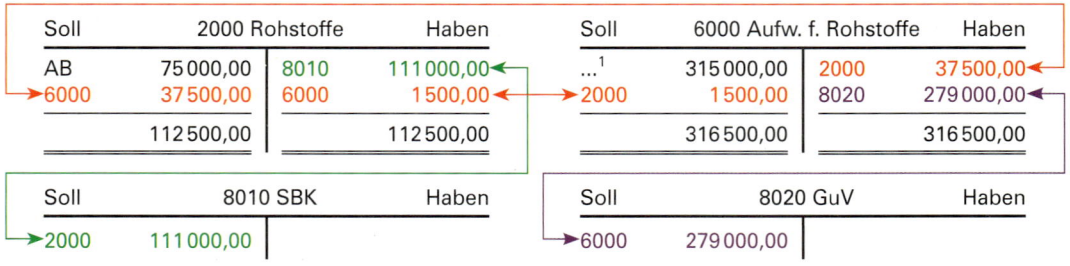

---

1 Aufwendungen für Rohstoffe: 2 100 Stück · 150,00 EUR = 315 000,00 EUR.

(2) Rohstoffmehrbestand

Bei einem Rohstoffmehrbestand ist der in der Buchführung ausgewiesene Rohstoffbestand höher angesetzt als der in der Inventur ermittelte Rohstoffbestand. In diesem Fall muss der Rohstoffbestand durch eine **Rückbuchung (Stornierung)** berichtigt werden.

Beispiel:

Geschäftsvorfall	Konten	Soll	Haben
Rückbuchung (Stornierung) einer doppelt gebuchten Rohstoffeingangsrechnung in Höhe von 4 000,00 EUR.	2000 Rohstoffe an 6000 Aufw. f. Rohstoffe	4 000,00	4 000,00

Übungsaufgabe

193 Buchhalterische Darstellung von Inventurdifferenzen bei Werkstoffen

1. Das Konto 2030 Betriebsstoffe weist zum 31.12. einen Buchbestand von 32 500,00 EUR auf. Die Inventur ermittelte einen Inventurbestand von
   - 30 400,00 EUR. Die Nachforschung ergab, dass die Inventurdifferenz auf eine nicht gebuchte Betriebsstoffeingangsrechnung zurückzuführen ist.
   - 35 000,00 EUR. Die Nachforschung ergab, dass die Inventurdifferenz auf eine doppelt gebuchte Betriebsstoffeingangsrechnung zurückzuführen ist.

   Aufgaben:
   1.1 Bilden Sie die Buchungssätze für die beiden Geschäftsvorfälle!
   1.2 Erläutern Sie die Berichtigungsbuchungen!

2. Erläutern Sie die nachfolgende Grafik!

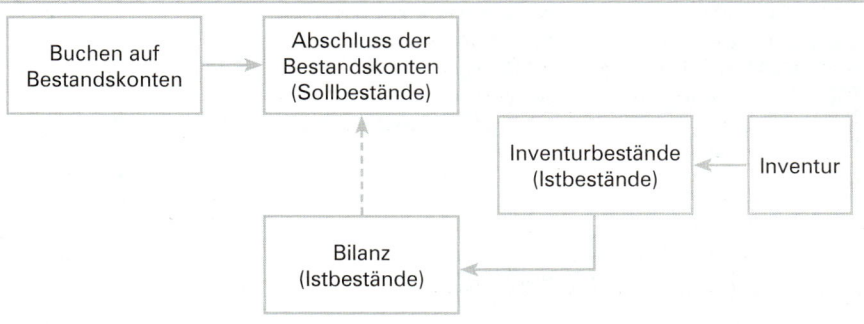

3. Begründen Sie, ob auf den Aufwands- und Ertragskonten Inventurdifferenzen auftreten können!

25 Speth u.a. - ISBN 978-3-8120-0521-0

3 Periodengerechte Erfolgsermittlung (zeitliche Erfolgsabgrenzung)

3.1 Grundsätzliches

Die **Posten der Rechnungsabgrenzung** haben die Aufgabe, Aufwendungen und Erträge den einzelnen Rechnungsperioden verursachungsgerecht zuzuordnen, um den Erfolg einer Rechnungsperiode zu ermitteln.

Eine Zuordnung von Aufwendungen und Erträgen ist in zwei Fällen erforderlich:

- Aufwendungen bzw. Erträge, die das **neue Geschäftsjahr betreffen,** werden bereits im **alten Geschäftsjahr gebucht**. Die gebuchten **Aufwendungen** bzw. **Erträge** im **alten Geschäftsjahr** sind **zu hoch.**

  Rechnungsabgrenzungsposten: 2900 Aktive Jahresabgrenzung bzw. 4900 Passive Jahresabgrenzung.

- Aufwendungen bzw. Erträge, die das **alte Geschäftsjahr betreffen,** werden erst im **neuen Geschäftsjahr gebucht**. Die gebuchten **Aufwendungen** bzw. **Erträge** im **alten Geschäftsjahr** sind **zu niedrig.**

  Rechnungsabgrenzungsposten: 2690 Übrige sonstige Forderungen bzw. 4890 Übrige sonstige Verbindlichkeiten.

3.2 Zahlungszeitpunkt liegt in der alten Geschäftsperiode (Zahlung im Voraus) – Aktive Jahresabgrenzung und Passive Jahresabgrenzung

(1) Aktive Jahresabgrenzung

Beispiel:

Die Prämie für die betriebliche Feuerversicherung für die Zeit vom 1. November bis 30. April (halbjährlich) in Höhe von 300,00 EUR wird von uns am 1. Nov. per Banküberweisung gezahlt.

Aufgaben:

Buchen Sie auf den Konten und bilden Sie die Buchungssätze

1. im alten und
2. im neuen Geschäftsjahr!

Lösungen:

Folgende Skizze soll unsere Überlegungen unterstützen:

altes Geschäftsjahr	neues Geschäftsjahr
Versicherungsaufwand: 100,00 EUR	Versicherungsaufwand: 200,00 EUR

November	Dezember		Januar	Februar	März	April

↓
Zahlung 1. Nov.
300,00 EUR

Zu 1.: Buchungen im alten Geschäftsjahr

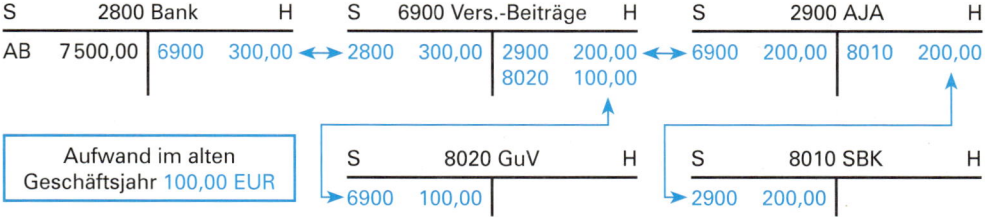

Geschäftsvorfälle	Konten	Soll	Haben
Buchung beim Zahlungs-vorgang am 01.11.:	6900 Versicherungsbeiträge an 2800 Bank	300,00	300,00
Buchung der zeitlichen Abgrenzung am 31.12.:	2900 Aktive Jahresabgrenzung an 6900 Versicherungsbeiträge	200,00	200,00

Zu 2.: Buchung im neuen Geschäftsjahr

	Aufwand im neuen Geschäftsjahr 200,00 EUR	S 6900 Vers.-Beiträge H	S 2900 AJA H

		2900 200,00	AB 200,00 | 6900 200,00

Geschäftsvorfall	Konten	Soll	Haben
Auflösung des Kontos 2900 im neuen Geschäftsjahr	6900 Versicherungsbeiträge an 2900 Aktive Jahresabgrenzung	200,00	200,00

- Auf dem Konto **2900 Aktive Jahresabgrenzung** werden die im alten Geschäftsjahr **gezahlten Aufwendungen,** die wirtschaftlich für eine bestimmte Zeit dem **neuen Geschäftsjahr zuzurechnen** sind, erfasst.

- Gezahlte Aufwendungen, die teilweise das alte Geschäftsjahr und für eine bestimmte Zeit das neue Geschäftsjahr betreffen, sind **periodengerecht aufzuteilen.**

- Das Konto 2900 Aktive Jahresabgrenzung ist im neuen Geschäftsjahr **nach der Eröffnung aufzulösen,** indem der Betrag auf das betreffende Aufwandskonto umgebucht wird.

(2) Passive Jahresabgrenzung

Beispiel:

Ein Darlehensschuldner hat uns am 1. September Zinsen für die Zeit vom 31. August des laufenden Geschäftsjahres bis zum 28. Februar des folgenden Geschäftsjahres (halbjährlich) in Höhe von 300,00 EUR durch Banküberweisung gezahlt.

Aufgaben:

Buchen Sie auf den Konten und bilden Sie die Buchungssätze

1. im alten und
2. im neuen Geschäftsjahr!

Lösungen:

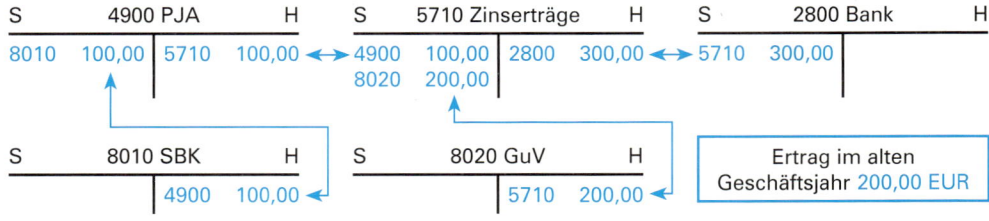

altes Geschäftsjahr	neues Geschäftsjahr
Zinsertrag: 200,00 EUR	Zinsertrag: 100,00 EUR

Sept.	Okt.	Nov.	Dez.		Januar	Februar

Zahlungseingang
am 1. Sept. 300,00 EUR

Zu 1.: Buchungen im alten Geschäftsjahr

S	4900 PJA	H		S	5710 Zinserträge	H		S	2800 Bank	H
8010	100,00	5710	100,00	4900	100,00	2800	300,00	5710	300,00	
				8020	200,00					

S	8010 SBK	H		S	8020 GuV	H		Ertrag im alten Geschäftsjahr 200,00 EUR
		4900	100,00			5710	200,00	

Geschäftsvorfälle	Konten	Soll	Haben
Buchung beim Zahlungs-eingang am 01.09.:	2800 Bank an 5710 Zinserträge	300,00	300,00
Buchung der zeitlichen Abgrenzung am 31.12.:	5710 Zinserträge an 4900 Passive Jahresabgrenz.	100,00	100,00

Zu 2.: Buchung im neuen Geschäftsjahr

S	4900 PJA	H		S	5710 Zinserträge	H		Ertrag im neuen Geschäftsjahr 100,00 EUR
5710	100,00	AB	100,00			4900	100,00	

Geschäftsvorfall	Konten	Soll	Haben
Auflösung der zeitlichen Begrenzung	4900 Passive Jahresabgrenz. an 5710 Zinserträge	100,00	100,00

- Auf dem Konto **4900 Passive Jahresabgrenzung** werden die im alten Geschäfts-jahr **eingegangenen Erträge,** die wirtschaftlich für eine bestimmte Zeit dem **neuen Geschäftsjahr** zuzurechnen sind, erfasst.

- Erhaltene Erträge, die teilweise das alte Geschäftsjahr und für eine bestimmte Zeit das neue Geschäftsjahr betreffen, sind **periodengerecht aufzuteilen.**

- Das Konto 4900 Passive Jahresabgrenzung ist im neuen Geschäftsjahr **nach der Eröffnung aufzulösen,** indem der Betrag auf das betreffende Ertragskonto umge-bucht wird.

3.3 Zahlungszeitpunkt liegt in der neuen Geschäftsperiode (nachträgliche Zahlung) – Übrige sonstige Forderungen und Übrige sonstige Verbindlichkeiten

(1) Übrige sonstige Forderungen

Beispiel:

Für die Zeit vom 1. November des laufenden Geschäftsjahres bis zum 31. Januar des neuen Geschäftsjahres stehen uns für ein kurzfristig gegebenes Darlehen Zinsen in Höhe von 300,00 EUR zu, die nachträglich am 15. Februar auf unserem Bankkonto eingehen.

Aufgaben:

Bilden Sie den Buchungssatz

1. im alten und

2. im neuen Geschäftsjahr!

Lösungen:

altes Geschäftsjahr	neues Geschäftsjahr
Zinserträge: 200,00 EUR	Zinserträge: 100,00 EUR

| November | Dezember | | Januar | Februar |

erfolgswirksam zu buchen 200,00 EUR

erfolgswirksam zu buchen 100,00 EUR

1. Febr. Bei der Zahlung von 300,00 EUR sind 200,00 EUR **erfolgsunwirksam** zu buchen.

Zu 1.: Buchung im alten Geschäftsjahr

Konten	Soll	Haben
2690 Übrige sonstige Forderungen an 5710 Zinserträge	200,00	200,00

Zu 2.: Buchung im neuen Geschäftsjahr

Konten	Soll	Haben
2800 Bank an 5710 Zinserträge an 2690 Übrige sonstige Forderungen	300,00	100,00 200,00

Erträge, die teilweise das alte und teilweise das neue Geschäftsjahr betreffen, sind periodengerecht aufzuteilen.

Buchungssätze:

im alten Geschäftsjahr

Übrige sonstige Forderungen an Ertragskonto

im neuen Geschäftsjahr

Zahlungskonto (z. B. Bank) an Ertragskonto an Übrige sonstige Forderungen

(2) Übrige sonstige Verbindlichkeiten[1]

Beispiel:

Wir mieten am 1. September eine Garage. Die Miete ist nachträglich jeweils am 1. März und am 1. September zu zahlen. Die Halbjahresmiete beträgt 600,00 EUR. Die erste Mietzahlung erfolgt per Banküberweisung am 1. März des neuen Geschäftsjahres.

Aufgaben:

Bilden Sie den Buchungssatz

1. im alten und
2. im neuen Geschäftsjahr!

Lösungen:

altes Geschäftsjahr	neues Geschäftsjahr
Mietaufwand: 400,00 EUR	Mietaufwand: 200,00 EUR

| Sept. | Okt. | Nov. | Dez. | | Jan. | Febr. | | März |

400,00 EUR sind **erfolgswirksam** zu buchen

200,00 EUR sind **erfolgswirksam** zu buchen

1. März. Bei der Zahlung von 600,00 EUR sind 400,00 EUR **erfolgsunwirksam** zu buchen.

Zu 1.: Buchung im alten Geschäftsjahr

Konten	Soll	Haben
6700 Mieten, Pachten	400,00	
an 4890 Übrige sonstige Verbindlichkeiten		400,00

Zu 2.: Buchung im neuen Geschäftsjahr

Konten	Soll	Haben
6700 Mieten, Pachten	200,00	
4890 Übrige sonst. Verbindl.	400,00	
an 2800 Bank		600,00

Aufwendungen, die teilweise das alte und teilweise das neue Geschäftsjahr betreffen, sind periodengerecht aufzuteilen.

Buchungssätze:

im alten Geschäftsjahr

Aufwandskonto
an Übrige sonstige Verbindlichkeiten

im neuen Geschäftsjahr

Aufwandskonto
Übrige sonstige Verbindlichkeiten
an Zahlungskonto (z. B. Bank)

---

1 Verbindlichkeiten aus Dauerschuldverhältnissen (z. B. Miete, Pacht, Leasing) werden in der Praxis in der Regel auf dem **Konto 4400 Verbindlichkeiten aus Lieferungen und Leistungen** gebucht.

(3) Buchung der umsatzsteuerpflichtigen Vorgänge im Rahmen der zeitlichen Abgrenzung

■ Buchung der Vorsteuer

Für eine **erhaltene** Lieferung bzw. Leistung im alten Geschäftsjahr darf die **Vorsteuer** nur dann im alten Geschäftsjahr erfasst werden, wenn auch die Rechnung im alten Geschäftsjahr vorliegt.[1]

Beispiel:	
Für eine im Dezember durchgeführte Lkw-Reparatur wurden verbindlich Reparaturkosten einschließlich 19 % Umsatzsteuer von 487,90 EUR vereinbart. Die am 10. Januar vorgelegte Rechnung über diesen Betrag wird durch Banküberweisung beglichen.	**Aufgaben:** Bilden Sie den Buchungssatz 1. im alten und 2. im neuen Geschäftsjahr!

Lösungen:

Zu. 1.: Buchung im alten Geschäftsjahr

Konten	Soll	Haben
6160 Fremdinstandhaltung	410,00	
an 4890 Übrige sonstige		
Verbindlichkeiten		410,00

Zu 2.: Buchung im neuen Geschäftsjahr

Konten	Soll	Haben
4890 Übrige sonst. Verb.	410,00	
2600 Vorsteuer	77,90	
an 2800 Bank		487,90

■ Buchung der Umsatzsteuer

Für eine **erbrachte** Lieferung bzw. Leistung im alten Geschäftsjahr ist dagegen die **Umsatzsteuer** auch dann im alten Jahr zu erfassen, wenn die Rechnung erst im neuen Jahr ausgestellt wird.

Beispiel:	
Für Vermittlungstätigkeiten im alten Geschäftsjahr haben wir noch netto 4 200,00 EUR zuzüglich 19 % USt zu fordern. Die Rechnung stellen wir erst im neuen Geschäftsjahr aus.	**Aufgabe:** Bilden Sie jeweils den Buchungssatz im alten und im neuen Geschäftsjahr!

Lösungen:

Buchung im alten Geschäftsjahr:

Konten	Soll	Haben
2690 Übr. sonst. Ford.	4 998,00	
an 5410 Sonstige Erlöse		4 200,00
an 4800 Umsatzsteuer		798,00

Buchung im neuen Geschäftsjahr bei Zahlungseingang:

Konten	Soll	Haben
2800 Bank	4 998,00	
an 2690 Übrige sonstige		
Forderungen		4 998,00

---

1 In der Praxis ist es üblich, die noch nicht abziehbare Vorsteuer auf einem gesonderten Konto zu erfassen; dann kann die Sonstige Verbindlichkeit korrekt mit 487,90 EUR gebucht werden. Nach Eingang der Rechnung wird die nicht abziehbare Vorsteuer auf das Konto abziehbare Vorsteuer umgebucht.

Übungsaufgaben

194 Buchungssätze zu den Posten der Rechnungsabgrenzung

Bilden Sie die Buchungssätze beim Jahresabschluss im alten Geschäftsjahr am 31. Dezember und im neuen Geschäftsjahr!

1. Für ein von uns aufgenommenes Darlehen werden die Zinsen in Höhe von 300,00 EUR für das 4. Quartal erst am 2. Januar des folgenden Jahres durch Bankscheck beglichen.

2. Wir zahlen durch Banküberweisung am 1. November Miete für die Geschäftsräume in Höhe von 4 500,00 EUR für 3 Monate im Voraus.

   2.1 Buchung bei Zahlung.

   2.2 Buchung am 31. Dezember.

   2.3 Buchung im neuen Jahr nach Konteneröffnung.

3. Wir erhalten am 1. September per Banküberweisung Darlehenszinsen für die Zeit vom 1. September bis 28. Februar in Höhe von 480,00 EUR im Voraus.

   3.1 Buchung beim Zahlungseingang.

   3.2 Buchung am 31. Dezember.

   3.3 Buchung im neuen Jahr.

4. Das Honorar für den Rechtsanwalt für eine Vertretung vor Gericht steht noch offen. Als Festhonorar sind 3 500,00 EUR zuzüglich 19 % USt vereinbart.

5. Die Zinsen für die Zeit vom 1. Dezember bis 1. März in Höhe von 900,00 EUR wurden uns am 1. Dezember vom Kreditnehmer auf unser Bankkonto überwiesen.

6. Die Löhne der letzten Dezember-Woche für Aushilfskräfte in Höhe von 32 500,00 EUR werden erst am 2. Januar ausgezahlt.

7. Die Zinsen für einen Kundenkredit wurden uns vertragsgemäß bereits am 29. Oktober für die Monate November, Dezember und Januar überwiesen. Betrag 4 500,00 EUR.

8. Die Kraftfahrzeugsteuer in Höhe von 360,00 EUR wurde zum 1. November für ein Jahr im Voraus durch Bank überwiesen.

195 Buchungssätze zu den Posten der Rechnungsabgrenzung

Bilden Sie zu folgenden Geschäftsvorfällen die Buchungssätze zum 31. Dezember des laufenden Geschäftsjahres und bei der Zahlung im neuen Geschäftsjahr!

1. Die Vierteljahresmiete für eine gemietete Lagerhalle in Höhe von 3 000,00 EUR wird erst bei Eingang der Rechnung am 5. Januar des folgenden Jahres durch Banküberweisung gezahlt.

2. Die Darlehenszinsen für das zweite Halbjahr in Höhe von 3 600,00 EUR überweisen wir am 2. Januar des folgenden Jahres durch die Bank.

3. Für ein Darlehen erhalten wir die Zinsen für die Monate Oktober, November und Dezember in Höhe von 750,00 EUR erst am 8. Januar des neuen Jahres auf unser Bankkonto überwiesen.

4. Die Diskontgutschrift auf unser Bankkonto für einen im Dezember fälligen Kundenwechsel in Höhe von 450,00 EUR erhalten wir erst am 10. Januar.

5. Ein Darlehensschuldner zahlt uns die Zinsen nachträglich jeweils für ein halbes Jahr. Die Zinszahlungstermine sind: 30. November und 30. Mai.

   Am 30. Mai ist ein Betrag von 600,00 EUR fällig.

   5.1 Buchung im alten Jahr zum 31. Dezember,

   5.2 Buchung bei der Zahlung per Bank am 30. Mai.

6. Für eine gemietete Lagerhalle zahlen wir die vierteljährliche Miete nachträglich. Für die Monate Dezember, Januar und Februar ist am 28. Februar ein Betrag von 450,00 EUR zu zahlen.

   6.1 Buchung im alten Jahr zum 31. Dezember,

   6.2 Buchung bei der Zahlung am 28. Februar durch Banküberweisung.

7. Für ein von uns aufgenommenes Darlehen sind die Zinsen für das laufende Quartal in Höhe von 450,00 EUR am Ende des Geschäftsjahres noch nicht beglichen. Die Zahlung erfolgt am 2. Januar des folgenden Jahres durch Banküberweisung.

   7.1 Buchung im alten Jahr.

   7.2 Buchung im neuen Jahr.

8. Am 1. September überweisen wir vom Bankkonto die Miete für eine Lagerhalle in Höhe von 600,00 EUR für ein halbes Jahr im Voraus.

   8.1 Buchung im alten Jahr

       8.1.1 bei Zahlung,

       8.1.2 am Jahresende.

   8.2 Buchung im neuen Jahr.

9. Wir erhalten vertragsgemäß am 2. April nachträglich Darlehenszinsen für die Zeit vom 1. Oktober bis 31. März in Höhe von 1 800,00 EUR auf das Bankkonto überwiesen.

   9.1 Buchung im alten Jahr.

   9.2 Buchung im neuen Jahr bei Erhalt der Bankgutschrift.

10. Jeweils zum 1. Februar und 1. August überweisen wir (halbjährlich) an unseren Lieferer für ein aufgenommenes Darlehen 840,00 EUR Zinsen nachträglich.

   10.1 Buchung im alten Jahr zum 31. Dezember,

   10.2 Buchung bei der Zahlung per Banküberweisung am 1. Februar.

11. Die Stromkosten für den Monat November werden erst im Januar des folgenden Jahres mit 792,00 EUR zuzüglich 19 % USt überwiesen. Die Rechnung liegt bereits im alten Jahr vor.

12. Am 9. Dezember begleichen wir die Leasinggebühren für das erste Quartal des folgenden Jahres von 4 000,00 EUR zuzüglich 19 % USt aufgrund der bereits vorliegenden Rechnung durch Banküberweisung.

13. Auf unserem Bankkonto geht am 1. Dezember die Januarmiete für eine Werkswohnung in Höhe von 350,00 EUR ein.

196 Buchungssätze zu den Posten der Rechnungsabgrenzung

Bilden Sie zu folgenden Geschäftsvorfällen die Buchungssätze beim Jahresabschluss zum 31. Dezember und bei der Zahlung im neuen Geschäftsjahr.

1. Die Zinsen für ein Darlehen an einen Geschäftsfreund sind vertragsgemäß halbjährlich jeweils am 30. April und am 30. Oktober nachträglich zu zahlen. Die erste Zahlung in Höhe von 660,00 EUR ging termingerecht am 30. April auf unserem Bankkonto ein.

2. Für die Monate November, Dezember und Januar betragen die Stromrechnungen jeweils 357,00 EUR, 476,00 EUR und 416,50 EUR einschließlich 19 % Umsatzsteuer. Die vierteljährliche Gesamtabrechnung in Höhe von 1 249,50 EUR geht am 5. Februar bei uns ein und wird am gleichen Tage durch Banküberweisung gezahlt.

3. Einem unserer Vertreter stehen für die abgelaufenen Monate noch Vermittlungsprovisionen einschließlich 19 % Umsatzsteuer in folgender Höhe zu: für Dezember 666,40 EUR, für November 1 047,20 EUR und für Januar 928,20 EUR.

   Die endgültige vierteljährliche Abrechnung wird am 5. März erstellt. Der Gesamtbetrag in Höhe von 2 641,80 EUR wird am 8. März per Bank überwiesen.

4 Rückstellungen

4.1 Begriff Rückstellungen

- **Rückstellungen** sind **Schulden für künftige Aufwendungen,** die dem alten Geschäftsjahr zuzurechnen sind, deren genaue **Höhe** und (oder) **Fälligkeit** am Jahresende (Bilanzstichtag) aber noch **nicht feststehen.**[1]

- Die **Bildung von Rückstellungen** bedeutet den **Ausweis einer Schuld** in der Bilanz und gleichzeitig eine **Aufwandserfassung in entsprechender Höhe** in der Gewinn- und Verlustrechnung.

Beispiel:

Die Zwischenbesprechung einer Steuerprüfung am 20. Dezember ergab, dass mit einer Grundsteuernachzahlung zu rechnen ist, da die Stadt den Hebesatz erhöht hat. Der zuständige Prüfer rechnet mit einer Grundsteuernachzahlung von ca. 4000,00 EUR.

Er betont, dass diese Auskunft unverbindlich ist. Aufgrund der Auskunft ist für die zu erwartende Grundsteuernachzahlung am 31. Dezember eine Rückstellung von 4000,00 EUR zu bilden.

Erläuterung:

Obwohl die Höhe der Grundsteuernachzahlung und der Fälligkeitstermin noch nicht genau bekannt sind, muss der (geschätzte) Steueraufwand dem alten Geschäftsjahr zugerechnet werden. Ohne die Berücksichtigung der Grundsteuernachzahlung als Aufwand wäre der ausgewiesene Gesamtaufwand in der Gewinn- und Verlustrechnung zu niedrig **(Grundsatz der periodengerechten Ergebnisermittlung).**

4.2 Bildung von Rückstellungen

Nach § 249 I HGB **müssen** Rückstellungen gebildet werden für:

- **ungewisse Verbindlichkeiten.** Hierzu zählen, neben Garantieverpflichtungen, zu erwartende Steuernachzahlungen, Prozesskosten und Jahresabschlusskosten, auch laufende Pensionen bzw. Pensionsanwartschaften;

- **drohende Verluste aus schwebenden Geschäften** (z. B. Preisrückgang bei von uns bestellten, aber noch nicht gelieferten Waren, bei denen ein Festpreis vereinbart wurde);

- **unterlassene Instandhaltungsaufwendungen,** die **innerhalb** der ersten **drei Monate** des neuen Geschäftsjahres nachgeholt werden (Beispiel: Ein Unternehmen muss eine Produktionsmaschine dringend überholen lassen. Da dies im Vorweihnachtsgeschäft nicht möglich ist, plant das Unternehmen die Durchführung der Reparatur für Januar oder Februar des kommenden Jahres.);

- **unterlassene Abraumbeseitigung,** die im folgenden Geschäftsjahr nachgeholt wird;

- **Gewährleistungen,** die **ohne rechtliche Verpflichtung** erbracht werden (Kulanz).

Für andere als die im § 249 I HGB bestimmten Zwecke dürfen Rückstellungen nicht gebildet werden [§ 249 II, S. 1 HGB]. Rückstellungen dürfen nur aufgelöst werden, soweit der Grund hierfür entfallen ist [§ 249 II, S. 2 HGB].

---

1 Von den **genau bestimmbaren Verbindlichkeiten** unterscheiden sich die Rückstellungen durch die **Ungewissheit über Höhe und/ oder Fälligkeit** der Aufwendungen.

Rückstellungen sind **Schulden**. Sie sind in Höhe des erwarteten Erfüllungsbetrags auf der **Passivseite der Bilanz** auszuweisen [§ 253 I, S. 2 HGB].

Der Industriekontenrahmen weist die Rückstellungen in drei Kontengruppen in der Kontenklasse 3 aus:

- 37 Rückstellungen für Pensionen und ähnliche Verpflichtungen
- 38 Steuerrückstellungen
- 39 Sonstige Rückstellungen

> **Beachte:**
>
> Rückstellungen mit einer **Restlaufzeit** von **mehr als einem Jahr** sind mit dem durchschnittlichen Marktzinssatz, der von der Deutschen Bundesbank vorgegeben wird, **abzuzinsen** [§ 253 II S. 1 HGB].[1]

4.3 Buchungen bei der Bildung und Auflösung von Rückstellungen

(1) Bildung der Rückstellungen im alten Jahr

> **Beispiel:**
>
> Für einen Prozess, der in der ersten Hälfte des kommenden Wirtschaftsjahres abgeschlossen werden soll, ist am 31. Dezember eine Rückstellung für Anwaltskosten in Höhe von 4 000,00 EUR zu bilden.
>
> **Aufgaben:**
> 1. Buchen Sie den Geschäftsvorfall auf Konten und schließen Sie die Konten ab!
> 2. Bilden Sie den Buchungssatz für die Bildung der Rückstellung!

Lösungen:

Zu 1.: Buchung auf den Konten und Abschluss der Konten

S	3930 So. Rückst. f. and. ungew. Verb.	H
8010	4 000,00	6770	4 000,00

S	6770 Rechts- u. Beratungskosten	H
3930	4 000,00	8020	4 000,00

S	8010 SBK	H
		3930	4 000,00

S	8020 GuV	H
6770	4 000,00		

Zu 2.: Buchungssatz

Geschäftsvorfall	Konten	Soll	Haben
Bildung der Rückstellungen für Anwaltskosten 4 000,00 EUR	6770 Rechts- und Beratungskosten an 3930 Sonstige Rückstellungen für andere ungewisse Verbindlichkeiten	4 000,00	4 000,00

Erklärung:

- Die Rechts- und Beratungskosten mit dem Schätzwert von 4 000,00 EUR gehören in voller Höhe als Aufwand in das alte Geschäftsjahr (Konto **6770 Rechts- und Beratungskosten**).
- Da am 31. Dezember des alten Jahres die Zahlung noch nicht erfolgt ist, besteht hinsichtlich des geschätzten Betrages noch eine Schuld, die auf dem Konto **3930 Sonstige Rückstellungen für andere ungewisse Verbindlichkeiten** zu erfassen ist.

---

1 Auf die **Abzinsung von Rückstellungen** wird aufgrund des Rahmenlehrplans **nicht eingegangen**.

(2) Auflösung der Rückstellungen im neuen Jahr

Rückstellungen sind aufzulösen, soweit die Gründe hierfür entfallen sind. Der tatsächliche Aufwand kann im Vergleich zur vorgenommenen Schätzung **höher** oder **niedriger** sein. Es ist auch noch der dritte Fall denkbar, dass der geschätzte Betrag genau der Höhe des tatsächlich zu zahlenden Betrages entspricht.

■ 1. Fall: Der geschätzte Betrag war zu niedrig angesetzt

Liegt der **geschätzte Betrag** im Vergleich zur tatsächlichen Schuld **zu niedrig,** ist eine Korrektur der abgelaufenen und abgeschlossenen Geschäftsperiode nicht mehr möglich. Der Differenzbetrag kann nur noch als **zusätzlicher Aufwand in der neuen Geschäftsperiode** erfasst werden. Dies geschieht bei der Zahlung, die gleichzeitig zur Auflösung der Rückstellung führt.

Beispiel:

Wir greifen auf das Beispiel von S. 395 zurück. Am 25. April des neuen Geschäftsjahres erhalten wir eine Rechnung über Anwaltskosten in Höhe von 4 500,00 EUR zuzüglich 19 % USt. Die Anwaltskosten werden am 30. April per Banküberweisung beglichen.

Aufgaben:

Buchen Sie den Sachverhalt
1. auf Konten und
2. bilden Sie den Buchungssatz!

Lösungen:

Zu 1.: Buchung auf den Konten

S	3930 So. Rückst. f. a. ungew. Verb.		H
2800	4 000,00	AB	4 000,00

S	2800 Bank		H
AB	12 500,00	6770/3930/	
		2600	5 355,00

S	6770 Rechts- u. Beratungskosten		H
2800	500,00		

S	2600 Vorsteuer		H
2800	855,00		

Zu 2.: Buchungssatz

Geschäftsvorfall	Konten	Soll	Haben
Zahlung der Anwaltskosten zuzüglich 19 % USt durch Banküberweisung am 30. April.	3930 So. Rückst. f. and. ungew. Verb. 6770 Rechts- und Beratungskosten 2600 Vorsteuer an 2800 Bank	4 000,00 500,00 855,00	5 355,00

Erklärung:

■ Das Passivkonto **3930 Sonstige Rückstellungen für andere ungewisse Verbindlichkeiten** ist bei der Zahlung im neuen Jahr aufzulösen. Diese Buchung ist erfolgsunwirksam. (Die Anwaltskosten von 4 000,00 EUR sind im alten Jahr ja schon gebucht.)

■ Der zusätzliche Aufwand in Höhe von 500,00 EUR wird gleichzeitig mit der Zahlung in der neuen Geschäftsperiode auf dem betreffenden Aufwandskonto (hier dem Konto **6770 Rechts- und Beratungskosten**) gebucht.

- Da Anwaltskosten umsatzsteuerpflichtig sind, sind 855,00 EUR auf dem **Konto 2600 Vorsteuer** zu buchen. Die Vorsteuer darf immer erst gebucht werden, wenn der **tatsächliche Aufwand** aufgrund einer vorliegenden Rechnung **feststeht**.

■ 2. Fall: Der geschätzte Betrag war zu hoch angesetzt

Liegt die gebildete **Rückstellung höher** als die tatsächlich anfallende Zahlung, ist die verbleibende **Differenz** auf dem Rückstellungskonto als **Ertrag** auszubuchen **(5480 Erträge aus der Herabsetzung von Rückstellungen)**.

Beispiel:

Wir greifen auf das Beispiel von S. 395 zurück. Am 25. April des neuen Jahres erhalten wir eine Rechnung, nach der die Anwaltskosten 3 800,00 EUR zuzüglich 19 % USt betragen. Die Anwaltskosten werden am 30. April per Banküberweisung beglichen.	**Aufgaben:** Buchen Sie den Sachverhalt 1. auf Konten und 2. bilden Sie den Buchungssatz!

Zu 1.: Buchung auf den Konten

S	3930 So. Rückst. f. a. ungew. Verb.	H
2800/5480	4 000,00	AB	4 000,00

S	2800 Bank	H
AB	12 500,00	3930/2600	4 522,00

S	2600 Vorsteuer	H
2800	722,00	

S	5480 Ertr. a. d. Herab. v. Rückst.	H
	3930	200,00

Zu 2.: Buchungssatz

Geschäftsvorfall	Konten	Soll	Haben
Zahlung der Anwaltskosten in Höhe von 3 800,00 EUR zuzüglich 19 % USt durch Banküberweisung am 30. April.	3930 So. Rückst. f. and. ungew. Verb. 2600 Vorsteuer an 2800 Bank an 5480 Ertr. a. d. Herab. v. Rückst.	4 000,00 722,00	 4 522,00 200,00

Erklärung:

- Die Schätzung der Anwaltskosten für das alte Jahr ist zu hoch angesetzt worden. Dadurch wurden zu hohe Rückstellungen gebildet bzw. es wurden zu hohe Rechts- und Beratungskosten für das alte Geschäftsjahr gebucht. Da eine Korrektur der abgelaufenen und abgeschlossenen Geschäftsperiode nicht mehr möglich ist, führt der Differenzbetrag zwischen der gebildeten Rückstellung (4 000,00 EUR) und der Zahlung (3 800,00 EUR) im neuen Geschäftsjahr zu einem Ertrag (200,00 EUR). Die Buchung erfolgt auf dem **Konto 5480 Erträge aus der Herabsetzung von Rückstellungen.**[1]

- Da Anwaltskosten umsatzsteuerpflichtig sind, sind 722,00 EUR auf dem Konto 2600 Vorsteuer zu buchen.

- Das Bankkonto wird mit der Zahlung der Anwaltskosten von netto 3 800,00 EUR zuzüglich 19 % USt in Höhe von 4 522,00 EUR belastet.

---

1 Der Industriekontenrahmen sieht dieses Konto vor. In der Praxis wird der Ertrag in der Regel direkt auf dem betroffenen Konto (im angegebenen Fall auf dem Konto 6770 Rechts- und Beratungskosten) gebucht.

Übungsaufgaben

197 Stoffvertiefung Rückstellungen

1. Notieren Sie, welche Aussage zur Bildung von Rückstellungen richtig ist!

   1.1 Rückstellungen müssen u. a. gebildet werden für ungewisse Verbindlichkeiten.

   1.2 Rückstellungen müssen gebildet werden, um eventuell entstehende Fehlbeträge ausgleichen zu können.

   1.3 Rückstellungen müssen gebildet werden, um die Eigenkapitalbasis zu stärken.

   1.4 Rückstellungen müssen gebildet werden, um das allgemeine Unternehmerwagnis auszugleichen.

   1.5 Rückstellungen dürfen gebildet werden zum Ausgleich unterlassener Abraumbeseitigung.

2. Erläutern Sie die Auswirkungen, die Rückstellungen auf das Unternehmensergebnis haben!

3. Erklären Sie, worin sich Rückstellungen von Übrigen sonstigen Verbindlichkeiten unterscheiden!

4. Begründen Sie, ob durch die Bildung von Rückstellungen der Gewinn beeinflusst werden kann!

5. Nennen Sie den Zeitpunkt, zu dem Rückstellungen aufzulösen sind!

198 Buchungssätze zu Rückstellungen

Bilden Sie auf der Grundlage des Handelsrechts die Buchungssätze für die im alten und für die im neuen Geschäftsjahr anfallenden Buchungen:

1. 1.1 Für eine im alten Jahr unterlassene Reparatur am Geschäftsgebäude soll beim Jahresabschluss eine Rückstellung in Höhe von 3 000,00 EUR gebildet werden. Der Auftrag soll im Februar ausgeführt werden.

   1.2 Die Ausführung erfolgt tatsächlich im März.
   Der Rechnungsbetrag über netto   3 500,00 EUR
   + 19 % USt   665,00 EUR
   wird per Bankscheck beglichen   4 165,00 EUR

2. 2.1 Für einen schwebenden Prozess soll beim Jahresabschluss eine Rückstellung für Anwaltskosten in Höhe von 1 500,00 EUR gebildet werden. Der Prozess wird wahrscheinlich im kommenden Geschäftsjahr beendet werden.

   2.2 Die per Banküberweisung im Januar gezahlten Rechtsanwaltskosten
   betragen netto   1 200,00 EUR
   + 19 % USt   228,00 EUR
            1 428,00 EUR

3. Für eingegangene Kulanzverpflichtungen wurde zum 31. Dezember eine Rückstellung in Höhe von 20 000,00 EUR gebildet. Darüber hinaus sind wir bei einem Kunden gezwungen, aus Kulanzgründen eine kostenlose Nachlieferung in Höhe von ca. 500,00 EUR vorzunehmen. Beide Verpflichtungen sind im kommenden Geschäftsjahr zu erfüllen.

4. 4.1 Für eine im kommenden Geschäftsjahr zu erwartende Körperschaftsteuerzahlung wird zum 31. Dezember eine Rückstellung von 5 000,00 EUR gebildet.

   4.2 Die Steuerschuld beträgt lt. Steuerbescheid 5 500,00 EUR und wird im Juni per Banküberweisung beglichen.

   4.3 Laut Steuerbescheid sind genau 5 000,00 EUR zu zahlen, die durch Banküberweisung im Juni überwiesen werden.

   4.4 Laut Steuerbescheid sind nur 4 500,00 EUR zu zahlen. Die Banküberweisung erfolgt im Juni.

5 Rücklagen

5.1 Begriff Rücklagen

Das Eigenkapital von Kapitalgesellschaften (z. B. AG, GmbH) ist in der Satzung festgelegt (z. B. Grundkapital der AG, Stammkapital der GmbH). Möchte eine Kapitalgesellschaft ihr Eigenkapital stärken, ohne die Satzung ändern zu müssen, stellt sie den entsprechenden Betrag (z. B. einbehaltener Gewinn) in die Rücklagen ein. Rücklagen stellen das **variable Eigenkapital der Kapitalgesellschaften** dar.[1] Sie dienen insbesondere zwei Zielen:

- Erhöhung der **Eigenkapitalbasis** der Kapitalgesellschaft,
- Erhöhung des **Haftungskapitals** der Kapitalgesellschaft gegenüber Gläubigern.

- **Rücklagen** sind Reserven in **Form von Eigenkapital** für **unvorhergesehene Aufwendungen** oder **kurzfristige Investitionen**.
- Rücklagen werden gebildet, indem
  - ein **Teil des Gewinns nicht ausgeschüttet** wird **(Gewinnrücklagen)**.
  - bei der **Ausgabe von Anteilen** (Stammeinlage, Aktien) im Rahmen der Kapitalerhöhung einer Kapitalgesellschaft ein **Aufgeld** erzielt wird **(Kapitalrücklagen)**.

Nach der **Erkennbarkeit** der Rücklagen unterscheidet man in

- **offene Rücklagen** und
- **stille (verdeckte) Rücklagen**.

5.2 Offene Rücklagen

Für Kapitalgesellschaften schreibt das HGB bei ihrer Gründung ein **Mindestkapital** (z. B. ein Stammkapital von 25 000,00 EUR bei der GmbH, ein Grundkapital von 50 000,00 EUR bei der AG) vor. Die Höhe des jeweiligen Gründungskapitals wird in das Handelsregister eingetragen. Eine **Änderung des eingetragenen Kapitals** ist nur durch **Beschluss der Gesellschafter mit qualifizierter Mehrheit** (drei Viertel des bei der Beschlussfassung vertretenen Kapitals) möglich. Möchten die Gesellschafter einer Kapitalgesellschaft (z. B. einer GmbH) das **Kapital erhöhen, ohne das gezeichnete Kapital** (z. B. Stammkapital bei einer GmbH) zu verändern, so kann sie **Rücklagen bilden**. Die Rücklagen sind in der Bilanz auf der Passivseite auszuweisen, da es sich um Eigenkapital handelt.

Aktiva	Bilanz einer GmbH[2]	Passiva
Aktiva	Eigenkapital – Stammkapital – Rücklagen[3]	
	Fremdkapital – Verbindlichkeiten – Darlehen – Rückstellungen	

Offene Rücklagen werden in der Bilanz auf der Passivseite ausgewiesen.

---

1 Bei Einzelunternehmen und Personengesellschaften werden einbehaltene Gewinne direkt auf dem Eigenkapital ausgewiesen.
2 Die gesetzlichen Vorgaben zur Rücklagenbildung bei der AG werden auf S. 452 f. dargestellt.
3 Für die GmbH gibt es keine gesetzliche Pflicht, Rücklagen zu bilden.

5.3 Stille Rücklagen

5.3.1 Begriff stille Rücklagen und die Bildung stiller Rücklagen

Stille Rücklagen entstehen durch eine **Unterbewertung von Vermögensposten (Aktiva)** bzw. **Überbewertung von Schulden (Passiva).** Sie sind in der Bilanz **nicht unmittelbar erkennbar.**

(1) Unterbewertung von Aktiva

Stille Rücklagen (stille Reserven) entstehen hier insbesondere durch **zu hohe Abschreibungen** oder durch **Wertsteigerungen des Vermögens,** die in der Bilanz nicht ausgewiesen werden dürfen.

Beispiel:
Ein Grundstück, das für 60 000,00 EUR Anschaffungskosten erworben wurde, steigt im Wert auf 250 000,00 EUR, da der Gemeinderat der Stadt überraschend eine Baugenehmigung erteilt hat.
Grundstücke dürfen in der Bilanz nur zu Anschaffungskosten bilanziert werden [§ 253 I, S. 1 HGB].[1] Damit wird eine stille Rücklage in Höhe von 190 000,00 EUR gebildet.

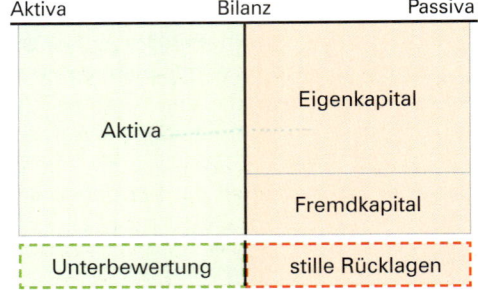

(2) Überbewertung durch Passiva

Stille Rücklagen entstehen hier beispielsweise durch **zu hohe Rückstellungen**.

Beispiel:
Wegen einer Schadensersatzklage gegen unser Unternehmen wird eine Rückstellung in Höhe von 1,0 Mio. EUR gebildet.
Wird im folgenden Jahr die Klage abgewiesen, wandelt sich die Rückstellung in Eigenkapital um.

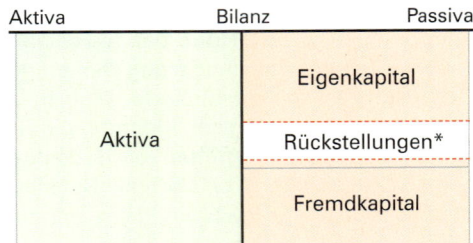

* Aus Rückstellungen werden stille Rücklagen, wenn die Rückstellungen nicht oder nicht in vollem Umfang in Anspruch genommen werden.

5.3.2 Auflösung stiller Rücklagen

So still und heimlich wie die stillen Rücklagen entstehen, werden sie häufig auch wieder aufgelöst. Die Dauer der stillen Rücklagen ist sehr verschieden:

- Am längsten stehen stille Rücklagen zur Verfügung, die in nicht abnutzbarem Anlagevermögen stecken. Häufig treten sie erst zutage, wenn das **Anlagegut verkauft** oder das **Unternehmen aufgelöst** wird.

---

1 Vgl. hierzu die Ausführungen auf S. 416.

- Beim abnutzbaren Anlagevermögen nehmen vorhandene stille Rücklagen mit dem Werteverzehr ab. Völlig aufgelöst werden sie durch den **Verkauf** bzw. den **Untergang des abgeschriebenen Anlagegutes**.

- Beim Umlaufvermögen werden die stillen Rücklagen zwangsläufig mit dem **Verbrauch der Vorräte** aufgelöst.

- Bei überbewerteten Schulden endet die Finanzierungswirkung mit der **Auflösung der Rückstellung** bzw. mit der **Begleichung der Verbindlichkeit**. Die in Pensionsrückstellungen enthaltenen stillen Rücklagen stehen dem Unternehmen in der Regel langfristig zur Verfügung.

Die **Bildung von stillen Rücklagen** führen

- zu einem **geringeren Ausweis** des **Gewinns** und des **Eigenkapitals**.

- zu einer **Verlagerung des Gewinns** in eine nachfolgende Geschäftsperiode.

Übungsaufgaben

199 Stoffvertiefung Rücklagen

Notieren Sie, welche der folgenden Aussagen richtig (r) und welche falsch (f) sind!

1. Offene Rücklagen gehören zu den Vermögensposten einer Aktiengesellschaft.
2. Offene Rücklagen gehören zum Eigenkapital einer AG.
3. Offene Rücklagen verändern das Jahresergebnis einer AG.
4. Offene Rücklagen erhöhen das Grundkapital einer AG.
5. Durch die Bildung stiller Rücklagen verändert sich das Jahresergebnis einer AG.
6. Durch die Bildung stiller Rücklagen vermindern sich die Aktiva einer AG.
7. Durch die Bildung stiller Rücklagen erhöht sich das Bilanzvermögen einer AG.
8. Stille Rücklagen sind nach den gesetzlichen Vorschriften verboten.
9. Stille Rücklagen sind nach den gesetzlichen Vorschriften in bestimmten Fällen einerseits vorgeschrieben und andererseits erlaubt.

200 Berechnung stiller Rücklagen

Die Bilanz einer AG weist einen Jahresüberschuss von 476 000,00 EUR auf. Die in der Bilanz ausgewiesenen Fertigungsanlagen enthalten u.a. eine Anfang des Geschäftsjahres erstellte computergesteuerte Fertigungseinheit mit einem Herstellwert von 4 800 000,00 EUR. Diese Anlage wurde bilanziell degressiv mit 20 % abgeschrieben. Der lineare Abschreibungssatz, welcher der kalkulatorischen Abschreibung zugrunde gelegt wird, beträgt $8\frac{1}{3}$ %.

Aufgabe:

Berechnen Sie, in welchem Jahr der Nutzungsdauer die stille Rücklage ihren Höchststand erreicht!

Verwenden Sie zur Lösung nachstehende Tabelle:

Jahr	Bilanzieller Restwert	Kalkulatorischer Restwert	Stille Rücklage

401

26 Speth u.a. - ISBN 978-3-8120-0521-0

6 Bewertung

6.1 Gesetzlich vorgeschriebene Bilanzen

6.1.1 Grundproblem der Bewertung

Grundproblem des Jahresabschlusses ist, dass viele Vermögensgegenstände (z. B. Grundstücke, maschinelle Anlagen, Patentrechte) und Verbindlichkeiten (z. B. Fremdwährungsverbindlichkeiten, Sicherheit für den Eingang der Verbindlichkeiten aus Lieferungen und Leistungen) nicht exakt ermittelt werden können. Diese unsicheren Erwartungen führen dazu, dass das eine Unternehmen optimistische und das andere Unternehmen pessimistische Einschätzungen in den Jahresabschluss einfließen lässt, mit Auswirkungen auf die Höhe des Eigenkapitals und des Erfolgs.

Optimistische Bilanzierung	Pessimistische Bilanzierung
■ Überbewertung des Vermögens ■ Unterbewertung der Schulden ↓ Überhöhter Eigenkapital-Ausweis ↓ **Überhöhter Erfolgsausweis**	■ Unterbewertung des Vermögens ■ Überbewertung der Schulden ↓ Verkürzter Eigenkapital-Ausweis ↓ **Verkürzter Erfolgsausweis**

Quelle: Wöhe, Günter: Einführung in die allgemeine Betriebswirtschaftslehre, 24. Aufl., München 2010, S. 722.

Der Bilanzausweis ist damit ein unzulängliches Abbild der realen Situation eines Unternehmens.

Zum Schutz der Bilanzadressaten vor Falschinformationen und Falschberechnungen und um die Vergleichbarkeit zwischen den Jahresabschlüssen gleichartiger Unternehmen herzustellen, hat der Gesetzgeber gesetzliche Vorschriften erlassen.

Die gesetzlichen Vorschriften führen zu den drei gesetzlich vorgeschriebenen Bilanzarten:

- **Handelsbilanz,**
- **Steuerbilanz** und
- **IAS/IFRS**[1]**-Bilanz.**

6.1.2 Handelsbilanz

Die **Handelsbilanz** ist eine nach handelsrechtlichen Vorschriften[2] erstellte Bilanz. Dominierendes Bilanzierungsprinzip des HGB ist das **Vorsichtsprinzip.**

---

1 **IAS:** International Accounting Standards.

IFRS: International Financial Reporting Standards.

Die IAS/IFRS werden vom **International Accounting Standards Board (IASB)** mit Sitz in London herausgegeben. IAS sind die Standards bis 2001, neue Standards werden danach IFRS genannt. Auf die IAS/IFRS-Bilanz wird im Folgenden nicht eingegangen.

2 Die handelsrechtlichen Vorschriften finden sich im dritten Buch des HGB [§§ 238–342e HGB].

Das Vorsichtsprinzip besagt z. B.,

- dass Vermögensgegenstände höchstens mit den Anschaffungs- oder Herstellungskosten und die Verbindlichkeiten mit dem Erfüllungsbetrag anzusetzen sind,
- dass das Anlagevermögen bei einer dauernden Wertminderung mit dem niedrigeren Wert auszuweisen ist
- oder, dass Gewinne erst dann in die Bilanz aufgenommen werden dürfen, wenn sie am Markt realisiert sind, während Verluste auch dann berücksichtigt werden müssen, wenn sie noch nicht realisiert sind.[1]

Die Folge dieser gesetzlichen Regelungen ist, dass die **Vermögensgegenstände eher zu niedrig** und die **Verbindlichkeiten eher zu hoch** angesetzt werden müssen, mit der Folge, dass dadurch ein zu **niedriger Gewinn** ausgewiesen wird. Das HGB weist damit dem **Schutz der Gläubiger** einen **höheren Rang** zu als dem Streben der Eigenkapitalgeber nach einer hohen Gewinnausschüttung **(Gesellschafterschutz)**.

Andererseits ist das HGB aber auch bemüht, den Anteilseignern (z. B. den Aktionären) eine **Mindestausschüttung** zu garantieren, indem es in den speziellen Rechnungslegungsvorschriften für Kapitalgesellschaften die Möglichkeit zur Bildung offener Rücklagen begrenzt.[2] Außerdem muss die Bildung stiller Rücklagen im Anhang erläutert werden.

Generell besteht jedoch zwischen dem **Vorsichtsprinzip** und den Erwartungen der Anteilseigner auf eine hohe **Gewinnausschüttung** ein **Zielkonflikt**. Lässt sich nämlich die Unternehmensleitung zu sehr vom Vorsichtsprinzip leiten, kürzt sie die Gewinnausschüttung, wodurch die Gefahr besteht, dass die Anteilseigner ihr Kapital aus dem Unternehmen abziehen.

Auch zwischen der **Informationspflicht** und dem **Vorsichtsprinzip** besteht ein **Zielkonflikt,** denn eine zu weitgehende Informationspolitik durch die Geschäftsleitung über die Entwicklung des Unternehmens gibt einerseits den Konkurrenten die Möglichkeit sich darauf einzustellen und andererseits besteht die Gefahr, dass (bei einer entsprechenden Unternehmenssituation) die Anteilseigner ihr Kapital aus dem Unternehmen abziehen.

Ein weiteres Ziel der Handelsbilanz ist, den Personen bzw. Institutionen, die ein berechtigtes Interesse an der Entwicklung des Unternehmens haben, **Informationen** zu liefern. Zu diesen Personen bzw. Institutionen zählen insbesondere die

- **Banken,** da sie bei Kreditgewährungen ihr Risiko besser abschätzen können.
- **Kapitalgeber** (z. B. Mitinhaber, Gläubiger), die ein Recht auf Information besitzen.
- **Mitarbeiter,** die ein Recht auf Unterrichtung über die wirtschaftliche und soziale Lage ihres Unternehmens haben [§ 43 I, II BetrVG].
- **Gerichte,** die bei Vermögensstreitigkeiten im Zweifel von der Richtigkeit der Zahlen der Buchführung und der Handelsbilanz ausgehen.

- Wichtige Kriterien der Handelsbilanz sind der **Gläubigerschutz,** der **Gesellschafterschutz** und die **Informationspflicht.**
- Es bestehen **Zielkonflikte** zwischen
  - der vorsichtigen Bewertung **(Gläubigerschutz)** und der Höhe der Gewinnausschüttung **(Gesellschafterschutz),**
  - der **Informationspflicht** und dem **Vorsichtsprinzip.**

---

1 Zu Einzelheiten siehe S. 407 (Imparitätsprinzip).

2 Zu Einzelheiten siehe S. 453.

6.1.3 Steuerbilanz

- Die **Steuerbilanz** ist eine unter Berücksichtigung steuerrechtlicher Vorschriften aus der Handelsbilanz abgeleitete Vermögensübersicht.[1] Sie dient der Ermittlung der **steuerrechtlichen Bemessungsgrundlage** zur Berechnung der Körperschaftsteuer (Kapitalgesellschaften), der Einkommensteuer (Einzelkaufleute und Personengesellschaften) und der Gewerbeertragsteuer.

- Eine Steuerbilanz müssen alle die Kaufleute erstellen, die nach HGB zur **Buchführung** und der **Erstellung eines handelsrechtlichen Jahresabschlusses** verpflichtet sind [§ 5 EStG].

Einziges **Ziel der Steuerbilanz** ist, eine **vollständige** und **gleichheitsgerechte** Abbildung der **finanziellen Leistungsfähigkeit** eines Unternehmens zu ermitteln. Dabei werden die Werte der Handelsbilanz immer dann in die Steuerbilanz übernommen **(Maßgeblichkeitsprinzip)**, wenn **keine steuerrechtlichen Sonderregelungen** bestehen.

Ein **Durchbrechen des Maßgeblichkeitsprinzips** erfolgt aufgrund der Rechtsprechung des Bundesgerichtshofs (BGH) z. B. bei handelsrechtlichen Aktivierungs- und Passivierungswahlrechten.[2] Diese werden im Steuerrecht zu Aktivierungsgeboten bzw. Passivierungsverboten. Dies führt dazu, dass bei handelsrechtlichen Bewertungswahlrechten – ohne steuerrechtliche Vorschriften – auf der **Aktivseite** der Steuerbilanz der **höchstmögliche,** auf der **Passivseite** der **niedrigstmögliche Ansatz** gewählt werden muss. Die Folge hiervon ist eine **Erhöhung des Eigenkapitals** bzw. des **ausgewiesenen Gewinns** in der Steuerbilanz. Damit steigt die zu entrichtende Gewinnsteuer des Unternehmens.

> **Beispiel:**
>
> Bei der Berechnung der Herstellungskosten einer Maschine **können** nach dem HGB allgemeine Kosten der Verwaltung oder soziale Kosten aktiviert werden. Betragen diese Kosten z. B. 6 000,00 EUR, so **müssen** sie in der Steuerbilanz ausgewiesen werden. Werden sie in der Handelsbilanz nicht aktiviert, so ist der Wert der Maschine in der Steuerbilanz um 6 000,00 EUR höher ausgewiesen als in der Handelsbilanz.

Der **steuerpflichtige Periodenerfolg** wird durch einen **Betriebsvermögensvergleich** ermittelt [§ 4 I EStG]:

> Reinvermögen lt. Steuerbilanz am Periodenende
> − Reinvermögen lt. Steuerbilanz am Periodenanfang
> + Wert der Entnahmen
> − Wert der Einlagen
> = Steuerpflichtiger Periodenerfolg

---

1 Im Steuerrecht wird diese Vermögensübersicht als **Betriebsvermögen** bezeichnet.

2 Zu Einzelheiten siehe S. 409, 413, 416 und 444.

Die **steuerrechtlichen Vorschriften** sind

■ zum einen darauf ausgerichtet, eine **Unterbewertung von Vermögen** und eine **Überbewertung von Schulden** in **Grenzen zu halten,** um eine **höhere Steuerzahlung** zu erreichen, und

■ zum anderen strebt das Steuerrecht die **Gleichmäßigkeit der Besteuerung zwischen den Unternehmen** an (Problem der Steuergerechtigkeit).

Aus der Verschiedenartigkeit der Zielsetzungen von Handels- und Steuerbilanz entsteht ein **Zielkonflikt** zwischen den Unternehmen und der Finanzverwaltung. Die **Geschäftsleitung eines Unternehmens** strebt in der Regel nach einem **vorsichtigen Erfolgsausweis** (Eigenkapitalausweis eher zu niedrig als zu hoch; Aktivierung im Zweifelsfall: nein; Passivierung im Zweifelsfall: ja), während die **Finanzverwaltung** sich am **tatsächlich erwirtschafteten Gewinn** einer Periode orientiert (Eigenkapitalausweis eher zu hoch als zu niedrig; Aktivierung im Zweifelsfall: ja, Passivierung im Zweifelsfall: nein).

Übungsaufgabe

201 Adressaten des Jahresabschlusses und deren Interessen

1. 1.1 Skizzieren Sie die Erwartungen von Investoren an eine Bilanz!

   1.2 Geben Sie die Bilanzart an, die den Erwartungen der Investoren am meisten entgegenkommt! Begründen Sie Ihre Entscheidung!

2. Formulieren Sie zwei Zielkonflikte, die möglicherweise bei der Erstellung eines Jahresabschlusses entstehen!

3. Erläutern Sie die wichtigste Zielsetzung der Steuerbilanz!

4. Erläutern Sie, warum das Steuerrecht handelsrechtliche Aktivierungs- und Passivierungswahlrechte in Aktivierungsgebote und Passivierungsverbote umwandelt!

5. Beschreiben Sie, welche Auswirkungen optimistische bzw. pessimistische Einschätzungen der Unternehmensentwicklung bei der Erstellung des Jahresabschlusses auf den Erfolgsausweis haben!

6. Geben Sie an, welche weiteren Personen neben den (S. 403) genannten Adressaten ebenfalls ein deutliches Interesse am Jahresabschluss eines Unternehmens haben!

6.2 Wertansätze in der Bilanz

6.2.1 Begriff Bewertung

- **Bewerten** ist eine **Tätigkeit,** die das Ziel hat, den **Wert einer Sache** festzustellen.
- Feststellen bedeutet, dass der **Bewertende** entweder eine Entscheidung treffen kann, indem er **selbst den Wert zumisst,** oder dass er den **vorgefundenen Wert festhält und überträgt.**

Die im Zusammenhang mit der Bewertung zu treffenden Entscheidungen beeinflussen sowohl die **Bilanz** als auch die **Gewinn- und Verlustrechnung.** Um willkürliche Wertansätze zu verhindern, hat der Gesetzgeber **Bewertungs- und Bilanzierungsvorschriften** erlassen.

- Die **handelsrechtlichen** Bewertungs- und Bilanzierungsvorschriften sollen zum einen dazu beitragen, die Gesellschafter, Eigentümer, Gläubiger und die Öffentlichkeit über die Vermögens-, Finanz- und Ertragslage des Unternehmens zu informieren. Vor allem soll eine zu hohe Bewertung des Vermögens und zu niedrige Bewertung der Verbindlichkeiten zum **Schutz der Gesellschafter (Teilhaberschutz)** und **Gläubiger (Gläubigerschutz)** verhindert werden.

  Zum anderen schreibt das Handelsrecht eine **Informationspflicht** vor. Diese wird durch Bewertungsgrundsätze präzisiert, die darauf abzielen, die **Nachhaltigkeit der Information** und die **periodengerechte Abgrenzung** des Erfolgs aufzeigen.

- Die **steuerrechtlichen** Bewertungs- und Bilanzierungsvorschriften ermöglichen der Finanzverwaltung die Festlegung der Besteuerungsgrundlagen. Sie sollen damit die Gleichbehandlung aller Steuerpflichtigen gewährleisten **(Gedanke der Steuergerechtigkeit)** und insbesondere einen zu geringen Gewinnausweis verhindern.

6.2.2 Grundsätze zur Sicherstellung des Gläubigerschutzes

Der in Handelsbilanzen im Vordergrund stehende **Gläubigerschutz** wird mit dem **Grundsatz der Vorsicht** und den daraus abgeleiteten Prinzipien erreicht.

| Gläubigerschutz | **Grundsatz der Vorsicht** [§ 252 I, Nr. 4 HGB i. V. m. § 253 I bis V HGB]

- Anschaffungskostenprinzip
- Höchstwertprinzip

- Niederstwertprinzip
- Realisationsprinzip | Er fordert, dass vorsichtig zu bewerten ist. Es sind alle vorsehbaren Risiken und Verluste, die bis zum Abschlussstichtag entstanden sind, zu berücksichtigen. Der Grundsatz der Vorsicht dient dem **Gläubigerschutz.**

Aus dem Grundsatz der Vorsicht sind folgende Prinzipien abgeleitet:

- Vermögensgegenstände sind höchstens mit den Anschaffungs- oder Herstellungskosten anzusetzen.
- Die Verbindlichkeiten sind mit ihrem Erfüllungsbetrag anzusetzen.
- Bei einer dauernden Wertminderung muss beim Anlagevermögen der niedrigere Wert angesetzt werden.
- Gewinne dürfen erst dann ausgewiesen werden, wenn sie über den Markt, d. h. durch einen Verkauf, realisiert sind. Gewinne, die bis zum Abschlusstag noch nicht realisiert sind, dürfen nach dem Grundsatz der Vorsicht nicht berücksichtigt werden. |

| Gläubigerschutz | ■ Imparitäts-prinzip[1] | ■ Da noch nicht realisierte Verluste zu berücksichtigen sind, nicht realisierte Gewinne jedoch nicht, kommt es zu einer ungleichen Behandlung von nicht realisierten Verlusten einerseits und nicht realisierten Gewinnen andererseits. |
| | ■ Wertauf-holungsprinzip | ■ Werden Gegenstände des Anlage- und Umlaufvermögens **außerplanmäßig abgeschrieben** und fallen später die Gründe für die außerplanmäßige Abschreibung weg, ist eine **Zuschreibung (Wertaufholung)** vorzunehmen. Höchstwert der Wertaufholung sind die um die planmäßige Abschreibung verminderten Anschaffungs- oder Herstellungskosten. |

6.2.3 Grundsätze zur Erfüllung der Informationsfunktion

Mit diesen Grundsätzen will der Gesetzgeber einen möglichst uneingeschränkten und vergleichbaren Einblick in die Vermögens-, Finanz- und Ertragslage sicherstellen. Die in der nachfolgenden Tabelle zusammengestellten Bewertungsgrundsätze sollen die Informationsfunktion des Jahresabschlusses erleichtern.

Informationsfunktion	**Grundsatz der Bilanzkontinuität** [§ 252 I, Nr. 1 HGB]	Die Wertansätze in der Eröffnungsbilanz müssen mit denen der Schlussbilanz des vorhergehenden Geschäftsjahres übereinstimmen. Geschäftsjahr 1 — Aktiva Schlussbilanz Passiva — Gebäude 400 000,00 — Geschäftsjahr 2 — Aktiva Eröffnungsbilanz Passiva — Gebäude 400 000,00 — Bilanzidentität Auch die Bezeichnungen für die einzelnen Bilanzposten müssen beibehalten werden.
	Grundsatz der Unternehmensfortführung [§ 252 I, Nr. 2 HGB]	Bei der Bewertung ist grundsätzlich davon auszugehen, dass die Unternehmenstätigkeit fortgeführt wird **(Going-concern-Prinzip).**
	Grundsatz der Ansatzstetigkeit [§ 246 III HGB]	Die auf den vorhergehenden Jahresabschluss angewandten Ansatzmethoden sind beizubehalten. Daraus folgt, dass ein einmal in Anspruch genommenes Ansatzwahlrecht in den Folgejahren für diesen Fall nicht geändert werden darf.
	Grundsatz der Einzelbewertung und das Stichtagsprinzip [§ 252 I, Nr. 3 HGB]	Die Vermögensgegenstände und Schulden sind **einzeln** zu bewerten. Die Bewertung ist auf den **Bilanzstichtag** zu beziehen.
	Grundsatz der Bewertungsstetigkeit [§ 252 I, Nr. 6 HGB]	Die auf den vorhergehenden Jahresabschluss angewandten Bewertungsmethoden sind beizubehalten.
	Grundsatz der Periodenabgrenzung [§ 252 I, Nr. 5 HGB]	Die Aufwendungen und Erträge sind dem Geschäftsjahr zuzuordnen, in dem sie entstanden sind. Der Zeitpunkt der Zahlung ist nicht zu berücksichtigen.

---

1 **Imparität:** Ungleichheit.

6.2.4 Bewertungsmaßstäbe

6.2.4.1 Anschaffungskosten

Die **Anschaffungskosten** bestimmen sich nach § 255 I HGB. Sie werden danach wie folgt berechnet:

Anschaffungspreis:	Nettopreis ohne Umsatzsteuer[1]
− Anschaffungspreisminderungen[2]:	z.B. Rabatte, Skonti, Boni, Gutschriften, Zuschüsse, Subventionen
+ Anschaffungsnebenkosten:	Typische Beispiele sind: Transport-, Umbau-, Montagekosten, Aufwendungen für Provisionen, Notariats-, Gerichts-, Makler- und Registerkosten, Grunderwerbsteuer
= Anschaffungskosten	

Finanzierungskosten (z.B. Kreditzinsen, Diskont, Gebühren) gehören **nicht** zu den Anschaffungsnebenkosten.

> **Beispiel:**
>
> Die Hans Fricker KG kauft eine Werkbank bei der Stelzer OHG gegen Rechnungsstellung. Nettopreis: 28 400,00 EUR zuzüglich 19 % USt. Der Montagebetrieb Robert Heer KG berechnet an Transportkosten: 790,00 EUR zuzüglich 19 % USt und an Montagekosten: 1 180,00 EUR zuzüglich 19 % USt.
>
> Die Rechnung der Stelzer OHG wird durch Banküberweisung unter Abzug von 3 % Skonto beglichen, die Rechnung des Montagebetriebs Robert Heer KG wird ohne Abzug bar bezahlt.
>
> **Aufgabe:**
> Berechnen Sie die Anschaffungskosten!

Lösung:

Anschaffungspreis			28 400,00 EUR
+ Anschaffungsnebenkosten:	Transportkosten	790,00 EUR	
	Montagekosten	1 180,00 EUR	1 970,00 EUR
= vorläufige Anschaffungskosten			30 370,00 EUR
− 3 % Skonto aus 28 400,00 EUR			852,00 EUR
= Anschaffungskosten			29 518,00 EUR

6.2.4.2 Herstellungskosten

(1) Begriff Herstellungskosten

Die Herstellungskosten sind bei **selbst erstellten** oder bei wesentlich **selbst erweiterten Vermögensgegenständen** anzusetzen [§ 255 II HGB] sowie bei **selbst geschaffenen immateriellen Vermögensgegenständen**[3] des Anlagevermögens [§ 255 II a HGB].

---

1 Der Vorsteuerbetrag, soweit er bei der Umsatzsteuer abgezogen werden kann, gehört nach § 10 I UStG nicht zu den Anschaffungskosten (dem „aufgewendeten Entgelt des Leistungsempfängers").

2 **Anschaffungspreisminderungen** sind nur dann von den Anschaffungskosten abzusetzen, wenn sie diesen **einzeln zugeordnet** werden können. Andernfalls sind sie als Umsatzerlöse zu erfassen (z.B. mengen- oder umsatzabhängige Boni) [§ 255 I HGB].

3 **Immaterielle Vermögensgegenstände** sind nicht-körperliche Vermögenswerte eines Unternehmens. **Beispiele:** selbst entwickelte Erfindungen; Lizenzen und Patente soweit sie nicht entgeltlich erworben worden sind; selbst geschaffener Geschäfts- oder Firmenwert.

> **Herstellungskosten** sind **Aufwendungen,** die durch den **Verbrauch von Gütern** und die **Inanspruchnahme von Diensten** für die **Herstellung, Erweiterung** oder **wesentliche Verbesserung** eines Vermögensgegenstands entstehen [§ 255 II HGB].

Bei der Berechnung der Herstellungskosten unterscheidet das **HGB** sowie das **Steuerrecht** in Kosten,

- die pflichtgemäß zu den Herstellungskosten zählen **(Aktivierungspflicht),**
- die wahlweise zu den Herstellungskosten gerechnet werden können **(Aktivierungswahlrecht)** und
- die nicht einbezogen werden dürfen **(Aktivierungsverbot).**

(2) Ermittlung der Herstellungskosten

Kostenarten	Herstellungskosten nach Handels- und Steuerrecht
Materialeinzelkosten + Fertigungslöhne + Sondereinzelkosten der Fertigung + Materialgemeinkosten + Fertigungsgemeinkosten + fertigungsbedingter Werteverzehr des Anlagevermögens	**Aktivierungspflicht**
= Wertuntergrenze nach HGB und Steuerrecht	
+ Allgemeine Verwaltungskosten + Aufwendungen für freiwillige soziale Leistungen + Aufwendungen für die betriebliche Altersversorgung + Aufwendungen für soziale Einrichtungen des Betriebs + Fremdkapitalzinsen nur bei unmittelbarem Zusammenhang mit der Herstellung eines Vermögensgegenstandes [§ 255 III, S. 2 HGB]	**Aktivierungswahlrecht**
= Wertobergrenze	
Forschungskosten Vertriebskosten	**Aktivierungsverbot**

Beachte:

Forschungskosten werden im HGB definiert als eigenständige und planmäßige Suche nach neuen wissenschaftlichen oder technischen Erkenntnissen oder Erfahrungen **allgemeiner Art,** über deren technische Verwertbarkeit und wirtschaftliche Erfolgsaussichten grundsätzlich keine Aussagen gemacht werden können [§ 255 II a, S. 3 HGB]. Forschungskosten **(Grundlagenforschung)** dürfen **nicht aktiviert** werden [§ 255 II, S. 4 HGB]. Sie sind unmittelbar als Aufwand zu buchen.

(3) Beispiel für die Berechnung der Herstellungskosten

Beispiel:

Aus der KLR einer Maschinenfabrik ergeben sich folgende Kosten für die Herstellung von 800 Stichsägen pro Jahr bei normaler Kapazitätsauslastung:

Verbrauch von Fertigungsmaterial 42 500,00 EUR, Fertigungslöhne 44 700,00 EUR, Sondereinzelkosten der Fertigung 10 900,00 EUR, Materialgemeinkosten 20 900,00 EUR, Fertigungsgemeinkosten 46 720,00 EUR, fertigungsbedingter Werteverzehr des Anlagevermögens 14 100,00 EUR, allgemeine Verwaltungskosten 4 100,00 EUR, Aufwendungen für soziale Einrichtungen des Betriebs 550,00 EUR, Aufwendungen für freiwillige soziale Leistungen 50,00 EUR, Aufwendungen für betriebliche

Altersversorgung 6 095,00 EUR, Vertriebskosten 8 800,00 EUR. Die anteiligen Forschungskosten sind mit 9 400,00 EUR anzusetzen.

Aufgaben:

1. Ermitteln Sie den Mindestwertansatz (Wertuntergrenze)!
2. Ermitteln Sie den Höchstwertansatz (Wertobergrenze)!
3. Bestimmen Sie den Höchstwertansatz eines Lagerbestands von 60 Stichsägen am Ende des Geschäftsjahres!
4. Begründen Sie, welcher Ansatz zu wählen ist, um einen möglichst geringen Gewinnausweis zu erzielen!

Lösungen:

Zu 1.–3.:

Materialeinzelkosten	42 500,00 EUR	
Fertigungslöhne	44 700,00 EUR	
Sondereinzelkosten der Fertigung	10 900,00 EUR	
Materialgemeinkosten	20 900,00 EUR	
Fertigungsgemeinkosten	46 720,00 EUR	
fertigungsbedingter Werteverzehr des Anlagevermögens	14 100,00 EUR	
Herstellungskosten Mindestwertansatz		179 820,00 EUR
Allgemeine Verwaltungskosten	4 100,00 EUR	
Aufwendungen für freiwillige soziale Leistungen	50,00 EUR	
Aufwendungen für betriebliche Altersversorgung	6 095,00 EUR	
Aufwendungen für soziale Einrichtungen des Betriebs	550,00 EUR	10 795,00 EUR
Herstellungskosten Höchstwertansatz/800 Stück		190 615,00 EUR
Herstellungskosten Höchstwertansatz/Stück		238,27 EUR
Herstellungskosten Höchstwertansatz/60 Stück		14 296,20 EUR

Zu 4.: In diesem Fall sollte jeweils nur der Mindestwert aktiviert werden. Dadurch wird in der Bilanz ein niedrigeres Eigenkapital ausgewiesen und damit auch ein niedrigerer Gewinn.

Beachte:

- Die Bewertungsvorschriften für die Herstellungskosten sind im **Steuerrecht grundsätzlich identisch** mit dem **Handelsrecht** [vgl. EStR 6.3].

- Allerdings kann das Wahlrecht im Steuerrecht **unabhängig** vom Handelsrecht ausgeübt werden. Daraus folgt: Es können im Handels- bzw. Steuerrecht **unterschiedliche Wertansätze bei der Wertobergrenze** anfallen.

Steuerrecht

6.2.4.3 Teilwert

Der Teilwert ist ein **steuerrechtlicher Begriff.**

> Der **Teilwert** ist der Betrag, den ein Erwerber des ganzen Betriebs im Rahmen des **Gesamtkaufpreises** für das einzelne Wirtschaftsgut ansetzen würde. Dabei ist davon auszugehen, dass der **Erwerber den Betrieb fortführt** (Fortführungs- oder going-concern-Prinzip [§ 6 I, Nr. 1, S. 3 EStG]).

Der Grundgedanke des Teilwertbegriffs ist, den **Mehrwert zu erfassen,** der sich oft gegenüber dem Wert als Einzelveräußerungspreis von Wirtschaftsgütern dadurch ergibt, dass durch deren Einsatz im laufenden Betriebsprozess ein höherer Mehrwert erzielt werden kann.

Beispiel:

Nach den üblichen Bodenpreisen ergibt sich für ein unbebautes Grundstück ein Wert von 300 000,00 EUR. Wegen der außergewöhnlich günstigen Lage zu den anderen Betriebsgrundstücken wäre ein Erwerber bereit, 350 000,00 EUR zu zahlen.

Übungsaufgaben

202 Ziele und Prinzipien der Bewertung

1. Geben Sie den Zweck der Bewertung an!

2. Erklären Sie, aus welchem Grund der Staat handelsrechtliche Bewertungsvorschriften erlässt!

3. Erläutern Sie zwei handelsrechtliche Bewertungsprinzipien!

4. Zeigen Sie an einem selbst gewählten Beispiel den Zusammenhang von Bewertung, Eigenkapital und Erfolg auf!

203 Ermittlung von Anschaffungs- und Herstellungskosten

1. Berechnen Sie jeweils die Anschaffungskosten bzw. die Herstellungskosten!

   1.1 Wir kaufen eine Stanzmaschine im Wert von 48 000,00 EUR zuzüglich 19 % USt und erhalten einen Sonderrabatt von 10 %. An Transportkosten fallen 1 760,00 EUR zuzüglich 19 % USt an. Für die Inbetriebnahme werden Kosten in Höhe von 4 108,00 EUR zuzüglich 19 % USt berechnet. Die Rechnung wird unter Abzug von 2 % Skonto auf den Zieleinkaufspreis durch Banküberweisung beglichen. Für die Skontozahlung wurde ein Kontokorrentkredit aufgenommen. Die Bank berechnet 240,80 EUR Zinsen.

   1.2 Kauf einer Abfüllanlage zu folgenden Bedingungen: Listeneinkaufspreis 85 100,00 EUR, abzüglich 3 % Rabatt. Verpackungskosten 980,00 EUR, Fracht 1 200,00 EUR, Transportversicherung 90,00 EUR, Fundamentierungskosten 2 000,00 EUR, Aufwendungen für eine Sicherheitsprüfung 150,00 EUR. Der Umsatzsteuersatz beträgt 19 %.

2. Aus der Kosten- und Leistungsrechnung einer Schulmöbelfabrik ergeben sich folgende Kosten für die Herstellung einer selbst genutzten Rohrbiegemaschine pro Jahr bei normaler Kapazitätsauslastung. Verbrauch von Fertigungsmaterial 21 250,00 EUR, Fertigungslöhne 22 350,00 EUR, Sondereinzelkosten der Fertigung 5 450,00 EUR, Materialgemeinkosten 10 450,00 EUR, Fertigungsgemeinkosten 21 400,00 EUR, allgemeine Verwaltungsgemeinkosten 9 100,00 EUR, Vertriebsgemeinkosten 4 800,00 EUR, Aufwendungen für soziale Einrichtungen des Betriebs 1 400,00 EUR, Aufwendungen für die betriebliche Altersversorgung 4 100,00 EUR, Werteverzehr des Anlagevermögens, der durch die Fertigung veranlasst ist, 3 200,00 EUR.

Aufgaben:

2.1 Ermitteln Sie den Mindestwertansatz der Rohrbiegemaschine!

2.2 Ermitteln Sie den Höchstwertansatz der Rohrbiegemaschine!

2.3 Entscheiden Sie, mit welchem Wert die Rohrbiegemaschine am Ende des Geschäfts-jahres anzusetzen ist, wenn ein möglichst niedriger Gewinn ausgewiesen werden soll!

3. Das strenge Niederstwertprinzip besagt, dass bei der Bilanzierung von bestimmten Vermö-gensgegenständen immer der niedrigere Wert angesetzt werden muss.

   Das Höchstwertprinzip besagt, dass bei der Bilanzierung von Schulden immer der höhere Wert angesetzt werden muss.

   Aufgaben:

   3.1 Nennen Sie den allgemeinen Bewertungsgrundsatz, von welchem beide Bewertungs-vorschriften jeweils ausgehen!

   3.2 Begründen Sie, weshalb beide Prinzipien sinnvoll sind!

6.3 Bewertung des Anlagevermögens

Zum **Anlagevermögen** gehören alle Vermögensgegenstände, die dazu bestimmt sind, dem Unternehmen langfristig zu dienen.

6.3.1 Bewertung des abnutzbaren Anlagevermögens

Die **Nutzung** der abnutzbaren Anlagegüter ist **zeitlich begrenzt** und **unterliegt** der **Abnut-zung** (z. B. Betriebsgebäude, Maschinen, Fuhrpark, Betriebs- und Geschäftsausstattung).

6.3.1.1 Zugangsbewertung

Für den Zugang der abnutzbaren Anlagegüter gilt folgende gesetzliche Bewertungsvor-schrift:

Vermögensgegenstände sind **höchstens** mit ihren **Anschaffungs- oder Herstellungs-kosten** anzusetzen [§ 253 I, S. 1 HGB] **(Anschaffungskostenprinzip).**

Beispiel:

Die Westfälische Käsewerke GmbH kauft eine Verpackungsmaschine gegen Rechnungsstel-lung. Nettopreis: 56 500,00 EUR zuzüglich 19 % USt. Der Montagebetrieb Sven Gruber KG berechnet an Transportkosten: 1 180,00 EUR zuzüglich 19 % USt und an Montagekosten: 1 490,00 EUR zuzüglich 19 % USt.

Die Rechnung wird durch Banküberweisung unter Abzug von 3 % Skonto beglichen, die Rechnung des Montagebetriebs Sven Gruber KG wird ohne Abzug bar bezahlt.

Aufgabe:

Berechnen Sie die Anschaffungskosten!

Lösung:

Anschaffungspreis			56 500,00 EUR
+ Anschaffungsnebenkosten:	Transportkosten	1 180,00 EUR	
	Montagekosten	1 490,00 EUR	2 670,00 EUR
= vorläufige Anschaffungskosten			59 170,00 EUR
− 3 % Skonto aus 56 500,00 EUR			1 695,00 EUR
= Anschaffungskosten			57 475,00 EUR

6 Bewertung

6.3.1.2 Folgebewertung

(1) Bilanzwerte auf der Grundlage planmäßiger Abschreibungen

■ Grundsätzlich sind die **abnutzbaren Anlagegegenstände planmäßig** nach ihrer voraussichtlichen Nutzungsdauer[1] **abzuschreiben** [§ 253 III, S. 1 und S. 2 HGB]. Der Plan muss die Anschaffungs- oder Herstellungskosten auf die Geschäftsjahre verteilen, in denen der Vermögensgegenstand voraussichtlich genutzt werden kann.

■ Zum **Bilanzstichtag** sind die Anlagegüter grundsätzlich mit den **fortgeführten Anschaffungskosten** anzusetzen.

Beispiel:

Kauf einer Büroeinrichtung am Anfang des Geschäftsjahres für 78 000,00 EUR zuzüglich 19 % USt; betriebsgewöhnliche Nutzungsdauer: 13 Jahre; lineare Abschreibung.	**Aufgabe:** Bestimmen Sie den Wert, mit dem die Büroeinrichtung am Ende des 1. Nutzungsjahres (Nj.) bilanziert werden muss!

Lösung:

Anschaffungskosten	78 000,00 EUR
− planmäßige Abschreibung	6 000,00 EUR
= fortgeführte Anschaffungskosten zum 31. Dezember des 1. Nj.	72 000,00 EUR

(2) Bilanzwerte auf der Grundlage außerplanmäßiger Abschreibung

■ **Außerplanmäßige Abschreibung bei vorübergehender Wertminderung**

Eine außerplanmäßige Abschreibung **kann** bei **einer vorübergehenden Wertminderung nicht** vorgenommen werden.

Ausnahme: Bei **Finanzanlagen** darf eine außerplanmäßige Abschreibung auch bei einer vorübergehenden Wertminderung vorgenommen werden [§ 253 III, S. 6 HGB]. Hier besteht ein **handelsrechtliches Abschreibungswahlrecht.**

Beachte:

Eine **steuerrechtliche Abschreibung (Teilwertabschreibung)** ist bei einer **vorübergehenden Wertminderung unzulässig** [§ 6 I, Nr. 1, S. 2 und Nr. 2, S. 2 EStG].

Steuer-recht

Beispiel: Vorübergehende Wertminderung beim Anlagevermögen

Die Franz Buschmann OHG kauft zu Beginn der Geschäftsperiode einen Pkw für 48 000,00 EUR zuzüglich 19 % USt; betriebsgewöhnliche Nutzungsdauer: 6 Jahre; lineare Abschreibung.

Infolge einer kurzfristigen Wirtschaftsflaute sind die Marktpreise für Pkw allgemein gesunken. Der Marktpreis für den Pkw liegt am Ende des 2. Nutzungsjahres bei ca. 30 000,00 EUR.

Aufgabe:

Ermitteln Sie den Wert, mit welchem der Pkw am Ende des 2. Nutzungsjahres bilanziert werden muss!

---

1 Das Steuerrecht spricht von betriebsgewöhnlicher Nutzungsdauer. Die Finanzverwaltung legt in den sogenannten **AfA-Tabellen** für die wichtigsten Wirtschaftsgüter übliche Nutzungszeiträume fest (AfA: Absetzung für Abnutzung).

Lösung:

Eine außerplanmäßige Abschreibung darf nicht vorgenommen werden. Bilanziert wird mit den fortgeführten Anschaffungskosten in Höhe von 32 000,00 EUR.

Anschaffungskosten	48 000,00 EUR
− planmäßige Abschreibung zum 31. Dez. des 1. Nj.	8 000,00 EUR
= fortgeführte Anschaffungskosten zum 31. Dez. des 1. Nj.	40 000,00 EUR
− planmäßige Abschreibung zum 31. Dez. des 2. Nj.	8 000,00 EUR
= fortgeführte Anschaffungskosten zum 31. Dez. des 2. Nj.	32 000,00 EUR

■ **Außerplanmäßige Abschreibung bei voraussichtlich dauernder Wertminderung**

Eine außerplanmäßige Abschreibung **muss** vorgenommen werden, wenn es sich um eine voraussichtlich **dauernde Wertminderung** handelt **(strenges Niederstwertprinzip)** [§ 253 III, S. 5 HGB].

Beachte:

Steuerrechtlich **kann** bei einer voraussichtlich dauernden Wertminderung eine **Teilwertabschreibung** vorgenommen werden. Es handelt sich um ein **Bewertungswahlrecht** [§ 6 I, Nr. 1, S. 2 EStG].

Steuerrecht

Beispiel:

Die Hugo Prompt KG kauft zu Beginn der Geschäftsperiode einen Kombiwagen für 30 000,00 EUR zuzüglich 19 % USt; betriebsgewöhnliche Nutzungsdauer: 6 Jahre; lineare Abschreibung.

Da inzwischen ein neues Modell mit erheblichen technischen Verbesserungen auf den Markt gebracht wurde, ist der Marktwert des alten Modells nachweislich gesunken. Der Kombiwagen hat daher am Ende des 2. Nutzungsjahres einen Wert von ca. 9 900,00 EUR.

Aufgaben:

1. Berechnen Sie den Wert, mit dem der Kombiwagen am Ende des 2. Nutzungsjahres zu bilanzieren ist!

2. Beurteilen Sie die Auswirkungen dieser Bewertung auf das Unternehmensergebnis!

Lösungen:

Zu 1.:	Anschaffungskosten	30 000,00 EUR
	− planmäßige Abschreibung zum 31. Dez. des 1. Nj.	5 000,00 EUR
	= fortgeführte Anschaffungskosten zum 31. Dez. des 1. Nj.	25 000,00 EUR
	− planmäßige Abschreibung zum 31. Dez. des 2. Nj.	5 000,00 EUR
	− außerplanmäßige Abschreibung zum 31. Dez. des 2. Nj.	10 100,00 EUR
	= Wertansatz zum 31. Dez. des 2. Nj.	9 900,00 EUR

Zu 2.: Das Unternehmensergebnis verschlechtert sich zusätzlich um 10 100,00 EUR.

Obwohl der Kombiwagen noch nicht zu dem niedrigen Wert verkauft ist, muss der Wert wegen der dauernden Wertminderung und aus Gründen kaufmännischer Vorsicht herabgesetzt werden. Das **Niederstwertprinzip** führt somit zum **Ausweis** eines **noch nicht realisierten** (entstandenen) **Verlustes**.

6.3.1.3 Zuschreibung (Wertaufholungsgebot)

Werden beim **Sachanlagevermögen** außerplanmäßige Abschreibungen vorgenommen und stellt sich später heraus, dass die Gründe für diese Abschreibung nicht mehr bestehen, dann **muss** eine **Zuschreibung,** maximal bis zu den **(fortgeführten) Anschaffungskosten**, erfolgen. Eine Beibehaltung des niedrigeren Wertes ist nicht möglich [§ 253 V, S. 1 HGB].[1]

Mit dieser generellen Zuschreibungspflicht besteht für den Bilanzierenden zu jedem Bilanzstichtag die Verpflichtung, die Voraussetzungen für eine Wertaufholung zu prüfen.

Beispiel:

Die Maschinenbau Gutmann AG hat eine Eloxiermaschine, deren Anschaffungskosten zu Beginn des Geschäftsjahres 20 000,00 EUR betrugen, bei einer Nutzungsdauer von 10 Jahren am Ende des 3. Geschäftsjahres nach der Anschaffung mit den fortgeführten Anschaffungskosten in Höhe von 14 000,00 EUR bilanziert.

Im Laufe des 4. Jahres nach der Anschaffung kommt eine neue Maschine auf den Markt, die bei gleichen Anschaffungskosten doppelt so schnell arbeitet. Dadurch verliert die alte Maschine nachweislich 50 % ihres Wertes.

Im 5. Jahr wird die Verwendung der neuen Maschine wegen umweltgefährdender und gesundheitsschädlicher Substanzen verboten.

Aufgaben:

1. Stellen Sie die zulässige Bewertung am Ende des 4. Geschäftsjahres nach der Anschaffung der Maschine fest!
2. Begründen Sie die Bewertung am Ende des 5. Geschäftsjahres nach der Anschaffung!

Lösungen:

Zu 1.: Bewertung am Ende des 4. Geschäftsjahres nach der Anschaffung

Wert zu Beginn des 4. Jahres	14 000,00 EUR
− planmäßige Abschreibung	2 000,00 EUR
= Zwischensumme	12 000,00 EUR
− außerplanmäßige Abschreibung	6 000,00 EUR
= Bilanzansatz am Ende des 4. Jahres	6 000,00 EUR

Begründung:

Da davon auszugehen war, dass es sich um eine voraussichtlich dauernde Wertminderung handelte, muss eine außerplanmäßige Abschreibung erfolgen.

Zu 2.: Bewertung am Ende des 5. Geschäftsjahres nach der Anschaffung

Bewertung zu Beginn des 5. Geschäftsjahres nach der Anschaffung	6 000,00 EUR
− planmäßige Abschreibung	1 000,00 EUR
= Zwischensumme	5 000,00 EUR
+ Zuschreibung	5 000,00 EUR
= Bilanzansatz am Ende des 5. Geschäftsjahres nach der Anschaffung	10 000,00 EUR

Begründung:

Da der Grund für die Wertminderung weggefallen ist, besteht eine **Zuschreibungspflicht.**

---

1 Eine **Ausnahme** besteht für einen **entgeltlich erworbenen Geschäfts- oder Firmenwert,** dessen niedriger Wertansatz beizubehalten ist [§ 253 V, S. 2 HGB].

6.3.2 Bewertung des nicht abnutzbaren Anlagevermögens

6.3.2.1 Bewertung unbebauter Grundstücke

Die **Nutzung** eines Grundstücks ist **zeitlich unbegrenzt**. Es handelt sich um ein **nicht abnutzbares Anlagevermögen**. Zum **nicht abnutzbaren Anlagevermögen** zählen u. a. Grund und Boden, Anlagen im Bau, Anzahlungen, Finanzanlagen.

(1) Zugangsbewertung

Für nicht abnutzbares Anlagevermögen gelten folgende **gesetzliche Bewertungsvorschriften:**

- Beim **nicht abnutzbaren Anlagevermögen** ist die Nutzung **zeitlich unbegrenzt**. Nicht abnutzbares Anlagevermögen ist **höchstens** mit den **Anschaffungs- bzw. Herstellungskosten** anzusetzen [§ 253 I HGB]. Eine **planmäßige Abschreibung** ist **nicht erlaubt**.
- Die **Anschaffungs- oder Herstellungskosten** stellen eine **Höchstgrenze (Bewertungsobergrenze)** dar, die auch dann nicht überschritten werden darf, wenn die Wiederbeschaffungskosten über den Anschaffungskosten liegen **(Anschaffungskostenprinzip)**.

Beispiel:

Die Hans Fricker KG kauft ein angrenzendes 2 000 m² großes, unbebautes Grundstück. Der Quadratmeterpreis liegt bei 65,00 EUR. Die Grunderwerbsteuer beträgt 5 %, die Kosten der Grundbucheintragung 1 134,00 EUR. An Notariatskosten entstehen 2 040,00 EUR zuzüglich 19 % USt. Die Grundsteuer beträgt 83,50 EUR.

Aufgabe:

Ermitteln Sie die Anschaffungskosten des Grundstücks!

Lösung:

Kaufpreis (2 000 m² · 65,00 EUR/m²)	130 000,00 EUR
+ 5 % Grunderwerbsteuer	6 500,00 EUR
+ Grundbucheintragung	1 134,00 EUR
+ Notariatskosten	2 040,00 EUR
= Anschaffungskosten	139 674,00 EUR

---

(2) Folgebewertung

Ist dem Vermögensgegenstand am Bilanzstichtag **dauerhaft** ein **niedrigerer Wert** beizumessen, **muss außerplanmäßig abgeschrieben werden** [§ 253 III, S. 5 HGB]. Es gilt das **strenge Niederstwertprinzip**.

Beachte:

Nach dem **Steuerrecht kann** bei einer voraussichtlich **dauernden Wertminderung** eine **Teilwertabschreibung** vorgenommen werden **(Bewertungswahlrecht)** [§ 6 I, Nr. 2, S. 2 EStG].

Steuerrecht

Beispiel:

Ein Betriebsgrundstück steht mit 500 000,00 EUR Anschaffungskosten zu Buch. Da die Gemeinde für dieses Betriebsgrundstück überraschend ein Bauverbot beschlossen hat, tritt eine dauernde Wertminderung ein.

Der Tageswert beträgt zum 31. Dezember nur noch 300 000,00 EUR.

Aufgabe:

Bestimmen Sie den Wert, mit dem das Grundstück am 31. Dezember zu bilanzieren ist!

Lösung:

Anschaffungskosten des Grundstücks	500 000,00 EUR
− außerplanmäßige Abschreibung	200 000,00 EUR
= Buchwert zum 31. Dezember	300 000,00 EUR

Das Grundstück kann nach **Steuerrecht** – je nach Ausnutzung der Teilwertabschreibung – mit 500 000,00 EUR oder mit 300 000,00 EUR bilanziert werden.

Steuerrecht

6.3.2.2 Bewertung von bebauten Grundstücken

(1) Zugangs- und Folgebewertung

Bei bebauten Grundstücken ist bei der Ermittlung des Buchwertes zwischen dem abnutzbaren Gebäude und dem nicht abnutzbaren Grundstück zu unterscheiden. Rechtlich gesehen sind bebaute Grundstücke als eine Einheit anzusehen. Bei der Bewertung muss jedoch das Grundstück als nicht abnutzbarer Vermögensgegenstand vom Gebäude getrennt werden, weil das Gebäude als abnutzbarer Vermögensgegenstand planmäßig abgeschrieben werden muss.

Beispiel:

Die Essener Textil AG hat am 1. Januar eine Lagerhalle von einem Wettbewerber übernommen. Der Kaufpreis in Höhe von 2 100 000,00 EUR verteilt sich auf Grund und Boden in Höhe von 800 000,00 EUR und einen Gebäudewert von 1 300 000,00 EUR. Die Anschaffungsnebenkosten betragen insgesamt 129 990,00 EUR.

Aufgaben:

1. Berechnen Sie die Anschaffungskosten von Gebäude und Grundstück!
2. Die Nutzungsdauer des Gebäudes beträgt 40 Jahre, die Abschreibung erfolgt linear. Ermitteln Sie den Wert, mit dem das bebaute Grundstück zu Beginn des 2. Jahres anzusetzen ist!

Lösungen:

Zu 1.: Aufteilung der Anschaffungsnebenkosten

Grund und Boden	800 000,00 EUR	→	8 Teile	→	49 520,00 EUR	$8 \cdot 6190$
Gebäude	1 300 000,00 EUR	→	13 Teile	→	80 470,00 EUR	$13 \cdot 6190$
			21 Teile	≙	129 990,00 EUR	
			1 Teil	≙	6 190,00 EUR	

Berechnung der Anschaffungskosten

Grund und Boden	800 000,00 EUR	+ 49 520,00 EUR	=	849 520,00 EUR
Gebäude	1 300 000,00 EUR	+ 80 470,00 EUR	=	1 380 470,00 EUR

Zu 2.:

Anschaffungskosten Gebäude	1 380 470,00 EUR
− 2,5 % planmäßige Abschreibung 1. Jahr	34 511,75 EUR
= Gebäudewert am Anfang des 2. Jahres	1 345 958,25 EUR
+ Grundstückswert unverändert	849 520,00 EUR
	2 195 478,25 EUR

417

27 Speth u.a. - ISBN 978-3-8120-0521-0

(2) Zuschreibung (Wertaufholungsgebot)

Stellt sich später heraus, dass die Gründe für die Abschreibung nicht mehr bestehen, dann muss eine Zuschreibung, maximal bis zu den Anschaffungskosten, erfolgen. Eine Beibehaltung des niedrigeren Wertes ist nicht möglich [§ 253 V, S. 1 HGB].

Beispiel:

Das Holzwerk Baumann GmbH möchte seinen Holzlagerplatz erweitern und kauft ein angrenzendes Grundstück zu Anschaffungskosten in Höhe von 250 000,00 EUR. Nach dem Kauf erhebt der örtliche Naturschutzbund Einspruch gegen die Nutzung, da dadurch die Lurchen im anschließenden Feuchtgebiet gestört werden. Der Stadtrat beschließt die Nutzung zu untersagen. Das Grundstück verliert dadurch 60 % an Wert.

Aufgaben:

1. Geben Sie an, mit welchem Wert das Grundstück zu bilanzieren ist. Begründen Sie den Wertansatz!

2. Durch den Verzicht der Baumann GmbH auf die Nutzung von 15 % des Grundstücks als Holzlagerplatz kommt es zu einer Einigung mit dem Naturschutzbund. Der Stadtrat genehmigt daraufhin die Nutzung des Grundstücks als Holzlagerplatz. Der Wert des Grundstücks wird vom Gutachter auf 210 000,00 EUR geschätzt. Ermitteln und begründen Sie den neuen Wertansatz!

Lösungen:

Zu 1.:	Anschaffungskosten des Grundstücks	250 000,00 EUR
−	60 % außerplanmäßige Abschreibung	150 000,00 EUR
=	fortgeführte Anschaffungskosten	100 000,00 EUR

Begründung: Es handelt sich um eine dauerhafte Wertminderung. Es ist eine außerplanmäßige Abschreibung vorzunehmen.

Zu 2.:	Fortgeführte Anschaffungskosten	100 000,00 EUR
+	Zuschreibung	110 000,00 EUR
=	neue fortgeführte Anschaffungskosten	210 000,00 EUR

Begründung: Da die Gründe für die Wertminderung nicht mehr bestehen, ist eine Zuschreibung bis zum festgestellten Wert des Gutachters, maximal bis zu den Anschaffungskosten, zwingend.

Durch die Zuschreibung wird die außerplanmäßige Abschreibung rückgängig gemacht. Dies stellt einen **Ertrag** dar und führt zu einer Erhöhung des Gewinns.

Überblick: Bewertung des Anlagevermögens		
Bewertung des abnutzbaren Anlagevermögens		
Bewertung beim Zugang und am Bilanzstichtag		
Handels- und Steuerrecht	§ 253 I HGB	Anschaffungs- und Herstellungskosten
	§ 253 III, S.1 und S. 2 HGB	Planmäßige Abschreibung, Bilanzansatz fortgeführte Anschaffungskosten

Vorübergehende Wertminderung beim Anlagevermögen		
Handels-recht	§ 253 III, S. 4 HGB	**Verbot** für außerplanmäßige Abschreibung bei vorüberge-hender Wertminderung beim **sonstigen Anlagevermögen**.
Steuerrecht	§ 6 I, Nr. 1, S. 2 und Nr. 2, S. 2 EStG	**Verbot für Teilwertabschreibungen** bei vorübergehender Wertminderung beim **Anlagevermögen**.
Voraussichtlich dauernde Wertminderung beim Anlagevermögen		
Handels-recht	§ 253 III, S. 5 HGB	**Pflicht zur außerplanmäßigen Abschreibung** bei voraus-sichtlich dauernder Wertminderung.
Steuerrecht	§ 6 I, Nr. 1, S. 2 EStG	**Wahlrecht für Teilwertabschreibungen** bei voraussichtlich dauernder Wertminderung.
Bewertung nicht abnutzbaren Anlagevermögens		
Handels-recht	§ 253 III, S. 5 HGB	■ **Planmäßige Abschreibung nicht erlaubt.** ■ **Pflicht zur außerplanmäßigen Abschreibung** bei vor-aussichtlich dauernder Wertminderung.
Steuerrecht	§ 6 I, Nr. 1, S. 2 EStG	**Wahlrecht für Teilwertabschreibungen** bei voraussichtlich dauernder Wertminderung.
Zuschreibung (Wertaufholungsgebot)		
Handels-recht	§ 253 V, S. 1 HGB	Pflicht zur Wertaufholung
Steuerrecht	§ 6 I, Nr. 1, S. 4 und Nr. 2, S. 3 EStG	Pflicht zur Wertaufholung

Übungsaufgaben

204 Bewertung von abnutzbarem und nicht abnutzbarem Anlagevermögen

Hinweis: Bei diesen und bei den folgenden Übungsaufgaben ist nach **Handelsrecht** zu bewer-ten, ausgenommen, die **Bewertung nach Steuerrecht** wird in der Übungsaufgabe **ausdrücklich verlangt**.

1. Die Werkzeugfabrik Böhler KG kauft zu Beginn des Geschäftsjahres 20.. einen neuen Lkw. Der Lkw mit einer Nutzungsdauer von 9 Jahren wird nach dreimaliger linearer Abschrei-bung vor dem Abschluss in der Buchführung mit den fortgeführten Anschaffungskosten in Höhe von 52 800,00 EUR ausgewiesen. Inzwischen ist der gleiche Typ mit verbesserter Technik auf den Markt gekommen. Dadurch ist der Marktwert für vergleichbare Altmodelle um 25 % gesunken.

   Aufgaben:

   1.1 Berechnen Sie die Anschaffungskosten!

   1.2 Geben Sie den jährlichen Abschreibungbetrag an!

   1.3 Bestimmen und begründen Sie den Wert, mit dem der Lkw beim Jahresabschluss des vierten Geschäftsjahres zu bilanzieren ist!

2. Die Franz Prenner OHG kauft ein unbebautes Grundstück mit einer Größe von 3100 m² zum Preis von 40,00 EUR/m². Die Grunderwerbsteuer beträgt 5 %, an Notariatskosten fallen 1950,00 EUR zuzüglich 19 % USt an, Kosten der Grundbucheintragung 1050,00 EUR, Kosten für ein Gutachten zur Bewertung des Kaufpreises 2000,00 EUR zuzüglich 19 % USt, Maklergebühren 3,0 % vom Kaufpreis zuzüglich 19 % USt.

Aufgaben:

2.1 Berechnen Sie die Anschaffungskosten!

2.2 Am Ende des Jahres wird bekannt, dass das geplante Einkaufszentrum aus baurechtlichen Gründen nicht gebaut wird. Der Verkaufswert sinkt auf 80000,00 EUR ab. Bestimmen Sie den Wert, mit welchem das Grundstück nach Handels- und Steuerrecht zu bilanzieren ist!

3. Die Hans Lemmer GmbH kauft zu Beginn des Jahres einen Kombiwagen:

Listeneinkaufspreis netto	32376,00 EUR
Überführungskosten	600,00 EUR
	32976,00 EUR
+ 19 % USt	6265,44 EUR
= Kaufpreis	39241,44 EUR

Aufgaben:

3.1 Berechnen Sie die Anschaffungskosten!

3.2 Die Nutzungsdauer des Autos beträgt 6 Jahre (lineare Abschreibung). Ermitteln Sie den Wertansatz zu Beginn des 3. Jahres!

3.3 Durch einen selbst verschuldeten Unfall tritt im 3. Jahr ein Wertverlust von 2500,00 EUR ein. Berechnen Sie den Wertansatz am Ende des 3. Jahres!

205 Bewertung von abnutzbarem und nicht abnutzbarem Anlagevermögen

1. Die Westfälische Getränke AG weist ihre Abfüllanlage, deren Nutzungsdauer 10 Jahre beträgt, zu Beginn des 7. Geschäftsjahres bei planmäßiger linearer Abschreibung mit den fortgeführten Anschaffungskosten in Höhe von 280000,00 EUR aus. Inzwischen ist eine technisch wesentlich verbesserte Anlage auf den Markt gekommen. Dadurch ist der Wert der alten Anlage um 50 % gesunken.

Aufgaben:

1.1 Berechnen Sie die Anschaffungskosten!

1.2 Bestimmen Sie den Wert, mit dem die Anlage beim Jahresabschluss im 7. Jahr zu bilanzieren ist!

2. Die Huber Kleinmotoren AG hat für eine eventuelle Erweiterung des Betriebes 3000 m² eines angrenzenden Grundstücks zum ortsüblichen Preis von 155,00 EUR/m² gekauft. Der Notar schickt eine Rechnung einschließlich der Umsatzsteuer in Höhe von 4284,00 EUR. Die Grundbuchkosten betrugen 6975,00 EUR. Die Grunderwerbsteuer beträgt 5,0 %. Aufgrund der vorübergehenden Flaute in der Bauwirtschaft fiel der ortsübliche Grundstückspreis zum Abschlussstichtag um 20 %.

Aufgaben:

2.1 Ermitteln Sie die Anschaffungskosten für das Grundstück!

2.2 Entscheiden Sie begründet, wie das Grundstück beim Abschlussstichtag zu bewerten ist!

3. Bei der Secura AG stellen sich am Ende des Geschäftsjahres folgende Bewertungsfragen:

Kauf einer Lagerhalle mit Grundstück am 1. Januar	600000,00 EUR
5,0 % Grunderwerbsteuer	30000,00 EUR

Kosten für die Prüfung der Bodenbeschaffenheit 25000,00 EUR zuzüglich 19 % USt, Maklerkosten 11000,00 EUR zuzüglich 19 % USt.

Der Wert des Grundstücks beträgt $\frac{1}{5}$ des Gesamtpreises, Kreditkosten infolge einer Darlehensaufnahme im Zusammenhang mit dem Kauf der Lagerhalle 2650,00 EUR, Grundsteuer 4100,00 EUR.

Aufgaben:

3.1 Berechnen Sie die Anschaffungskosten von Gebäude und Grundstück!

3.2 Die Nutzungsdauer des Gebäudes beläuft sich auf 50 Jahre, die Abschreibung erfolgt linear. Bestimmen Sie, mit welchem Wert Grundstück und Gebäude zu Beginn des 3. Jahres anzusetzen sind!

3.3 Ein Gutachten hat ergeben, dass das Grundstück am Ende des dritten Jahres einen Wert von 530 000,00 EUR hat. Begründen Sie, ob die Secura AG diesen Wert ansetzen kann!

4. Die Werkzeugfabrik Ralf Weibel GmbH konstruiert und fertigt eine Formpresse für die eigene Produktion. Der Materialaufwand beträgt 21 450,00 EUR, die Fertigungslöhne 14 910,00 EUR, die Modellkosten 4 210,00 EUR und der Werteverzehr des Anlagevermögens, soweit dieser durch die Fertigung veranlasst ist, 1 890,00 EUR. Die geplante Nutzungsdauer beträgt 8 Jahre.

Der Kosten- und Leistungsrechnung liegen aus der Vorperiode folgende Daten vor:

	Material-bereich einschließlich zugeordneter Verwaltungs-gemeinkosten	Fertigungs-bereich einschließlich zugeordneter Verwaltungs-gemeinkosten	Verwaltungs-bereich (restliche Verwaltungs-gemeinkosten)	Vertriebs-bereich
Summe der Gemeinkosten (ohne kalkulatori-sche Kosten)	454 250,00 EUR	4 424 000,00 EUR	841 953,75 EUR	581 713,50 EUR

Materialkosten insgesamt   6 397 887,00 EUR
Fertigungslöhne   3 950 000,00 EUR

Die Aufwendungen für soziale Einrichtungen des Betriebs belaufen sich auf 1 100,00 EUR, die Aufwendungen für die betriebliche Altersversorgung auf 3 580,00 EUR und die Kosten für Grundlagenforschung im Maschinenbau auf 7 790,00 EUR.

Aufgaben:

4.1 Berechnen Sie die Herstellungskosten für die Formpresse!

4.2 Entscheiden Sie, mit welchem Betrag die Formpresse in der Bilanz anzusetzen ist, wenn ein möglichst hoher Jahresüberschuss ausgewiesen werden soll!

4.3 Berechnen Sie den Bilanzansatz am Ende des 1. Nutzungsjahres!

5. Die ABC-AG hat ein unbebautes Grundstück, das nach Auskunft der Baubehörde in der Bebauungsplanung vorgesehen ist, mit einem um 50 % über den Preisen für noch nicht im Bebauungsplan einbezogene Grundstücke für 450 000,00 EUR gekauft.

Wegen der Proteste von Bürgerinitiativen und der Umweltschützer erwies sich die Spekulation auf eine mögliche Bebauung als nicht realisierbar. Daraufhin wurde das Grundstück den Werten für nicht bebaubare Grundstücke angepasst und mit dem niedrigeren Wert von 300 000,00 EUR angesetzt.

Durch eine nicht vorhersehbare neue politische Konstellation und eine weitere Einbeziehung von Grundstücken in die Bebauungsplanung sowie einer steuerlichen Förderung von Betriebserweiterungen und Baumaßnahmen stieg der Grundstückswert auf 550 000,00 EUR an.

Aufgaben:

5.1 Überprüfen Sie, ob die außerplanmäßige Abschreibung des Grundstücks rechtlich begründet ist!

5.2 Zeigen Sie begründet auf, welche Bewertung beim Jahresabschluss des laufenden Jahres für die Bewertung des Grundstücks infrage kommt!

6.3.3 Bewertung geringwertiger Anlagegüter (geringwertige Wirtschaftsgüter)

6.3.3.1 Bewertung geringwertiger Anlagegüter nach Steuerrecht

Geringwertige Anlagegüter (Wirtschaftsgüter) sind Vermögensgegenstände, die **abnutzbar, beweglich** und **selbstständig nutzbar** sind und bestimmte **Wertgrenzen** nicht übersteigen.

Geringwertige Anlagegüter (Wirtschaftsgüter)[1]		
Möglich-keit 1	**AK bis 800,00 EUR**	**AK über 800,00 EUR bis 1 000,00 EUR**
	Sofort absetzbar als Betriebsausgabe im Jahr der Anschaffung/Herstellung [§ 6 II EStG].	Aktivierung und Abschreibung nach betriebsgewöhnlicher Nutzungsdauer.
Möglich-keit 2	AK bis 250,00 EUR	AK über 250,00 EUR bis 1 000,00 EUR
	Sofort absetzbar als Betriebsausgabe im Jahr der Anschaffung/Herstellung [§ 6 II a EStG].	Poolabschreibung, d. h. Zusammenfassung in einem jahrgangsbezogenen Sammelposten und pauschale, lineare Abschreibung über 5 Jahre, und zwar auch dann, wenn das Anlagegut vor Ablauf dieser 5 Jahre aus dem Anlagevermögen ausscheidet, z. B. wegen Abnutzung, Beschädigung, Verkauf. Wenn das Wahlrecht der Poolabschreibung in Anspuch genommen wird, dann muss es für alle Wirtschaftsgüter des Wirtschaftsjahres **einheitlich** ausgeübt werden [§ 6 II a EStG].
Möglich-keit 3	AK bis 1 000,00 EUR	
	Aktivierung und Abschreibung nach betriebsgewöhnlicher Nutzungsdauer.	

Steuer-recht

Beispiel:

Die Kleinbenz GmbH kauft am 10. Januar drei Schreibtischstühle
1. Stuhl   Nettoanschaffungswert = 230,00 EUR für den Portier
2. Stuhl   Nettoanschaffungswert = 700,00 EUR für die Sekretärin von Herrn Kleinbenz
3. Stuhl   Nettoanschaffungswert = 845,00 EUR für Herrn Kleinbenz selbst

Die AfA-Dauer für Schreibtischstühle beträgt 13 Jahre. Die Umsatzsteuer beträgt 19 %.

Aufgabe:

Ermitteln Sie die alternativen Abschreibungsmöglichkeiten und berechnen Sie die jeweiligen Abschreibungsbeträge für das 1. und das 2. Jahr!

---

1 Die GWG-Grenzen gelten für Wirtschaftsgüter, die nach dem 31.12.2017 angeschafft oder hergestellt werden [§ 52 XII, S. 3 EStG].

Lösung:

Möglichkeit 1: Anschaffungskosten nicht mehr als 800,00 EUR

	Verfahren	AfA-Betrag
1. Stuhl	Sofortabschreibung	230,00 EUR
2. Stuhl	Sofortabschreibung	700,00 EUR
3. Stuhl	Abschreibung nach betriebs- gewöhnlicher Nutzungsdauer	845,00 EUR : 13 = 65,00 EUR
AfA-Betrag im 1. Jahr		995,00 EUR
AfA-Betrag im 2. Jahr		65,00 EUR

Bei dieser Möglichkeit entfällt für Wirtschaftsgüter von über 800,00 EUR bis 1 000,00 EUR die Option der Poolabschreibung nach § 6 IIa EStG. Diese Güter müssen aktiviert und nach betriebsgewöhnlicher Nutzungsdauer abgeschrieben werden.

Möglichkeit 2: Anschaffungskosten bis 250,00 EUR und von über 250,00 EUR bis 1 000,00 EUR

	Verfahren	AfA-Betrag	Erläuterung:
1. Stuhl	Sofortabschreibung	230,00 EUR	Die Poolabschreibung kann nur einheitlich für alle Wirtschaftsgüter zwischen 251,00 und 1 000,00 EUR in Anspruch genommen werden.
2. Stuhl	Poolabschreibung	Berechnung der Anschaffungskosten: 700,00 + 845,00 = 1 545,00 EUR AfA-Betrag = 1 545,00 EUR : 5 = 309,00 EUR	
3. Stuhl	Poolabschreibung		
AfA-Betrag im 1. Jahr		539,00 EUR	
AfA-Betrag im 2. Jahr		309,00 EUR	

Möglichkeit 3: Anschaffungskosten bis 1 000,00 EUR

	Verfahren	AfA-Betrag
1. Stuhl	Abschreibung nach betriebs- gewöhnlicher Nutzungsdauer	230,00 EUR : 13 = 17,69 EUR
2. Stuhl	Abschreibung nach betriebs- gewöhnlicher Nutzungsdauer	700,00 EUR : 13 = 53,85 EUR
3. Stuhl	Abschreibung nach betriebs- gewöhnlicher Nutzungsdauer	845,00 EUR : 13 = 65,00 EUR
AfA-Betrag im 1. Jahr		136,54 EUR
AfA-Betrag im 2. Jahr		136,54 EUR

6.3.3.2 Buchung der geringwertigen Anlagegüter

(1) Anlagegüter bis zu Anschaffungskosten in Höhe von 250,00 EUR

■ Betragen die **Anschaffungskosten** eines selbstständig nutzbaren beweglichen Wirtschaftsgutes des Anlagevermögens **nicht über 250,00 EUR netto** (der abziehbare Vorsteuerabzug bleibt außer Ansatz), so **können** die Anlagegüter sofort **als Aufwand gebucht werden**. Das Wahlrecht kann für **jedes Wirtschaftsgut** individuell in Anspruch genommen werden (**wirtschaftsgutbezogenes Wahlrecht**).

Beispiel:

I. Geschäftsvorfall:
Barkauf einer Schreibtischlampe zum Netto-preis von 245,00 EUR zuzüglich 19 % USt.

II. Aufgaben:
1. Buchen Sie den Geschäftsvorfall auf Konten!
2. Bilden Sie den Buchungssatz!

Lösungen:

Zu 1.: Buchung auf den Konten

S	6800 Büromaterial	H	S	2600 Vorsteuer	H	S	2880 Kasse	H
2880	245,00		2880	46,55		AB	1 500,00	6800/2600 291,55

Zu 2.: Buchungssatz

Geschäftsvorfall	Konten	Soll	Haben
Barkauf einer Schreibtischlampe zum Nettopreis von 245,00 EUR zuzüglich 19 % USt.	6800 Büromaterial 2600 Vorsteuer an 2880 Kasse	245,00 46,55	 291,55

- Es ist auch möglich, den Barkauf der Schreibtischlampe auf dem Konto **0870 Büromöbel und sonstige Geschäftsausstattung** zu buchen und über die **betriebsgewöhnliche Nutzungsdauer abzuschreiben**.

(2) Anlagegüter über 250,00 EUR bis 800,00 EUR

Beispiel:

I. Geschäftsvorfall:
Barkauf einer Stichsäge zum Nettopreis von 705,80 EUR zuzüglich 19 % USt.

II. Aufgaben:
1. Das Unternehmen erfreut sich einer sehr guten Geschäftslage. Erläutern Sie, wel-

ches Bewertungswahlrecht es ausüben sollte!
2. Zeigen Sie die Buchungsmöglichkeiten für den vorliegenden Geschäftsvorfall auf!

Lösungen:

Zu 1.: Entscheidung

Bei ausreichenden Erträgen führt die sofortige Buchung als Betriebsausgabe zu der steuerlich günstigsten Wahl.

Zu 2.: Buchungsmöglichkeiten

- **Buchung als sofortiger Aufwand**

Geschäftsvorfall	Konten	Soll	Haben
Barkauf einer Stichsäge zum Nettopreis von 705,80 EUR zuzüglich 19 % USt.	6030 Aufw. f. Betriebsstoffe/Verbrauchswerkzeuge 2600 Vorsteuer an 2880 Kasse	705,80 134,10	 839,90

- Es ist auch möglich, den Barkauf der Stichsäge auf dem **Konto 0820 Werkzeuge zu aktivieren** und über die **betriebsgewöhnliche Nutzungsdauer** abzuschreiben.

Geschäftsvorfall	Konten	Soll	Haben
Barkauf einer Stichsäge zum Nettopreis von 705,80 EUR zuzüglich 19 % USt. Die Nutzungsdauer beträgt 8 Jahre.	0820 Werkzeuge 2600 Vorsteuer an 2880 Kasse	705,80 134,10	 839,90
Abschreibung auf 0820 Werkzeuge am Bilanzstichtag 88,23 EUR.	6520 Abschr. a. Sachanlagen an 0820 Werkzeuge	88,23	 88,23

- Es besteht auch die Möglichkeit, einen **Sammelposten** zu bilden und die Stichsäge über einen Zeitraum von 5 Jahren mit 20 % pauschal abzuschreiben (siehe (3)).

(3) Anlagegüter mit Anschaffungskosten über 250,00 EUR bis 1 000,00 EUR

- **Buchung nach dem Sammelpostenverfahren**

Betragen die **Anschaffungskosten** für ein einzelnes abnutzbares bewegliches Wirtschaftsgut, das einer selbstständigen Nutzung fähig ist, **über 250,00 EUR, aber nicht mehr als 1 000,00 EUR** netto, so kann ein **Sammelposten** gebildet werden **(Konto 0790 GWG-Sammelposten Anlagen und Maschinen** oder **0890 GWG-Sammelposten BGA)**.[1] Dieser Sammelposten wird pauschal mit 20 % pro Jahr abgeschrieben (d. h. über einen 5-Jahres-Zeitraum). Dabei ist es unerheblich, in welchem Monat im laufenden Geschäftsjahr die einzelnen Wirtschaftsgüter erworben werden.

Die Abschreibung erfolgt über das Konto **6540 Abschreibungen auf GWG-Sammelposten**. Scheidet ein Wirtschaftsgut aus dem Sammelposten aus (z. B. durch nachträgliche Entnahme, Veräußerung oder Verlust), so beeinflusst dies den Wert des Sammelpostens nicht. Der Sammelposten ist für jedes Geschäftsjahr neu zu bilden.

Beispiel:

Im Laufe des Geschäftsjahres wurden folgende geringwertige Vermögensgegenstände gegen Banküberweisung gekauft:

- am 10. März ein Smartphone für 498,00 EUR zuzüglich 19 % USt,
- am 17. Mai ein Notebook für 652,00 EUR zuzüglich 19 % USt,
- am 9. September ein Bürostuhl für 420,00 EUR zuzüglich 19 % USt und
- am 15. Dezember ein Laptop für 990,00 EUR zuzüglich 19 % USt.

Aufgaben:

1. Berechnen Sie die Abschreibung am Jahresende nach den steuerrechtlichen Vorgaben!
2. Buchen Sie die Geschäftsvorfälle bei der Anschaffung auf dem Konto 0891 GWG-Sammelposten BGA!
3. Buchen Sie die Abschreibung auf den Konten und bilden Sie den Buchungssatz!
4. Schließen Sie die Konten 0891 und 6541 ab!

Hinweis: Führen Sie die Konten 0891, 6541, 8010 und 8020!

Lösungen:

Zu 1.: 2 560,00 EUR : 5 Jahre = <u>512,00 EUR/Jahr</u>

---

1 Der Sammelposten ist **kein Wirtschaftsgut**, sondern eine **Rechengröße** [R 6.13, VI, S. 1 EStR].

Zu 2./3. und 4.:

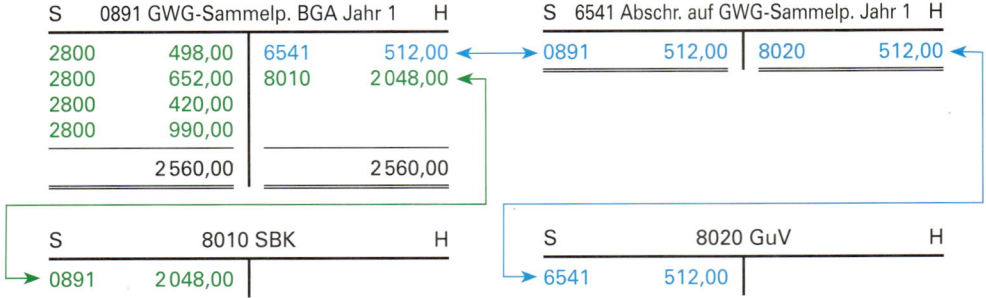

Geschäftsvorfall	Konten	Soll	Haben
Buchung der Abschreibung	6541 Abschr. auf GWG-Sammelp. Jahr 1 an 0891 GWG-Sammelp. BGA Jahr 1	512,00	512,00

Beim Verkauf geringwertiger Wirtschaftsgüter ergeben sich, je nach Wahl des **Bewertungsverfahrens,** der **gewählten Bewertung** sowie der Höhe der **Anschaffungs- oder Herstellungskosten** bzw. des Restbuchwertes unterschiedliche Buchungen.

■ Abschreibung nach der gewöhnlichen Nutzungsdauer

Das Unternehmen hat auch die Möglichkeit, Wirtschaftsgüter zwischen 250,00 EUR und 1 000,00 EUR im **Anlageverzeichnis** zu erfassen und über die **betriebsgewöhnliche Nutzungsdauer abzuschreiben.** In diesem Fall kann es für andere geringwertige Wirtschaftsgüter im Bereich von 250,00 EUR bis 1 000,00 EUR **keinen Sammelposten** mehr bilden.

6.3.3.3 Bewertung geringwertiger Anlagegüter nach Handelsrecht[1]

Das Handelsrecht sieht geringwertige Anlagegüter bzw. deren abweichende Bilanzierung nicht ausdrücklich vor. Das Vollständigkeitsgebot [§ 246 I, S. 1 HGB] verlangt jedoch, dass sämtliche Vermögensgegenstände (auch mit geringem Wert) in den Jahresabschluss aufzunehmen sind. Danach werden die (geringwertigen) Anlagegüter wie üblich aktiviert und über die Nutzungsdauer abgeschrieben.

Nach den Grundsätzen ordnungsmäßiger Buchführung (GoB) ist eine **Übernahme der steuerlichen Regelung** für die geringwertigen Anlagegüter **ins Handelsrecht möglich.** Es handelt sich um ein **Wahlrecht,** d.h., die Übernahme kann erfolgen, sie muss es aber nicht. Allerdings kann die Vermögenslage des Unternehmens durch die Poolabschreibung verfälscht dargestellt werden, da der Sammelposten zwingend über fünf Jahre abgeschrieben wird, ohne dass Wertveränderungen (z.B. aufgrund des Ausscheidens bzw. außerplanmäßiger Abschreibungen) berücksichtigt werden.

---

1 Angelehnt an „Themenseite geringwertige Wirtschaftsgüter", Verlag Dashöfer, www.dashöfer.de.

Übungsaufgaben

206 Bildung von Buchungssätzen für GWG

1. Wir kaufen am 5. Januar ein Autotelefon Modell „Konsul", für 255,33 EUR, abzüglich 10 % Sonderrabatt zuzüglich 19 % USt gegen Barzahlung. Die betriebsgewöhnliche Nutzungsdauer beträgt 5 Jahre.

   Aufgabe:

   Ermitteln Sie den Wertansatz nach Steuerrecht und bilden Sie jeweils den Buchungssatz für den Geschäftsvorfall am 5. Januar!

2. Wir kaufen am 15. Februar einen Laptop für 2 300,00 EUR zuzüglich 19 % USt und einen Drehstuhl für 236,00 EUR zuzüglich 19 % USt auf Ziel.

   Ermitteln Sie den Wertansatz für diese Anlagegüter. Das Unternehmen hat sich dafür entschieden, Beträge bis 800,00 EUR netto als Aufwand zu buchen.

   Aufgabe:

   Bilden Sie die Buchungssätze für die beiden Geschäftsvorfälle!

207 Berechnung der Abschreibung auf GWG, Buchung auf Konten, Abschluss der Konten

Am 30. April kauft ein Industriebetrieb zwei Schredder zum Preis von insgesamt 831,00 EUR zuzüglich 19 % USt gegen Banküberweisung. Der Lieferant gewährt 5 % Rabatt.

Am 7. Juni kauft der Industriebetrieb ein Lagerregal zum Preis von 783,20 EUR zuzüglich 19 % USt und am 15. November drei Bohrmaschinen im Wert von insgesamt 1 290,00 EUR zuzüglich 19 % USt jeweils gegen Banküberweisung. Legen Sie das Sammelpostenverfahren zugrunde.

Aufgaben:

1. Buchen Sie die Geschäftsvorfälle bei der Anschaffung auf dem Konto 0891 Geringwertige Wirtschaftsgüter-Sammelposten der Betriebs- und Geschäftsausstattung!

2. Berechnen Sie die Abschreibung am Jahresende nach den steuerrechtlichen Vorgaben, buchen Sie die Abschreibung auf den Konten und bilden Sie den Buchungssatz für die Abschreibung!

3. Schließen Sie die Konten 0891 Geringwertige Wirtschaftsgüter-Sammelposten der Betriebs- und Geschäftsausstattung und 6541 Abschreibungen auf geringwertige Wirtschaftsgüter-Sammelposten ab!

4. Am 10. Januar des folgenden Geschäftsjahres wird eine Bohrmaschine während einer Ausstellung gestohlen. Am 20. März wird eine Bohrmaschine zum Preis von 178,50 EUR zuzüglich 19 % USt bar verkauft. Bilden Sie den Buchungssatz!

208 Berechnung der Abschreibung, Festlegung des Bilanzansatzes

Die Herbert Breher GmbH kauft am 15. August folgende Anlagegüter zur Neuausstattung eines Großraumbüros:

5 Schreibtische zu je 1 200,00 EUR, 5 Laptops zu je 950,00 EUR, 5 Schreibtischlampen zu je 245,00 EUR und 5 Bürosessel zu je 840,00 EUR jeweils zuzüglich 19 % USt. Die Nutzungsdauer der Büromöbel wird mit 13 Jahren festgelegt. Für geringwertige Anlagegüter wird das Sammelpostenverfahren zugrunde gelegt.

Aufgabe:

Ermitteln Sie den Bilanzansatz für diese Anlagegüter zum Ende des Anschaffungsjahres!

6.4 Bewertung des Umlaufvermögens

6.4.1 Bewertung des Vorratsvermögens

6.4.1.1 Allgemeine Bewertungsregeln für die Bewertung des Vorratsvermögens

(1) Zugangsbewertung

Vermögensgegenstände des Umlaufvermögens sind mit den **Anschaffungs- oder Herstellungskosten** zu bewerten.

(2) Folgebewertung

- Für die **Bewertung des Umlaufvermögens** gilt das **strenge Niederstwertprinzip.**
  - Sind die **Anschaffungskosten niedriger** als der **Markt- oder Börsenpreis,** wird zu **Anschaffungskosten** bewertet. Nicht realisierte Gewinne dürfen nicht ausgewiesen werden **(Realisationsprinzip).**
  - Sind die **Anschaffungskosten höher** als der **Markt- oder Börsenpreis,** wird zum **Markt- oder Börsenpreis** bewertet. Nicht realisierte Verluste müssen ausgewiesen werden.
- Diese verschiedene Behandlung nicht realisierter Gewinne und nicht realisierter Verluste wird als **Imparitätsprinzip** bezeichnet.

Beachte:

- **Steuerrechtlich kann** bei einer **voraussichtlich dauernden Wertminderung** eine Abschreibung auf den **niedrigeren Teilwert vorgenommen werden** [§ 6 I, Nr. 2, S. 2 EStG].
- Bei einer **vorübergehenden Wertminderung** ist steuerrechtlich eine **Teilwertabschreibung unzulässig** [§ 6 II, Nr. 2, S. 2 EStG].

Steuerrecht

Beispiel:

Am 31. Dezember hat eine Maschinenfabrik lt. Inventur noch 1 000 Einheiten Blechteile. Die Anschaffungskosten betrugen je Blechteil 15,00 EUR.

Aufgabe:

Erläutern Sie, wie der Bestand beim Jahresabschluss zum 31. Dezember zu bewerten ist, wenn im 1. Fall der Marktpreis 15,80 EUR und im 2. Fall der Marktpreis 13,50 EUR beträgt!

Lösung:

1. Fall: Der Marktpreis beträgt pro Blechteil 15,80 EUR.

Der Bestand ist mit den Anschaffungskosten von 15,00 EUR je Blechteil zu bewerten, da dieser Wert unter dem Marktpreis liegt. Die Anschaffungskosten dürfen nicht überschritten werden. Diese Vorgehensweise führt dazu, dass ein noch **nicht entstandener (nicht realisierter) Gewinn** zum Bilanzstichtag **nicht ausgewiesen wird (Realisationsprinzip).**

Bilanzansatz: 1 000 Blechteile · 15,00 EUR = 15 000,00 EUR

2. Fall: Der Marktpreis beträgt pro Blechteil 13,50 EUR.

Es gilt das **strenge Niederstwertprinzip.** Danach ist der niedrigere von beiden infrage kommenden Preisen zu wählen. Das ist der Marktpreis. Die Vorgehensweise führt dazu, dass ein noch nicht entstandener **(nicht realisierter) Verlust** zum Bilanzstichtag **ausgewiesen wird (Grundsatz der Vorsicht).**

Bilanzansatz: 1 000 Blechteile · 13,50 EUR = 13 500,00 EUR

(3) Zuschreibung (Wertaufholungsgebot)

Fallen die Gründe für eine Abschreibung weg, so besteht ein **Zuschreibungsgebot** (Wertaufholungsgebot), maximal bis zu den **Anschaffungs- oder Herstellungskosten.**

Beachte:

Fallen die Gründe für eine vorgenommene Abschreibung später weg, so besteht ein **Zuschreibungsgebot,** maximal bis zu den Anschaffungs- oder Herstellungskosten [§ 6 I, Nr. 2, S. 3 EStG].

Steuerrecht

Beispiel:

Die Fabrik für Möbeldesign Gutefreund GmbH hat am 5. März 20.. zur langfristigen Lagerung Edelhölzer im Wert von 32 000,00 EUR gekauft. Am Ende des Berichtsjahres beträgt der Wert der Edelhölzer 29 500,00 EUR und am Ende des Folgejahres 40 000,00 EUR.

Aufgabe:

Nennen und begründen Sie den Bilanzansatz für das Vorratsvermögen an den Bilanzstichtagen des Berichtsjahres und des Folgejahres!

Lösung:

Bilanzansatz	Betrag	Begründung
Berichtsjahr	29 500,00 EUR	Ansatz des niedrigeren Wertes [§ 253 IV, S. 1 HGB]. Strenges Niederstwertprinzip.
Folgejahr	32 000,00 EUR	Wertaufholung bis maximal zu den Anschaffungskosten [§ 253 V, S. 1 HGB].

6.4.1.2   Spezielle Bewertungsregeln für die Bewertung des Vorratsvermögens

Da der Grundsatz der Einzelbewertung bei der Bewertung des Vorratsvermögens oft mit erheblichen Schwierigkeiten verbunden ist, sind für **gleichartige Vorratsbestände** bestimmte **Vereinfachungsverfahren** der Bewertung zulässig. Folgende Vereinfachungsverfahren der Sammelbewertung sind erlaubt:

(1) Bewertung nach bestimmten Verbrauchs- und Verkaufsfolgen
[§ 256, S. 1 HGB]

Fifo-Methode (first in – first out)	Die Methode unterstellt, dass die **zuerst eingekauften (hergestellten)** Güter auch **zuerst verkauft (verbraucht)** werden. Da die **Schlussbestände** dadurch stets **aus den letzten Zugängen** stammen, werden sie jeweils zu deren Anschaffungs-/Herstellungskosten bzw. dem niedrigeren Markt- oder Börsenpreis bzw. dem beizulegenden Zeitwert bewertet.
	Der Grundsatz der kaufmännischen Vorsicht gebietet, dass das **Fifo-Verfahren** nur dann herangezogen wird, wenn die **Einkaufspreise sinken**.
Lifo-Methode (last in – first out)	Die Methode unterstellt, dass die **zuletzt eingekauften (hergestellten)** Güter **zuerst verkauft (verbraucht)** werden. Da die Schlussbestände dadurch stets aus dem Anfangsbestand und den ersten Zugängen stammen, werden sie jeweils zu deren Anschaffungs-/Herstellungskosten bzw. zu dem niedrigeren Markt- oder Börsenpreis bzw. dem beizulegenden Zeitwert bewertet.
	Der Grundsatz der kaufmännischen Vorsicht gebietet, dass das **Lifo-Verfahren** nur dann herangezogen wird, wenn die **Einkaufspreise steigen**.

(2) Bewertung nach der gewogenen Durchschnittswertermittlung
[§ 240 IV HGB]

Bei gleichartigen Gütern kann die Bewertung nach der gewogenen Durchschnittswertermittlung erfolgen. Der Durchschnittswert wird errechnet, indem die Summe der Anschaffungs-/Herstellungskosten aus Anfangsbestand und Zugängen durch die Menge der gekauften (hergestellten) Güter zuzüglich des Schlussbestands dividiert wird. Die durchschnittlichen Anschaffungskosten werden mit dem **Markt- oder Börsenpreis** bzw. **dem beizulegenden Zeitwert am Bilanzstichtag** verglichen und der **niedrigere Wert angesetzt**.

Beispiel:

Ein Industrieunternehmen hat im Laufe des Wirtschaftsjahres in seinem Sortiment für Handelswaren gleichartige Waren erworben, und zwar am:

15. Jan.	100 t zum Nettopreis von 800,00 EUR je Tonne =	80 000,00 EUR
15. März	100 t zum Nettopreis von 700,00 EUR je Tonne =	70 000,00 EUR
15. Juli	200 t zum Nettopreis von 850,00 EUR je Tonne =	170 000,00 EUR
15. Nov.	100 t zum Nettopreis von 900,00 EUR je Tonne =	90 000,00 EUR
insgesamt:	500 t	410 000,00 EUR

Schlussbestand am Ende des Wirtschaftsjahres: 50 t. Der Marktpreis am 31. Dezember beträgt 890,00 EUR.

Aufgaben:

Berechnen Sie den Wertansatz in der Bilanz

1. nach dem Fifo-Verfahren,
2. nach dem Lifo-Verfahren und
3. nach der gewogenen Durchschnittswertermittlung!

Lösungen:

Zu 1.: **Fifo-Verfahren**

Wertansatz: 50 t · 900,00 EUR = <u>45 000,00 EUR</u>

Marktpreis am 31. Dez.: 50 t · 890,00 EUR = <u>44 500,00 EUR</u>

Ergebnis: Nach dem Niederstwertprinzip beträgt der Bilanzwert 44 500,00 EUR.

Zu 2.: **Lifo-Verfahren**

Wertansatz: 50 t · 800,00 EUR = <u>40 000,00 EUR</u>

Marktpreis am 31. Dez.: 50 t · 890,00 EUR = <u>44 500,00 EUR</u>

Ergebnis: Nach dem Niederstwertprinzip beträgt der Bilanzwert 40 000,00 EUR.

Zu 3.: **Gewogene Durchschnittswertermittlung**

Summe der Nettopreise 410 000,00 EUR : 500 t = 820,00 EUR Durchschnittspreis.

Wertansatz: 50 t · 820,00 EUR = <u>41 000,00 EUR</u>

Marktpreis am 31. Dez.: 50 t · 890,00 EUR = <u>44 500,00 EUR</u>

Ergebnis: Nach dem Niederstwertprinzip beträgt der Bilanzwert 41 000,00 EUR.

Beachte:

Steuerrechtlich ist allein das **Fifo-Verfahren nicht erlaubt.**

Steuer-
recht

Übungsaufgaben

209 Bewertung des Umlaufvermögens, Auswirkungen der Bewertung

1. Die Maschinenfabrik Kluge OHG kauft im Herbst einen größeren Posten Motoren zum Nettopreis von 10 000,00 EUR zuzüglich 19 % USt.

   Zum Ende des Geschäftsjahres kommt eine neue Generation Motoren auf den Markt, wodurch der Preis der bisherigen Motoren schlagartig um 40 % am Markt sinkt. Am Bilanzstichtag zum 31. Dezember hat die Fabrik noch den halben Bestand an Motoren auf Lager.

   Aufgabe:

   Bestimmen Sie den Wert, mit dem der Lagerbestand an Motoren zum 31. Dezember handels- und steuerrechtlich zu bewerten ist!

2. Im Laufe des Jahres kauft die Würzburger Industriewaren GmbH einen Posten von 20 Stück einer Handelsware zu je 1 500,00 EUR zuzüglich 19 % USt.

   Durch eine Preissteigerung steigt der Wert eines Stücks am Jahresende auf netto 1 600,00 EUR an. Restbestand: 12 Stück.

   Aufgabe:

   Bestimmen Sie den Wert, mit dem der Restposten zu bewerten ist!

3. Die Möbelfabrik Karl Braun e. Kfm. kauft 400 m² Eichenfurnier zum Listeneinkaufspreis von 18 000,00 EUR zuzüglich 19 % USt. Der Lieferer gewährt 15 % Rabatt und 3 % Skonto. Die Bezugskosten betragen insgesamt 561,00 EUR zuzüglich 19 % USt.

Überblick: Bewertung von Vorräten

Allgemeine Bewertungsvorschriften

Handelsrecht	§ 253 I, S. 1 HGB § 253 IV, S. 1 HGB	■ **Zugangsbewertung:** Bewertung zu Anschaffungs- bzw. Herstellungskosten ■ **Folgebewertung:** strenges Niederstwertprinzip – Anschaffungs- bzw. Herstellungskosten < als Markt- oder Börsenwert bzw. beizulegender Zeitwert → Anschaffungs- bzw. Herstellungskosten – Anschaffungs- bzw. Herstellungskosten > als Markt- oder Börsenwert bzw. beizulegender Zeitwert → Bewertung zu Markt- oder Börsenwert bzw. beizulegendem Zeitwert
Steuerrecht	§ 6 I, Nr. 2, S. 1 EStG § 6 I, Nr. 2, S. 2 EStG § 6 I, Nr. 2, S. 2 EStG	■ **Zugangsbewertung:** Bewertung zu Anschaffungs- bzw. Herstellungskosten ■ **Folgebewertung:** – Keine Teilwertabschreibung bei vorübergehender Wertminderung – Teilwertabschreibung Pflicht bei dauernder Wertminderung

Steuerrecht

Bewertungsvereinfachungsverfahren

	Fifo-Methode	Lifo-Methode	gewogene Durchschnittswertermittlung	permanente Durchschnittswertermittlung
Charakterisierung	■ zuerst eingekauft, zuerst verkauft ■ nur bei sinkenden Einkaufspreisen	■ zuletzt eingekauft ■ zuerst verkauft ■ nur bei steigenden Einkaufspreisen	gewogener Durchschnittspreis einer Periode	durchschnittliche Anschaffungskosten des Schlussbestands
Handelsrecht	erlaubt § 256, S. 1 HGB		erlaubt § 240 IV HGB	
Steuerrecht	verboten	erlaubt § 6 I, Nr. 2 a EStG		
Endgültige Bewertung	Es ist immer zu prüfen, ob nicht anstelle der mit dem Vereinfachungsverfahren ermittelten (durchschnittlichen) Anschaffungs- oder Herstellungskosten der niedrigere Markt- oder Börsenpreis bzw. beizulegender Zeitwert zu wählen ist (Niederstwerttest).			

Steuer recht

Wertaufholungsgebot

Handelsrecht	§ 253 V, S. 1 HGB	Bei späterem Wegfall der Abschreibungsgründe besteht ein Zuschreibungsgebot.
Steuerrecht	§ 6 I, Nr. 2, S. 3 EStG	Bei späterem Wegfall der Abschreibungsgründe besteht ein Zuschreibungsgebot.

Steuer recht

Aufgaben:

3.1 Berechnen Sie die Anschaffungskosten insgesamt und je m²!

3.2 Ermitteln Sie, mit welchem Wert am 31. Dez. der Restbestand von 150 m² Eichenfurnier zu bilanzieren ist, wenn der Einstandspreis auf 35,00 EUR je m² abgesunken ist!

3.3 Erläutern Sie, wie sich dieser Ansatz auf den Gewinn auswirkt!

4. Bei einer Betriebsprüfung wurde der Wertansatz für einen Bestand an Hilfsstoffen zum 31. Dezember von 42 000,00 EUR beanstandet.

Die Betriebsprüfung stellte anhand der Unterlagen Folgendes fest:

Einkaufspreis während des Jahres	40 000,00 EUR
darauf gewährte Rabatte	5 %
Eingangsfrachten	1 000,00 EUR

Aufgabe:

Beurteilen Sie, ob die Beanstandung zu Recht erfolgt ist!

5. Bei der Münchner Tele GmbH wurde der Bestand an SAT-Receivern im Laufe der Zeit durch folgende Einkäufe ergänzt:

Anfangsbestand: 400 Stück zu je 52,00 EUR

Einkäufe am:

3. Februar	610 Stück zu je 52,40 EUR	5. Juli	800 Stück zu je 53,10 EUR
14. April	1 200 Stück zu je 52,60 EUR	19. November	150 Stück zu je 58,00 EUR

Die Anschaffungskosten je Stück betrugen am 31. Dezember 56,20 EUR.
Restbestand: 120 Stück.

Aufgaben:

5.1 Bewerten Sie den Restvorrat am 31. Dezember nach dem Fifo-Verfahren und nach der gewogenen Durchschnittswertermittlung!

5.2 Bestimmen Sie, welcher Wert handels- und steuerrechtlich anzusetzen ist!

6. Für eine bestimmte Art von Hilfsstoffen liegen folgende Werte vor:

Anfangsbestand am 1. Januar:	80 Stück zu je 13,00 EUR
Einkauf am 15. Februar:	120 Stück zu je 13,50 EUR
Abgang am 14. April:	100 Stück zu je 13,30 EUR
Einkauf am 6. Juni:	140 Stück zu je 14,50 EUR
Abgang am 10. November:	60 Stück zu je 14,00 EUR
Preis am 31. Dezember:	12,80 EUR

Aufgaben:

6.1 Bewerten Sie den Restvorrat am 31. Dez. nach dem Lifo-Verfahren und nach der permanenten Durchschnittswertermittlung!

6.2 Nennen Sie den Wert, mit dem die Hilfsstoffe anzusetzen sind!

7. In einem Industriebetrieb entfallen auf den durch Inventur festgestellten Bestand an unfertigen Erzeugnissen folgende Kosten:

Fertigungsmaterial 12 000,00 EUR, Prüfung des Fertigungsmaterials 800,00 EUR, Lagerung 510,00 EUR, Fertigungslöhne 7 100,00 EUR, planmäßige Abschreibung auf Maschinen der Fertigung 1 280,00 EUR, außerplanmäßige Abschreibungen auf Maschinen der Fertigung 1 940,00 EUR, Gehälter in der Einkaufsabteilung 1 400,00 EUR, Forschungskosten 700,00 EUR, Lohnkosten für die Lohnabrechnung des Fertigungsbereichs 580,00 EUR, sonstige Fertigungsgemeinkosten 8 480,00 EUR, sonstige Materialgemeinkosten 4 420,00 EUR, freiwillige Sozialleistungen 1 080,00 EUR, betriebliche Altersversorgung 1 720,00 EUR, allgemeine Verwaltungskosten 2 940,00 EUR.

Aufgaben:

Ermitteln Sie den Wert, mit dem die unfertigen Erzeugnisse zu bilanzieren sind, wenn

7.1 ein möglichst niedriges Jahresergebnis,

7.2 ein möglichst hohes Jahresergebnis

angestrebt wird!

28 Speth u.a. - ISBN 978-3-8120-0521-0

8. Notieren Sie, welche der folgenden Aussagen richtig (r), welche falsch (f) sind!
(Entscheiden Sie bitte außerhalb des Buches!)

8.1 Der Begriff der Anschaffungskosten ist nach Handels- und Steuerrecht inhaltlich gleich definiert.

8.2 Zwischen dem Teilwert und den Herstellungskosten nach dem Steuerrecht bestehen keine Unterschiede.

8.3 Der Teilwert ist ein rein steuerrechtlicher Begriff.

8.4 Der Teilwert entspricht inhaltlich den Anschaffungskosten.

210 Bewertung des Umlaufvermögens

1. Die nach handelsrechtlichen Vorschriften ermittelten Herstellungskosten für produzierte Alu-Felgen betragen 196,00 EUR.

Aufgabe:

Erklären Sie, mit welchem Wert die 2 000 Felgen im Fertigwarenlager anzusetzen sind, wenn der Marktpreis vergleichbarer Konkurrenzprodukte bei 179,00 EUR liegt!

2. Im Dezember kauft ein Unternehmen für Behälterbau genormte Stahlbleche zum Preis von 840,00 EUR zuzüglich 19 % USt je Normeinheit. Am Jahresende ist noch ein Bestand von 42 Normeinheiten am Lager.

Aufgaben:

2.1 Durch einen überraschenden Konjunkturrückgang fällt der Wert einer Normeinheit auf 720,00 EUR netto ab. Erläutern Sie, mit welchem Wert die Normeinheiten zu bewerten sind!

2.2 Erläutern Sie, mit welchem Wert die Normeinheiten zu bewerten sind, wenn wegen einer regen Nachfrage nach Stahlblechen der Wert auf 890,00 EUR angestiegen ist!

3. Am Bilanzstichtag beträgt der Vorrat an Verpackungscontainern 68 Stück. Der Kauf erfolgte am 15. Juni 20.. zu netto 23,00 EUR je Stück.

Aufgabe:

Stellen Sie begründet dar, wie der Bestand am 31. Dezember 20.. handels- und steuerrechtlich zu bewerten ist, wenn der Marktpreis zum Bilanzstichtag 22,65 EUR/Stück beträgt!

6.4.2 Bewertung der Forderungen

6.4.2.1 Arten von Forderungen unter dem Gesichtspunkt ihrer Wertigkeit

Einwandfreie Forderungen	Ihre Bewertung in der Bilanz erfolgt nach § 253 I HGB und § 6 I, Nr. 2 EStG zum **Nennwert (Anschaffungskosten)**. Bei Forderungen aus Warenlieferungen entspricht das dem nach dem Kaufvertrag tatsächlich zu zahlenden Gegenwert. Für einwandfreie Forderungen kommt eine Abschreibung nicht in Betracht.	**Steuerrecht**
Zweifelhafte Forderungen	■ Diese sind mit ihrem **wahrscheinlichen Eingangswert** anzusetzen. Der Teil, von dem nach gewissenhafter Schätzung angenommen wird, dass er nicht eingeht, **muss** abgeschrieben werden. Dieser Zwang zur Abschreibung ergibt sich aus § 253 IV HGB.	
	■ Da davon auszugehen ist, dass es sich um eine Wertminderung von Dauer handelt, ist **steuerrechtlich** auch eine **Teilwertabschreibung vorzunehmen** [§ 6 I, Nr. 2, S. 2 EStG].	**Steuerrecht**
Uneinbringliche Forderungen	Ist eine **Forderung uneinbringlich**, so ist sie in der **entsprechenden Höhe abzuschreiben** [§ 253 IV HGB bzw. § 6 I, Nr. 2, S. 2 EStG].	**Steuerrecht**

6.4.2.2 Höhe der Abschreibung und die Behandlung der Umsatzsteuer bei der Abschreibung auf Forderungen

Der auf dem Forderungskonto ausgewiesene Bestand enthält die Umsatzsteuer. Da die Abschreibung vom **Nettowert der Forderungen** zu berechnen ist, muss die Umsatzsteuer in einer auf Hundert Rechnung herausgerechnet werden.

Beispiel für einen Forderungsausfall:	
Forderungen gegenüber der Maier GmbH einschließlich 19 % USt	5 950,00 EUR
− 19 % Umsatzsteuer	950,00 EUR
= Nettowert der Forderungen (Anschaffungskosten)	5 000,00 EUR
Wird die Forderung uneinbringlich, beträgt die Abschreibung 5 000,00 EUR.	

Der Forderungsausfall führt zu einer Korrektur der Umsatzsteuer in Höhe von 950,00 EUR. Die **Umsatzsteuerkorrektur** darf erst vorgenommen werden, wenn der **Ausfall der Forderung endgültig feststeht** [§ 17 II, Nr. 1 UStG]. Das bedeutet, dass auf einen – im Rahmen der Aufstellung des Jahresabschlusses – zunächst nur geschätzten Forderungsausfall keine Umsatzsteuerkorrektur vorgenommen werden darf.

> **Beachte:**
>
> Die Uneinbringlichkeit der Forderung steht spätestens fest, wenn die **Insolvenzeröffnung** über das Vermögen des Kunden eröffnet worden ist, und zwar **unabhängig** davon, ob eine **Insolvenzquote** zu erwarten ist.

Geht unerwartet von einer bereits abgeschriebenen Forderung ein Betrag ein, lebt die darin enthaltene Umsatzsteuer wieder als Steuerschuld auf. Der Nettobetrag der eingegangenen Forderung stellt einen Ertrag dar. Der Ertrag wird auf dem Konto **5460 Erträge aus abgeschriebenen Forderungen** gebucht.

- Die Abschreibung eines Forderungsausfalls erfolgt vom **Nettowert der Forderung**.
- Die Berichtigung der USt darf erst vorgenommen werden, wenn die **Höhe des Ausfalls endgültig feststeht**.
- Bei Zahlungseingängen für bereits abgeschriebene Forderungen lebt die Umsatzsteuer wieder auf.

6.4.2.3 Bewertungsverfahren bei Forderungen

(1) Einzelbewertung

Für alle Vermögensgegenstände gilt der Grundsatz der Einzelbewertung [§ 252 I, Nr. 3 HGB]. Danach ist davon auszugehen, dass am Bilanzstichtag grundsätzlich jede einzelne Forderung für sich zu bewerten ist. Die Einzelbewertung berücksichtigt damit das **individuelle Ausfallrisiko** beim Kunden.

(2) Pauschalbewertung[1]

Aus praktischen Gründen räumen die Finanzbehörden in begründeten Fällen die Möglichkeit der pauschalen Bewertung der Forderungen ein. Dabei wird zur Erfassung des erfahrungsgemäßen Kreditrisikos ein bestimmter Prozentsatz (2 %–5 %) vom gesamten Nettobetrag der Forderungen abgeschrieben.

Beispiel für eine Pauschalwertberichtigung:

Der ausgewiesene Gesamtwert der Forderungen am Ende des Geschäftsjahres beträgt einschließlich 19 % USt 238 000,00 EUR. Es soll erstmals eine Pauschalwertberichtigung gebildet werden. Die erfahrungsgemäße Ausfallquote beträgt 2 %.

Aufgabe:

Berechnen Sie die pauschale Wertberichtigung (Abschreibung)!

Lösung:

Gesamtwert der Forderungen am Ende des Geschäftsjahres	238 000,00 EUR
− 19 % Umsatzsteuer	38 000,00 EUR
= Nettowert der sicheren Forderungen	200 000,00 EUR

davon 2 % Ausfallquote = 4 000,00 EUR.

Übungsaufgabe

211 Stoffvertiefung Bewertung von Forderungen

1. Ein Kunde, von dem wir noch 7 140,00 EUR zu fordern haben (einschließlich 19 % Umsatzsteuer), gerät in Zahlungsschwierigkeiten. Am Jahresende wird der Forderungsausfall auf 30 % geschätzt.

   Aufgaben:

   1.1 Ermitteln Sie den Wert, mit welchem die Forderung in die Bilanz aufgenommen wird!

   1.2 Berechnen Sie die Wertberichtigung (Abschreibung) für diese Forderung!

   1.3 Nehmen Sie Stellung zu dieser Wertermittlung!

   1.4 Nehmen Sie Stellung zu der Frage der Umsatzsteuerkorrektur!

2. Der Forderungsbestand der Starnecker GmbH, der sich aus einer Vielzahl von Einzelforderungen zusammensetzt, beträgt am Ende des Geschäftsjahres insgesamt 1 904 000,00 EUR. Der erfahrungsmäßige Forderungsausfall beträgt 3 %.

   Aufgabe:

   Berechnen Sie den EUR-Betrag, der als pauschale Wertberichtigung angesetzt werden kann!

6.4.2.4 Buchungen bei der Abschreibung auf Forderungen

Sobald sich eine Forderung als zweifelhaft erweist, kann sie nach den Grundsätzen ordnungsmäßiger Buchführung von den einwandfreien Forderungen abgesondert und auf das Konto **2470 Zweifelhafte Forderungen** umgebucht werden. Da in der Praxis und in der computergestützten Finanzbuchhaltung eine solche Umbuchung im Allgemeinen nicht vorgenommen wird, verzichten wir im Folgenden auf eine solche Umbuchung. Stellt sich heraus, dass die Forderung ganz oder teilweise uneinbringlich ist, dann ist der unein-

---

1 Im Folgenden wird auf die Pauschalbewertung nicht eingegangen.

bringliche Teil der Forderung in Höhe des **Nettowertes** abzuschreiben. Der Kontenrahmen sieht hierfür das Konto **6951 Abschreibungen auf Forderungen** vor. Die darauf entfallende Umsatzsteuer ist nach § 17 I UStG zu berichtigen.

(1) Forderung ist in voller Höhe uneinbringlich

Beispiel:

Unser Kunde Franz Schnell e. Kfm. teilt uns am 5. Februar mit, dass er das Insolvenzverfahren beantragt hat. Unsere Forderung beträgt 5 950,00 EUR einschließlich 19 % USt. Am 1. Dezember wird das Insolvenzverfahren abgeschlossen. Der Insolvenzverwalter teilt uns mit, dass wir keine Zahlung aus dem Insolvenzverfahren erhalten.

Aufgaben:

1. Nehmen Sie die erforderlichen Buchungen auf Konten vor!
2. Bilden Sie die Buchungssätze für die Buchung der Umsatzsteuerkorrektur am 5. Februar und für den endgültigen Forderungsausfall am 1. Dezember!

Lösungen: [1]

Zu 1.: Buchung auf den Konten

S	2400 Ford. a. Lief. u. Leist.		H
AB	23 800,00	4800	950,00
		6951	5 000,00
		8010	17 850,00
	23 800,00		23 800,00

S	4800 Umsatzsteuer		H
		2400	950,00

S	6951 Abschreib. a. Ford.		H
		2400	5 000,00

Zu 2.: Buchungssatz

Geschäftsvorfälle	Konten	Soll	Haben
Buchung der Umsatzsteuerkorrektur am 5. Februar.	4800 Umsatzsteuer an 2400 Ford. a. Lief. u. Leist.	950,00	950,00
Buchung des Forderungsausfalls am 1. Dezember.	6951 Abschreib. a. Ford. an 2400 Ford. a. Lief. u. Leist.	5 000,00	5 000,00

Erläuterungen:

- Mit der Beantragung des Insolvenzverfahrens am 5. Februar ist die volle Umsatzsteuer zu berichtigen, und zwar auch dann, wenn noch eine Insolvenzquote zu erwarten ist.[2]

- Mit dem Abschluss des Insolvenzverfahrens ist festgestellt, dass die gesamte Forderung uneinbringlich ist. Aus diesem Grund ist die gesamte Forderung am 1. Dezember abzuschreiben.

---

1 In den folgenden Fällen wird nur die **direkte Abschreibung** in Verbindung mit der **Einzelbewertung** der Forderungen dargestellt. Es werden nur die Fälle behandelt, bei denen die Zweifelhaftigkeit der Forderung und der Forderungsausfall in dieselbe Geschäftsperiode fallen.

2 **Hinweise zur Buchung:** „Wird über das Vermögen eines Unternehmens das **Insolvenzverfahren** eröffnet, werden die gegen ihn gerichteten Forderungen spätestens zu diesem Zeitpunkt unbeschadet einer möglichen Insolvenzquote in voller Höhe uneinbringlich [A 17.1 XV UStAE]. Führt der Abschluss des Insolvenzverfahrens zu einer Insolvenzquote, so ist der ausbezahlte Nettobetrag umsatzsteuerpflichtig.
UStAE: Umsatzsteuer-Anwendungserlass.

(2) Forderung ist teilweise uneinbringlich

Beispiel:

Mit unserem Kunden Hubert Wenz GmbH haben wir am 1. Februar einen freiwilligen Vergleich vereinbart. Unsere Forderung beträgt 5 950,00 EUR einschließlich 19 % USt. Nach Abschluss des Verfahrens überweist uns der Kunde am 11. Dezember eine Vergleichsquote von 60 % auf unser Bankkonto.

Aufgaben:

Nehmen Sie die erforderlichen Buchungen auf Konten vor und bilden Sie die Buchungssätze:

1. für die durch die Hubert Wenz GmbH veranlasste Banküberweisung am 11. Dezember!

2. für die Buchung des Forderungsausfalls!

Lösungen:

Zu 1.: Buchung auf den Konten

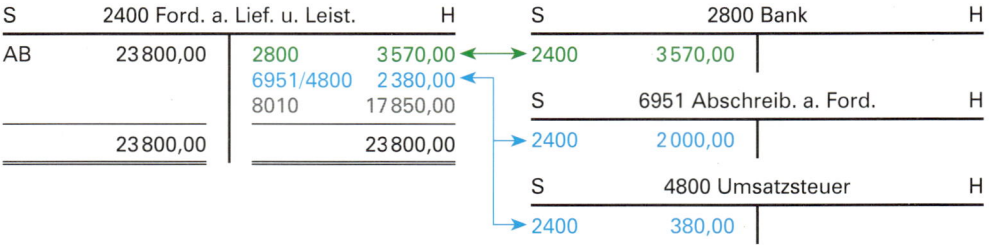

Zu 2.: Buchungssätze

Geschäftsvorfälle	Konten	Soll	Haben
1. Gutschrift der Vergleichsquote (60 % von 5 950,00 EUR = 3 570,00 EUR) am 11. Dez.	2800 Bank an 2400 Ford. a. Lief. u. Leist.	3 570,00	3 570,00
2. Buchung des Forderungsausfalls (40 % von 5 950,00 EUR = 2 380,00 EUR)	6951 Abschreib. a. Ford. 4800 Umsatzsteuer an 2400 Ford. a. Lief. u. Leist.	2 000,00 380,00	2 380,00

(3) Buchung der Umsatzsteuer bei Zahlungseingängen von bereits abgeschriebenen Forderungen

Geht unerwartet von einer bereits abgeschriebenen Forderung ein Betrag ein, lebt die darin enthaltene Umsatzsteuer wieder als Steuerschuld auf. Der Nettobetrag der eingegangenen Forderungen stellt einen Ertrag dar. Er wird auf dem Konto **5460 Erträge aus abgeschriebenen Forderungen** gebucht.

Beispiel:

Für eine bereits abgeschriebene Forderung gehen unerwartet 476,00 EUR einschl. 19 % Umsatzsteuer auf unserem Bankkonto ein.

Aufgabe:

Bilden Sie den Buchungssatz!

Lösung:

Konten	Soll	Haben
2800 Bank an 5460 Erträge aus abgeschriebenen Forderungen an 4800 Umsatzsteuer	476,00	400,00 76,00

> Bei Zahlungseingängen für bereits abgeschriebene Forderungen lebt die Umsatzsteuer wieder auf.

Überblick: Bewertungsregeln zur Bewertung von Forderungen aus Lieferungen und Leistungen

	Bei Anschaffung (Normalfall)	Bei vorübergehender Wertminderung	Bei dauernder Wertminderung	Bei späterem Wegfall der Abschreibungsgründe
Handelsrecht	Anschaffungskosten (AK) § 253 I, S. 1 HGB	Abschreibungspflicht § 253 IV, S. 1 HGB	Abschreibungspflicht § 253 IV, S. 1 HGB	Zuschreibungsgebot § 253 V HGB
Steuerrecht	Anschaffungskosten (AK) § 6 I, Nr. 2, S. 1 EStG	Abschreibung unzulässig, da voraussichtlich keine dauernde Wertminderung vorliegt § 6 I, Nr. 2, S. 2 EStG	Abschreibungspflicht § 6 I, Nr. 2, S. 2 EStG	Zuschreibungsgebot § 6 I, Nr. 2, S. 3 EStG

Übungsaufgabe

212 Buchungssätze zur Abschreibung auf Forderungen, Stoffvertiefung zu Abschreibungen auf Forderungen

Bilden Sie für die folgenden Geschäftsvorfälle die Buchungssätze!

1. Über das Vermögen unseres Kunden Herbert Kunst e. Kfm. wurde am 3. Februar beim zuständigen Amtsgericht das Insolvenzverfahren eingeleitet. Die Forderungen an Herbert Kunst e. Kfm. belaufen sich einschließlich 19 % USt auf 2 380,00 EUR.

   Am 5. Dezember des gleichen Jahres wird das Insolvenzverfahren abgeschlossen. Der Insolvenzverwalter teilt uns mit, dass keine Zahlung erfolgt.

2. Unser Kunde, die Franz Gutekunst KG, beantragt am 30. Januar einen freiwilligen (außergerichtlichen) Vergleich. Unsere Forderung an die Franz Gutekunst KG beträgt einschließlich 19 % USt 5 236,00 EUR.

   Am 10. Oktober des gleichen Jahres wird das Vergleichsverfahren abgeschlossen. Die Vergleichsquote beträgt 60 %. Die Vergleichsquote in Höhe von 3 141,60 EUR geht auf unserem Bankkonto ein.

3. Die Franz Klappert OHG teilt uns am 15. Januar schriftlich mit, dass sie die Zahlungen eingestellt hat und das Insolvenzverfahren eröffnet worden ist. Unsere Forderungen belaufen sich auf 2 499,00 EUR einschließlich 19 % USt.

   Am 16. September erhalten wir vom Insolvenzverwalter die Mitteilung, dass das Insolvenzverfahren abgeschlossen worden ist. Insolvenzquote: 8,5 %. Die Insolvenzquote in Höhe von 212,42 EUR geht auf unserem Bankkonto ein.

4. Vom Insolvenzverwalter erhalten wir aus dem Verfahren über unseren Kunden Herbert Kunst e. Kfm. (Geschäftsvorfall 1) doch noch eine Zahlung per Bankscheck in Höhe von 214,20 EUR.

5. Der Kunde Peter Friedrich teilt uns mit, dass er bei einem Verkehrsunfall schwer verletzt worden sei. Er habe hohe zusätzliche Ausgaben gehabt und sei nun zahlungsunfähig. Aufgrund der geringen Forderungshöhe von 178,50 EUR (einschließlich 19 % USt) verzichten wir auf eine gerichtliche Eintreibung und schreiben unsere Forderung ab.

6. Vom Amtsgericht erhalten wir am 20. August den Bescheid, dass uns in einer am 10. Mai beantragten Zwangsvollstreckung ein Betrag von 666,40 EUR überwiesen wurde. Unsere Forderung betrug 1 689,80 EUR. Eine Abschreibung auf die Forderung wurde bisher nicht vorgenommen.

7. Für eine im vergangenen Jahr abgeschriebene Forderung gehen unerwartet 1 487,50 EUR (einschließlich 19 % USt) auf unserem Bankkonto ein.

8. Durch ein Versehen unserer Mahnabteilung erfolgte die Mahnung an einen Kunden nicht rechtzeitig. Unsere Forderung in Höhe von 3 760,40 EUR (einschließlich 19 % USt) ist verjährt!

9. Begründen Sie, warum die Abschreibungen auf Forderungen vom Nettowert zu berechnen sind!

10. 10.1 Erläutern Sie, warum eine Umsatzsteuerkorrektur erforderlich ist, wenn Forderungen während des Jahres uneinbringlich werden!

    10.2 Erklären Sie, warum eine Umsatzsteuerkorrektur entfällt, wenn der Wert der Forderungen für die Bilanzerstellung geschätzt wird!

11. Im Falle eines Kunden kommt ein außergerichtlicher Vergleich zustande. Der Kunde überweist uns auf das Bankkonto 5 688,20 EUR einschließlich 19 % USt. Der Rest der Forderung in Höhe von 4 498,20 EUR ist abzuschreiben.

6.5 Bewertung von Schulden

Die Bewertungsvorschriften für das **Vermögen** sollen erreichen, dass die **Güter eher zu niedrig als zu hoch** angesetzt werden. Dieser Vorsichtsgedanke beherrscht auch die Bewertung der Verbindlichkeiten. Er führt dazu, dass **Schulden eher zu hoch als zu niedrig** angesetzt werden müssen. Dieses Prinzip nennt man **Höchstwertprinzip.**

6.5.1 Bewertung von Verbindlichkeiten

Verbindlichkeiten sind zu ihrem **Erfüllungsbetrag** anzusetzen [§ 253 I, S. 2 HGB].

Die Bewertung der Verbindlichkeiten zum Erfüllungsbetrag umfasst zum einen **Geldleistungsverpflichtungen** und zum anderen **Sach- und Dienstleistungsverpflichtungen.**

- **Geldleistungsverpflichtungen** sind zum **Rückzahlungsbetrag** anzusetzen.
- **Sach- und Dienstleistungsverpflichtungen** sind mit dem voraussichtlichen **Geldwert der Aufwendungen** anzusetzen, der zur Begleichung der Verbindlichkeiten im Erfüllungszeitpunkt erforderlich ist.

Da der Gesetzgeber die Preis- und Kostenverhältnisse im Erfüllungszeitpunkt der Verbind-
lichkeitsbewertung zugrunde legt, sind eintretende **Preis- und Kostenerhöhungen** bzw.
Preis- und Kostensenkungen zu berücksichtigen.

> **Beachte:**
>
> **Steuerrechtlich** sind die Verbindlichkeiten mit den **Anschaffungskosten** oder dem
> höheren **Teilwert** zu bilanzieren. Als Anschaffungskosten einer Verbindlichkeit gilt der
> Nennwert (Rückzahlungsbetrag oder Erfüllungsbetrag).

*Steuer-
recht*

6.5.2 Bewertung von Fremdwährungsverbindlichkeiten

6.5.2.1 Zugangsbewertung

Werden Waren oder Werkstoffe aus dem Ausland importiert und diese in der Währung
des exportierenden Landes fakturiert, so muss der Anschaffungswert durch Umrechnung
der Fremdwährung in EUR zum **Devisenkassamittelkurs**[1] des Anschaffungstags ermittelt
werden.

Für die Bewertung von Fremdwährungsverbindlichkeiten gilt folgende gesetzliche Bewertungsvorschrift:

> **Verbindlichkeiten,** die auf eine **fremde Währung lauten,** sind mit dem **Devisenkassa-
> mittelkurs des Bilanzstichtags** umzurechnen und der **ermittelte Wert** in der **Bilanz
> auszuweisen** [§ 256 a, S. 1 HGB].

> **Beispiel:**
>
> Die Textilfabrik Impex AG kauft in England
> Stoffe für 20 000,00 GBP gegen Rechnungs-
> stellung. Der Devisenkassamittelkurs beträgt
> GBP 0,7208.
>
> **Aufgabe:**
>
> Berechnen Sie den Rechnungsbetrag!

Lösung:

20 000,00 GBP : 0,7208 = 27 746,95 EUR

6.5.2.2 Folgebewertung

Am Bilanzstichtag bestehende Währungsverbindlichkeiten sind zum **Devisenkassamittelkurs** der entsprechenden Währung an diesem Tag zu bewerten. Dabei sind zwei Fälle zu
unterscheiden:

- **Fremdwährungsverbindlichkeiten** mit einer **Restlaufzeit** von **mehr als einem Jahr.**
- **Fremdwährungsverbindlichkeiten** mit einer **Restlaufzeit** von **einem Jahr oder weniger.**

---

1 Der **Devisenkassamittelkurs** ist der Kurs, der genau zwischen dem Geld- und dem Briefkurs liegt.

(1) Fremdwährungsverbindlichkeiten mit einer Restlaufzeit von mehr als einem Jahr

- Die **Fremdwährungsverbindlichkeit** ist mit dem **Devisenkassamittelkurs des Abschlussstichtags** umzurechnen [§ 256 a, S. 1 HGB] und mit dem Wertansatz zum **Zahlungszeitpunkt** zu vergleichen.
- Nach dem **Höchstwertprinzip** muss die **Verbindlichkeit** mit dem **höheren Wert** bilanziert werden [§ 253 I, S. 2 HGB].

Aus der gesetzlichen Bewertungsvorschrift ergeben sich **zwei Bewertungsmöglichkeiten**:

- Ist der **Devisenkassamittelkurs (Tageskurs)** am Bilanzstichtag **niedriger als der Zugangskurs**, führt das zu einem höheren Eurowert der Verbindlichkeiten. Daher muss der **Wert des Bilanzstichtags** in der Bilanz ausgewiesen werden. Währungsverluste müssen auch vor ihrer Realisation ausgewiesen werden (**Imparitätsprinzip**).
- Liegt der **Devisenkassamittelkurs (Tageskurs)** am Bilanzstichtag **höher als der Zugangskurs**, führt das zu einem niedrigeren Eurowert der Verbindlichkeiten. Daher muss aus Gründen der kaufmännischen Vorsicht die Verbindlichkeit in der Bilanz mit dem **Zugangswert** ausgewiesen werden (**Höchstwertprinzip**). Währungsgewinne dürfen vor der Realisation nicht ausgewiesen werden (**Realisationsprinzip**).

Beachte:

Steuerrechtlich gilt das **Anschaffungskostenprinzip**, d.h., übliche Währungskursschwankungen auf Devisenmärkten sind nicht zu berücksichtigen. Nur bei einer **nachhaltigen Kursveränderung** ist eine Erhöhung der Verbindlichkeit zulässig [§ 6 I, Nr. 3, S. 1, HS 1 i.V.m. § 6 I, Nr. 2 EStG].

Steuer-
recht

Beispiel:

Am 20. November 20.. nimmt ein Industrieunternehmen ein Liefererdarlehen in Höhe von 81 000,00 USD in Anspruch. Die Laufzeit beträgt 2 Jahre. Es wird nach der Umrechnung in EUR mit 54 800,00 EUR gebucht.

Aufgabe:

Erläutern Sie, wie die Verbindlichkeiten beim Jahresabschluss zum 31. Dezember 20.. zu bewerten sind, wenn im 1. Fall der Wert am Bilanzstichtag 54 200,00 EUR und im 2. Fall der Wert am Bilanzstichtag 56 100,00 EUR beträgt!

Lösung:

1. Fall: Das Liefererdarlehen darf nicht mit dem niedrigeren Tageswert bewertet werden, da sonst ein noch nicht realisierter Gewinn von 600,00 EUR ausgewiesen würde. Der Ansatz bleibt unverändert mit den höheren **Anschaffungskosten.**

Bilanzansatz = <u>54 800,00 EUR</u>

2. Fall: Nach dem **Höchstwertprinzip** ist der höhere Rückzahlungsbetrag anzusetzen. Noch nicht realisierte Verluste sind zum Bilanzstichtag auszuweisen. Der Ansatz erfolgt zum höheren **Tageswert.**

Bilanzansatz = <u>56 100,00 EUR</u>

Der höhere Bilanzansatz führt zu einer Verschlechterung des Unternehmensergebnisses, weil durch die Passivierung der Differenz zwischen dem bisherigen Wert und dem Wert des Bilanzansatzes der sonstige betriebliche Aufwand steigt.

Steuerrechtlich bleibt es beim Ansatz in Höhe von 54 800,00 EUR. Begründung: Es liegt keine nachhaltige Kursänderung vor. **Steuerrecht**

(2) Fremdwährungsverbindlichkeiten mit einer Restlaufzeit von einem Jahr oder weniger

- Die **Fremdwährungsverbindlichkeit** ist mit dem **Devisenkassamittelkurs des Bilanzstichtags** umzurechnen [§ 256 a, S. 1 HGB] und der **ermittelte Wert in der Bilanz auszuweisen.**

- Die § 253 I, S. 2 HGB (Verbindlichkeiten sind zu ihrem Erfüllungsbetrag anzusetzen) und § 252 I, Nr. 4 Halbsatz 2 (Gewinne sind nur zu berücksichtigen, wenn sie am Abschlusstag realisiert sind) sind **nicht anzuwenden** [§ 256 a, S. 2 HGB].

Die gesetzliche Bewertungsvorschrift bedeutet, das **Höchstwertprinzip** sowie das **Realisations- und Imparitätsprinzip** sind **nicht anzuwenden.** Es ist somit möglich, dass der Bilanzansatz zum **Ausweis eines nicht realisierten Kursgewinns** führt.

Beispiel:

Die Franz Weise GmbH nimmt am 31.05.20.. einen Liefererkredit in Höhe von 60 000,00 CHF für 8 Monate in Anspruch. Devisenkassamittelkurs zum Zugangszeitpunkt 1,10 CHF/EUR.

Aufgaben:

1. Berechnen Sie die Anschaffungskosten zum Zugangszeitpunkt!

2. Bewerten Sie die Verbindlichkeiten beim Jahresabschluss, wenn im 1. Fall der Devisenkassamittelkurs 1,08 CHF/EUR und im 2. Fall der Devisenkassamittelkurs 1,12 CHF/EUR beträgt!

Lösungen:

Zu 1.: 60 000,00 CHF : 1,10 CHF/EUR = 54 545,45 EUR

Zu 2.: **1. Fall:** 60 000,00 CHF : 1,08 CHF/EUR = 55 555,56 EUR

Bilanzansatz: 55 555,56 EUR. Es entsteht ein Währungsverlust in Höhe von 1 010,11 EUR.

Steuerrechtlich darf eine Änderung der Anschaffungskosten bei Fremdwährungsverbindlichkeiten nur vorgenommen werden, wenn die Kursänderung **dauernd** ist. Die Fremdwährungsverbindlichkeit wird daher weiterhin mit 54 545,45 EUR bewertet. **Steuerrecht**

2. Fall: 60 000,00 CHF : 1,12 CHF/EUR = 53 571,43 EUR

Bilanzansatz: 53 571,43 EUR. Es entsteht ein Währungsgewinn in Höhe von 974,02 EUR. Das Anschaffungskosten- und Realisationsprinzip darf nicht beachtet werden.

Steuerrechtlich ist weiterhin mit 54 545,45 EUR zu bewerten, denn steuerrechtlich gilt das Realisationsprinzip. **Steuerrecht**

6.5.3 Bewertung von Bankdarlehen

(1) Zugangsbewertung

Darlehen werden häufig unter Abzug eines Disagios (eines einmaligen „Zinsvoraus") ausbezahlt. Das **Disagio (Damnum)** ist der Unterschiedsbetrag zwischen der Darlehenssumme und dem Auszahlungsbetrag. Da das Darlehen in Höhe der Darlehenssumme zurückgezahlt werden muss, ist der **Rückzahlungsbetrag gleichzeitig der Erfüllungsbetrag.**

- Der **Darlehensbetrag** ist mit dem **Erfüllungsbetrag** anzusetzen [§ 253 I, S. 2 HGB].
- Für das **Disagio** besteht ein **Aktivierungswahlrecht** [§ 250 III, S. 1 HGB]. Wird von diesem **Aktivierungswahlrecht Gebrauch gemacht,** ist das Disagio in den **Rechnungsabgrenzungsposten** der Aktivseite einzustellen.

Steuerrechtlich ist das **Disagio zu aktivieren** und über die Laufzeit des Kredits **planmäßig abzuschreiben.**   Steuerrecht

(2) Folgebewertung

Für die Folgebewertung des Disagios ist entscheidend, ob das Unternehmen von seinem Aktivierungswahlrecht Gebrauch macht. Ist dies der Fall, ist das Unternehmen verpflichtet, das Disagio jeweils am Ende des Geschäftsjahres durch planmäßige Abschreibung über die Laufzeit des Darlehens zu tilgen.

- Wird das **Disagio aktiviert,** ist es über die Laufzeit des Kredits **planmäßig abzuschreiben** [§ 250 III, S. 2 HGB].
- Wird von dem **Aktivierungsrecht kein Gebrauch** gemacht, ist das Disagio in der laufenden Rechnungsperiode als **Aufwand** zu buchen.

Beispiel:

Wir nehmen am 5. Januar ein Festdarlehen bei unserer Bank in Höhe von 60 000,00 EUR auf. Auszahlungssatz: 96 %. Laufzeit 4 Jahre. Das Disagio in Höhe von 2 400,00 EUR wird als Zinsaufwand auf die Laufzeit des Darlehens verteilt (abgeschrieben).

Aufgaben:

1. Bilden Sie den Buchungssatz bei der Darlehensaufnahme am 5. Januar!

2. Bilden Sie den Buchungssatz am Bilanzstichtag 31. Dezember!

3. Geben Sie an, welche Bilanzwerte sich hinsichtlich des Darlehens am Ende des ersten Jahres ergeben!

4. Das Aktivierungswahlrecht wird nicht genutzt. Bilden Sie den Buchungssatz!

Lösungen:

Zu 1.: Buchung am 5. Januar

Geschäftsvorfall	Konten	Soll	Haben
Wir nehmen ein Darlehen in Höhe von 60 000,00 EUR auf. Auszahlungssatz: 96 %. Der Auszahlungsbetrag wird auf dem Bankkonto gutgeschrieben.	2800 Bank 2900 Aktive Jahresabgrenz. an 4250 Langfr. Bankverbindl.	57 600,00 2 400,00	60 000,00

Erläuterungen:

- Die Darlehensschuld muss mit dem Erfüllungsbetrag von 60 000,00 EUR passiviert werden. Dies erfolgt auf dem Konto **4250 Langfristige Bankverbindlichkeiten.**
- Das Disagio in Höhe von 2 400,00 EUR wird auf dem Konto **2900 Aktive Jahresabgrenzung** aktiviert.
- Die Auszahlung in Höhe von 57 600,00 EUR wird als Guthaben auf dem Konto **2800 Bank** gebucht.

Zu 2.: Buchung am 31. Dezember

Geschäftsvorfall	Konten	Soll	Haben
Abschreibung des Disagios im ersten Jahr.	7590 Sonst. zinsähnl. Aufwend. an 2900 Akt. Jahresabgrenzung	600,00	600,00

Erläuterungen:

- Jeweils am 31. Dezember wird vom Konto **2900 Aktive Jahresabgrenzung** der zeitanteilige Jahresbetrag in Höhe von 600,00 EUR abgeschrieben.
- Da das Disagio betriebswirtschaftlich als ein „Zinsvoraus" zu verstehen ist, wird als Gegenkonto das Aufwandskonto **7590 Sonstige zinsähnliche Aufwendungen** angesprochen.

Zu 3.: Bilanzwerte am Ende des 1. Jahres

Langfr. Bankverbindlichkeiten   60 000,00 EUR
Aktive Jahresabgrenzung   1 800,00 EUR

Zu 4.: Disagio wird nicht aktiviert

Wird vom Aktivierungswahlrecht kein Gebrauch gemacht, ist das Disagio als Aufwand zu buchen. Wird das Disagio z. B. durch Banküberweisung beglichen, lautet der Buchungssatz:

Konten	Soll	Haben
7590 Sonst. zinsähnl. Aufwendungen an 2800 Bank	2 400,00	2 400,00

Überblick: Bewertung von Währungsverbindlichkeiten			
	Zugangsbewertung	Folgebewertung	
		Restlaufzeit von mehr als einem Jahr	Restlaufzeit von einem Jahr oder weniger
Handelsrecht	Umrechnung zum Devisenkassamittelkurs § 256 a HGB	■ Umrechnung am Abschlussstichtag zum Devisenkassamittelkurs § 256 a, S. 1 HGB ■ **Anwendung** des – Höchstwertprinzips [§ 253 I, S. 1 HGB] – Realisations- und Imparitätsprinzips [§ 252 I, Nr. 4 HGB]	■ Umrechnung am Abschlussstichtag zum Devisenkassamittelkurs ■ **Keine Anwendung** des Höchstwertprinzips und des Realisations- und Imparitätsprinzips [§ 256 a, S. 2 HGB]

Steuerrecht	Es gilt das Anschaffungskostenprinzip. Eine Erhöhung oder Absenkung der Verbindlichkeiten (in EUR) ist nur bei einer nachhaltigen Kursveränderung zulässig.

Überblick: Bewertung von Bankdarlehen

Darlehensart	HGB	Inhalt	EStG
Darlehen ohne Disagio	§ 253 I, S. 2 HGB	Erfüllungsbetrag	§ 6 I Nr. 3 EStG (Rückzahlungsbetrag)
Darlehen mit Disagio ■ Bilanzierung des Darlehensbetrags ■ Bilanzierung des Disagios	§ 253 I, S. 2 HGB § 250 III HGB	■ Erfüllungsbetrag ■ Aktivierung und planmäßige Abschreibung (Wahlrecht) oder Buchung als Aufwand	■ § 6 I Nr. 3 EStG (Aktivierungspflicht) ■ Aktivierungspflicht und planmäßige Abschreibung

Übungsaufgaben

213 Bewertung von Verbindlichkeiten

1. Erläutern Sie, mit welchem Wert Verbindlichkeiten bei der Entstehung grundsätzlich zu bewerten sind!

2. Nennen Sie den Wert, der dem Rückzahlungsbetrag bei Verbindlichkeiten aus Lieferungen und Leistungen entspricht!

3. Erläutern Sie das Vorsichtsprinzip bei der Bewertung von Verbindlichkeiten!

4. Geben Sie an, wie eine Verbindlichkeit zu bewerten ist, wenn sich im Vergleich zur Entstehung zum Zeitpunkt der Bilanzaufstellung eine voraussichtlich vorübergehende Werterhöhung eingestellt hat
   4.1 in der Handelsbilanz,
   4.2 in der Steuerbilanz!

214 Bewertung von Fremdwährungsverbindlichkeiten

1. Eine Liefererverbindlichkeit im Wert von 12 000,00 USD und mit einer Laufzeit von 15 Monaten wurde am Entstehungstag zum damaligen Devisenkassamittelkurs mit 8 850,00 EUR bilanziert. Am 31. Dezember 20.. beträgt der Tageswert 9 030,00 EUR.

   Aufgaben:

   1.1 Ermitteln Sie handels- und steuerrechtlich den Bilanzwert zum 31. Dezember 20..!

   1.2 Erläutern Sie die Auswirkung, die der Anstieg des Devisenkassamittelkurses auf das Unternehmensergebnis hat!

2. Die Verbindlichkeiten aus Rohstofflieferungen belaufen sich am 31. Dezember 20.. auf 29 500,00 EUR. Da wir die Schulden zu Beginn des neuen Jahres unter Abzug von 3 % Skonto begleichen wollen, werden sie in der Bilanz mit 28 615,00 EUR ausgewiesen.

   Aufgabe:

   Nehmen Sie hierzu Stellung!

3. Eine Liefererverbindlichkeit in Höhe von 22 000,00 CHF und mit einer Restlaufzeit von 24 Monaten wurde am 31. Dezember 16 (Bilanzstichtag) zum damaligen Devisenkassamittelkurs von 1,1205 bilanziert.

Aufgaben:

Bewerten Sie die Liefererverbindlichkeiten, wenn

3.1 am 31. Dezember 17 der Devisenkassamittelkurs 1,1413 beträgt!

3.2 am 31. Dezember 17 der Devisenkassamittelkurs 1,1140 beträgt!

4. In dem Posten Verbindlichkeiten aus Lieferungen und Leistungen sind zwei Rechnungen eines Lieferers mit einem Ziel von 4 Monaten enthalten:

Rechnung 1 vom 12. September 20..: 120 000,00 GBP
Rechnung 2 vom 12. November 20..: 100 000,00 GBP.

Für GBP wurden folgende Devisenkassamittelkurse notiert:

12. September 20..: EUR 0,7269
12. November 20..: EUR 0,7558
31. Dezember 20..: EUR 0,7351

Aufgaben:

4.1 Ermitteln Sie den Rechnungsbetrag der beiden Rechnungen!

4.2 Berechnen Sie, mit welchem Wert die beiden Rechnungen in der Handels- und Steuerbilanz zum 31. Dezember 20.. ausgewiesen werden müssen!

4.3 Beschreiben Sie, wie das Unternehmensergebnis durch die Bewertung beeinflusst wird!

4.4 Erläutern Sie, ob in dem vorliegenden Fall handelsrechtlich das Höchstwertprinzip und das Realisationsprinzip zur Anwendung kommen!

5. Eine Maschinenfabrik hat Fertigteile aus Schweden im Wert von 15 200 SEK bezogen. Vereinbart ist ein Zahlungsziel von 60 Tagen. Der Devisenkassamittelkurs am Buchungstag der Rechnung (15. November) beträgt 8,6213 SEK/EUR. Am 31. Dezember (Bilanzstichtag) beträgt der Devisenkassamittelkurs 8,6425 SEK/EUR.

Aufgabe:

Bestimmen Sie, mit welchem Wert die Verbindlichkeiten am 31. Dezember zu bilanzieren sind! Begründen Sie Ihre Entscheidung!

6. Erklären Sie, wie sich ein in der Fremdwährung vereinbarter Preis einer Importware auf den Europreis auswirkt, wenn

6.1 der Kurs für den Euro steigt,

6.2 der Kurs für den Euro sinkt!

7. Erklären Sie, wie bei einer vereinbarten Verbindlichkeit mit einer Restlaufzeit von 18 Monaten zu reagieren ist, wenn sich am Bilanzstichtag herausstellt, dass im Vergleich zum Rechnungseingang

7.1 der Kurs für einen Euro gestiegen ist,

7.2 der Kurs für einen Euro gesunken ist!

215 Bewertung von Bankdarlehen, Disagio

1. Die Planbau GmbH nimmt am 5. Januar 20.. ein Darlehen in Höhe von 200 000,00 EUR auf. Es wird ein Disagio von 4 % vereinbart. Die Laufzeit beträgt 6 Jahre.

   Aufgaben:

   1.1 Ermitteln Sie, welcher Betrag der Planbau GmbH auf dem Konto gutgeschrieben wird!

   1.2 Nennen Sie den Betrag, mit welchem das Darlehen auszuweisen ist!

   1.3 Stellen Sie die Möglichkeiten für die Bilanzierung des Disagios nach Handelsrecht und nach Steuerrecht dar!

2. Die Franz Wilke AG nimmt am 15. Mai 20.. ein Fälligkeitsdarlehen bei ihrer Hausbank in Höhe von 140 000,00 EUR auf. Auszahlungssatz ist 97 %. Laufzeit: 6 Jahre. Das Disagio wird aktiviert und als Zinsaufwand auf die Laufzeit des Darlehens abgeschrieben.

   Aufgaben:

   2.1 Ermitteln Sie die Zugangsbewertung bei der Darlehensaufnahme am 15. Mai!

   2.2 Führen Sie die Folgebewertung zum Jahresende im Zusammenhang mit dem Darlehen durch!

3. Die Power Systems AG nimmt am 1. Juli 20.. ein Ratentilgungsdarlehen bei ihrer Hausbank in Höhe von 800 000,00 EUR auf. Laufzeit: 5 Jahre. Das Disagio beträgt 2 %. Vom Aktivierungsrecht des Disagios wird kein Gebrauch gemacht.

   Aufgaben:

   3.1 Ermitteln Sie die Zugangsbewertung bei der Darlehensaufnahme am 1. Juni!

   3.2 Geben Sie die Folgebewertung des Darlehens am Ende des ersten Jahres an!

4. Wir nehmen am 10. Oktober 20.. ein Fälligkeitsdarlehen bei unserer Hausbank in Höhe von 80 000,00 EUR auf. Laufzeit: 5 Jahre. Das Disagio beträgt 2 %. Vom Aktivierungsrecht des Disagios wird kein Gebrauch gemacht.

   Aufgaben:

   4.1 Bilden Sie den Buchungssatz bei der Darlehensaufnahme am 10. Oktober!

   4.2 Geben Sie den Bilanzansatz des Darlehens am Ende des ersten Jahres an!

5. Die Salvaner Holding AG nimmt zum 1. November ein Darlehen zu folgenden Konditionen bei ihrer Hausbank auf: Nennbetrag 800 000,00 EUR, Auszahlung 98 %, Laufzeit 5 Jahre, Tilgung in einer Summe am Laufzeitende, Zinssatz 4 % p. a.

   Das Darlehen wird bis zum Jahresende (31. 12.) nicht genutzt. Die Auszahlung erfolgt auf das Konto bei der Hausbank. Die Auswirkungen der jährlichen Zinsen sollen unberücksichtigt bleiben.

   Aufgabe:

   Begründen und ermitteln Sie für die Darlehensaufnahme die betragsmäßigen Auswirkungen auf die einzelnen Bilanzposten zum Jahresende!

6. Die Franz Weber GmbH erhält ein Darlehen von ihrer Hausbank in Höhe von 480 000,00 EUR, Auszahlung 98 %, Laufzeit 10. 02. 19–10. 02. 24, Rückzahlung am Ende der Laufzeit in einer Summe.

   Das Unternehmen zielt darauf ab, einen möglichst hohen Jahresüberschuss auszuweisen.

   Aufgaben:

   6.1 Bilden Sie den Buchungssatz für die Kreditaufnahme am 10. 02. 19!

   6.2 Notieren Sie, wie der Buchungssatz lauten würde, wenn die Franz Weber GmbH einen möglichst geringen Jahresüberschuss ausweisen möchte!

   6.3 Stellen Sie dar, mit welchem Wert das Darlehen am Bilanzstichtag auszuweisen ist! Bilden Sie die entsprechenden Buchungssätze!

7 Jahresabschluss bei Kapitalgesellschaften nach HGB – Ziele und rechtliche Vorgaben

7.1 Bestandteile des Jahresabschlusses, Aufstellungs-, Prüfungs- und Offenlegungspflicht

(1) Bestandteile des Jahresabschlusses

Bestandteile des **Jahresabschlusses** bei Kapitalgesellschaften sind nach den §§ 264 I, S. 1; 242 HGB

- die **Bilanz,**
- die **Gewinn- und Verlustrechnung** und
- der **Anhang.**

Darüber hinaus müssen alle großen und mittelgroßen Kapitalgesellschaften ihren Jahresabschluss zusätzlich durch einen **Lagebericht** ergänzen [§ 264 I, S. 1 in Verbindung mit § 289 HGB]. Der Lagebericht gilt **nicht** als **Bestandteil des Jahresabschlusses.**

(2) Abhängigkeit der Rechnungslegungsvorschriften von der Größe der Kapitalgesellschaft

Maßgebend für den Zeitpunkt der Aufstellungspflicht, den Umfang der Prüfungspflicht und die Art der Offenlegungspflicht ist die Größe der Kapitalgesellschaft (KapG). Es wird zwischen kleinsten, kleinen, mittelgroßen und großen Kapitalgesellschaften unterschieden [§ 267 I bis III HGB].

Merkmale Größenklasse	Bilanzsumme Mio. EUR	Umsatzerlöse Mio. EUR	Durchschnittliche Anzahl der Arbeitnehmer
Kleinst-KapG	bis einschl. 0,35	bis einschl. 0,7	bis einschl. 10
kleine KapG	über 0,35 bis 6	über 0,7 bis 12	über 10 bis 50
mittelgroße KapG	über 6 bis 20	über 12 bis 40	über 50 bis 250
große KapG	über 20	über 40	über 250

Für die Einordnung in eine der vier Größenklassen müssen zwei der drei angegebenen Merkmale an zwei aufeinanderfolgenden Bilanzstichtagen erfüllt sein [§ 267 IV HGB]. Außerdem gelten Kapitalgesellschaften auch dann als groß, wenn sie einen organisierten Markt[1] durch von ihnen ausgegebene Wertpapiere[2] in Anspruch nehmen oder die Zulassung derartiger Wertpapiere zum Handel an einem organisierten Markt beantragt haben [§§ 267 III, 264 d HGB].

---

1 **Organisierte Märkte** im Sinne des Wertpapierhandelsgesetzes sind Märkte, die von staatlich anerkannten Stellen (vor allem durch die „Bundesanstalt für Finanzdienstleistungsaufsicht") geregelt und überwacht werden, regelmäßig stattfinden und für das Publikum (z. B. Käufer und Verkäufer der Effekten) unmittelbar oder mittelbar zugänglich sind.

2 Hierzu gehören z. B. Aktien, Zertifikate, die Aktien vertreten, Schuldverschreibungen und Investmentzertifikate der Kapitalanlagegesellschaften.

449

29 Speth u.a. - ISBN 978-3-8120-0521-0

(3) Aufstellungs- und Prüfungspflicht

Art der Kapital-gesellschaft	Aufstellungspflicht	Prüfungspflicht
Große und mittel-große Kapital-gesellschaften	Sie haben den Jahresabschluss und den Lagebericht in den **ersten drei Monaten des Geschäftsjahres** für das vergangene Geschäftsjahr aufzustellen [§ 264 I, S. 3 HGB].	Sie müssen ihren Jahresabschluss mit Lagebericht durch einen **Abschlussprüfer** prüfen lassen [§ 316 I, S. 1 HGB]. Der Jahresab-schluss ist unter **Einbeziehung der Buchführung** zu prüfen [§ 317 I, S. 1 HGB].
Kleine Kapital-gesellschaften und Kleinstkapital-gesellschaften	Sie können ihren Jahresabschluss innerhalb der **ersten sechs Monate** des Geschäftsjahres aufstellen [§ 246 I, S. 4 HGB].	Sie sind von der **Abschlussprüfung** befreit [§ 316 I, S. 1 HGB].

(4) Offenlegungspflicht[1]

	Große Kapitalgesellschaft	Mittelgroße Kapitalgesellschaft	Kleine Kapitalgesellscahft
Bilanz, GuV	Ungekürzte Gliederung ■ Bilanz [§ 266 II, III HGB] ■ GuV [§ 275 HGB]	■ Ungekürzte Bilanz [§ 266 II, III HGB] ■ Verkürzte GuV [§ 276 HGB]	Verkürztes Schema ■ Bilanz [§ 266 I HGB] ■ GuV [§ 276 HGB]
Anhang[2]	Alle Erläuterungen und Ergänzungen nach § 284 II, III HGB	Teilweise Freistellung von Berichtspflicht [§ 276 II HGB]	Weitgehende Freistel-lung [§ 288 I HGB]
Lagebericht[3]	Berichtspflicht nach § 289 HGB		Keine Berichtspflicht

7.2   Bilanz

7.2.1   Gliederung der Bilanz nach § 266 II, III HGB

Die Bilanz ist grundsätzlich in Kontoform aufzustellen. Das gilt unabhängig von der Rechtsform für alle Unternehmen. Für große und mittelgroße Kapitalgesellschaften gelten uneingeschränkt die durch § 266 HGB vorgegebenen Gliederungsgesichtspunkte: Grob-gliederung (nach großen Buchstaben A bis C), Untergliederung (in römischen Ziffern) und weitere Untergliederung (mit arabischen Ziffern) sowie die Bezeichnungen und die Reihenfolge der einzelnen Bilanzposten.

---

1 Die Tabelle ist angelehnt an: Wöhe/Döring: Einführung in die Allgemeine Betriebswirtschaftslehre, 24. Aufl., S. 279, München 2010.

2 Zu Einzelheiten siehe S. 456.

3 Siehe S. 458.

Gliederung der Bilanz [§ 266 II, III HGB]

Aktiva	Bilanz	Passiva

A. Anlagevermögen:

  I. Immaterielle Vermögensgegenstände:
    1. Selbst geschaffene gewerbliche Schutz-rechte und ähnliche Rechte und Werte;
    2. entgeltlich erworbene Konzessionen, gewerbliche Schutzrechte und ähnliche Rechte sowie Lizenzen an solchen Rechten und Werten;
    3. Geschäfts- oder Firmenwert;
    4. geleistete Anzahlungen;

  II. Sachanlagen:
    1. Grundstücke, grundstücksgleiche Rechte u. Bauten einschl. der Bauten a. fr. Grund-stücken;
    2. technische Anlagen und Maschinen;
    3. and. Anlagen, Betr.- u. Geschäftsausstatt.;
    4. geleistete Anzahlungen u. Anlagen im Bau;

  III. Finanzanlagen:
    1. Anteile an verbundenen Unternehmen;
    2. Ausleihungen an verbundene Unterneh-men;
    3. Beteiligungen;
    4. Ausleihungen an Unternehmen, mit denen ein Beteiligungsverhältnis besteht;
    5. Wertpapiere des Anlagevermögens;
    6. sonstige Ausleihungen.

B. Umlaufvermögen:

  I. Vorräte:
    1. Roh-, Hilfs- und Betriebsstoffe;
    2. unfertige Erzeugnisse, unfertige Leistun-gen;
    3. fertige Erzeugnisse und Waren;
    4. geleistete Anzahlungen;

  II. Forderungen und sonstige Vermögensgegen-stände:
    1. Ford. a. Lieferungen u. Leistungen;
    2. Ford. gegen verbundene Unternehmen;
    3. Forderungen gegen Unternehmen, mit denen ein Beteiligungsverhältnis besteht;
    4. sonstige Vermögensgegenstände;

  III. Wertpapiere:
    1. Anteile an verbundenen Unternehmen;
    2. sonstige Wertpapiere;

  IV. Kassenbestand, Bundesbankguthaben, Gut-haben bei Kreditinstituten und Schecks.

C. Rechnungsabgrenzungsposten.

D. Aktive latente Steuern.

E. Aktiver Unterschiedsbetrag aus der Vermögens-verrechnung.

A. Eigenkapital:

  I. Gezeichnetes Kapital;

  II. Kapitalrücklage;

  III. Gewinnrücklagen:
    1. gesetzliche Rücklage;
    2. Rücklage für Anteile an einem herr-schenden oder mehrheitlich beteiligten Unternehmen;
    3. satzungsmäßige Rücklagen;
    4. andere Gewinnrücklagen;

  IV. Gewinnvortrag/Verlustvortrag;

  V. Jahresüberschuss/Jahresfehlbetrag.

B. Rückstellungen:

  1. Rückstellungen für Pensionen und ähnliche Verpflichtungen;

  2. Steuerrückstellungen;

  3. sonstige Rückstellungen.

C. Verbindlichkeiten:

  1. Anleihen, davon konvertibel;

  2. Verbindlichkeiten gegenüber Kreditinstituten;

  3. erhaltene Anzahlungen auf Bestellungen;

  4. Verbindlichkeiten aus Lieferungen und Leis-tungen;

  5. Verbindlichkeiten aus der Annahme gezo-gener Wechsel und der Ausstellung eigener Wechsel;

  6. Verbindlichkeiten gegenüber verbundenen Unternehmen;

  7. Verbindlichkeiten gegenüber Unternehmen, mit denen ein Beteiligungsverhältnis besteht;

  8. sonstige Verbindlichkeiten, davon aus Steuern, davon im Rahmen der sozialen Sicherheit.

D. Rechnungsabgrenzungsposten.

E. Passive latente Steuern.

Das HGB schreibt zur Erhöhung der Bilanzklarheit noch folgende Angaben vor:

- Zu jedem Bilanzposten ist der **Vorjahresbetrag** anzugeben.

- Für jeden einzelnen **Bilanzposten des Anlagevermögens** muss dessen Entwicklung im Anhang dargestellt werden [§ 284 III HGB]. Eine mögliche Darstellungsform stellt der **Anlagespiegel** dar (siehe S. 456 f.).

- Die **Höhe der Forderungen** mit einer **Restlaufzeit von mehr als einem Jahr** muss bei dem jeweiligen Bilanzposten gesondert ausgewiesen werden [§ 268 IV HGB].

- Der **Betrag der Verbindlichkeiten** mit einer **Restlaufzeit bis zu einem Jahr** und der Betrag der Verbindlichkeiten mit einer **Restlaufzeit von mehr als einem Jahr** ist bei dem jeweiligen Bilanzposten anzugeben oder in Form eines **Verbindlichkeitenspiegels** (siehe S. 457) darzustellen [§ 268 V, S. 1 HGB]. Unabhängig von dieser die Bilanz betreffenden Vorgabe bleibt die Verpflichtung bestehen, **im Anhang** Verbindlichkeiten mit einer **Laufzeit von mehr als fünf Jahren** anzugeben [§ 285 I, Nr. 1 HGB] (siehe auch S. 457).

- **Eventualverbindlichkeiten** (z. B. aus der Weitergabe von Wechseln, aus Bürgschaften oder aus Gewährleistungsverträgen) müssen unter der Bilanz [§ 251 HGB] oder im Anhang [§ 268 VII HGB] gesondert ausgewiesen werden.

7.2.2 Bilanzierung des Eigenkapitals von Kapitalgesellschaften nach HGB

Für Kapitalgesellschaften ist der Ausweis des Eigenkapitals im § 266 III HGB, ergänzt durch § 272 HGB geregelt. Danach müssen große und mittelgroße Kapitalgesellschaften folgende Posten als Untergliederung des Eigenkapitals in die Bilanz aufnehmen:

Aktiva	Ausschnitt aus der Bilanz nach § 266 II, III HGB	Passiva
	A. Eigenkapital:	
	I. Gezeichnetes Kapital	
	II. Kapitalrücklage	
	III. Gewinnrücklagen	
	1. gesetzliche Rücklage	
	2. Rücklage für Anteile an einem herrschenden oder mehrheitlich beteiligten Unternehmen	
	3. satzungsmäßige Rücklagen	
	4. andere Gewinnrücklagen	
	IV. Gewinnvortrag/Verlustvortrag	
	V. Jahresüberschuss/Jahresfehlbetrag	

Erläuterungen zur Gliederung des Eigenkapitals bei einer AG:

- **Gezeichnetes Kapital**

Der Begriff **gezeichnetes Kapital** wird bei allen Kapitalgesellschaften zum Ausweis des in der **Satzung festgelegten Kapitals** verwendet (z. B. des Grundkapitals bei der AG). Das gezeichnete Kapital ist stets zum Nennwert auszuweisen **(Nominalkapital)**. Das gezeichnete Kapital bleibt so lange in der Bilanz unverändert, bis z. B. die Hauptversammlung bei einer AG eine Kapitalerhöhung oder eine Kapitalherabsetzung beschließt.

■ **Kapitalrücklage**

In die Kapitalrücklage werden Beträge eingestellt, die nicht aus Gewinnen der Gesellschaft stammen. Sie gehen auf **Zuzahlungen der Kapitalgeber** von außen zurück (z. B. Agio bei der Ausgabe von Aktien, Zuzahlungen für Vorzugsrechte).

Kapitalerhöhung:	10 Mio. EUR, Nennwert junge Aktie 1,00 EUR, Ausgabekurs: 1,50 EUR.
Kapitalrücklage:	10 Mio. EUR · 0,50 = 5 Mio. EUR

■ **Gesetzliche Rücklage**

Aktiengesellschaften sind nach § 150 I AktG – zur Bildung einer gesetzlichen Rücklage verpflichtet. Der zwanzigste Teil (das sind 5 %) vom Jahresüberschuss (vermindert um einen Verlustvortrag aus dem Vorjahr) ist so lange in die gesetzliche Rücklage einzustellen, bis diese zusammen mit der Kapitalrücklage nach § 272 II HGB den zehnten Teil des Grundkapitals erreicht hat [§ 150 II AktG].

	Jahresüberschuss
–	Verlustvortrag
=	bereinigter Jahresüberschuss
–	5 % gesetzliche Rücklage*
=	Zwischensumme

* Höchstgrenze: gesetzliche Rücklage + Kapitalrücklage betragen 10 % des Grundkapitals.

Beachte:

Haben die **Kapitalrücklagen und die gesetzlichen Rücklagen** zusammen den **zehnten** oder den in der **Satzung bestimmten höheren Teil des Grundkapitals noch nicht überschritten,** können sie nach § 150 III AktG z. B. zum Ausgleich eines Jahresfehlbetrags nur verwandt werden, wenn dieser nicht durch einen Gewinnvortrag aus dem Vorjahr gedeckt ist und nicht durch Auflösung anderer Gewinnrücklagen ausgeglichen werden kann.

■ **Andere Gewinnrücklagen**

Stellen **Vorstand und Aufsichtsrat** den Jahresabschluss fest (Normalfall), dann **können** sie bis zur Hälfte des um den Verlustvortrag und um die Einstellung in die gesetzliche Rücklage verminderten Teils des Jahresüberschusses in die anderen Gewinnrücklagen einstellen [§ 58 II, S. 1, 4

	Zwischensumme
–	höchstens 50 % andere Gewinnrücklagen
=	restlicher Jahresüberschuss (Bilanzgewinn)

AktG]. Ein Gewinnvortrag aus dem Vorjahr bleibt unberücksichtigt. Eine Einstellung in die anderen Gewinnrücklagen ist unabhängig von der bereits erreichten Höhe der anderen Gewinnrücklagen.

Beachte:

Andere Gewinnrücklagen können für **beliebige Zwecke** verwendet werden, z. B. zur Erhöhung der Gewinnausschüttung.

7.3 Gliederung der Gewinn- und Verlustrechnung nach dem Gesamtkostenverfahren

Nach § 275 HGB müssen Kapitalgesellschaften ihre Gewinn- und Verlustrechnung in **Staffelform** gliedern. Eine Darstellung in Kontoform ist ihnen nicht gestattet.

Gliederung der GuV-Rechnung in Staffelform nach dem Gesamtkostenverfahren [§ 275 II HGB][1]

1. Umsatzerlöse
2. Erhöhung oder Verminderung des Bestands an fertigen und unfertigen Erzeugnissen
3. andere aktivierte Eigenleistungen
4. sonstige betriebliche Erträge
5. Materialaufwand:
    a) Aufwendungen für Roh-, Hilfs- und Betriebsstoffe und für bezogene Waren
    b) Aufwendungen für bezogene Leistungen
6. Personalaufwand:
    a) Löhne und Gehälter
    b) soziale Abgaben und Aufwendungen für Altersversorgung und für Unterstützung, davon für Altersversorgung
7. Abschreibungen:
    a) auf immaterielle Vermögensgegenstände des Anlagevermögens und Sachanlagen sowie auf aktivierte Aufwendungen für die Ingangsetzung und Erweiterung des Geschäftsbetriebs
    b) auf Vermögensgegenstände des Umlaufvermögens, soweit diese die in der Kapitalgesellschaft üblichen Abschreibungen überschreiten
8. sonstige betriebliche Aufwendungen
9. Erträge aus Beteiligungen, davon aus verbundenen Unternehmen
10. Erträge aus anderen Wertpapieren und Ausleihungen des Finanzanlagevermögens, davon aus verbundenen Unternehmen
11. sonstige Zinsen und ähnliche Erträge, davon aus verbundenen Unternehmen
12. Abschreibungen auf Finanzanlagen und auf Wertpapiere des Umlaufvermögens
13. Zinsen und ähnliche Aufwendungen, davon an verbundene Unternehmen
14. Steuern vom Einkommen und vom Ertrag
15. Ergebnis nach Steuern
16. sonstige Steuern
17. Jahresüberschuss/Jahresfehlbetrag

Erläuterungen:

Die **Umsatzerlöse** nach § 277 I HGB umfassen

■ die Erlöse aus dem **Verkauf und der Vermietung oder Verpachtung von Produkten** abzüglich der Erlösschmälerungen, der Umsatzsteuer sowie sonstiger direkt mit dem Umsatz verbundenen Steuern (z. B. Zölle und Verbrauchssteuern wie Energie- oder Tabaksteuer).

■ Erlöse aus der **Erbringung von Dienstleistungen** nach Abzug von Erlösschmälerungen, der Umsatzsteuer sowie sonstiger direkt mit dem Umsatz verbundenen Steuern. Hierzu zählen beispielsweise Erträge aus dem Abverkauf überzähliger Roh-, Hilfs- und Betriebsstoffe, Erlöse aus dem Schrottwert von Ausschussprodukten, Mieteinnahmen aus Werkswohnungen, Patent- und Lizenzerträge, Kantinenerlöse und Erträge aus der Betriebskindertagesstätte.

■ Dadurch, dass die Umsatzerlöse nicht mehr auf die typischen Erzeugnisse und Dienstleistungen beschränkt sind, sondern auch die außergewöhnlichen Geschäftstätigkeiten einbezogen werden, wurden in der GuV-Rechnung die Posten **außerordentliche Aufwendungen und Erträge aufgehoben.**

---

1 Auf die Darstellung des **Umsatzkostenverfahrens** [§ 275 III HGB] wird verzichtet, da es in der Praxis geringe Bedeutung hat. Im Folgenden wird nur das in der Praxis überwiegende Gesamtkostenverfahren dargestellt.
Kleinstkapitalgesellschaften können eine verkürzte GuV-Rechnung in Staffelform ausweisen [§ 275 V HGB].

Nicht unter den Umsatzerlösen, sondern unter den sonstigen **betrieblichen Erträgen** werden z. B. Erträge aus dem Abgang von Anlagevermögen, Erträge aus der Auflösung von Rückstellungen und Erträge aus Währungsumrechnungen ausgewiesen.

Beispiel zum Gesamtkostenverfahren:

Die Düsseldorfer Bootsbau AG bereitet den handelsrechtlichen Jahresabschluss vor. Aus der Buchführung liegt folgende zusammengefasste GuV-Rechnung vor:

Aufwendungen	GuV-Konto zum 31. Dez. 20.. (TEUR)		Erträge
Aufwendungen für Rohstoffe	2 450	Umsatzerlöse f. eigene Erz.	9 400
Aufwendungen für Betriebsstoffe	240	Bestandsveränderungen FE	75
Frachten und Fremdlager	270	Erträge aus dem Abgang von	
Löhne	2 010	Vermögensgegenständen	380
Gehälter	1 300	Erträge aus Beteiligungen	150
Soz.-Vers.-Beiträge	595	Zinserträge	105
Abschreibungen a. Sachanlagen	490		
Leasingaufwendungen	30		
Mieten, Pachten	190		
Büromaterial	78		
Versicherungsbeiträge	9		
Sonstige betriebliche Steuern	10		
Zinsaufwendungen	143		
Gewerbesteuer	106		
Körperschaftsteuer	606		
Jahresüberschuss	1 583		
	10 110		10 110

Aufgabe:

Erstellen Sie eine GuV-Rechnung in Staffelform nach § 275 II HGB!

Lösung:

Nr. lt. HGB[1]	Bezeichnung	Betrag in TEUR	
1.	Umsatzerlöse	+	9 400
2.	Erhöhung des Bestands an fertigen Erzeugnissen	+	75
4.	sonstige betriebliche Erträge	+	380
5.	Materialaufwand:		
	a) Aufwendungen für Roh-, Hilfs- und Betriebsstoffe	−	2 690
	b) Aufwendungen für bezogene Leistungen	−	270
6.	Personalaufwand:		
	a) Löhne und Gehälter	−	3 310
	b) soziale Abgaben	−	595
7.	Abschreibungen:		
	a) auf Sachanlagen	−	520
8.	sonstige betriebliche Aufwendungen	−	277
9.	Erträge aus Beteiligungen	+	150
11.	sonstige Zinsen und ähnliche Erträge	+	105
13.	Zinsen und ähnliche Aufwendungen	−	143
14	Steuern vom Einkommen und vom Ertrag	−	712
15.	**Ergebnis nach Steuern**		**1 593**
16.	sonstige Steuern	−	10
17.	**Jahresüberschuss**		**1 583**

1 Es werden nur die benötigten Positionen aus dem HGB übernommen. In der Praxis wird fortlaufend nummeriert.

7.4 Anhang

7.4.1 Begriff und ausgewählte Inhalte des Anhangs

Der **Anhang** soll zusätzlich zur Bilanz und Gewinn- und Verlustrechnung dazu beitragen, das Bild über die tatsächlichen Verhältnisse der Vermögens-, Finanz- und Ertragslage einer Kapitalgesellschaft zu verdeutlichen (Informationsfunktion).

Nach § 284 II, III HGB sind im Anhang **Erläuterungen zur Bilanz und Gewinn- und Verlustrechnung** anzuführen. Sie sind in der Reihenfolge der einzelnen Posten der Bilanz oder der Gewinn- und Verlustrechnung anzugeben. Die Erläuterungen umfassen:

- Angabe der Bilanzierungs- und Bewertungsmethoden.
- Angaben zu Abweichungen von den Bilanzierungs- und Bewertungsmethoden und deren Einfluss auf die Vermögens-, Finanz- und Ertragslage.
- Höhe der Abschreibungen zu Beginn und Ende des Geschäftsjahres.
- Änderungen in den Abschreibungen bei Zu- und Abgängen sowie Umbuchungen im Laufe des Geschäftsjahres.
- Sind in den Herstellungskosten Zinsen für Fremdkapital einbezogen worden, ist für jeden Posten des Anlagevermögens anzugeben, welcher Betrag an Zinsen im Geschäftsjahr aktiviert worden ist.

Weitere Pflichtangaben, die im Anhang anzugeben sind, enthält § 285 Nr. 1–34 HGB.

7.4.2 Entwicklung des Anlagevermögens im Anlagespiegel

Der **Anlagespiegel** hat das Ziel, die im Geschäftsjahr **getätigten Investitionen** einschließlich der bereits **vorgenommenen Abschreibungen** sichtbar zu machen.

Dem Anlagespiegel liegt folgender **Aufbau** zugrunde:

	Anlagevermögen zu Anschaffungs-/Herstellungskosten (AHK)
+	Zugänge zu AHK
–	Abgänge zu AHK
+/–	Umbuchungen zu AHK
=	Stand des Anlagevermögens am Ende des Abschlussjahres
–	kumulierte Abschreibung Abschlussjahr
	bisherige (kumulierte) Abschreibungen
+	*Abschreibungen im Berichtsjahr*
+/–	*Umbuchungen*
–	*Abgänge*
=	Buchwert in der Schlussbilanz am Ende des Abschlussjahres

Beispiel:

Bilanz-posten	Anlagespiegel (in TEUR)									
	(1) AHK	(2) Zugänge	(3) Abgänge	(4) Umbu-chungen	(5) RBW Ab-schlussjahr	(6) Kum. Abschr.	(7) lfd. Abschr.	(8) Kum. Abschr.	(9) RBW Vorjahr	(10) RBW Ab-schlussjahr
Gebäude	46 468	+121	0	0	46 589	27 176	+1 161	28 337	46 589	18 252
Maschinen	117 652	+4 179	−231	+175	121 775	41 704	+4 150	45 854	121 775	75 921

Erläuterungen:

(1) Die erste Spalte zeigt die Anschaffungskosten der am Beginn des Berichtsjahres im Anlagevermögen befindlichen Gebäude (46 468 TEUR) und Maschinen (117 652 TEUR).

(2) Die Spalte Zugänge zeigt die Ausgaben für Investitionen im Berichtsjahr (Gebäude 121 TEUR, Maschinen 4 179 TEUR).

(3) Die Spalte Abgänge zeigt die Anschaffungskosten der im Berichtsjahr aus dem Anlagevermögen ausgeschiedenen Maschinen (231 TEUR).

(4) Bei den Umbuchungen handelt es sich hier um eine Verpackungsmaschine, auf die im Vorjahr eine Anzahlung geleistet und die jetzt in Betrieb genommen wurde (175 TEUR).

(5) Werden die Zugänge und die Umbuchungen addiert und die Abgänge subtrahiert, so ergeben sich am Ende des Berichtsjahres die ausgewiesenen Restbuchwerte (RBW): Gebäude 46 589 TEUR und Maschinen 121 775 TEUR.

(6) In Spalte 6 werden die bereits vorgenommenen Abschreibungen auf Gebäude (27 176 TEUR) und Maschinen (41 704 TEUR) ausgewiesen. Die Tabelle zeigt, dass Gebäude und Maschinen bereits zu über 40 % abgeschrieben sind.

(7) Im Berichtsjahr fielen Abschreibungen von 1 161 TEUR (Gebäude) und 4 150 TEUR (Maschinen) an.

(8) Der Stand der Abschreibungen am Ende des Geschäftsjahres beträgt 28 337 TEUR (Gebäude) und 45 854 TEUR (Maschinen).

(9) Die Restbuchwerte (RBW) am Ende des Vorjahres betrugen 46 589 TEUR bzw. 121 775 TEUR (siehe Spalte 5).

(10) Die Restbuchwerte am Ende des Abschlussjahres werden errechnet: RBW Vorjahr (9) – kumulierte Abschreibung (8).

7.4.3 Entwicklung der Verbindlichkeiten im Verbindlichkeitenspiegel

Große Kapitalgesellschaften müssen neben dem in § 268 V HGB geforderten gesonderten Ausweis von Verbindlichkeiten mit einer Restlaufzeit bis zu einem Jahr zusätzlich für jeden Verbindlichkeitsposten den Gesamtbetrag der Verbindlichkeiten mit einer **Restlaufzeit von mehr als fünf Jahren** ausweisen sowie den Gesamtbetrag der Verbindlichkeiten, die durch Pfandrechte oder ähnliche Rechte gesichert sind, unter Angabe von Art und Form der Sicherheiten [§ 285 Nr. 1 HGB].

In der Regel wird deshalb ein sogenannter **Verbindlichkeitenspiegel** mit nachfolgendem Aufbau in den Anhang aufgenommen:

Art der Verbindlichkeit	Restlaufzeit bis 1 Jahr	Restlaufzeit über 1 bis 5 Jahre	Restlaufzeit über 5 Jahre	Gesamt-betrag	davon gesichert	Art der Sicherheit
1. Anleihen davon konvertibel[1]	–	1,2 Mio. EUR	2,5 Mio. EUR	3,7 Mio. EUR 1,0 Mio. EUR	3,7 Mio. EUR	Grundschuld
... ...						
8. Sonstige Verbindl., davon aus Steuern, davon im Rahmen der soz. Sicherh.	37,8 Mio. EUR	24,6 Mio. EUR	–	62,4 Mio. EUR 15,5 Mio. EUR 34,1 Mio. EUR	–	–

7.5 Lagebericht

Kapitalgesellschaften haben neben der Bilanz, Gewinn- und Verlustrechnung und dem Anhang zusätzlich einen Lagebericht zu erstellen [§ 264 I, S. 1 HGB]. Von der Aufstellung eines Lageberichts sind kleine Kapitalgesellschaften und Kleinstkapitalgesellschaften befreit [§ 264 I, S. 4 HGB].

Im Lagebericht ist nach § 289 II HGB auf folgende Punkte einzugehen:

- die Risikomanagementziele und -methoden der Gesellschaft [§ 289 II, Nr. 1 a HGB].
- die Preisänderungs-, Ausfall- und Liquiditätsrisiken sowie die Risiken aus Zahlungsschwankungen, denen die Gesellschaft ausgesetzt ist [§ 289 III Nr. 1 b HGB].
- auf den Bereich Forschung und Entwicklung
  (**Forschungs- u. Entwicklungsbericht** [§ 289 II, Nr. 3 HGB]).
- auf bestehende Zweigniederlassungen der Gesellschaft
  (**Zweigniederlassungsbericht** [§ 289 II, Nr. 4 HGB]).

Börsennotierte Aktiengesellschaften haben zudem noch Informationen zum **Vergütungssystem des Managements** [§ 289 II, Nr. 4 HGB] sowie eine **Erklärung zur Unternehmensführung („Corporate-Governance-Erklärung")** [§ 289 a I, S. 1 HGB] in ihren Lagebericht aufzunehmen.

Im Gegensatz zum Anhang enthält der Lagebericht auch zukunftsorientierte Angaben.

Beachte:

Der **Lagebericht** gehört **nicht zu den Bestandteilen des Jahresabschlusses** einer Kapitalgesellschaft.

---

1 **Konvertibel:** frei austauschbar, d. h., bei dieser Anleihe wird dem Inhaber ein Umtausch- oder Bezugsrecht auf Aktien eingeräumt.

Übungsaufgaben

216 Vorschriften zur Aufstellung des Jahresabschlusses, Offenlegung des Jahresabschlusses

1. Nennen Sie die einzelnen Bestandteile des Jahresabschlusses bei einer Kapitalgesellschaft!

2. Beschreiben Sie die Aufgabe, die der Jahresabschluss zu erfüllen hat!

3. Die Nordrheinmilch AG hatte in den beiden letzten Jahren einen Umsatz von 145 Mio. EUR bzw. 153 Mio. EUR, eine durchschnittliche Mitarbeiterzahl von 300 und Bilanzsummen von 29 Mio. EUR bzw. 32 Mio. EUR.

   Aufgabe:

   Geben Sie an, in welchem Umfang und in welcher Form der Jahresabschluss offengelegt werden muss!

4. Zum 31. Dezember 20.. ergaben sich für die Wilken AG folgende Beträge:

Konten	
Sachanlagen	12 800 000,00 EUR
Finanzanlagen	600 000,00 EUR
Flüssige Mittel	800 000,00 EUR
Roh-, Hilfs- und Betriebsstoffe	4 200 000,00 EUR
Unfertige und fertige Erzeugnisse	3 200 000,00 EUR
Forderungen aus Lieferungen und Leistungen	2 300 000,00 EUR
Gezeichnetes Kapital	9 000 000,00 EUR
Gesetzliche Rücklage	1 000 000,00 EUR
Andere Gewinnrücklagen	4 140 000,00 EUR
Ergebnisvortrag aus früheren Perioden (Verlustvortrag)	60 000,00 EUR
Pensionsrückstellungen	2 700 000,00 EUR
Andere Rückstellungen	300 000,00 EUR
Anleihen	2 900 000,00 EUR
Bankschulden	720 000,00 EUR
Verbindlichkeiten aus Lieferungen und Leistungen	2 220 000,00 EUR
Umsatzerlöse für Erzeugnisse und Leistungen	18 390 000,00 EUR
Bestandsmehrungen Fertigerzeugnisse	100 000,00 EUR
Bestandsminderungen unfertige Erzeugnisse	20 000,00 EUR
Aktivierte Eigenleistungen	390 000,00 EUR
Verbrauch an Roh-, Hilfs- und Betriebsstoffen	6 200 000,00 EUR
Personalaufwand	5 900 000,00 EUR
Bilanzielle Abschreibungen	700 000,00 EUR
Sonstige betriebliche Aufwendungen	4 660 000,00 EUR
Körperschaftsteuer	320 000,00 EUR
Sonstige Steuern	100 000,00 EUR

   Aufgaben:

   4.1 Erstellen Sie nach § 266 HGB die vorläufige Jahresbilanz vor Feststellung des Jahresabschlusses!

   4.2 Errechnen Sie nach dem Gesamtkostenverfahren [§ 275 II HGB] den vorläufigen Jahresüberschuss!

   4.3 Nennen Sie zwei Gründe, warum der Gesetzgeber zur Erfolgsermittlung Formvorschriften erlassen hat!

   4.4 Nach erfolgter Aufstellung des Jahresabschlusses durch den Vorstand sieht das AktG und das HGB eine Prüfung durch den Aufsichtsrat (siehe § 171 AktG) und Abschlussprüfer (siehe § 316 HGB) vor.

   Begründen Sie, warum diese doppelte Prüfung notwendig ist!

217 GuV-Rechnung und Bilanz vor Gewinnverwendung

Die Böhme AG, München, stellt den Jahresabschluss zum 31. Dezember auf. Folgende Zahlen aus der Buchhaltung stehen zur Verfügung:

Konten (Beträge in TEUR)	Soll	Haben
Grundstücke und Gebäude	40 000	2 000
Technische Anlagen und Maschinen	68 600	6 500
Roh-, Hilfs- und Betriebsstoffe	39 000	
Unfertige Erzeugnisse	4 800	
Forderungen aus Lieferungen und Leistungen	115 000	111 000
Flüssige Mittel	131 600	124 000
Gezeichnetes Kapital		80 000
Kapitalrücklage		3 000
Gesetzliche Rücklage		2 200
Andere Gewinnrücklagen		3 800
Gewinn/Verlustvortrag	100	
Anleihen		5 000
Verbindlichkeiten aus Lief. u. Leist.	38 000	42 700
Sonstige Verbindlichkeiten	2 000	6 000
Umsatzerlöse für Erzeugnisse u. Leistungen	1 700	112 900
Bestandsveränderungen	?	
Aktivierte Eigenleistungen		600
Zinserträge		300
Roh-, Hilfs- und Betriebsstoffaufwendungen	?	
Personal-/Sozialaufwand	42 900	
Abschreibungen auf Sachanlagen	5 000	
Zinsen und ähnliche Aufwendungen	800	
Sonstige betriebliche Aufwendungen	2 700	
Betriebliche Steuern	2 200	
Steuern vom Einkommen und vom Ertrag	5 600	

Inventurbestände am 31. Dezember:

Unfertige/fertige Erzeugnisse	3 800 TEUR
Roh-, Hilfs- und Betriebsstoffe	1 800 TEUR

Aufgaben:

1. Erstellen Sie die Gewinn- und Verlustrechnung in der Staffelform nach § 275 II HGB!
2. Erstellen Sie die Bilanz vor der Gewinnverwendung nach § 266 HGB!

218 Erstellen eines Anlagespiegels

Beim Bilanzposten „Technische Anlagen und Maschinen" sind noch folgende Angaben zu berücksichtigen:
- Kauf einer Solaranlage am 1. Juli 20.. Die Anschaffungskosten betragen 630 500,00 EUR, die Nutzungsdauer beträgt 10 Jahre. Die Abschreibung erfolgt linear mit 10 % von den Anschaffungskosten.
- Eine gebrauchte Abfüllanlage wurde am 30. September 20.. verkauft. Ursprüngliche Anschaffungskosten 120 000,00 EUR. Sie war bei einer geschätzten Nutzungsdauer von 10 Jahren mit jeweils 10 % von den Anschaffungskosten abgeschrieben worden. Restnutzungsdauer: 2 Jahre. Monatsgenaue Abschreibung im Jahr der Veräußerung.
- Kumulierte Abschreibungen bis Ende des Vorjahres: 530 000,00 EUR.
- Die Anschaffungs-/Herstellungskosten betragen zu Beginn des Berichtsjahres 1 100 000,00 EUR.

Aufgabe:

Erstellen Sie den Anlagespiegel!

219 Erstellen eines Verbindlichkeitenspiegels

Im Verbindlichkeitenspiegel des Jahresabschlusses einer AG sollen folgende Vorgänge berücksichtigt werden:

– Rechnung der Sauter GmbH über 65 000,00 EUR vom 23. Dezember 19; Zahlungsbedingungen: „Bei Zahlung innerhalb 14 Tagen 3 % Skonto, 30 Tage netto".

– Bankdarlehen über 500 000,00 EUR, Auszahlung am 1. Juli 18 zu 97 %, fällig am 30. Juni 24 zum Nennwert.

– Kontokorrentkredit mit einer Kreditlinie von 400 000,00 EUR. Sollstand am 31. Dezember 19: 340 000,00 EUR.

– Anleihe über 2,0 Mio. EUR, Ausgabekurs am 1. März 19: 98 %, Rückzahlungskurs 101 %, Tilgung in 10 gleichen Jahresraten, beginnend nach 2 tilgungsfreien Jahren.

– Bankdarlehen über 300 000,00 EUR, Auszahlung am 1. Februar 19 zu 95 %, fällig am 1. Februar 23 zum Nennwert.

Art der Verbindlichkeit	Restlaufzeit bis 1 Jahr	Restlaufzeit 1 bis 5 Jahre	Restlaufzeit über 5 Jahre	Gesamt-betrag
1. Anleihen 2. Verbindlichkeiten gegenüber Kreditinstituten 3. Verbindlichkeiten aus Lieferungen und Leist.				

Aufgabe:

Erstellen Sie den Verbindlichkeitenspiegel zum 31. Dezember 19!

220 Bildung von Gewinnrücklagen bei der AG

1.
Grundkapital	18,75 Mio. EUR	Gewinnvortrag	8,145 Mio. EUR
Kapitalrücklage	0,375 Mio. EUR	Andere Gewinnrücklagen	0,105 Mio. EUR
Gesetzliche Rücklage	1,305 Mio. EUR	Jahresüberschuss	2,25 Mio. EUR

Einstellung in die gesetzliche Rücklage nach § 150 AktG, in die anderen Gewinnrücklagen nach § 58 II AktG.

Aufgabe:

Berechnen Sie die Rücklagen!

2.
Grundkapital	12,0 Mio. EUR	Gewinnvortrag	0,5 Mio. EUR
Gesetzliche Rücklage	0,4 Mio. EUR	Jahresüberschuss	1,8 Mio. EUR
Kapitalrücklage	0,72 Mio. EUR		

Einstellung in die gesetzliche Rücklage nach § 150 AktG, in die anderen Gewinnrücklagen 50 % des Jahresüberschusses nach Einstellung in die gesetzliche Rücklage. Die Einstellung erfolgt durch Vorstand und Aufsichtsrat.

Aufgabe:

Berechnen Sie die Rücklagen!

8 Analyse und Kritik des Jahresabschlusses

8.1 Begriff und Ziel der Jahresabschlussanalyse

Die **Jahresabschlussanalyse** ist die Aufbereitung und Auswertung des Jahresabschlusses. Sie ist ein

- Instrument, mit dem die Datenmengen eines Jahresabschlusses zu aussagekräftigen Informationen zusammengefasst werden.
- **System von Kennzahlen,** die aus der **Bilanz** und der **Gewinn- und Verlustrechnung** abgeleitet werden.

Im Rahmen der **Auswertung der Bilanz** werden Kennzahlen ermittelt, die Aussagen treffen über

- **Vermögensaufbau** (Vermögensstruktur),
- **Kapitalausstattung** (Finanzierung),
- **Anlagefinanzierung** (Investierung),
- **Zahlungsfähigkeit** (Liquidität).

Im Rahmen der **Auswertung der Gewinn- und Verlustrechnung** werden Kennzahlen ermittelt, die Aussagen treffen über

- **Rentabilität,**
- **Return on Investment (ROI),**
- **Cashflow,**
- **EBIT/EBITDA.**

Ziel der Jahresabschlussanalyse ist die **Beurteilung** der gegenwärtigen und künftigen Unternehmenssituation **(Finanzlage, Kreditwürdigkeit, Ertragslage).** Sie ist gleichermaßen **Informations-, Kontroll- und Steuerungsinstrument** für Gläubiger und Anteilseigner.

Neben der Erfassung der finanz- und erfolgswirtschaftlichen Vorgänge versuchen derzeit viele Unternehmen, auch ihre **ökologische Situation** (z. B. hinsichtlich der verwendeten Einsatzstoffe, der Umweltverträglichkeit des Produktionsprozesses, der Lärmerzeugung, des Energieaufwands usw.) in einer **Öko-Bilanz** festzuhalten und sie mithilfe von **Öko-Kennzahlen** zu analysieren.[1] Diese Unternehmen möchten damit die von ihnen verursachte **Umweltbeanspruchung** ermitteln, um sie anschließend durch den gezielten Aufbau eines Umweltmanagements (man spricht auch von **Umweltcontrolling**) reduzieren zu können.

8.2 Auswertung der Bilanz (Bilanzanalyse)

8.2.1 Aufbereitung der Bilanz (Strukturbilanz)

Für die Bilanzanalyse erweist sich die nach handelsrechtlichen Vorschriften aufgestellte Bilanz als ungeeignet. Die Bildung von Kennzahlen und deren Auswertung verlangt eine größere **Gruppenbildung** und eine **Neuzuordnung** einzelner Bilanzposten.

Im Hinblick auf die uns interessierenden Kennzahlen begnügen wir uns auf der **Aktivseite** der Bilanz mit der Grobgliederung in die beiden Hauptgruppen **Anlagevermögen** und

---

1 Auf die Öko-Bilanz wird im Folgenden nicht eingegangen.

Umlaufvermögen und auf der **Passivseite** mit der Aufteilung in **Eigen- und Fremdkapital**. Eine weitere Unterteilung erfolgt nur noch beim Umlaufvermögen, das nach dem Grad der Flüssigkeit in **mittelfristig** z. B. Vorräte, **kurzfristig** z. B. Forderungen aus Lieferungen und Leistungen und **sofort flüssig** z. B. Geldmittel untergliedert wird und beim Fremdkapital, das in langfristig und in kurzfristig unterteilt wird.

Es wird von folgender Bilanzstruktur ausgegangen:[1]

Aktiva	Strukturbilanz	Passiva

I. Anlagevermögen
II. Umlaufvermögen
  1. **mittelfristig** z. B. Vorräte
  2. **kurzfristig** z. B. Ford. a. Lief. u. Leist.
  3. **sofort flüssig** z. B. Geldmittel
		I. Eigenkapital
		II. Fremdkapital[2]
		  1. **langfristig** z. B. Bankdarlehen
		  2. **kurzfristig** z. B. Kontokorrentkredit

Die vorgegebene Bilanzstruktur macht deutlich, dass bestimmte Bilanzposten zusammengefasst werden müssen. So zählen aktive Rechnungsabgrenzungsposten zu den Forderungen und passive Rechnungsabgrenzungen zu den kurzfristigen Verbindlichkeiten. Rückstellungen können je nach Art zu den lang- oder kurzfristigen Verbindlichkeiten gerechnet werden.

> **Beispiel:**
>
> Die zu beurteilende Metallwerke Neumann AG legt folgenden handelsrechtlichen Jahresabschluss vor:

Aktiva	Bilanz der Metallwerke Neumann AG zum 31. Dezember 20..		Passiva
A. Anlagevermögen		**A. Eigenkapital**	
II. Sachanlagen		I. Gezeichnetes Kapital	4 000 000,00
1. Grundstücke und Bauten	2 750 000,00	III. Gewinnrücklage	
2. Technische Anlagen	6 325 000,00	1. Gesetzliche Rücklage	1 666 540,00
und Maschinen		4. Andere Rücklagen	600 000,00
3. Andere Anlagen,	1 221 000,00	IV. Gewinn-/Verlustvortrag	16 480,00
Betr.- u. Geschäftsausst.		V. Jahresüberschuss/	424 325,00
B. Umlaufvermögen		Jahresfehlbetrag	
I. Vorräte		**B. Rückstellungen**	
1. Roh-, Hilfs- und Betriebsstoffe	2 640 000,00	1. Pensionsrückstellungen	880 000,00
2. Unfertige Erzeugnisse	550 000,00	3. Andere Rückstellungen	132 000,00
3. Fertige Erz. und Waren	660 000,00	**C. Verbindlichkeiten**	
II. Forderungen u. sonstige		2. Verbindlichkeiten gegenüber	4 400 000,00
Vermögensgegenstände		Kreditinst.	
1. Forderungen a. Lief. u. Leist.	624 360,00	4. Verbindlichkeiten a. Lief. u.	2 395 430,00
2. Sonstige Vermögensgegenst.	13 200,00	Leist.	
IV. Kassenbestand, Guthaben	211 475,00	8. Sonstige Verbindlichkeiten	354 300,00
bei Kreditinstituten, Schecks		**D. Rechnungsabgrenzungsposten**	148 400,00
C. Rechnungsabgrenzungsposten	22 440,00		
	15 017 475,00		15 017 475,00

---

1 Zur Erleichterung des Verständnisses wird in diesem Kapitel die Herleitung einer Strukturbilanz aufgezeigt. Bei den Übungsaufgaben wird die Strukturbilanz lehrplangemäß jeweils vorgegeben.

2 Für die Auswertung der Bilanz verwenden wir auf der Passivseite statt des handelsrechtlichen Begriffs Verbindlichkeiten den betriebswirtschaftlichen Begriff Fremdkapital.

Erläuterungen zur Bilanz:

Bei den Verbindlichkeiten gegenüber Kreditinstituten handelt es sich um langfristige Darlehen.

- Die Verbindlichkeiten aus Lieferungen und Leistungen sowie die sonstigen Verbindlichkeiten sind kurzfristig fällig.
- Die Pensionsrückstellungen sind dem langfristigen Fremdkapital, die anderen Rückstellungen dem kurzfristigen Fremdkapital zuzurechnen.
- Vom Jahresüberschuss werden 400 000,00 EUR als Dividende ausgeschüttet. Dieser Teil stellt eine Verbindlichkeit gegenüber den Aktionären dar und zählt deshalb zum kurzfristigen Fremdkapital.
- Aktive Rechnungsabgrenzungsposten zählen zum kurzfristigen Umlaufvermögen.
- Passive Rechnungsabgrenzungsposten zählen zum kurzfristigen Fremdkapital.

Aufgabe:

Erstellen Sie als Grundlage für die Bilanzanalyse eine aufbereitete Strukturbilanz!

Lösung:

Aktiva		Strukturbilanz der Metallwerke Neumann AG		Passiva
I.	**Anlagevermögen**	10 296 000,00	I. **Eigenkapital**	6 307 345,00
II.	**Umlaufvermögen**		II. **Fremdkapital**	
	1. mittelfristig	3 850 000,00	1. langfristig	5 280 000,00
	2. kurzfristig	660 000,00	2. kurzfristig	3 430 130,00
	3. sofort flüssig	211 475,00		
		15 017 475,00		15 017 475,00

 Eine **Strukturbilanz** ist eine im Hinblick auf die Jahresabschlussanalyse aufbereitete und zusammengefasste Bilanz.

Mit den Werten der Strukturbilanz lassen sich bestimmte Verhältniszahlen bilden, die für die Beurteilung eines Unternehmens von Wichtigkeit sind.

Grundsätzlich lassen sich solche Zahlenverhältnisse aus Posten derselben Bilanzseite bilden **(vertikale Bilanzkennzahlen),** oder aber es werden Posten von verschiedenen Bilanzseiten ins Verhältnis gesetzt **(horizontale Bilanzkennzahlen).**

Aktiva	Bilanz	Passiva
Anlage-vermögen		Eigenkapital
Umlauf-vermögen		Fremdkapital

vertikale Bilanzkenn-zahlen

horizontale Bilanzkennzahlen

Von der Fülle der möglichen Bilanzkennzahlen – auch **Quoten** genannt – werden hier nur die wichtigsten gebildet. Die folgenden Zahlenverhältnisse ergeben sich aus den Zahlen der vorangestellten, aufbereiteten und bereinigten Bilanz. Um den Aussagewert zu verallgemeinern, sind die Ergebnisse auf 100 bezogen, sodass sich jeweils Prozentsätze ergeben.

Für die nachfolgende **Bilanzanalyse** der Neumann AG werden die durchschnittlichen **Branchenkennzahlen** der vergangenen Jahre als Beurteilungsgrundlage herangezogen.

Branche	Anlage-intensität	Eigenkapi-talquote	Fremdkapi-talquote	Verschul-dungsgrad	Deckungs-grad I	Deckungs-grad II	Liquiditäts-grad I	Liquiditäts-grad II
Metallindustrie	75 %	32,1 %	67,9 %	147 %	99 %	134 %	7,3 %	85 %

Vgl. Statistische Sonderveröffentlichungen der Deutschen Bundesbank.

8.2.2 Kennzahlen der Bilanz und deren Auswertung

8.2.2.1 Kennzahlen zum Vermögensaufbau (Vermögensstruktur)

Beispiel:

Zugrunde gelegt wird die Strukturbilanz der Metallwerke Neumann AG (siehe S. 464).

Aufgaben:

1. Ermitteln Sie Anlageintensität und Umlaufintensität!
2. Beurteilen Sie die errechneten Kennzahlen!

Lösungen:

Zu 1.: Anlageintensität (Anlagequote)

$$= \frac{\text{Anlagevermögen} \cdot 100}{\text{Gesamtvermögen}}$$

$$\frac{10\,296\,000 \cdot 100}{15\,017\,475} = \underline{68,6\,\%}$$

Umlaufintensität (Quote des Umlaufvermögens)

$$= \frac{\text{Umlaufvermögen} \cdot 100}{\text{Gesamtvermögen}}$$

$$= \frac{4\,721\,475 \cdot 100}{15\,017\,475} = \underline{31,4\,\%}$$

Zu 2.: Auswertung:[1]

- Die Zahlenverhältnisse spiegeln die Anteile der beiden Vermögensgruppen wider. Aus der Anlageintensität und der Umlaufintensität ergibt sich, dass das Anlagevermögen etwas mehr als zwei Drittel, das Umlaufvermögen entsprechend weniger als ein Drittel des Gesamtvermögens ausmacht.

- Vergleicht man die Anlageintensität der Neumann AG mit der Branchenkennzahl, ist festzuhalten, dass sie unter der Branchenkennzahl liegt. Daraus lassen sich zwei Sichtweisen ableiten.

  - Die Möglichkeiten zur Rationalisierung sind noch nicht ausgeschöpft oder die Abschreibung ist weiter fortgeschritten (d. h. in den vergangenen Jahren wurde zu wenig investiert).

  - Das Anlagevermögen wurde bewusst nicht zu stark ausgeweitet, um die Fixkostenbelastung zu senken.

---

1 Für eine Feinanalyse lassen sich noch folgende Kennziffern formulieren:

Vorratsquote $= \dfrac{\text{Vorräte} \cdot 100}{\text{Gesamtvermögen}}$ **Forderungsquote** $= \dfrac{\text{Forderungen} \cdot 100}{\text{Gesamtvermögen}}$

30 Speth u.a. - ISBN 978-3-8120-0521-0

8.2.2.2 Kennzahlen zur Kapitalausstattung (Finanzierung)[1]

Die **Analyse der Kapitalstruktur** gibt Auskunft über die **Quellen** des Kapitals und seine **Zusammensetzung nach Art und Fristigkeit.**

Gläubiger, Lieferer, Kunden sowie Arbeitnehmer erhalten dadurch die Möglichkeit, das Risiko einzuschätzen, inwieweit etwa eine finanzielle Instabilität des „Schuldner-Unternehmens" die planmäßige Erfüllung seiner eingegangenen Leistungsverpflichtungen (z. B. termingerechte Begleichung von Schulden aus Darlehensaufnahmen und Warengeschäften; termingerechte Zahlung von Löhnen und Gehältern) gegenüber den angesprochenen Adressaten beeinträchtigt (Illiquiditätsrisiko, Insolvenzrisiko).[2]

$$\text{Eigenkapitalquote} = \frac{\text{Eigenkapital} \cdot 100}{\text{Gesamtkapital}}$$

$$\text{Fremdkapitalquote} = \frac{\text{Fremdkapital} \cdot 100}{\text{Gesamtkapital}}$$

$$\text{Verschuldungsgrad} = \frac{\text{Fremdkapital} \cdot 100}{\text{Eigenkapital}}$$

Beispiel:

Zugrunde gelegt wird die Strukturbilanz der Metallwerke Neumann AG (siehe S. 464).

Aufgaben:

1. Ermitteln Sie Eigenkapitalquote, Fremdkapitalquote und Verschuldungsgrad!
2. Beurteilen Sie die errechneten Kennzahlen!

Lösungen:

Zu 1.: Eigenkapitalquote $= \dfrac{6\,307\,345 \cdot 100}{15\,017\,475} = \underline{\underline{42\,\%}}$

Fremdkapitalquote $= \dfrac{8\,710\,130 \cdot 100}{15\,017\,475} = \underline{\underline{58\,\%}}$

Verschuldungsgrad $= \dfrac{8\,710\,130 \cdot 100}{6\,307\,345} = \underline{\underline{138\,\%}}$

Zu 2.: Auswertung:

Eine allgemeingültige Regel über das Verhältnis von Eigen- und Fremdkapital gibt es nicht; die Angaben schwanken von 2 : 1 über 1 : 1 bis 1 : 3.

Es kann jedoch festgestellt werden: Je höher ein Unternehmen mit Eigenkapital ausgestattet ist, desto weniger krisenanfällig ist es. Ein hoher Fremdkapitalanteil bedeutet eine hohe Liquiditätsbelastung durch Zins- und Tilgungszahlungen. Zudem besteht die Gefahr, dass die Gläubiger (Fremdkapitalgeber) Einfluss auf Entscheidungen der Unternehmensleitung nehmen.

---

1 Im Folgenden werden die Kennzahlen auf ganze Zahlen gerundet. Die Angabe von Kommazahlen würde die Aussagekraft der Kennzahlen nicht erhöhen.

2 **Illiquidität** bedeutet, dass ein Unternehmen nicht in der Lage ist, seinen zwingend fälligen Zahlungsverpflichtungen termin- und betragsgenau nachzukommen.
 Insolvenz bedeutet, dass ein Unternehmen **endgültig** nicht mehr in der Lage ist, seinen fälligen Zahlungsverpflichtungen nachzukommen (Zahlungsunfähigkeit).

Die vorliegenden Kennzahlen zeigen, dass die Eigenkapitalausstattung bei 42 % und das Fremdkapital somit bei 58 % liegt. Das Verhältnis Fremdkapital zu Eigenkapital beträgt 138 %, d. h., das Fremdkapital übersteigt das Eigenkapital um 38 %.

Vergleicht man die Kapitalkennzahlen der Neumann AG mit den Branchenkennzahlen (siehe S. 465), ist festzuhalten, dass sowohl die Eigenkapitalquote als auch der Verschuldungsgrad über den Branchenkennzahlen liegen. Bezogen auf die Kennzahlen der Kapitalstruktur ist die Neumann AG gut aufgestellt.

- Je **höher die Eigenkapitalquote,** desto größer ist die **finanzielle Unabhängigkeit** und desto krisenfester ein Unternehmen.

- Ein **hoher Verschuldungsgrad** bedeutet eine hohe **Liquiditätsbelastung**[1] durch Zins- und Tilgungszahlungen.

Übungsaufgabe

221 Bilanzkennzahlen

1.

Aktiva	Bilanz		Passiva
I. Anlagevermögen	1 860 000,00	I. Eigenkapital	2 610 000,00
II. Umlaufvermögen	4 650 000,00	II. Verbindlichkeiten	
		1. langfristig 1 908 000,00	
		2. kurzfristig 1 992 000,00	3 900 000,00
	6 510 000,00		6 510 000,00

Aufgabe:

Berechnen Sie aufgrund der aufbereiteten Bilanz die Bilanzkennzahlen zur Vermögens- und Kapitalstruktur!

2. Beurteilen Sie ein Unternehmen, dessen Verschuldungsgrad

   2.1 unter 100 % liegt,

   2.2 100 % beträgt,

   2.3 300 % oder darüber beträgt!

3.

Aktiva	Bilanz			Passiva	
	Berichts-jahr	Vor-jahr		Berichts-jahr	Vor-jahr
I. Anlagevermögen	3 101 000,00	2 549 120,00	I. Eigenkapital	2 900 800,00	2 729 720,00
II. Umlaufvermögen	2 079 000,00	2 042 880,00	II. Verbindlichkeiten		
			1. langfristig	1 701 000,00	1 206 240,00
			2. kurzfristig	578 200,00	656 040,00
	5 180 000,00	4 592 000,00		5 180 000,00	4 592 000,00

Aufgaben:

3.1 Berechnen Sie für das Vorjahr und das Berichtsjahr die Bilanzkennzahlen zur Kapitalstruktur!

3.2 Beurteilen Sie die wirtschaftliche Lage des Unternehmens unter Berücksichtigung der Vorjahreszahlen!

---

1 Vgl. S. 469 f.

8.2.2.3 Kennzahlen zur Anlagenfinanzierung (Investierung)

Die **Deckungsgrade**[1] beantworten die Frage, in welchem Umfang das Anlagevermögen durch langfristig verfügbares Kapital gedeckt ist.

Den Kennzahlen liegt der **Grundsatz der Fristengleichheit** zugrunde, der sich in der **goldenen Finanzierungsregel (Bilanzregel)** ausdrückt. Sie besagt, dass die **Dauer der Investition (Bindung der Finanzmittel)** mit der **Dauer ihrer Finanzierung (Verfügbarkeit der Finanzmittel)** übereinstimmen muss **(Grundsatz der Fristengleichheit)**. Danach gilt:

- **Anlagevermögen** (z. B. Grundstücke, Gebäude, Beteiligungen, technische Anlagen und Maschinen), das das Unternehmen **langfristig nutzt,** ist **langfristig zu finanzieren.**

  Die **Grundregel** besagt, dass das **Anlagevermögen** möglichst mit **Eigenkapital** zu finanzieren ist. Kann das Unternehmen dies nicht voll erfüllen, ist die benötigte **Restsumme** mit **langfristigem Fremdkapital** zu finanzieren.

  > **Beispiel:**
  >
  > Der Bau einer Fabrikhalle mit einer geschätzten Nutzungsdauer von 30 Jahren ist mit Eigenkapital oder mit einem Darlehen mit einer Laufzeit von 30 Jahren zu finanzieren.

- **Umlaufvermögen** (z. B. Werkstoffe, fertige und unfertige Erzeugnisse) ist **kurzfristig zu finanzieren,** da die dort gebundenen Finanzmittel durch den Verkauf der Erzeugnisse in **absehbarer Zeit** wieder zurückfließen.

  Die **Grundregel** besagt, dass das **Umlaufvermögen** mit **kurzfristigem Fremdkapital** zu finanzieren ist.

  > **Beispiel:**
  >
  > Der Kauf von Rohstoffen mit einem Ziel von 30 Tagen ist so zu finanzieren, dass zum Zahlungszeitpunkt das erforderliche Bankguthaben bereitsteht bzw. dass kurzfristige Forderungen zu diesem Zeitpunkt fällig sind.

Es sind zwei Formen des Deckungsgrads zu unterscheiden:

$$\text{Deckungsgrad I} = \frac{\text{Eigenkapital} \cdot 100}{\text{Anlagevermögen}}$$

$$\text{Deckungsgrad II} = \frac{(\text{Eigenkapital} + \text{langfristiges Fremdkapital}) \cdot 100}{\text{Anlagevermögen}}$$

> **Beispiel:**
>
> Zugrunde gelegt wird die Strukturbilanz der Metallwerke Neumann AG (siehe S. 463).
>
> **Aufgaben:**
>
> 1. Ermitteln Sie die Deckungsgrade I und II!
> 2. Beurteilen Sie die errechneten Kennzahlen!

---

1 Für den Begriff Deckungsgrad wird auch der Begriff **Anlagedeckungsgrad** verwendet.

Lösungen:

Zu 1.: Deckungsgrad I $= \dfrac{6\,307\,345 \cdot 100}{10\,296\,000} = \underline{\underline{61\,\%}}$

Deckungsgrad II $= \dfrac{(6\,307\,345 + 5\,280\,000) \cdot 100}{10\,296\,000} = \underline{\underline{113\,\%}}$

Zu 2.: Auswertung:

Aus dem **Deckungsgrad I** ist erkennbar, dass die Grundregel, nach der das Anlagevermögen möglichst mit Eigenkapital finanziert sein sollte, nicht erfüllt ist. Das Anlagevermögen ist nur zu 61 % mit Eigenkapital finanziert und liegt damit unter dem Branchendurchschnitt.

Bezieht man in die Deckung (Finanzierung) des Anlagevermögens das langfristig verfügbare Fremdkapital mit ein, erhält man den **Deckungsgrad II**. Bei dieser Kennzahl ergibt sich für die Finanzierung des Anlagevermögens eine Überdeckung von 13 %.

Vergleicht man die Kennzahlen der Neumann AG mit den Branchenzahlen (vgl. S. 465), wird das Defizit in der Anlagenfinanzierung deutlich. Die Branchenwerte sind sowohl beim Deckungsgrad I (38 % geringer) als auch beim Deckungsgrad II (21 % geringer) verfehlt worden. Bezogen auf die Finanzstruktur ist die Neumann AG nicht gut aufgestellt.

Die **Deckungsgrade** zeigen, inwieweit das langfristig gebundene Vermögen durch Eigenkapital (und langfristiges Fremdkapital) gedeckt ist.

8.2.2.4   Kennzahlen zur Zahlungsfähigkeit (Liquidität)

(1) Begriff Liquidität

Liquidität ist die Fähigkeit eines Unternehmens, jederzeit die Zahlungsverpflichtungen vollständig und fristgerecht erfüllen zu können.

Wird die Liquidität auf einzelne Vermögensgegenstände bezogen, so ist die Liquidität eines Vermögensgegenstandes umso größer, je enger die Geldnähe ist. So steht der Kassenbestand bzw. das Bankguthaben als Zahlungsmittel unmittelbar bereit, während bei den Forderungen auf den Zahlungseingang bis zum Fälligkeitstag gewartet werden muss. Allgemein gilt: der Liquiditätsgrad eines Vermögensgegenstandes ist umso geringer, je später der Rückfluss als Zahlungsmittel erfolgt.

Beispiel:

Die Anschaffungskosten einer Maschine betragen 60 000,00 EUR, die Nutzungsdauer 10 Jahre. Bei linearer Abschreibung werden, sofern die Umsatzerlöse kostendeckend sind, 6 000,00 EUR in Zahlungsmittel umgewandelt. Der gesamte Umfinanzierungsprozess des Anlagevermögens in Zahlungsmittel wird erst am Ende der Nutzungsdauer erreicht.

Zu unterscheiden sind **drei Liquiditätskennzahlen:**

Liquidität 1. Grades (Barliquidität) $= \dfrac{\text{flüssige Mittel} \cdot 100}{\text{kurzfristiges Fremdkapital}}$

Bei der Liquidität 1. Grades, auch **Barliquidität** genannt, werden als Deckungsmittel nur die unmittelbar **flüssigen Mittel (Bargeld, Bankguthaben)** in die Berechnung einbezogen.

Eine Norm zur Beurteilung der Barliquidität ist die **„One-to-five-Rate"**. Sie besagt, dass die kurzfristigen Verbindlichkeiten mindestens zu 20 % durch flüssige Mittel gedeckt sein sollten.

Zur Liquidität 2. Grades gehören Vermögensposten, die derzeit noch keinen Geldcharakter haben, deren Umwandlung in Geldmittel jedoch unmittelbar bevorsteht. Da das Geld, wie etwa bei den Forderungen, noch eingezogen werden muss, spricht man auch von **einzugsbedingter Liquidität.**

$$\text{Liquidität 2. Grades (einzugsbedingte Liquidität)} = \frac{(\text{flüssige Mittel} + \text{Forderungen}) \cdot 100}{\text{kurzfristiges Fremdkapital}}$$

Eine Norm zur Beurteilung der einzugsbedingten Liquidität ist die **„One-to-one-Rate"**. Nach dieser Norm soll diese Liquiditätszahl mindestens 100 % betragen.

Zur Liquidität 3. Grades gehören auch die Gegenstände des Umlaufvermögens, die die Produktionsphase noch nicht durchlaufen haben (Vorräte), die also gegenüber den Forderungen noch eine Phase länger benötigen, um in Geld umgewandelt zu werden. Da die Vorräte noch im Produktionsprozess in Fertigerzeugnisse umgewandelt werden müssen, sprechen wir auch von **produktionsbedingter Liquidität.**

$$\text{Liquidität 3. Grades (produktionsbedingte Liquidität)} = \frac{\text{Umlaufvermögen} \cdot 100}{\text{kurzfristiges Fremdkapital}}$$

Beispiel:

Zugrunde gelegt wird die Strukturbilanz der Metallwerke Neumann AG (siehe S. 463).

Aufgaben:

1. Ermitteln Sie die Liquiditätskennzahlen 1., 2. und 3. Grades!
2. Beurteilen Sie die errechneten Kennzahlen!

Lösungen:

Zu 1.:   Liquidität 1. Grades $= \dfrac{211\,475 \cdot 100}{3\,430\,130} = \underline{6{,}2\,\%}$[1]

Liquidität 2. Grades $= \dfrac{871\,475 \cdot 100}{3\,430\,130} = \underline{25{,}4\,\%}$

Liquidität 3. Grades $= \dfrac{4\,721\,475 \cdot 100}{3\,430\,130} = \underline{137{,}6\,\%}$

Zu 2.:   Zur Liquidität im vorliegenden **Beispiel** lassen sich folgende Aussagen treffen:

Auch wenn man berücksichtigt, dass die ermittelte Barliquidität wegen der fehlenden Fälligkeitstermine für das kurzfristige Fremdkapital ungenau ist, kann das krasse Missverhältnis zwischen den liquiden Mitteln und den kurzfristigen Verbindlichkeiten nicht übersehen werden (**One-to-five-Rate** nicht erreicht). Das gilt auch für die gesamte Metallbranche.

Die Summe von kurzfristigen Forderungen und liquiden Mitteln bezeichnet man auch als **monetäres Umlaufvermögen.** Für das monetäre Umlaufvermögen gilt nach der **„One-to-one-Rate",** dass es genauso hoch sein sollte wie die kurzfristigen Verbindlichkeiten. Auch die „One-to-one-Rate" wird nicht erreicht. Nach dem Liquiditätsgrad II ist das kurzfristige Fremdkapital nur zu 25 % mit monetärem Umlaufvermögen gedeckt.

---

1 Um die Aussagekraft zu erhöhen, werden diese Kennzahlen mit einer Dezimale angegeben.

Vergleicht man die Liquiditätskennzahlen der Neumann AG mit den Branchenkennzahlen (vgl. S. 465), ist festzuhalten, dass beide Liquiditätsgrade unter den Branchenkennzahlen liegen. Bezogen auf die Liquiditätskennzahlen ist die Neumann AG schlecht aufgestellt. Eine Verbesserung der Liquidität zur Sicherung einer ständigen Zahlungsbereitschaft ist für die Neumann AG unumgänglich.

(2) Aussagekraft der Liquidität

- Die Bilanz kann nur die **Situation** am **Bilanzstichtag** wiedergeben. Liquidität ist aber eine sich täglich, ja sogar sich mehrmals täglich verändernde Größe, deren Aussagewert nur für diesen Augenblick der Feststellung von Bedeutung ist.
- Die Liquiditätskennzahlen treffen **keine Aussage** über die **künftige Liquidität,** d. h. über zukünftige Zahlungseingänge und Zahlungsausgänge.
- Es liegen nur **Abschlusszahlen der Vergangenheit** vor.

> **Beispiel:**
>
> Die Bilanz gibt keine Auskunft über die Fälligkeitstermine der in ihr ausgewiesenen Posten. Auch der Kreditspielraum eines Unternehmens ist aus der Bilanz nicht unmittelbar ablesbar. Laufende Zahlungsverpflichtungen für Personalkosten, Miete, Steuern usw. gehen aus der Bilanz nicht hervor.

- Der **Zielkonflikt** zwischen **Liquidität und Rentabilität**[1] wird nicht berücksichtigt. (Eine hohe Liquidität geht zulasten der Rentabilität, da die überschüssigen liquiden Mittel nicht zinsbringend angelegt sind und umgekehrt.)

Die Liquiditätsanalyse ist eine **Zeitpunktaufnahme.** Die eingeschränkte Aussagekraft dieser Kennzahl hat dazu geführt, die Liquiditätsanalyse zeitraumbezogen mithilfe der **Cashflow-Analyse** zu erweitern.[2]

Übungsaufgaben

222 Bilanzkennzahlen

1. 1.1 Erläutern Sie, wie viel Prozent der Deckungsgrad I eines Unternehmens betragen sollte!

    1.2 Nehmen Sie kritisch Stellung zu Liquiditätskennzahlen!

    1.3 Erläutern Sie die nachfolgenden Bilanzkennzahlen und geben Sie an, was die Zahlenwerte aussagen!

Eigenkapitalquote	45 %
Liquidität 2. Grades	120 %
Deckungsgrad II	150 %

    1.4 Notieren Sie die Ziffer(n), bei der (denen) der Grundsatz der Fristengleichheit eingehalten ist!

1.4.1 EK < AV	1.4.4 EK + langfr. FK ≤ AV + langfr. UV
1.4.2 EK + langfr. FK ≥ AV	1.4.5 EK + langfr. FK ≤ AV
1.4.3 EK ≥ AV	1.4.6 EK + langfr. FK ≥ AV + langfr. UV

---

1 Vgl. hierzu Kapitel 8.3.2.2., S. 475 ff.

2 Vgl. hierzu Kapitel 8.3.2.4., S. 482 f.

2. Ein Industrieunternehmen legt für die beiden letzten Geschäftsjahre die folgenden bereinigten Abschlusszahlen vor:

Aktiva			Strukturbilanz			Passiva
	Berichts-jahr	Vor-jahr			Berichts-jahr	Vor-jahr
I. **Anlagevermögen**	2 146 500,00	2 070 000,00	I. **Eigenkapital**		1 218 600,00	910 350,00
II. **Umlaufvermögen**			II. **Fremdkapital**			
1. mittelfristig	500 400,00	344 700,00	1. langfristig		1 350 000,00	1 170 000,00
2. kurzfristig	366 750,00	211 500,00	2. kurzfristig		700 200,00	767 250,00
3. sofort flüssig	255 150,00	221 400,00				
	3 268 800,00	2 847 600,00			3 268 800,00	2 847 600,00

Aufgaben:

2.1 Berechnen Sie die folgenden Kennzahlen (auf eine Dezimale): die Deckungsgrade I und II und die Liquidität 1. und 2. Grades!

2.2 Beurteilen Sie die Kennzahlen unter Berücksichtigung der Vorjahreszahlen!

223 Ermittlung und Beurteilung von Bilanzkennzahlen

1. Die Elastomer GmbH ist ein bedeutender Hersteller von dauerelastischen Werkstoffen. Das Unternehmen plant umfangreiche Investitionen für den Umweltschutz. Zur Vorbereitung der Finanzierung legt die Elastomer GmbH ihrer Hausbank folgende zusammengefasste Bilanz vor:

Aktiva	Zusammengefasste Bilanz der Elastomer GmbH (Mio. EUR)		Passiva
Sachanlagevermögen	111,5	Stammkapital	46,0
Finanzanlagevermögen	9,2	Rücklagen	22,9
Vorräte	38,1	Bilanzgewinn	4,8
Forderungen a. Lief. u. Leist.	45,6	Langfristige Bankkredite	77,1
Sonstiges Umlaufvermögen	2,9	Kurzfristige Bankkredite	12,4
Kasse, Bank	11,7	Verbindlichkeiten a. Lief. u. Leist.	55,8
	219,0		219,0

Der Bilanzgewinn ist zur Ausschüttung vorgesehen.

Aufgaben:

1.1 Ermitteln Sie die Eigenkapitalquote und beurteilen Sie das Ergebnis mithilfe der Branchenkennzahl aus der nachfolgenden Tabelle!

Branche	Eigenkapitalquote
Chemische Industrie	39,1 %

1.2 Überprüfen Sie anhand der Deckungsgrade und der Liquidität 1. und 2. Grades die Erfüllung der goldenen Bilanzregel und die Zahlungsbereitschaft der Elastomer GmbH!

2. Das Anlagevermögen eines Unternehmens beträgt 180 000,00 EUR. Das sind 30 % aller Vermögensgegenstände. Das Eigenkapital beträgt 40 % der Bilanzsumme.

Aufgaben:

2.1 Erklären Sie, über welches Verhältnis der Verschuldungsgrad Auskunft gibt!

2.2 Berechnen Sie den Verschuldungsgrad!

2.3 Berechnen Sie den Deckungsgrad I!

2.4 Nennen Sie drei Kennzahlen zur Kapitalstruktur eines Unternehmens!

8.3 Auswertung der Gewinn- und Verlustrechnung (Erfolgsanalyse)

8.3.1 Ausgangsdaten

Die Erfolgskennzahlen werden beispielhaft anhand der Metallwerke Neumann AG aufgezeigt. Es ist von folgender Gewinn- und Verlustrechnung auszugehen:

Gewinn- und Verlustrechnung der Metallwerke Neumann AG	
1. Umsatzerlöse	17 050 000,00 EUR
2. Erhöhungen des Bestands an fertigen und unfertigen Erzeugnissen	568 520,00 EUR
4. Sonstige betriebliche Erträge	36 480,00 EUR
5. Materialaufwand	
a) Aufwendungen an Roh-, Hilfs- und Betriebsstoffen	8 210 310,00 EUR
6. Personalaufwand	
a) Löhne und Gehälter	3 197 300,00 EUR
b) Soz. Abgaben und Aufw. für Altersversorgung und Unterstützung	1 120 200,00 EUR
7. Abschreibungen	
a) auf immaterielle Vermögensgegenstände	330 365,00 EUR
b) auf Sachanlagen	473 000,00 EUR
8. Sonstige betriebliche Aufwendungen	2 452 000,00 EUR
(davon Zuführung zu langfr. Rückstellungen 171 600,00 EUR)	
9. Erträge aus Beteiligungen, davon aus verbundenen Unternehmen	150 000,00 EUR
11. Sonstige Zinsen und ähnliche Erträge, davon aus verbundenen Unternehmen	42 000,00 EUR
13. Zinsen und ähnliche Aufwendungen	522 500,00 EUR
14. Steuern vom Einkommen und vom Ertrag	832 000,00 EUR
15. Ergebnis nach Ertragssteuern	**709 325,00 EUR**
16. Sonstige Steuern	65 000,00 EUR
17. Jahresüberschuss	**644 325,00 EUR**

Für die nachfolgende **Ergebnisanalyse** der Neumann AG werden die durchschnittlichen **Branchenkennzahlen** der vergangenen Jahre als Beurteilungsgrundlage herangezogen.

Branche	Eigenkapital-rentabilität	Gesamtkapital-rentabilität	Umsatzrenta-bilität	Umschlags-häufigkeit des Gesamtkapitals	ROI (Gesamt-kapital)	Cashflow-Umsatz-Relation
Metallindustrie	19,6 %	7,1 %	3,0 %	2,4 %	7,1 %	6,5 %

Vgl. Statistische Sonderveröffentlichungen der Deutschen Bundesbank.

8.3.2 Kennzahlen der Gewinn- und Verlustrechnung und der Auswertung

8.3.2.1 Aufwands- und Ertragsstruktur

(1) Grundsätzliches

Unternehmer und Außenstehende (z.B. Banken, Kapitalgeber, Steuerbehörden oder Mitarbeiter) beobachten die Aufwendungen und Erträge und deren Entwicklung, weil von ihnen langfristig der Geschäftserfolg sowie die Beurteilung der Unternehmen abhängig sind. Um die Entwicklung der Aufwendungen und Erträge leichter verfolgen und vergleichen zu können, ist es sinnvoll, Kennzahlen zu bilden.

Von der Fülle der möglichen **Kennzahlen** zur Aufwands- und Ertragsstruktur (auch **Intensitätskennzahlen** oder **Quoten** genannt) werden hier nur die wichtigsten gebildet. Die folgenden Zahlenverhältnisse ergeben sich aus den Zahlen des Jahresabschlusses der Metallwerke Neumann AG (S. 473). Um deren Aussagewert zu verallgemeinern, sind die Ergebnisse auf 100 bezogen, sodass sich jeweils Prozentsätze ergeben.

(2) Kennzahlen zur Analyse der Aufwands- und Ertragsstruktur

Üblicherweise werden die Kennzahlen zur Aufwands- und Ertragsstruktur dadurch ermittelt, dass man die einzelnen **Aufwendungen** auf die **Umsatzerlöse** und die einzelnen **Erträge** auf die **Gesamterträge** bezieht und mit der Zahl 100 multipliziert, um einen Prozentsatz zu erhalten. Dadurch soll kenntlich gemacht werden, welchen Anteil die einzelnen Aufwandsarten an den Umsatzerlösen und die einzelnen Erträge am Gesamtertrag haben.

$$\text{Materialaufwandsquote (Materialaufwandsintensität)} = \frac{\text{Materialaufwand} \cdot 100}{\text{Umsatzerlöse}}$$

$$\text{Personalaufwandsquote (Personalaufwandsintensität)} = \frac{\text{Personalaufwand} \cdot 100}{\text{Umsatzerlöse}}$$

$$\text{Abschreibungsaufwandsquote (Abschreibungsintensität)} = \frac{\text{Abschreibungen} \cdot 100}{\text{Umsatzerlöse}}$$

$$\text{Umsatzerlösquote} = \frac{\text{Umsatzerlöse} \cdot 100}{\text{Gesamterträge}}$$

Beispiel:

Zugrunde gelegt wird die Gewinn- und Verlustrechnung (S. 473) der Metallwerke Neumann AG.

Aufgabe:

Ermitteln Sie die Kennzahlen der Aufwands- und Ertragsstruktur!

Kennzahlen	Berichtsjahr	
Materialaufwandsquote	$\frac{8\,210\,310 \cdot 100}{17\,050\,000}$	$= \underline{48,15\,\%}$
Personalaufwandsquote	$\frac{4\,317\,500 \cdot 100}{17\,050\,000}$	$= \underline{25,32\,\%}$

Kennzahlen	Berichtsjahr	
Abschreibungsaufwandsquote	$\dfrac{803\,365 \cdot 100}{17\,050\,000}$	= 4,71 %
Umsatzerlösquote	$\dfrac{17\,050\,000 \cdot 100}{17\,847\,000}$	= 95,53 %

Erläuterungen:

- Die **Kennzahlen zur Aufwandsstruktur** zeigen die Bedeutung der einzelnen Aufwandsarten für das Betriebsergebnis auf. Sie charakterisieren ein Unternehmen als **materialintensiv** (bei überwiegender Materialaufwandsquote), **lohnintensiv** (bei überwiegender Personalaufwandsquote) oder **anlageintensiv** (bei überwiegender Abschreibungsquote). Außerdem lassen sie abschätzen, inwieweit zu erwartende Veränderungen in den Aufwandsarten (z. B. Preisschwankungen beim Material oder Lohnerhöhungen) das Betriebsergebnis beeinflussen werden.

- Die **Kennzahlen der Ertragsstruktur** zeigen die Bedeutung der einzelnen Ertragsarten für das Betriebsergebnis auf. Insbesondere wird deutlich, ob die Erträge mit dem Absatz der Betriebsleistung zusammenhängen oder ob es sich um betriebsfremde Erträge handelt.

- Zugleich ermöglichen die ermittelten Kennzahlen einen **Branchenvergleich.** Dabei sind bei Kennzahlen der Aufwandsstruktur unterdurchschnittliche Quoten im Vergleich zur Branche möglicherweise ein Indiz für einen wirtschaftlichen Betriebsablauf. Überdurchschnittliche Quoten weisen dagegen auf einen unwirtschaftlichen Betriebsablauf hin. Im letzteren Fall wäre zu fragen, ob als Ursachen für diese Entwicklung **unternehmensinterne Faktoren** (z. B. erhöhter Materialverbrauch, veralteter Maschinenpark) oder **unternehmensexterne Faktoren,** die die ganze Branche betreffen (z. B. erhöhte Rohstoffpreise, erhöhte Personalkosten durch einen hohen Lohntarifabschluss, Absatzrückgang wegen Kaufzurückhaltung der Investoren) verantwortlich zu machen sind.

8.3.2.2 Rentabilität

(1) Begriff Rentabilität

Bei den Kennzahlen der Rentabilität werden Größen der Gewinn- und Verlustrechnung in die Beurteilung des Unternehmens einbezogen. Die wichtigste Kennzahl dabei ist der Gewinn. Da jedes Unternehmen in Bezug auf Rechtsform, Kapitalausstattung, Wirtschaftsbranche und Größe andere Bedingungen aufweist, sagt die absolute Höhe des Gewinnes nur wenig aus. Um eine vergleichbare Aussage über den Erfolg eines Unternehmens treffen zu können, muss der Gewinn prozentual in Beziehung zu jenen Größen gebracht werden, die ihn ermöglicht haben. Solche messbaren Größen sind z. B. das **Kapital** oder der **Umsatz.**

> Die **Rentabilität** ist eine Messgröße für die Ergiebigkeit eines Mitteleinsatzes.

(2) Kapitalrentabilität

Hierbei wird der erzielte Gewinn zum Kapital in Beziehung gesetzt. Je nachdem, ob man als Bezugsgröße das Eigenkapital oder das Gesamtkapital wählt, erhält man als Kennzahl die **Eigenkapitalrentabilität** oder die **Gesamtkapitalrentabilität.** Die Eigenkapitalrentabilität wird häufig auch als **Unternehmerrentabilität** und die Gesamtkapitalrentabilität als **Unternehmungsrentabilität** bezeichnet.

■ **Eigenkapitalrentabilität (Unternehmerrentabilität)**

Bei der Eigenkapitalrentabilität wird der erzielte Gewinn in Prozenten zum Eigenkapital ausgedrückt. Es soll festgestellt werden, welche Rendite das eingesetzte Eigenkapital insgesamt erbracht hat.

$$\text{Eigenkapitalrentabilität} = \frac{\text{Gewinn} \cdot 100}{\text{Eigenkapital}}$$

Da sich das Eigenkapital praktisch durch jeden Erfolgsvorgang laufend verändert, ist es ungenau, wenn der erzielte Gewinn dem Eigenkapital am Anfang oder am Ende der Geschäftsperiode gegenübergestellt wird. Um relativ genau zu sein, sollte vom **durchschnittlichen Eigenkapital** ausgegangen werden.

Beispiel:

Zugrunde gelegt wird die Strukturbilanz (S. 463) und die Gewinn- und Verlustrechnung (S. 473) der Metallwerke Neumann AG. Das Eigenkapital lag im Vorjahr bei 5 227 750,00 EUR.

Aufgabe:
Ermitteln Sie die Eigenkapitalrentabilität!

Lösung:

$$\text{Durchschnittswert für das Eigenkapital} = \frac{5\,227\,750 + 6\,307\,345}{2} = 5\,767\,547{,}50 \text{ EUR}$$

$$\text{Eigenkapitalrentabilität} = \frac{644\,325 \cdot 100}{5\,767\,547{,}50} = \underline{11{,}17\,\%}$$

■ **Gesamtkapitalrentabilität (Unternehmungsrentabilität)**

Wählt man als Bezugsgröße das durchschnittliche Gesamtkapital, dann muss der Gewinn um die angefallenen Zinsen („Ertrag des Fremdkapitalgebers") für das Fremdkapital erhöht werden. Erst durch die Hinzurechnung der Zinsen für das Fremdkapital sind die in Beziehung zu setzenden Größen miteinander vergleichbar.

$$\text{Gesamtkapitalrentabilität} = \frac{(\text{Gewinn} + \text{Fremdkapitalzinsen}) \cdot 100}{\text{Gesamtkapital}}$$

Um relativ genau zu sein, sollte vom **durchschnittlichen Gesamtkapital** ausgegangen werden.

Beispiel:

Zugrunde gelegt wird die Strukturbilanz (S. 463) und die Gewinn- und Verlustrechnung (S. 473) der Metallwerke Neumann AG. Das Gesamtkapital lag im Vorjahr bei 14 252 645,00 EUR.

Aufgabe:
Ermitteln Sie die Gesamtkapitalrentabilität und beurteilen Sie diese!

Lösung:

$$\text{Durchschnittskapital} = \frac{14\,252\,645 + 15\,017\,475}{2} = 14\,635\,060,00 \text{ EUR}$$

$$\text{Gesamtkapitalrentabilität} = \frac{(644\,325 + 522\,500) \cdot 100}{14\,635\,060} = \underline{\underline{7,97\,\%}}$$

Die Gesamtkapitalrentabilität sagt dem Unternehmer, ob sich die Investierung von Fremdkapital in seinem Unternehmen lohnt. Dies ist dann gegeben, wenn der Zinssatz für Fremdkapital unter der Gesamtkapitalrentabilität liegt. Beträgt der Zinssatz für Fremdkapital z. B. 4 % und liegt die Gesamtkapitalrentabilität bei 6 %, dann verdient das Unternehmen 2 % am Einsatz des Fremdkapitals, d. h., die Eigenkapitalrentabilität steigt an.

(3) Umsatzrentabilität (Return on Sales)

Bei dieser Kennzahl wird der Gewinn auf den Umsatz bezogen. Die Umsatzrentabilität lässt erkennen, wie viel das Unternehmen in Bezug auf einen Euro verdient hat. Eine Umsatzrendite von 10 % z. B. besagt, dass mit jedem Euro Umsatz ein Gewinn von 10 Cent erwirtschaftet wurde. In Prozenten ausgedrückt lautet die Formel:

$$\text{Umsatzrentabilität} = \frac{\text{Gewinn} \cdot 100}{\text{Umsatzerlöse}}$$

Beispiel:

Zugrunde gelegt wird die Gewinn- und Verlustrechnung (S. 473) der Metallwerke Neumann AG.

Aufgabe:

Ermitteln Sie die Umsatzkapitalrentabilität und beurteilen Sie diese!

Lösung:

$$\text{Umsatzrentabilität} = \frac{644\,325 \cdot 100}{17\,050\,000} = \underline{\underline{3,78\,\%}}$$

Vergleicht man die Rentabilitätskennzahlen der Neumann AG mit den **Branchendaten** (vgl. S. 473), stellt man fest, dass die Eigenkapitalrentabilität um rund 8,5 % unter dem Branchendurchschnitt liegt. Da die Gesamtkapitalrentabilität leicht über dem Branchendurchschnitt liegt, ist zu vermuten, dass die Neumann AG verstärkt mit Eigenkapital arbeitet und gegebenenfalls die Fremdkapitalquote erhöhen müsste, um die Eigenkapitalrentabilität zu steigern.

Die Umsatzrentabilität liegt über dem Branchendurchschnitt. Dies deutet auf eine höhere Produktivität hin bzw. eine günstigere Kostensituation bei der Neumann AG als im Branchendurchschnitt.

8.3.2.3 Return on Investment (ROI)

Der **Return on Investment**[1] (auch Kapitalrendite genannt) ist eine Kennzahl, die aus der Umsatzrentabilität und der Gesamtkapitalumschlagshäufigkeit zusammengesetzt ist.

$$ROI = \frac{Gewinn \cdot 100}{Umsatzerlöse} \cdot \frac{Umsatzerlöse}{Gesamtkapital}$$

$$ROI = Umsatzrentabilität \cdot GK\text{-}Umschlagshäufigkeit^2$$

Die ROI-Kennzahl gibt Auskunft über den Erfolg, den das Unternehmen mit dem investierten Kapital erzielt hat. Sie zeigt, ob der erwirtschaftete Unternehmenserfolg auf einer Änderung der Umsatzrentabilität beruht oder auf die Erhöhung (bzw. Rückgang) der Gesamtkapitalumschlagshäufigkeit zurückzuführen ist. Die ROI-Kennzahl ist damit geeignet, die Wechselbeziehungen zwischen Gewinn, Umsatz und Kapitaleinsatz aufzuhellen.

Beispiel:

Aus den Jahresabschlüssen der Metallwerke Neumann AG entnehmen wir nebenstehende Daten:

	Berichtsjahr	Vorjahr[3]
Gewinn	644 325,00 EUR	610 886,00 EUR
Gesamtkapital	14 635 060,00 EUR[3]	13 223 420,00 EUR
Umsatzerlöse	17 050 000,00 EUR	12 567 700,00 EUR

Aufgaben:

1. Berechnen Sie den Return on Investment!
2. Erläutern Sie, worauf die Veränderung des Return on Investment zurückzuführen ist!

Lösungen:

Zu 1.: Berechnung des Return on Investment

Berichtsjahr

$$ROI = \frac{644\,325 \cdot 100}{17\,050\,000} \cdot \frac{17\,050\,000}{14\,635\,060}$$

$$ROI = 3{,}78\,\% \cdot 1{,}165$$

$$ROI = \underline{4{,}40\,\%}$$

Vorjahr

$$= \frac{610\,886 \cdot 100}{12\,567\,700} \cdot \frac{12\,567\,700}{13\,223\,420}$$

$$= 4{,}86\,\% \cdot 0{,}950$$

$$= \underline{4{,}62\,\%}$$

Zu 2.: Erläuterungen zur Veränderung des Return on Investment

- Der Rückfluss des investierten Gesamtkapitals ist im Berichtsjahr gefallen.
- Der Rückgang beruht darauf, dass die erhöhte Gesamtkapitalumschlagshäufigkeit den Rückgang der Umsatzrentabilität nicht ausgleichen kann.

Die **ROI-Kennzahl** erklärt, ob der Unternehmenserfolg mehr auf die Umsatzrentabilität oder auf die Umschlagshäufigkeit des Gesamtkapitals zurückzuführen ist.

---

1 **Return on Investment** deshalb, weil der Rückfluss des investierten Kapitals über die Rendite des eingesetzten Kapitals erfolgt.

2 Die **Gesamtkapitalumschlagshäufigkeit** sagt aus, wie oft das eingesetzte Gesamtkapital umgeschlagen wurde. Um relativ genau zu sein, sollte vom **durchschnittlichen Gesamtkapital** ausgegangen werden.

3 Es handelt sich um angenommene Zahlen.

Übungsaufgaben

Hinweis: Verwenden Sie zur Beurteilung der Ergebnisse der folgenden Aufgaben – sofern gefordert – diese Branchendurchschnittswerte:

Branche	Eigenkapitalquote	Verschuldungsgrad	Deckungsgrad I	Deckungsgrad II	Liquiditätsgrad I	Liquiditätsgrad II	Eigenkapital-rentabilität	Gesamtkapital-rentabilität	Umsatzrentabilität	Umschlagshäufigkeit des Gesamtkapitals	ROI (Gesamtkapital)	Cashflow-Umsatz-Relation
Chemische Industrie	39,1 %	164 %	103 %	134 %	8,0 %	106 %	12,3 %	8,1 %	6,3 %	1,3	8,1 %	9,1 %
Elektro-industrie	29,5 %	141 %	95 %	107 %	14 %	88 %	15,4 %	5,5 %	3,0 %	1,2	5,5 %	7,7 %
Metall-industrie	32,1 %	147 %	99 %	134 %	7,3 %	85 %	19,6 %	7,1 %	3,0 %	2,4	7,1 %	6,5 %
Textil-industrie	34,8 %	154 %	87 %	164 %	16 %	86 %	16,7 %	8,0 %	3,9 %	2,1	8,0 %	5,6 %

Quelle: Vgl. Statistische Sonderveröffentlichungen der Deutschen Bundesbank.

224 Eigenkapital- und Umsatzrentabilität

Die Buchführung bzw. die Kosten- und Leistungsrechnung einer Maschinenfabrik liefert uns folgende Zahlenwerte:

Eigenkapital:		Sonstige Aufwendungen	105 Mio. EUR
– am Anfang	350 Mio. EUR	davon Fremdkapitalzinsen	8 Mio. EUR
– am Ende	400 Mio. EUR	Umsatzerlöse netto	850 Mio. EUR
Aufwend. für Rohstoffe	700 Mio. EUR	Jahresüberschuss	45 Mio. EUR

Aufgaben:

1. Berechnen Sie die Umsatzrentabilität und die Unternehmungsrentabilität!

2. Beurteilen Sie die Kennzahlen unter Berücksichtigung der entsprechenden Branchendurchschnittswerte!

225 Gesamtkapitalrentabilität

Die Buchführung bzw. die Kosten- und Leistungsrechnung der Nova Caravan AG liefert uns folgende Quartalszahlen:

Umsatzerlöse netto	1 114 640,00 EUR
Aufwendungen für Roh-, Hilfs- und Betriebsstoffe	870 000,00 EUR
Sonstige Aufwendungen	215 000,00 EUR
Eigenkapital	380 000,00 EUR
Fremdkapital	597 500,00 EUR

In den sonstigen Aufwendungen sind 16 430,00 EUR Fremdkapitalzinsen enthalten.

Aufgabe:

Berechnen und beurteilen Sie die Gesamtkapitalrentabilität, wenn der Branchenwert im Fahrzeugbau 3,2 % beträgt!

226 Bilanz- und Erfolgskennzahlen

Die Textilfabrik Sonja Fröhlich GmbH hat sich mit Kindermoden eine Marktnische geschaffen. Um das Unternehmen auf dem neuesten Stand zu halten, wurde im letzten Jahr viel investiert. Der Gesellschafter Heinz Gebauer ist nicht sicher, ob das Unternehmen noch ordentlich finanziert ist. Er hat sich deshalb die Bilanz und einige Zahlen der GuV-Rechnung geben lassen:

Aktiva	Vereinfachte Bilanz der Sonja Fröhlich GmbH		Passiva
Anlagevermögen	515 000,00	Stammkapital	158 000,00
Vorräte	331 000,00	Rücklage	50 000,00
Forderungen a. Lief. u. Leist.	485 000,00	Langfristige Grundschuld	726 000,00
Kasse, Bank	117 000,00	Kurzfristige Bankkredite	156 000,00
		Verbindlichkeiten a. Lief. u. Leist.	358 000,00
	1 448 000,00		1 448 000,00

Laut GuV-Rechnung wurde ein Gewinn in Höhe von 39 650,00 EUR erwirtschaftet. Ihm steht eine Belastung durch Fremdkapitalzinsen in Höhe von 57 964,00 EUR gegenüber.

Aufgabe:

Überprüfen Sie für Heinz Gebauer die Eigenkapitalquote, den Verschuldungsgrad, die Liquiditätsgrade, die Eigenkapitalrentabilität und die Rentabilität des Unternehmens!

Hinweis: Ziehen Sie zur Beurteilung die auf S. 479 angegebenen Branchenkennzahlen zurate.

227 Umsatzrentabilität und Return on Investment

1.

	Vorjahr	Berichtsjahr
Gesamtkapital	7 500 000,00 EUR	6 800 000,00 EUR
Umsatzerlöse	20 800 000,00 EUR	20 384 000,00 EUR
Gewinn	520 000,00 EUR	509 600,00 EUR

Aufgaben:

1.1 Ermitteln Sie die Umsatzrentabilität, die Gesamtkapitalumschlagshäufigkeit und den Return on Investment!

1.2 Interpretieren Sie die Änderung der Rentabilität des Gesamtkapitals!

2.

	Artikelgruppe I	Artikelgruppe II	Insgesamt
Gesamtkapital	140 000,00 EUR	140 000,00 EUR	280 000,00 EUR
Umsatzerlöse	420 000,00 EUR	140 000,00 EUR	560 000,00 EUR
Gewinn	42 000,00 EUR	14 000,00 EUR	56 000,00 EUR

Aufgaben:

2.1 Errechnen Sie die Umsatzrentabilität, die Gesamtkapitalumschlagshäufigkeit und den Return on Investment!

2.2 Beschreiben Sie die Auswirkungen, die hohe Investitionen ins Anlagevermögen auf den Return on Investment haben!

2.3 Arbeiten Sie heraus, wodurch der Return on Investment verbessert werden kann!

228 Bilanz- und Erfolgskennzahlen und deren Beurteilung

Die Windkraft Winterloh AG legt aufgrund bereits vorgenommener Abschlussbuchungen und erfolgter Zuordnung zu den einzelnen Bilanzposten folgende Zahlen vor:

Grundstücke, grundstücksgleiche Rechte und Bauten einschließlich der Bauten auf fremden Grundstücken (kurz: Grundstücke und Bauten) 545 000,00 EUR, Rückstellungen für Pensions-anwartschaften 410 500,00 EUR, technische Anlagen und Maschinen 785 000,00 EUR, andere Anlagen, Betriebs- und Geschäftsausstattung 758 100,00 EUR, langfristige Verbindlichkeiten gegenüber Kreditinstituten (Darlehen mit einer Laufzeit von 10 Jahren) 1 500 000,00 EUR, Ver-bindlichkeiten aus Lieferungen 248 480,00 EUR, unfertige Erzeugnisse 1 773 200,00 EUR, Kassen-bestand (eigener Bilanzposten) 85 200,00 EUR, Guthaben bei Kreditinstituten 235 450,00 EUR, Forderungen aus Lieferungen und Leistungen 390 550,00 EUR, sonstige (kurzfristige) Verbind-lichkeiten 701 230,00 EUR, Eigenkapital (einschl. Gewinnrücklage) 1 712 290,00 EUR.

Aus der Gewinn- und Verlustrechnung liegen folgende Zahlen vor:

Umsatzerlöse 1 785 900,00 EUR, Jahresüberschuss 111 300,00 EUR, Zinsen für Fremdkapital 145 000,00 EUR.

Aufgaben:

1. Erstellen Sie aufgrund der angegebenen Werte die Strukturbilanz!

2. Bilden Sie folgende Kennzahlen und orientieren Sie sich bei der Beurteilung an den ange-gebenen Durchschnittswerten!

    2.1 Kennzahlen zur Kapitalstruktur und zur Finanzstruktur:

        2.1.1 Eigenkapitalquote,

        2.1.2 Verschuldungsgrad,

        2.1.3 Deckungsgrad I,

        2.1.4 Deckungsgrad II

    2.2 Kennzahlen zur Liquidität:

        2.2.1 Liquidität I,

        2.2.2 Liquidität II

    2.3 Kennzahlen zur Rentabilität:

        2.3.1 Eigenkapitalrentabilität,

        2.3.2 Gesamtkapitalrentabilität,

        2.3.3 Umsatzrentabilität,

        2.3.4 ROI (Gesamtkapital)

    Die durchschnittlichen Branchenkennzahlen der vergangenen Jahre finden Sie auf S. 479!

229 Bilanz- und Erfolgskennzahlen und deren Beurteilung

Am Schluss des Geschäftsjahres legt die Automatisierungselektronik Meister AG die folgende vereinfachte Bilanz vor:

Aktiva	Schlussbilanz zum 31.12.20..	Passiva	
Sachanlagen	9 350 000,00	Gezeichnetes Kapital	5 500 000,00
Finanzanlagen	2 750 000,00	Rücklagen	3 300 000,00
Vorräte	2 200 000,00	Rückstellungen	1 100 000,00
Forderungen a. L. u. L.	6 930 000,00	Darlehen	7 700 000,00
Kasse, Bank	770 000,00	Verbindlichk. a. L. u. L.	4 400 000,00
	22 000 000,00		22 000 000,00

481

31 Speth u.a. - ISBN 978-3-8120-0521-0

Zusätzlich sind die folgenden Daten aus der GuV-Rechnung und der Kosten- und Leistungsrechnung bekannt:

- Es wurden Umsatzerlöse in Höhe von 55 000 000,00 EUR erzielt.
- Für die Darlehen waren 600 000,00 EUR Zinsen zu zahlen.
- Die Rohstoffkosten betrugen 15 800 000,00 EUR und die Fertigungslohnkosten 13 200 000,00 EUR. Ferner sind variable Energiekosten im Fertigungsbereich in Höhe von 2 200 000,00 EUR entstanden.
- Die restlichen Gemeinkosten beliefen sich auf 22 000 000,00 EUR und gelten in dieser Aufgabe vereinfachend alle als Fixkosten.

Aufgaben:

1. Ermitteln Sie die folgenden Kennzahlen und Daten:

    1.1 Eigenkapitalrentabilität,

    1.2 Gesamtkapitalrentabilität,

    1.3 Umsatzrentabilität,

    1.4 Gesamtkapitalumschlagshäufigkeit,

    1.5 Return on Investment.

2. Erklären Sie die Aussage der Kennzahl ROI! Beurteilen Sie mit drei konkreten Beispielen, welche Ansatzpunkte (Stellschrauben) genutzt werden können, um den ROI zu erhöhen.

3. Berechnen Sie die Eigenkapitalquote und beurteilen Sie die Finanzierung des Unternehmens!

4. Prüfen Sie, ob eine Beurteilung der Liquidität aufgrund der berechneten Liquiditätsziffer aussagekräftig ist!

5. Erklären Sie den Sachverhalt, dass ein vergleichbares Unternehmen, bei einer geringeren Umsatzrentabilität einen höheren Return on Investment aufweisen kann!

6. Die Geschäftsleitung wünscht eine strategische Beurteilung ihrer Lage. Analysieren Sie das Zahlenwerk und geben Sie fundierte Ratschläge!

8.3.2.4 Cashflow-Analyse

Grundvoraussetzung für eine unternehmerische Tätigkeit ist die Aufrechterhaltung der Zahlungsbereitschaft. Um die Finanzkraft eines Unternehmens einzuschätzen, stellt man den Einzahlungen einer Rechnungsperiode die Auszahlungen gegenüber. Ein Unternehmen ist dann erfolgreich, wenn ein **Einzahlungsüberschuss** entsteht. Diesen Einzahlungsüberschuss bezeichnet man als **Cashflow**. Durch einen positiven Cashflow erhöht sich der Bestand an Zahlungsmitteln. Dieser steht dem Unternehmen zur Finanzierung von Investitionen, zur Schuldentilgung und für die Gewinnausschüttung zur Verfügung.

Die Ermittlung der Einzahlungen und Auszahlungen einer Rechnungsperiode erfordert eine betriebsinterne Erfassung **(direkte Cashflow-Ermittlung)**. Um extern Interessierten eine Analyse der Finanzkraft eines Unternehmens zu ermöglichen, wird in der Praxis der Cashflow aus dem **Jahresabschluss** ermittelt. Dies geschieht dadurch, dass man zum **Jahresüberschuss** die nicht **ausgabewirksamen Aufwendungen** hinzurechnet **(indirekte Cashflow-Ermittlung)**. Diese Form der Cashflow-Berechnung nennt man auch **Praktikerformel**.

	Jahresüberschuss
+	Abschreibungen
+/−	Veränderung der langfristigen Rückstellungen
=	Cashflow

Der Cashflow ist ein Indikator[1] für die **Finanzkraft des Unternehmens**. Er gibt Aufschluss über den **Innenfinanzierungsspielraum** und die **Kreditwürdigkeit** des Unternehmens.

- Der **Cashflow** gibt die Höhe der im Geschäftsjahr **selbst erwirtschafteten Finanzmittel** an, die dem Unternehmen zur **freien Verfügung** stehen.
- Die freien Finanzmittel können für die **Finanzierung von Investitionen,** zur **Schuldentilgung** und für die **Gewinnausschüttung** verwendet werden.

Beispiel:

Zugrunde gelegt wird die Gewinn- und Verlustrechnung (S. 473) der Metallwerke Neumann AG.

Aufgabe:
Ermitteln Sie den Brutto-Cashflow!

Lösung:

Jahresüberschuss	644 325,00 EUR
+ Abschreibungen	803 365,00 EUR
+ Veränderung der langfristigen Rückstellungen	171 600,00 EUR
= Cashflow	**1 619 290,00 EUR**

Neben der Angabe in absoluten Zahlen kann der Cashflow auch in Prozenten z. B. zu den Umsatzerlösen ermittelt werden.

$$\text{Cashflow-Umsatzverdienstrate} = \frac{\text{Cashflow} \cdot 100}{\text{Umsatzerlöse}}$$

Beispiel:

Zugrunde gelegt wird die Gewinn- und Verlustrechnung (S. 473) der Metallwerke Neumann AG.

Aufgabe:
Ermitteln Sie die Cashflow-Umsatzverdienstrate auf der Basis des Cashflows!

Lösung:

$$\frac{1\,619\,290,00 \cdot 100}{17\,050\,000} = \underline{9,50\,\%}$$

Der Metallwerke Neumann AG stehen 9,50 % der Umsatzerlöse frei zur Verfügung. Dieser Wert liegt deutlich über dem Branchendurchschnitt (vgl. S. 473).

Übungsaufgabe

230 Berechnung von Cashflow und Cashflow-Kennzahlen

1. Zeigen Sie Vorteile der Cashflow-Kennzahlen gegenüber den Liquiditätsgraden auf!
2. Formulieren Sie eine allgemein gehaltene Aussage, aus der hervorgeht, was der Cashflow inhaltlich darstellt und wozu er im Unternehmen verwendet werden kann!

---

1 **Indikator:** Merkmal, das als (beweiskräftiges) Anzeichen oder als Hinweis auf etwas anderes dient.

3. Ein Industrieunternehmen weist in den letzten drei Geschäftsjahren folgende Zahlen aus:

	1. Geschäftsjahr	2. Geschäftsjahr	3. Geschäftsjahr
Umsatzerlöse	28 850 000,00 EUR	33 280 000,00 EUR	35 500 000,00 EUR
Jahresüberschuss	1 780 000,00 EUR	2 420 000,00 EUR	2 740 000,00 EUR
Abschreibungen auf Sachanlagen	450 000,00 EUR	640 000,00 EUR	700 000,00 EUR
Erhöhung langfristiger Rückstellungen	60 000,00 EUR	90 000,00 EUR	–
Zinsaufwand	200 000,00 EUR	220 000,00 EUR	2 210 000,00 EUR

Aufgaben:

3.1 Ermitteln Sie aufgrund der vorliegenden Daten den Cashflow!

3.2 Erläutern Sie, worüber der Cashflow Auskunft gibt!

3.3 Drücken Sie den Cashflow in Prozenten zu den Umsatzerlösen aus!

3.4 Geben Sie aufgrund der vorliegenden Daten eine kurze Beurteilung über das Unternehmen ab!

4. Die Kettenfabrik Hans Kuhn GmbH erzielte für das Jahr 20.. einen Jahresüberschuss von 606 766,00 EUR, die Abschreibungen betrugen lt. Gewinn- und Verlustrechnung 236 845,00 EUR, die Zuführung zu den langfristigen Rückstellungen 86 400,00 EUR und die Umsatzerlöse beliefen sich auf 21 882 612,00 EUR. Das Eigenkapital betrug 4 769 290,00 EUR.

Aufgaben:

Berechnen Sie:

4.1 den Cashflow,

4.2 den prozentualen Anteil des Cashflows, bezogen auf das Eigenkapital,

4.3 den prozentualen Anteil des Cashflows, bezogen auf die Umsatzerlöse!

Zusammenfassende Übungsaufgabe zur Jahresabschlussanalyse

231 Komplette Jahresabschlussanalyse

Die Werkzeugfabrik Hamm AG legt die Jahresabschlüsse der beiden letzten Geschäftsjahre vor.

**Strukturbilanz der Werkzeugfabrik Hamm AG
für die beiden letzten Geschäftsjahre**

Aktiva	Vorjahr	Berichtsjahr	Passiva	Vorjahr	Berichtsjahr
I. Anlagevermögen	3 654 750,00	4 051 450,00	I. Eigenkapital	3 602 500,00	3 930 000,00
II. Umlaufvermögen			II. Fremdkapital		
1. Vorräte	1 394 020,00	1 645 250,00	1. Langfristiges Fremdkapital	1 424 500,00	1 500 000,00
2. Forderungen	233 575,00	245 120,00	2. Kurzfristiges Fremdkapital		
3. Liquide Mittel	134 680,00	127 380,00		390 025,00	639 200,00
	5 417 025,00	6 069 200,00		5 417 025,00	6 069 200,00

Gewinn- und Verlustrechnungen der Werkzeugfabrik Hamm AG
für die beiden letzten Geschäftsjahr

		Vorjahr	Berichtsjahr
1.	Umsatzerlöse	67 259 200,00	84 014 280,00
2.	Erhöhung oder Verminderung des Bestands an fertigen und unfertigen Erzeugnissen	+ 875 000,00	+ 320 000,00
3.	Andere aktivierte Eigenleistungen	10 500,00	45 300,00
4.	Sonstige betriebliche Erträge	45 810,00	36 480,00
5.	Materialaufwand		
	a) Aufwendungen an Roh-, Hilfs- und Betriebsstoffen	21 382 745,00	32 989 410,00
6.	Personalaufwand		
	a) Löhne und Gehälter	35 675 900,00	34 448 920,00
	b) Soziale Abgaben und Aufwendungen für Altersversorgung u. Unterstützung	8 210 400,00	10 320 200,00
	7. Abschreibungen		
	a) auf immaterielle Vermögensgegenstände und Sachanlagen	487 150,00	500 000,00
8.	Sonstige betriebliche Aufwendungen (davon Zuführung zu langfristigen Rückstellungen 50 500,00 EUR)	1 768 278,00	4 962 360,00
9.	Erträge aus Beteiligungen	—	—
10.	Erträge aus anderen Wertpapiere und Ausleihungen des Finanzanlagevermögens	17 800,00	18 900,00
11.	Sonstige Zinsen u. ähnliche Erträge	285 910,00	176 480,00
12.	Abschreibungen auf Finanzanlagen und Wertpapiere des Umlaufvermögens	18 500,00	—
13.	Zinsen und ähnliche Aufwendungen	41 500,00	44 750,00
14.	Steuern von Einkommen und Ertrag	318 167,00	456 410,00
16.	Sonstige Steuern	24 580,00	39 390,00
17.	Jahresüberschuss	567 000,00	850 000,00

Aufgaben:

1. Ermitteln Sie die Kennzahlen auf der Grundlage der Bilanz und der Gewinn- und Verlustrechnung und werten Sie die Ergebnisse aus!

2. Die Werkzeugfabrik Hamm AG beantragt für eine Betriebserweiterung ein Darlehen über 1,5 Mio. EUR. Versetzen Sie sich in die Rolle des Verantwortlichen für die Darlehensvergabe und entscheiden Sie über den Darlehensantrag der Werkzeugfabrik Hamm AG!

8.4 Umschlagskennzahlen

Umschlagskennzahlen werden für eine Vielzahl betrieblicher Prozesse gebildet. Zur Berechnung eines Umschlags gehören eine **Bewegungszahl** (z. B. *Warenverbrauch*) und eine **Bestandszahl** (z. B. *durchschnittlicher Warenbestand*). Mit der Umschlagskennzahl (z. B. *Warenumschlagshäufigkeit*) lässt sich die **Wirtschaftlichkeit** des betrieblichen Prozesses – das **Verhältnis Leistungen zu Kosten** – messen. Für das angesprochene Beispiel gilt in der Regel: Je höher die *Warenumschlagshäufigkeit*, desto wahrscheinlicher ist, dass der Warenbestand effizient (besonders wirksam) für die Erzielung von Erträgen genutzt wird.

8.4.1 Kapitalumschlag

Um die **Kapitalumschlagshäufigkeit** zu berechnen, werden die **Umsatzerlöse** mit dem **Eigen- bzw. Gesamtkapital** in Beziehung gesetzt. Soll die **durchschnittliche Kapitalumschlagshäufigkeit** ermittelt werden, wird das Jahr mit **360 Tagen** angesetzt und durch die Eigen- bzw. Gesamtkapitalumschlagshäufigkeit dividiert.

$$\text{Umschlagshäufigkeit des Eigenkapitals} = \frac{\text{Umsatzerlöse}}{\text{Eigenkapital}}$$

$$\text{Umschlagshäufigkeit des Gesamtkapital} = \frac{\text{Umsatzerlöse}}{\text{Gesamtkapital}}$$

$$\text{Durchschnittliche Kapitalumschlagsdauer} = \frac{360}{\text{Kapitalumschlagshäufigkeit}}$$

Bedeutung:

Die Eigen- bzw. Gesamtkapitalumschlagshäufigkeit gibt an, wie oft das investierte **Eigen- bzw. Gesamtkapital** im Geschäftsjahr über die **Umsatzerlöse zurückgeflossen** ist. Je **höher die Kapitalumschlagshäufigkeit** ist, desto **geringer ist der erforderliche Kapitaleinsatz,** da das Kapital in kürzeren Zeitabständen zurückfließt. Ein geringerer Kapitaleinsatz führt zu **höheren Renditen** und der raschere Kapitalrückfluss zu einer **sicheren Liquidität.**

Beispiel:

Umsatzerlöse 9 000 TEUR, Eigenkapital 1 500 TEUR, Gesamtkapital 3 600 TEUR.

Aufgaben:

1. Ermitteln Sie die Eigen- und Gesamtkapitalumschlagshäufigkeit!
2. Berechnen Sie die Eigen- und Gesamtkapitalumschlagsdauer!

Lösungen:

Zu 1.:

| Eigenkapital-umschlagshäufigkeit | $= \dfrac{9\,000\ \text{TEUR}}{1\,500\ \text{TEUR}} = \underline{\underline{6}}$ | Gesamtkapital-umschlagshäufigkeit | $= \dfrac{9\,000\ \text{TEUR}}{3\,600\ \text{TEUR}} = \underline{\underline{2,5}}$ |

Zu 2.:

| Eigenkapital-umschlagsdauer | $= \dfrac{360\ \text{Tage}}{6} = \underline{\underline{60\ \text{Tage}}}$ | Gesamtkapital-umschlagsdauer | $= \dfrac{360\ \text{Tage}}{2,5} = \underline{\underline{144\ \text{Tage}}}$ |

> Je höher die Kapitalumschlagshäufigkeit ist, desto geringer ist der notwendige Kapitaleinsatz, desto höher die Rendite und sicherer die Liquidität.

8.4.2 Lagerumschlag der Lagerbestände

Um die **Lagerumschlagshäufigkeit** zu berechnen, wird der **Lagerabgang (Verbrauch an Lagerbeständen)** mit dem **durchschnittlichen Lagerbestand** in Beziehung gesetzt. Soll die **Lagerdauer** ermittelt werden, wird das Jahr mit **360 Tagen** angesetzt und durch die **Lagerumschlagshäufigkeit** dividiert.

$$\text{Durchschnittlicher Lagerbestand} = \frac{\text{Jahresanfangsbestand} + 12\ \text{Monatsbestände}}{13}$$

$$\text{Lagerumschlagshäufigkeit} = \frac{\text{Verbrauch (Lagerabgang) pro Jahr}}{\text{Lagerbestand}} \quad \text{oder} \quad \frac{360}{\text{durchschnittliche Lagerdauer}}$$

$$\text{Durchschnittliche Lagerdauer} = \frac{360}{\text{Umschlagshäufigkeit}}$$

Bedeutung:

Die Lagerumschlagshäufigkeit gibt an, wie oft der durchschnittliche Lagerbestand in einem Jahr umgesetzt, d.h. ersetzt wurde. Ein **hoher Lagerumschlag** führt zu einer **kürzeren Lagerdauer**. Der **Kapitaleinsatz** sowie das **Lagerrisiko wird geringer**. Damit **sinken die Lagerkosten** (z.B. die Lagerzinsen, Verwaltungskosten, Diebstahl, Schwund), die **Wirtschaftlichkeit** und gegebenenfalls die **Rentabilität** steigen.

Beispiel:

Der Wert der Erzeugnisse im Lager beträgt konstant 600 000,00 EUR, der Marktzinssatz liegt bei 9 %.

Wert der Erzeugnisse in EUR	600 000,00	600 000,00	600 000,00	600 000,00
Umschlagshäufigkeit	1	2	4	8
durchschnittliche Lagerdauer	360	180	90	45

durchschnittlicher Lagerbestand	600 000,00	300 000,00	150 000,00	75 000,00
Lagerzinssatz[1]	9	4,5	2,25	1,125
Lagerzins pro Umschlag	54 000,00	13 500,00	3 375,00	843,75
Lagerzins[2] pro Jahr (Zins pro Umschlag · Umschlagshäufigkeit)	54 000,00	27 000,00	13 500,00	6 750,00

Da der Lagerabgang vom Unternehmen nicht ohne Weiteres vergrößert werden kann, liegen die Optimierungsmöglichkeiten in Bezug auf die Kosten darin, dasselbe Absatzziel

- mit einer **höheren Umschlagshäufigkeit** und damit
- einer **kürzeren Lagerdauer** und folglich
- einem **geringeren durchschnittlichen Lagerbestand**

zu erreichen. Es ist nachvollziehbar, dass die damit verbundene Senkung des durchschnittlichen Lagerbestands auch einhergeht mit einer **Senkung der übrigen Lagerkosten.**

Steigt die Lagerumschlagshäufigkeit, sinken die Lagerdauer, der Kapitaleinsatz, das Lagerrisiko und die Lagerkosten. Damit steigt die Wirtschaftlichkeit und gegebenenfalls die Rentabilität.

8.4.3 Umschlag der Forderungen

Um die **Umschlagshäufigkeit der Forderungen** zu ermitteln, werden die **Umsatzerlöse** mit dem **Forderungsbestand** in Beziehung gesetzt. Die Umschlagshäufigkeit der Forderungen sagt aus, wie oft sich der Forderungsbestand in den Umsatzerlösen aus Kreditverkäufen im Berichtsjahr umschlägt. Soll die **durchschnittliche Kreditdauer,** die von den Kunden in Anspruch genommen wird, berechnet werden, wird das Jahr mit **360 Tagen** angesetzt und durch die **Umschlagshäufigkeit der Forderungen** dividiert. Die durchschnittliche Kreditdauer ist das **Zahlungsziel,** das von Kunden durchschnittlich in Anspruch genommen wird.

$$\text{Umschlagshäufigkeit der Forderungen} = \frac{\text{Umsatzerlöse}}{\text{Forderungsbestand}}$$

$$\text{Durchschnittliche Kreditdauer} = \frac{360}{\text{Umschlagshäufigkeit der Forderungen}}$$

Bedeutung:

Je **rascher die Umschlagshäufigkeit** der Forderungen ist, desto **kürzer** ist die **Kreditdauer,** desto **geringer** sind die **Kreditkosten,** desto **günstiger** ist die eigene **Liquidität** und umso **höher** ist die **Wirtschaftlichkeit** und gegebenenfalls die **Rentabilität.**

---

1 Lagerzinssatz $= \frac{\text{Marktzinssatz}}{\text{Umschlagshäufigkeit}}$ oder $\frac{\text{Marktzinssatz} \cdot \text{durchschnittliche Lagerdauer}}{360}$

2 Lagerzinsen $= \frac{\text{Wert des durchschnittlichen Lagerbestandes} \cdot \text{Lagerzinssatz}}{100}$

Beispiel:

Der Forderungsbestand beträgt 172 TEUR, Umsatzerlöse 5 160 TEUR.

Aufgabe:

Berechnen Sie die Umschlagshäufigkeit der Forderungen und die durchschnittliche Kreditdauer!

Lösung:

$$\text{Umschlagshäufigkeit der Forderungen} \quad \frac{5\,160}{172} = \underline{\underline{30}} \qquad\qquad \text{Durchschnittliche Kreditdauer} = \frac{360}{30} = \underline{\underline{12\ \text{Tage}}}$$

Steigt die Umschlagshäufigkeit der Forderungen, sinken die Kreditdauer und die Kreditkosten, verbessert sich die Liquidität, erhöht sich die Wirtschaftlichkeit und gegebenenfalls die Rentabilität.

Übungsaufgabe

232 Verschiedene Umschlagskennzahlen

1. Die Kapitalstruktur eines Industriebetriebs weist folgende Werte (TEUR) aus:

	1. Quartal	2. Quartal	3. Quartal	4. Quartal
Eigenkapital	4 600	5 750	5 750	6 000
Fremdkapital	2 300	3 286	1 337	1 125
Umsatzerlöse	34 500	37 950	30 475	34 200

Aufgaben:

1.1 Berechnen Sie die Eigen- und Gesamtkapitalumschlagshäufigkeit sowie die Kapitalumschlagsdauer des Eigen- und Gesamtkapitals!

1.2 Beurteilen Sie die Ergebnisse!

1.3 Erläutern Sie den Zusammenhang zwischen der Kapitalumschlagsdauer, dem Kapitaleinsatz, den Kosten und der Wirtschaftlichkeit!

2. Ein Industrieunternehmen weist im Berichtsjahr und im Vorjahr folgende Daten (TEUR) aus:

Soll	2400 Ford. a. Lief. u. Leist.				Haben	Soll	8020 GuV				Haben
	Berichts-jahr	Vor-jahr		Berichts-jahr	Vor-jahr				Berichts-jahr	Vor-jahr	
AB	254	292	SB	1 475	1 198		5000		17 290	11 175	
5000/4800	2 140	1 820									

Aufgaben:

2.1 Ermitteln Sie für das Berichtsjahr und für das Vorjahr den durchschnittlichen Forderungsbestand, die Umschlagshäufigkeit der Forderungen sowie das durchschnittliche Zahlungsziel!

489

2.2 Beurteilen Sie die Ergebnisse!

2.3 Nennen Sie drei Nachteile, die eine geringe Forderungsumschlagshäufigkeit bringen!

2.4 Recherchieren Sie drei Maßnahmen, wie die durchschnittliche Kundenkreditdauer verkürzt werden kann!

3. Eine Erweiterung des Produktprogramms bedeutet häufig gleichzeitig eine Erweiterung des Lagerraums.

Aufgaben:

3.1 Nennen Sie drei zusätzliche Kosten, die dabei auftreten!

3.2 Für die Lagerkosten gilt stets: „Je kürzer die Lagerdauer, desto geringer die Kosten." Nennen Sie zwei Maßnahmen, durch die eine Verkürzung der durchschnittlichen Lagerdauer erreicht werden kann!

3.3 Berechnen Sie den durchschnittlichen Lagerbestand, die Lagerumschlagshäufigkeit, die durchschnittliche Lagerdauer, den Lagerzinssatz (landesüblicher Zinsfuß 9 %) nach den folgenden Angaben:

Anfangsbestand an Handelswaren am 1. Januar 20..	150 000,00 EUR
Schlussbestand an Handelswaren am 31. Dezember 20..	250 000,00 EUR
Zugänge an Handelswaren	700 000,00 EUR

3.4 Begründen Sie, wie sich eine Erhöhung der Lagerumschlagshäufigkeit auf die Lagerkosten und das Lagerrisiko auswirkt!

4. Der Jahresanfangsbestand eines Rohstoffs beträgt 590 000,00 EUR, der Jahresschlussbestand 670 000,00 EUR und der Verbrauch an Rohstoffen (Lagerabgang) zu Einstandspreisen 6 300 000,00 EUR.

Aufgaben:

4.1 Berechnen Sie

4.1.1 den durchschnittlichen Lagerbestand,

4.1.2 die Lagerumschlagshäufigkeit und

4.1.3 die durchschnittliche Lagerdauer!

4.2 Unterbreiten Sie Vorschläge, wie die durchschnittliche Lagerdauer verkürzt werden kann!

5. Die Lagerzinsen sind von der Lagerdauer des eingelagerten Guts abhängig.

Aufgabe:

Beweisen Sie diese Aussage anhand folgender Zahlen, indem Sie die Lagerzinsen bei einer Lagerdauer von 14, 16, 18 und 20 Tagen berechnen! Zugrunde gelegter Zinsfuß 10 %; Wert des durchschnittlichen Lagerbestands 400 000,00 EUR.

Stichwortverzeichnis